建筑业技术发展报告
（2023）

中国建筑业协会　主编

中国建筑工业出版社

图书在版编目（CIP）数据

建筑业技术发展报告. 2023 / 中国建筑业协会主编
. — 北京：中国建筑工业出版社，2023.12
ISBN 978-7-112-29363-6

Ⅰ. ①建… Ⅱ. ①中… Ⅲ. ①建筑业－技术发展－研
究报告－中国－2023 Ⅳ. ①TU

中国国家版本馆 CIP 数据核字（2023）第 225867 号

本书从我国建筑业技术发展的现状和趋势、技术和装备、标准和规范、实践和应用四个方面，对我国建筑业和建筑业技术的发展状况进行系统、深入的分析和总结，主要包括2022 年建筑业发展统计分析、建筑业高质量发展与数字化转型的思考、新时代好房子标准内涵及指标体系探讨、城市轨道交通振动控制技术研究现状及发展等内容。

本书对于全面了解我国建筑业技术的发展状况，开拓建筑业技术创新的领域和发展方向具有很强的参考价值，可供建筑业从业人员参考使用。

责任编辑：张　磊　万　李
责任校对：姜小莲

建筑业技术发展报告

（2023）

中国建筑业协会　主编

*

中国建筑工业出版社出版、发行（北京海淀三里河路 9 号）
各地新华书店、建筑书店经销
北京红光制版公司制版
建工社（河北）印刷有限公司印刷

*

开本：880 毫米×1230 毫米　1/16　印张：31　字数：917 千字
2023 年 12 月第一版　2023 年 12 月第一次印刷
定价：**138.00** 元
ISBN 978-7-112-29363-6
（42132）

《建筑业技术发展报告（2023）》
指 导 委 员 会

主　　　任：齐　骥
副　主　任：丁烈云　马国馨　王　浩　王建国　王复明　卢春房
　　　　　　任南琪　刘加平　杜彦良　李术才　杨永斌　杨秀敏
　　　　　　肖绪文　吴志强　张宗亮　陈政清　陈湘生　林　鸣
　　　　　　岳清瑞　周绪红　周福霖　郑皆连　郑健龙　秦顺全
　　　　　　聂建国　徐　建　龚晓南　崔　恺　梁文灏　缪昌文
　　　　　　王铁宏　吴慧娟　刘锦章　朱正举　景　万

编 委 会

主　　　任：齐　骥
常务副主任：毛志兵
副　主　任：（按姓氏笔画排序）
　　　　　　王有为　王要武　王清勤　刘　辉　孙建平　李　菲
　　　　　　李云贵　杨天举　张晋勋　郁银泉　金德伟　宗敦峰
　　　　　　赵　峰　栾德成　蒋金生　雷升祥
编　　　委：（按姓氏笔画排序）
　　　　　　丁宏亮　于　静　于丁一　王　丹　王　冬　王　军
　　　　　　王　勇　王　宽　王　毅　王　耀　王广斌　王玉恒
　　　　　　王东旭　王启桃　王明智　王忠铖　王宗存　王承林
　　　　　　王叙瓴　王艳永　王培忠　王雪婷　王彩峰　王喜元
　　　　　　王鹏飞　王鹏翊　王鹏程　王德华　文　哲　文宇坤
　　　　　　叶亦盛　田　为　田　毅　付大伟　白　梅　白瑞忠

包益波	宁凯	司圣玥	吕小武	吕雪源	朱必成
朱若柠	朱浩博	朱海军	任婷婷	华栓	刘坚
刘金	刘蕾	刘卫未	刘开扬	刘东卫	刘汉昆
刘廷勇	刘克举	刘宏睿	刘雪亮	齐贺	闫亚召
闫振兴	安云霞	安凤杰	许龙	许慧	孙岩
孙日近	苏宪新	杜林林	李敏	李维	李大为
李久林	李卫国	李凤军	李丛笑	李伯宇	李国建
李忠森	李秋丹	李晓东	李超群	李惠平	杨雯
杨一帆	杨沛达	杨国松	杨佩荣	杨振华	杨晗飞
杨维彪	时睿智	吴志	吴长路	吴东昌	吴碧桥
何瑞	何桂朋	邹超	邹瑜	汪雨清	张冲
张兵	张哲	张翔	张鹏	张颖	张中善
张永刚	张旭乔	张改景	张晓霞	张晶波	张傲雪
张渤钰	陈伟	陈凯	陈洋	陈曦	陈宏俊
陈晓明	陈得勇	陈勤平	陈燕申	拓浩浩	范蒙飞
林杰	林秋平	欧阳芳	罗景林	金泽	金玲
金睿	周红波	周起太	周祥茵	项笠	赵霞
赵建平	段坤朋	俞华文	姜波	姚博强	骆德奎
聂艳侠	贾瑞华	顾笑	党延升	倪照鹏	徐宁
徐伟	徐浩	徐山山	高元	高志强	郭景
海大鹏	黄兴	黄朗	黄延铮	黄志河	黄金城
黄洪宇	黄锰钢	黄新华	菅俊超	梅晓丽	曹阳
曹爽	康凯	梁爽	梁晓旭	彭书凝	董宏
董无穷	董宝志	董晓强	董雪伟	蒋燕芳	韩柏林
焦安亮	鲁万卿	曾国红	温军	谢超	谢志成
雷宇明	褚海伟	蔡亚宁	阚强	熊斌	缪一新
缪昌华	樊荣	樊静静	黎红兵	薛伶俐	戴小松

序

由中国建筑业协会主编，中国建筑业协会专家委员会具体组织编写的《建筑业技术发展报告（2023）》，伴随着我国建筑业的健康发展和建筑技术的持续进步，应运而生，随年而变，成为反映我国建筑业技术发展的序列性年度报告的第二部续篇。在短短几个月的时间里，编委会精心组织，系统谋划，选择在建筑业不同技术领域的权威专家撰稿或荐稿，高质量地完成了本书的编写工作。我向为本书的策划、编纂和出版作出贡献的同志们表示由衷的感谢。

建筑业是重要的实体经济，为经济社会发展提供重要支撑。我国建筑业目前的发展状况如何、未来具有怎样的发展趋势、实现高质量发展的途径有哪些？这是各级建筑业主管部门、建筑业从业人员十分关注的问题；建造技术与装备是工程建设的基本要素，制造业的高速发展以及数字技术的广泛应用，为建造技术与装备的升级换代带来了机会。哪些新技术、新装备以怎样的方式支撑着建筑业的转型升级，推进着以绿色化、智能化和工业化为特征的建筑产业现代化发展，建筑业新技术、新装备的未来发展趋势和前景如何，引发了越来越多的研究者和实践者的探索与思考；标准化工作是当前我国建筑业推进转型升级、实现高质量发展的关键抓手。我国新发布的强制性工程建设规范以及强制性国家标准具有怎样的编制背景和编制思路，其主要内容、亮点与创新点如何，对把握行业技术创新与标准研制热点有何启示，也会引起工程建设标准化工作者的深入思考；建筑业各领域绿色化、工业化、数字化技术实践和应用的典型案例层出不穷。这些典型案例具有哪些新的理念，采用了哪些新设计、新技术、新材料，其应用效果如何，对行业发展有哪些启发和引导，也会受到建筑企业管理者和工程技术人员的普遍关注。上述一系列问题，都可以从这本书中找出答案或受到启发。

这本书从现状和趋势、技术和装备、标准和规范、实践和应用四个侧面，对我国建筑业和建筑业技术的发展状况进行系统、深入的分析和总结，对全面了解我国建筑业技术的发展状况，开拓建筑业技术创新的领域，引领建筑业技术创新的方向，具有很强的参考价值。

展望未来，我国城市发展已经进入城市更新的重要时期，我国建筑业必须要面对建筑市场由大规模增量建设转为存量提质改造和增量结构调整并重的转变，持续不断地以科技创新支撑行业转型升级，以科技创新打造"中国建造"品牌，以科技创新推动绿色低碳建设，以科技创新引领行业高质量发展。

希望中国建筑业协会专家委员会和本书的编写者们，能够持之以恒地关注我国建筑业技术的发展动态，长期不懈地跟踪国际建筑业技术发展的前沿方向，扎实深入地开展现代建筑业技术的研究创新，全面系统地总结建筑业技术应用的成功经验，将这部年度序列性的建筑业技术发展研究成果打造成我国建筑业的科技文库，引领我国建筑业技术的发展方向，为促进我国建筑业持续、高质量发展作出更大的贡献。

中国建筑业协会会长

中国建筑业协会专家委员会主任委员

Preface

The "*Technical Development Report of Construction Industry* (2023)", organized by the China Construction Industry Association and its Expert Committee, has emerged in sync with the healthy development of China's construction industry and the continuous advancement of construction technology. It has become the second installment of a serial annual report that reflects the development of construction industry technology in China. In just a few months, the editorial committee has carefully organized, systematically planned, and selected authoritative experts in various technical fields of the construction industry to write or recommend articles. This has resulted in the high-quality compilation of this book. I would like to express my heartfelt thanks to all those who have contributed to the planning, compilation, and publication of this book.

The construction industry is a vital part of the real economy, providing crucial support for economic and social development. Questions about the current state of the Chinese construction industry, its future development trends, and the pathways to achieve high-quality development are of great concern to regulatory authorities and industry practitioners at all levels. Construction technology and equipment are fundamental elements of engineering construction, and the rapid development of manufacturing and the widespread application of digital technology have provided opportunities for the upgrading and transformation of construction technology and equipment. Researchers and practitioners are increasingly exploring and pondering the future development trends and prospects of new technologies and equipment in the construction industry and how they support the transformation and upgrading of the industry, characterized by green, intelligent, and industrialized construction. Standardization work is a key lever in promoting the transformation and upgrading of the Chinese construction industry to achieve high-quality development. The newly issued mandatory engineering construction codes and national standards have a specific background and development approach. Their main content, highlights, and innovations, as well as their implications for grasping the hotspots of industry technological innovation and standard formulation, will also stimulate deep thinking among construction standardization workers. There is an abundance of typical cases in various areas of the construction industry showcasing the practice and application of green, industrial, and digital technologies. These cases embody new concepts, employ new designs, new technologies, and new materials, and their application results, as well as their insights and guidance for industry development, are of widespread interest to construction enterprise managers and engineering professionals. All the above-mentioned questions can be answered or inspired by this book.

This book provides a systematic and in-depth analysis and summary of status and trends, technology and equipment, standards and specifications, practice and application in the Chinese construction industry and its technology. It is highly valuable for a comprehensive understanding of the development of construction industry technology in China, exploring areas for technological innovation, and leading the direction of technological innovation in the construction industry.

Looking to the future, China's urban development has entered a crucial period of urban renewal, where the construction market is shifting from large-scale incremental construction to a focus on upgrading existing structures and structural adjustments in tandem with increment. It is essential for the Chinese construction industry to continuously support industry transformation and upgrading with technological innovation, to create a "Made in China" brand through technological innovation, to promote green and low-carbon construction through technological innovation, and to lead high-quality industry development through technological innovation.

We hope that the Expert Committee of the China Construction Industry Association and the authors of this book will persistently keep track of the dynamics of China's construction industry technology, continually monitor the forefront of international construction industry technology development, conduct in-depth research and innovation in modern construction technology, comprehensively and systematically summarize the successful experiences of technology application in the construction industry, and turn this annual serial research on construction industry technology development into a technological library for China's construction industry. This will lead the development direction of technology in the Chinese construction industry and make a greater contribution to promoting the sustained and high-quality development of the industry.

中国建筑业协会会长
中国建筑业协会专家委员会主任委员

目　　录

Contents

Section 4　Practice and Application ·· (324)

第一篇　现状和趋势

2022年，我国建筑业坚决贯彻党中央、国务院决策部署，大力推进转型升级，建筑业高质量发展取得新成效，为经济社会发展提供了重要支撑。本篇收录了14篇文章，从不同视角对我国建筑业和建筑技术的现状与发展趋势进行阐述。

《2022年建筑业发展统计分析》基于翔实的统计数据，对2022年中国建筑业发展的总体状况进行了分析。《建筑业高质量发展与数字化转型的思考》从着力构建行业高质量发展的新格局、明确行业高质量发展的根本路径、推进行业数字化转型进程三个方面进行了深度思考。《建筑行业数字化发展进程与趋势》分析了我国建筑行业数字化发展进程，指出BIM已成为建筑行业数字化发展的重要技术基础，建筑行业正在从数字化向智能化、智慧化发展，智能建造和数字化转型将成为未来一段时间的发展重点。《建筑业数字化转型内涵与关键技术体系》介绍了建筑业数字化转型的概念与内涵，阐述了建筑业数字化转型的关键技术体系。

《数字驱动打通建筑产业链供应链　构筑建筑产业现代化体系》剖析了建筑业发展面临的主要问题，论述了打通建筑产业链供应链的破解之道，提出了建筑产业现代化体系的构想。《我国陆路交通基础设施的智能建造》分析了我国陆路交通基础设施智能建造现状及技术瓶颈，对我国陆路交通基础设施智能建造进行了系统设计，对陆路交通基础设施智能建造的全寿命周期管理进行了阐述，提出了陆路交通基础设施智能建造的实现路径。《大跨空间结构智能建造发展进展》分析了大跨空间结构及其智能建造的发展现状与趋势，介绍了大跨空间结构智能建造典型实践。《冶金工程施工数字化管控技术》以冶金工程项目为对象，阐述了数字化管控技术的技术背景、技术内容、技术指标和适用范围，并给出了工程案例。《陕西省BIM技术应用发展状况分析》以陕西省为对象，阐述了推动BIM技术应用落地的过程，分析了BIM技术应用发展特点，剖析了BIM技术应用发展现状，指出了BIM技术应用发展方向。

《对绿色建造的理解和实践建议》指出绿色建造应关注施工过程的碳排放，应解决好装配式建筑发展中的突出问题，应关注建筑业的环保，应保证业主与设计的目标要求。《建筑类学科研究与发展若干问题》对建筑类学科科学研究现状进行了分析，对目前存在问题的根源及应对策略进行了探讨，分析了建筑技术科学与暖通两个学科方向的异同，指出应开展低碳建筑设计研究。《新时代好房子标准内涵及指标体系探讨》分析了以人民为中心的居住满意度需求和住房痛难点问题，提出了居住品质时代的国际好房子标准及可持续住宅建设模式，论述了居住品质时代的国际好房子标准及可持续住宅建设模式，提出了新时代好房子标准内涵及指标体系构建的建议。

《城市轨道交通振动控制技术研究现状及发展》分析了城市轨道交通环振动影响，论述了交通环境振动预测方法，介绍了轨道交通振动控制技术和评估标准，展望了城市轨道交通振动控制技术发展趋势。《河南省高速公路高质量建设实践与探索》以河南省高速公路建设项目为对象，探索了在体系构建、流程优化、过程管控、创新创造、绿色节约、重点攻关、数智管理、工程创优八个方面实施高质量建设行动的基本做法。

通过上述文章的论述，将会使广大读者多视角地了解到我国建筑业和建筑技术的现状，并对我国建筑业和建筑技术的发展趋势有一个总体的把握。

Section 1　Status and Trends

In 2022, China's construction industry resolutely implemented the decisions and directives of the Party Central Committee and the State Council, vigorously promoted transformation and upgrading, and achieved new results in high-quality development, providing crucial support for economic and social progress. This compilation includes 14 articles that provide various perspectives on the current state and development trends of China's construction industry and construction technology.

"Statistical Analysis of the Development of the Construction Industry in 2022" analyzes the overall situation of China's construction industry development in 2022 based on comprehensive statistical data. *"Reflections on High Quality Development and Digital Transformation of the Construction Industry"* delves deeply into constructing a new framework for the high-quality development of the industry, identifying the fundamental path for high-quality development, and advancing the digital transformation of the industry. *"Process and Trend of Digitalization in the Field of Construction Industry"* analyzes the digital development process in China's construction industry, highlighting the significance of Building Information Modeling (BIM) as a crucial technological foundation. It also underscores the industry's shift from digitization to intelligent and smart development, with a focus on smart construction and digital transformation as key areas of future development. "The Connotation and Key Technology System of Digital Transformation in the Construction Industry" introduces the concept and essence of digital transformation in the construction industry and elaborates on the key technology systems necessary for this transformation.

"Digitally Driven Connection of the Construction Industry Chain Supply Chain and Construction of a Modern System for the Constrnction Industry" examines the main challenges facing the construction industry and proposes solutions for integrating the building industry supply chain. It envisions the modernization of the construction industry. *"Intelligent Construction of Land Transportation Infrastructure in China"* analyzes the current state and technological bottlenecks of intelligent construction in land transportation infrastructure in China. It also provides a systematic design for intelligent construction throughout the infrastructure's entire lifecycle and outlines a roadmap for achieving intelligent construction in road transportation infrastructure. *"Development Progress in Intelligent Construction of Large-span Spatial Structures"* analyzes the current state and trends of large-span space structures and their intelligent construction, along with typical examples of intelligent construction practices. *"Digital Control Technology of Construction for Metallurgical Engineering"* focuses on digital control technology in metallurgical engineering projects, discussing the technical background, content, indicators, and scope of application. It also presents an engineering case study. *"Analysis of the Development status of BIM Technology Application in Shaanxi Province"* focuses on the application of Building Information Modeling (BIM) technology in Shaanxi Province, discussing the process of promoting BIM technology, its development characteristics, current status, and future directions.

"Understanding and Practical Suggestions for Green Construction" emphasizes the importance of

addressing carbon emissions during the construction process, resolving issues related to prefabricated buildings, and ensuring environmental sustainability in the construction industry. It also suggests aligning the goals of property owners and designers. "*Several Issues on the Research and Development of Architectural Disciplines*" analyzes the current state of scientific research in architectural disciplines, discusses the underlying problems and strategies, and highlights the differences and similarities between architectural technology and HVAC disciplines. It recommends conducting research on low-carbon building design. "*Discussion on the Connotation and Index System of Good Housing Standards in the New Era*" analyzes the housing satisfaction requirements and challenges centered around people's needs, and proposes international standards for quality living in the modern era and sustainable residential construction models. It also discusses recommendations for constructing the essence and index system of new era good housing standards.

"*Review on Vibration Control Technology of Urban Rail Transit*" analyzes the impact of vibration on urban rail transit, presents vibration prediction methods, and introduces vibration control technology and assessment standards. It provides insights into the development trends in vibration control technology for urban rail transit. "*Practice and Exploration of the Safe Hundred-Year Quality Project for Highways in Henan Province*" focuses on the practice of high-quality construction in highway projects in Henan Province. It outlines fundamental practices in eight areas, including system construction, process optimization, process control, innovation and creativity, green and efficient approaches, key problem-solving, digital management, and project excellence.

Through the discussion of the above articles, readers will gain a multifaceted understanding of the current state of China's construction industry and construction technology and have an overall grasp of the development trends in these fields.

2022年建筑业发展统计分析

Statistical Analysis of the Development of the Construction Industry in 2022

1 2022 年全国建筑业基本情况

2022 年是党和国家发展史上极为重要的一年。党的二十大胜利召开，以习近平同志为核心的党中央团结带领全党全国各族人民，统筹疫情防控和经济社会发展，有效应对超预期因素冲击，经济社会大局保持稳定。全国建筑业坚决贯彻党中央、国务院决策部署，大力推进转型升级，建筑业高质量发展取得新成效，为经济社会发展提供了重要支撑。

全国建筑业企业（指具有资质等级的总承包和专业承包建筑业企业，不含劳务分包建筑业企业，下同）完成建筑业总产值 311979.84 亿元，同比增长 6.45%；完成竣工产值 136463.34 亿元，同比增长 1.44%；签订合同总额 715674.69 亿元，同比增长 8.95%，其中新签合同额 366481.35 亿元，同比增长 6.36%；房屋建筑施工面积 156.45 亿 m²，同比减少 0.70%；房屋建筑竣工面积 40.55 亿 m²，同比减少 0.69%；实现利润 8369 亿元，同比下降 1.20%。截至 2022 年底，全国有施工活动的建筑业企业 143621 个，同比增长 11.55%；从业人数 5184.02 万人，同比下降 0.31%；按建筑业总产值计算的劳动生产率为 493526 元/人，同比增长 4.30%。

1.1 建筑业增加值增速高于国内生产总值增速，支柱产业地位稳固

经初步核算，2022 年全年国内生产总值 1210207.2 亿元，比上年增长 3.0%（按不变价格计算）。全年全社会建筑业实现增加值 83383.1 亿元，比上年增长 5.5%（按不变价格计算），增速高于国内生产总值 2.5 个百分点（图 1）。

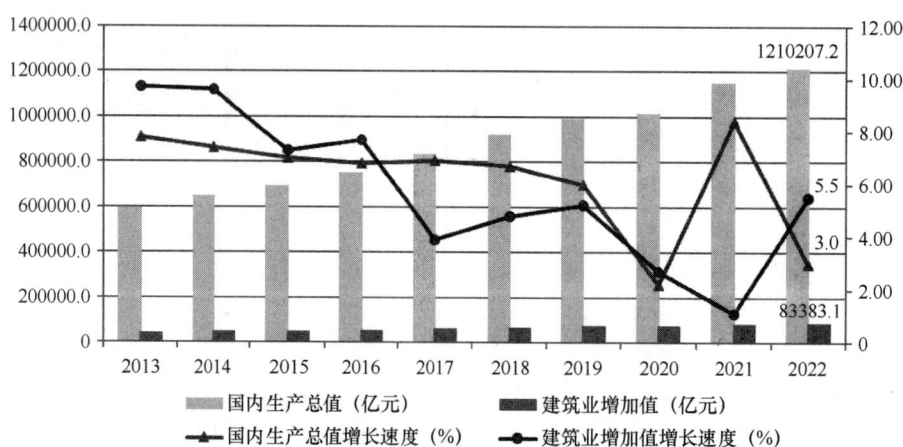

图 1 2013～2022 年国内生产总值、建筑业增加值及增速

自 2013 年以来，建筑业增加值占国内生产总值的比例始终保持在 6.85% 以上。2022 年达到 6.89%（图 2），建筑业国民经济支柱产业的地位稳固。

1.2 建筑业总产值持续增长，竣工产值和在外省完成产值同步上升

2013 年以来，随着我国建筑业企业生产和经营规模的不断扩大，建筑业总产值持续增长，2022 年

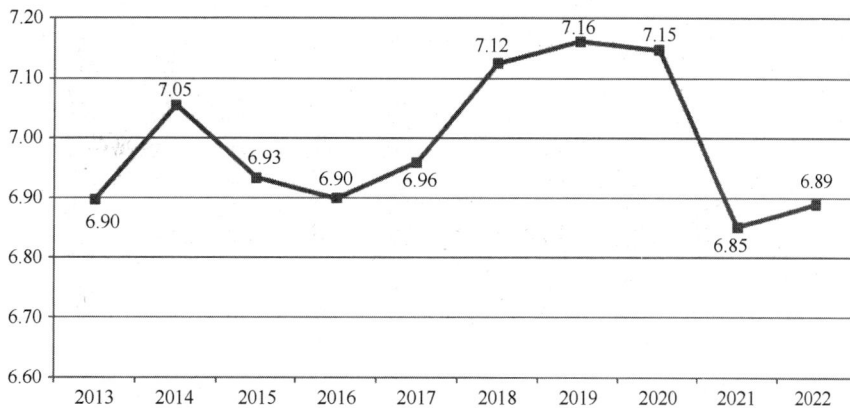

图2　2013～2022年建筑业增加值占国内生产总值比重

达到311979.84亿元，比上年增长6.45%。但增速较上年相比有所放缓，降低4.59个百分点（图3）。

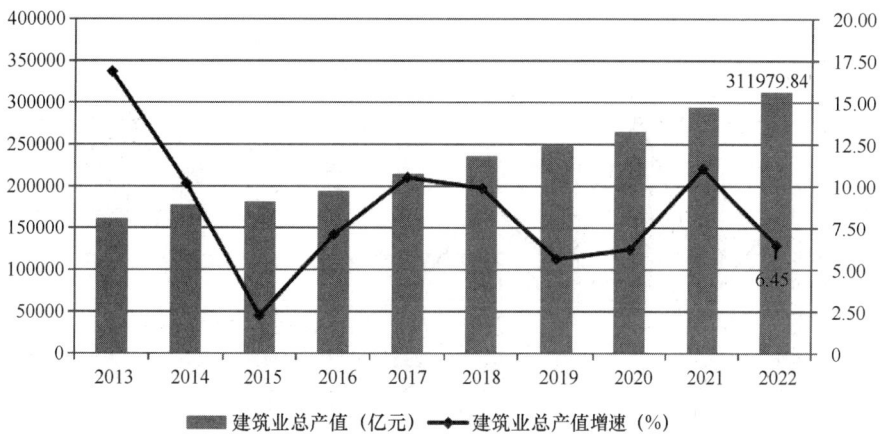

图3　2013～2022年全国建筑业总产值及增速

近10年间，建筑业竣工产值、在外省完成产值基本与建筑业总产值同步增长。2022年建筑业竣工产值达到136463.34亿元，比上年增长1.44%（图4）；在外省完成产值达到105956.84亿元，比上年增长5.21%；建筑业企业外向度在31%～35%之间波动，2022年为33.96%（图5）。

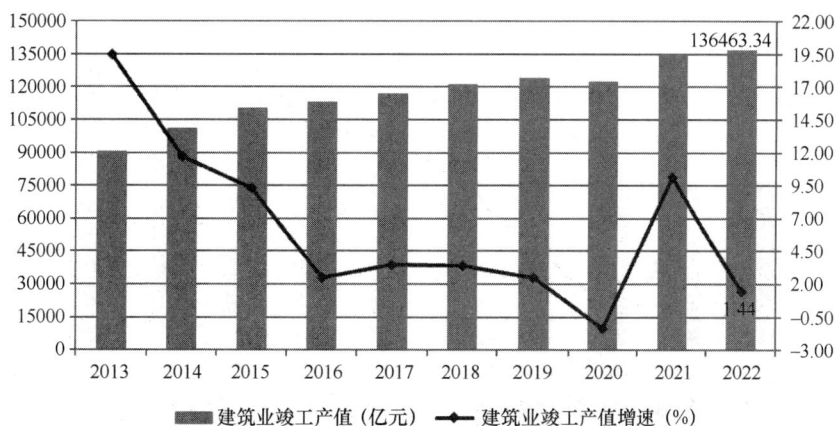

图4　2013～2022年全国建筑业竣工产值及增速

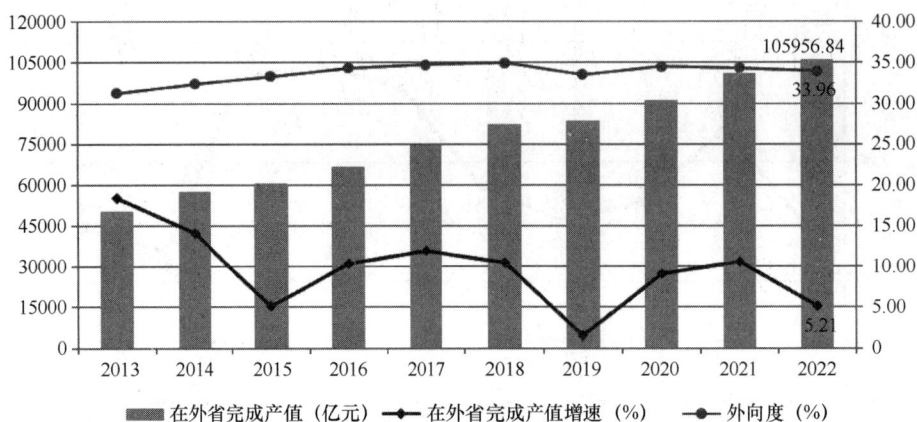

图 5　2013～2022 年全国建筑业外向度、在外省完成产值及增速

1.3　建筑业从业人数减少但企业数量增加，劳动生产率创新高

2022 年，建筑业从业人数 5184.02 万人，连续四年减少。2022 年比上年末减少 98.92 万人，增速比上年降低 0.31%（图 6）。

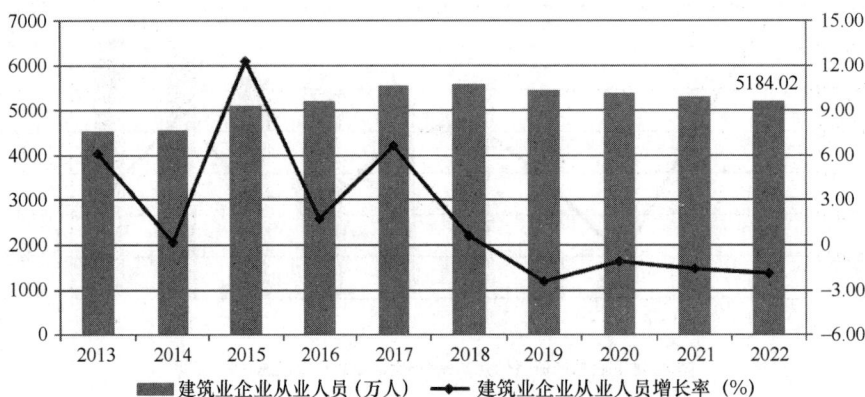

图 6　2013～2022 年建筑业从业人数增长情况

截至 2022 年底，全国共有建筑业企业 143621 个，比上年增加 14875 个，增速为 11.55%（图 7）。国有及国有控股建筑业企业 8914 个，比上年增加 1088 个，占建筑业企业总数的 6.21%，比上年增加 0.13 个百分点。

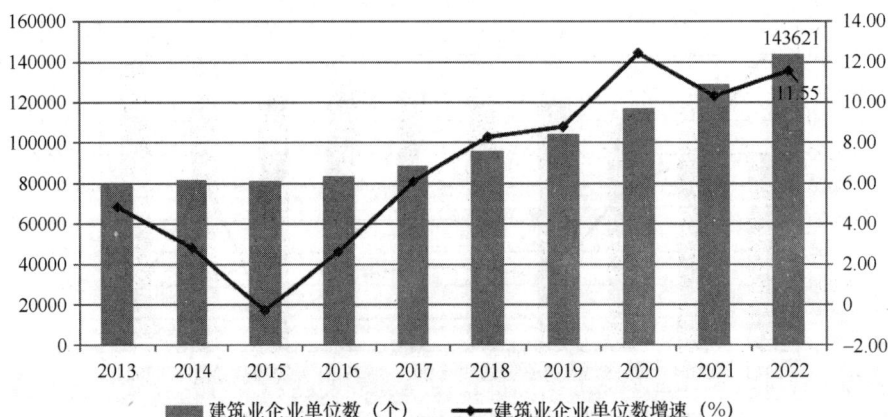

图 7　2013～2022 年建筑业企业数量及增速

2022 年，按建筑业总产值计算的劳动生产率再创新高，达到 493526 元/人，比上年增长 4.30%，增速比上年降低 7.60 个百分点（图 8）。

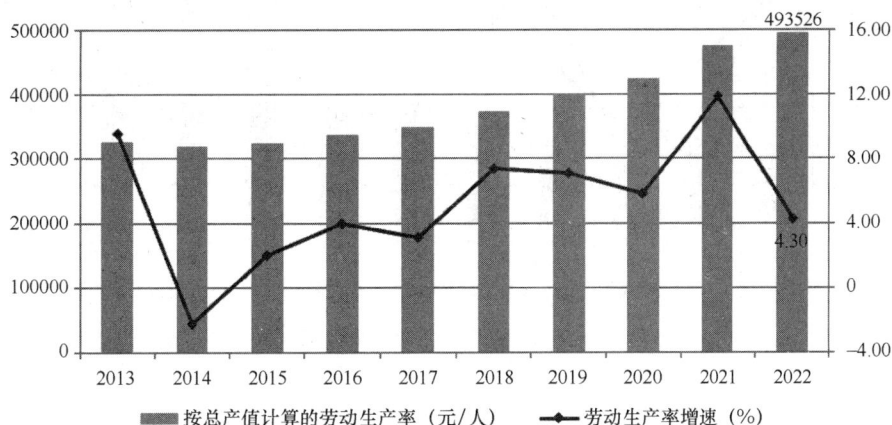

图 8　2013~2022 按建筑业总产值计算的建筑业劳动生产率及增速

1.4　建筑业企业利润总额出现下滑，产值利润率连续六年下降

2022 年，全国建筑业企业实现利润 8369 亿元，比上年减少 101.81 亿元，下降 1.20%；增速比上年降低 1.47 个百分点。建筑业产值利润率（利润总额与总产值之比）自 2014 年达到最高值 3.63%，总体呈下降趋势。2022 年，建筑业产值利润率为 2.68%，比上年降低了 0.21 个百分点，连续六年下降，连续两年低于 3%（图 9）。

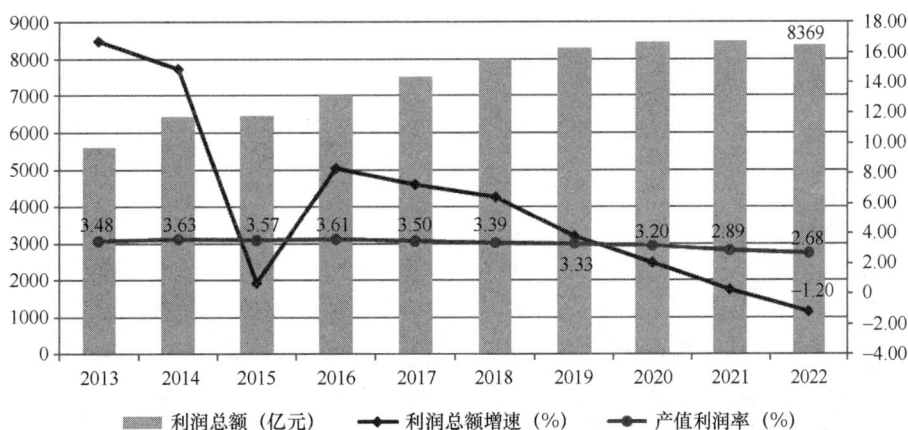

图 9　2013~2022 年全国建筑业企业利润总额及产值利润率

1.5　建筑业企业签订合同总额增速放缓，新签合同额增速止降转升

2022 年，全国建筑业企业签订合同总额 715674.69 亿元，比上年增长 8.95%，增速比上年降低 1.34 个百分点。其中，本年新签合同额 366481.35 亿元，比上年增长 6.36%，增速比上年增加 0.40 个百分点（图 10）。本年新签合同额占签订合同总额比例为 51.21%，比上年下降了 1.24 个百分点（图 11）。

1.6　房屋建筑施工面积、竣工面积略有减少，住宅竣工面积占房屋竣工面积超六成

2022 年，全国建筑业企业房屋建筑施工面积 156.45 亿 m²，比上年减少 0.70%。房屋建筑竣工面积 40.55 亿 m²，比上年减少 0.69%（图 12）。

从全国建筑业企业房屋竣工面积构成情况看，住宅竣工面积占最大比重，为 64.28%；厂房及建

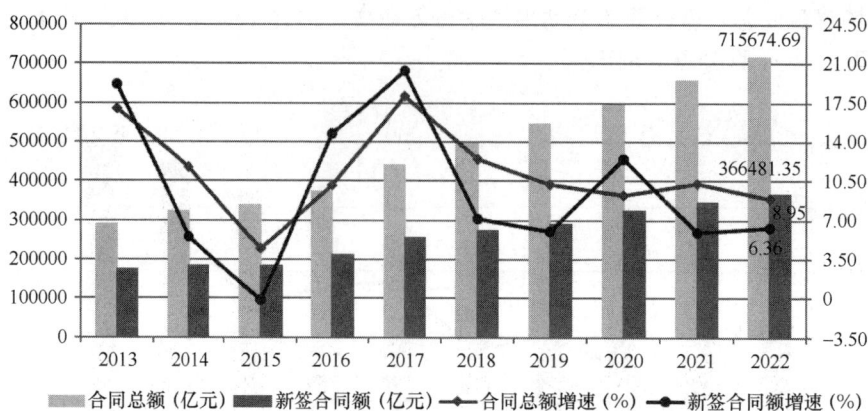

图 10　2013~2022 年全国建筑业企业签订合同总额、新签合同额及增速

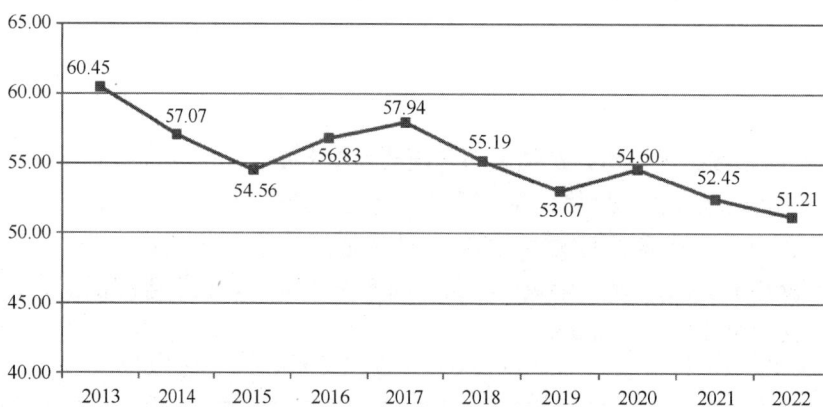

图 11　2013~2022 年全国建筑业企业新签合同额占合同总额比例

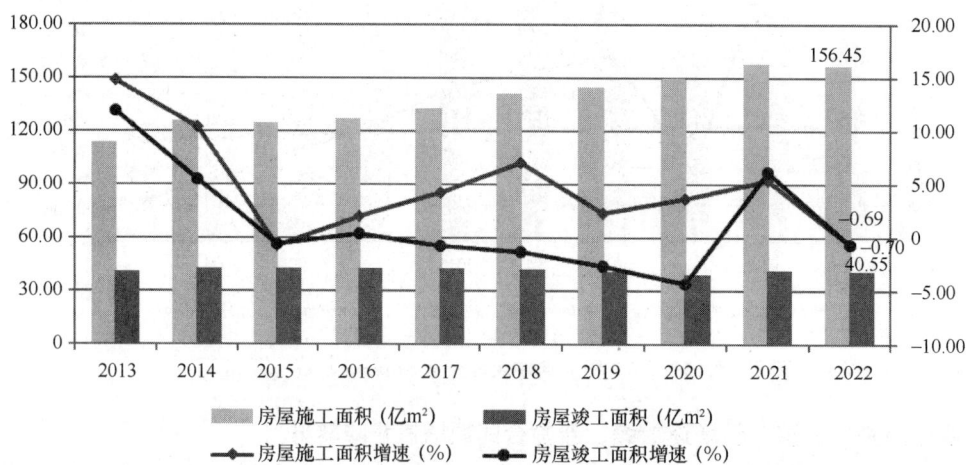

图 12　2013~2022 年建筑业企业房屋施工面积、竣工面积及增速

筑物竣工面积占 15.36%；商业及服务用房竣工面积占 6.48%；其他种类房屋竣工面积占比均在 5% 以下（图 13）。

据住房和城乡建设部统计，2022 年 1~12 月，全国新开工改造老旧小区 5.25 万个、876 万户。

1.7　对外承包工程完成营业额与上年基本持平，新签合同额出现下降

2022 年，我国对外承包工程业务完成营业额 1549.9 亿美元，与上年基本持平，新签合同额 2530.7 亿美元，比上年下降 2.1%（图 14）。

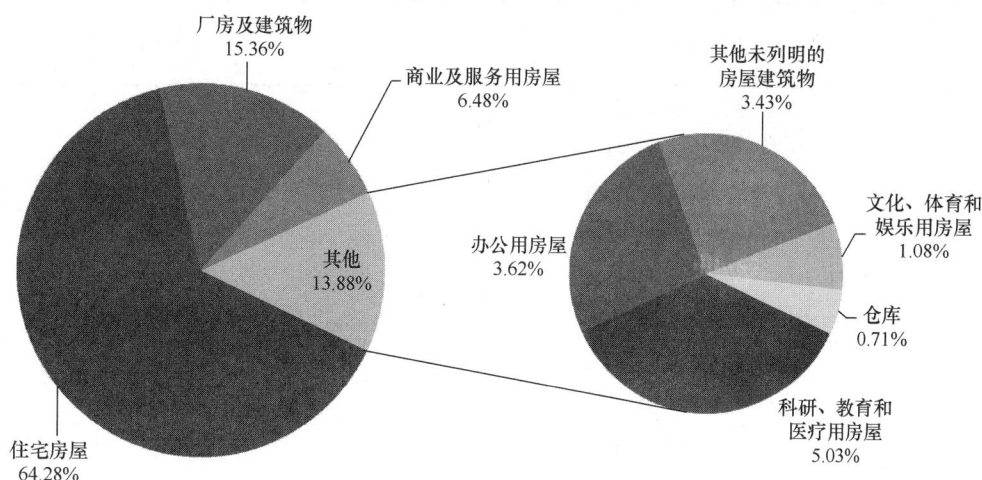

图 13　2022 年全国建筑业企业房屋竣工面积构成

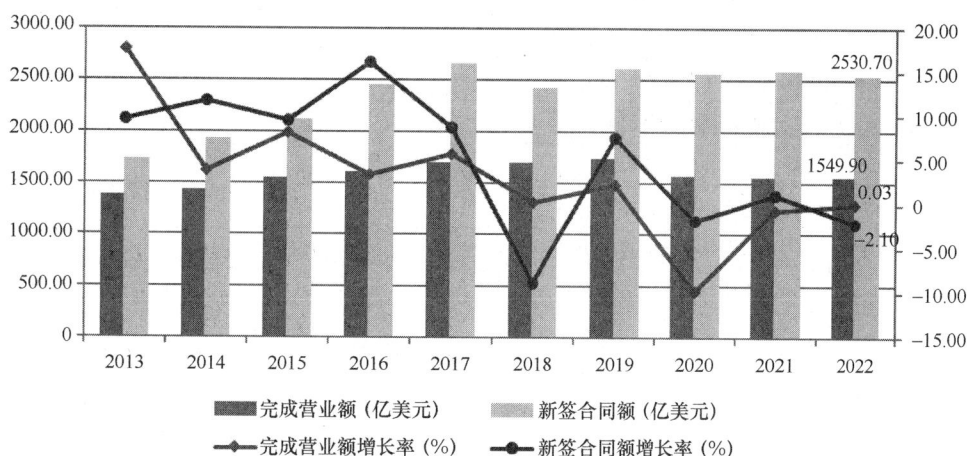

图 14　2013～2022 年我国对外承包工程业务情况

2022 年，我国企业共向境外派出各类劳务人员 25.9 万人，较上年同期减少 6.4 万人；其中承包工程项下派出 8 万人，劳务合作项下派出 17.9 万人。年末在外各类劳务人员 54.3 万人。

美国《工程新闻记录》（简称"ENR"）杂志公布的 2022 年度全球最大 250 家国际承包商共实现海外市场营业收入 3978.5 亿美元，较上年度减少 5.35%。我国内地共有 79 家企业入选 2022 年度全球最大 250 家国际承包商榜单，入选数量比上一年度增加了 1 家。入选企业共实现海外市场营业收入 1129.5 亿美元，较上一年度增加了 5.1%，收入合计占国际承包商 250 强海外市场营收总额的 28.4%，实现了海外市场营业收入规模及占比的双增，在总体收入减少的情况下，市场表现比较亮眼。

从进入榜单企业的排名分布来看，79 家内地企业中，进入国际承包商 10 强榜单的有 4 家企业，分别是排名第 3 的中国交通建设集团有限公司，排名第 6 的中国电力建设集团有限公司，排名第 7 的中国建筑股份有限公司和首次进入 10 强榜单、排在第 10 的中国铁建股份有限公司。进入 2022 年度国际承包商百强榜中的内地企业有 26 家，数量比较稳定；新入榜内地企业有 5 家，排名上升的有 47 家，排名保持不变的 1 家。排名升幅最大的是山西建设投资集团有限公司，从 173 位跃升到 134 位（表 1）。

2022 年度 ENR 全球最大 250 家国际承包商中的中国内地企业 　　　　表 1

序号	公司名称	排名		海外市场收入（百万美元）
		2022	2021	
1	中国交通建设集团有限公司	3	4	21904.8
2	中国电力建设集团有限公司	6	7	13703.2
3	中国建筑股份有限公司	7	9	12315.5
4	中国铁建股份有限公司	10	11	9012
5	中国中铁股份有限公司	11	13	7421.4
6	中国能源建设股份有限公司	17	21	5365.1
7	中国化学工程集团有限公司	20	19	4861.3
8	中国机械工业集团公司	28	35	3432.4
9	中国石油集团工程股份有限公司	30	33	3312.9
10	上海电气集团股份有限公司	40	51	2366.9
11	中国中材国际工程股份有限公司	44	60	2057.5
12	中国冶金科工集团有限公司	47	53	1988.4
13	中国江西国际经济技术合作有限公司	67	72	1029.1
14	江西中煤建设集团有限公司	68	75	999.3
15	浙江省建设投资集团股份有限公司	69	84	998
16	北方国际合作股份有限公司	72	81	916.3
17	中国电力技术装备有限公司	74	73	844
18	山东高速集团有限公司	75	90	839.8
19	中国中原对外工程有限公司	78	55	766.7
20	中信建设有限责任公司	80	63	750.7
21	哈尔滨电气国际工程有限责任公司	85	78	716.5
22	青建集团股份公司	87	94	708.4
23	中石化炼化工程（集团）股份有限公司	90	86	684
24	上海建工集团股份有限公司	92	93	674.5
25	中国地质工程集团公司	97	100	625.7
26	北京城建集团有限责任公司	98	109	625
27	中国东方电气集团有限公司	101	123	596.3
28	新疆生产建设兵团建设工程（集团）有限责任公司	104	113	589.4
29	中国通用技术（集团）控股有限责任公司	105	67	516.1
30	中石化中原石油工程有限公司	106	105	512.4
31	江苏省建筑工程集团有限公司	107	107	510.9
32	特变电工股份有限公司	109	111	504.2
33	烟建集团有限公司	112	119	487
34	江苏南通三建集团股份有限公司	113	108	473.9
35	北京建工集团有限责任公司	116	117	467.8
36	中国河南国际合作集团有限公司	119	121	456.4
37	中鼎国际工程有限责任公司	121	135	452.1
38	云南省建设投资控股集团有限公司	122	106	451.5

序号	公司名称	排名		海外市场收入
		2022	2021	（百万美元）
39	中地海外集团有限公司	123	143	448.7
40	中国水利电力对外有限公司	128	89	411.3
41	江西省水利水电建设集团有限公司	131	132	387.2
42	山西建设投资集团有限公司	134	173	372.9
43	中国江苏国际经济技术合作集团有限公司	137	124	368.4
44	上海城建（集团）公司	139	147	362.7
45	中国武夷实业股份有限公司	142	129	338.6
46	中国航空技术国际工程有限公司	143	159	335.5
47	中钢设备有限公司	152	148	283.3
48	中国成套设备进出口集团有限公司	154	172	278.6
49	山东电力工程咨询院有限公司	164	＊＊	239.6
50	龙信建设集团有限公司	166	176	230.1
51	山东淄建集团有限公司	170	177	215.2
52	安徽建工集团股份有限公司	172	174	212.9
53	中国有色金属建设股份有限公司	173	155	212.3
54	沈阳远大铝业工程有限公司	176	171	208.4
55	陕西建工控股集团有限公司	179	＊＊	198.4
56	江西省建工集团有限责任公司	180	194	195.9
57	山东高速德建集团有限公司	181	175	194.2
58	湖南建工集团有限公司	182	180	177.4
59	绿地大基建集团有限公司	183	207	172.9
60	湖南路桥建设集团有限责任公司	184	192	172.9
61	西安西电国际工程有限责任公司	189	167	155.9
62	天元建设集团有限公司	191	199	143
63	正太集团有限公司	193	210	140.5
64	浙江交工集团股份有限公司	195	190	138.2
65	重庆对外建设（集团）有限公司	197	200	137.2
66	南通建工集团股份有限公司	198	189	135
67	中国甘肃国际经济技术合作有限公司	199	202	130.2
68	南通四建集团有限公司	201	211	120.4
69	浙江省东阳第三建筑工程有限公司	206	184	113.9
70	江苏中南建筑产业集团有限责任公司	211	193	102.7
71	四川公路桥梁建设集团有限公司	212	213	102.2
72	中天建设集团有限公司	217	＊＊	95.3
73	中国建材国际工程集团有限公司	222	197	85
74	江苏南通二建集团有限公司	227	232	80.7
75	龙江路桥股份有限公司	229	＊＊	78.3

续表

序号	公司名称	排名		海外市场收入（百万美元）
		2022	2021	
76	安徽省华安外经建设（集团）有限公司	233	127	71.5
77	江联重工集团股份有限公司	237	242	63.7
78	中亿丰建设集团股份有限公司	238	＊＊	60.3
79	河北建工集团有限责任公司	249	186	37.5

注：＊＊表示未进入2021年度250强排行榜。

2 2022年各地区建筑业发展情况

2.1 江苏建筑业总产值以绝对优势领跑全国，滇、鄂、皖增速较快

2022年，江苏建筑业总产值首次超过4万亿元，达到40660.05亿元，以绝对优势继续领跑全国。浙江、广东、湖北三省的建筑业总产值也都超过了2万亿元，分列第二、三、四位。4省建筑业总产值共占全国建筑业总产值的34.82％。除这4省外，总产值超过1万亿元的还有四川、山东、福建、河南、湖南、北京、安徽、江西、重庆、陕西10个省市，上述14个地区完成的建筑业总产值占全国建筑业总产值的79.58％（图15）。

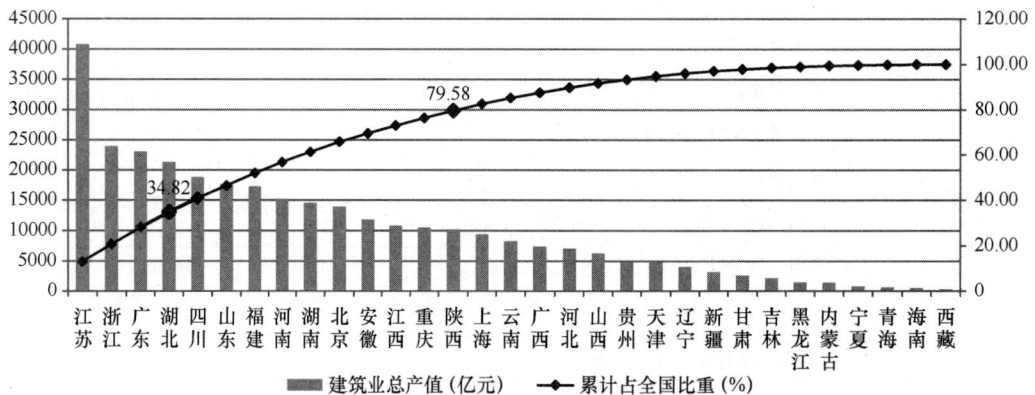

图15 2022年全国各地区建筑业总产值排序

从各地区建筑业总产值增长情况看，25个地区建筑业总产值保持增长，云南、湖北、安徽分别以11.34％、11.16％、10.57％的增速位居前三位；新疆、北京、辽宁、青海、吉林、西藏6个地区建筑业总产值出现下滑，其中西藏的降幅接近25％（图16）。

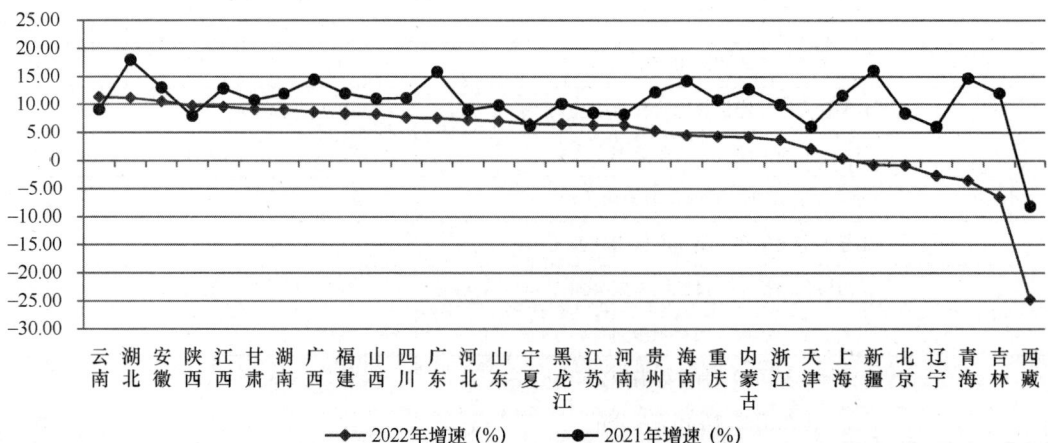

图16 2021～2022年各地区建筑业总产值增速

2.2　江苏建筑业竣工产值继续保持较大优势，16个地区建筑业竣工产值出现负增长

2022年，江苏建筑业实现竣工产值26773.72亿元，虽然比上年微降1.07%，仍稳居首位。浙江建筑业实现竣工产值13031.78亿元，比上年增长7.79%，排在第二位。竣工产值超过5000亿元的还有湖北、四川、广东、山东、北京、福建、湖南、河南8个地区。竣工产值增速超过10%的有安徽、青海、北京、黑龙江、重庆5个地区，16个地区的竣工产值出现负增长，其中吉林、宁夏、贵州的降幅均超过20%（图17）。

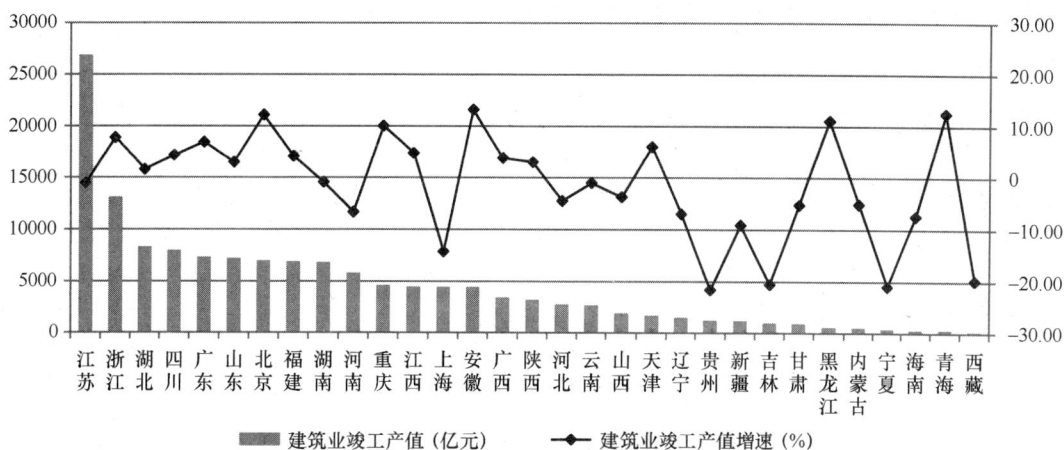

图17　2022年各地区建筑业竣工产值及增速

2.3　22个地区在外省完成产值保持增长，滇、宁增速超过20%

2022年，在外省完成的产值排名前两位的仍然是江苏和北京，分别为17904.00亿元、10075.36亿元。两地区在外省完成产值之和占全部在外省完成产值的比重为26.41%。湖北、福建、浙江、上海、广东5个地区，在外省完成的产值均超过5000亿元。从增速上看，22个地区在外省完成产值保持增长，云南、宁夏的增速均超过20%。9个地区在外省完成产值出现下降，西藏出现了接近57%的负增长。

从外向度（即本地区在外省完成的建筑业产值占本地区建筑业总产值的比例）来看，排在前三位的地区仍然是北京、天津、上海，分别为72.66%、65.72%和62.30%。外向度超过30%的还有福建、江苏、湖北、青海、陕西、山西、辽宁、河北、内蒙古、湖南、江西11个地区。有17个地区的外向度出现负增长，其中西藏、黑龙江、甘肃、浙江的降幅均超过10%（图18）。

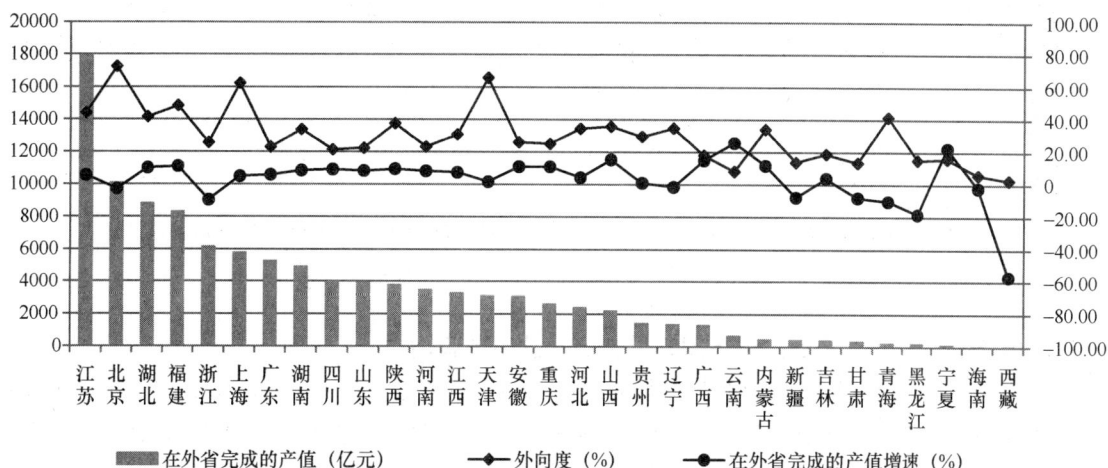

图18　2022年各地区跨省完成的建筑业总产值及外向度

13

2.4　广东签订合同总额超越江苏，藏、辽、蒙3地区出现负增长

2022年，广东建筑业企业签订合同总额超越江苏占据首位，达到68133.79亿元，比上年增长13.06%；江苏建筑业企业以61858.85亿元降至第二位，比上年微增0.68%。两省签订的合同总额占全国签订合同总额的18.16%。签订合同总额超过3万亿元的还有湖北、北京、四川、浙江、山东、上海、湖南、福建、河南9个地区。28个地区签订合同额比上年增长，增速超过10%的有湖北、海南、天津、北京、贵州、江西、宁夏、广东、甘肃、四川、云南、陕西、上海、山东14个地区，西藏、辽宁、内蒙古3个地区签订合同额出现负增长（图19）。

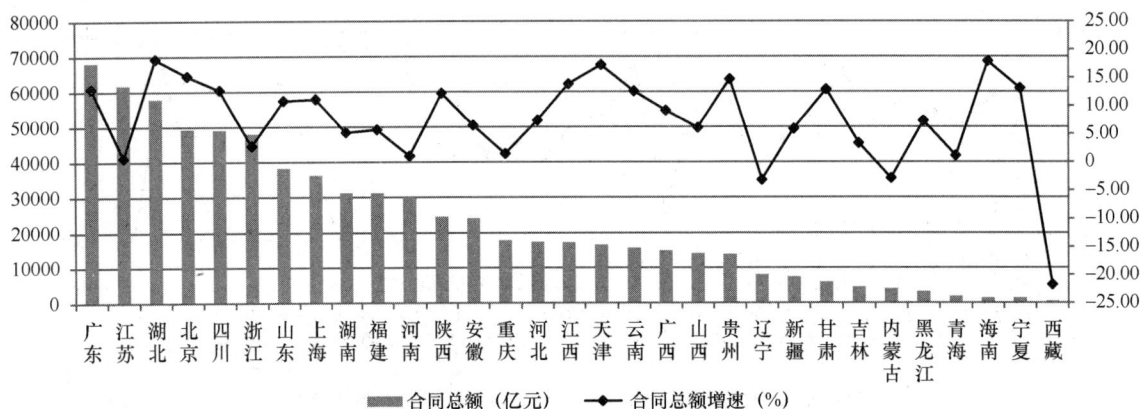

图19　2022年各地区建筑业企业签订合同额及增速

2.5　苏、粤新签合同额超过3万亿元，桂、甘、赣增速较快

2022年，江苏、广东建筑业企业新签合同额均超过3万亿元，分别达到34033.35亿元和32412.69亿元。新签合同额超过1万亿元的还有湖北、四川、浙江、山东、北京、福建、河南、上海、湖南、陕西、安徽、江西12个地区。新签合同额增速超过10%的有广西、甘肃、江西、湖北、四川、陕西、天津、贵州8个地区，西藏、青海、吉林、辽宁、河南、重庆、江苏、宁夏、浙江9个地区新签合同额出现负增长（图20）。

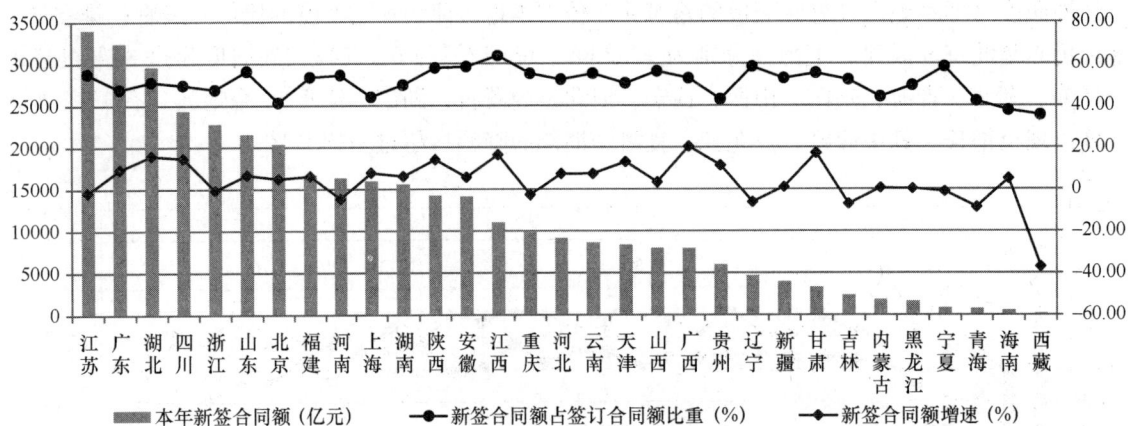

图20　2022年各地区建筑业企业新签合同额及增速

2.6　苏、鲁建筑业企业数量超过1万家，晋、辽、沪出现负增长

2022年，江苏、山东建筑业企业数量均超过1万家，分别达到13040家和10643家。企业数量超过5000家的还有浙江、河南、广东、四川、福建、安徽、湖北、江西、辽宁9个地区。企业数量增速超过15%的有江西、安徽、海南、广西、湖北。

山西、辽宁、上海3个地区企业数量出现负增长，西藏企业数量与上年持平（图21）。

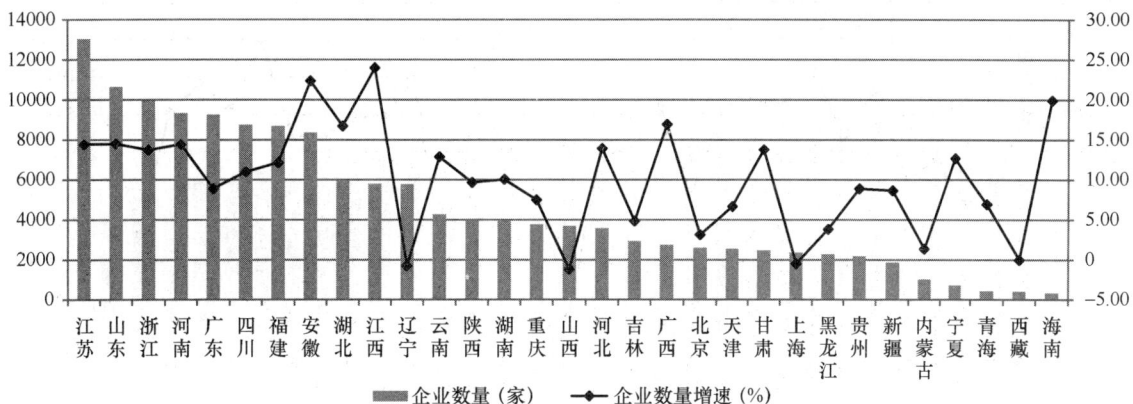

图 21　2022 年各地区建筑业企业数量及增速

2.7　23 个地区从业人数减少，21 个地区劳动生产率有所提高

2022 年，全国建筑业从业人数超过百万的地区仍然是 15 个。江苏从业人数位居首位，达到 877.23 万人。浙江、福建、四川、广东、河南、山东、湖南、湖北、安徽 9 个地区从业人数均超过 200 万人。

与上年相比，8 个地区的从业人数增加，其中，安徽增加人数超过 15 万人，宁夏增加人数超过 13 万人；23 个地区的从业人数减少，其中，浙江减少 44.04 万人、湖南减少 17.48 万人、广东减少 10.13 万人。宁夏以 122.27％的从业人数增速排在第一位；西藏、辽宁、内蒙古 3 个地区的从业人数降幅均超过 10％（图 22）。

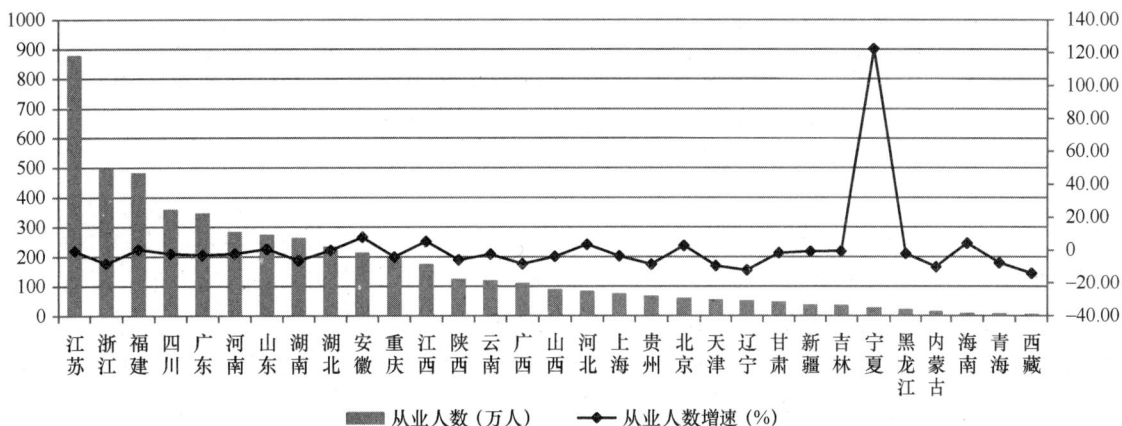

图 22　2022 年各地区建筑业从业人数及其增长情况

2022 年，按建筑业总产值计算的劳动生产率排序前三位的地区仍然是湖北、上海和青海。湖北为 799201 元/人，比上年增长 4.97％；上海为 724666 元/人，比上年降低 4.73％；青海为 665033 元/人，比上年降低 6.78％。21 个地区劳动生产率有所提高，增速超过 10％的有宁夏、天津两个地区；10 个地区劳动生产率有所降低，海南、西藏、黑龙江 3 个地区的降幅均超过 10％（图 23）。

2.8　17 个地区房屋建筑施工面积下降，19 个地区房屋建筑竣工面积下降

2022 年，江苏、浙江、广东建筑业企业分别以 27.51 亿 m²、17.17 亿 m² 和 10.74 亿 m² 位居房屋施工面积前三位，分别比上年提高 0.61％、降低 5.66％和提高 1.31％。山东、湖北、北京、福建、四川、湖南、河南、上海 8 个地区的房屋建筑施工面积超过了 5 亿 m²。14 个地区的房屋建筑施工面积比上年增长，陕西以 10.09％的增速位居第一；17 个地区的房屋建筑施工面积比上年降低，其中西藏、辽宁、吉林分别出现了 38.30％、26.48％和 19.35％的降幅（图 24）。

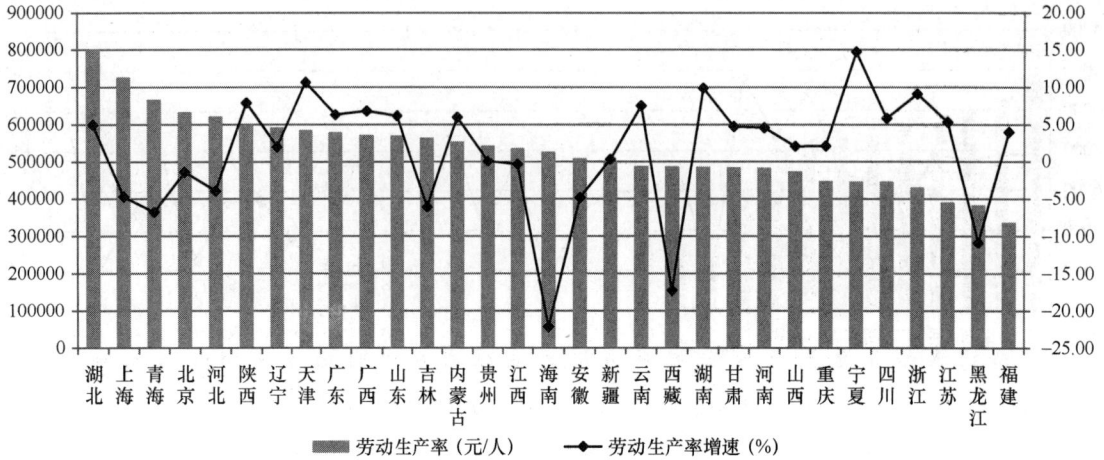

图23　2022年各地区建筑业劳动生产率及增长情况

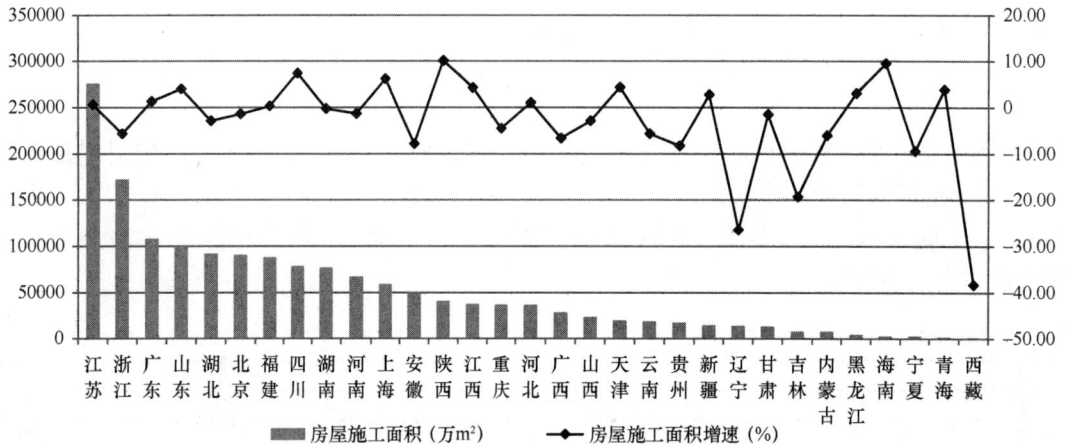

图24　2022年各地区建筑业企业房屋建筑施工面积及增长情况

2022年，江苏、浙江、湖北建筑业企业分别以7.63亿㎡、4.49亿㎡和3.33亿㎡位居房屋建筑竣工面积前三位，分别比上年提高1.77%、3.72%和0.45%。广东、湖南、山东、四川、福建、河南、安徽、江西、北京、重庆10个地区的房屋建筑施工面积超过了1亿㎡。12个地区的房屋竣工面积比上年增长，黑龙江以34.32%的增速位居第一；19个地区的房屋建筑竣工面积比上年减少，其中西藏、吉林、青海、宁夏均出现了超过30%的降幅（图25）。

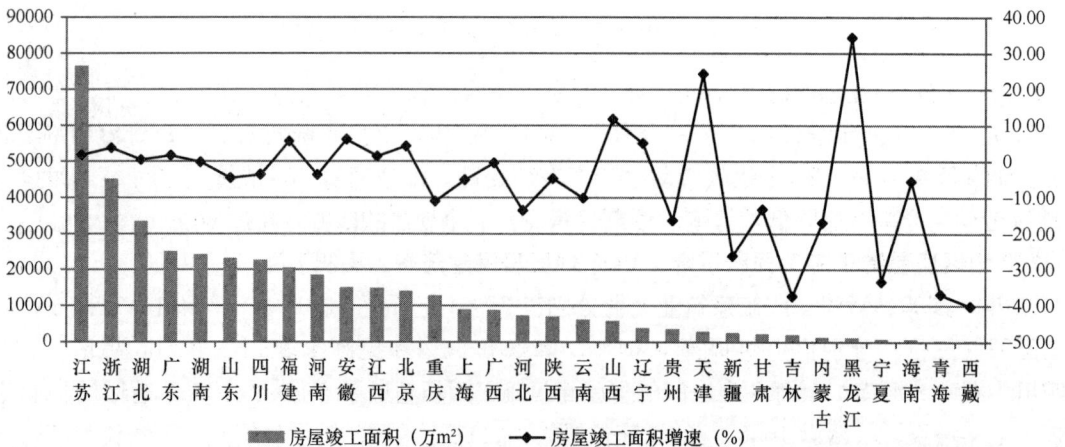

图25　2022年各地区建筑业企业房屋建筑竣工面积及增长情况

2.9　各地区建筑业主要指标总量及增速在全国的位次

2022年，各地区建筑业主要指标总量及增速在全国的位次分别如表2、表3所示。

2022年各地区建筑业主要指标总量在全国的位次　　　　表2

地区	指标										
	建筑业总产值	竣工产值	在外省完成产值	外向度	签订合同额	本年新签合同额	企业数量	从业人数	劳动生产率	房屋建筑施工面积	房屋建筑竣工面积
北京	10	7	2	1	4	7	20	20	4	6	12
天津	21	20	14	2	17	18	21	21	8	19	22
河北	18	17	17	11	15	16	17	17	5	16	16
山西	19	19	18	9	20	19	16	16	24	18	19
内蒙古	27	27	23	12	26	26	27	28	13	26	26
辽宁	22	21	20	10	22	22	11	22	7	23	20
吉林	25	24	25	23	25	25	18	25	12	25	25
黑龙江	26	26	28	26	27	27	24	27	30	27	27
上海	15	13	6	3	8	10	23	18	29	11	14
江苏	1	1	1	5	2	1	1	1	29	1	1
浙江	2	2	5	17	6	5	3	2	28	2	2
安徽	11	14	15	16	13	13	8	10	17	12	10
福建	7	8	4	4	10	8	7	3	31	7	8
江西	12	12	13	14	16	14	10	12	15	14	11
山东	6	6	10	21	7	6	2	7	11	4	6
河南	8	10	12	19	11	9	4	6	23	10	9
湖北	4	3	3	6	3	3	9	9	1	5	3
湖南	9	9	8	13	9	11	14	8	21	9	5
广东	3	5	7	20	1	2	5	5	9	3	4
广西	17	15	21	24	19	20	19	15	10	17	15
海南	30	29	30	30	29	30	31	29	16	28	29
重庆	13	11	16	18	14	15	15	11	25	15	13
四川	5	4	9	22	5	4	6	4	27	8	7
贵州	20	22	19	15	21	21	25	19	14	21	21
云南	16	18	22	29	18	17	12	14	19	20	18
西藏	31	31	31	31	31	31	30	31	20	31	31
陕西	14	16	11	8	12	12	13	13	6	13	17
甘肃	24	25	26	28	24	24	22	23	22	24	24
青海	29	30	27	7	28	29	29	30	3	30	30
宁夏	28	28	29	25	30	28	28	26	26	29	28
新疆	23	23	24	27	23	23	26	24	18	22	23

2022 年各地区建筑业主要指标增速在全国的位次 　　表 3

地区	指标										
	建筑业总产值	竣工产值	在外省完成产值	外向度	签订合同额	本年新签合同额	企业数量	从业人数	劳动生产率	房屋建筑施工面积	房屋建筑竣工面积
北京	27	3	25	21	4	20	20	6	23	17	7
天津	24	8	21	16	3	28	13	28	2	5	2
河北	13	20	19	23	16	14	22	5	24	12	24
山西	10	19	3	5	19	17	10	20	18	19	3
内蒙古	22	21	5	4	29	23	17	29	10	24	26
辽宁	28	24	23	12	30	27	28	30	19	30	6
吉林	30	29	20	3	23	2	12	11	27	29	30
黑龙江	16	4	30	30	17	24	19	14	29	9	1
上海	25	27	18	8	13	19	15	19	25	4	19
江苏	17	18	17	18	28	9	21	10	12	13	9
浙江	23	6	28	28	24	25	3	25	4	23	8
安徽	3	1	8	14	18	3	4	2	26	26	4
福建	9	11	6	9	21	15	18	8	16	14	5
江西	5	9	15	22	6	13	16	3	22	6	11
山东	14	14	13	13	14	18	5	7	9	7	17
河南	18	23	14	10	27	12	8	16	15	16	16
湖北	2	15	9	19	1	21	6	9	13	20	12
湖南	7	16	12	17	22	1	1	23	3	15	13
广东	12	7	16	20	8	4	14	18	8	11	10
广西	8	12	4	7	15	31	2	26	7	25	14
海南	20	25	24	25	2	5	11	4	31	2	20
重庆	21	5	7	6	25	8	7	21	17	21	22
四川	11	10	11	11	10	11	29	15	11	3	15
贵州	19	31	22	24	5	30	25	27	21	27	25
云南	1	17	1	2	11	10	24	17	6	22	21
西藏	31	28	31	31	31	22	30	31	30	31	31
陕西	4	13	10	15	12	16	27	22	5	1	18
甘肃	6	22	27	29	9	6	31	13	14	18	23
青海	29	2	29	26	26	7	9	24	28	8	29
宁夏	15	30	2	1	7	29	23	1	1	28	28
新疆	26	26	26	27	20	26	26	12	20	10	27

说明：各项统计数据均不包括香港、澳门特别行政区和台湾省数据。

作者：赵峰[1]　王要武[1,2]　金玲[1]　李晓东[2]（1. 中国建筑业协会；2. 哈尔滨工业大学）

建筑业高质量发展与数字化转型的思考

Reflections on the High Quality Development and Digital Transformation of the Construction Industry

高质量发展是全面建设社会主义现代化国家的首要任务。建筑业作为国民经济支柱产业，能否实现高质量发展影响国计民生。当前，建筑业既面临着固定投资增速放缓、从业人口减少、节能环保要求提升、居住品质提高等外部需求变化，又亟待转变发展方式粗放、劳动生产率不高、数字化转型缓慢等发展现状，亟待全面推动高质量发展。

1 着力构建行业高质量发展的新格局

1.1 把握国内外发展环境的变化

当今世界面临百年未有之大变局，国内外环境正在发生深刻调整，我们需要把握以下几个方面的变化：

（1）格局之变。国际经济、科技、文化、安全、政治等格局都在发生深刻变化，世界经济重心加快"自西向东"位移，以中国为代表的新兴市场国家和发展中国家国际影响力不断增强，国际力量对比更趋均衡。

（2）科技之变。人工智能、大数据、量子信息、生物技术等新一轮科技革命和产业变革催生大量的新技术、新产业、新模式、新业态、新产品，给经济社会发展带来翻天覆地的变化。今后几年将是科技革命与产业革命的融合迭变期、新旧动能转换的关键期，也是中国实现跨越式发展的窗口期。

（3）产业之变。当前世界政治经济军事格局的变化深刻影响全球产业链供应链分工，以国内大循环为主体、国内国际双循环相互促进的新发展格局势必对我国产业布局带来一系列调整。新基建、新城建将牵动工程建设及上下游产业链进一步调整升级。

（4）竞争之变。企业竞争从单兵作战转变为集团作战，从要素竞争转变为系统及全产业链竞争，从行业内部竞争转变为跨界竞争，从国内或区域性竞争转变为国际化、全方位的竞争。

（5）社会之变。中国特色社会主义进入新时代，我国社会结构正处于转型期，社会观念、社会心理、社会行为发生深刻变化。企业从盈利主导转向社会价值创造，社会进步对工程建设的要求从规模、速度转向品质、效率，诸如 ESG 管理、数字化转型等都对企业治理体系和治理能力提出了全方位的新要求。

1.2 把握行业在构筑新发展格局中的作用

建筑业在助力我国构筑新发展格局中要发挥好以下几个方面的作用：

（1）发挥国民经济"支柱"作用。国家统计局数据显示，2022 年建筑业实现增加值为 8.34 万亿，比上年增长 5.5%，占全国 GDP 的 6.89%，经济支柱作用稳固，在未来较长时期仍将会保持较大的产业规模，担当国民经济发展的"引擎"。

（2）发挥全产业链"拉动"作用。建筑业是国民经济体系中带动能力最强的产业，拉动建材、冶金、有色、化工、电子、运输等 50 多个产业的发展，建筑业总产值逐年增长，2022 年达到 31.20 万亿，增长了 6.5%，在拉动国民经济全面发展中的作用难以替代，基建行业必须要发挥带动经济发展的压舱石作用。

（3）发挥对外经济"助推"作用。2022 年，我国对外承包工程业务完成营业额 1549.9 亿美元，与上年基本持平。新签合同额 2530.7 亿美元，比上年下降 2.1%，国际工程在带动制造业等相关产业"走出去"方面仍然发挥着非常关键的作用。

（4）发挥社会发展"稳定"作用。截至 2022 年底，从业人数 5184.02 万人，从业人数连续四年下降，但全国建筑企业数量达到 14.36 万个，同比增长 11.55%，建筑业在促进就业、稳定社会方面的作用仍然非常巨大。

（5）发挥新基建应用"主战场"作用。在全球经济增长普遍乏力的大背景下，中国未来经济发展的主要动力将来自于新型城镇化和新型基础设施的新一轮带动。新基建的关键在于要精准对接新型城镇化的有效需求，以新城建带动新基建。未来城市群将成为人口迁徙的核心承载区域，新增城市人口的绝大部分将集中于京津冀、粤港澳、长三角等近二十个城市群，这将成为新基建应用的主战场。

总之，以新发展理念为统领，将形成"以新型城镇化为主战场，以建筑业与新基建协同共促为方式"的新城建模式，实现全面高质量发展。体现在：一是以创新发展理念破解城镇化难题，向智慧城市迈进；二是以协调发展理念促进产城融合，促进平衡发展；三是以绿色发展理念建设生态宜居城区，促进可持续发展；四是以开放理念吸纳先进经验成果，促进高效发展；五是以共享理念提升"城市温度"，促进公平发展。

1.3 把握行业高质量发展的内涵

习近平总书记指出：高质量发展，就是能够很好满足人民日益增长的美好生活需要的发展，建筑业是国民经济的支柱产业，是美好生活的重要支撑与场景载体。当前，我国建筑业已由增量市场向存量市场转变，行业竞争激烈，发展方式亟待从劳动密集型向技术密集型转变，从要素驱动和投资驱动向创新驱动转变。建筑业高质量发展的内涵就是在保持较大产业规模的基础上，产业整体竞争力更为强大，集中体现为"资源节约、环境保护、过程安全、精益建造、品质保证、价值创造"。

面对高质量发展新要求，建筑业需要关注几个发展趋势：一是业态变化，建筑业已开始向工业化、数字化、智能化方向升级。二是生态变化，建筑业需要注重绿色节能、低碳环保，需要和自然和谐共生。三是发展模式，建筑业的"增量市场"逐年缩减，城镇老旧小区改造、城市功能提升等"存量市场"将成为新的"蓝海"。四是管理要求，建筑业企业需要提升质量标准化、安全常态化、管理信息化、建造方式绿色化、智慧化、工业化。五是协同发展，建筑业需要同产业链上下游企业、关联行业加强融合协同发展。为此，我们要紧扣进入新发展阶段，着力实现新的更大发展；紧扣贯彻新发展理念，着力推进发展方式转变；紧扣构建新发展格局，着力发挥重要支点作用。

2 明确行业高质量发展的根本路径

建筑业高质量发展是一个非常庞大的体系，其关键在于要进一步解放生产力和改善生产关系，也就是要推动生产方式的转型升级。在新时代实现高质量发展的根本路径在于：以"三造"融合创新、"四化"协同发展，推动行业转型升级，实现高质量发展。

2.1 "三造"融合创新是行业变革的关键支点

习近平总书记提出，中国制造、中国创造、中国建造共同发力，改变着中国的面貌。习近平总书记关于"三造"的这一重要论断，内涵丰富，影响深远。如何借助中国制造、中国创造、中国建造这"三造"融合来推动技术创新与行业变革，将是建筑业实现高质量发展的根本路径。

"制造＋创造＋建造"是决定建筑业生产方式变革的内在基因。回顾建筑业发展历史，我们不难看出，建筑业的技术革命与钢铁工业、机械制造业、信息产业等工业部门的技术变化紧密相关。从发展历程来看，我国建筑业生产方式总体上仍比较落后，还没有真正完成建筑工业化。从横向比较来看，制造业技术先进性已经显著领先于建筑业，在生产效率、质量控制、环境保护等诸多方面都具有明显优势，因此制造业技术向建筑业外溢、转移和扩散将是发展的必然趋势。以"制造＋创造＋建造"为特征，推动现代工业技术、信息技术与传统的建筑业融合创新，寻找建筑艺术与建造技术的完美契合点，探索"研发＋设计＋制造＋建造＋服务"高度集成的新生产与服务体系，是当前建筑业生产方式变革的DNA，并将适应不同类型建筑特点要求，创造更广阔的新技术应用场景。智慧建造等新技术也将为"工匠精神"等建造传统提供崭新的诠释方式和实现途径，提供更具价值的新一代建造服务，充分发挥关联产业的特点，推动"中国制造"走向世界，助力加快形成以国内大循环为主体、国内国际双循环相互促进的新发展格局。总之，我们要以中国建造为发展目标、以中国制造变革生产方式、以中国创造为驱动力，推动工业技术、信息技术与建筑业融合创新，推动建造方式升级、构建现代化的产业体系、营造创新发展生态圈。

2.2 "四化"协同发展是行业变革的核心标志

当前在新材料、新装备、新技术的有力支撑下，工程建造正以品质和效率为中心，向绿色化、工业化和智慧化程度更高的"新型建造方式"发展，并不断与国际化发展融合。绿色化、工业化、智慧化、国际化这"四化"协同发展代表了行业生产方式转型的根本方向。从生产方式看，新型建造方式落脚点主要体现在绿色建造、智慧建造和建筑工业化，将推动全过程、全要素、全参与方的"三全升级"，促进新设计、新建造、新运维的"三新驱动"。从工程模式看，中国建造在积极推动工程总承包、全过程工程咨询和建筑师负责制，尝试REITs等新投融资模式，不断与国际化模式融合。

（1）绿色化是新理念的重要要求。坚持绿色发展，形成人与自然和谐发展现代化建设新格局，这是新发展理念的重要要求。建筑业必须从根本上摆脱粗放发展的老路，深入推动绿色发展，助力我国实现碳达峰、碳中和"双碳"目标。建筑业高质量发展的核心理念之一就是以人为本，体现在为人民群众提供更高品质的建筑产品，打造更具价值的应用场景，提供更优质、更高效的建造服务，要兼顾人与自然，也就是要实现绿色低碳。为此，我们要把握道法自然、承启中华、AI赋能的绿色发展路径，把在家园层面实现绿色、生态作为建筑业高质量发展的根本归宿，通过推动面向未来的先进技术应用，把建造的绿色化水平由浅绿推向深绿，让未来的绿色建筑实现群落智慧的碳平衡，真正把"绿水青山就是金山银山"理念在行业中用实践来贯彻落实。

（2）智慧化是新时代的关键引擎。当今时代是数字经济、智慧社会的时代。人工智能、机器人、区块链、大数据等成为第四次产业革命的标志性技术。建筑业要想跟上新时代步伐，就必须要大力推动智慧建造，抢抓新基建发展机遇，融入数字经济创新浪潮。新基建投资奠定了人类数字文明的发展基础，不仅本身形成了规模庞大的数字经济产业，还将颠覆传统产业、使之走向数字化，从而产生不可估量的投资叠加效应、乘数效应。此外，"新基建"需要新技术的应用，必将推动建筑业加快技术升级的步伐。根据麦肯锡的研究，从世界范围来看，工程行业的生产力提升一直相对缓慢，过去20年间，生产力平均每年提升1％左右。而未来应用新技术后可以帮助工程行业提升约15％的生产力。因此，推动智慧建造的发展与应用，是顺应第四次工业革命的必然要求，是提升行业科技含量，解决我国资源相对匮乏、供需不够平衡等发展问题的必由之路，也是中国建筑产业未来能占据全球行业制高点的关键所在。

（3）工业化是现代化的坚实基础。建筑业不仅要抢抓数字经济的时代机遇，还要花大力气全面跟上第二次、第三次工业革命的步伐，在"学新课"的同时"补旧课"，真正实现生产方式转型，摆脱劳动密集，降低资源消耗，提高品质和效率，提升建筑业竞争力，其出路就在于发展新型建筑工业化。当前，我国建筑业正在各类房屋建筑和基础设施工程中，结合各自工程特点，推动着诸如装配式建筑、装配式桥梁等建造技术的发展，充分发挥着工厂制造高效率、高品质、自动化的优势。总体上，目前基于工厂和基于现场推动建筑工业化的两条基本路径都得到了较快的探索和发展，体现着新时代工程建造方式发生的根本性变化，建筑业正逐步变革劳动密集的生产方式，迈向"工业3.0""工业4.0"的新时代。

（4）国际化是新格局的关键支点。"逐步形成以国内大循环为主体、国内国际双循环相互促进的新发展格局"是党中央积极应对世界百年未有之大变局和当前国内外经济形势变化的战略之举。推动行业国际化发展，有助于促进中国建筑业在"一带一路"等海外发展中更好地与世界接轨，发挥建筑业产业链长的优势，带动中国制造、中国创造更好走出去。建筑业国际化发展，主要在于工程建设模式以及建设标准与国际接轨，为此要进一步推动工程总承包、全过程工程咨询和建筑师负责制的发展。

3 推进行业数字化转型进程

当前，世界各国都在抢占技术高地，获取智慧经济时代机遇。伴随着数字技术与实体经济的深度融合，数字经济发展再上新台阶。2022 年，我国数字经济规模达到 50.2 万亿元，较"十三五"初期增加 1 倍多，占 GDP 比重达 41.5%，在经济发展中的加速器、稳定器作用愈发凸显。在大数据智能化的发展中，中国建筑业也迎来了数字化时代，将进一步树立中国建造在全球的领先优势，并在更大范围、更深程度牵引带动我国经济社会的整体发展。推动建筑业数字化转型主要体现在两个层面：一方面是工程建造业务的数字化，即推动智慧建造；另一个方面是建筑企业管理的数字化，这二者相辅相成并应紧密融合。下面我将二者结合到一起探讨。

3.1 把握推动智慧建造的意义

智慧建造通过综合运用现代信息技术，实现精细化、数字化、自动化、可视化和智能化，最大限度节约资源、保护环境，降低劳动强度和改善作业条件，最大程度提高工程质量、降低工程安全风险。智慧建造主要体现在三个方面：一是"感知"，借助物联网和虚拟现实等技术，扩大人的视野、扩展感知能力以及增强人的某部分技能；二是"替代"，借助人工智能技术和机器人等设备，来部分替代人完成以前无法完成或风险很大的工作；三是"智慧决策"，随着大数据和人工智能等技术的不断发展，借助其"类人"的思考能力，替代人参与建筑生产过程和管理过程。

智慧建造是做强做优中国建造的关键，其作用主要表现在以下三个方面：

（1）智慧建造是增强国家竞争实力的有效途径。推进智慧建造将为建设数字中国、智慧社会提供广阔的实践场景，带动智慧家居、物业等众多领域发展，带动众多关联产业走向国际市场，进而推动"中国制造"整体"走出去"，提升我国竞争实力。

（2）智慧建造是推动智慧城市建设的重要支撑。通过智慧建造，创造智慧建筑、智慧基础设施，能够实现建筑和设施的联结、感知、智能，智慧城市的运行因此具备了支点、纽带与空间，使得生产经济活动和社会生活互联互通、高效便捷。

（3）智慧建造是实现建筑产业可持续发展的必由之路。智慧建造采用现代技术手段，能够显著提高建造及运行过程的资源利用效率，减少对生态环境的影响，实现节能环保、效率提高、品质提升与安全保障，是行业可持续发展、迈向更高端水平的必然选择。

总的看，推进智慧建造是国家和行业发展的大势所趋，我们应把握机遇，深化合作，协同推进智慧建造加快发展，努力作出突破性和创新性贡献。

3.2 推动智慧建造全生命期应用

（1）推动智慧设计发展。要继续探索新型设计组织方式、流程和管理模式，构建智慧设计基础平台和集成系统，开发基于 BIM 的协同设计平台。

（2）推动智慧工厂发展。工厂是建筑工业化的核心环节，工业集成度是工业化水平的核心标志。"十四五"以来，以中建海龙等为代表的行业领军企业，探索装配式建筑技术迈向模块化建筑的 4.0 新时代，可将 90% 的元素在工厂制造，并深度融合智慧建造，真正实现了像造汽车一样造房子，伴随着全国首个百米高层混凝土模块建筑、全国最高钢结构模块建筑、全国建造速度最快的模块建筑等标杆性项目的成功建设，为新型建筑工业化做了变革性探索，可以预期我国新型建筑工业化将开启一个全新的时代。

（3）推动智慧工地发展。加强"互联网＋"环境下的新型施工组织方式、流程和管理模式探索，全面融合人机料法环生产要素和进度、成本、质量、安全、环境等管理目标，基于工程项目施工全过程 BIM 大数据，构建智慧工地基础平台和集成系统，普及智能移动终端应用，推动施工机器人发展。

（4）推动智慧运维发展。如果说设计、生产、施工是建造过程的智慧化，智慧运维则是建筑产品的智慧化，其意义更为重大。下一步应通过 BIM 与物联网、大数据、AI、区块链等技术的融合创新，为更有效地打通智慧社区、打造智慧城市提供基础和接口。

3.3　解决智慧建造关键软件"卡脖子"问题

目前，我国在工程建造相关软件的应用方面取得显著成果，但在基础软件技术方面还存在短板，特别是具有自主知识产权的 BIM 基础平台，BIM 软件的国产化程度极低，大量应用国外 BIM 软件等。这已经影响到国家信息安全，成为我国推进智慧建造的"卡脖子"关键技术。近几年，在国家的重视与推动下，国内有关科研机构和企业在推动 BIM 国产化方面已取得了阶段性进展，基础软件国产化前景可期。

3.4　推动建筑企业数字化转型

数字化转型是一场深刻而系统的革命，不仅是技术革命，更是认知革命，是一种思维方式与经营模式的革命，是涉及企业战略、组织、运营、人才等的一场系统变革与创新。建筑企业应以服务用户（业主）需求为导向，开发"互联网＋"环境下的工程项目多参与方协同工作平台，打通建造全生命期和全产业链，开拓"平台＋服务"的工程建造新模式。

建筑企业在数字化转型中面临着诸多方面的挑战，现阶段应着重处理好以下问题：

（1）信息化平台与业务管理不匹配。建筑企业数字化建设的技术力量主要来自于 IT 企业，但外部 IT 企业往往不熟悉建筑业或某建筑企业的运营特点，容易导致信息化平台功能不足。为此最好是建筑企业能自主主导开发，至少保证能够全面准确地对信息化开发的需求进行定义和明确。

（2）信息化投入与效能提升不匹配。对任何企业而言，信息化投入都不是个小数字，特别是有些架构设计极为完善的信息化平台开发。为此必须坚持循序渐进的开发模式，优先解决关键性制约和数字化需求，力争做到开发一部分见效一部分。

（3）业务惯性与数字化再造流程。要用数字化的思维重新解读业务，重构业务模式，再造业务流程。通过业务模型数字化，能更有效地实现决策优化，构建更完善的数字化管控体系，提升业务竞争力，甚至改变产业生态，形成独特竞争优势。

（4）竖井式建设模式与系统打通。以往数字化建设通常按垂直业务采用竖井式建设模式，导致了各板块间形成数据烟囱，各自独立，但难以打通。为此，要坚持系统性建设规划的做法，认真分析业务管理的底层逻辑，遵循"数出一源、一源多用"的原则，实现源数据的纵向互通、横向互联、集成共享，从而建成协同有效的数字化系统。

第四次科技革命已然来临，推动建筑业变革与数字化转型，是高质量发展的必然选择，将全面影响各个领域，带动新一轮的发展。让我们携手共进，共同谱写中国建筑业高质量发展的新篇章！

作者：毛志兵（中国建筑股份有限公司）

建筑行业数字化发展进程与趋势

Process and Trend of Digitalization in the Field of Construction Industry

1 建筑行业数字化发展进程

在建筑市场竞争日益激烈的环境下，建筑施工企业要想更好地可持续发展和发挥竞争优势，就必须提升企业的管理水平和核心竞争能力，就必须不断地进行技术创新与管理创新。而信息技术是支撑企业发展和管理落地的有效手段之一。20世纪80年代初，工程设计企业和施工企业尝试引进PC（个人电脑）进行计算机辅助计算和辅助绘图。以此为起点，开始了单机与工具软件使用，实现了"甩图板工程"，发展到20世纪90年代互联网与专业软件结合应用，再到21世纪初BIM技术的产生和应用，走过了近半个世纪的发展历程。当前，正向着以BIM为基础的移动通信、物联网、云计算、大数据、人工智能等新一代信息技术及机器人等相关设备的集成应用方向发展。特别是新一代信息技术与施工现场生产、管理深度结合，产生了一系列创新应用，如数字工地（或智慧工地）等，展现出爆发性增长的态势。

建筑行业数字化发展大致可分为三个阶段：第一阶段始于20世纪80年代，依托计算技术、图形技术，以技术为中心，实现了"甩图板工程"；第二阶段始于20世纪90年代，依托数字技术、网络技术，以服务为中心，信息化管理取得长足进步；第三阶段始于21世纪初期，依托4G/5G、BIM、IoT、AI、云计算、大数据等新一代信息技术，以业务为中心，目前在快速发展中。

为推动建筑产业数字化发展，我国发布了一系列政策文件，引导和推动行业发展。"十一五"时期重点建设"一个平台（网络平台）、三大系统（工程设计集成系统、综合项目管理系统和经营管理信息系统）"，重点推动企业信息化管理发展；"十二五"时期围绕核心业务层和企业管理层，重点建设信息基础设施平台和八大应用系统（包括核心业务层的设计集成、项目管理、项目文档管理、材料与采购管理等系统），推动信息技术在企业的各个方面应用；"十三五"时期提出全面提高建筑业信息化水平，增强BIM、IoT、AI等信息技术集成应用能力，实现业务财务管理一体化；"十四五"时期，加快推进国有企业数字化转型成为一大特点，不仅要求技术水平的提升，同时要求流程改变、业务改变、组织架构改变，以适应数字时代发展需求。

2 BIM成为建筑行业数字化发展的重要技术基础

随着近几年信息技术日新月异的发展，涌现出许多新的信息技术，特别是BIM技术的出现，为企业集约经营、项目精益管理理念的落地提供了更有效的手段。BIM的价值在于完善了整个建筑行业从上游到下游的各个管理系统和工作流程间的纵、横向沟通和多维度交流，实现项目全生命期的信息化管理。目前，BIM技术已成为推动建筑行业转型升级的关键技术，是智慧建造和智慧城市的重要基础技术，是提升建筑企业核心竞争力的重要技术手段。

2.1 BIM技术的价值与作用

BIM技术对建筑行业具有革命性意义。如果说CAD技术的发展和普及应用使设计师甩掉图板是建筑行业信息化的一次革命，那么，BIM技术的发展和普及应用则是建筑业全行业的又一次革命。这已成为全球范围内业界的共识。英国地理信息学会（AGI）2015年发布的《AGI 2020预测报告》

显示，对未来 5 年经济、环境、社会影响最大的 5 大主要因素：开放、大数据、BIM 与资产管理和未来城市、创新科技、政策和文化。英国皇家特许建造学会（CIOB）发布的 2018 年度调研报告表明，有 83％的被调查者认为 BIM 是未来 5～10 年对建筑业行业进步有重大影响的技术。

BIM 在促进建筑专业人员整合、提升建筑产品品质方面发挥的作用与日俱增，它将人员、系统和实践全部集成到一个由数据驱动的流程中，使所有参与者充分发挥自己的智慧，可在设计、加工和施工等各阶段优化项目、减少浪费并最大限度提高效率。BIM 不只是一种信息技术，已经开始影响到建筑施工项目的整个工作流程，并对企业的管理和生产起到变革作用。我们相信随着越来越多的行业从业者关注和实践 BIM 技术，BIM 必将发挥更大的价值带来更多的效益，为整个建筑行业的跨越式发展奠定坚实基础。

2.2　BIM 技术发展阶段与进程

粗略地讲，BIM 发展进程大致可分为四个阶段：一是 2002 年前后的概念形成（感性认知）阶段，也可以说是人们逐步认识和接受 BIM 概念阶段；二是初期应用（理性回归）阶段，主要是人才培养、示范试点应用阶段；三是目前的务实应用（知行合一）阶段，针对解决工程建设面临的问题、需求，有目标、有计划地应用；四是普及应用（价值实现）阶段。住房和城乡建设部早在 2018 年就布局推动 BIM 普及应用，开始运用建筑信息模型系统进行工程建设项目审查审批和城市信息模型平台建设试点工作，并在推动 CIM（城市信息模型）技术发展和 CIM 平台建设方面取得成效。目前，我国普及 BIM 应用工作已经启动，有关省市已经开始 BIM 设计审查工作。

我国 BIM 技术应用与研发在探索中前进，与美国、英国的 BIM 应用进程基本一致。"十一五"以来，BIM 理念在建筑业逐步深入人心，BIM 的重要性和意义在行业已得到共识，被作为支撑行业产业升级的核心技术重点发展。通过不断研发、试点示范应用和推广，我国 BIM 发展至今，奠定了良好的应用基础，应用环境已初步成熟，BIM 普及应用条件已经具备，目前处于 BIM 应用的第三阶段，即将进入普及应用阶段。但总体而言，我国 BIM 应用发展仍不均衡，总体水平有待提高，特别是还未掌握核心基础软件技术。

2.3　制约 BIM 技术发展的主要障碍

当然，新技术的普及应用并不是一帆风顺的，还存在一些困难和障碍制约着 BIM 技术在我国更广泛的应用。主要障碍有以下几点：一是法律环境，BIM 模型还没有法律地位，图纸仍然是法律依据，制约了基于 BIM 模型的审查、交付和存档；二是 BIM 软件功能，现有 BIM 软件和设备的功能和数据共享能力达不到项目应用要求，影响应用效率和效益；三是应用 BIM 人员的知识结构，掌握BIM 应用技能的人员大多是年轻人，他们的工程经验不足，与实际项目管理过程结合还不够紧密，影响了 BIM 应用效果。据统计，中建 80％的 BIM 应用人员的年龄在 30 岁以下，而美国约 80％的 BIM 应用人员在 30 岁以上。

3　建筑行业正在从数字化到智能化、智慧化发展

随着数字中国战略的提出，数字化建设已经成为我国经济高质量发展的重要引擎。把握数字中国建设机遇，实现工程建设与管理数字化转型升级，不仅是建筑业改变高消耗、高排放、粗放型发展现状、打造"中国建造"品牌的重要措施，更是从 BIM 到 CIM，推进智慧城市健康发展的重要基础。

3.1　对数字建造、智能建造和智慧建造的理解

从技术角度来看，数字建造、智能建造和智慧建造，只是不同视角的不同表达，数字建造是智能建造和智慧建造的基础，三者并不矛盾，而是一个统一的整体。其技术体系是一致的，就目前的技术发展而言，是 BIM、IoT、AI、大数据等新一代信息技术及机器人等相关设备的集成与创新应用，与工程建造技术深度融合。其实现的目标也是一致的，通过新一代信息技术应用，实现了对人类能力的增强，主要表现在：（1）体力替代，借助机器人等智能设备，最大可能地替代人类的体力付出（通过

充分利用机械化、自动化和智能化设备，部分或全部替代人完成相关工作，特别是以前无法完成或风险很大的工作）；（2）感知能力增强，借助物联网、虚拟现实和人工智能等技术，扩大人类视野、扩展感知能力，以及增强人的某部分技能；（3）决策能力提升，通过大数据和人工智能等技术应用，借助其"类人"的思考能力，辅助人类做出科学决策。

3.2 智能建造发展重点

住房和城乡建设部大力推动智能建造与新型建筑工业化协同发展，并发布了可复制经验做法清单（第一批），五个重点需予以关注。

（1）数字化设计，核心是强化工程建设各阶段 BIM 的应用，强调发挥 BIM 设计的龙头作用。

（2）智能生产，核心是打造部品部件智能生产工厂。要实现这一目标，工厂生产水平要与制造业发展同步提升，解决个性化与批量化的矛盾、等同现浇问题、工人素质问题，重视生产精度和质量、安全等问题。

（3）智能施工，核心是推进基于 BIM 的智慧工地策划。智慧工地取得了一定成效，但工地在不断变化，智慧工地仍处于发展初期，发展策略、标准体系、实施路径等尚需深入研究，数据价值尚未得到充分挖掘，智慧工地等相关研究实践投入产出比不高等问题还普遍存在。

（4）建筑产业互联网，核心是培育垂直细分领域行业级平台，要在设计阶段，打造"全数字化样品"；在施工阶段，实现基于数字孪生的工业化建造。

（5）建筑机器人，核心是推广应用部品部件生产机器人。建筑机器人成为发展热点，但技术难度较大。

4 智能建造和数字化转型成为未来一段时间的发展重点

4.1 行业数字化与智能化发展趋势

建筑业数字化发展趋势已经明确。《中华人民共和国国民经济和社会发展第十四个五年规划和2035 年远景目标纲要》第五篇就是"加快数字化发展 建设数字中国"，凸显了数字技术对于我国经济社会发展的重要性。《中华人民共和国国民经济和社会发展第十四个五年规划和 2035 年远景目标纲要》中，数字化发展路径明晰，聚焦七大数字产业，要迎接数字时代，激活数据要素潜能，推进网络强国建设，加快建设数字经济、数字社会、数字政府，以数字化转型整体驱动生产方式、生活方式和治理方式变革。2022 年 6 月，中国可持续发展工商理事会发表了《2022 中国企业可持续发展十大趋势》，认为"数字技术对企业发展方式的转变起到重要的推动作用，数字技术连接了原本分散的企业、设备、市场，实现企业内部研发、生产、市场、供应链等环节的联动发展，促进企业创新效率提升、创新空间拓展"。并将"数字技术转变企业发展方式"和"智能化推动企业高质量发展"列为十项发展趋势之中。

未来一段时期，建筑业"数字化转型""智能建造""智慧城市""数字孪生"等主题不会有太大变化。随着新一代技术的发展，建筑业绿色化、工业化和数字化/智能化/智慧化新业态逐步形成。国家发布的《"十四五"建筑业发展规划》《"十四五"住房和城乡建设科技发展规划》等文件，也在强化建筑业数字化转型趋势。

4.2 数字时代需要关注的重点

在当今的数字时代，我们需要关注以下四个重点。

（1）"正确认识"数字化。数字化转型是通过数字技术的深入运用，对传统管理模式、业务模式、商业模式进行创新和重塑，目的是提升竞争力。数字化转型是一项艰巨的任务，从技术驱动到业务创新，从组织变革到文化重塑，从数字化能力建设到人才培养，涉及各方面。

（2）培育"数字能力"。夯实数字化基础，从数字化到智能化和智慧化已经成为发展的必然趋势，三者的发展不是"串行"的，数字化尚未完成，智能化和智慧化也在发展中，只是起步时间不同、发展程度不同、技术难度不同、效益体现不同。

（3）提高"数字素养"。提高使用数字工具和设施的意识、心态和能力，在数字环境下利用一定的信息技术手段和方法，能够快速有效地发现并获取信息、评价信息、整合信息、应用信息的综合科学技能与文化素养。

（4）重视"数据要素"。十九届四中全会首次将"数据"列为与劳动、资本、土地、知识、技术、管理并列的生产要素，要高度重视数据要素的作用和价值。

作者：李云贵（中国建筑集团有限公司）

建筑业数字化转型内涵与关键技术体系

The Connotation and Key Technology System of Digital Transformation in the Construction Industry

1 绪言

国家《"十四五"数字经济发展规划》提出，数字经济是继农业经济、工业经济之后的主要经济形态，是以数据资源为关键要素，以现代信息网络为主要载体，以信息通信技术融合应用、全要素数字化转型为重要推动力，促进公平与效率更加统一的新经济形态。数字经济正推动生产方式、生活方式和治理方式深刻变革，成为重组全球要素资源、重塑全球经济结构、改变全球竞争格局的关键力量。从全球范围看，数字经济创新企业无论是规模还是成长性方面，都处于引领地位，各国普遍将数字经济视为促进经济复苏、重塑竞争优势和提升治理能力的关键力量，德国、英国、美国等工业发达国家数字经济占 GDP 比重超过 60%。《IDC FutureScape：2020 年全球数字化转型预测》显示，2020～2023 年，全球数字化转型投资支出将达到 7.4 万亿美元，复合增长率达 17.1%。我国处于数字经济将发挥关键性作用的阶段，2020 年，我国数字经济规模达到 39.2 万亿元，占 GDP 比重为 38.6%。随着新一轮科技革命和产业变革的持续推进，数字经济已成为我国最具活力、最具创新力、辐射最广泛的经济形态，成为国民经济的核心增长极之一。VUCA 时代（变幻莫测的时代）的来临为全球经济带来更多不确定性，人工智能、大数据等新兴技术的快速发展引起行业变革加剧。在 VUCA 时代下，企业要掌握驾驭数字化带来的数级变革的能力。

数字经济包括数字产业化与产业数字化两大部分。数字产业化即信息产业，其具体业态包括电子信息制造业、信息通信业、软件服务业等；产业数字化是指在新一代数字科技支撑和引领下，以数据为关键要素，以价值释放为核心，以数据赋能为主线，对产业链上下游全要素数字化升级、转型和再造的过程，即传统行业因数字技术带来的生产数量和生产效率的提升。近年来数字经济增速保持高位运行，数字经济结构持续优化升级，产业数字化深入推进（图 1）。建筑业数字化属于产业数字化范畴。德勤咨询 2019 年"数字化成熟度"调查结果显示，建筑业数字化成熟度得分为 4.50，在被调研的各行业中得分最低。建筑业企业应当正确认识数字化发展内涵，把握数字化转型关键，跟上后工业时代发展步伐。

《中华人民共和国国民经济和社会发展第十四个五年规划和 2035 年远景目标纲要》将新型基础设施建设提上日程，新基建涉及 5G 基建、人工智能、大数据中心、工业互联网、城际高速铁路和城际轨道交通、特高压和新能源汽车充电桩等，前四者重创新，后四者补短板，赋能智能建造发展。以5G 基站为例，工业和信息化部《通信业统计公告》统计数据显示，截至 2020 年底，新建 5G 基站超60 万个，已开通 5G 基站超过 71.8 万个，覆盖全国地级以上城市及重点县市。《"十四五"数字经济发展规划》提出优化升级数字基础设施，包括加快建设信息网络基础设施、加快建设信息网络基础设施、有序推进基础设施智能升级。《住房和城乡建设部等部门关于推动智能建造与建筑工业化协同发展的指导意见》强调加快推动智能建造与建筑工业化协同发展，打造全产业链融合一体的智能建造产业体系，走出一条内涵集约式高质量发展新路。中国工程院委托同济大学、中国建筑股份有限公司等开展了《中国建造 2035 战略研究》《中国建造高质量发展战略研究》《建筑业"十四五"期间发展趋势研究》等一系列研究项目，清晰勾勒了"中国建造"未来发展蓝图，为建筑业未来发展提供了支

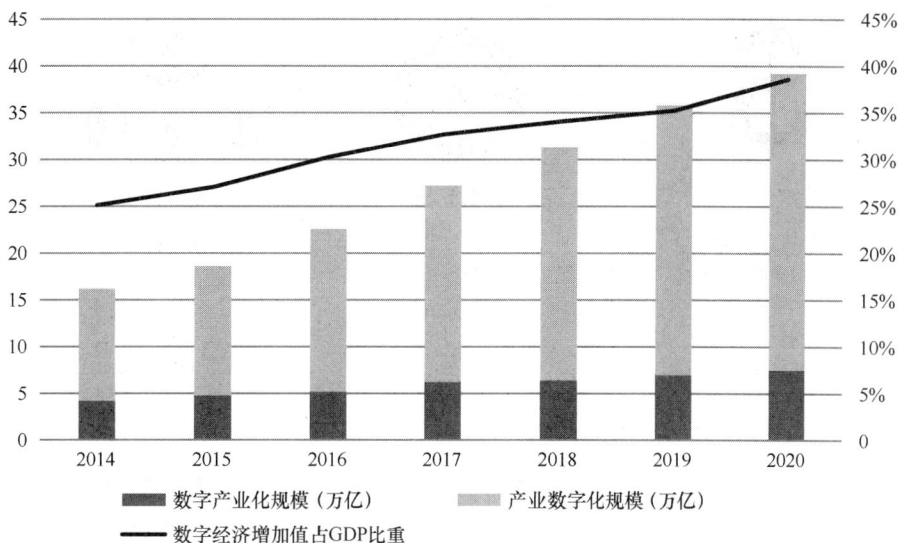

图 1　数字经济规模与结构

【数据来源：根据《中国数字经济发展白皮书》整理】

撑。在国家宏观政策方向与行业变革方向共同作用下，建筑业有需要、也有必要向数字化转型，这既是建筑业企业应对变革的内在要求，也是建筑业实现高质量发展的必经之路。建筑业企业需要抓住新一轮科技革命的历史机遇，全面认识建筑产业变革，打造智能建造新范式和新框架体系，聚焦产业数字化转型，准确把握行业发展痛点，高度重视数字化、网络化、智能化对工程建造的变革性影响，推动建筑产业由碎片化、粗放型、劳动密集型生产方式向集成化、精细化、技术密集型生产方式转型。

2　建筑业数字化转型的概念与内涵

数字化转型（Digital Transformation）是建立在数字化转换（Digitization）、数字化升级（Digitalization）基础上，进一步结合企业的核心业务，以新建一种商业模式为目标的高层次转型，构建一个富有活力的数字化商业模式。数据、信息和知识是数字经济价值创造的主要生产要素。将数据、信息和知识融汇在产品与服务的全过程、全环节、全要素中，为客户创造更多价值，是数字经济和数字化转型的出发点和突破口。

《"十四五"数字经济发展规划》提出全面深化重点产业数字化转型，推动传统产业全方位、全链条数字化转型，提高全要素生产率。建筑业数字化转型的最终目标是提高绩效，增加价值，按价值形式划分的商业方面的价值主要有三种，分别是成本价值、体验价值与平台价值。对于成本价值，以波士顿咨询公司发布《Digital in Engineering and Construction》为例，不同类型建筑在数字化转型作用下全生命周期成本均有降低，预计到 2025 年，全球建筑业数字化转型将节省设计与建造成本 7000 亿～12000 亿美元（13%～21%），运维成本节省 3000 亿～5000 亿美元（10%～17%）。随着中国经济工业化阶段基本完成，开始逐步向后工业化阶段过渡，物质产品进入需要结构性调整的时代，客户的体验价值凸显，不同于工业化时代的标准化与去个性化，后工业化时代则是以个性化定制、柔性化生产为企业的生产发展特征。建筑业企业须顺应数字化转型趋势，以客户需求为导向，满足客户个性化需求，降低成本，优化客户体验。数字化转型可以进一步打造建筑产业平台的价值，链接全产业链条上企业的数据与信息，打造集成化、协同化的业务生态系统，构建全数字化市场。按价值形式划分的数字化商业模式如图 2 所示。

建筑业企业是实现建筑业转型升级、实现高质量发展的微观基础，通过打造一体化数字平台，全面整合企业内部信息系统，强化全流程数据贯通，加快全价值链业务协同，可形成数据驱动的智能决

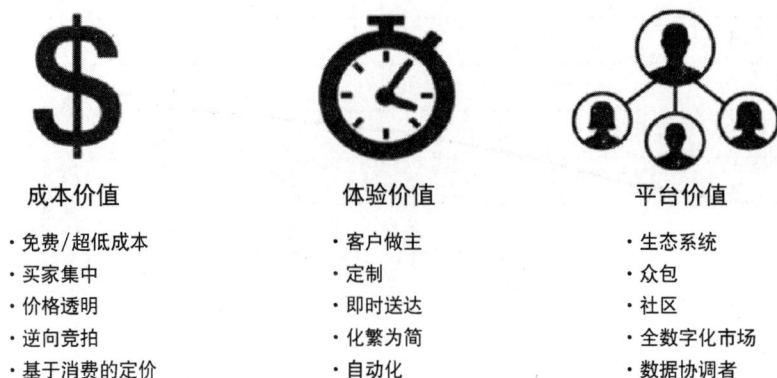

图 2　按价值形式划分的数字化商业模式

策能力，提升企业整体运行效率和产业链上下游协同效率。建筑业企业数字化转型的基本特征和关键有以下三点：一是产品数字化，主要目的是产品的服务和创新，向制造业强国转变必须依靠产品和服务的创新能力。建筑业企业向数字化转型，需要且必须利用数字化业务模式带来的新价值主张，形成新能力和竞争力，这其中核心技术是 BIM。二是企业敏捷性，敏捷性包括超强感知能力、明智决策能力和快速执行能力，是实现组织转型的基本保证。只要拥有良好的敏捷性，企业就能通过迅速调整来适应不断变化的市场形势，甚至提前预知市场变化，抢得先机。企业也可以洞悉颠覆者如何攻击自己的核心市场以及如何主动向客户提供更有吸引力的价值主张，在激烈竞争中求生存。三是人员数字化，人员数字化旨在提升企业里每个员工的积极性和生产力，对于传统的职能等级制度和尊重层级文化的国家和地区而言，挑战性会更大。

建筑业数字化业务转型涉及组织、流程、人员和战略变革。建筑业企业数字化转型过程中，战略制定是首要一步，也是关键一步。建筑业企业数字化转型的难点是组织和人员的数字化建设，制造业的经验表明，企业数字化转型常常会陷于组织惰性这一"陷阱"，企业在追求数字化转型时会面临组织运营、制度环境和文化三大挑战，转变思维模式是企业数字化转型成功的重要因素。

3　建筑业数字化转型的关键技术体系

推动建筑业数字化转型，应当立足我国实际，借鉴工业发达国家制造业发展经验，明确推动智能建造发展的基础关键技术。数字模型技术是建筑业数字化转型中的技术主线，也是关键和基础。数字模型技术包括基于模型的数字产品定义（Model Based Definition，MBD）和基于模型的数字企业（Model Based Enterprise，MBE），应用范围涵盖企业全流程和全产业链。MBD 是将产品所有相关设计定义、工艺描述、属性和管理等信息都附着在产品三维模型中的先进数字化定义方法，对产品设计制造过程进行并行协同数字化建模、模拟仿真和产品定义，然后对产品的定义数据从设计的上游向零件制造、部件装配、产品总装和测量检验的下游进行传递、拓延和加工处理。实施 MBD 技术需要完善数字化基础环境建设、数字化标准体系建设、数字化业务流程建设、MBD 设计制造辅助工具开发、企业信息技术团队和数字化文化建设。MBE 的目标是建立数字孪生模型，通过产品系统和生产系统的全数字化建模仿真，在工程设计和工艺设计领域应用大数据和预测性工程分析技术，逐步实现智慧工厂和向智能服务制造转型。数字模型技术是后工业化时代实现大规模个性化制造、产品创新变革的基础。

建筑信息模型（Building Information Modeling，BIM）技术是建筑业的数字模型技术 MBD 的代表，是建筑业数字化转型的基础关键技术。BIM 技术应用贯穿项目全生命周期，实现了全组织、全流程、全要素的管理。通过应用 BIM 技术可以实现各阶段信息的集成与共享，减少信息传递层次，降低信息失真率，有效实现项目各参与方之间的协同管理。在规划设计阶段，数字化技术应用涵盖协同设计、集成场地信息、数据驱动设计、模拟仿真与优化设计等。各专业工程师、设计师将图纸信息集成到统一的 BIM 模型中，可识别模型碰撞和冲突，保证所有图纸、报告和数据的一致性，增强协同设计。航空测绘技术和三维激光扫描技术将现有的建筑和基础设施转换成虚拟三维模型，有利于翻修和改造项目。大数据分析有助于优化设计决策，通过数据驱动的设计提高设施运营效率。全息技术模拟仿真以及 3D 打印技术，可加速设计迭代并提高可视化，与 BIM 集成的软件工具通过自动生成和评估设计方案、成本分析、可持续分析等优化设计。在施工阶段，数字化技术应用涵盖参与方间实时信息共享、数据驱动的精益建造、自动化施工、严密的施工监控等。BIM 云平台可以实现各参与方间实时信息共享、整合和协作。BIM 施工模型可以模拟项目施工方案、展现项目施工进度，复核统计施工单位的工程量，并形成竣工模型交给业主辅助进行项目验收，为数据驱动的精益建造提供基础。新型建造技术和自动化施工提高施工现场生产率、精度和安全性。数字化测量和监控设备跟踪施工过程和活动，减少校正工作，无人机和远程相机对建筑工地进行调查，远程信息处理系统传输多台机器参数的数据，实现严密的施工监控。运营阶段数字化主要受益于设计阶段的性能分析和施工阶段移交后运营商接收的建筑信息，实现基于 BIM 的运营维护、虚拟交付和调试、健康检测和运维预警、快速高效的更新和改造。数字设备和技术可以现场收集测试数据，并通过配备条形码扫描仪的移动设备，将数据直接传输到对应三维模型，在不丢失信息的情况下将数据高效地传递给建筑运营商，简化交付和调试过程。同时，BIM 模型也可以通过专业接口与设备进行连接，对设备的运行进行实时监控并作出科学的管理决策，在 BIM 信息协同系统中，运营商可以及时将建筑物的使用情况、设备维修情况、安全评估情况等信息上传，用户可以根据相关信息对运营情况进行评估并提供反馈意见。全球 BIM 最佳实践也证明，BIM 全生命周期成功应用的组织模式是集成项目交付（Integrated Project Delivery，IPD），在该模式下，施工阶段和运营阶段的参与方提前介入到设计阶段共同工作，各个环节割裂的问题可得到很好的解决。

建筑业数字化转型的技术体系结构共分为四个层级，包括传感器和其他设备层、数据/物理整合层、软件平台和控制层及用户界面和应用层。技术体系的底层是嵌入式传感器，可以在建筑施工和运营期间对建筑的任何部分进行实时状态监控，并不断刷新和补充数据库。数据/物理层中的 3D 打印技术可应用于大型建筑构件和混凝土结构，还可通过 3D 扫描仪创建复杂建筑数字模型，促进翻新，保障质量。软件平台和控制层是数字化转型的技术关键，该层级中 BIM 技术作为传统计算机辅助设计（CAD）的继承者，服务于价值链上的所有利益相关者。用户界面和应用层的大数据和分析可以处理建筑项目及其环境产生的大量异质数据，加强建筑设计，促进实时决策，提高预测准确性。项目全生命周期数字技术体系结构如图 3 所示。

BIM 技术具有与其他数字技术集成应用的特点。在建筑业供应链中，BIM 技术与 GIS、RFID、IoT 等数字化技术结合应用，可以实现工业化建造的高精度设计、高精度构配件工厂生产及现场装配，促进不同参与方之间的协同与合作。例如，BIM 能够存储和处理翻新项目中的三维激光扫描数据；提供预制和自动化现场设备所需的输入数据；在施工和运营过程中，可以与传感器和移动设备连接融合分析。此外，BIM 能够整合和应用外部数据，丰富其他软件应用程序和数据系统的数字化建设，为 ERP 系统、PMS 系统、TMS 系统提供基础数据，完成海量基础数据的计算和分析，解决建筑业企业信息化中基础数据的及时性、对应性、准确性和可追溯性的问题。例如，BIM 与 ERP 系统二者数据整合可使项目信息系统实现四算对比，使项目成本处于可控状态。基于 BIM 的数字建造模式技术框架如图 4 所示。建筑业数字化转型应当以 BIM 技术开发和应用为主要的技术路线和抓手，构建涵盖 BIM 和其他数字化技术集成应用的技术体系。

建筑业数字化发展可分为三个阶段。第一阶段为项目数字化，基本特征是基于 BIM 的项目生产与管理环节数字化，项目数字化阶段以加强生产指挥能力建设、提升精益化项目管理能力、建设智慧工地等为主。其目的是提升客户体验价值，实现建设项目的价值。第二阶段为企业数字化，基本特征

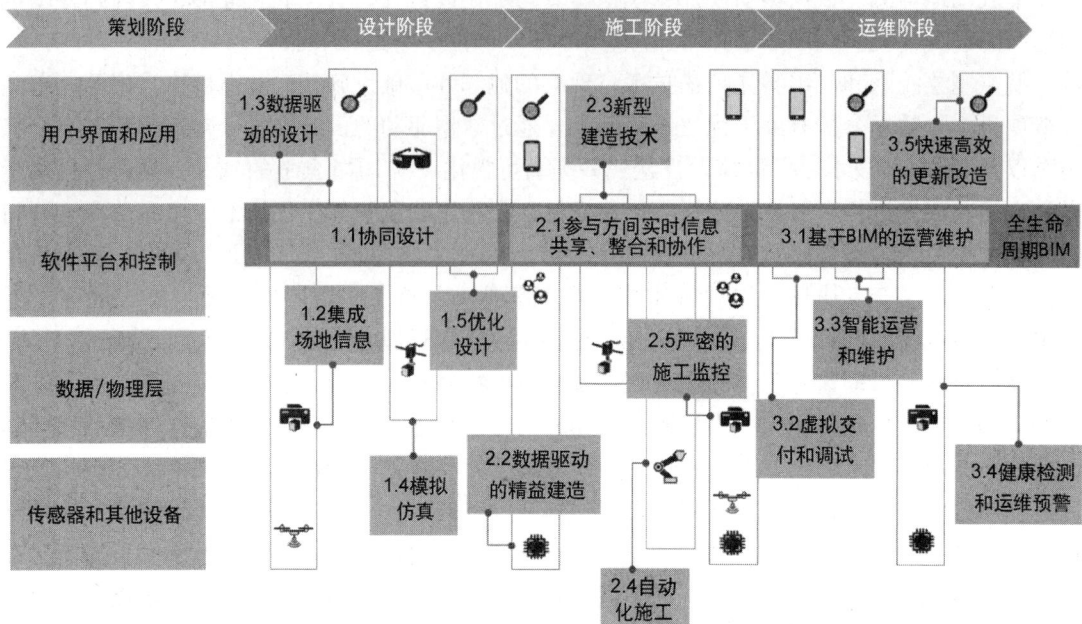

图 3　项目全生命周期数字技术体系结构

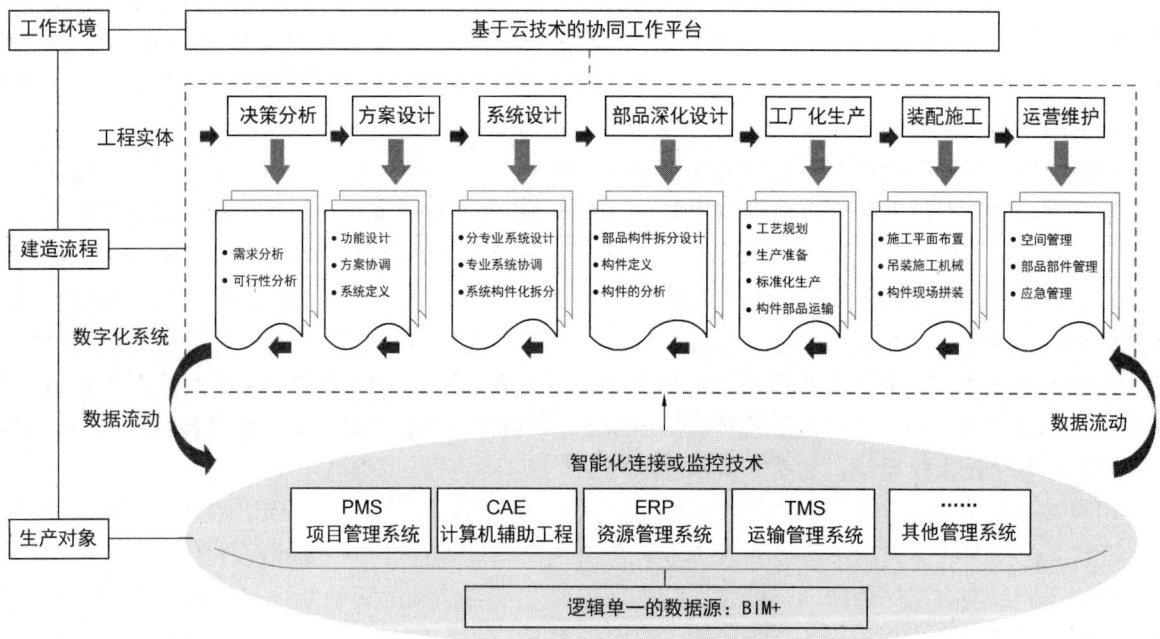

图 4　基于 BIM 的数字建造模式技术框架

是基于 BIM 与 ERP 系统紧密融合的项目管理与企业管理数字化。企业数字化阶段以提升战略绩效管控能力、建设全面预算管理能力、加强一体化建造能力提升、提供特色业务服务等为主，全面企业运营降低成本，实现价值的交付；第三阶段为产业数字化，实现基于 BIM、GIS、ERP、IoT 等数字化技术的产业互联网。在产业数字化阶段，建筑业企业依托数字化平台，对建筑产业链上下游业务流、信息流、数据流进行一体化和智能化管理。建筑业数字化发展的三阶段如图 5 所示。

　　建筑行业的数字化转型是一种全新的范式变革，其涵盖的技术体系、价值体系和管理体系都会被重新塑造，随着数字化转型发展阶段的提升，建筑业将逐步走向数字化、在线化和智慧化。整个建筑

图 5 建筑业数字化发展的三阶段

业数字化转型发展的总体框架和体系如图 6 所示。

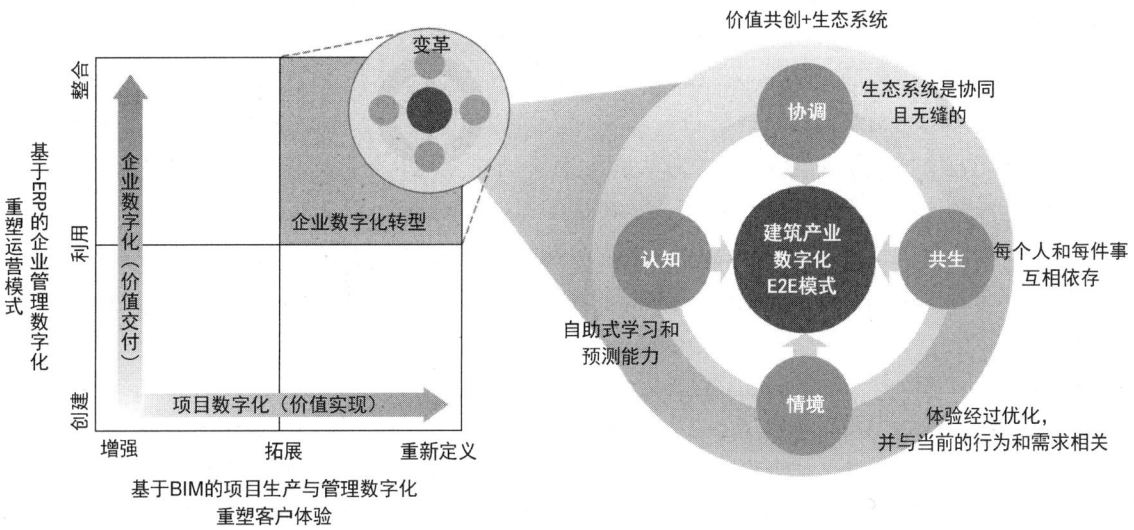

图 6 建筑业数字化转型发展的总体框架和体系

4 总结

传统的建筑业组织体制、生产流程、专业分工等存在着严重的割裂特点，从建筑全生命周期角度上来看，建设项目各个环节之间的信息交互，信息孤岛依旧存在。解决行业割裂，提升行业的生产效率，实现行业的转型和高质量发展，除推动数字化转型的技术因素外，还应紧密结合现有行业环境、组织流程以及人员知识技能，对现有规范、标准、政策做出相应调整。

智能建造是通过大规模定制建造，满足个性化要求的数字化与工业化深度融合的过程，集成整个行业供应链和生产活动，包括产品、企业、产业信息化。建筑业发展的基本范式，是通过数字化、工业化的深度融合追求社会、经济、环境的绿色可持续发展。

建筑业数字化转型是大趋势，是建筑业绿色可持续发展和高质量发展的必由之路；数字化发展的内涵是构建新的商业模式，实现组织变革，提高绩效；数字化转型的技术体系涵盖企业和供应链上BIM 与其他数字化技术的集成应用，BIM 是关键技术抓手。建筑业数字化转型是思维模式、技术创新、生产管理方式以及商业模式的系统性变革，是长期持久的变革之路。

作者：王广斌（同济大学）

数字驱动打通建筑产业链供应链 构筑建筑产业现代化体系

Digitally Driven Connection of the Construction Industry Chain Supply Chain and Construction of a Modern System for the Construction Industry

1 建筑业发展面临的主要问题

建筑业作为我国重要的支柱产业，既是传统产业，也是基础产业，涉及千家万户、城里乡下和经济社会各个方面，在完善基础设施、促进经济发展、增加社会就业等方面发挥着不可替代的作用。尽管近几年建筑产业增加值增速与 GDP 增速差距收窄，增速放缓，但是建筑产业在国民经济中的重要性并没有降低，其规模依然巨大，建筑产业正在从快速增长期走向高质量可持续发展期。

建筑业"十四五"规划指出，以建设世界建造强国为目标，着力构建市场机制有效、质量安全可控、标准支撑有力、市场主体有活力的现代化建筑业发展体系。但我国建筑业转型较为缓慢，主要存在以下问题：

1.1 价值链，阶段化——设计、施工和运维难于打通

过去的建筑业在计划经济年代形成了几大部分，包括前期决策、设计、施工和运维，每个部分形成了独立的工作体系。随着专业能力的提升，又涌现出很多专业机构，如招标投标、造价咨询等机构，使得目前行业形成了几个大部分加若干专业机构的分散状态。这种分散使得在产品生产过程中数据分散，在迭代的生产过程中既消耗了时间又浪费了能源，传统的模式难以形成连贯、持续、完善的产品生产体系。

1.2 产业链，离散化——产业高度离散，各参与方难于协同

建筑业具有建设周期长、资金投入大、项目地点分散、多专业、多关系方、流动性强等特点，使得各参与方无法有效协调，各参与方、各专业难于协同。同时建筑业极其的分化，分建筑土木工程、基础设施、设备安装等不同门类，发展特性也存在较大差异。同时建材工业、设计、施工等分属于多部门管理，导致全产业链无法打通。

1.3 供应链，阻断化——上下游难于打通

当前建筑行业尚未树立起供应链管理的思维。部分建筑企业负责供应链管理的部门与项目管理等其他部门之间未建立起协同配合机制，与供应商、分包商、客户之间亦未能形成供应链协同管理，供应链的价值难以得到充分发挥。

未来需要打通供应链上下游，实现从传统的采购管理向现代供应链管理转变，增强建筑业全产业链资源整合能力、一体化服务能力、精细化履约能力和价值创造能力，是服务生产需要、业主需要、社会发展需要的必然选择。当前数字技术的快速发展为建筑行业带来了转型升级的契机，将信息技术与建筑企业的供应链管理相融合，能够实现整合供应链、连通产业链、提升价值链的战略目标。

同时，从客户需求出发，对建筑工程的咨询、设计、施工、物料、设备、劳动力供应以及竣工后的"售后服务"等供应进行全面优化，即实施建筑业供应链管理。围绕建筑工程项目，通过信息流、物流、资金流、知识流的控制，从采购原材料，到生产完成分部分项工程，直至竣工交付，将材料供应商、工程分包商、劳务分包商、设备租赁企业连成一个整体的网链结构模式。

2　打通建筑产业链供应链的破解之道

建筑行业发展进程已经从工业化进程、建筑系统服务商的业态升级到了智能化进程，只有通过行业数字化转型，形成合作共赢、建筑产业链一体化的产业生态，通过打通产业链、提升价值链、完善供应链，通过平台赋能建立的广泛连接，打通产业的断点、阻点，推动上下游供给链，打通行业壁垒，创新企业协作模式，降低信息互通和市场交易成本，优化资源配置，变革商业模式和产业组织形式。

2.1　重构产业链体系—设计引领，科技支撑，打通建造、制造

突出设计引领，积极提升建筑设计行业的发展能级，开展全生命周期建筑设计，并加大科技创新在价值链、产业链和供应链的全渗透。通过设计引领、科技支撑，打通建造与制造，构建"设计协同—装配式建筑—绿色建材制造—装配式装修—智慧运营"的全产业链服务。围绕全产业链供应链场景积极拓展产业互联网应用，并辐射带动上下游中小企业加快设计、采购、施工、运维等关键环节的数字化、网络化、智能化和管理可视化，有效提升全产业链、供应链运营效率，促进建筑行业内中小企业融通发展（图1）。

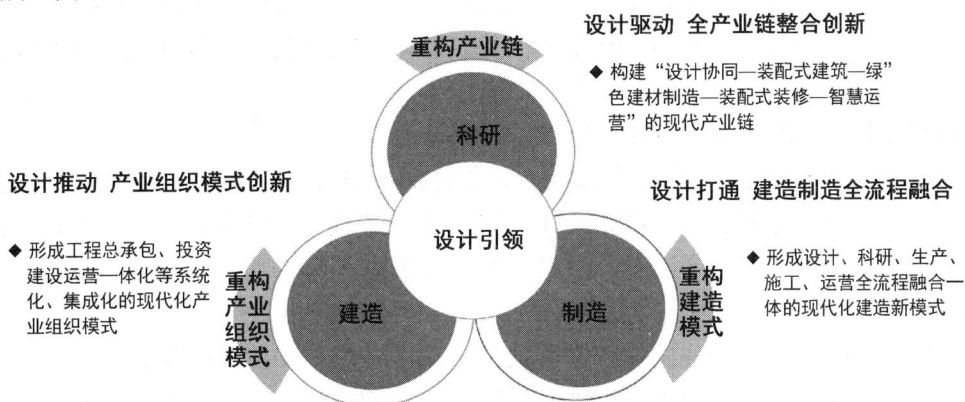

图1　设计引领打通制造建造

2.2　重构价值服务体系，推动建筑业价值链整合，实现全链条资源能力的共享

依托建筑产业互联网，建立"工程建设命运共同体"，构建工程数字化生态圈，通过平台＋生态的模式，重构产业全要素、全过程和全参与方，把传统工程管理、传统基建融入信息化、数字化平台，推动工程设计、建造、储运、施工、调试、运营等各环节的无缝衔接、高效协同，推动产业链上下游企业间数据贯通、资源共享和业务协同，依托数字化、网络化、智能化形成新的生产力、竞争力，形成新设计、新建造、新制造和新运营，打造规模化数字创新体，带动关联建筑产业发展和催生建造服务新业态（图2）。

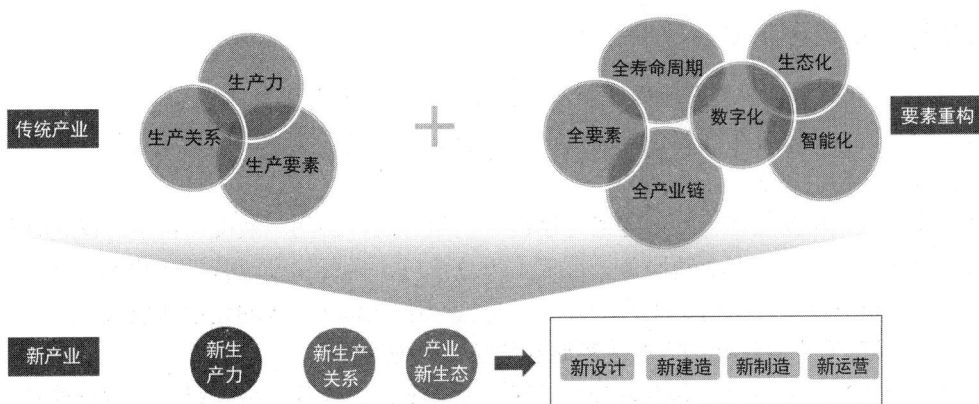

图2　平台赋能构建产业共创生态

2.3 重构行业供应链体系，促进建筑中小企业协同发展

探索建立行业供应链的数据库和采购平台，打通智能建造与智能制造，通过供应链协同数字化，促进中小企业协同发展。

（1）加大供应链标准化建设。规划建设中小企业供应链管理体系制度及业务标准，包括采购流程标准、供应商的选择标准、战略供应商的评定标准等。

（2）建设供应链数据库。开展建立供应链大数据库，夯实行业集采平台的工作基础，通过建立行业供应链的数据库和采购平台，帮助行业设计施工企业实现信息化、数字化、网络化，管理和交易的可视化。

（3）依托于数字化的在线管理，实现招采业务流程的数字化，从供应商寻源、考察、资格预审、产品选型、供应商入库、线上招标投标、电子合同、电子签章等实现数字化管理，让招采业务标准化、阳光透明、可知可控。

（4）供应链协同数字化。帮助中小企业：在交易前，实现需求的集中管理，通过数字供应链集中管理各项目的需求，合并同类项达到集约化采购的目的；交易中，打造企业物资采购平台。基于各项目的物资采购需求，实现采购物料的集中管理，打通物资流；交易后，落实供应商履约评价及基于合约履约结算等，推动供应链金融，打通物流与资金流。

2.4 重构供需体系，打通产业和市场需求，促进协同发展

通过平台链接打通建筑业供应链上下游企业，通过数据贯通，促进全渠道、全链路供需调配和精准对接，促进企业间协同发展。链接投资机构、设计与咨询企业、材料供应商、第三方机构等，构建产业生态圈，形成行业的要素协同，实现优势互补、资源共享、专业分工、合作共赢，并催生新模式、新业态。

建筑产业互联网链接建筑产业的各参与方与主体：政府、城投，传统的设计、施工、运维、材设厂商，还有征信服务机构、金融机构、软硬件厂商等单位，各方通过平台可实现信息共享，充分协作和资源整合，形成伙伴经济，实现合作共赢。

同时连接了市场需求和产业：一方面围绕城市更新、乡村建设、生态治理、产业园区转型等核心应用场景和市场需求，创新地上城市、地下城市、云城市等应用场景，形成新基建、新载体、新平台、新示范、新产业、新业态、新模式、新空间的应用示范集成，形成产品与系统解决方案。一方面在产业端，链接了装配式建筑、绿色建材、市政环卫、水生态、区域能源等细分产业的相关企业。通过设计引领、科技支撑，打通建造与制造，形成建筑全产业链服务体系；围绕全产业链供应链场景积极拓展产业互联网应用，并辐射带动上下游中小企业加快设计、采购、施工、运维等关键环节的数字化、网络化、智能化和管理可视化（图3）。

3 构建建筑产业现代化体系

3.1 设计引领，科技支撑，打通建造、制造，构建建筑全产业链服务体系

突出设计引领，积极提升建筑设计行业的发展能级，开展全生命周期建筑设计，并加大科技创新在价值链、产业链和供应链的全渗透。

通过设计引领、科技支撑，打通建造与制造，构建"设计协同—装配式建筑—绿色建材制造—装配式装修—智慧运营"的全产业链服务；形成工程总承包、投资建设运营一体化等系统化、集成化的产业组织模式；形成设计、科研、生产、施工、运营全流程融合一体的建造新模式。

3.2 建筑产业互联网平台赋能，形成数实融合的建筑产业经济体

搭建建筑产业互联网平台，深度融合互联网、大数据、云计算等现代科技，围绕建筑产业上下游企业需求，聚合"技术＋数字＋品牌＋金融＋人才＋绿色"等要素，为建筑企业在技术创新、业务转

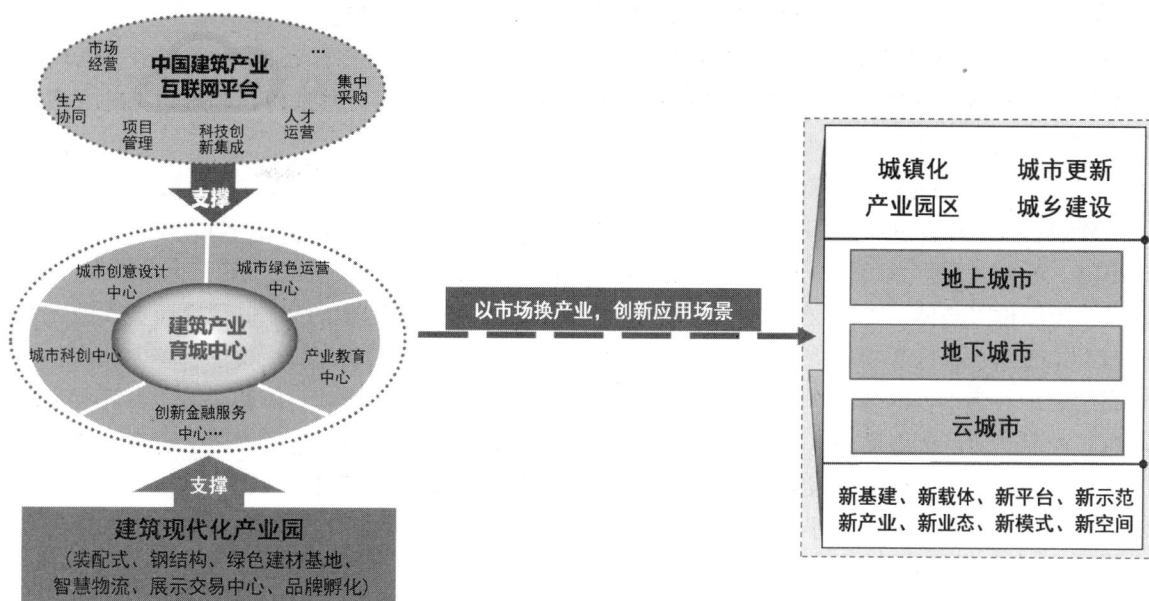

图3 平台赋能打通供给需求

型、项目对接、资源共享、金融支撑等多个领域，形成市场经营、项目管理、生产协同、集采平台、知识管理、共享服务赋能，平台赋能逐渐形成"点—线—面—体"的结构，构筑数实融合的建筑产业新经济体（图4）。

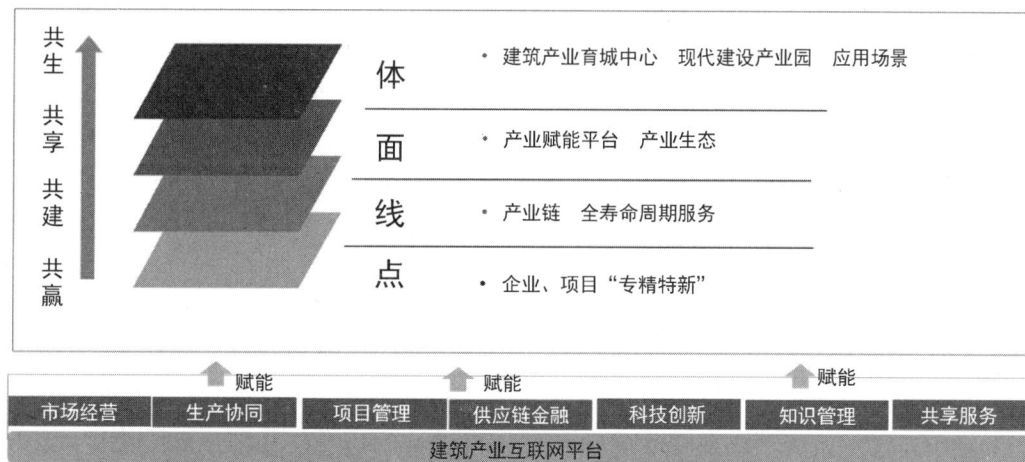

图4 建筑产业互联网平台赋能建筑产业转型

"点"——企业和项目的数字化。通过搭建建筑产业互联网平台，为建筑企业提供市场、科技、人才、管理、数字化转型等方面赋能，通过融合、应用、打通建筑设计、生产、施工、运维等产业链各环节数据，形成面向建筑业、企业综合服务的应用体系，有效支撑建筑产业、企业数字化水平提升，提升建筑企业的项目管理和建设水平，帮助建筑企业在做精做专、做大做强，提升企业竞争力。

"线"——建筑产业互联网平台融合网络技术、数字技术整合汇聚产业链上下游数据资源，贯穿工程项目建设全生命周期，通过协作、赋能、共生将建筑企业、项目聚合在一起，并围绕建筑全产业链和建筑工程全生命周期场景积极拓展建筑产业互联网应用，辐射带动上下游中小企业加快设计、采购、施工、运营等关键环节的数字化、网络化、智能化和管理可视化，提升全产业链、供应链运营效率,助力建筑产业转型升级、推动数字技术与建筑全产链深度融合发展。

"面"——搭建建筑产业互联网平台,形成面向建筑产业的资源组织与配置服务平台,实现线上线下资源的深度整合与配置,重构价值链,打通供应链,整合产业链,形成跨越物理边界的"虚拟产业园""虚拟产业集群"。

"体"——打造线上线下的建筑产业园区,重塑地方建筑产业现代化生态。行业层面:赋能线上线下的建设行业领域如基础设施类、房建类、产业运营类,如煤、电、水、气、热力等为城市管理,吸引项目流、物资流、信息流、资金流、人流等的融合,形成地下城市、地上城市、云城市的城市建设、城市更新的经济体。产业层面:以建筑产业育城中心为载体打造线上线下的建筑产业园区,形成以创新设计为牵引、以数字经济为驱动、以职业教育支撑、以科技创新为动能、以资本为助力、以区域交易结算中心为平台的建筑产业发展大脑、赋能中心,打造集创意设计、体验展示、品牌孵化、认证溯源、交易结算、创业孵化、知识产权、金融资本、人才培训为一体的数字产业生态综合体。推动建筑产业绿色化、工业化融合发展,形成产业集群化、集群基地化、基地园区化、园区社区化、社区智能化、数字产业化、产业数字化,重塑地方建筑产业现代化生态。

3.3 创新应用场景,形成应用示范集成

围绕城市更新、乡村建设、生态治理、产业园区升级等核心应用场景,以打造绿色智能的"好房子、好小区、好社区/园区、好城市"等市场需求为导向,按照"市场换产业"的发展思路,创新应用场景。通过在各地打造建筑产业现代化基地,以产业赋能城市更新,以应用集成示范拉动建筑产业现代化。

总之,通过设计引领、科技支撑打通建造、制造,形成建筑全产业链服务体系。搭建建筑产业互联网平台,围绕建筑全产业链和建筑全生命周期场景,积极拓展建筑产业互联网应用,实现全产业链的数字化、网络化、智能化和管理可视化。并围绕城市更新、乡村建设、生态治理、产业园区转型等核心应用场景,按照"市场换产业"的发展思路,创新应用示范集成,形成"3+1+1"建筑产业现代化体系。

作者:杨天举(泛华建设集团有限公司)

我国陆路交通基础设施的智能建造

Intelligent Construction for Land Transportation Infrastructure in China

陆路交通基础设施一般包括铁路、公路、市政道路等陆路交通模式。陆路交通基础设施建造具有工程线路长、大场景、大数据量，对地理空间精度要求更高及专业多、专业协调难等特点。陆路交通基础设施智能建造涉及测绘、勘察、选线、设计、生产、施工、运维全流程，目前存在的最大问题是智能建造过程与先进制造技术、信息技术结合程度低，难以满足交通行业数字化转型的需求，亟须开展陆路交通基础设施智能化建造相关技术研究。

1 我国智能建造现状及技术瓶颈分析

1.1 我国智能建造现状

我国建筑业已实现了跨越式的发展，拥有数量庞大的从业人员及大量建造工程项目，可以说我国已成为建造大国，成就巨大。

然而，从管理和技术两个维度分析，我国还不是建造强国。

1.1.1 管理维度

现阶段建筑业仍处于高消耗、高污染、高投入、低效益的行业现实情况，表现在：①生产力水平低下，生产效率低于除农业外的其他行业，产业利润低下，行业利润增长进入平台期，企业净利润率介于1%～6%之间，2007年起一直在3.5%左右；②机械化、工业化、智能化水平低下，智能建筑比例仅为20%左右，远低于美国、日本，是数字化程度最低的行业之一；③工匠老龄化，从业人员平均年龄为41.7岁，50岁以上占比27.3%；④质量水平参差不齐；⑤安全事故时有发生，年均发生施工事故超过1000起。导致整体行业生产组织方式相对落后，产业竞争力低，无法达到建造强国水平。

1.1.2 技术维度

目前，整个建筑行业正发生着深刻的变化，"创新、协调、绿色、开放、共享"的新发展理念，将有力促进行业转型升级和高质量发展；建筑行业业态将向工业化、绿色化、智能化发展；绿色低碳、可持续发展成为建筑业新的生态要求；模式上，增量市场出现了瓶颈、存量市场将有新的机遇；建筑业更加注重跨界融合、多业协同，赋能产业升级；竞争表现在全产业链竞争、跨界竞争；需求体现在个性化、定制化上。然而在智能建造研究中，我国基础科学理论研究与创新少，基础平台还不成熟，大型结构分析计算软件、三维图形引擎少，应用软件推广度差，软件平台生态不佳，高精度感知仪器仍有差距，工程大数据分析与机器学习也存在一定差距，国外软件、平台和外资品牌处于垄断地位。我国相关产业正处于起步阶段，与智能建造强国要求仍存在较大差距。

1.2 我国智能建造的技术瓶颈分析

1.2.1 标准化水平低

竞争加剧了个性化要求，但过分强调项目特殊性又走入了新的误区。数据海量、工作量大，要素场景多、数据多源异构、跨阶段/跨专业/跨组织等现实情况客观上制约了智能建造标准化发展。需要企业、行业、国家层面行动起来，明确数据标准、技术标准、安全标准、应用标准、工艺标准、管理标准。

1.2.2 工业化水平低

目前，建筑业装配式程度还不高，原材料一般现场加工、混凝土现场浇筑，整体工业化水平低，要实现从人工＋机具到机械化到自动化，再到智能化的转型升级，任务艰巨。

1.2.3 数字化基础薄弱

物理世界的数据是客观的、动态的、时变的，理论世界的数据是分析的、衍生的，管理世界的数据是过程的、动态的、随机性的，多源异构数据导致综合感知难、高效解析难、交叉集成难，要实现多场景、多元异构要素的数字化表达客观上有难度。目前我国数字化研究的理论方法上存在理论不明晰、路径不成熟、都在试错征程中的问题，硬件上性能较差、融合度低、复制推广差，软件平台方面核心软件少有自主研发、处于价值链低端；复合型人才缺少、产业工人适应性差、数据分析人才缺失。总的来说就是"软件很软，硬件不硬"。

1.2.4 基础平台不扎实

软件基础平台是我国的"卡脖子"问题，要解决该问题，需要产业化、系统化、标准化地研发适合国情的软件基础平台。然而我国的三维图形引擎中，国外 BIM 软件占比超过 90%，生态圈被闭合垄断，国产的 BIM 刚刚起步，图形引擎处于无"芯"的囧境；我国的工程软件中，设计软件自有率小于 20%，仿真计算软件小于 5%，相关的企业数量屈指可数；知识库也存在经验不对应数据、知识不对应数据、多专业知识难对齐的问题。总的来说我国的基础平台尚不能自主可控。

1.2.5 碎片化开发、系统工程不系统、多学科融合不够

智能建造涉及建筑、土木、材料、机械、信息技术及力学等学科，需要跨阶段、跨专业、跨组织、创新生态圈，实现多学科整合。目前智能建造还处在多层级研发与应用且各自为政的阶段，千户万家，多头齐发，各阶段衔接不通畅不协调，多职能部门管理贯通性差，形象概括就是：一堆碎瓷片，拼不出元青花。

1.2.6 智能建造生产力未能充分释放

智能建造可助推建筑业两大核心维度升级。一是助推建筑业劳动生产力升级，从靠人工到靠工具、智能机器人，解决工匠老去问题；二是决策能力升级，从经验决策到数据、算法决策，提高科学决策性，降低风险性。智能建造将给建筑业带来革命性变化，但由于技术水平及推广应用的限制，目前生产力未能充分释放。

2 我国陆路交通基础设施智能建造系统设计

2.1 陆路交通基础设施智能建造特点及难点

2.1.1 陆路交通基础设施的特点

（1）广域空间。陆路交通工程一般为长大带状工程，线路通常在几十千米至几百千米，甚至数千千米，往往跨越数个地理分带，而其他大型建筑、大型水利等工程通常为局部的区域工程，陆路交通工程面临更为复杂多变的外部环境，地理地质环境高度复杂、动态变化。

（2）大时空跨度。陆路交通工程一般建设周期长、参建单位多、施工组织困难。

（3）投资规模大，专业多。以铁路工程为例，有测绘、勘察、选线、经调、行车、轨道、站场、路基、桥梁、隧道、电力、供变电、接触网、通信、信号、信息、建筑、结构、暖通、机辆、机械、环保、给水排水、工经 24 个专业。

2.1.2 陆路交通基础设施智能建造特点及难点

（1）广度上，大场景和长距离带来外部地理地质环境复杂多变，施工现场网络环境薄弱，信息传输实时性、准确性难以保证。

（2）精度上，线路的相对低精度和结构的高精度要求相结合，精度管理跨度大、要求高、难度大，行业标准化程度相对较低。

（3）速度上，多源异构数据量大，智能建造对软硬件要求高，同步实时观测与监测、可视化管理难度大。

（4）复杂度上，陆路交通工程涉及专业多，专业间的协同更复杂，更注重数据标准、多专业集成协同、智能化应用、效率提升及自主化等方面的要求。

2.2 陆路交通基础设施智能建造的技术路线设计

2.2.1 一体化建模技术路线

一体化建模技术路线将智能勘察、智能设计、智能生产、智能物流、智能施工、智能装备、智能运维等阶段分析模型整合，建立一个通用模型，解决各阶段的智能建造技术问题（图1）。这条技术路线的特点是"一模到底"，资源协同及利用率高，其缺点是建模难度大、集成难。

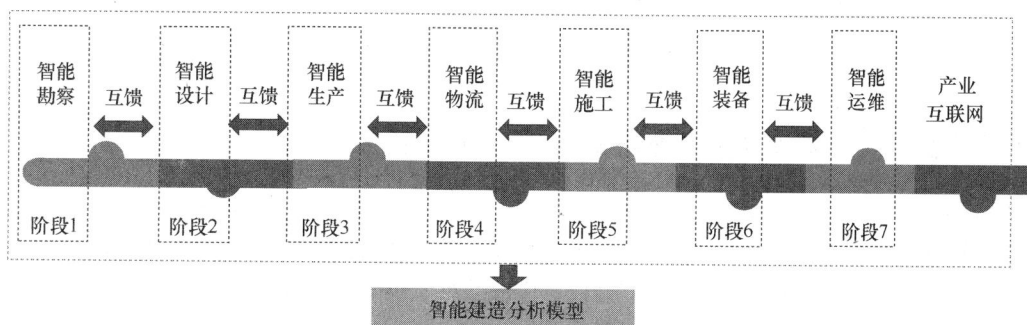

图1 智能建造一体化分析模型示意图

2.2.2 协同建模技术路线

针对工程建造业务协同中数据多源异构、知识非结构化、信息传递不畅、管理工具滞后等问题，构建全价值链协同分析模型，将智能勘察、智能设计、智能生产、智能物流、智能施工、智能装备、智能运维等阶段分别建立分析模型，根据工程建造全链条过程所产生的跨组织、跨专业、跨阶段的业务协同需求，通过接口协议，协同解决智能建造问题（图2）。这条技术路线的特点是模型简单、实用，但也存在接口多、数据交互复杂问题需要研究解决。

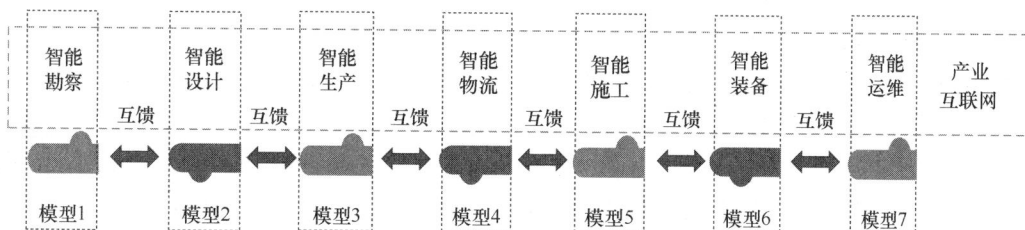

图2 智能建造全价值链协同分析模型示意图

综合前文分析的我国智能建造发展阶段，智能建造的协同建模技术路线更符合现阶段的技术与应用条件，目前应采用协同建模技术路线开展智能建造技术研究。

对于研究产生的数据，可根据建造全过程分阶段进行管理，每个阶段产生的数据分为共享区和私有区两个模块进行数据管理，共享区部分数据可以进行各阶段分析模型的协同交互，但在进行协同交互前应首先与企业数据湖进行数据交互，通过对企业数据湖数据的挖掘、分析、过滤及加密处理，再上传云平台，实现数据的安全、高效协同交互与共享（图3）。

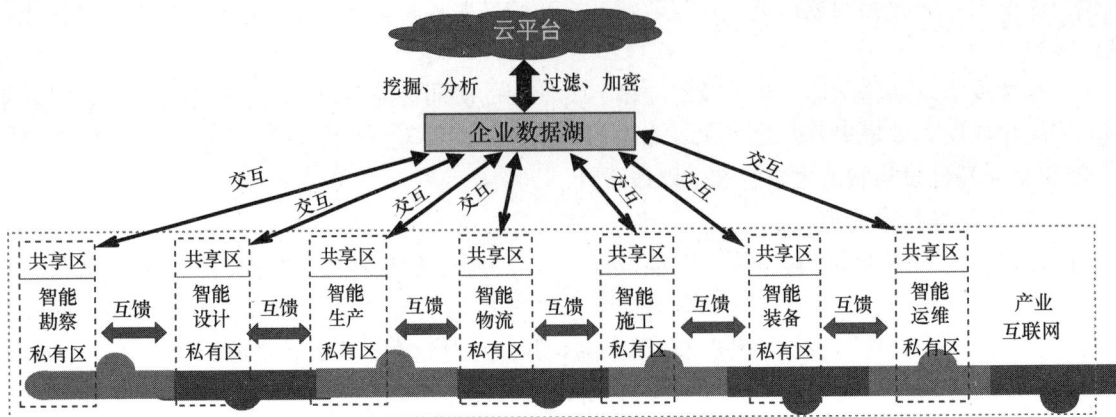

图 3 智能建造数据协同交互示意图

3 陆路交通基础设施智能建造的全寿命周期管理

3.1 智能勘察

智能勘察就是要通过一体化勘察来实现勘察结构的数字化表达。以天、空、地一体与人机器协同勘测为手段，支撑形成数字地形、数字地质，实现透明地球、全资源评价。

（1）天、空、地一体化勘察技术。应用天、空、地一体化的新一代智能化技术，以及实景三维建模技术，进行多层次、多尺度遥感综合地质解译，地表及地下高精度立体地质信息提取，区域构造、地下岩—水—热—力等工程特性的直观揭示，通过海量数据管理、数据支持，实现大范围地形、地质信息感知、解译与综合勘察，为广域空间的陆路交通基础设施线路勘察设计与维护提供实时数据支持。

（2）数字地形。目的是利用地形图、正射影像、激光点云等技术，建立虚拟仿真的三维场景，将外勘转移到室内"虚拟踏勘"。它具有具象化表达地形、地物特征，赋予更多附加属性，动态模拟地形随时间变化而变化等特点。通过正射影像，实景模型，实现地物模型单体化及全要素信息承载，为陆路交通基础设施选线、综合设计成果展示提供多维度、高精度数据基础。

（3）数字地质。通过遥感地质解译、地球物理勘探、室内试验、原位测试等手段，获取地质资料，并将其数字化。数字地质可通过建立数据标准、数据湖、三维地质 BIM 模型，实现其在陆路交通基础设施设计阶段的直接应用，服务施工及基于时间维度的施工地质情况动态变化的四维表达。

（4）全资源评价。目的是摸清可利用资源总量，评价地下资源要素、环境因素、空间利用效率及工程建设可行性等。需要改变传统的工程地质、水文地质、环境条件为主的评价模式，增加对温度场、应力场、重力场、微生物、磁力场、地震波等的评价。

（5）透明地球。构建全国级、区域级和项目级的地质 GIS 数据体系（图 4），实现地质数字化表达并建立数字地质库，为各阶段提供"高精度、高时效性、全要素"的基础地理地质信息、技术支撑和空间数据服务。

3.2 智能设计

陆路交通基础设施智能设计的实现，需要推动设计的标准化、集成化、智能化、自主化，实现设计从手工绘图 1.0、计算机辅助 2.0 到智能设计 3.0 的跨越，从智能选线、专业协同、专业设计等角度研究，建立自主智能设计平台。

（1）智能设计的共性技术方面，需研究面向基础设施全专业全生命周期的设计数字化标准和服务建设管理的数字化交付标准，打造基础设施数据底座；研究基础设施结构/系统的多层次细节

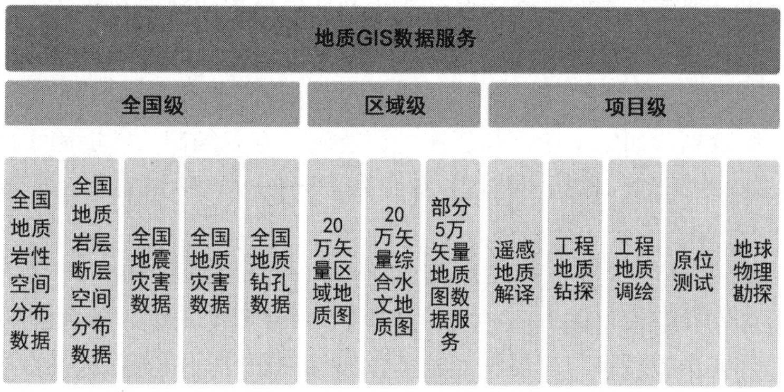

图 4 地质 GIS 数据体系

（LOD）参数化高精度建模与模型联动更新技术，建立基础设施参数化构件库，打造基础设施模型底座；研究标准规范、专家经验、工程案例的数字化、结构化方法，构建全专业知识库，打造基础设施智能底座。

（2）智能选线方面，通过选线环境融合建模和高速索引机制，实现任意位置选线环境数据实时提取；通过选线优化综合模型构建，实现线路多目标优化模型求解；通过选线知识回路和智能选线大脑新技术，构建多目标线路优化模型，形成智能优化选线方法。

（3）专业协同设计方面，需要研究建筑、结构、机械、暖通等 24 个专业的全专业全生命周期的数字化标准，实现设计接口标准化、数据集成存储、结构化数据服务；研究设计接口标准化、全数据集成存储与管理技术，构建工程项目数据湖，实现数据集成；研究结构化数据服务、动态数据实时加工、接口冲突预警、全流程计划管控的协同设计技术（图 5），实现技术集成；研究大场景多源模型的 LOD 自适应快速集成可视化方法，实现图形集成；研究面向工程建设的文、图、量、模集成化交付与服务技术，实现成果集成；突破传统基于文件、二维和三维分离的协同工作模式。

（4）智能勘察设计平台。建立陆路交通统一标准数据架构和全场景的智能勘察设计平台架构，以及全过程数据集成、全流程数据互通、自主知识产权的"智能勘察设计平台"，提升勘察设计全流程效率。智能勘察设计平台应包含地理地质信息、智能综合选线、专业智能设计、协同设计四大系统功能。

图 5 陆路交通基础设施智能建造专业协同设计系统示意

3.3 智能生产

新型建筑工业化生产将带动传统陆路交通基础设施生产模式向自动化、数字化方向发展。利用数字建筑无缝连接 BIM 设计、工厂生产阶段，使 BIM 设计模型通过数据转换直接驱动各类数控加工设备，实现数据驱动设备自动化生产，推进构件生产管理的标准化和精细化，促进工厂生产线的智能化升级。从建造的全过程分析，智能生产包括设计生产无缝对接、生产物料智能加工、工厂自动化生产和智能堆场管理等内容；从生产对象分析，智能生产可分为原材料订单式生产，标准中小型构件生产和大型复杂部品部件生产。

3.4 智能物流

智能物流需要基于"以顾客为中心"的理念，根据消费者需求变化来柔性化调节生产工艺；以物流管理为核心，实现物流过程中的运输、存储、包装、装卸等环节的一体化和智能物流系统的层次化,实现决策的智能化。智能物流的实现需要进一步开展信息智能获取技术、信息智能传递技术、信息智能处理技术及信息智能运用技术等关键技术的研究。

3.5 智能施工

智能施工包括组织策划,如施工专家知识库、智能施工方案编制、智能施工组织设计等;施工技术,如工程机器人、BIM 技术、3D 打印技术、绿色智能装配等;项目管控,如数字化交付、智慧工地、智能施工监测等。

3.5.1 组织策划

要建立工程施工专家知识库(图 6),包括工程施工领域理论知识、专家经验知识,进行自动进行推理和判断,模拟专家决策过程。开展智能施工方案编制研究,以工程施工专家知识库、工程图纸等数据为基础,应用信息提取、文本生成等技术,通过人机交互,实现对施工方案智能自动编制。智能施工组织设计方面,基于工程施工专家知识库,应用文本智能分析、深度学习、文本生成等人工智能技术,模拟人类编写过程,完成施工组织设计的智能编制工作。

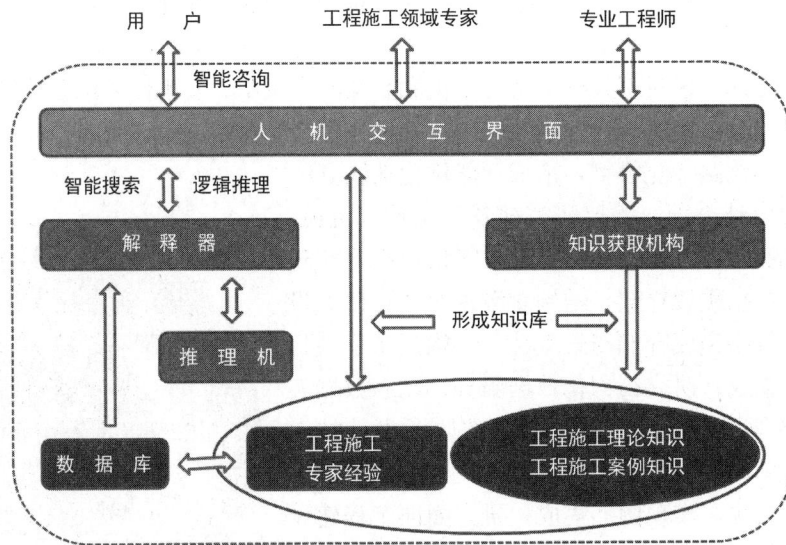

图 6 工程施工专家知识库技术路径

3.5.2 智能施工技术

运用数字建筑相关技术,对施工现场全生产要素进行实时的一体化管控,进行科学分析和决策,实现虚拟建造、方案优化、工程算量、碰撞检查、施工组织和项目管理,全面提升建设施工的效率、质量和安全,助推工程建设管理的精细化、智慧化、高效化。

智能施工核心技术包括:

(1)智能工程机器人。要实现智能施工,首先要研发工程机器人,目前工程机器人主要是针对"危、繁、脏、重"等工序或工程进行研发,如现场钢结构焊接/螺栓安装机器人等特种作业机器人、智能塔式起重机、无人驾驶盾构机/TBM 等智能化施工机械,以及智能化施工集成作业平台。

工程机器人目前的发展模式是循序渐进式,由人工+工具到机械化到自动化再到智能化,一般基于既有的施工工艺工法特点,开发适应于某一工序环节的智能机器人,如墙面抹灰机器人等。但是真正的智能建造工程机器人技术应该走跨越式发展的道路,绝不能用传统的思维来布局工程机器人,不应削足适履,用机器人去适应传统工艺,也不是简单人的机器人替代,而是创新设计与工法,在创新生产方式前提下布局新型工程机器人,基于适应智能建造的新模式、新工艺研发工程机器人,实现 0 到 1 跨越式发展(图 7),如改变传统先墙后抹灰的工艺,研发墙体及抹灰一体的新型墙体结构,同时研发相应的工程机器人,实现智能快速高效施工。

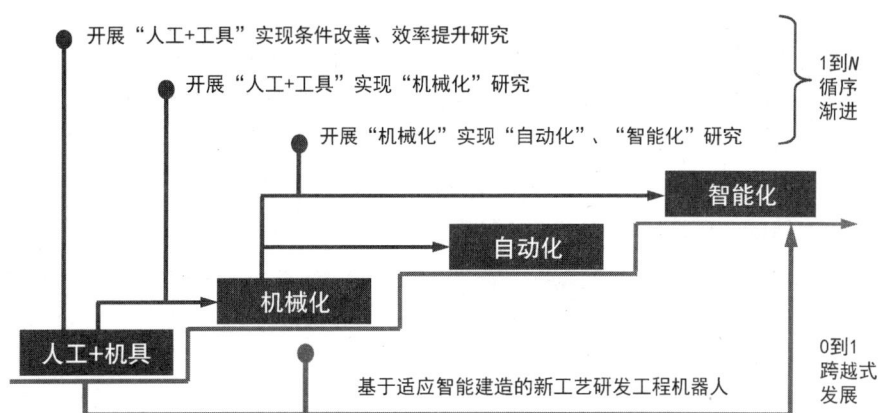

图 7　智能工程机器人发展路径示意图

（2）3D打印技术。智能施工的3D打印技术，可分为基于混凝土分层喷挤叠加的增材建造方法、基于砂石粉末分层黏合叠加的增材建造方法、大型机械臂驱动的材料三维构造建造3类，它的主要特点是个性化、定制化研发与生产，实现构件大型化、作业原位化和过程智能化。目前的主要问题是材料单一、大构件经济性差、复合材料结合难、大尺度工程化应用难。从世界范围看，核心技术还是国外主导，产业化前景仍不透明。

（3）绿色智能装配技术。将数字化、工业化等技术有机融合应用于陆路交通工程项目，可实现施工过程的路径优化、精准定位、激光扫描、反馈再定位、人工/机器人连接和安装质量评定。

（4）智慧工地。智慧工地推广应用比较广泛，它可以实现劳务实名管理、物料现场验收管理、危险性较大风险源智能监控、重点部位远程监控、施工环境智能监测，但目前的智慧工地出现了不少问题，往往以现场"大屏幕"作为智慧工地的重要标志，成本高、效果不佳。合理的投入与产出，一次投入、周转利用才符合实际，才是可持续/可广泛应用的前提，"大屏幕"不是"大智慧"。现阶段，要把握智慧工地投入的度、大小的度、"智慧"的度，实现智慧工地更加有效地服务于智能建造。

（5）智能施工监测技术。基于精确传感、远程传输、专家知识库深度学习、智能分析等技术，实现施工质量与安全的自主判断、及时预警，将预警事件及应急处置预案同步推送给监测平台和工程管理人员，确保快速、高效处理预警事件，为施工质量及安全保障提供技术支撑。

（6）项目智能管控。目的是通过电子沙盘、资源在线、实况在线和进度形象化，实现核心场景的数字化指挥调度，包括施工现场巡视、生产指挥调度、施工进展掌控，构建勘察、设计、施工、运维一体的全寿命周期/全价值链的数字管理平台。

（7）数字化交付。改变传统工程交付模式，移交数字化资产，打通设计、施工、物资供应和生产运营管理数据链，实现协同化、系统化、流程化过程管理。

与传统交付手段相比，数字化交付具有明显的优势。对设计单位，数字化交付具有以下优点：数字审图、便捷高效、即时审查、过程留迹、监管有据、前后延伸、改进管理、数据共享、利于分析，通过数据的共享和集成，可以有效降低人为错误的发生概率、进一步提高工作效率；对施工单位，可借助三维数字化工厂平台，进行数字化管理，实现直接查看工厂三维模型、快速理解设计意图、辅助施工管理、施工方案评审、地下设施查询、体验式安全培训、虚拟安全应急演练；对业主单位，有助于方便建设数字工厂、源头掌握运行数据、实时数据查询存储、数字化监管与控制、数字化运维与管理。

数字化交付也存在着以下问题：一是数据安全风险大，二是交付标准体系未建立，三是法律体系不健全，应该制定国家级/行业级/企业级数字化交付标准，助力构建信息基础设施、陆路交通基础设施基础数据库、电子政府和电子商务。

3.6 智能运维

智能运维系统整体架构（图8）包括数据采集—智能感知层（包括传感网/物联网、视频监控、红外监控、遥感监控、GPS/BDS、RFID等）、数据传输—智能传输层（光传输、蓝牙、Wi-Fi、卫星通信、近距离无线通信、IPV6）、数据分析—智能决策层（包括多维报表、数据挖掘、交互分析等）、数据表达—智能应用层（包括智能建造、智能装备、智能运营、智能监控等），通过自动化数据采集、传输，进行智能监控预警、健康评估，可形成智慧监测＋智慧监控运维管理，实现智能治理。

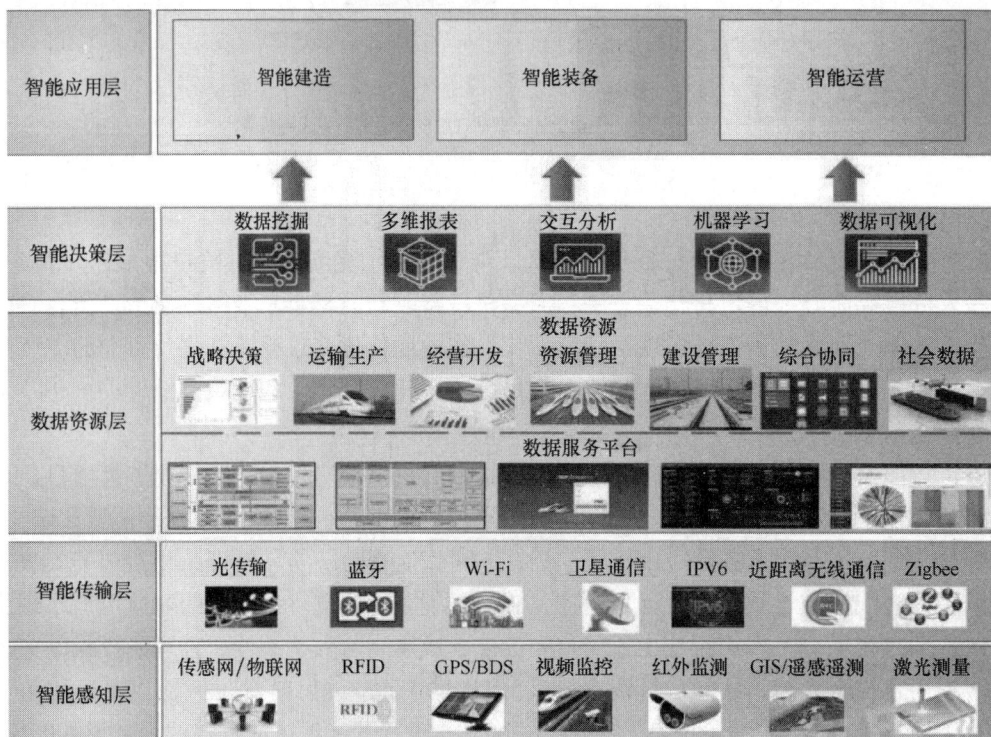

图8 智能运维系统整体架构

4 陆路交通基础设施智能建造实现路径

（1）道阻且长，行则将至。要解决目前系统工程不系统的问题，国家、行业、学（协）会层面需要牵头出台顶层设计、行业标准，解决顶层发展策略、智能化力量薄弱、内在发展动力不足等一系列问题，助力2035年实现智能建造强国目标。

（2）基础不牢，地动山摇。需要从战略部署、科技力量、核心资源及市场环境等方面持续发力，打好基础。

（3）独木难支，协同创新。一家企业难以推动整个行业的变革，要实现路陆交通行业的产业升级，需要跨专业的众多企业共同努力，协同研究解决全过程、全专业衔接问题，摊薄研发成本，共享研究成果，实现全生命周期智能建造。

（4）增强意识、推动变革、求解方案。增强意识，就是要突破认知瓶颈、避免新概念误区；推动变革，就是要准确识变、科学应变、主动求变，加大支持力度；求解方案，就是要学习新方法、激发创造能力、构建完善制度。以全面的、辩证的、长远的眼光看待新形势、新要求、新机遇、新挑战，积极求索，找寻解决方案。

（5）先分后总，珍珠成串。分而治之，降低技术难度、减少试错成本、合理对比技术路径；贴合现实，紧扣市场需求，差异研发发展模式，加强产业链协同合作；先分后总，共建标准、共享技术、资源互补、价值共创。

（6）行而不辍，未来可期。智能建造为陆路交通基础设施产业转型升级带来了历史性的机遇。应结合实际，脚踏实地、逐步、分步推进智能建造方案的实施，通过产品形态升级，实现"实物＋数字"复合产品形态；通过建造模式升级，实现"制造－建造"模式变革；通过经营理念升级，实现"服务建造"提升价值；通过市场形态升级，促进"平台经济"发展；通过行业管理升级，智能管控实现高效治理。

5　结束语

陆路交通工程具有线路长，对大场景、大数据量、地理空间精度要求更高，涉及专业多、专业间的协同更复杂的特点，陆路交通基础设施智能建造技术更注重数据标准、多专业集成协同、智能化应用、效率提升及自主化等方面的研究与突破。

对比分析全价值链协同模型、一体化模型两种智能建造研究技术路线特点，全价值链协同分析模型以工程建造全链条业务过程所产生的跨组织、跨专业、跨阶段的业务协同需求为基础，通过接口协议，协同解决智能建造问题，模型简单、实用，技术路线符合现阶段的技术与应用条件，目前应采用协同建模技术路线开展智能建造技术研究。

作者：雷升祥（中国铁建股份有限公司）

大跨空间结构智能建造发展进展

Development Progress in Intelligent Construction of Large-span Spatial Structures

进入 21 世纪以来，随着社会经济的发展和人们对美好生活向往的日益提高，对体育、休闲、文化、展览、交通、科技等生活需求逐步提升，一大批体育场馆、会展中心、大剧院、机场航站楼、火车站、科学装置等大跨空间结构建筑相继建成，其结构规模以及复杂程度不断刷新，促使我国大跨空间结构工程在材料、结构体系、结构设计与分析以及施工等各个方面的科技水平取得了突飞猛进的发展，达到了前所未有的高度，大跨空间结构建筑的科研水平和建造技术已经成为建筑业技术实力和科技实力的典型代表（图 1）。

图 1　大跨空间结构典型建筑
（a）国家体育场；（b）大兴国际机场；（c）国家大剧院；（d）天府农博园；（e）广州南站；（f）中国天眼（FAST）

1　大跨空间结构发展现状与趋势

随着工业技术和建造技术的进步，尤其是钢筋混凝土结构和钢结构的广泛使用，建筑物的跨越能力大大提高，大跨空间结构建筑的结构形式也发生着显著的变化。现代空间结构的发展可追溯至 20 世纪初期钢筋混凝土薄壳结构的发展，薄壳结构造型优美、传力路径直接、结构性能良好，比如 1957 年建成的罗马小体育馆，堪称建筑表达与结构逻辑有机结合的典范，但受制于薄壳结构造价高且施工难度大，一定程度限制了薄壳结构的应用。20 世纪 60 年代以后，随着计算机、钢材焊接工艺等新技术和高强钢、拉索、膜等新材料的快速发展，大跨空间结构进入新的发展阶段。建筑师在进行建筑创新时获得了更高的灵活性和自由度，但同时也暴露出不注重结构合理性、经济性等一系列新的问题。

结构体系与建筑形态的有机统一一直是大跨空间结构研究和讨论的焦点，比如英国工程师斯尔沃和阿迪斯、德国著名建筑师海诺·恩格尔、美国著名建筑评论家肯尼斯·弗兰姆普敦等纷纷表述了建筑结构设计对于建筑形态表达的重要性。我国著名建筑学家梁思成先生曾提到"现代人欣赏建筑时，只注重外表的美观，经常忽略内在结构的科学性"，充分表明理性的结构是建筑美的基础，完美的结构设计是大跨度结构建筑创作的根本，结构设计的合理性在建筑创作中处于不可替代的核心地位。为了达到建筑的空间形态与结构形态的完美统一，众多学者开展了结构体系的创新与实践应用。

美国著名结构大师富勒发明了单层球形网壳结构，被用于蒙特利尔国际博览会美国馆的建造，同时还创新性地提出"张拉整体体系"的概念，但受制于当时材料和技术，只停留在模型阶段而难以付诸实践。后来德国著名工程师奥托针对张拉结构进行了全面分析，并对张拉索结构用于大跨度屋面进行了探索实践，比如1972年慕尼黑奥运会的奥林匹克公园体育场馆，采用了质量轻、用料省、结构体系受力合理、能提供大跨度和无柱空间的索网结构，堪称现代体育建筑的历史性标志。随着建筑师对结构空间形态要求的不断增加，借助于计算机技术，曲面网壳结构逐步替代了平板型网架结构，尤其以20世纪90年代日本的穹顶结构发展应用为代表，包括大阪、名古屋、札幌等兴建的十几处采用穹顶结构的大型体育场馆。然而早期的网格结构，构件仍然存在受弯状态，并不能完全发挥截面效能，进而限制结构适应更大的建筑跨度，这不得不让建筑师们重新审视富勒提出的"张拉整体体系"的概念。基于此，20世纪70年代美国工程师盖格尔首先提出了以索、膜与压杆组成的"索穹顶"结构，并成功应用于1986年韩国汉城奥运会，采用索穹顶结构建造了直径分别为120m和93m的体操馆和击剑馆。之后美国工程师李维在"张拉整体"的构想下发明了"Tenstar"穹顶——"双曲抛物面-张拉整体穹顶"，并将其应用于1992年美国亚特兰大奥运会体育场主馆——佐治亚穹顶（235m×186m），成为当时世界上最大的索膜结构体育馆。随着高强度拉索以及膜材的产生和预应力技术的应用，空间网格结构和空间预应力结构得到了进一步的发展。因此，预应力空间钢结构体系因其结构具有性能好、自重轻、造型灵活等优点被大量运用，如网壳、索网体系、索膜体系等在大跨空间结构建筑中频频出现。

预应力空间钢结构的出现使大跨度空间结构实现了质的飞跃，索穹顶、弦支穹顶、张弦桁架及索网结构等预应力空间结构因其自重轻，稳定性高、承载能力强而受到国内外工程师的青睐。与传统网壳结构、网架结构相比，大跨度预应力结构不仅实现了柔性拉索的装配施工，而且能够满足结构智能建造要求。目前，我国钢结构建筑已步入快速发展阶段，但大跨空间钢结构在全部建筑中的应用比例仍较低，研究发现发达国家钢结构建筑占总建筑量的比例在40%以上，而我国钢结构建筑占比仅有5%～7%，其中大跨钢结构占比更少。为此，大力发展大跨预应力钢结构建筑在我国具有广阔的发展前景（图2）。

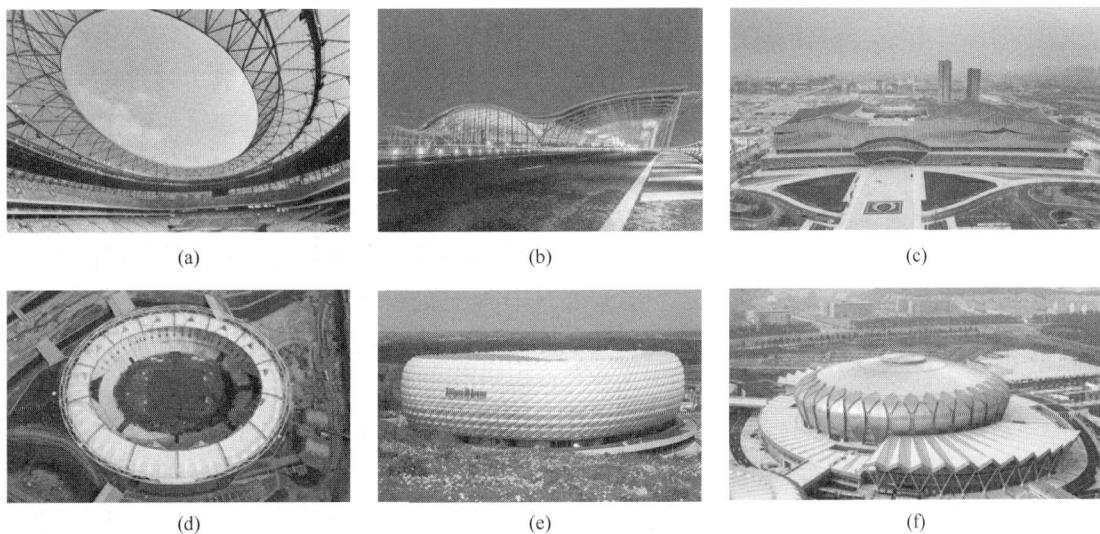

图2　大跨预应力钢结构典型建筑

（a）成都凤凰山体育场；（b）上海浦东国际机场；（c）长沙国际会展中心；

（d）伦敦奥运会体育场；（e）德国慕尼黑安联体育场；（f）济南奥体中心体育馆

在工程木材料不断创新和建筑技术不断进步的推动下，大跨木结构创造出各种巧妙的结构形式，如桁架拱、伞形穹顶、树形柱、空间网格，尤其在全球重视低碳环保的背景下，大跨木结构的节能、减碳等特性决定了大跨木结构将在国内公共建筑领域实现强劲复兴。大跨木结构用于大型建筑可实现造型美观和绿色自然的效果，在欧洲、北美和日本等发达地区已被广泛应用于体育馆、展览厅等大型公共建筑中（图3）。中国大跨木结构的研究和应用起步相对较晚，但随着近些年对国外技术和新型工程木材料的引入，已初步具备应用和推广大跨木结构的基础。

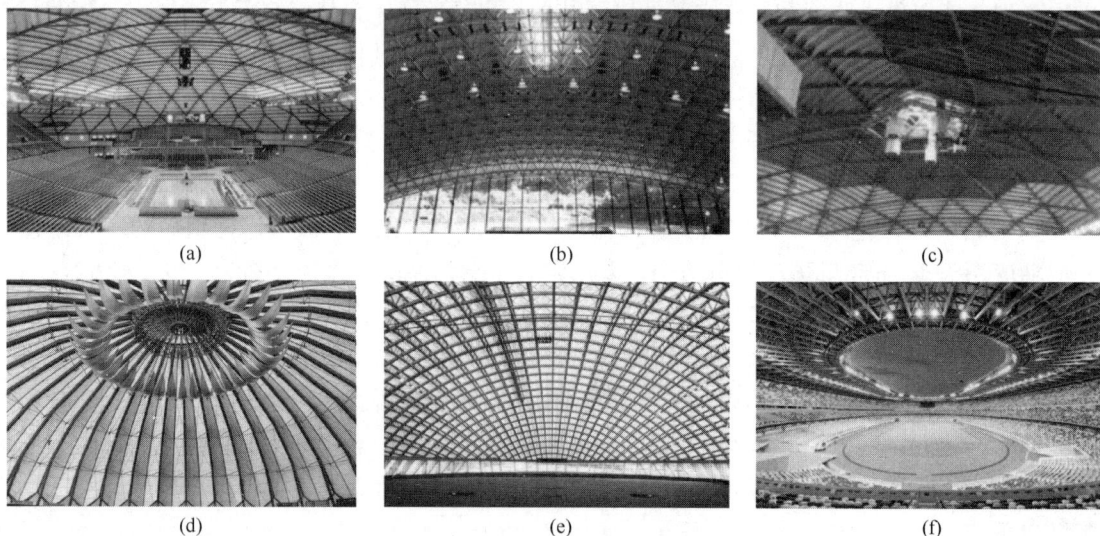

图3　国外典型大跨胶合木结构照片
（a）塔科马穹顶；（b）小国町体育馆；（c）北密歇根大学穹顶；
（d）出云穹顶；（e）大馆树海体育馆；（f）东京新国立竞技场顶棚

2　大跨空间结构智能建造发展现状与趋势

早在20世纪90年代初，美国、德国、英国、日本等发达国家就开始了智能建造研究，主要集中于信息化技术提升工业化施工水平的研究。随着BIM、物联网、大数据、云计算、人工智能等新一代信息技术的快速发展，一些国家政府及其业界正在重新审视工程建造面临的关键问题和未来发展趋势，旨在打通数字化施工的各个环节，实现全产业链数字化施工。我国智能建造发展较晚，但发展迅速，2003年国家体育场工程在国内建筑业首次系统研究应用了BIM技术，解决了三维建模难题，并开发了基于IFC的4D施工管理系统、多参与方协同工作平台和钢结构构件管理系统等。近年来，智能建造在工程建设领域得到广泛使用，尤其在大型复杂工程建设过程中起到了关键核心作用，显著提高了规划设计、工程施工、运营管理的质量和效率。在2020年《住房和城乡建设部等部门关于推动智能建造与建筑工业化协同发展的指导意见》以及《中华人民共和国国民经济和社会发展第十四个五年规划和2035年远景目标纲要》，均明确提出建筑业要加快建立智能建造产业体系，加快建筑产业转型升级，这也是推动建筑业绿色建造实现可持续发展的最佳途径。

智能建造是指在工程建造过程中运用信息化技术方法手段最大限度地实现项目自动化、智慧化的工程活动。它是一种新兴的工程建造模式，是建立在高度的信息化、工业化和社会化基础上的一种信息融合、全面物联、协同运作、激励创新的工程建造模式。广义的智能建造是指在建筑产生的全过程，包括工程立项策划、设计、施工阶段，通过运用以BIM为代表的信息化技术开展的工程建设活动。狭义的智能建造是指在设计和施工全过程中，立足于工程建设项目主体，运用信息技术实现工程建造的信息化和智能化。狭义的智慧建造着眼点在于工程项目的建造阶段，通过BIM、物联网等新兴信息技术的支撑，实现工程深化设计及优化、工厂化加工、精密测控、智能化安装、动态监测、信息化管理六大典型应用（图4）。

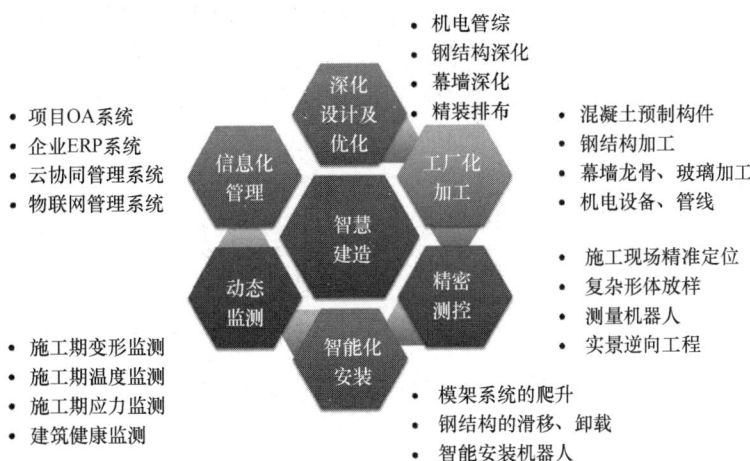

图 4　智能建造典型应用场景

大跨空间结构作为复杂结构工程的典型代表，正面临规模扩大化、结构复杂化以及工期短、标准高等难题，而一切复杂结构的完美呈现都离不开施工技术的支撑。然而由于社会分工不断细化，设计、施工长期分离造成建筑方案、结构设计与工程施工之间存在隔阂，建筑的结构设计与选型缺乏对建造技术的充分考量。尤其针对大跨空间结构建筑而言，结构即是建筑，通过结构美来表现建筑美，结构形态、结构体系、构件和节点会比较复杂，如空间弯扭构件、多杆件交会节点。同时结构外露，需要加工精细、美观。同时大跨空间结构为时变结构，需要精准找形，如索膜结构。不是传统意义上的照图施工，在初步设计阶段就需要确定安装方案，需要结构工程师与建造师紧密配合合作完成。在大跨空间结构施工过程中，需要全过程仿真和信息化施工，以确保施工质量和安全，多采用吊装、顶提升、滑移、张拉等工法，施工机械装备自动化、智能化程度高，但其对加工安装误差敏感，直接影响结构安全和后续维护系统的安装。随着数字化技术的发展和深化应用，以协同化为主要特征的BIM给大跨空间结构的深化设计与装配式建造带来了更精准和直观的便利，尤其复杂构件的精确制造和精密安装，大跨空间结构的智能建造是建筑业推动智能建造与建筑工业化协同发展的典型实践。

3　大跨空间结构智能建造典型实践

国家速滑馆（冰丝带）是2022年北京冬季奥运会的标志性场馆，作为典型的大跨空间结构建筑，为了满足建筑造型和功能需求，并基于高效、节能、美观的考量，国家速滑馆采用了马鞍形双曲造型，立面上的曲面幕墙系统是"冰丝带"理念的主要载体。独特的设计方案、奥运竞赛的建筑要求、节俭的建设成本和极度紧张的工期给建设团队带来了巨大的挑战，在国家重点研发计划科技冬奥专项的支持下，通过深化设计、预制加工、智能安装、精密测控以及信息管理等智能建造关键技术的研究，并在工程建设中进行了全面地示范应用，实现了工程建造安全、质量、功能、工期、成本的五统一。

3.1　深化设计

索网结构是典型的非线性结构，由于国家速滑馆体量巨大的屋盖结构，需研发适用的超大跨度高性能结构体系，并确保结构设计方案合理可靠、仿真分析计算准确、受力性能良好和整体牢固以及施工安装便捷。通过全过程仿真分析和模型试验，研发了适用于国家速滑馆的超大跨度高性能结构体系，相较于空间结构常用的网架和桁架，本体系可降低标高 8～10m，大幅度降低幕墙、空调投入，节省施工措施费、工期，达到了力学性能最优、材料最省、施工便利、造价低廉、耐久性好的高性能结构体系，用钢量仅为传统钢结构钢材使用量的 1/4（图5）。研发了全新的超大跨索网找形方法，考虑边界形状、拓扑关系、预应力和屋顶重量分布等因素的共同影响，使索网初始态位形相对理论抛物面最大偏差距离不超过 5mm，基本吻合双曲抛物面；考虑弹性边界的形态控制，通过环桁架预变形和修正索网初应变，使主受力体系初始态中的索网形态与固定边界结果一致，实现了弹性边界下的索网形态控制，使索网相对目标位形最大偏差由 502mm 降低到不超过 5mm。

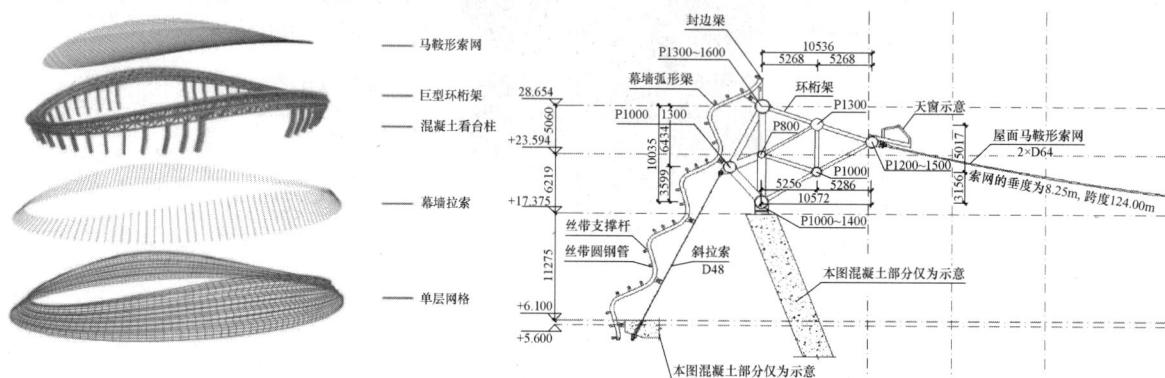

图 5　索网结构体系示意图

3.2　预制加工

为满足建设成本和工期，自主研制建筑用大直径高钒密闭索，提出了索体、Z形钢丝、受力锚具等技术方案，建立了完整的构件加工制作工艺流程和完整的生产与质量保证体系，实现高钒密闭索的国产化和量产。通过设计调整和施工控制将国产高钒密闭索应用于国家重点建筑工程，带动了国产高钒密闭索在建筑领域大面积的推广应用。全国产高钒密闭索性能达到欧洲标准，打破了国外同类产品垄断，使密闭索价格降低 2/3，供货期缩短近 1/2。

3.3　智能安装

复杂的结构体系给工程建设带来了极大的挑战，结合工程施工现场情况、紧张工期等特点，发明了基于全生命期 BIM、全过程仿真、高精度构件加工、自动化安装、高效高精度测控和偏差适时调整的平行施工方法（图6），实现了混凝土结构、看台板、钢结构、索网、幕墙及机电装饰的装配化建造，节省工期 3 个月，满足了安全、质量、工期、场地、投资的要求；研发了基于计算机控制的异位与原位混合安装、高低位二次变轨滑移的环桁架施工方法，合龙段间隙仅 1cm，拉索耳板偏差小于10mm，满足了定长索的安装要求；研究形成了超大跨度单层正交索网主被动、大吨位同步张拉技术，经检测索力全部优于验收标准要求的小于 15%；针对荷载态的索网进行激光扫描，94.24%索夹位置偏差小于 10mm，实现了索网高效施工和毫米级安装；建立了工程全生命周期健康监测系统，实现了指导施工、预警报警的同步技术（图6）。

3.4　精密测控

国家速滑馆建筑结构在空间上的不规则性、多样性、复杂性及超大规模给施工测量带来较大的难度。屋盖结构采用大跨度马鞍形单层双向正交索网，是目前世界上跨度最大的单层正交索网结构，为了保证施工精度及施工质量，建立了一套定长索加工、铺索定位、同步张拉、扫描复核的精密测量方法。针对天坛形曲面幕墙与马鞍形单元式屋面依附于柔性索网结构的特点，突破特大异形柔性结构屋顶预制、安装和调控精密测量关键技术，基于实体结构对围护系统逆向建模并加工，通过调节幕墙 S 形钢龙骨和单元板块屋面高精度支座，保证了单元式围护结构的精准安装，实现了柔性结构上单元式围护结构精密工程测量从静态到动态、离散到连续的转变（图7）。

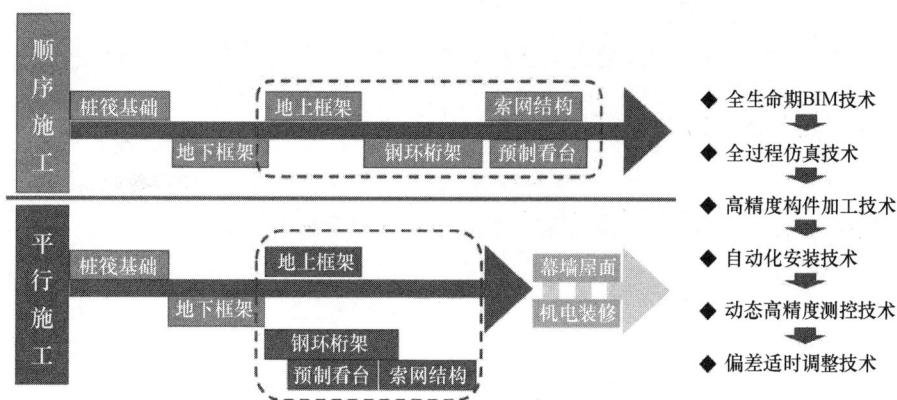

图 6 平行施工建造技术体系

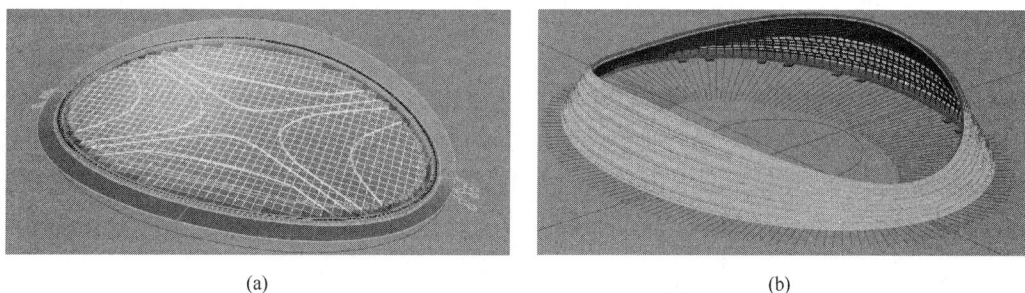

(a) (b)

图 7 国家速滑馆动态高精度施工测量技术体系

（a）索网精准加工安装测量；（b）围护结构高精度误差调控

3.5 结构安全和健康监测

尽管索网结构的应用历史已经超过了半个世纪，但国家速滑馆索网结构体量巨大，也给该工程索网结构的施工和运维带来诸多的挑战。一方面，由于索网的形态和内力严格协调的，在施工阶段的各种误差因素对于结构的形态和索力分布的影响将尤为突出，形态控制困难。另一方面，运维阶段的索网结构将面临复杂的外部环境荷载（如温度荷载、风荷载、地震作用等），而且索构件也存在腐蚀松弛等退化的可能性，上述因素将对索力产生偏差，进一步影响结构性能。考虑国家速滑馆的结构形式复杂、屋面结构体系跨度大以及监测参数多样化，为了解决国家速滑馆多类监测参数的数据采集和传输问题，研发了基于 4G ＋LoRa 通信的无线传感网络，建立了国家速滑馆全生命周期健康监测系统，共计布设各式传感器共 1132 个，有效解决了施工阶段条件简陋、情况复杂，不宜布置传统监测设备的弊病，同时健康监测平台已无障碍运行近 5 年，采集数据实时接入国家速滑馆智慧管理一体化平台，对国家速滑馆的受力状态、变形情况、振动幅度以及现场气候环境进行长期实时监测，总结其受力、变形和振动规律，把脉结构整体性能，有力地支撑了国家速滑馆的高效高精度建造，将继续支撑国家速滑馆长期的安全运行。

4 结束语

大跨空间结构多采用富有特色和创新的设计理念，常作为大型土木工程的代表及城市风貌和城市建设的重要表征，随着工程师们从大跨空间结构建筑全寿命期的视角审视结构的合理性、施工工艺的难度以及赛后的运营维护等，大跨空间结构呈现出自重轻、强度高、材料性能优、制作安装机械化程度高、结构可靠性强以及抗震性能好等发展趋势，以绿色建造与可持续发展作为大跨空间结构发展的核心，以建筑功能为导向的设计建造，实现大跨空间结构结构体系更加轻盈、高性能材料应用规模更大、建造过程智能化、大跨空间结构建筑低碳化、智慧化。同时在面对大跨空间结构结构规模以及复杂程度不断刷新的背景下，应以智能建造为支撑，加大对大跨空间结构综合模块化加工、高效运输及智能化安装技术、多层空间结构工业化建造关键技术、基于数字孪生的精细化智能协同管理平台等关键技术的研究，实现大跨空间结构高效高精度建造。

作者：李久林　徐浩　刘廷勇　王忠铖（北京城建集团有限责任公司）

冶金工程施工数字化管控技术

Digital Control Technology of Construction for Metallurgical Engineering

为顺应建筑业数字化发展及国有企业数字化转型新要求，针对冶金工程项目工序复杂、专业交叉多、协调难度大等特点，依托冶金工程项目三维模型数据及项目施工过程要素数据，通过在工管平台上开发业务数字化管控模块，构建了冶金工程项目业务管控数据源表，实现了冶金工程项目业务的数字化；并通过数据源表给出了用于工期管控的构件状态变化分析结果，实现了用于成本管控的计划工程量数据与实际工程量数据的偏差分析和管控，为冶金工程项目成本过程管控提供了数据支撑，为企业及行业数字化转型提供了坚实基础。

1 技术背景

1.1 政策要求

建筑业是我国经济的支柱产业。2022年1月，住房和城乡建设部发布"十四五"建筑业发展规划，将"建筑工业化、数字化、智能化水平大幅提升"作为"十四五"发展目标，并提出要夯实标准化和数字化基础，即加快推进建筑信息模型（BIM）技术在工程全寿命期的集成应用，健全数据交互和安全标准，强化设计、生产、施工各环节数字化协同，推动工程建设全过程数字化成果交付和应用。2022年3月，住房和城乡建设部印发了"十四五"住房和城乡建设科技发展规划，提出以支撑建筑业数字化转型发展为目标，研究BIM与新一代信息技术融合应用的理论、方法和支撑体系。可以说，建筑业数字化发展已经成为行业大势所趋。

1.2 存在问题

工程项目的数字化发展和建筑企业的数字化发展是建筑业数字化发展的重要组成部分。目前，围绕项目"人、机、料、法、环"各生产要素的项目数字化管控，正逐步从全要素向全产业链、全价值链拓展。项目生产要素的数字化管控需要项目业务的数字化管控作支撑，然而目前工程项目部各业务部门（如工程部、技术部、经营部、采购部等）对各生产要素（如人工、材料、机械等）管控的数字化描述和表达并不是很明确，体征指标也不清晰，如何将工程项目各业务的工作转化为数字、真正实现项目业务的数字化是目前建筑业数字化转型亟待解决的重要问题之一。

此外，冶金工程项目受钢铁生产工序繁多、工艺流程复杂、产线长等因素影响，在原料、烧结、球团、焦化、高炉、轧钢等项目施工过程中存在工程量大、多专业交叉、各方协调难度大等突出特点，冶金工程项目数字化应用成为解决当前冶金工程项目信息连通共享不充分、施工效率低下的有效方法，也是推进冶金工程项目精细化管控水平提高的重要手段。

1.3 实施思路

针对以上发展问题和情况，本文提出冶金工程施工数字化管控技术，以期实现冶金工程项目施工业务的数字化，并通过构件状态跟踪、构件模拟结果与实际结果偏差分析和管控等内容，实现项目的降本增效。

2 技术内容

在工程管控平台上开发业务数字化管控模块，并基于项目三维全专业BIM模型，实现项目土建、钢结构（含工艺钢结构）、机电等全专业的数据集成。此外，融合项目业务数据的过程采集和分析，实现对项目工期及工程量的偏差管控。冶金工程施工数字化管控技术应用体系架构如图1所示。

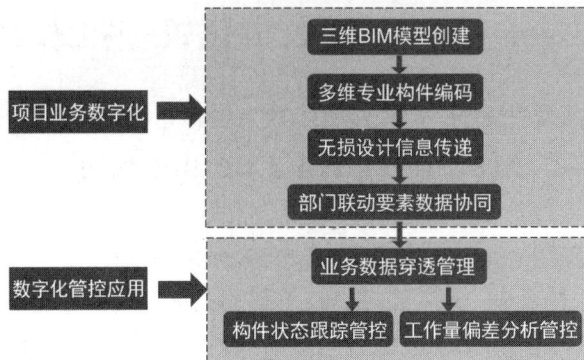

图1　冶金工程施工数字化管控技术应用体系架构

2.1　项目业务数字化

2.1.1　三维 BIM 模型创建

根据项目实际需求，制定项目 BIM 模型创建及应用技术路线，并依据国家、地方及行业 BIM 建模标准，选择适用的 BIM 软件创建三维 BIM 模型。模型细度（LOD 等级）满足项目应用需求（图2），模型属性信息包含构件名称、构件类型、构件尺寸等各类信息（图3）。

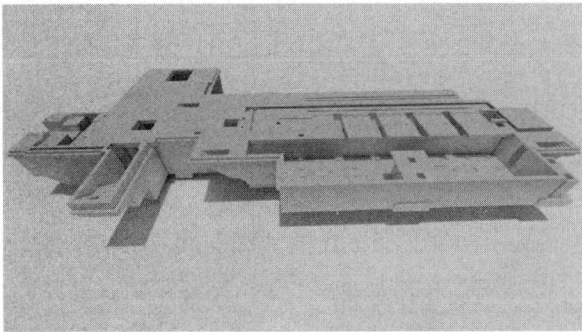

图2　冶金工程三维设备基础模型

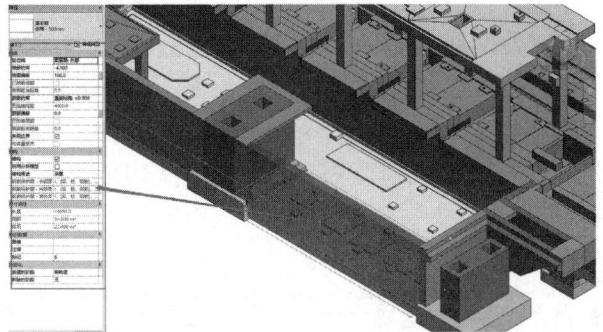

图3　冶金工程三维设备基础模型及属性信息

2.1.2　多维专业构件编码

通过"WBS 任务清单编码＋工程量清单编码＋现场施工状态编码"形式对构件进行统一编码。其中，WBS 任务清单编码包括施工区域、施工段等信息；工程量清单编码包括项目细目名称、项目特征等信息；现场施工状态编码包括施工开始时间、施工结束时间、施工班组、供应商等信息。做到三维模型构件与编码一一对应。除不同 BIM 软件之间信息互通外，以编码为唯一识别信息进行不同专业施工计划编制、班组报量、物资计划编制，实现以 BIM＋编码＋平台为基础的从制作到现场的项目全过程一体化数字化管理。多维专业构件编码示例如图4所示。

2.1.3　无损设计信息传递

各专业创建的三维 BIM 模型，在对构件赋予其他基础属性信息后，通过 IFC、E5D 等中间格式转换导入至工程管控平台中进行集成。模型导入平台要考虑模型构件的颗粒度，如 Tekla 钢结构深化模型默认以螺栓等零件为最小单位导入，可根据项目管理深度需要，转换为构件单元导入。此外，还可以根据项目管理要求，按项目任务及流水段细度划分。无损设计信息导入平台后效果如图5所示。

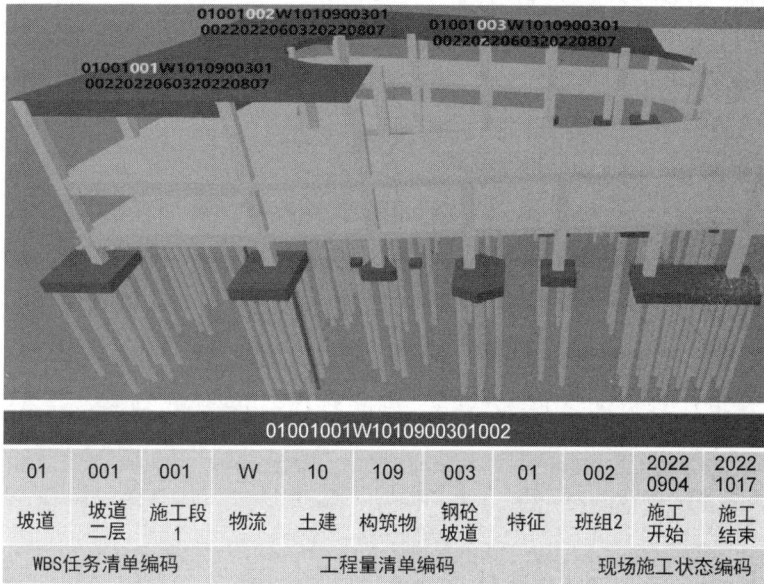

01	001	001	W	10	109	003	01	002	2022 0904	2022 1017
坡道	坡道二层	施工段1	物流	土建	构筑物	钢砼坡道	特征	班组2	施工开始	施工结束
WBS任务清单编码			工程量清单编码						现场施工状态编码	

图 4 多维专业构件编码示例

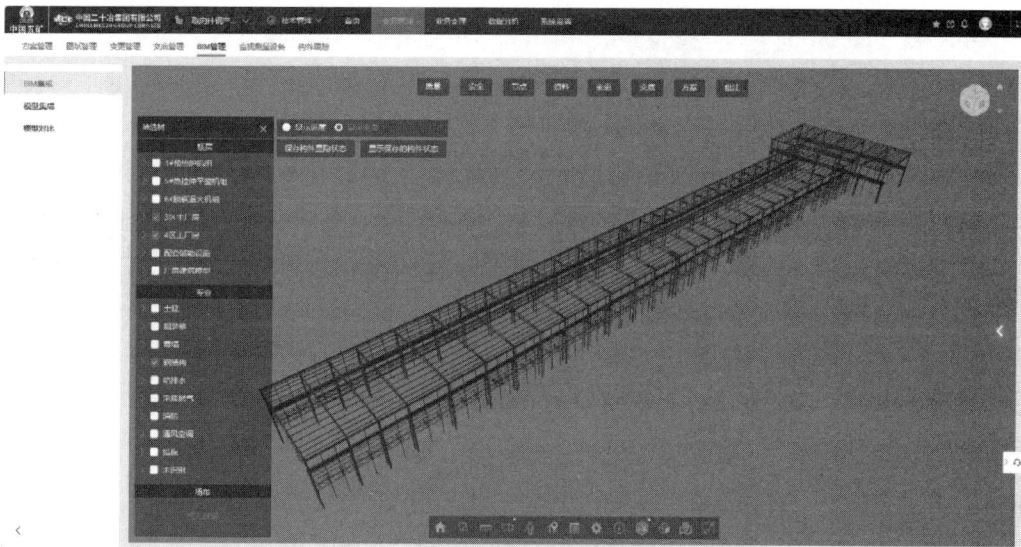

图 5 无损设计信息导入平台展示效果

2.1.4 部门联动要素数据协同

项目部按专业召开项目协同会议，明确各专业管控体征，形成业务管控数据源表（图6），并进

WBS编码	位置	制作开始时间	制作完成时间	构件进场时间	安装开始时间	主材规格	主材材质	长度(m)	净重	面积(㎡)
03038001W1070100301004	1-3/1-A-1-B	2022/3/9	2022/3/22	2022/4/28	2022/5/1	PL14*650	Q355B	25.5	7982	136 07334
03003001W1070100301004	1-1/1-B	2022/3/9	2022/3/16	2022/4/28	2022/5/1	PL24*650	Q355B	25.5	10990	145.7814
03040001W1070100301004	1-1/1-A-1-B	2022/3/9	2022/3/28	2022/4/28	2022/5/1	PL24*650	Q355B	25.9	12065	158.31137
03021001W1070100301004	1-1/1-C	2022/3/9	2022/3/16	2022/4/30	2022/5/1	PL14*650	Q355B	25.5	8006	138.7441
03059001W1070100301004	1-2/1-A-1-B	2022/3/9	2022/3/26	2022/4/30	2022/5/1	PL24*650	Q355B	25.9	11863	152.64852
03045001W1070100301004	1-2/1-B	2022/3/9	2022/3/18	2022/4/28	2022/5/1	PL14*650	Q355B	25.91	8162	136.3334
03035001W1070100201004	1-1-1-2/1-B	2022/3/10	2022/3/28	2022/4/28	2022/5/1	PL12*1156	Q390B	10.98	3585	51.78534

图 6 钢结构业务管控数据源表（部分列项）

行任务分工，确保项目各部门人员按时按标准录入有效数据。如项目部施工管理人员录入构件制作开始时间、结束时间信息等，项目部技术管理人员录入主材规格、材质信息等。此外，数据源还提供给项目经营人员，用于班组报量与成本分析。项目各部门共同维护同一数据表，信息唯一，管理流程规范。

2.2 数字化管控应用

2.2.1 业务数据穿透管理

对通过工程施工数据与设计信息结合形成的数据源表进行透视分析，按部位、按时间、按专业等维度穿透查询构件完成时间、构件重量多少等各类数据信息。数据真实可靠且可追溯，且能够向下穿透形成详细的构件清单（图7）。

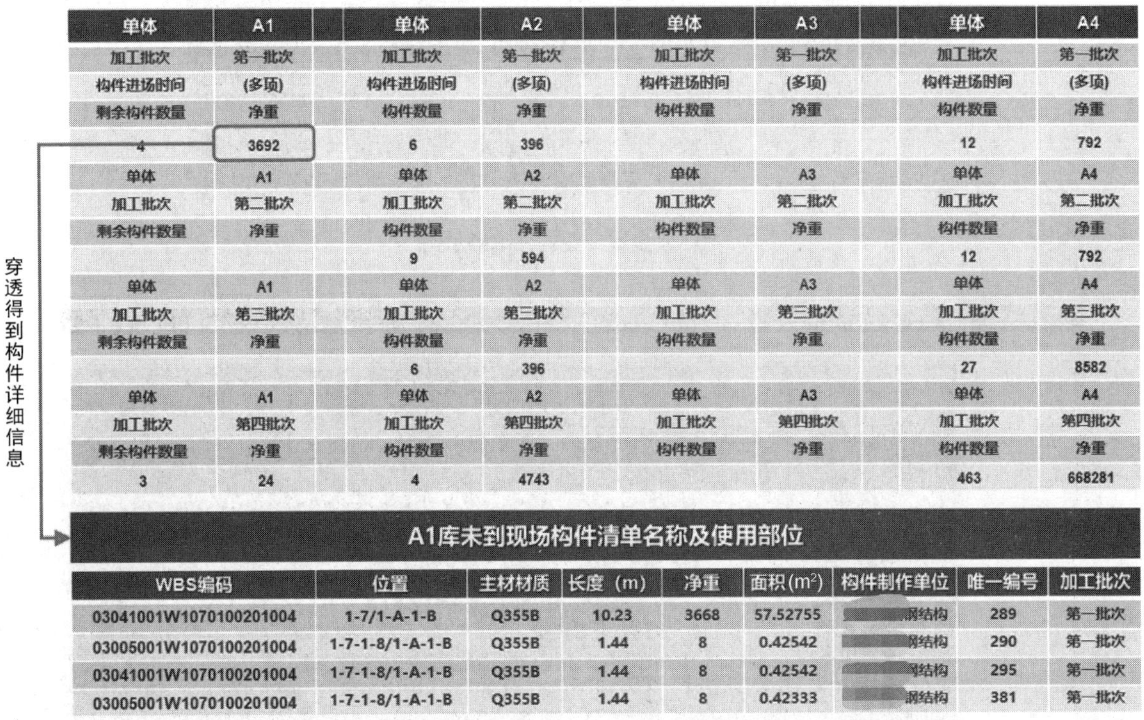

图 7　钢结构第一批次未到场构件穿透

2.2.2 构件状态跟踪管控

项目管理人员每天在平台上录入构件信息后，平台即可实时通过颜色来区分工程进展情况，如图8所示。项目团队可以足不出户掌握现场钢结构的制作、安装情况。现浇及预制混凝土等其他专业构件信息也可以实时监控，及时发现问题。

2.2.3 工程量偏差分析管控

借助透视表，可以对各专业实际量与计划量进行偏差分析（图9），及时发现施工过程中的成本问题并及时做出相应对策。此外，还可以进行项目资源分析和过程成本分析偏差，满足项目动态成本管控需要。

3 技术指标

该技术紧密结合项目实际管控需要：（1）在模型创建时综合考虑软件选择及模型创建颗粒度，并对模型属性信息进行甄别添加；（2）创新性提出的"WBS任务清单编码＋工程量清单编码＋现场施工状态编码"多维专业编码，实现了三维模型构件与施工计划、班组报量、物资计划的一一对应；（3）设计上游模型导入考虑施工任务及流水段划分的细度要求，满足项目管控细度；（4）项目业务管

图 8　钢结构制作、安装等不同状态显示

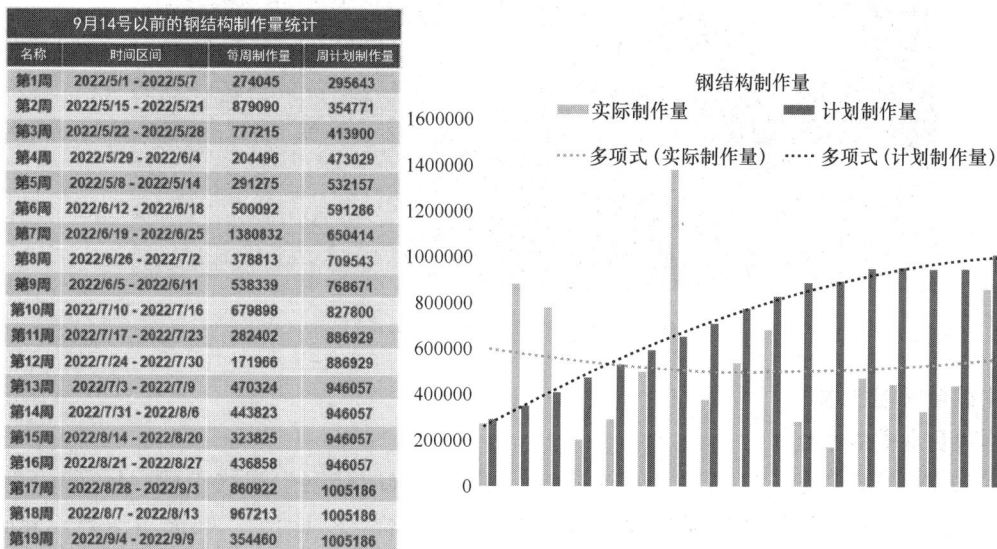

图 9　实际量与计划量偏差分析

控体征由项目部各部门共同讨论生成，各部门共同面对一套唯一动态数据源，项目有效数据及时更新、项目部成员及时共享。

可以说，与同类技术相比，该技术创新性地将项目业务工作描述为具体数字，解决了项目业务数字化的实际问题，切实达到了对项目生产要素的数字化管控。此外，依托工程管控平台上自主开发的业务数字化管控模块，对项目业务管控数据源表进行提取和穿透分析，实现了工期预判、工程量偏差等关键指标分析，为项目后期智能管控打下坚实基础。

4　适用范围

本技术不但可以解决冶金工程领域施工阶段的数字化管控，还可以拓展到民建、市政等领域。

对于未应用工程管控平台业务数字化管控模块的项目，可根据上述方法建立适合本项目的业务管控数据源表，通过 Excel 等工具人工进行项目前期工期、工效数据指标分析、偏差预警及后期数据指标预测。

适合本项目的数据源表需要项目部各部门讨论形成，各要素运行体征一部分通过 BIM 模型导入，一部分通过过程数据的添加完成。

目前也存在软件与平台不完全兼容情况，在通过 IFC 进行中间格式导入时，存在数据信息丢失情况，须在工管平台上进行人工补录处理。

5 工程案例

5.1 项目概况

取向硅钢产品结构优化（二步）标段 4 项目是目前全球领先的取向硅钢产线（图 10）。项目位于上海宝武集团厂区，主要包括 DCL-6 机组、PROF-1 机组、FCL-5 机组、3 区主厂房、4 区主厂房及配套辅助设施，建筑面积 33888m²。

图 10　取向硅钢项目效果图

5.2 数字化综合管控技术

5.2.1 硅钢项目业务数字化

（1）三维 BIM 模型创建。根据项目管控要求，创建了取向硅钢生产线土建（Revit）、钢结构（Tekla）及机电（Revit）全专业 BIM 模型，并依照设备基础、框架结构、辅助用房等，分段、分块、分层建模，集成模型如图 11 所示。

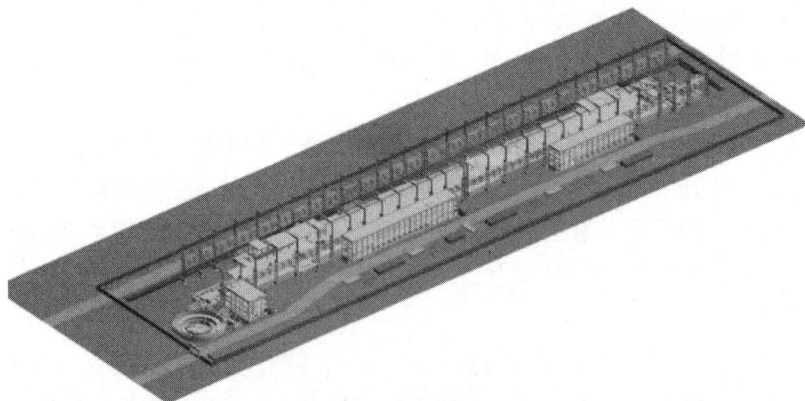

图 11　取向硅钢项目模型集成

（2）多维专业构件编码。基于该项目特征，编制了取向硅钢项目土建、钢结构及机电多维构件编码，每个专业的"WBS 任务清单编码＋工程量清单编码＋现场施工状态编码"多维专业编码见

表1～表3所示。

土建专业构件编码表　　　　　　　　　　　　　　　　　　　　表 1

R3B101001PROF001L01S012023042920230509

施工区域	施工段	土建	设备基础	机组名称	浇筑段	施工班组	材料供应商	施工开始时间	施工结束时间
R3	B1	01	001	PROF	001	L01	S01	20230429	20230509
空间、位置信息	专业基础信息					施工信息			

钢结构专业构件编码表　　　　　　　　　　　　　　　　　　　表 2

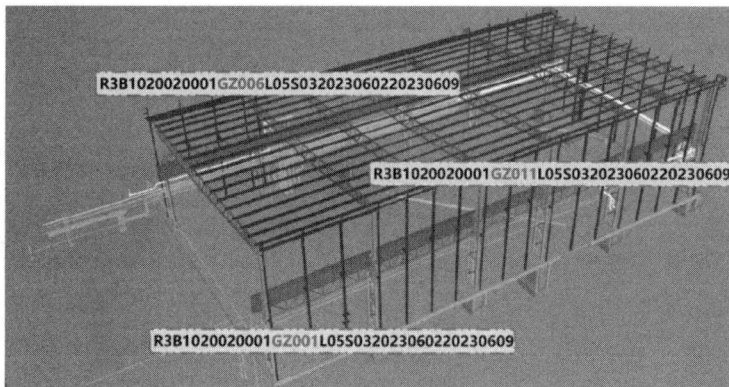

R3B1020020001GZ001L05S032023060220230609

施工区域	施工段	钢结构	厂房钢结构	系统名称	构件编号	施工班组	材料供应商	施工开始时间	施工结束时间
R3	B1	02	002	0001	GZ001	L05	S03	20230602	20230609
空间、位置信息	专业基础信息					施工信息			

机电专业构件编码表　　　　　　　　　　　　表3

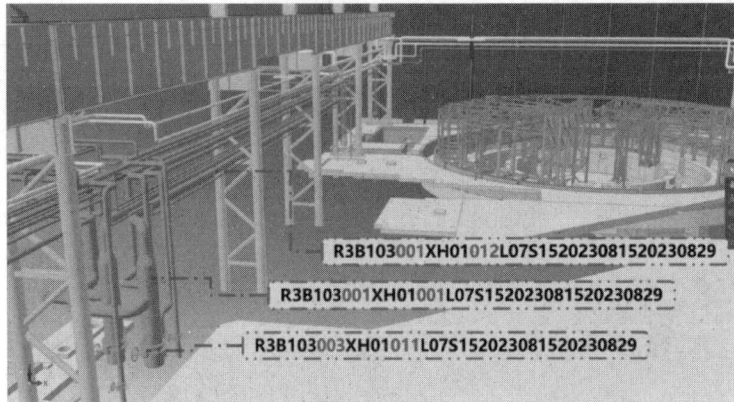

R3B103001XH01001L07S152023081520230829

施工区域	施工段	管线	管道	系统	分段	施工班组	材料供应商	施工开始时间	施工结束时间
R3	B1	03	001	XH01	001	L07	S15	20230815	20230829
空间、位置信息		专业基础信息				施工信息			

（3）无损信息传递。将不同类型软件生成的模型构件通过数字化管理平台加以集成，并梳理各类型信息，确保其真实有效，即平台模型信息数量大于等于各软件模型信息数量之和，平台模型信息质量大于等于各软件模型信息质量。

本项目中，土建基础工程中以 FCL-5 清洗段为例，其静态数据包括几何造型、表面积、体积、高程、材质等信息均可以同步至平台，施工动态数据如施工日期、材料消耗量、供应商、施工班组、质量验收等信息通过人工填报完成平台录入（图12）；钢结构工程中以 4 区钢柱为例，其静态数据包括几何造型、构件名称、编号、主材型号、质量等信息均可以同步至平台，施工动态数据如制作、安装日期、施工班组、质量验收等信息通过人工填报完成平台录入（图13），统一集成实现信息的无损传递。

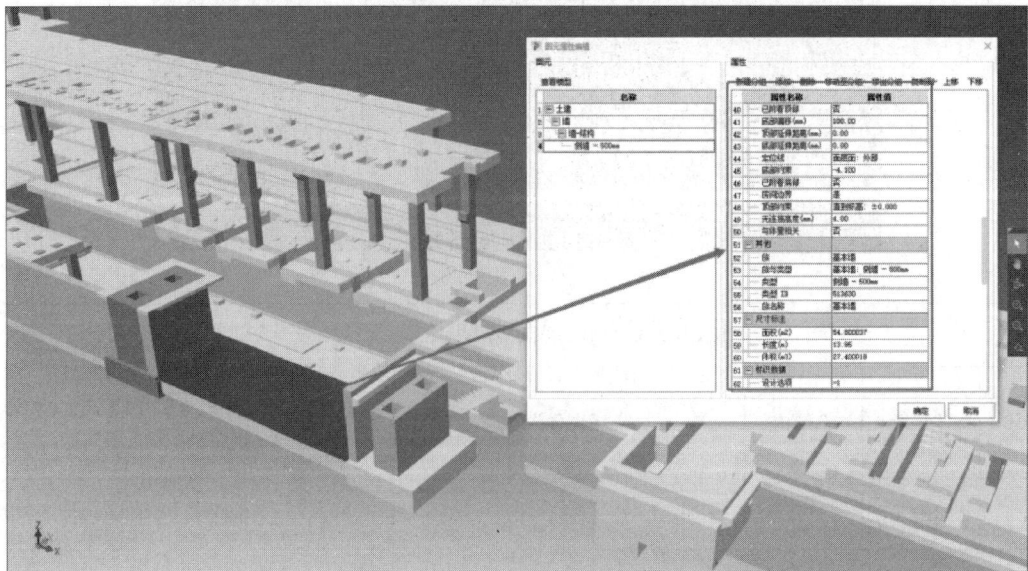

图12　土建专业模型信息传递

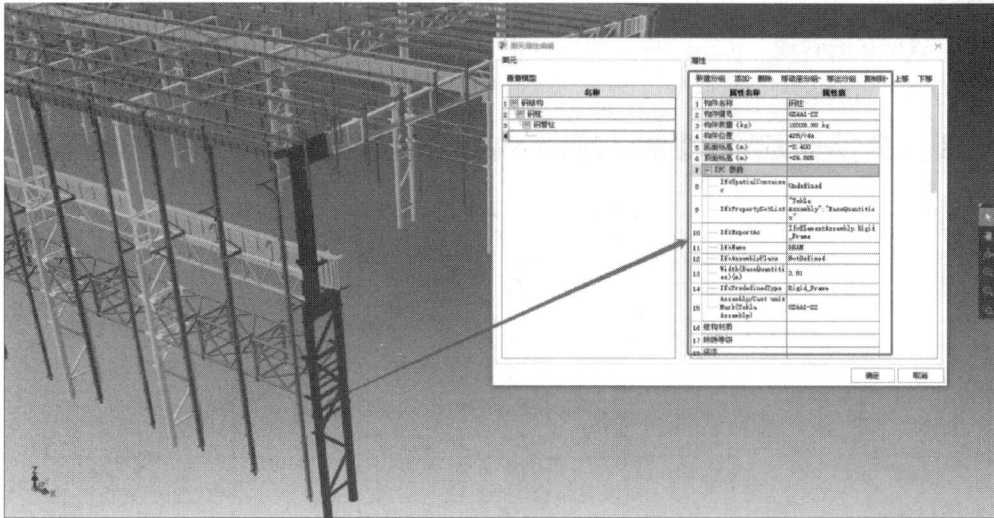

图 13　钢结构专业模型信息传递

（4）部门联动要素数据协同。项目部通过召开项目协同会议，明确了土建、钢结构、机电各专业管控要素；确定了项目技术和工程部门 3 人为土建工程、钢结构工程（大件、小件）跟踪人员，其提供的数据经平台汇总，供各部门查阅使用（图 14）。其他部门按照岗位对施工工序、劳动力、工程量、施工班组、供应厂商等信息进行逐一填报。

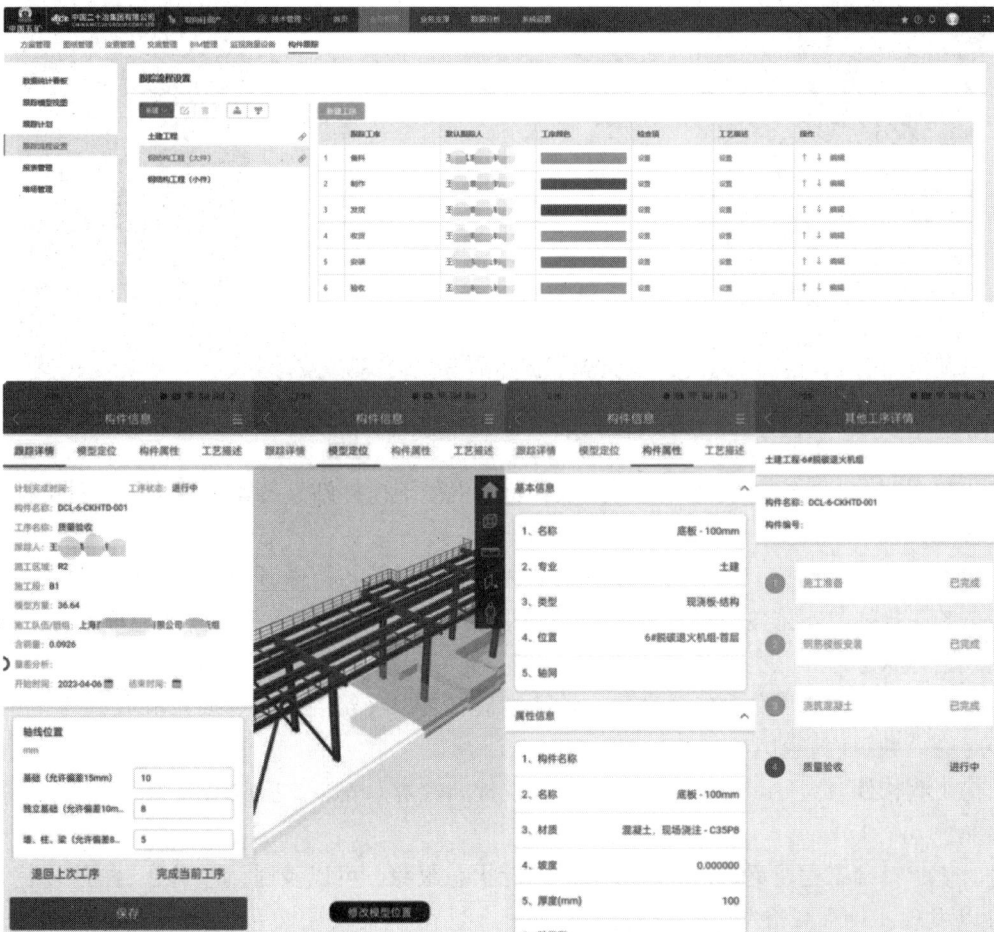

图 14　数据采集分工及数据协同

5.2.2 硅钢项目数字化管控

（1）业务数据穿透管理。将整个项目建设过程中的重要信息数据分解到最小施工单元上，并在施工过程中将其数字化。该项目数据平台统一汇总后形成的"业务管控数据源表"（图15）。

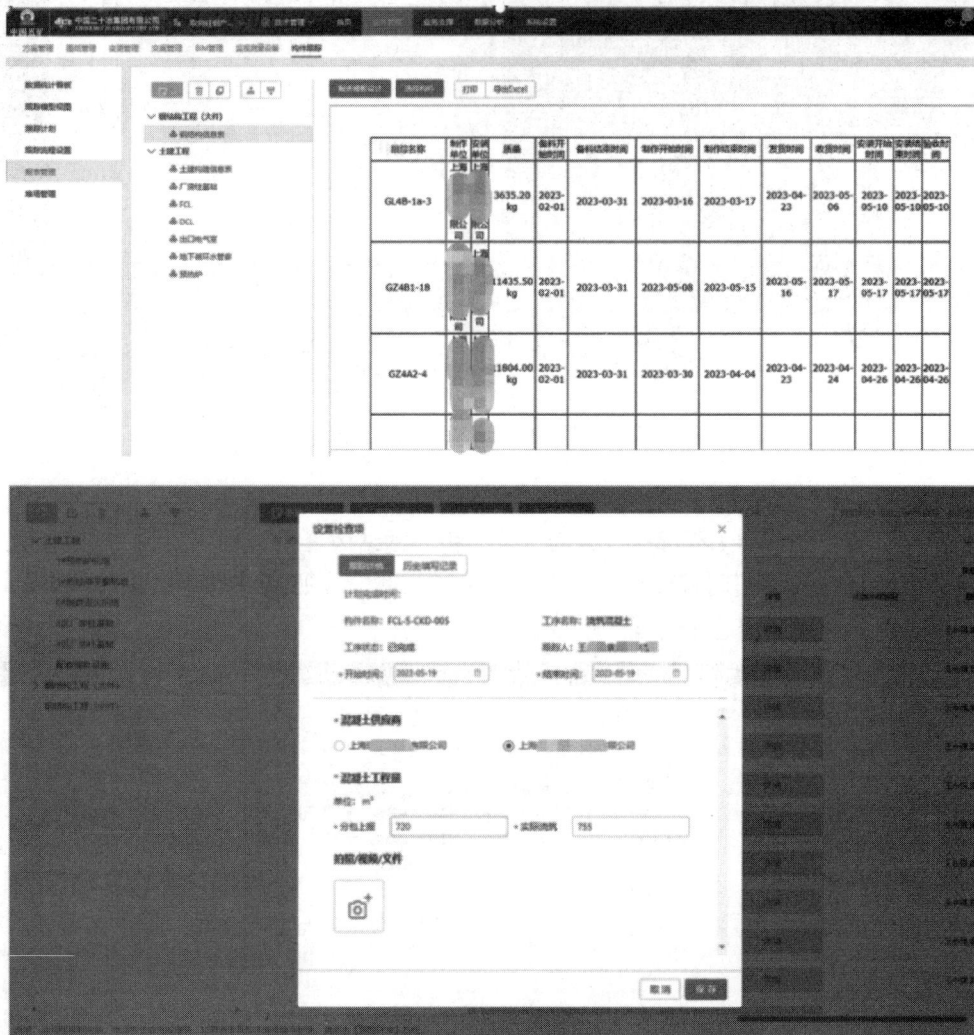

图15 取向硅钢项目业务管控数据源表（部分列项）

通过此数据源表，可穿透至每个施工区域、每家混凝土搅拌站、每家施工班组，对工程量进行全方位过程管控。

（2）构件状态跟踪管控。利用数字化信息平台，实时显示各构件所处的施工阶段及状态，便于项目管理人员统一规划及安排各类事项；在状态筛选状态下，通过灰、黄、蓝三色表示未开始、进行中、已完成三种状态。

针对土建基础工程构件分为施工准备、钢筋模板安装、浇筑混凝土、质量验收共4个工序完成，每个工序对应一种颜色（图16）。

钢结构工程构件（大件）分为备料、制作、发货、收货、安装、验收共6个工序完成，每个工序对应一种颜色（图17）。

通过对土建基础工程及钢结构工程等构件进行状态跟踪，可以及时调整施工部署。从图18模型视图中可以发现：4区422线～428线屋面系统、3区吊车梁及屋面系统处于备料状态，进度明显滞后。

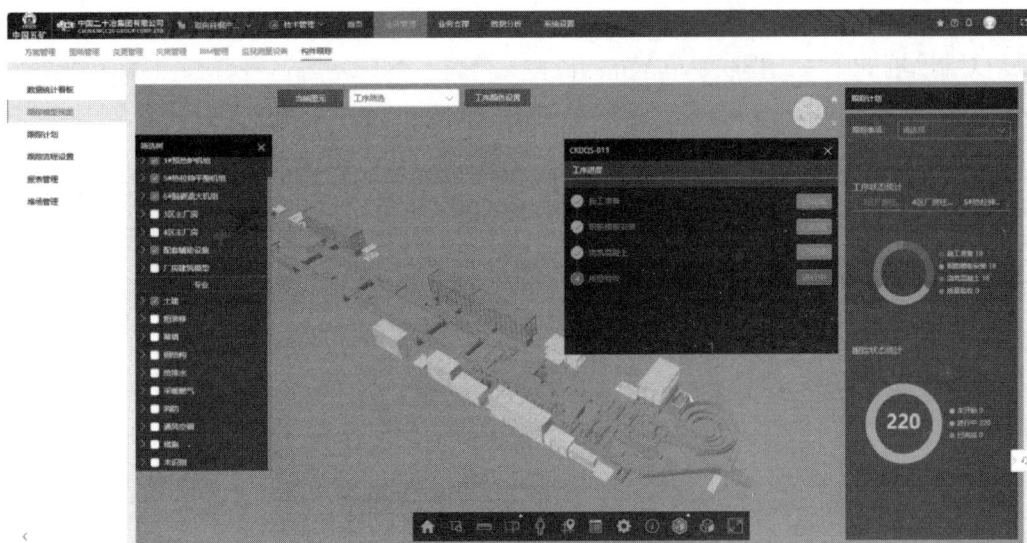

图 16　土建基础工程状态实时展示

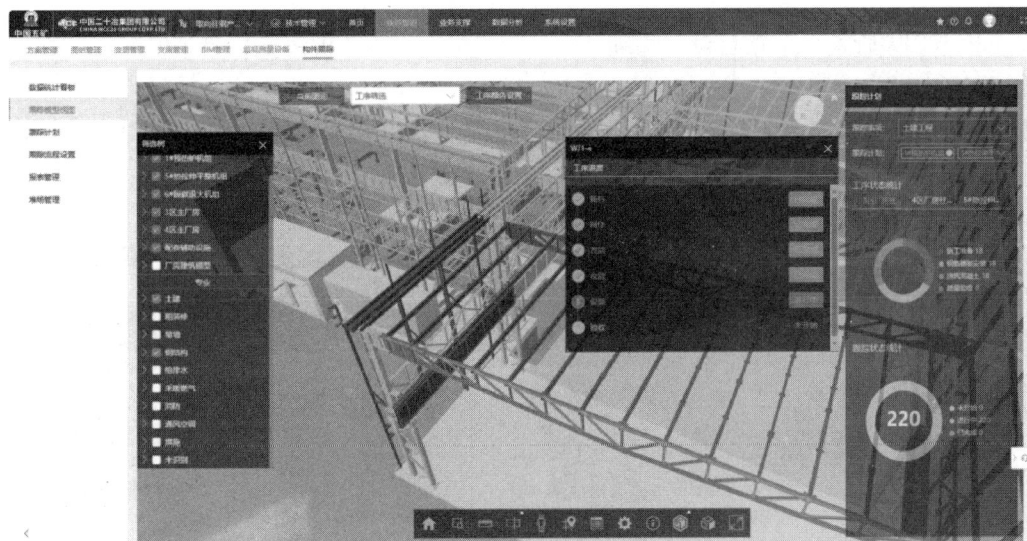

图 17　钢结构工程状态实时展示

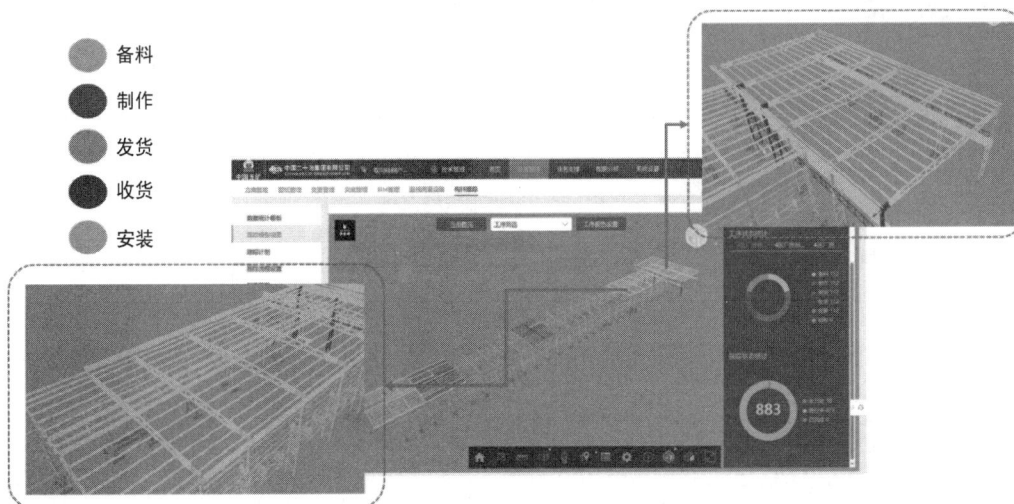

图 18　钢结构模型视图

项目部依据模型进度与现场实际进度比对（图19），分析预判后续制作安装施工部署，针对比对结果，采取对制作单位下发工作联系单，并约谈相关负责人等纠偏措施，保证了工期履约。

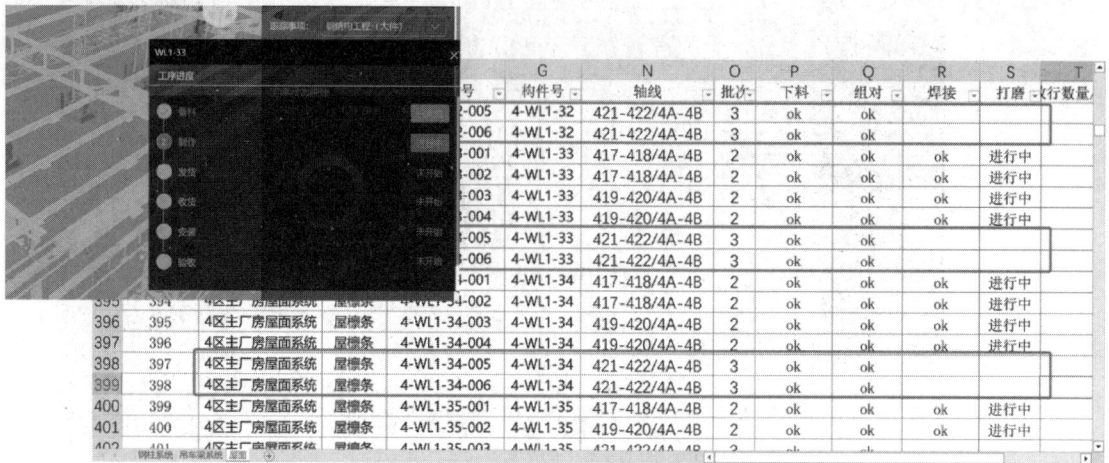

图19　穿透调取部分钢结构数据状态

（3）工程量偏差管控。该项目设备基础结构复杂、标高较多、混凝土控量难度大，在施工过程中存在混凝土填充现象，如无法追溯，将造成成本增加。

应用案例1：环形炉设备基础共分6次进行浇筑（图20），模型方量为1682.34m³，实际浇筑量为1729m³，损耗率为2.77%（图21），符合项目混凝土损耗管控3%的目标。

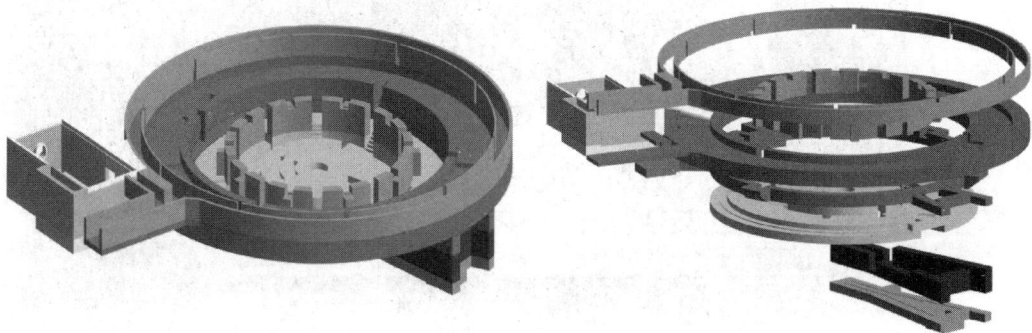

图20　环形炉设备基础混凝土浇筑分段

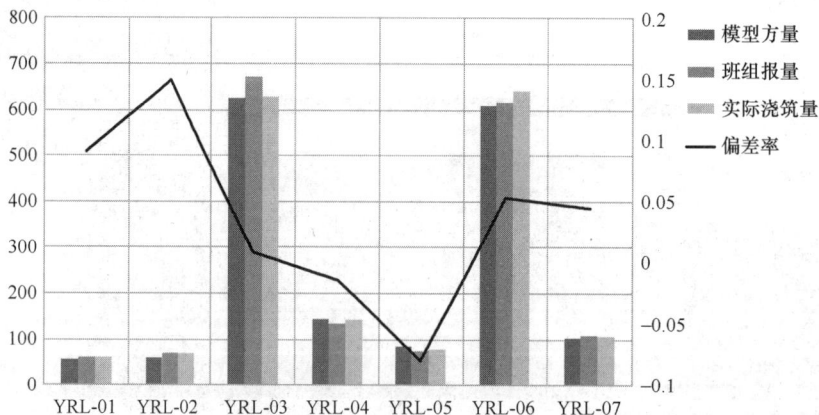

图21　环形炉设备基础混凝土浇筑损耗量分析

　　设备基础为圆形结构，标高较多，开挖及模板支护难度大，浇筑过程中需多次实施混凝土填充。项目部后期通过与设计单位联系、办理技术核定单、将填充量体现在终版图中等措施，提升了项目盈利水平。

　　应用案例2：本项目FCL-5机组清洗段，结构异常复杂，混凝土浇筑共计分为14次，混凝土损耗量控制难度大，模型方量为2288.43m³，实际消耗量为2429.5m³，损耗率为6.16%，超出3%管控目标。

　　对可能导致超方的因素包括个别部位存在胀模现象、混凝土填充造成材料浪费、搅拌站罐车存在缺方、浇筑过程受环境制约等进行整体分析，最终发现搅拌站罐车存在缺方现象为主要因素。项目部后期加强了对混凝土搅拌站罐车的管控：通过约谈混凝土搅拌站负责人、增加地磅抽查频次、嵌入BIM人员报量审核流程、按照模型方量对每月班组报量进行确认等措施，后期混凝土浇筑的损耗量均控制在3%以下。

5.3　应用成效

　　本工程专业多、土建基础和钢结构总量大，项目管理团队应用本技术后，工期方面经过数据源表的数据分析、科学预判，钢结构备料、制作、运输、安装等环节协调管理更加顺畅，原定5个月现场钢结构安装工期提前了21d；土建混凝土浇筑损耗量得到了有效控制，后期混凝土浇筑损耗率均降至3%以下，为项目施工阶段进度和成本管控提供了强有力的支撑。

6　结语展望

　　本技术给出了项目业务管控数据源表，创新性地实现了冶金工程项目业务的数字化，形成了项目宝贵的数据资产，并"自下而上"传递给各级数据决策者发挥出数据价值。基于工期管理的构件状态跟踪以及基于成本管理的工程量偏差分析管控，助力了项目完美履约和创效盈利。

　　限于篇幅，本技术目前给出了工程量的管控，后期可拓展为成本过程管控；本技术给出了生产要素中主要材料如混凝土、钢结构等专业的管控，后期可拓展到对人工、机械的管控；本技术给出了项目进度、成本的管控，后期还可以拓展到对项目质量、安全等业务模块的管控。

　　随着信息技术的不断发展，冶金工程这类复杂项目的数字化管控手段会更加智能、更加高效。项目实现业务数字化后，数据会更加及时、准确和饱满，通过物联网、大数据、云计算、AI等新技术，可以进行项目业务偏差的主动分析、提前预警、科学决策、问题自动闭合，也会通过这些有效数据驱动智能设备，实现冶金工程项目的智能建造和智慧建造。

　　作者：金德伟　徐宁（中国冶金科工集团有限公司）

陕西省 BIM 技术应用发展状况分析

Analysis of the Development Status of BIM Technology Application in Shaanxi Province

1 落实文件精神，推动 BIM 技术应用落地

为贯彻落实住房和城乡建设部相关文件精神，推动信息化建设及 BIM 技术在陕西省的应用发展，陕西省住房和城乡建设厅于 2016 年 9 月印发了《关于推进建筑信息模型应用的指导意见》执行情况调查工作的通知，对陕西省建设行业各类企业 BIM 应用情况进行摸底调查。同时联合陕西省建筑业协会在全省各地市建筑业协会、建筑企业、大专院校中开展"BIM 企业行""BIM 高校行"公益活动，邀请 BIM 技术应用领域知名专家走进各地市建筑业协会、建筑企业、大专院校做专题报告和讲座，宣传、分享、普及 BIM 技术的应用价值，为企业技术人员和大专院校师生认识 BIM 技术、了解 BIM 技术打开一扇窗，为企业技术人员学习掌握 BIM 技术打下基础，为大专院校学生做好学以致用的职业规划提供启迪，同时也为建筑企业有针对性地招录大专院校毕业生提供帮助。

缺乏专业人才一直是阻碍建筑企业应用 BIM 技术的首要因素。在陕西省住房和城乡建设厅的指导与关怀下，陕西省建筑业协会为解决此问题积极做出应对举措，于 2016 年成立了 BIM 技术应用培训中心，多方筹措建设资金，组建了专业培训机房，配备了专业培训电脑，为建筑企业免费培养 BIM 技术应用专业人才。至 2023 年 4 月，协会已开展了 120 余批次的专业培训，累计为建筑企业培养初级与中级 BIM 技术应用专业人才 1000 余人，有力地促进了建筑企业 BIM 技术应用团队的建设。

为填补 BIM 技术应用地方标准的空白，陕西省住房和城乡建设厅于 2016 年牵头组织陕西省建筑业协会、相关大专院校、设计院所、施工单位、咨询单位中的行业专家组成了 BIM 技术应用地方标准编写委员会，先后召开多次编写委员会会议，对 BIM 技术应用地方标准的编写体系、目录框架、内容编排等进行反复磋商研讨，确保在 1～2 年内制订出陕西省 BIM 技术应用的地方标准。自 2016 年起，陕西省住房和城乡建设厅联合陕西省建筑业协会在全省范围内选取有代表性的建设工程项目开展 BIM 技术应用试点工作，组织行业专家对试点项目进行免费技术指导，提炼形成具有示范性的管理创新模式与技术应用成果，在陕西省在建工程项目中进行宣传推广和经验交流。陕西能源绿色建筑产业园项目就是具有代表性的试点项目之一。施工单位通过成立 BIM 技术应用小组，全程参与拆分设计、构件生产、装配施工等环节，由初步设计到拆分设计，生成大量模型和有效数据，并向后延伸至构件加工与现场施工，为 PC（装配式建筑）工厂采购、排产、施工现场管理等提供支持。施工单位通过 BIM 技术将 EPC（工程总承包）模式下的设计、生产、施工等各相关方紧密联系起来，相比于传统方式极大缩短了设计周期、研发周期、施工策划周期等，以模型推演的方式实现了诸多不可控因素的预判，有效改善了传统方式下工程项目变更过多的局面，取得了巨大经济效益和社会效益。

在陕西省住房和城乡建设厅的大力支持下，陕西省建筑业协会于 2016 年率先在西北地区举办了第一届 BIM 技术应用大赛——陕西省"秦汉杯"BIM 应用大赛，至 2022 年已连续成功举办了七届，累计参赛企业 1000 余家，参赛成果 900 余项，获奖成果 600 余项。经过陕西省建筑业协会的遴选推荐，200 余项获奖成果参加了中国建设工程 BIM 大赛并取得优异成绩。2015 年底，陕西省建筑业协会首开西北地区先河，成功举办了首届 BIM 技术应用高峰论坛，至今已举办六届（2020 年后因受疫情影响未举办）。每届高峰论坛均邀请国家级行业专家介绍国内外 BIM 技术应用最新前沿及行业发展

趋势，并组织获奖单位进行经验交流与分享，通过学习借鉴与交流互动，提高陕西省 BIM 技术应用的整体水平。

2017 年 9 月，陕西省住房和城乡建设厅发布实施了工程建设地方标准——《陕西省建筑信息模型应用标准》（DBJ 61/T 138—2017），针对 BIM 技术的应用，从建模细度、BIM 应用策划、BIM 技术在设计、施工、运维阶段的应用等方面给予了宏观性的规范和引导，为建筑企业应用 BIM 技术指明了路径和方向。2021 年 3 月，陕西省住房和城乡建设厅联合西安市住房和城乡建设局召开 BIM 技术应用座谈会，邀请设计院所、施工单位、图审机构、行业协会等，就 BIM 技术在建设工程项目中推广应用存在的主要问题进行了专题研讨。2022 年 4 月，陕西省住房和城乡建设厅印发《关于加快推进全省文明工地建设高质量发展的通知》，要求在全省文明工地创建工作中加快推进基于 BIM 的现场施工管理信息技术、智慧工地管理系统等新技术的运用。2022 年 5 月，陕西省住房和城乡建设厅发布实施了工程建设地方标准《陕西省市政工程信息模型应用标准》DB 61/T 5026—2022，这是陕西省第一部市政工程建设领域的信息模型应用标准，适用于指导新建、改建、扩建市政工程项目信息模型的创建、使用和管理，该标准的发布实施有力推进了陕西省市政工程建设领域 BIM 技术的推广应用，有效助力了陕西省建筑企业迈向智能建造新时代。2023 年 2 月，陕西省住房和城乡建设厅审查通过了《陕西省建筑工程设计信息模型标准（送审稿)》，该标准内容全面、技术可靠、操作性强，适合 BIM 技术在建筑工程设计领域的应用实施，填补了陕西省建筑工程设计信息模型标准的空白，对规范和促进陕西省建筑工程设计信息模型的推广与应用具有较强的指导作用。

除出台相关指导文件外，陕西省住房和城乡建设厅还携手陕西省建筑业协会及其会员单位，先后举办大型专题活动 30 余场，召开专题工作会议 50 余次，对 BIM 技术的应用进行大力宣传推广，同时聘请国家级行业领域知名专家组成专家指导委员会，对陕西省 BIM 技术的应用发展进行专业指导。

2 陕西省 BIM 技术应用发展特点

2.1 BIM 技术应用进步明显，企业应用步入常态化

陕西省的 BIM 技术发展至今，在工程项目中的应用程度越来越深，应用广度越来越宽，发展进步十分明显。初始应用以简单的模型建立为主，目前已能够紧密贴合施工现场实际需求，预先发现并指导技术人员解决施工现场的具体问题，BIM 技术应用点也越来越多，已呈现全面开花之势。其中，碰撞检查、方案深化、机电深化均已得到普及应用，极大地解决了工程项目实施过程中普遍存在的"错、漏、碰、缺"等问题，产生了较好的经济效益、社会效益和环境效益。陕西省 BIM 技术应用在软件种类、应用范围、应用点的扩展和深入等方面都获得了长足的发展，施工现场的可视化交底、智慧工地管理系统、BIM＋应用的比例有了大幅度的提高，极大地促进了工程项目的精细化与智慧化管理，提升了施工效率，提高了施工质量，保证了施工安全。

2.2 BIM 技术应用逐渐进入成熟期，经济社会效益明显

经过十余年的应用发展，陕西省建筑企业的 BIM 技术应用已逐渐进入成熟期，大部分企业已应用 7、8 年以上，并且有了至少 3 年以上的 BIM 技术应用规划，在应用过程中取得了显著的经济效益和社会效益。

如西安丝路会展中心项目，施工单位以 BIM＋装配式机房为主题举办的现场观摩会，吸引了全国各地的相关专业人员前来参观学习，社会反响十分热烈；通源路跨浐河桥项目，施工单位自主研发了基于 BIM 技术的安全监控系统，使安全管理实现了信息化和可视化，并取得了计算机软件著作权，产生了可观的经济效益。

2.3 多领域融合应用渐成规模，全生命周期探索成为主流

随着信息化水平的发展，建筑工业化产业链的完善，BIM 技术与其他信息化技术有了更多的融合。例如，BIM 与 GIS（地理信息系统）的集成应用可以解决复杂区域的勘查、测量，最终还可以形

成 CIM（城市信息模型）；BIM 与数控机房的融合可以实现预制构件的精确加工；BIM 与 IoT（物联网）、5G（第五代移动通信技术）、云计算的融合可以实现施工现场的实时数据采集和协同共享办公。同时，越来越多的 EPC、PPP（政府与社会资本合作模式）项目使全生命周期的 BIM 应用取得了良好的效果。例如陕投远大宿舍楼项目，施工单位将 EPC 模式下的装配式建筑与 BIM 技术应用进行了完美融合。该项目是西北地区首个八度设防区装配率（91.1%）最高的 AAA 级装配式建筑。通过采用 EPC 管理模式，该项目在设计阶段即利用 BIM 技术进行建筑外观设计、构件拆分设计、结构力学验算等；在生产施工阶段将 BIM 数据导入 PC 工厂 MES（制造执行系统）数控系统，实现了建筑构件的精准加工，同时基于 BIM 技术的施工吊装模拟极大地提高了建筑构件的安装精度，降低了安装难度。除此之外，西安火车站改造、幸福林带、第十四届全运会体育场馆、榆林机场、西安交通大学科技创新港科创基地、西安咸阳国际机场三期扩建工程等建设项目都是多领域融合、全生命周期 BIM 应用的优秀代表。

对于 BIM 技术的应用，陕西省在政府支持力度与企业投入力度上不断加强，建设方、设计方、施工方都有自己明确的应用需求，市场中的软硬件类型与综合管理平台也逐渐趋于完善，BIM 技术整体应用氛围不断升温，应用效果更加明显，助力陕西省建筑企业信息化管理水平取得长足发展。

3 陕西省 BIM 技术应用发展现状

3.1 设计行业 BIM 技术应用发展现状

陕西省规模较大的设计企业目前均已开始应用 BIM 技术。在应用起步阶段，设计企业采取小投入，逐步确定发展目标的方式，立足企业自身特点，不断探索 BIM 技术应用方向与软件平台选型，同时开展 BIM 技术应用培训，培养专业人才，组建 BIM 团队。在当前发展阶段，设计企业按照需求制定符合工程项目的 BIM 建模标准，在大型项目中尝试开展正向设计、数字化平台、数字化交付等应用研究，部分设计院现已培养出拥有丰富经验的优秀 BIM 技术应用人才队伍，将 BIM 技术应用在大型复杂项目上，取得了较好的经济效益和社会效益。例如西咸新区能源金贸区项目，实现了设计成果数字化交付，并上传至园区数字化平台，可用于后期的运维管理，其 BIM 技术应用成果获得了"2021 年全球基础设施光辉大赛入围者奖"。

为了向工程建设各方提供计费依据，规范计费行为，陕西省勘察设计协会联合陕西省建设工程造价管理协会制定了团体标准《陕西省建设项目建筑信息模型（BIM）技术服务计费参考依据》。同时为了全面提高陕西省建设工程勘察设计质量水平，陕西省勘察设计协会在 2020 年的优秀勘察设计评选中首次加入了建筑智能化类别，有 4 家企业获此奖项，激发了企业创新创优的热情，提升了工程项目的数字化管理水平。

不过，陕西省 BIM 技术应用发展并不均衡，在设计阶段存在着应用不广泛、局限性较大的问题，究其原因，主要是：（1）BIM 技术应用对人员、设备要求高，设计周期长，造成设计企业投入占比大、设计成本高；（2）BIM 技术应用软件种类多、兼容性不强，各专业协调难度大、标准体系不完善，使得正向设计落地难度较大；（3）BIM 技术应用没有相应的收费标准，导致设计企业应用积极性不高，而业主也不愿投入相应的资金，同时设计人员观念保守，认为用 CAD 进行设计也能满足工程项目的需要。2021 年 2 月，陕西省住房和城乡建设厅联合省发展改革委、省科技厅、省工信厅等 17 个部门联合印发了《关于推动智能建造与新型建筑工业化协同发展的实施意见》，要求推广 BIM 技术在新型建筑工业化中的应用，提升综合设计能力。

3.2 施工行业 BIM 技术应用发展现状

自 2007 年起，陕西省已有部分施工企业开始接触、了解 BIM 技术，现已积累了十余年的应用经验。BIM 技术应用在陕西省经历了多个发展阶段，从早期的单专业应用，以试点项目为基础进行试验性应用，在管综优化方面取得了一些成绩，提高了安装工程的施工质量，逐步过渡到向多专业融合应用方向发展，在组织架构搭设、规章制度建设、专业人才培养、软硬件投入、研发创新、经验推广及应用点拓展等方面都有了长足的进步。近年来，陕西省的部分大型施工企业以工程项目 BIM 技术应用落地为导向，深度挖掘，不断创新，大胆探索，力求突破，以充分体现 BIM 技术的应用价值。同时不断加快 BIM 应用推广，完善 BIM 管理体系，强化 BIM 人才建设，深化 BIM 标准统一，积累 BIM 数据资源，研究 BIM 技术创新，探索 BIM 集成应用，培养出了一批 BIM 技术行业专家、涌现出了一批 BIM 技术应用典型工程项目，引领了陕西省 BIM 技术应用的高质量发展。

BIM 模型本身就是一个包含了建筑基本信息的大型数据库，其可以将三维建筑模型与时间、进度、成本等有机结合起来，从而对施工现场进行直观的可视化管理。陕西省在工程项目中的 BIM 技术应用点，除场地布置、可视化交底、施工模拟、进度管理、工程算量等常规应用以外，还在积极采用 BIM＋VR（虚拟现实）/BIM＋AR（增强现实）/BIM＋GIS/无人机＋GIS/扫描机器人/云平台等组合技术，不断探索 BIM 技术与各类先进信息技术的集成应用，同时与企业管理信息系统深度融合，更好地实现工程项目精细化管理目标。

3.2.1　BIM 技术的具体应用

（1）方案比对，深化设计。采用 BIM 模型可以直观地体现各专业的设计意图、设计效果、设计节点、专业关系等，数字化并行设计解决了各专业平行设计存在的突出矛盾。可以实现多方案并行决策，并对其进行集成、协调、修订，最终在 BIM 模型基础上得到各专业详细的施工图纸，以满足施工现场及工程管理的需要。

（2）碰撞检查，减少返工。BIM 技术最直观的特点在于三维可视化，利用 BIM 三维模型在施工前期可以进行碰撞检查，减少在施工阶段出现的错误损失和窝工返工，施工人员也可以利用碰撞检查优化后的管线方案，进行三维施工交底与施工模拟，以提高施工质量与效率。

（3）施工深化，参数检测。在原有施工图基础上进行设计优化和施工深化的再设计过程，是对原施工图纸的修正、补充和细化。基于设计模型建立的施工深化模型，可以输出精细化的设计图纸用以指导现场施工，为后续高质量的施工、监理、运维管理等奠定坚实的基础。

（4）模拟施工，有效协同。基于准确的 BIM 三维模型再附加时间维度，就可进行模拟施工。可以较大程度地降低返工成本和管理成本，有效降低管理风险，增强管理者对施工过程的控制能力。

（5）虚拟呈现，宣传展示。基于 BIM 模型的三维渲染动画，可以给人强烈的视觉冲击和身临其境的感觉。完整的 BIM 模型和基于模型的深化应用成果可以作为二次渲染的模型基础，提高三维渲染效果的精度与效率，给予工程项目各参与方更为直观明了的信息表达与传递。

（6）快速算量，提升精度。创建完成的 BIM 模型，通过建立 5D 关联数据库，可以准确快速地计算工程量，提升施工预算的精度与效率。由于 BIM 模型的数据粒度能够达到构件级，因此可以快速地提供工程项目各条线管理部门所需的大量数据信息，有效地提升施工管理的效率。

（7）数据共享，支持决策。在 BIM 技术应用过程中产生的工程项目基础数据，可以在企业各个管理部门之间进行协同共享，工程量信息可以根据时空维度、构件类型等进行汇总、拆分、对比分析等，保证工程项目基础数据能够及时、准确地提供给企业管理者，为管理者制订工程造价项目群管理、进度款管理等决策提供充分的依据。

（8）精确计划，减少浪费。基于 BIM 模型的精确算量可以让企业管理部门快速准确地获得工程项目基础数据，为其制定精确的"人、材、机"使用与调配计划提供有效支撑，可以大大减少资源、物流、仓储等环节的浪费，能够为实现限额领料、消耗控制等管理目标提供有力的技术支持。

（9）多算对比，有效管控。管理的支撑是信息，信息的核心是数据。通过计划与实际施工的资源消耗量、分项单价、分项合价等数据的多算对比，可以有效地了解工程项目运营的盈亏情况，资源消耗量的节超情况，进货分包单价的高低情况等，实现对工程项目成本风险的有效管控。

3.2.2 BIM 技术应用项目的管理目标

（1）省心。通过前期方案策划，过程技术交底，提高沟通效率、减少项目损耗。

（2）省时。通过数字化虚拟建造，优化项目资源配置，提高组织协调能力，节约项目工期成本。

（3）省钱。提前解决关键难点问题，避免项目窝工返工，强化过程材料管控，提升成本管控水平。

4 陕西省 BIM 技术应用发展方向

（1）面向智慧化现场管理开展创新与研究。

（2）面向以智能装备为核心的建造工艺开展创新与研究。

（3）面向建筑工业化、数字化生产开展创新与研究。

（4）面向运维管理中的应用开展创新与研究。

（5）面向建筑全生命周期中的应用开展创新与研究。

（6）面向国产自主可控平台、软件应用开发开展创新与研究。

BIM 技术作为建筑企业数字化转型的关键，必然驱动建筑产业生产方式和管理模式的革新，在智能建造的探索和实践过程中，BIM 技术的可持续发展体系和基于 BIM 技术的数字化建设是实现智能建造、引领建筑业转型升级的重要支撑力量。

作者：陈凯[1]　任婷婷[2]（1. 陕西省建筑业协会；2. 陕西省建筑科学研究院有限公司）

对绿色建造的理解和实践建议

Understanding and Practical Suggestions for Green Construction

2023 年 7 月 27 日，联合国秘书长古特雷斯就全球 7 月气温创下新高发表了声明："今天世界气象组织和欧盟委员会哥白尼气候变化服务机构发布官方数据，确认 2023 年 7 月将会是人类历史上最热的月份。我们不必等到月底就知道这点。除非未来几天出现小冰期，2023 年 7 月可能要打破一条纪录。全球变暖的时代已经结束，全球沸腾的时代已经到来。空气无法呼吸，化石燃料的利润水平和对气候的不作为是不可接受的。领导者必须行动起来，不要再犹豫，不要再找借口，不要再等别人先行动，我们没有更多的时间了。"古特雷斯强调，需要在排放、气候适应和气候融资方面采取全球行动。各国领导人必须加大气候行动，维护气候正义，特别是那些对全球 80% 的排放负有责任的二十国集团成员需要制定新的国家排放目标，所有国家争取在 21 世纪中叶实现净零排放（net zero emissions），加速从化石燃料向可再生能源的过渡，富裕国家应该履行承诺，每年为发展中国家的气候行动提供 1000 亿美元，并完全补足绿色气候基金。

建筑碳排放过去以建材生产、运输、施工、运行、维修、拆除、废弃物处理七个阶段全生命周期考虑，运行时间各国基本以 40～60 年为准考虑，中国是以 50 年为准考虑。根据中共中央、国务院"双碳"工作意见的文件，现在以年为单位，需交代每年单位 GDP（国内生产总值，中国以一万元人民币为准，国际上以一千美元为准）消耗的能量与二氧化碳排放量，且都为实测数据而不是理论计算数据。到 2025 年，绿色低碳循环发展的经济体系初步形成，重点行业能源利用率大幅提升，单位国内生产总值能耗比 2020 年下降 13.5%，单位国内生产总值 CO_2 排放量比 2020 年下降 18%。故绿色建造的隐含碳排放量除施工和建材生产外，尚应包括建材运输、建筑维护、拆除到废弃物处理，从全生命周期考虑，施工阶段的能耗与碳排放占比不大，但从绿色建造与年度排放分析来考虑，其占比就明显提高了。所以绿色施工的重要性就提上议事日程了。从编制绿色施工导则到绿色施工标准，我国开展了不少工作。鲁班奖评奖时要求汇报绿色施工的内容，终究因缺乏政策奖励力度、督察力度，尽管有较细的、实际可行的技术需求，推广不尽如人意。新加坡召开全球基建大会时，邀请中国绿建委前去介绍绿色施工。值此国家绿色低碳发展之际，本文结合此前的内容及"双碳"的要求，再次阐述。

1 绿色建造应关注施工过程的碳排放

国家需要单位 GDP 的能耗与碳排放必须交出实测数据，所以施工企业一定要认真贯彻执行。如签进十个亿合同的项目，三年工期，从进场的第一天到竣工验收那一天，必须有专人做详尽的记录。施工能耗无非就是电、油、气、煤四种。工程一般分基础工程、主体结构、安装与装饰装修三大阶段。基础工程中大量使用挖土机、推土机、压路机等设备，所以油是主要能源，每天需对油、电、气、煤（食堂、办公、工人寝室的能耗都包括在内）作记录分析。主体结构大量使用施工电梯、电焊机、电锯、钢筋切割机、泵送混凝土、照明等设备，所以电是主要能源，需分别测试才能作节能分析。我们曾在深圳一项目实施中，购置了 17 块电表，安置在所有用电设施上，再将各电表数据输入到万能仪上，这样就能监测每天电耗数据的分布情况，最后将主体结构阶段的电耗详细记录下来，便可及时地进行能耗分析，调整节能措施。安装与装饰装修阶段也是以电耗为主，所以至竣工验收那天，施工中用掉的电全部记录在案。但作碳排放分析时，一定要年度小结。由于国家能源转型进展迅速，所以电力碳排放因子每年都会有较大的变化，计算电力碳排放时，一定每年根据官方公布的电力排放因子去核算，至竣工时叠加得到总的电力碳排放量。而油、气、煤的碳排放量基本稳定，就不需要那么细致考虑。

施工中的能耗与碳排放量是绿色建造的重要标志，施工企业对此重视度不够，应该投入一定的人力财力认真落实，业主在竣工验收时，应交出能耗与碳排放的日记录（分项记录）。各类创优评审时，也应严格检查这方面的电子记录或书面记录，以促进绿色建造走上正规的科学发展渠道。

2 绿色建造应解决好装配式建筑发展中的突出问题

大力发展装配式建筑是国务院的要求，又是绿色建造的重要内容，工程界内还有少数不同意见。工地上人海战术的施工全球罕见，工程质量事故屡发，应该提升到建筑业转型的高度来看这个问题。理念的转变有待于深化宣传教育，在住房和城乡建设系统的相关论坛中，讨论的主题众多，但往往缺乏具有说服力的科学数据支持。评审活动的开展并不尽如人意，装配式建筑在各个级别的占比情况并不清晰。相关总结报告对于重点推广地区装配式建筑在新建建筑中的占比，以及在积极推广地区的占比，大多没有给出明确的装配率。

装配式建筑隐存的最大问题就是抗震，面对我国三分之二的国土面积是地震区，十个省会城市为八度高烈度区，装配式建筑的抗震性能是十分重要的技术问题，尤其针对我国以钢筋混凝土结构为主，且占90%以上的结构形式。叠合楼板既改变了预制板不稳定的状况，明显提高抗震性能，但十字结点处的钢筋连接与灌浆，笔者了解施工中的隐患严重，加上质量检测不到位，是建筑抗震最突出的问题。迄今未见到一篇文章对不同装配率的建筑，从振动周期、振型、阻尼进行分析比较，也无一幢装配式建筑的灾害实例，所以一旦地震击中某个城市，其他类型建筑尚可，唯独装配式建筑出现了不同程度的震害，就难以交代了。针对装配式建筑的潜在安全性能问题，期待相关部门能组织深入的课题研究和调查，以便在短期内获取装配式建筑抗震分析的成果，并积极推广。

装配式建筑推广的另一个问题是成本增量问题。对不同装备率的建筑，增量成本每平方米为300～800元，业主闻风而退。这是我国商品流动中的常见现象，每增加一个环节，成本增量就会上一个台阶，中间环节（预制厂）增加GDP乃正常现象，预制厂的建厂费、运输费各地不一，制作难度也不一，所以不能就体量来定价。笔者了解到，有一家民营企业选择在河边建立预制厂。由于当地水系发达且水运成本低，这使得他们的原料采购成本大大降低。因此，从某种程度上说，市场经济对装配式建筑的发展产生了影响。这种问题宜由相关政府部门出面解决。

3 绿色建造应关注建筑业的环保

在北京和上海，工地对建筑废弃物的处理都有严格的称重制度，所有的材料费用由业主承担。施工单位的浪费现象较为严重，预制砂浆的存量较多。建筑废弃物的处理涉及节约材料和环保两个重要原则。实践已经证明，严格的管理可以实现环保目标。

噪声和扬尘是建筑业需要关注的两个环保因素。早期，工地采取了封口费的方式来处理这个问题，即对周边的居民提供一定的补助。后来，采取了限时施工的方法，对施工时间进行了严格的规定。最后，采用了科学的方法，使用低噪声的设备，如40dB的低噪声振动棒，低噪声的施工升降机等。扬尘问题也得到了有效的解决，施工企业在脚手架上覆盖了一层塑料布，有效地防止了扬尘。上海建工五建甚至在施工建筑的四周安装了空气监测仪，可以清楚地了解到项目施工对环境的影响程度。

4　绿色建造应保证业主与设计的目标要求

绿色建造最重要的是保证业主与设计的目标要求。当前的设计目标多种多样，各有标准，绿色建筑、健康建筑、低碳建筑、超低能耗建筑、近零耗能耗建筑、碳中和建筑等等，还有一星、二星、三星、银奖、金奖的划分。施工单位应确保工程人员了解各种标准的技术要求，并知道如何实现这些要求。就建造过程的几个关键环节阐述如下：

（1）围护结构是节能的主要屏障，施工单位必须高度重视。保温材料质量达标与否，一定要严格把关。其次是水平缝与竖直缝的搭接处理，这不仅影响能耗大小，还涉及渗漏水的问题。最突出的是安全问题，根据保温板的尺寸，要有工程塑料的铆钉与主体结构的连接，其数量及位置均有规定。但南方遭遇台风时，建筑保温板吹落事件频发，给社会造成不良影响，望工程界对此要高度重视。

（2）门窗是建筑节能中的薄弱环节，建筑节能即从此起步的。门窗的传热系数弱于围护结构，故国家在引进外国产品的同时，建了不少高性能的门窗公司。国内现状是品种多、价格差异大，建造中一定要把握门窗质量的达标。外窗的气密性是节能的重要参数，与施工质量有一定的关系，也是绿色建造不可忽略的一个环节。

（3）电梯约占建筑能耗的 8%～10%，有经验的民众购房会留心电梯的品牌与使用。电梯的能耗与容量、速度及构造有关，电梯构造有套筒式或滚轮式的上下运行方式。电梯故障暂停运行，给居民生活带来诸多不便，所以电梯质量也是绿色建造的一个方面。

绿色建筑的内容丰富多彩，包括绿色建材、上下水管的配置、室内环境的创新、厨卫的科学配置、雨水收集的设计等，都充满了绿色、低碳、生态、环保的现代理念。笔者就以上熟悉的问题提出了一些初步的想法，如有不当之处，欢迎同行指正。

作者：王有为（中国城市科学研究会绿色建筑与节能专业委员会；中国建筑科学研究院有限公司）

建筑类学科研究与发展若干问题

Several Issues on the Research and Development of Architectural Disciplines

1 建筑类学科科学研究现状

1.1 现状及应反思的问题

建筑类学科通常指的是建筑学、城乡规划、风景园林三个一级学科之和。在国家自然科学基金委的学科中，主要包括建筑学、城乡规划、建筑物理。改革开放四十多年，中国经济快速发展，其间设计建造了 600 多亿平方米房屋建筑，国家自然科学基金委资助建筑类学科研究已 38 年。回顾发展历程，纵览建筑类学科现状，有些问题值得大家共同反思：（1）是否建立了被国际同行接受、认可的建筑新理论、建筑设计新原理与新方法？（2）是否设计建造了能够代表国际潮流的房屋建筑？（3）是否研发了国际领先的新技术和新产品？（4）我国的建筑物理环境设计标准、设计计算参数、设计手段与国际先进水平还有多大差距？

中华人民共和国成立后，中国学习、借鉴苏联和西方发达国家经验，初步掌握了现代建筑的设计方法与建造技术，建立了工业与民用建筑设计、施工和安装的标准规范体系。改革开放以来，又对这些标准体系进行了提升和完善。

值得反思的是：建筑类学科投入的国拨研发经费数以亿计，发表的论文、出版的书刊不计其数，但是否形成了或建立了与中国不同地域社会、经济、技术发展水平相适应，与不同地域自然环境和地域文化相适宜的建筑设计理论、设计方法、设计标准体系？

1.2 建筑学（类）科学研究

要回答上述问题，首先需要追溯与此直接关联的建筑学（类）学科基础与应用研究。

科学研究通常是一个过程，是依据、运用已经公认的科学原理和方法，去验证研究者提出的新原理、新原则、新方法的正确性和可行性，形成新的、公认的知识（原理和方法）的一个过程。所以，无论从事哪类学科的基础理论或应用基础理论研究、技术研发，都必须先掌握成熟的、与研究内容相关联的已有理论，掌握必要的研究方法等。

建筑学（类）学科的研究内容，至少应包括以下几个方面：

（1）建筑的新理论、建筑发展史的考证与归纳。

（2）建筑设计新原理、设计新方法。（这类研究既包括从建筑创作角度出发，也包括从建筑技术科学角度出发，但成果是设计原理和方法的提升。）

（3）新技术发明、已有技术性能提升或适宜性匹配、新建筑部品或部件研发、新用能系统等。

理论上说，也包括自然规律探索、新的科学发现。

但是，与其他工程科学相比较，建筑学（类）学科，特别是建筑学的科学研究要困难得多。依据梁思成先生在《拙匠随笔》（一）给出的建筑学"具有多学科属性"的定义：建筑学的科学研究，通常是分别在三个二级学科、二级学科下众多的三级学科方向上独立开展的（图1）；而每一个学科方向的研究与技术创

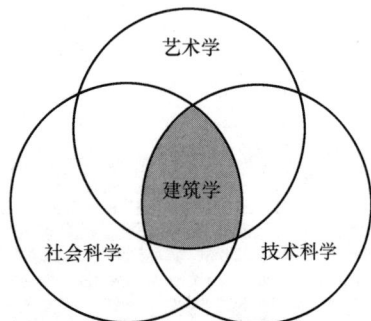

图1 建筑学的多学科属性

新，均应满足或必须遵循、服从其他学科方向对建筑性能给定的约束（规则）。

所以，每个二级学科方向的科学研究，既要掌握本二级学科的理论和方法，还要了解、熟悉其他二级学科的知识体系和研究进展。现行硕士和博士生培养方案，仅要求掌握本二级学科方向的基础理论和专业知识。各二级学科方向知识结构的"不对称"，造成建筑学一级学科缺乏学科内"公认"的研究方法。研究工作中，不能全面理解建筑发展中面临的问题，很难在理论、方法或技术上做出创新，致使"概念性研究""车轱辘论文"成为常见现象。

1.3 建筑学学科知识体系构成

建筑学的三个二级学科，分别代表了建筑学学科的设计学＋艺术学、社会学和工程科学属性，其知识体系构成、思维逻辑有很大差异（图2）。

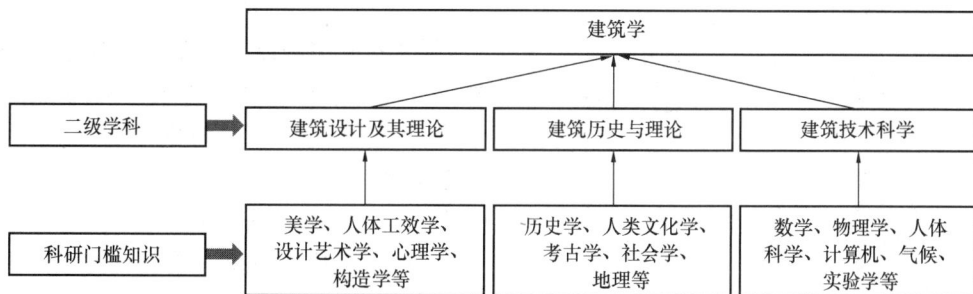

图2 建筑学二级学科构成

而数学等基础类学科的二级学科构成与建筑学等应用型或职业型学科有很大的不同（图3）。

除此之外，建筑学的不同二级学科研究队伍具有不同的专业背景和特点：

（1）建筑学学士＋建筑历史与理论硕士/建筑设计及其理论硕士＋（设计或历史）建筑学博士：理解"建筑"，擅长运用"设计逻辑"，具有较好的社会学基础，但"数理"或"技术"逻辑偏弱，难以开展技术性能提升与设计交叉研究。

（2）建筑学学士＋建筑技术科学硕士＋（建筑技术科学）建筑学博士：既理解"建筑"，又

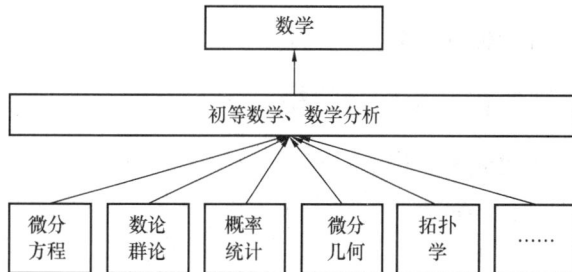

图3 数学二级学科构成

能理解"技术"，擅长从事建筑新技术推广应用方面的研究，但理论或技术创新难。

（3）理、工科学士＋建筑技术科学硕士＋（建筑技术科学）建筑学博士：数理基础好，擅长技术科学研究，但对"建筑"理解不深，研究工作和成果常偏离在建筑之外应用。

1.4 问题案例

1.4.1 超低能耗建筑

众所周知，一栋超低能耗建筑、或低碳建筑，大致由三个系统构成（图4）。由于研究人员知识

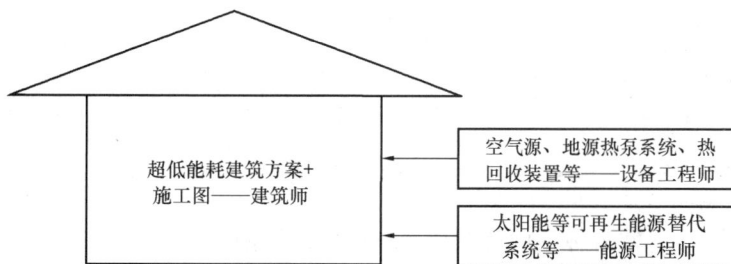

图4 超低能耗建筑系统

体系的不完备，在工程实践中会出现错误理解、"科盲"现象。

流行在中国、源自德国的"被动房"技术，是适宜于严寒和寒冷气候区、别墅型独立式住宅的技术体系。盲目将其推广到其他气候区、推广到高层甚至超高层建筑，会带来"火灾频发、雨水渗漏、维修期缩短"等灾难性后果。

另外，某新闻网曾在对当地一居住小区的宣传报道中提到："冬日寒风凛冽，室外温度4℃，推开住宅房门，温暖扑面而来，21.5℃的室温感觉非常舒适。这是在一套无人居住的住宅中测试的温度，如果一家三口居住，无需供暖，仅仅洗澡、做饭、人体以及电器等散发的热量，借助房屋的保温特性，室温就能保持在20℃以上。这个住宅叫作被动式超低能耗建筑。"根据科学原理：室内供热量＋内热源＝室内外温差×围护结构总传热系数，即 $Q_1 + Q_2 = (t_i - t_e) \times k_0$。该报道中给出的描述，违背了能量（热量）守恒的科学定律。

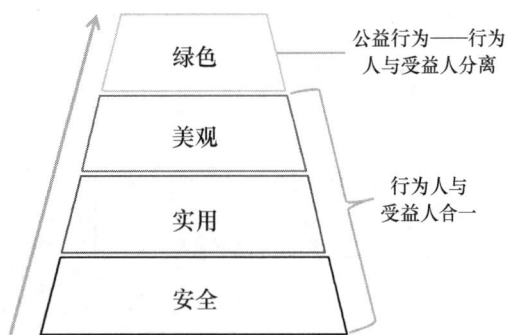

图 5   建筑需求金字塔

1.4.2   建筑形式与功能、低碳性能的关系

能源、资源短缺，环境污染问题的出现，要求建筑具备绿色性能（图 5），特别是"双碳"目标的实现，建筑物具备"低碳、零碳"性能，那么"低碳、零碳"与功能、形式的关系是什么？

"建筑形式服从于功能"，即功能在先，形式随后，二者遵循层级逻辑关系，是被国际建筑业界认同的主流观点，并付诸于创作实践。然而在国内建筑理论界，建筑性能与功能的关系，一直还在辨析。设计行业重视形式、轻视功能的现象依然存在，更谈不到重视方

案设计与低碳性能的关系了。

2   问题根源及应对策略

追根溯源，以上问题出现的原因是建立在以培养职业建筑师（＋规划设计师＋设备工程师）基础上的现行建筑类学科本、硕、博＋博士后人才培养体系和知识架构（图 6），已经不适应新时代城乡建设的需求。缺乏基本自然科学基础或社会科学知识基础的建筑类学科研究队伍，不能研究解决城乡人居环境发展中遇到的问题，也无法推进建筑学的理论和设计方法进步。

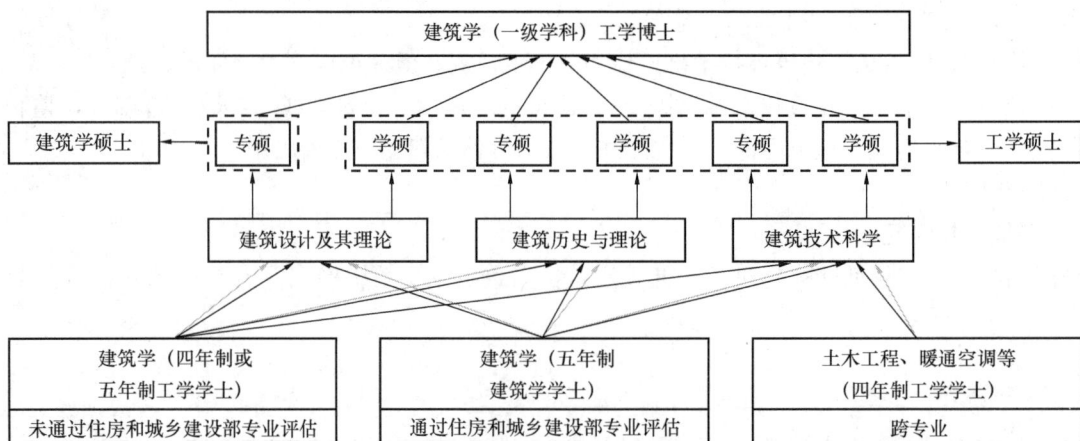

图 6   建筑学专业人才培养结构现状

因此，现行建筑学人才培养体系亟待改革。在现有结构框架基础上进行调整，得到适应新时代的建筑学人才结构框架（图 7）。

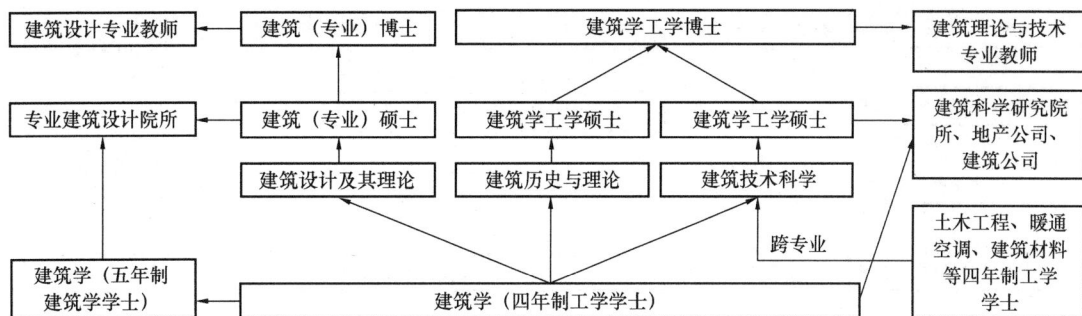

图 7 适应新时代的建筑学人才结构框架

3 建筑技术科学与暖通两个学科方向的异同

国家自然科学基金委员会的 E0803 建筑物理学科方向包括两个二级学科：建筑技术科学，供热、供燃气、通风与空调工程。前者隶属于建筑学一级学科，后者（被）归属于土木工程一级学科。

建筑技术科学的核心内容是建筑声学、建筑光学和建筑热工学，其存在的意义、价值和宗旨是服务于建筑声环境设计、建筑光环境设计、建筑热环境设计、建筑节能设计。

供热、供燃气、通风与空调工程的学科名称描述得非常准确、形象，该专业旨在运用工程热力学、传热学和流体力学原理，设计安装相应系统，调节室内环境，同时应节约能源。

由此可见，这两个二级学科方向之间存在共性，均不能脱离建筑而独立存在。

3.1 建筑技术科学的原问题

建筑声环境设计、建筑光环境设计、建筑热环境设计和建筑节能设计，是运用建筑方案设计手段，使得室内声、光、热环境达到需求的标准，同时满足减少能源消耗要求。建筑方案设计指建筑的外部形体、平面布置、空间组织、构造和选材。具体表现为建筑方案的平面、立面和剖面，以及围护结构构造节点。

建筑技术科学的研究成果，一定是体现在建筑的外部形体、平面布局、空间组织和围护结构构造等方面。

3.2 供热、通风与空调工程的原问题

暖通空调学科，是因气候和太阳辐射的时空变化，仅仅通过建筑设计手段无法使得建筑室内热环境达到舒适标准而存在。通过设计安装恰当的输配系统，将热量或冷量按需求的质、量送到需求末端，期间涉及的所有技术问题，是暖通学科的原问题。工程热物理学、建筑学、建筑物理学、建筑智能化等，是暖通学科研究人员必须了解、熟悉的知识。但近四十年来存在的大量工程技术问题，在相当长的一段时间内被冷落，主要有：

（1）新型区域集中供热体系、输配系统等。

（2）系统节点（泵、阀等）的控制、智能调控等。

（3）末端辐射散热器的形式、效率、智能调控等。

（4）适应地域气候、太阳辐射特征的初始端智能调控等。

（5）不同地域、不同类型建筑、不同人群及行为方式，室内供暖设计计算温度、湿度、风向与风速。

3.3 应组建建筑设备科学与工程一级学科

针对上述建筑物理学科的原问题，应在现有与建筑能源消耗、资源消耗、污染物排放和智能化运维相关、但又相互分离的本科专业和二级学科基础上，组建"建筑设备科学与工程一级学科"，承担绿色宜居环境营造和"四节一环保"职责（设计、安装、运维）（图8）。

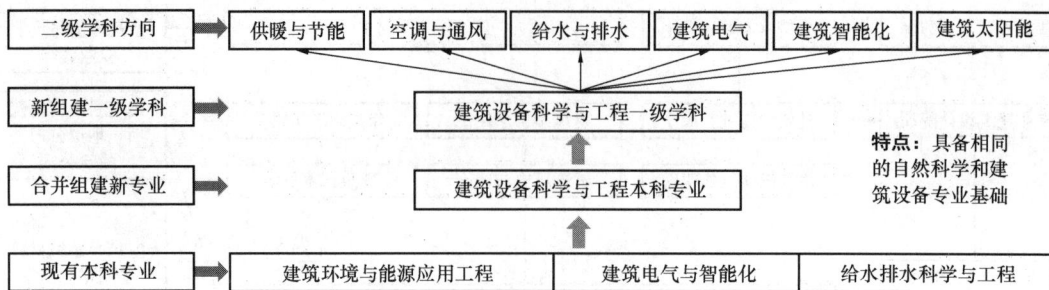

图8 建筑设备科学与工程一级学科

4 应开展低碳建筑设计研究

党的二十大报告明确指出,在未来社会发展中要:积极稳妥推进碳达峰碳中和,推进工业、建筑与交通等领域清洁低碳转型;建设宜居宜业和美乡村,打造宜居、韧性、智慧城市。因此,设计建造低碳、低能耗建筑,是实现这一宏伟目标的必由之路。

建筑碳减排需从设计、建造好每一栋建筑做起,无法依赖单一技术进步来实现。设计低碳、低能耗建筑的理论依据是建筑热工设计原理与方法。中国现行建筑热工设计规范和建筑专业教材中仅给出了两类气候区、两种建筑运行模式的热工设计原理和方法:

(1)严寒与寒冷气候区冬季连续供暖模式下的建筑围护结构保温与防潮设计方法。

(2)夏热冬暖与夏热冬冷气候区、夏季自然通风运行模式下、围护结构的隔热设计方法。

然而,中国地域辽阔,地理纬度和海拔高度差异巨大,气候变化多样。因此,中国缺乏系统的热工设计方法,亟待开展低碳建筑设计研究,建立针对不同气候区的建筑热工设计原理与方法,完成中国建筑热工设计原理的细化与升级,以助力中国"碳达峰碳中和"宏伟目标。

5 结论与建议

建筑类学科研究与发展存在的若干问题,其根源在于建筑类学科人才培养结构的欠合理,现针对以上问题提出以下两条建议:

(1)建筑类专业本科阶段应改为四年制工科,强化自然科学与工程科学基础知识学习;设计专业教育放在硕士阶段进行。

(2)组建建筑设备科学与工程一级学科,本科阶段专业内容涵盖现行建筑环境与能源应用工程、建筑给水排水科学与工程、建筑电气与智能化的共性基础理论与方法。二级学科硕士博士生可按现行学科方向培养,但具备相同的基础理论和专业基础。

作者: 刘加平[1,2] 杨雯[1,2] (1.绿色建筑全国重点实验室;2.西安建筑科技大学)

新时代好房子标准内涵及指标体系探讨

Discussion on the Connotation and Index System of Good Housing Standards in the New Era

为了适应全面建设社会主义现代化国家新阶段的发展，2023 年召开的全国住房和城乡建设工作会议指出，"当前人民群众对住房和城乡建设的要求从'有没有'转向'好不好'"，部署了关于"让人民群众住上更好的房子"和"提升住房品质"的重点工作要求，以新时代好房子作为目标指引，构建适应新阶段的新发展格局。什么是好房子及其基本标准、内涵及指标体系，引发行业内广泛关注和讨论。由于住房发展问题在认知和范畴层面的不同，在理解和认识上尚存在着较大分歧。现就我国城镇住宅建设可持续性发展课题、居住满意度需求和住房痛难点问题，归纳分析迈向居住品质时代的国际好房子标准内涵及其可持续住宅建设模式；从新时代好房子标准的视角，对其内涵及框架指标体系进行阐述，并对推动住房高质量可持续建设与新时代好房子标准与创新发展提出建议。

1 我国城镇住宅建设的高质量可持续性发展课题

当前，我国住房建设领域正处于大量建设与存量更新并举的新发展阶段，人民群众居住条件显著改善，住房发展取得巨大成就，对推动以人为核心的新型城镇化、促进经济社会发展发挥了重要作用。但是，住房建设不仅存在整体居住环境质量与建筑全寿命周期性能不高、建设质量通病未根治等亟待解决的现状问题，还存在着建设能源资源消耗较高、环境影响较大、绿色低碳发展不平衡的可持续性问题。新时期，我国住房建设亟须在落实国家"碳达峰碳中和"战略的同时，着力解决人民日益增长的美好生活需要与宜居水平发展之间的矛盾，全面推进住宅建设向绿色、低碳、宜居的高质量发展方向转型升级，使人民的获得感、幸福感、安全感更加充实、更有保障、更可持续。

1.1 住宅传统建设模式与亟待解决的可持续发展课题

面对当前气候变暖的全球危机，我国做出实现"双碳"目标的重大战略部署。中国建筑节能协会统计数据显示，建筑全过程碳排放总量占全国碳排放总量比重超半数，其中，建筑材料占比 28.3%、运行阶段占比 21.9%、施工阶段占比 1%。作为我国碳排放三大重点领域之一的建筑业，长期以来住房建设所产生的高能耗、高污染、高废物、低利用率持续破坏人与自然和谐关系。基于建筑全寿命周期设计、建造、使用、维护、改造、拆除的研究表明，其对环境的影响一方面表现在建筑生产建造过程中；另一方面表现在建筑投入使用后改造和维护中，将持续消耗资源能源、产生大量建筑垃圾。因此，我国住房亟待全面转变生产建造方式，从而真正实现低碳节能、降低对环境负荷以及资源循环利用的可持续建设。

1.2 住宅建筑短寿命和耐久性的可持续建设问题

我国住宅建筑的设计使用年限为 50 年，现实中住宅平均寿命只有 30～40 年，远低于发达国家的建筑寿命水平。住宅呈短寿化，与思想认识、利益驱动等社会经济原因有关，也与结构安全质量、建筑老化、居住生活等原因有必然联系。大拆大建的背后是每年高达万亿元的经济损失。

大量既有住房设备管线老化、装修耐久性不足，即便新建项目在使用周期内也会面临内部拆改，大幅降低建筑使用寿命，同样也会严重影响结构安全。特别是当前保障性住房建设，如何解决其耐久性问题，将是实现我国建筑领域从资源消耗型向资产持续型转变的重大课题。

1.3 住宅长期品质不佳和更新运维的可持续质量问题

长期以来，我国住房整体建设质量、居住品质与性能得不到有效保障，居室隔声差、厨卫串味和漏水等问题持续困扰百姓的居住生活，甚至影响健康。住宅建设应重点解决建筑全寿命的矛盾，尤其应重视维护使用中高能耗和运维难度大的问题。住宅建设要结合未来生活方式，从长远考虑，建设对社会和每个居住者而言可以作为优良资产和具有长久价值的建筑产品，满足人民对建筑品质更高需求。大力提高建筑产品的长久质量，将提高居民生活质量的产品供给高质量延伸到建筑全寿命期，提高建筑综合性能。

2 以人民为中心的居住满意度需求和住房痛难点问题

2.1 居住满意度调研课题的背景

中国建设科技集团股份有限公司（以下简称"中国建科"）作为中央企业，从中华人民共和国成立伊始就积极投身我国住房建设与住房和城乡建设领域，开展了广泛的工程实践和科研攻关。为了进一步贯彻落实国家"以人民为中心的发展思想"，促进住房建设由"高数量"向"高质量"转型，实现"住有所居"向"住有宜居"迈进，中国建科在多次参与住房和城乡建设部、学协会相关住房调研基础上，于2020年开展了中华人民共和国建立以来规模最大、覆盖面最广、时间跨度最长、涵盖居住类型最多的居住满意度调研，深入挖掘了当下住房痛点、难点问题。

中国建科与中国房地产业协会牵头，联合50余家行业产学研权威机构，集结数百人研究团队开展了《全国绿色宜居住区质量与建筑品质满意度调查》，研究数据涵盖全国34个省级行政区、3万余份调研问卷，以及8个重点城市的近500户入户走访记录。本次研究从百姓的视角挖掘居住建筑的质量和品质问题，从住区质量、住房品质两个维度，构建了15个一级指标和75个二级指标，并对居住者基本情况、家庭结构以及住房类型、面积、年代等进行了细分。同时，基于《影响住宅高品质的典型痛难点分析与技术解决方案研究报告》，通过对中国消费者协会2022年全国消协组织受理投诉情况进行分析，梳理涉及"量大质低"的住房投诉60余条。聚焦居住满意度需求，分析了住房相关痛点、难点问题。

2.2 聚焦住宅建筑全寿命周期住区质量与建筑品质的主要问题

（1）工程质量通病。根据调研反馈，目前住房存在的质量问题主要表现在以下三个方面：安全方面，既有住房面临很大的主体结构安全和建筑防火安全隐患，同时设备系统安全、卫生防疫安全等问题也逐渐凸显。质量方面，裂缝、渗漏、霉菌滋生普遍存在。长期耐久方面，围护结构材料易脱落、结构构件与内装部品耐久性低，影响住房外观和内在。上述质量问题并非出现在单一环节，而是受建筑全寿命周期中各阶段制约。

（2）功能空间单一。单一的供给形式或空间形态无法满足日益多样化的居住需求，导致住房一旦入住就很难随家庭成长周期中不同需求的变化做出适应性调整。

（3）居住性能较差。根据调研反馈，住房隔音和保温隔热效果不好、空气和水质较差、甲醛超标等问题属于居住满意度较低的项，这些问题在保障性住房、公寓等类型的居住建筑中尤为突出。

（4）维护维修落后。根据调研反馈，入住之后房屋需要修补的问题层出不穷，一部分问题关联住房质量，一部分问题是由于不具有可维护更新性造成。例如，管线一旦埋入主体，检修维修极为不便。加之，老旧小区普遍存在物业管理缺失或不当的问题，老旧住房的更新改造面临巨大困难。

（5）住区生活环境与配套设施匮乏。居住者对于好房子的判断标准有很大一部分因素与居住生活环境相关，包括对住房所在区位地段和住区环境的考虑。住房一旦远离了教育、医疗、商业、交通等配套设施，就很难符合百姓理想居住的好房子标准。这与城市、区域规划设计有关，也受政策和百姓根深蒂固的观念影响。住区内停车难、配套服务设施不齐全、无障碍适老化程度低，也是人民群众对当前住房改善的迫切需求。

3　居住品质时代的国际好房子标准及可持续住宅建设模式

随着国外发达国家迈向住宅品质建设发展时代，为了有效应对经济社会发展带来的大量生产、消耗和废弃问题，缓解气候变暖、资源能源枯竭等地球环境危机，世界各国都在寻求构建可持续社会的顶层设计途径、住房建设政策与对策的同时，制定以提升可持续居住品质为目标的好房子标准。自进入 21 世纪以来，国际上针对建设废弃物的相应对策以及削减民生部门的碳排放量等问题，制定了相关法律法规，以新一代可持续住宅建设为战略方向，全面发展了提高住宅质量和寿命、降低能源资源消耗并有利于改造再生的新技术产业。居住品质时代的国际好房子标准与建设目标具有层次性：较低层次的建设目标应该是满足基本要求；较高层次的建设目标则是城市与环境的更高要求。其住宅建设理念与内涵通常包括两个维度：一是"减碳"的高质量可持续发展；二是"宜居"的高质量可持续发展，即在建筑全寿命周期内全面减少环境负荷影响的同时，保障宜居品质。

3.1　长期优良住宅标准与政策制度

基于品质长久化发展方向的国际好房子标准，日本的长期优良住宅是其中的典型案例。从可持续社会发展出发，为了实现环境负荷降低、建设价值长久的高质量住宅，日本政府于 2007 年提出了"200 年住宅"的构想。为普及 200 年住宅，2009 年施行《促进长期优良住宅普及的法律》，全面推行长期优良住宅（Long-life Quality Housing，LQH）建设。长期优良住宅认定标准对于新建以及既改集合住宅，设计建造的主要内容包括主体耐久、抗震性能、易于管理和更新、节能对策、居住空间、居住环境、维修计划、灵活可变、高龄者对策。通过建设更多的长期优良住宅，从资源能源角度解决地球环境问题和健康问题，实现经济社会和居住生活的更可持续（图 1）。

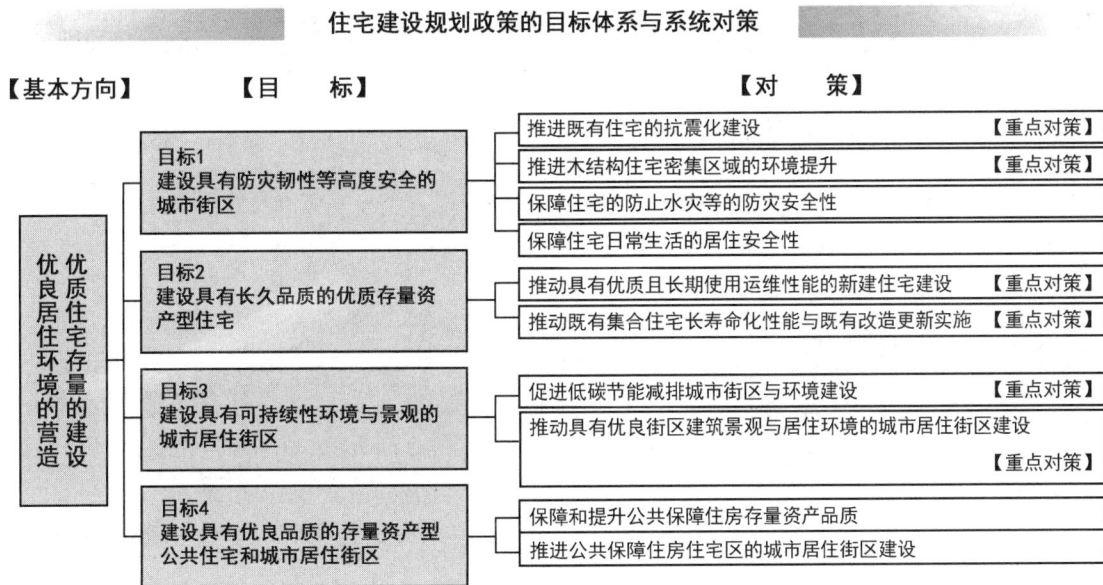

图 1　日本东京住宅建设规划政策的目标体系与系统对策

长期优良住宅政策制度可以说是日本政府推动好房子建设的标准与综合性政策制度，是为今后迈向存量型社会，以实现长寿化住宅建设为目标的全新理念转型。为了保证住宅的长期使用，以长远的视角来实施优良品质的住宅建设，有计划性地进行维持管理，提供准确的住宅性能与维护管理信息，推进既有住宅的流通等，将上述措施作为长期优良住宅评定条件进行推广。《长期优良住宅法》基本思想是从"建造后拆除"的资源消费型社会向"建造优良产品、精心维护管理、长期珍惜使用"资产存量型社会转型发展（图 2、图 3）。

主体耐久

要为几代人可以使用的住宅结构主体，主体耐久等级加3，采用下列之一的措施
- 水和水泥比要在45%以下
- 水和水泥比为50%以下
- 外加、覆盖厚度增加1cm

易于管理和更新

要使比结构主体的耐用年数少的内装、设备的维修管理（清扫、定期检查、修补、更新）能够易于进行，因此要制定必要的措施。
- 维修管理对策等级（专用配管共用配管）等级3
- 更新对策等级（共用排水管）等级3
※制定不需要进入专用部分，就可以对公用配管进行维修管理的替代措施。

抗震性能

为了罕见的地震后、仍然能够继续使用，要力图易于改造、将损坏降低到最低水平，采用了下列之一的措施
- 应为抗震建筑物
- 大地震发生时地上部分的各层的安全变形限度为该层高度的1/100以下（确认层之间的变形角度）
- 抗震等级（防止倒塌等）为等级2

节能对策

①要确保必要的绝热性能等的节能性能
- 节能对策等级4
②能够适应于将来的无障碍改造，因此走廊等地方要保证足够的空间
- 高龄者等对策等级（共用部分）3
※扶手和高层不在范围内

灵活可变

要具备根据居住者生活方式的变化而更改布局的措施。
- 要保证2650mm以上的净高

有计划的维修管理

建造时就要着眼未来、制定定期检查、修缮等相关计划
- 确定建筑的主要承重部位、防止雨水浸入的部位和给水、排水设备的定期检查时期及内容
- 至少10年要进行一次定期检查

居住空间

要保证良好的居住水平，必须要有必要的规模
- 55m²以上（一般推荐的2口人的居住面积标准），加上、住户内的每层地面面积为40m²以上
※根据地域的实际情况可以增加或减少。但是40m²（推荐的单身居住面积标准）为下限

居住环境 | 要考虑到形成良好的景观，提升所在区域的居住环境

高龄者对策 | 公共区域有足够的空间用于无障碍环境的改善

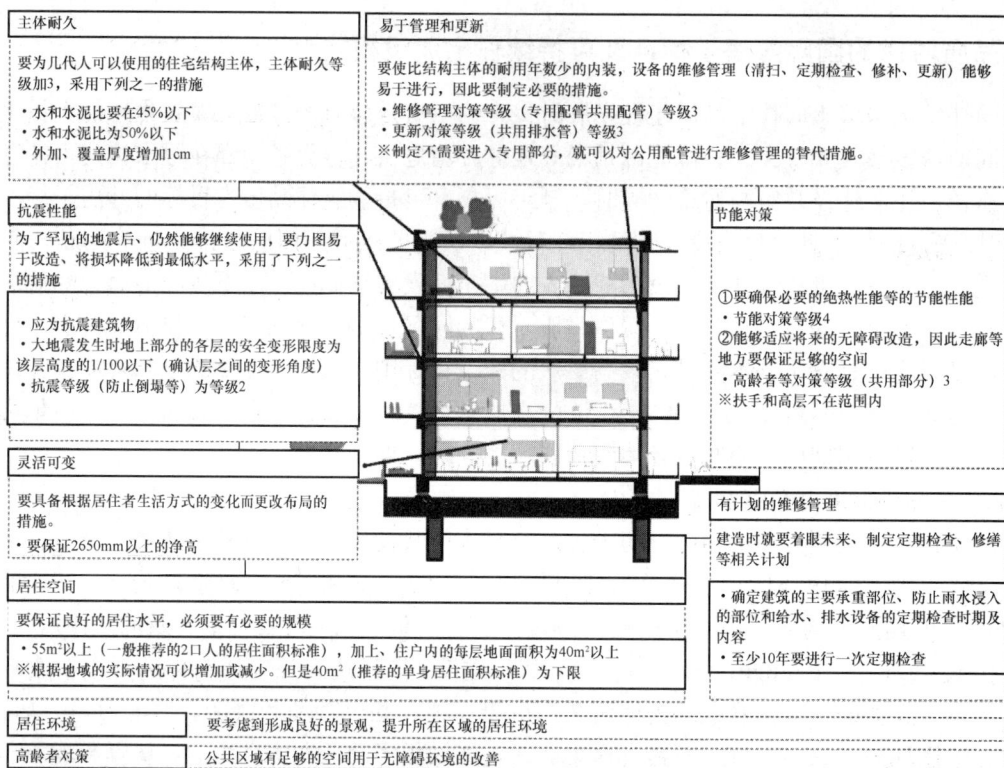

图 2　日本长期优良住宅的标准概念图（集合住宅类型）

方面	要求	说明
1 主体耐久	3 级 （住房性能指示系统的最高标准级别）	1级：采取《建筑标准法》要求的措施； 2级：采取将住房寿命延长到50~60年（两代人）的措施； 3级：采取将住房寿命延长到75~90年（三代人）的措施； 框架至少连续使用100年的措施
2 抗震性能	满足1级或2级抗震能力或使用地震隔离结构	1级：《建筑标准法》要求的抗震能力； 2级：比《建筑标准法》要求的抗震能力高1.25倍； 3级：比《建筑标准法》要求的抗震能力高1.5倍
3 易于管理和更新	3级运行和维护措施 （住房性能指示系统中的最高标准级别）	1级：除2级和3级以外； 2级：易于管理和更新的基本措施（例如，不将管道嵌入混凝土中）； 3级：易于管理和更新的具体措施（例如，安装清洁孔和检查室）
4 节能对策	4级隔热能力 （住房性能指示系统中的最高标准级别）	1级：2~4级以外； 2级：采取节约少量能源的措施（1980年节能标准）； 3级：采取节约适量能源的措施（1992年节能标准）； 4级：根据《合理使用能源法》的要求，采取节约大量能源的措施（2016年节能标准）
5 居住空间	面积75m²以上	
6 居住环境	与地区规划、景观规划、建筑协议等相协调	
7 维修计划	制定未来定期检查和维护住房的计划	
8 想灵活可变	为未来套内的灵活可变预留条件	针对集合住宅增加的内容
9 高龄者对策	公共区域有足够的空间用于无障碍环境的改善	针对集合住宅增加的内容

图 3　日本长期优良住宅认定标准与设计标准内涵及指标

3.2　"CHS 住宅与 SI 住宅"标准内涵及指标体系

大量建造时期过后，日本面临着存量住宅质量提升等问题，加上经济增长期建造的许多住宅在硬件上逐渐老化，以长期持续使用为目标的建筑长寿化技术成为符合日本现代社会需求的重要课题。日本住宅建筑全寿命期维修维护理念及技术对策最早出现于 1980 年，主要源于日本建设省的百年住宅体系（Century Housing System，CHS）和日本国土交通省的建筑支撑体与填充体（SI）住宅体系，通过将具有长期耐久性的建筑支撑体（Skeleton）与具有灵活适应性的建筑填充体（Infill）两部分相分离的方法，来实现建筑长寿化的住宅建设。SI 建筑体系（Skeleton and Infill，SI，支撑体与填充体分离的体系），强调建筑全寿命周期和全产业链的整体设计方法和技术集成，其高耐久性住宅的建造模式、灵活性与适应性的居住方式以及健全的维修管理系统，预示了住房建设将向可持续住宅升级换代，引领新一代住宅建设的未来（图 4）。

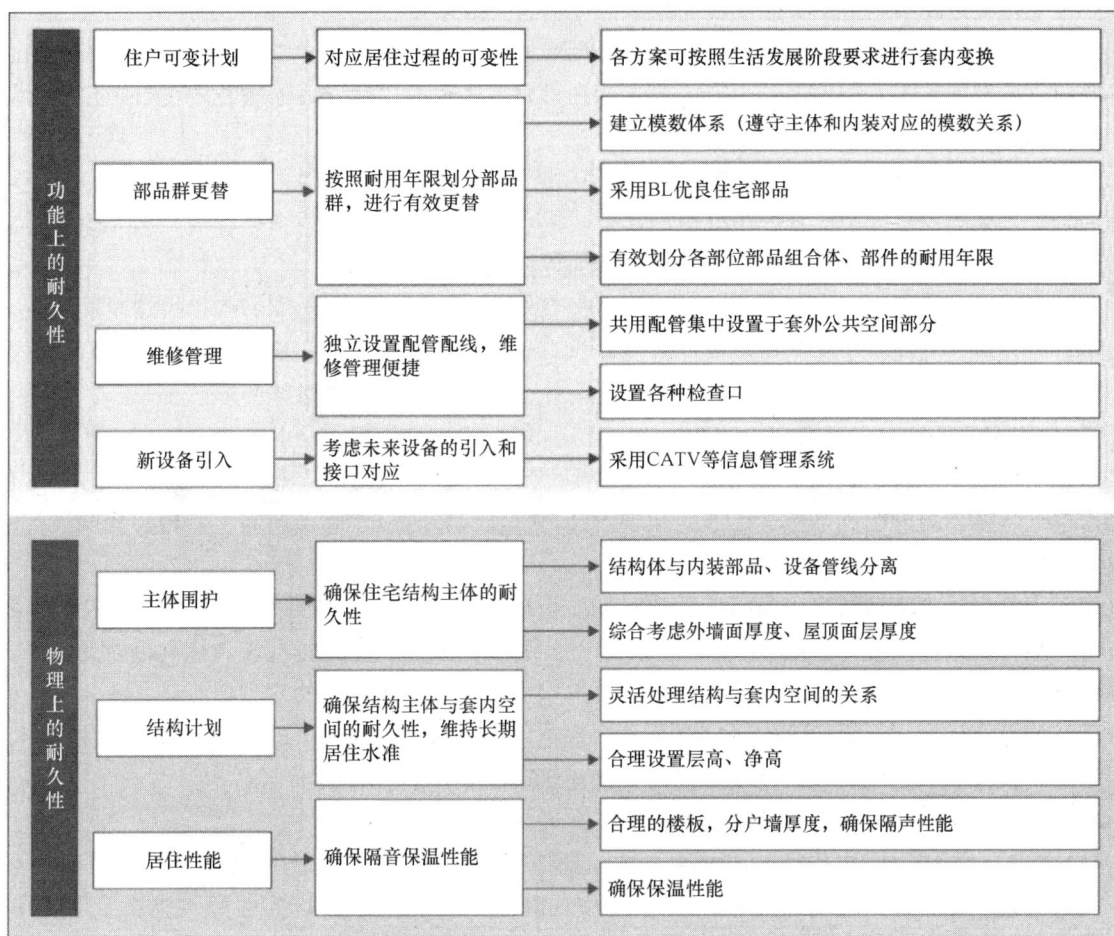

图 4　CHS 住宅的功能耐久性与物理耐久性标准与内涵

CHS 住宅的基本特征包括：空间开放性与可变性；以统一尺寸规则，实现部品部件的互换性；可方便按照使用年限实施部品更换；独立设置管线空间，便于其维修与更换；建筑结构主体的耐久性高；可实现计划性维修管理。通过将具有长期耐久性的建筑支撑体与可自由变换的填充体相分离方式，保证了支撑体的高耐久性与抗震性，不仅易于维修、更换更新，而且其住户内装与设备也具有可变性，长期保持了存量资产的优良使用价值，降低了全寿命周期成本。

4　新时代好房子标准内涵及指标体系构建的建议

为了推动新时代好房子的发展，应尽快构建好房子标准体系，全面提升标准水平，发挥高质量标准对住房建设的引领作用。同时，还应基于住宅建筑全寿命周期规划设计、建材部品选用、生产建造、使用维护、改造拆除的一系列系统工程，在各阶段应逐步完善监管制度、标准、技术，才能建设出绿色低碳、品质长久、环境宜居的新时代好房子。

4.1 新时代好房子标准构建

新时代好房子标准构建，应以住房高质量可持续发展事关我国社会经济发展与民生保障为根本，构建以"让人民住上更好房子"和"提升住房品质"为核心的新一代高质量住房建设与发展模式，这既是社会经济可持续发展的重要体现，也是住宅建设发展模式转变的必然要求，更是广大居住者高品质生活需求与供给的重大变革。

新时代好房子标准要符合适应高质量发展的需要，以转变建设发展方式为主线，加快建立建筑产业现代化体系和机制，全面提高建筑工程质量、效率和效益水平，实现住房高品质建设与供给模式的根本性转变，促进社会经济、资源环境与城市建设的可持续发展。

（1）绿色低碳的可持续原则。新时代好房子标准构建，应贯彻落实党中央、国务院关于推动高质量发展的决策部署，落实绿色低碳可持续要求，在更好地满足人民群众不断增长的美好居住生活需要的基础上，实现碳达峰碳中和的战略目标。

（2）优良品质的可持续原则。新时代好房子标准构建，必须要从解决"有没有"转向"好不好"的发展阶段，精准满足人民群众的美好生活需要，提高建筑产品的长久质量，将提高居民生活质量的产品供给高质量延伸到建筑全寿命周期环节，全面提高建筑综合性能。

（3）长期维护的可持续原则。新时代好房子标准构建，应系统解决影响城市可持续发展短板，统筹城市宜居发展，关注城市新建可更新性住房、具有长期优良资产价值住房、既有存量可持续再生住房建设。积极应对老龄化、少子化社会变化，提升住区和城镇人居环境整体品质。

4.2 新时代好房子标准内涵及指标体系构建

好房子标准是以满足人民日益增长的美好生活需要为出发点，以实现"住有所居"向"住有宜居"迈进为目标，通过明确好房子标准的顶层设计，以适应新阶段，满足新需求，构建我国当代住房建设新发展格局，让人民群众住得放心、安心、舒心。

新时代好房子的定义与内涵为绿色低碳、品质长久、环境宜居的"新型全寿命优质住宅"。发展具有百年大计的新型全寿命优质住房，为国家、社会和人民设计与建设具有长久优良品质的资产。其标准的框架指标体系由一个具有系统性多层级要素构成，包括绿色低碳的宏观层级、品质长久的建筑层级、环境宜居的区域层级三大内涵，以及六个基本方面框架指标构成，即安全耐久、居住适应、健康舒适、生活便利、运维长效、环境友好的新型建筑产品。

新时代好房子六个方面框架指标包括以下几方面内容：

（1）"安全耐久"。解决住宅工程质量问题、建筑短寿命问题、设计建造与产业化发展问题，构建百年大计的住宅全生命期发展新理念、SI住宅模式新方法，安全性、耐久性好，建筑使用寿命长，工程质量问题得到有效治理。

（2）"居住适应"。满足功能空间的适应性能，针对家庭结构多样、生活方式多元等新需求，研究设计新方法优化功能空间，提高功能空间的灵活性，适配家庭全生命周期内的适老化不同需求。

（3）"健康舒适"。解决住宅综合性能问题和室内健康宜居环境课题，包括适用性能、环境性能、安全性能、耐久性能和经济性能；采用零甲醛、无毒害、无排放、无污染的绿色建材。

（4）"生活便利"。区位地段条件适宜，交通便利，出行便捷；医疗、教育、商业等资源和设施完善，便民生活服务设施、文体活动设施和场地齐全，户外设施齐备，建设完整社区。

（5）"运维长效"。聚焦当前亟待解决的既有住宅建筑与城市更新课题，包括住宅建筑和不可更新难以改造的难题、后期住宅二次装修问题；提高设备管线及部品部件质量，便于维修和更替；提高信息智慧化运维管理，提升既有住宅改造可持续性。

（6）"环境友好"。聚焦新的绿色发展模式课题、解决适老化和适幼化与住区更新发展的短板弱项；实现低碳环保、节能减排和绿色居住生活方式。

在今后系统推进新时代好房子标准建设与创新实践中，应做到发挥创新的支撑作用，抓住新一轮产业变革的机会，通过创新推动传统产业向中高端迈进，发展新模式、新产业，实现高质量可持续发展的住宅建设新理念、新方法和新供给；要深刻把握高质量发展的产业转型升级的课题与内涵、必要性和实现途径的顶层设计，切实厘清我国住房建设高质量发展的目标和重点任务，进一步落实高质量可持续发展的政策制度体制，完善中国住宅建设高质量可持续发展体系；在延长建筑寿命的同时，全面提升建筑耐久性和适应性，发展寿命长久、品质优良、绿色低碳的新型住宅产品，大力推进建筑产业现代化，科技创新引领高质量可持续发展，全面提升工程质量，满足人民群众居住生活高质量产品的需要；应更加注重系统性方法支撑高质量发展，以建设高质量发展标准体系为中心，全面提升发展新理念的新时代好房子标准水平，发挥高质量标准对经济社会发展的引领性作用，以高标准战略促进高质量发展，从而推动我国住宅发展从资源消耗型向优良资产型的转型升级。

作者： 刘东卫（中国建设科技集团股份有限公司）

城市轨道交通振动控制技术研究现状及发展

Review on Vibration Control Technology of Urban Rail Transit

21世纪以来，我国城市轨道交通飞速发展，运营里程、城市数量呈指数型增长态势，线网规模、年客运量跃居世界第一。城市轨道交通在有效缓解交通拥堵问题的同时，轨道交通车辆运行产生的环境振动影响周边居民的舒适度、精密仪器的正常工作、文物古建的保护、毗邻建筑及隧道结构的服役性能，由此形成了许多长久难以解决的负面问题。我国自20世纪80年代开展地铁列车环境振动影响研究以来，经过40年的科学研究和工程实践，有效指导了轨道交通线网规划、线路设计、减振降噪、环境保护。

新时期，随着《交通强国建设纲要》《智慧城轨发展纲要》等规划的实施，我国区域城市群、都市圈快速发展，高铁、城际、市域（郊）、地铁四网融合推进，区域一体化、站城融合、多层次立体交通网络正逐步形成。伴随各地开发建设"轨道＋物业"、培育轨道微中心、打造站城综合体，轨道交通规划、建设、运维面临更加复杂的减振降噪技术难题和挑战。随着《中华人民共和国噪声污染防治法》的施行，为了更好地满足轨道交通沿线居民生产生活的需要，进一步开展环境振动控制技术研究是实现轨道交通高质量发展的必然要求。

1 城市轨道交通环振动影响

轨道交通振动由轨道交通运载车辆与轨道相互作用产生，以轨下支承处的定点激励形式经由轨道

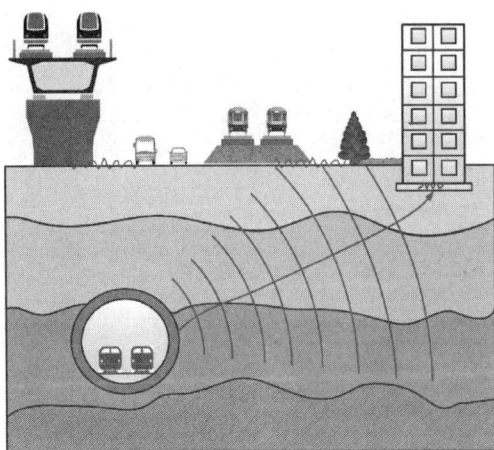

图1 轨道交通环境振动影响示意图

基础、隧道/桥梁基础/路基、土壤介质和建筑物基础传播至受振动影响的敏感建筑内，具有与车辆运行状态密切相关的一种持续性小幅振动。振动强度、作用方向以及主要频段等取决于车辆—轨道间的动力相互作用，振动以纵波、瑞利波等为主要方式，向周边传播产生振动影响。在一定条件下，可进一步诱发建筑物内的振动，并产生结构二次辐射噪声。对于暴露于其中的建筑结构以及建筑物内的艺术作品、振动敏感设备、人或动物等可能产生不利影响（图1）。长期暴露于这种交通环境振动中，影响人的生产生活质量，甚至影响身心健康，是七大环境公害之一。因此，为提高轨道交通沿线居民满意度，降低交通运行对周边高校、科研机构的振动影响，实现轨道交通高质量发展，需要进一步研究轨道交通环境振动控制技术。

2 交通环境振动预测方法

轨道交通列车振动环境影响预测，是指在城市轨道交通工程建设的可行性研究、方案（初步）设计、施工图设计及其运行的全周期内，对沿线既有或新增敏感目标（建筑物外环境、建筑物内人群、振动敏感的古建筑以及振动敏感仪器），采用链式衰减经验公式、解析计算预判、数值仿真分析、现

场实测或其相结合的综合手段，进行的列车振动影响的定量计算或定性判断。其中包括预测其振级、振动位移、速度、加速度、振动频率范围以及二次噪声等。预测结果需要满足相应工程建设阶段的精度要求。预测的结果用于指导轨道减振措施、传播路径隔振、敏感目标主被动隔振措施的设计，或对线路改线，敏感目标迁移、转换功能等技术方案提供参考。

轨道交通列车振动环境影响预测已经发展出许多方法，结合工程项目开展的不同阶段、不同方法的预测精度以及可靠性的高低，可将预测方法分为初步预测、确认预测、精准预测三个类别（图 2）。

2.1　初步预测方法

初步预测是在地铁建设初期可行性研究阶段，对可能遭受列车振动影响的敏感目标，按照其类型、性质、距离线路的距离、深度等参数，进行全线的大面积综合环境影响预测评估，以此来判断规划沿线敏感目标的数量及影响程度，确定其振动影响敏感度。以便下一阶段针对敏感点进行定量预测计算并进行减振设计。初步预测

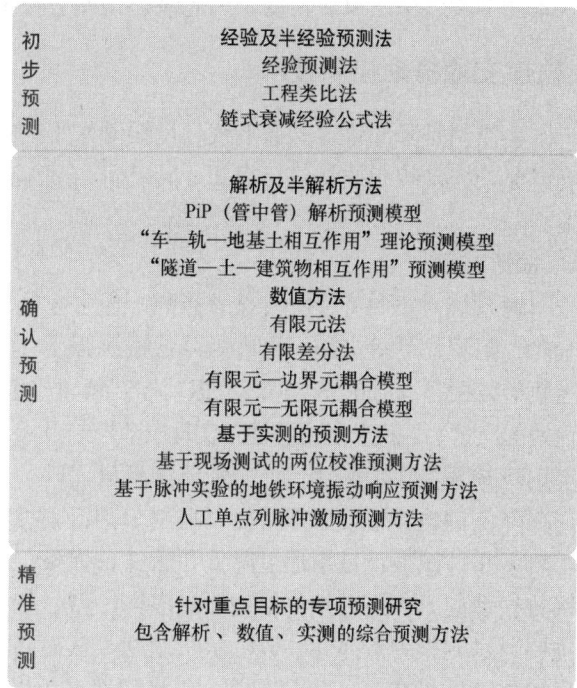

图 2　主要预测方法及分类

一般不要求在频域内进行精确定量预测，仅用于判断地铁线路的振动影响范围，因此此类方法的精准度和可靠性较低，但所需的时间、人力、经济成本也较低，预测工作简单迅速。初步预测方法主要采用经验或半经验的预测方法，即以既有振动问题的理论机理研究成果为基础，结合大量实测数据及工程经验所组成的经验数据库，建立经验或半经验的预测模型，形成经验或半经验的预测公式指导振动预测。由于初步预测方法往往需要的系统计算参数较少，计算快捷，预测方便迅速，虽然预测精确性不足，但可以准确地进行地铁振动环境影响范围的判断，因此在国内外得到了广泛的使用。如《环境影响评价技术导则　城市轨道交通》HJ 453，推荐采用链式衰减公式的方法，广泛应用于环境评价分析。

2.2　确认预测方法

确认预测是针对初步预测筛选出的受到地铁环境振动影响的大量敏感点，采用较高精度的预测方法，对其振动影响敏感度再次进行确认。根据需要，给出时域及频域内的定量振动预测结果，以此指导针对敏感目标的轨道减振设计，降低线路沿线敏感点的环境振动水平。

确认预测方法的预测精准度较高、可靠性中等、预测成本中等，适用于地铁工程建设的方案（初步）设计阶段的预测评估。确认预测方法类型涵盖的范围比较广，基本包含解析及半解析方法、数值方法、基于实测的预测方法等类别。

2.3　精准预测方法

精准预测是经过确认预测之后，采用最高预测精度的预测方法，对于特高敏感度目标（精密仪器，古建筑）展开专项预测研究，以进行综合减振设计，包含振源减振、传播路径隔振、敏感目标主动隔振等措施。许多案例表明，这类敏感目标往往社会关注度很大，影响面众多，对其所作出的预测，其结果甚至会造成地铁线路走向的变更，改变路网功能，增加投资成本，并且对城市规划产生影响，最终造成社会性、经济性等方方面面的系统化影响。

精准预测具备最高等级的精准度和可靠性。这类预测方法往往包含理论分析、数值计算、现场测

试等综合手段以保证预测精度，因此该类预测方法的工作周期较长，预测成本高。

3 轨道交通振动控制技术

振动控制是降低轨道交通沿线环境振动水平的重要技术手段，根据轨道交通振动产生、传播以及影响情况，振动控制技术包括振源、传播路径和控制对象三个层面，实际工程中可采用单独或组合措施。

3.1 振源减振

车辆系统对振源特性具有显著影响，通过车辆轻型化，降低轮对质量，提高车轮圆顺性，研发弹性车轮、阻尼车轮等措施，可有效降低振源强度。

轨道减振是当前轨道交通环境振动控制领域应用最为广泛的振源减振措施，通过优化轨道结构不同位置处的质量、刚度和阻尼特性，实现振动控制目标，具体分为钢轨及扣件减振、轨枕减振和道床减振。

钢轨减振主要是在轨腰处增加质量阻尼元件，通过耗能减振装置、改变支承方式控制钢轨高频振动，在降低钢轨异常波浪形磨耗、控制车辆行驶过程中车厢内振动及噪声方面具有一定作用。

轨下扣件减振，是指通过降低扣压件、弹条、垫片刚度，增加整体道床扣件系统的弹性，从而控制钢轨振动向下传递。扣件结构形式多样，型号较多，各型号减振性能有一定的差别。常用的弹性扣件主要通过调整弹条弹性、改变垫板刚度，从而降低钢轨—扣件系统自振频率，实现减振。各型减振扣件标称减振量在 3～15dB 不等，工作频率在 10Hz 以上，部分减振扣件应用广泛。轨下减振扣件主要包括图 3 所示类型。

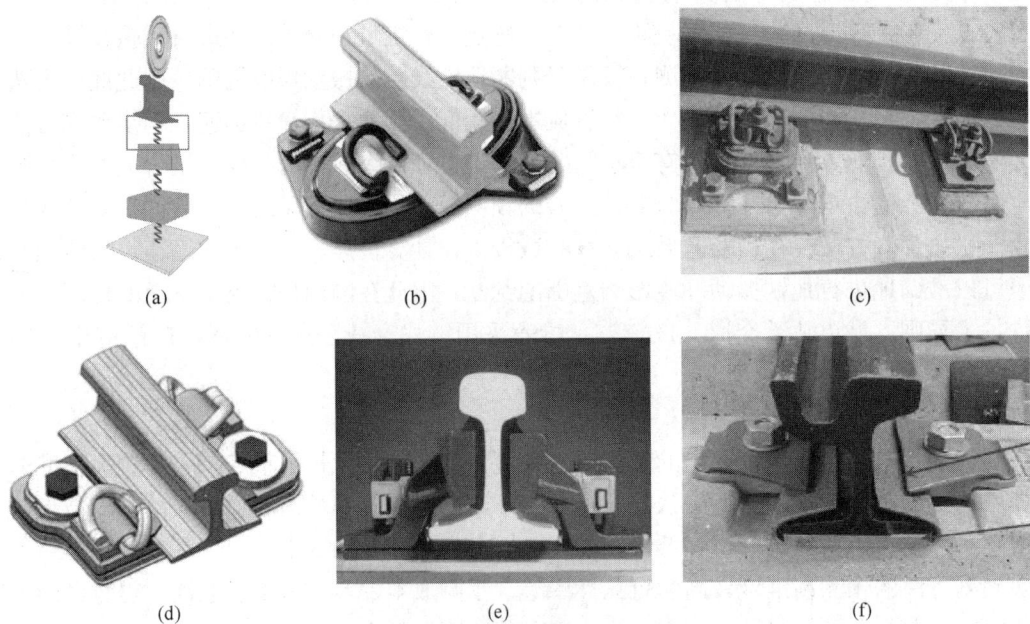

图 3 轨下减振措施

（a）轨下减振位置示意图；（b）Ⅲ型轨道减振器扣件；（c）Ⅳ型轨道减振器扣件；（d）GJ-Ⅲ2 扣件；
（e）先锋扣件；（f）槽形轨道减振垫

枕下减振措施充分利用轨枕的特点，通过提高参振轨枕质量、改善轨枕刚度、优化结构受力、增加轨枕整体性实现减振。弹性短轨枕较早用于轨道减振中，由于其对施工精度要求较高，现阶段在城市轨道工程中使用较少。弹性长轨枕比弹性短轨枕稳定性好，易更换，缺点在于轨枕之间的沟槽会影响紧急疏散效率。轨枕减振垫通过在轨枕下方增设弹性减振垫作为支撑，使其浮于混凝土基础之上，达到减振效果。纵向轨枕增加纵向结构整体性，改善了横向轨枕单独受力的情况，通过优化受力，增设减振垫，实现减振（图4）。

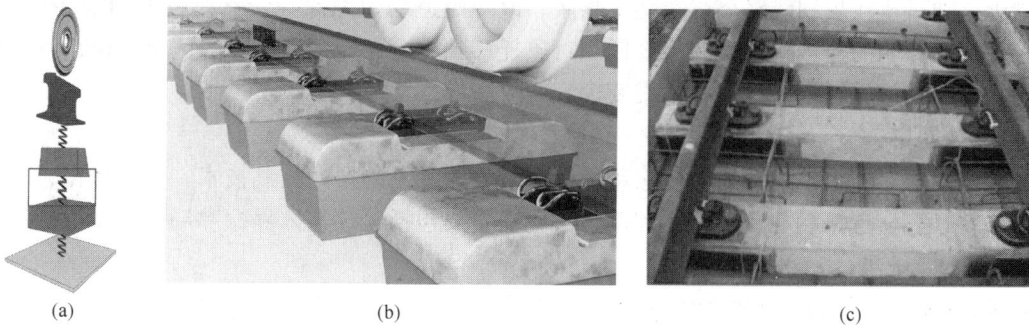

图4　枕下减振措施

（a）枕下减振位置示意图；（b）弹性短轨枕；（c）弹性长轨枕

道床减振具有参振质量大、系统刚度低、整体性好等特点，在轨道减振系统中减振性能最高，包括梯形轨道、Hoso 轨道、浮置板轨道，其中钢弹簧浮置板轨道是最高等级的道床减振措施（图5）。

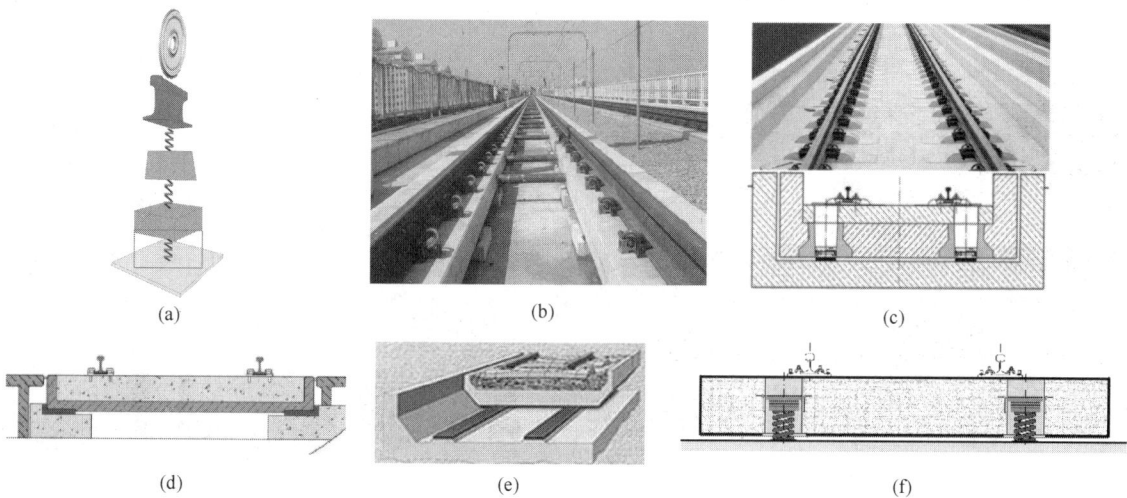

图5　道床减振措施

（a）道床减振位置示意图；（b）梯形轨道；（c）Hoso 轨道；（d）CDM 弹性垫浮置板；（e）橡胶浮置板；（f）钢弹簧浮置板

3.2　路径减隔振

传递路径隔振通过优化调整传递路径、改变振动波在介质中的传递特性实现隔振，屏障隔振是较为常见的方法。屏障隔振是一种用来阻碍或改变振动波向受保护区传播的工程方法，其原理是波的反射、散射和衍射。包括空沟、排桩、连续墙、波阻块等技术方法。

隔振屏障宜设置在控制对象四周或振源周围，宜为中空。设置屏障隔振应避免引起基础振动放大或共振现象。可通过计算确定隔振屏障深度（图6）。

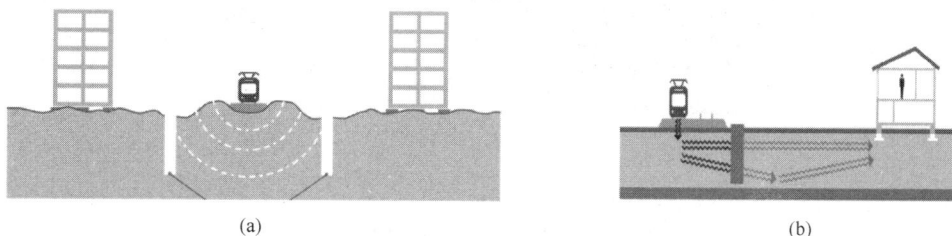

图6　路径隔振典型措施

（a）隔振沟；（b）波阻块

改变线路与振动敏感区相对位置关系，通过改变振动传递路径，降低振动影响，是路径隔振的重要技术措施。通过重新规划线路绕避振动敏感区、改变隧道结构埋深等，从线路方面消除振动影响；通过迁移受振动影响的建（构）筑物，将控制对象迁移到不受环境振动影响的区域，也是解决环境振动影响的重要技术措施，但该措施技术难度大、要求高。

3.3 控制对象隔振

控制对象隔振是城市轨道交通环境振动控制领域较为常见的振动控制技术，通过优化、改善控制对象的动力特性，实现振动控制目标。控制对象隔振主要包括建筑整体隔振和局部隔振，建筑内精密仪器隔振。

建筑整体隔振主要采用钢弹簧隔振和减振垫隔振（图7）。其中钢弹簧隔振通常设置于建筑 ±0.000m位置处，通过增设隔振层实现上部建筑的振动控制目标，适用于结构跨高比在一定范围内的建筑。减振垫整体隔振通常设置于结构基础与地基之间，通过采用面铺、线铺或点铺的方式实现上部建筑整体隔振。因减振垫隔振未改变结构的整体抗震性能，因此其不受结构跨高比的限制。钢弹簧整体隔振是减振效果最高的建筑整体隔振措施。建筑整体隔振改变了结构抗震性能，需要对结构抗震性能开展专项研究，实现建筑结构振震双控的目标。

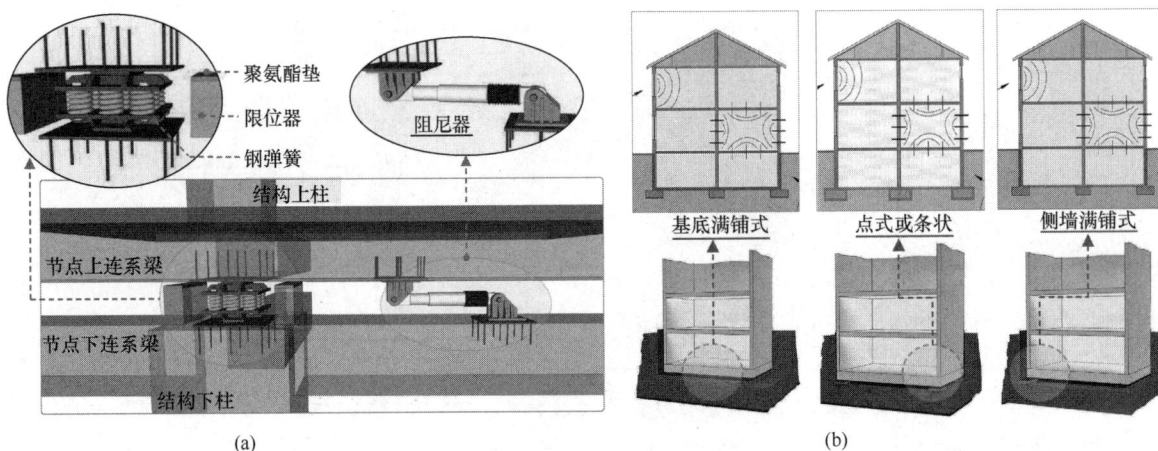

(a)　　　　　　　　　　　　　　(b)

图 7　建筑整体隔振措施
(a) 钢弹簧隔振；(b) 减振垫隔振

精密仪器正常运行对环境振动要求严苛，需进一步采用无源或有源隔振措施，包括隔振平台、隔振桌和伺服型控制等控制措施（图8）。

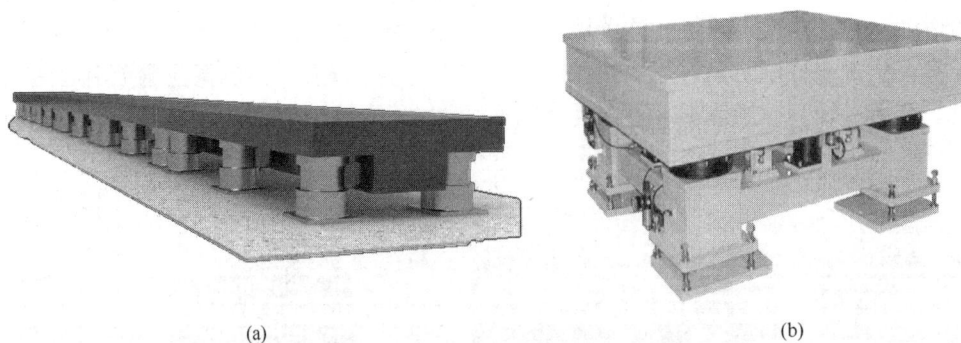

(a)　　　　　　　　　　　　　　(b)

图 8　精密仪器设备隔振
(a) 气浮平台；(b) 伺服隔振装置

4 轨道交通振动评估标准

4.1 建筑结构安全

列车振动对建筑物影响的重要特征是长期效应，由于最大振动速度与建筑结构的最大应力—应变之间有着直接的对应关系，因此，振动速度常被选为评价指标。表1汇总了涉及建筑结构破坏的主要标准规范、法律法规和学者的个人研究成果。根据建筑结构的类别将限值分成三类：A类代表工业、商业用建筑；B类代表居住用建筑；C类代表对振动要求极其敏感的古建筑、纪念性建筑及维护情况较差的建筑。不同国家的标准对建筑物的分类不尽相同，为此，表格还将部分A类和B类的标准限值加以合并考虑。

建筑结构振动限值总结 表1

标准与限值		卓越频率限定（Hz）	限值（mm/s）			适用性备注
			A类	B类	C类	
标准与规范	ISO标准		2.5~10			
	德国标准 DIN4150-3：1999	1~10	20	5	3	短期振动，基础处速度限值
		10~50	20~40	5~15	3~8	
		50~100	40~50	15~20	8~10	
			40	15	8	短期振动，顶层楼板水平速度限值
			10	5	2.5	长期振动，顶层楼板水平速度限值
	英国标准 BS7385-2	4~15	50	15~20		
		15~40		20~50		
		40~250		50		
	瑞士标准 SN640312：1992	10~30	8~12		3	振源为机械、交通和施工设备
		30~60	5~18		3~5	
		10~60	12~30		8	振源为冲击荷载
		60~90	12~40		8~12	
	美国联邦交通署FTA标准		5.14~12.7		3.08	短期振动
	我国国标《建筑工程容许振动标准》GB 50868—2013	1~10	5	2	1	基础处容许振动峰值
		10~50	5~10	2~5	1~2.5	
		50~100	10~12.5	5~7	2.5~3	
		1~100	10	5	2.5	顶层楼面处容许振动峰值
	我国行业标准《机械工业环境保护设计规范》JBJ 16—88	10~30			1.8~3	《机械工业环境保护设计规范》JBJ 16—2000删除该限值
		30~60			1.8~5	
	我国国标《古建筑防工业振动技术规范》GB/T 50452—2008				0.15~0.75	承重结构最高处水平速度
文件法规	法国政府法令 Arrêté Ministeriel		10			
	荷兰 TNO-IBBC		4			适用于墙体
		10~100	4~15.9			适用于楼板

续表

标准与限值		卓越频率限定（Hz）	限值（mm/s）			适用性备注
			A 类	B 类	C 类	
学者研究	Ashley		25		7.5	爆破振动
	E. Banik		5～10			
	Remington				2	
	Rudder			2.5		交通振动，结构破坏限值
	Esteves				2.5～10	爆破振动
	Esrig，Ciancia				13	爆破与冲击振动
	Chae				13～25	爆破振动
	Siskind 等				13～50	爆破振动
	Konon，Schuring	1～10			6.4	
		10～40			6.4～12.7	
		40～100			12.7	
	杨先健				1.8	

对于一般的工业民用建筑（含 A 类和 B 类），振动限值大多处于 5～10mm/s 之间；对于古建筑、纪念性建筑和维护状况较差的建筑（即 C 类），长期振动的限值多介于 2～5mm/s 之间，爆破与冲击等短期振动的限值则相对较松；国标《古建筑防工业振动技术规范》GB/T 50452—2008 和国家文物局文件是表中限值最为严格的两项，均小于 1mm/s。

4.2 人体舒适健康

当人体处于振动环境中时，通过视觉、前庭觉、躯体觉和听觉系统共同感知振动，当环境振动超过人的感知水平时，就会对人体的舒适性产生影响。人体暴露于振动环境中，当振动强度的变化时，人体感受逐渐由可感知状态逐渐过渡至难以忍受状态。为了避免振动引起人体舒适度的下降，工作效率的降低，甚至危害身体健康。围绕环境振动引起的居民舒适度问题，世界各国制定相关标准，采用不同计算方法、物理量、频率范围、评价指标、标准限值进行振动评估，表 2 汇总了各国针对人体振动舒适度的评价方法。

不同国家人体振动舒适度评价标准情况总结　　　　　　　　　表 2

各国标准	评价对象	频率范围	频率计权	时间常数	测试量	评价指标	测量位置
国际标准组织 ISO2631-1：1997，ISO2631-2：2003	全身振动：建筑物中连续的、冲击诱发的振动	1～80Hz	W_m（推荐）	建议慢 1s	加速度	➤ 加权均方根值 ➤ 最大瞬时振动值（运行均方根值） ➤ 振动剂量值	在振幅最大的方向
美国 FRA(2005) FTA(2006)	噪声及振动影响评估指导手册（轨道交通及高速铁路）	无		慢（1s）	速度	➤ 最大运行计权速度均方根速度级 $L_v = 20\lg v_w/v_{ref}10^{-6}$ in/s ➤ 详细分析：1/3 倍频程最大速度级	在楼板跨中位置附近振动幅值最高位置处
英国 BS6472-1：2008	人体暴露于建筑物的振动中（除爆破以外的振源）	0.5～80Hz	W_b（竖向运动）或 W_d（水平运动）		加速度	➤ 振动剂量值 VDV	最大振动响应位置：楼板中心位置（一或两个测量值）

续表

各国标准	评价对象	频率范围	频率计权	时间常数	测试量	评价指标	测量位置
德国 DIN4150-2：1999	建筑振动对室内人体的影响	$1{\sim}80Hz$	接近W_m（DIN 45669-1）	快 (0.125s)	速度	➤ 最大计权振动强度 KB_{Fmax} ➤ 平均振动强度 KB_{FTr}	三个方向（x，y，z），楼板振动最大位置处
意大利 UNI9614：1990	振动和冲击：建筑物的舒适性	$1{\sim}80Hz$	W_m	慢 1s	加速度	➤ 最大计权均方根值 加速度值或加速度级（dB re 10^{-6} m/s^2）	振幅最大的位置（通常在楼板跨中）
瑞典 SS4604861：1992	振动与冲击：建筑物舒适性评价	$1{\sim}80Hz$	W_m	慢 (1s)	速度/加速度	➤ 最大加权均方根值（加速度或速度级）： $L_{aw}=20\lg a_w/a_0$ r_e10^{-6}m/s^2 $L_{vw}=20\lg v_w/v_0$ r_e10^{-9}m/s	测量三个方向（x，y，z）或知道最大振动方向时，最大幅值（通常在楼盖长跨部分的跨中）
奥地利 ÖNORM S 9012：2010	地面交通引起的建筑振动（振动以及结构固体噪声）	$1{\sim}80Hz$	W_m	慢 1s	加速度	➤ 最大加速度 E_{max} ➤ 平均等效加速度 E_r	在振幅最高的地方（通常是在楼板跨中位置），卧室中床附近的位置
日本 Vibration regulation law	环境振动	$1{\sim}80$ Hz	竖向（W_k）和水平向（W_d）	0.63s	地面加速度	➤ 加速度级 L_v（运行计权均方根值）： $L_v=20\lg a/a_0$ r_e10^{-5} m/s^2	
挪威 NS8176：2005	地面交通引起的建筑振动：建筑的舒适性	$0.5{\sim}160Hz$	W_m	慢 (1s)	速度/加速度	➤ 统计 95 百分位的计权速度 $v_{w,95}$ 或加速度 $a_{w,95}$	振幅最高的地方（通常在楼板跨中位置）

　　针对列车运行引起的环境振动对居民舒适度影响评价问题，我国于1985年通过调查研究，结合居民对振动影响睡眠、休息、学习等日常生活的综合反应和铅垂向Z振级作统计、回归分析，取综合反应率50％对应的铅垂向Z振级为烦恼阈限振级，以Logistic曲线拐点所对应的铅垂向Z振级为烦恼阈限振级。与国外相关标准相比，该标准限值具有较好的科学性，比较符合我国的实际情况。

　　近年来，为降低交通振动对人体舒适度的影响，我国从室外环境振动控制、建筑室内环境振动控制的角度制定人体舒适度控制标准，在一定程度上为我国城市轨道交通环境振动控制技术研究以及工程实践提供支撑（表3）。

我国不同标准对人体振动舒适度评价情况　　　　　　　　　　　　　　　　表3

标准名称	对象	范围	评价量	时间常数	评价指标	位置	评价方法
《城市区域环境振动标准》 GB 10070—1988	外部环境振动	$1{\sim}80Hz$	振动加速度	1s	最大Z振级	室外距外墙0.5m	20次测量值的算术平均值

续表

标准名称	对象	范围	评价量	时间常数	评价指标	位置	评价方法
《住宅建筑室内振动限值及其测量方法标准》GB/T 50355—2018	建筑结构振动	1~80Hz	振动加速度	1s	最大Z振级，1/3倍频程值	室内中央	5次测量值的算术平均值
《城市轨道交通引起建筑物振动与二次辐射噪声限值及其测量方法标准》JGJ/T 170—2009	建筑结构振动	4~200Hz	振动加速度	0.2~1s	1/3倍频程分频振级	室内中央	5次测量值的算术平均值
《建筑工程容许振动标准》GB 50868—2013	建筑结构振动	1~80Hz	振动加速度	—	四次方振动剂量值：VDV	室内中央	考虑昼夜累积暴露

4.3 精密仪器设备

为了解决精密电子厂房面临的振动问题，Eric Ungar 等于 20 世纪 80 年代创建了一套基于 1/3 倍频程域的精密仪器"通用"振动标准（VC 标准/Generic Vibration Criteria），可用于针对精密仪器的分级评估及在实验室选址时的环境振动评价，共分成 VC-A～VC-G 七级：VC-A 和 VC-B 级曲线在 4~8Hz 频段内，由加速度有效值控制；而在 8~80Hz 频段内，由速度有效值控制；考虑到超精密仪器大多采用隔振系统，此时低频段振动响应较大，因此，VC-C～VC-G 级曲线在 1~80Hz 频段内，使用同一速度有效值来限定。在 VC-E 级曲线的基础上，NIST 振动标准体系通过限制低频加速度而得到的，其主要用于对低频振动有极高要求的扫描探针显微镜、扫描电镜、原子力显微镜等。

我国现行《工程隔振设计标准》GB 50463 采用最大速度作为评价指标给出了大部分仪器和设备的容许振动值，部分仪器要同时满足最大速度和最大位移的限值要求。

5 城市轨道交通振动控制技术发展趋势

5.1 发展基于概率分布的振动预测评估体系

轨道交通环境振动预测评估是线路选线、轨道设计、减振措施选取的重要依据，由于城市轨道交通环境振动预测系统复杂，参数取值具有随机不确定性的特点，日益大型、复杂的模型因参数不确定很难得到精确的预测结果。需从具有很大不确定性的定值预测发展成为基于概率分布的振动预测评估体系，从统计学的角度开展振动预测评估。

（1）提出并建立不同制式轨道交通轮轨荷载谱的计算规范，开展全生命周期的各类车辆和轨道的振源跟踪监测和大数据统计归纳；

（2）构建轨道—桥梁/隧道/路基—地层传递函数数据库，深入分析地层动力特性参数，提高地层动力响应计算准确性；

（3）构建控制对象动力响应数据库，深入分析土—结动力相互作用、耦合损失机理和影响因素；

（4）从统计学的角度评估传统经验公式、数值模拟、混合预测等方法的准确率，科学合理的对轨道交通沿线环境振动开展振动响应评估。

5.2 提升轨道交通环境振动评价标准适用性

为进一步降低居民投诉率，高质量建设安静和谐的城市轨道交通，开展振动评价标准的基础科学研究，构建面向全生命周期的振动控制设计标准，提高标准适用性。

（1）提出针对中国人体格特征的振动暴露—舒适度响应曲线。结合中国人体格特征和心理特点，开展振动噪声暴露—响应曲线研究，明确振动感知阈值和不同振动强度下的振动感觉，提出适合于本国人群特征的振动噪声暴露—响应曲线。

（2）完善响应轨道交通振动特点的评价指标。在最大 Z 振级的基础上，综合考虑频率范围、频谱分布、计权因子、暴露时间的影响，优化完善现有振动评价指标。结合振动响应的波动性特点，科学合理提出评价指标的统计分析方法。

（3）优化提升标准限值，提高标准适用性。为提升居民满意度，降低投诉率，在现有标准基础上结合构建的振动暴露—舒适度响应曲线，合理降低人体振动烦恼比例，提高振动标准适用性。

5.3 构建面向全生命周期振动控制设计标准

减少或控制城市轨道交通环境振动的负面影响，是一个包括技术和管理的综合性工程，技术方面涉及振源、传播路径及控制对象隔振的研究及优化工作；管理方面涉及线路规划、设计、建设、运维等多个管理部门。为提升轨道交通减隔振设计及管理水准，需构建面向全生命周期振动控制设计标准。

（1）推动构建轨道交通减隔振设计标准。根据轨道交通规划建设各关键环节，结合工程建设情况开展"初步预测、确认预测、精准预测"评估研究，开展减隔振措施设计分析，最终指导减隔振措施选型，提高预测结果准确性、减隔振设计合理性、减振效果可靠性。

（2）开发多元减振措施并科学评定减振效果。研究车辆、道床、隧道衬砌、路基、桥梁结构、地层隔振屏障、建筑结构以及设备的减隔振技术措施，综合使用减振技术和产品。研究制定客观的减振措施减振效果评价方法，明确实验室测试效果与在线实际效果的差异，指导工程实践。

（3）协调推进城市轨道交通减振降噪管理机制。将减振降噪设计纳入方案规划、结构设计、产品准入、工后验收评估及运营监控等关键环节，开展轮轨运行、减隔振措施服役状态监测，构建面向全生命周期振动控制管理体系，共同推动行业领域协同、高效、高质量发展。

作者： 徐 建[1] 杜林林[2]（1. 中国机械工业集团有限公司；2. 国机集团科学技术研究院有限公司）

河南省高速公路高质量建设实践与探索

Practice and Exploration of the Safe Hundred-Year Quality Project for Highways in Henan Province

随着中国全面开启中国式现代化、建设社会主义现代化国家新征程，交通基础设施网络现代化已由规模扩张阶段转向全方位升级阶段，正处于提高交通基础设施质量的攻关期，对于基础设施的品质更加关注。交通基础设施的现代化离不开高速项目的高质量建设，而高质量的高速项目建设要从全寿命周期的视角统筹考虑。

河南交通投资集团有限公司（以下简称"交投集团"）是河南省内最大的交通建设投融资平台，截至 2022 年底，管辖收费公路总里程 6262km，其中省内高速公路 6079km，占全省高速公路通车总里程 8009km 的 76％。"十四五"期间，共承担高速公路"13445 工程"建设项目 56 个，总里程 3450km，总投资 4824 亿元，2023 年正在推进高速建设项目 43 个，总里程 2548km，总投资 3900 亿元。交投集团"13445 工程"高速项目大多地处"三山一滩"地区，北有太行山、西有伏牛山、南有大别山，跨黄河滩区的桥梁就有六座，还有上跨丹江、沁河以及中大水库的特大桥 10 余座，加之豫东平原地区土源紧缺，如此大规模、大体量的高速项目高质量集中建设难度大。

交投集团全面贯彻新发展理念，认真落实交通运输部、河南省交通运输厅"平安百年品质工程"创建工作部署，在项目建设历程中积极实践、深入总结、不断创新和探索，克服了建设难度大、建设标准高、要素制约紧、卡点难点多等困难，多措并举推进项目高质量建设，形成了以"八个聚焦 八项行动"为重点的高速项目高质量建设实践探索，推动形成了交投集团高速项目高质量建设新格局。

1 聚焦顶层设计，开展高质量建设体系构建行动

河南省高度重视高速公路建设，省政府于 2020 年印发了加快推进高速公路项目建设的"一规划一意见"，以前瞻 30 年，谋划 15 年，做实近 5 年的思路，对打造现代化综合立体交通体系作了全面安排部署，着力推动交通区位优势向枢纽经济优势转变。交投集团作为河南省高速公路建设的方面军、顶梁柱，在高质量、高标准完成建设任务过程中，聚焦顶层设计，开展了高质量建设体系构建行动，形成了交投集团高速项目高质量建设新格局。

1.1 构建高质量建设新体系

交投集团高速项目围绕构建"一主两翼三链多点"战略体系，以高质量建设为统领，以平安百年品质工程和科技示范工程创建为驱动，以新建成高速公路"五年不跳车、十年不上专项、二十年不大修"为目标，以打造"投、建、管、养"一体化全寿命周期高速公路为方向，坚持"品质、安全、绿色、创新、廉洁"建设理念，进一步提升认识、拉高标杆，力争实现国家优质工程金奖的突破，打造一批国家级、省部级品质工程，加快形成与"世界五百强"目标相匹配的交投集团高速项目高质量建设新格局。

1.2 打造高质量建设新模式

针对河南省高速公路"13445 工程"项目体量大、集中实施的特点，创新采用"BOT＋EPC"投资建设模式。交投集团绝对控股（持股 51％），通过公开招标选择合作企业参股共同组建投资联合体，参与"13445 工程"项目投资人竞标，中标后按照约定股权分别认缴资本金，项目交工后按约定进行股权回购。该模式的优势是：一是能够筛选出资金、技术和管理能力等综合实力强的设计和施工

企业；二是便于开展高质量设计和施工，设计和施工单位作为联合体成员，相互协作、密切配合；三是项目合作体量大，中标施工企业总部重视程度高，利于总部资源倾斜，高标准配备人员、技术、设备等生产要素；四是利于一体化运行调配，施工总包部对临建工程等进行总体规划、一次投入，既降低成本，又产生规模效益；五是利于各专业工程统筹安排，打破传统模式分项工程施工壁垒，解决不同专业间施工干扰。目前，工程推进态势良好，为高速项目高质量建设打下坚实基础。

1.3　明确高质量设计新要求

（1）加强设计质量控制。开展"双院制"设计，通过公开招标选择国内一流设计单位，并引入设计咨询机制，提高勘察设计深度；同时，交投集团专门成立咨询专家委员会和工程造价审核小组，全过程参与各阶段设计方案审查和设计优化，实现造价与质量安全的目标最优。

（2）践行全寿命周期建养一体化设计理念。对高填方路基与桥梁设置、路面结构、桥梁上部结构等技术方案进行全寿命周期比选，根据设计使用年限综合考虑建设、养护、管理等成本效益和安全、环保、运营等社会效益，选用综合效益最佳的方案；积极与运营养护单位对接，提前谋划机电、房建等设施布置方案，相继出台了《房建功能用房规模标准指导意见》《设置桥台检修平台指导意见》等文件，指导项目优化设计，为运维养护管理提供便利条件。

（3）倡导设计创新。充分运用"四新"技术，推进设计创新，提升工程品质；比如安罗高速黄河特大桥项目在全国首次采用超长钻孔桩分布式桩基后压浆技术，提高了桩基承载性能，缩减了桩长，全线共缩短桩长 2 万多米，节约造价约 8 千万元。同时，积极推进设计方案融入绿色公路、交旅融合，比如集团邀请国内高水平房建设计单位，参与交旅融合服务区设计方案竞赛，提高设计质量。

2　聚焦系统把握，开展高质量建设流程优化行动

高速项目建设是一个庞大复杂的系统工程，从项目立项到建成运营一般要经历五年左右，这五年对项目建成后高质量运营起到决定性作用。交投集团以新建成高速公路"5 年不跳车，10 年不上专项，20 年不大修"为目标，系统把握高质量建设工作重点，开展了高质量建设流程优化行动，形成了高质量建设系统管理新标准。

2.1　完善高质量建设管理制度

根据新时代、新形势、新要求，为加强项目集中统一管理，提升工作质效，交投集团针对"13445 工程"项目同期实施、业务集中的特点，持续优化管理流程，统一工作标准，相继出台了建设项目年度考核、造价控制、投资过程控制、创优激励、材料调差、设计变更、基础工程量清单编制审核等管理办法，形成了支撑交投集团高速项目高质量建设的"四梁八柱"新制度体系，进一步强化精细化管理，提高管理效能。如新出台的《基础工程量清单编制审查管理办法》，对清单编制原则、材料设备价格采用等提出要求，明确交投集团审查原则、审查标准、审查重点、审批程序等各个环节，实现同期同类项目的统一管理、统一标准、统一审核；《设计变更管理办法》适当下放一般设计变更审批权限，将项目公司主体工程和附属工程的审批权限，由 50 万元提高到 100 万元，30 万元提高到 50 万元，加快了工程变更进度。

2.2　优化高质量建设工程节点

根据高速公路建设周期规律和以往建设经验，结合"13445 工程"开工时序和"十四五"末建成通车的关门工期，交投集团优化细化了工程设计、征地拆迁、主体工程、房建等附属工程、控制性工程、高质量通车、竣工验收等 7 大项 32 个分项的时间节点和工作标准，比如路基填筑要在通车前一年半前完成，留下充足的自然沉降时间；涵洞通道施工要在开工一年内完成；水稳基层施工要在通车前一年下半年开始，中分带绿化要在通车当年的 4 月上旬前完成，为实现沥青路面施工"零污染"提供条件；房建工程要在通车年的 7 月底具备办公设施进场条件，土地证、房产证及服务区加油站证照办理等要在通车前完成，确保主体工程和附属工程同步投入运营，实现依法合规、高质量通车目标。

最终确保各分项工程施工在最优时间、最有利施工季节和施工时序内完成，把项目建设全过程工作做深、做细、做实，把建设成本控制住，把工程质量提上去。统筹项目建设与收尾，做到工完场清、工完账清，通车2年内基本建设程序履行完毕，满足竣工验收条件，实现项目建设完美收官。

2.3 建立高质量建设通车后评价机制

加强"建、管、养"无缝衔接，交投集团工程建设管理与养护管理等部门建立定期对接会商机制，对建设项目"五年不跳车、十年不上专项、二十年不大修"进行跟踪评价。比如通车5年不跳车，建管部门结合竣工验收，对通车项目缺陷责任期内是否出现桥头跳车进行跟踪评价，找出问题症结、分析问题成因，制定针对性措施加以解决，避免新开工项目类似问题再出现；10年不上专项、20年不大修，工程建管部门与养护管理等沟通对接，对通车项目专项工程情况跟踪建档，把养护中发现的问题及时反馈到项目建设中加以解决。

3 聚焦精细管理，开展高质量建设过程管控行动

强化管理、履职尽责是高质量建设的关键。交投集团秉持"服务型"业主理念，以合同履约抓手，聚焦精细管理，开展了高质量建设过程管控行动，致力于打通项目建设管理的"最后一公里"，形成了高质量管理新局面。

3.1 打造新型服务型业主

（1）提升服务意识。按照"服务不添乱、监管不越线"原则，加强对征地拆迁、涉水、涉铁施工等协调支持力度，加快计量支付、变更审批、资金拨付等工作，为施工提供良好的建设环境和服务支持。

（2）强化合作企业履约管理。"13445工程"合作企业多为央企，少部分是信誉业绩良好的省级国企，有着先进的管理经验、过硬的工程技术和雄厚的资金保障。集团狠抓各施工单位人员进场管理，要求施工企业按照合同约定派驻核心管理团队，配备高素质施工队伍，引入新技术和新装备，切实发挥大标段规模化效应，坚决避免"一流企业中标、二流队伍进场、三流队伍施工"现象。

（3）加强技术指导。交投集团成立专家咨询委员会，根据项目建设需要，针对长大桥隧和特殊结构的施工方案、施工组织设计、施工保通方案等开展论证，对项目工程质量、安全生产等进行指导，对施工过程中遇到的"疑难杂症"问题开展研讨，保障项目顺利实施。

3.2 打造安全监管新格局

（1）健全双重预防体系。要求各项目建立安全风险分级管控和隐患排查治理双重预防体系，强化安全形势研判，结合季节、区域、环境特点，对重点区域、重点部位、重点时段开展安全检查。

（2）强化基础保障体系。严格规范安全生产费支出管理，做到专款专用，切实保障经费及时足额投入；全面推广数控钢筋加工系列设备、桥面机械化施工设备、隧道九台套成套设备等应用，加快推进危险岗位和重点部位逐步实现自动化、无人化；架桥机、塔式起重机、施工电梯等大型特种设备全部安装安全监控系统，并接入"13445工程"数字化管理平台，提升本质安全水平。

3.3 打造标准化建设新规范

（1）实行工地建设标准化。交投集团统一制定平原区、微丘区和山区的临建工程建设标准，系统部署"两区三厂一室"的选址布局和建设规模，坚持永临结合，实现"三集中"和"四统一"。

（2）实行施工标准化。按照《河南省高速公路施工标准化技术指南》要求，积极推进施工作业标准化。在实质性开工前，结合工程特点，制定路基、路面、桥隧等各分部分项工程的施工标准化细则，并组织施工班组培训，做到施工工序和施工过程规范化、程序化、标准化，提高施工质量和效率。

4 聚焦工业建造，开展高质量建设创新创造行动

工业化建造是现代高速项目高质量建设的必由之路，通过构配件生产工厂化、施工机械化和组织

管理科学化，加快建设速度，降低工程成本，提高工程质量，交投集团聚焦工业建造，开展了高质量建设创新创造行动，推动形成了以工厂化、装配化为主导的高质量建设新趋势。

4.1　优质集约，推进工厂化制造

交投集团借鉴工业生产模式，通过引进、吸收、提高、创新，在钢筋加工、梁板预制的工厂化生产上实现重要突破。比如沿大别山高速鸡商段项目自主研发并建设了省内首个全自动 T 梁骨架生产线和拼装生产线，采用智能焊接机械手自动焊接，拼装生产线具备自动布料、自动定点焊接等功能，有效提高了 T 梁实体质量，生产线达到国内领先水平。安罗高速原阳至郑州段项目建设了省内首个智慧化桥面预制板生产线，应用自动化钢筋加工和装配系统、模板全循环柔性生产系统、智能化的振捣、高温蒸养、张拉压浆、移动底模行走系统，实现了梁板全预制周期的智能化生产；安罗高速豫冀省界至原阳段项目建设了省内第一座新型桩板式路基管桩厂，将布料、张拉、离心、收浆、蒸养、拆模等 10 项工序变"串联"为"并联"，诠释"工业化建造"新理念；沿黄高速武陟至济源段项目集成创新 26 套工装设备，整体自动化水平达到 82.5%，作业人员减少 57%，工效提升 63.5%，实现梁板预制全过程自动流水化作业。通过工厂化制造，减少了现场作业，提高了实施精准度，提升了工程实体和外观质量，实现了高速公路建设由现场到工厂的升级发展。

4.2　安全高效，推广装配化施工

交投集团以安罗高速上蔡至罗山段项目为试点，深入探索了高速公路装配化施工新路径。一是通过学习借鉴先进经验，创新发展，经过验算和工艺试验，探索出了适用于软基路段路基高度 6～8m 的桩板式无土路基新结构；二是按照"模块化设计、拼装化施工"思路，实现短节段、全断面预制，涵洞通道装配化施工 188 道、2916 节，装配化率达 66%，全面实现了路基与涵背同步施工，有效解决路基填筑断点，切实保障了工程品质；三是省内高速公路首次尝试应用全桥预制装配技术，采用管桩、管墩、盖梁、箱梁全预制，通过装配工艺进行整桥建造，全桥预制装配化率达 98%，实现了桥梁工厂化生产、装配化施工。

"13445 工程"大标段规模化的施工优势，为交投集团全面推广装配化施工提供了有利条件。交投集团坚持以造价合理可控、有效节约工期、提升品质安全为目的，重点在平原区项目推广应用装配化。设计阶段根据项目结构物设计规模，就进度、造价、质量等方面与传统工艺统筹比较、充分论证，科学确定开展装配化施工的工程范围，合理控制装配化施工占比率。比如安罗高速豫冀省界至原阳段项目开展了连续长 5.9km 的装配化桩板式路基；兰考至太康高速、沈丘至遂平高速等豫东平原区项目涵洞通道装配化施工占比达 75%～90%；安罗高速罗山至豫鄂省界段、郑州至许昌高速等项目正在全面推广全桥预制装配化，进一步为扩大装配化施工积累实践经验。

5　聚焦低碳集约，开展高质量建设绿色节约行动

交投集团全面践行绿色公路建设理念，坚持不破坏就是最好的保护，聚焦低碳、环保、节约、节能，开展高质量建设绿色节约行动，把一条条内实外美的高速公路和谐地融入青山绿水，助力河南从交通区位优势向交通枢纽优势转变。

5.1　设计上以人为本，强化生态集约

（1）优化路线走廊线位，尽量避让基本农田和生态环境敏感区，节约耕地、减少拆迁，最大程度地保护自然地貌和景观。

（2）路基设计践行"零弃方、少借方"，合理运用路线平、纵指标，控制路基填挖高度，比如沿大别山高速鸡商段采取微地形改造、填坑造地、石料加工利用等设计方案，665 万挖方全部消化利用，实现山区高速"零弃方"。

（3）统筹项目全寿命周期，实现绿色低碳运营。隧道照明设计推广应用智能照明系统及智慧控制系统，供配电系统采用节能技术，服务区设计大力推广光伏发电、环保建筑材料应用，所有新建服务

区充电桩设计配置不小于40％，设置中水回收循环利用系统，实现污水零外排。

（4）深入推进文旅融合发展。交投集团高速服务区建设以自然为特色，因地制宜，不搞大开发，不搞大挖大填，结合自然山水、地域文化、红色记忆等内容，实施了各有特色的汤泉池、南湾、将军县、罗山南等交旅融合服务区，形成交投集团品牌特色。

5.2　施工中多措并举，强化环保理念落实

（1）落实扬尘防治"六个百分之百"要求，项目场站、穿县乡路段、主要交通路口等重点区域进行围挡封闭管理，拌合站主机、料场实行全封闭并设置自动喷淋设施，土方施工及拆迁作业配备雾炮，实施扬尘污染在线智能监控等措施。

（2）遵循"因地制宜、合理选材、集约循环、节约投资"的原则，充分利用建筑废弃物、煤矸石、工业固废土壤改良剂应用填筑路基。采用废胎胶粉、废旧农膜PE、钢渣等再生材料提升路用性能，变废为宝；路基施工同步实施边坡绿色生态防护，采取环保措施保护南水北调中线工程等敏感水体。

（3）平原区项目创新取土方式，将建设取土与高标准农田改造、沟渠治理、美丽乡村建设等相结合。如安罗高速上蔡至罗山段项目，采取以上措施共减少耕地取土3300余万立方米，被自然资源部列入《节地技术和节地模式推荐目录》，作为基础设施建设节地技术典型案例；渑淅高速西峡至淅川段开展"造田造地"活动，共采用弃渣造地造田660亩。

6　聚焦优质耐久，开展高质量建设重点攻关行动

根据多年的建设实践，混凝土质量通病、桥头跳车、隧道开裂渗漏、沥青路面早期病害等质量通病，一直是制约工程品质提升和工程耐久的关键所在，也是养护成本投入的重点，是实现高质量发展必须逾越和攻克的难关。交投集团聚焦优质耐久，开展了高质量建设重点攻关行动，根据工程特点，找出控制重点，补齐短板和不足。

（1）开展了高性能混凝土应用研究，在设计阶段加强耐久性设计，施工阶段根据原材料品质、混凝土设计强度等级、耐久性等优化配合比，提升施工工艺水平和工程质量。

（2）依托安罗高速罗山至豫鄂省界段、沿大别山高速鸡商段等项目，开展了长寿命沥青路面研究，在强化路床处治、优化基层设计、提高面层性能、加强现代化施工控制等方面对长寿命路面技术体系进行深入研究，探索高模量PE、SMA、柔性基层试点应用，提升路面质量，降低路面养护频率和成本。

（3）开展了桥头跳车，基层厚度、钢筋保护层和隧道衬砌厚度不足等质量通病专项研究，提前开展台背回填，至少做到与路基同步回填，确保台背填筑压实度，全面采用面层大型精良摊铺碾压设备，积极引进"智慧无人摊铺＋北斗高精定位智能系统"，严格落实工序"三检"制度，推行精细化管理、施工和验收全过程管控，全面提升实体质量合格率。

（4）开展了装配化施工研究，积极开展桩板式路基、装配式混凝土通道、高强预制墩、节段预制拼装梁等应用实践，提高了施工效率和工程质量、降低安全风险。

（5）开展了钢混组合结构耐久性研究，目前交投集团有6座在建黄河特大桥，还有上跨丹江、沁河以及中大水库的10余座特大桥，基本都采用钢混组合结构，工程实施中加强了设计和施工技术方面的探索和突破，在提高结构耐久性的同时节约了工程造价。

（6）开展了大安全观视角下的风险防控研究，把工程管理中的品质、安全、创新、绿色、智慧、廉洁等要求，与工程建设中的质量、安全、管理、资金、廉政等风险统筹结合，一体防控化解。

7　聚焦数字赋能，开展高质量建设数智管理行动

为解决传统工程管理模式下工作流程不规范、监管流程不透明、隐患预警不及时、归档资料不完

整、人员履约不到位、融资供应不精准等管理难点，交投集团组织研发了具有自主产权的"13445 工程"数字化管理平台。平台基于 BIM＋GIS、物联网大数据技术，开发了 40 余项管理应用模块，围绕高速项目前期工作、施工建设、交工验收三个阶段，针对质量、安全、进度、计量等加强全过程管控，目前已在"13445 工程"建设项目上线应用。

数字化管理平台由交投集团总控平台和建设项目管控平台。项目侧以工序报验模块为主轴，驱动形象进度、计量支付、资料归档，实现质量、安全、合同、进度管理全覆盖，验工计价归档一体化；集团侧依托项目级平台，实时采集数据，汇聚监管指标，实现自动预警。以梁板预制工序报验为例，施工员在填写资料并自检合格后，使用手机 App 发起线上报验，监理工程师收到报验申请后，须在平台设定时间内抵达现场验收，该梁板完成施工后，系统会将质检资料及现场照片一并推送至计量模块，通过工程部位与工程量清单自动挂接，实现该梁板清单工程量及质检资料的自动提取，实现"验工计价一体化"。同时，施工数据同步推送至交投集团总控平台，总控平台通过抓取工序开始时间、结束时间，自动筛选施工时间过长、养护时间过短等异常情况，实现自动预警。该平台实现了各工序、各阶段、各管理层级之间的集中管控、信息共享和协同运作，提升了管理效能，打造了交投集团项目数字化、智能化管控新模式。

8　聚焦示范创建，开展高质量建设工程创优行动

工程创优是一个系统工程，贯穿项目设计、建设、验收全过程，与各分项目标环环相扣、紧密相连。交投集团聚焦示范创建，开展了高质量建设工程创优行动，根据各项目规模和特点，明确提出了所有项目争创省优、部优、国优为创优目标的创优要求。

8.1　传承既往经验做法

（1）充分发挥示范引领作用。坚持实施首件工程认可、样板工程评审等行之有效的做法，做到首件必优，不优必返，后续工程质量不得低于首件。

（2）实行考核和奖励机制。交投集团统筹下达项目总体创优目标，分解年度创优任务，作为年度考核的重要指标。根据交投集团印发的《高速公路建设项目创优工作奖励办法》，对项目公司人员给予经济奖励，激励项目高质量建设。

（3）发挥交投集团平台优势。发挥交投集团对建设项目的观摩交流、考核验收等竞争优势，在质量通病防治、安全防护提升、"四新技术"应用等方面开展评比推广，促进经验交流、技术共享，形成浓厚的高质量建设氛围。

8.2　加强施工班组管理

（1）加强对施工协作队伍选择情况的监管，鼓励合作企业按照"能招尽招"的要求，招标选择有资质、有业绩的优秀协作队伍，并建立备案、入场考核制度和黑名单管理，对施工质量差、提升不到位的队伍强制淘汰更换，解决质量安全管理链条中"最后一公里"问题。

（2）向一线灌输创优意识。把"工匠精神"融入创优管理，融入施工组织、现场管理等环节，鼓励项目开展形式多样的以工匠精神为主题的宣传教育和技能比武，评选最美工匠、最优班组，多角度、全方位向工程一线灌输高质量建设意识，切实提升工程实体质量。

进入新时代，交投集团高速项目持续推进高质量建设，创优工作取得了较好成绩。郑州机场至周口西华高速一期、周口至南阳高速等 10 个项目获得国家优质工程奖，台辉高速黄河大桥等 3 个项目获得鲁班奖，武陟至云台山高速等 7 个项目获得公路交通优质工程奖（李春奖），郑西高速尧山至栾川段 10 个项目获得省优工程。

高质量建设的实践探索永无止境，交投集团在推进高速项目高质量建设中，还在持续加强研究探索：一是围绕新建成高速通车后"5 年不跳车、10 年不上专项、20 年不大修"的建设目标，继续从设计、施工工艺、设备和材料等多方面进行深入探索，比如在土源短缺情况下进行反台背回填，推行

振动搅拌技术，开展柔性基层长寿面路面试点等，努力攻克路基路面、桥隧工程的质量通病问题。二是围绕钢混组合结构的耐久性进行深入系统探索，比如安罗高速黄河特大桥，15km 桥梁采用了 5 种钢混组合形式，桥塔创新采用无纵筋钢壳混凝土结构，开展超长顶推无人值守等钢混组合梁架设新工艺研究，针对大跨负弯矩区研发抗疲劳新材料，多种钢结构全寿命周期的维养，更好的工业化智能建造模式等，都是进一步深化探索的方向。

作者：吕小武[1]　林鸣[2]（1. 河南交通投资集团有限公司；2. 中国交通建设股份有限公司）

第二篇 技 术 和 装 备

建造技术与装备是工程建设的基本要素，伴随着制造业的高速发展，以及数字技术的广泛应用，为建造技术与装备的升级换代带来了机会。本篇共收录了 17 篇文章，其中绿色低碳技术方面 4 篇、其他关键技术 7 篇、产品与装备 6 篇。

在绿色低碳技术方面的 4 篇文章中，《北方地区热泵供暖关键技术》通过"高效产品研发—工程技术攻关—效果监测评价—标准规范编制"全链条创新，建立起北方地区热泵供暖的关键技术体系；《乌梁素海流域山水林田湖草沙一体化保护与系统治理关键技术》在修复模式、治理技术等的探索和创新，有效改善了重点区域生态环境质量，形成了可复制、可推广的典型经验，为全国山水林田湖草生态保护修复起到了先行示范作用。

在其他关键技术方面的 7 篇文章中，《城市污水处理深隧工程建造及运维技术研究与应用》介绍了武汉市的"四厂合一，深隧传输"方案和工程实践经验，对提升城市水承载力、改善生态环境具有重要意义；《高灵敏性粉质黏土场地强夯置换处理关键技术研究》成果可适用于各类软弱土处理，施工速度快，质量保证率高，效果显著。

在产品与装备方面的 6 篇文章中，《新型装配式混凝土建筑结构体系、设计方法与自主 BIM 应用技术》提出了 4 套新型装配式混凝土结构体系，对结构体系的受力性能、耗能机制和破坏机理开展了系统研究，进一步丰富了我国装配式混凝土结构体系；《基于人工智能技术的智慧运维平台》采用"1＋N"技术架构，将三维可视化、人工智能、物联网、大数据和云计算等技术与运维业务融合，可提供从源头到云端的智慧运维服务。

Section 2   Technology and Equipment

Construction technology and equipment are fundamental elements of construction. With the rapid development of manufacturing and the widespread application of digital technology, they have brought opportunities for the upgrading of construction technology and equipment. Thischapter includes a total of 17 articles, including 4 on green and low-carbon technologies, 7 on other key technologies, and 6 on products and equipment.

In 4 articles on green and low-carbon technologies, the *"Key Technologies of Heat Pump Heating in the Northern Region"* has established a key technology system for heat pump heating in the northern region through a full chain innovation of "efficient product research and development-engineering technology breakthrough-effect monitoring and evaluation-standard specification preparation"; *"Key Technologies for Hdistic Conservation and Systematic Management of Mountains, Rivers, Forests, Fields, Lakes, Grasslands and Deserts in the Wuliangsuhai Basin"* explored and innovated in repair modes, governance technologies, etc, effectively improved the ecological and environmental quality of key regions, forming typical experiences that can be replicated and promoted, and playing a leading demonstration role in the national ecological protection and restoration of mountains, rivers, forests, fields, lakes, and grasslands.

In 7 articles on other key technologies, *"Research and Application on Construction and Maintenance Technology of Urban Sewage Treatment Deep Tunnel Engineering"* introduces the "Four Plants in One, Deep Tunnel Transmission" plan and engineering practice experience in Wuhan, which is of great significance for enhancing urban water carrying capacity and improving ecological environment; the achievements of *"Research on the Key Technology of Dynamic Compaction Replacement Treatment in Highly Sensitive Silty Clay Site"* can be applied to various types of soft soil treatment, with fast construction speed, high quality assurance rate, and significant effects.

In 6 articles on products and equipment, *"New Prefabricated Concrete Building Structure System, Design Method, and Independent BIM Application Technology"* proposed 4 sets of new prefabricated concrete structural systems, and conducted systematic research on the mechanical performance, energy consumption mechanism, and failure mechanism of the structural system, further enriching China's prefabricated concrete structural system; The *"Intelligent Operation and Maintenance Platform Based on Artificial Intelligence Technology"* adopts a "1+N" technology architecture, integrating technologies such as 3D visualization, artificial intelligence, Internet of Things, big data, and cloud computing with operation and maintenance services, and can provide intelligent operation and maintenance services from the source to the cloud.

北方地区热泵供暖关键技术

Key Technologies of Heat Pump Heating in Northern Region

1 技术背景

截至2016年底，我国北方地区城乡建筑供暖总面积约206亿 m^2，其中清洁供暖比例仅34%。冬季供暖大量使用散煤，是造成大气污染的主要原因之一。

"电代煤"是推进北方清洁供暖的关键途径，以空气源、地源为主的热泵供暖是实现"电代煤"的主导方式。北方清洁供暖坚持从实际出发，宜电则电，宜气则气，宜煤则煤，宜热则热，"电代煤"成为当前农村清洁供暖的首要途径。热泵利用逆卡诺循环，能够从环境介质（空气、土壤、水）中高效提取2~5倍于消耗电能的热量，能效高污染少优势突出。2017~2019年，北方地区新增电供暖面积4亿 m^2，其中空气源、地源等热泵供暖成为"电代煤"的主导方式。

以亿平方米计的热泵供暖规模化应用不仅在我国，在全世界也尚属首次，热泵规模化应用需要攻克产品、工程、监测等多个环节难题，形成全链条的技术体系保障。包括：空气源热泵低温环境适应性差，影响产品稳定运行；地源热泵地下热量采集密度低，影响系统运行能效；系统设计和控制方法与建筑热负荷时空不匹配，难以按需供暖；供暖适宜性和工程效果量化评价的方法工具缺失，难以精准规划和性能再优化等。

通过开展"高效产品研发—工程技术攻关—效果监测评价—标准规范编制"全链条创新工作，建立北方地区热泵供暖的关键技术体系，将对推进北方地区清洁供暖和打赢蓝天保卫战重大国家战略具有重要支撑作用。

2 技术内容

（1）开发了增焓补气压缩循环的多系列空气源热泵机组，建立了空气源热泵除霜精准控制新方法，研制了地源热泵新型地埋复合管材换热器，形成了提升空气源热泵低温环境适应性和地源热泵热量采集效率的关键技术。

1）开发了适应低温环境的增焓补气压缩循环的空气源热泵机组

空气源热泵在低温环境下制热压比过大，导致压缩机超载、排气温度过高、压缩机失油等问题，影响运行可靠性。为提高空气源热泵低温环境适应性，基于增焓补气压缩循环，开发基于定频/变频喷气增焓涡旋压缩、定频/变频喷气增焓转子压缩空气源热泵机组，研究内容如下：

空气源热泵在低温环境下稳定运行，需要基于适应低温环境的逆卡诺循环。带经济器和闪蒸器的增焓补气压缩循环，工作过程和压焓图分别如图1、图2所示，制冷剂流经冷凝后分主路和辅路，最终分别通过主进气口和中间补气口进入压缩机完成增焓补气压缩循环。相比传统普通热泵循环，增焓补气压缩循环排气温度降低，减少了压缩过程的无用功，提高了压缩机工作效率，提高了蒸发器的换热量，从而适应低温环境。除增焓补气外，进一步基于定频和变频技术增强低温环境适应性，变频技术使热泵在低温环境运行时提升频率，增加排气量，提高低温环境制热量；在极低环境运行时通过主动降频，降低排气温度，实现稳定运行，进一步适应低温环境。

基于增焓补气压缩循环，研发了三类适用低温环境的空气源热泵机组。一是低温户用空气源热泵机组（图3），采用直流变频喷气增焓涡旋压缩机，机组制热名义工况COP达到2.43，低温工况机组

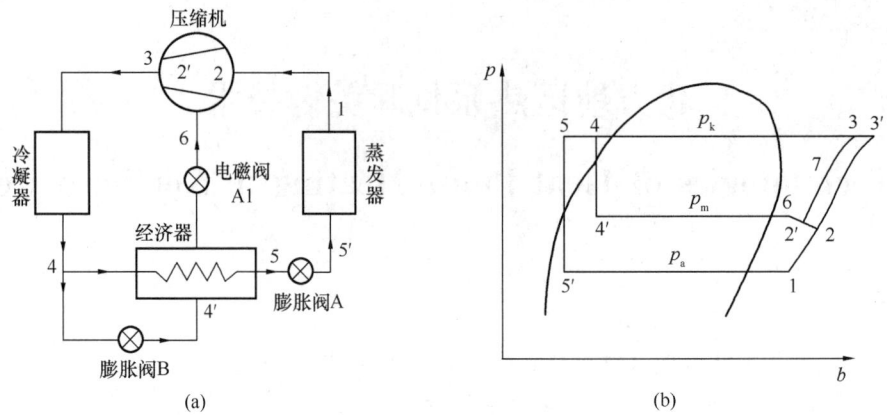

图 1 带经济器的增焓补气压缩循环

（a）系统流程图；（b）理论循环压焓图

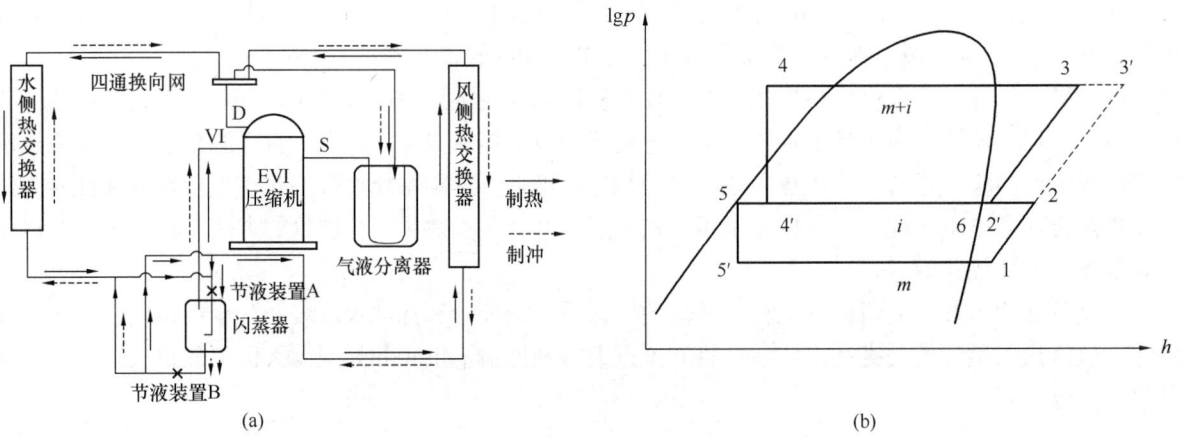

图 2 带闪蒸器的增焓补气压缩循环

（a）系统流程图；（b）理论循环压焓图

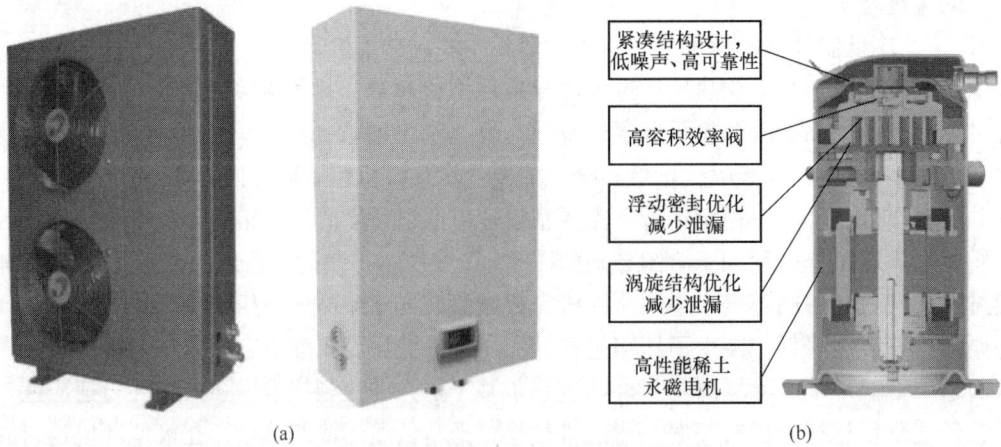

图 3 低温户用空气源热泵机组

（a）户式机组室外机、室内机；（b）直流变频喷气增焓涡旋压缩机制热量保持在名义值的 85.9%；二是低温商用空气源热泵机组（图 4），采用定频喷气增焓涡旋压缩机，机组制热名义工况 COP 达到 2.44，低温工况机组制热量保持在名义值的 77.8%；三是户式冷暖一体机空气源热泵机组（图 5），采用直流变频双转子压缩机，机组制热名义工况 COP 达到 2.37，低温工况机组制热量保持在名义值的 91.7%。

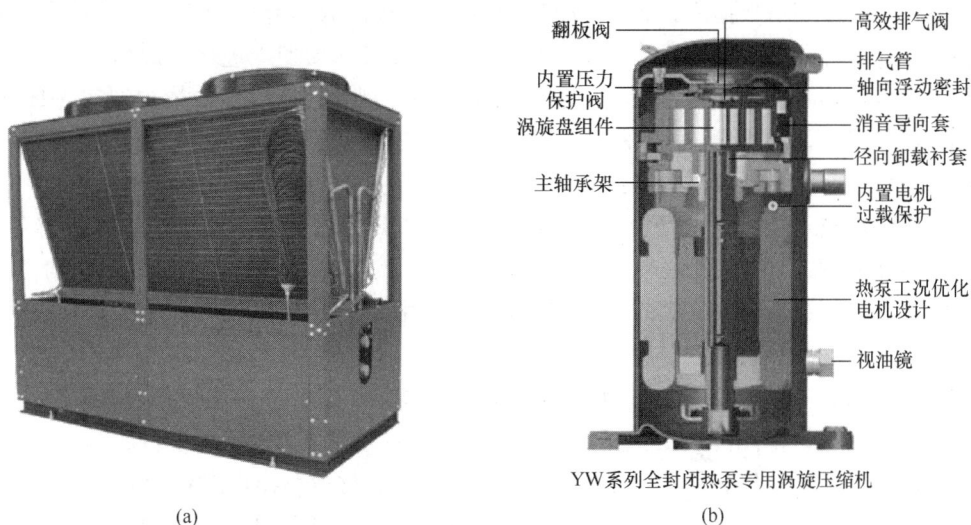

图 4　低温商用空气源热泵机组
（a）模块式机组；（b）定频喷气增焓涡旋压缩机

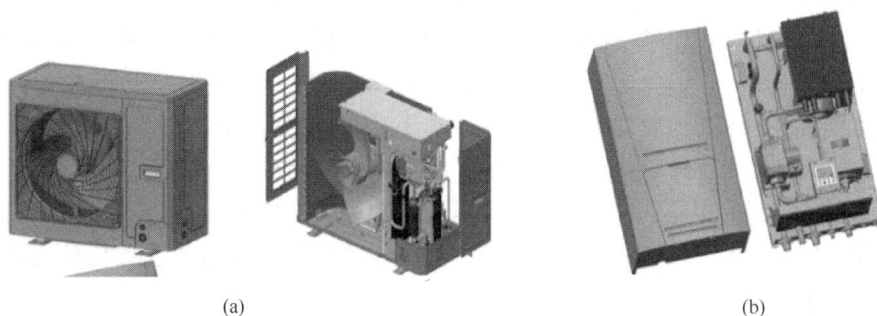

图 5　户式冷暖一体机空气源热泵机组
（a）室外机；（b）室内机

研究成果有效增强了空气源热泵的低温环境适应性，实现最低气温极限从 −10℃ 大幅扩宽至 −30℃，淮河以北空气源热泵供暖范围扩大数十万平方千米。

2）开发了基于最佳除霜控制点的空气源热泵除霜精准控制新方法

空气源热泵现有除霜控制策略无法保证机组准确高效除霜，导致实际运行中误除霜事故频发。为提高机组控霜准确性，围绕空气源热泵结除霜运行关键共性问题，开展了基于最佳除霜控制点的精准除霜控制新方法开发工作，内容如下：

空气源热泵制热性能主要受环境温度和结除霜过程两方面的影响。在无霜工况下，环境温度通常低于名义工况，机组的制热量也会低于名义制热量，这一部分的制热量损失是由环境温度影响造成。而在结霜工况下，随着机组结霜程度的增加，瞬时制热量在对应无霜工况下制热量的基础上开始不断衰减，这一部分的制热量损失是由结除霜过程影响造成。因此，提出了结除霜过程的"名义制热量损失系数（ε_{NL}）"这一概念，表征机组在结除霜过程中相对于名义工况下的总制热量损失程度，该系数同时考虑了结除霜过程以及环境温度两方面对机组运行性能的影响，能够科学评价空气源热泵在结除霜工况下的性能表现；利用广义人工神经网络模型，基于历年机组供暖季期间的运行数据，对影响名义制热量损失系数的各因素进行相关性分析，从而建立了空气源热泵"名义制热量损失系数"预测模型，能够获取不同环境工况下采用不同除霜控制点的机组名义制热量损失系数；同时，以名义制热量损失系数最小为目标，确定了空气源热泵全工况下最小名义制热量损失系数对应的除霜控制时间，继而建立了最佳除霜控制点数据库，为除霜控制策略开发提供数据基础；基于最佳除霜控制点数据库，利用多元非线性方程回归方法，建立了最佳除霜控制点计算模型，包含"最小名义制热量损失系数"模型和"最佳除霜时间"模型；最后，利用最佳除霜控制点计算模型，依据"实时计算""累加平均""阈值保护"技术路线，开发了基于最佳除霜控制点（OPT）的除霜技术，并将控制逻辑写入到机组的控制系统中，通过现场试验测试来验证 OPT 除霜技术的准确性以及可靠性。

与采用常规除霜技术的机组运行性能进行比较，采用 OPT 除霜技术的机组能有效避免误除霜事故的发生，大幅提高机组的除霜效率，实现误除霜事故发生率降低 90% 以上，平均能效比提高27.8%，为空气源热泵在北方地区高效、稳定、安全的规模化应用提供技术保障。研究成果作为重要支撑内容，写入《空气源热泵技术与应用》著作中。

3）研发了内金属传热外 PE 防腐的新型地埋复合管材换热器

传统地埋管换热管材单元传热性能差，造成钻孔数目多，浪费初投资和运行成本。为解决上述问题，项目团队研发了内金属传热外 PE 防腐的新型地埋复合管材换热器，内容如下：

管壁导热热阻与管材和壁厚有关，现在常用的管材有聚乙烯管（PE）、聚氯乙烯管（PVC）、铝塑管（PAP），但这三种管材导热系数都不是很大，而金属管道的导热系数远大于 PE 管导热系数，且承压能力远强于 PE 管，因此采用金属管材时可有效减小壁厚。但金属管材极易被腐蚀，项目组创造性采用双层管材，外层为 PE 管进行保护，内层为金属管用于承压。

由于防腐层厚度较小，可忽略不计，通过计算发现采用复合管材时，管壁热阻的数量级比对流换热热阻还小，亦可忽略不计，因此，管壁热阻、回填材料热阻、地层热阻及短期连续脉冲附加热阻为地埋管换热器换热热阻的主要组成部分。根据实际需要，改进了现有的用于保持地埋管在回填过程中相对间距的管件形式，提出了适应新型地埋管材的换热器结构，在原有基础上增设了用于连接管件的卡接接头，采用与之匹配的相应管件连接件，可以保证地埋管换热器在回填过程中始终保持相应的间距，同时可以改善由于管卡的存在所造成的气穴。最终实现如图 6 新型地埋管材换热器的连接形式，具有广泛的可扩展性。

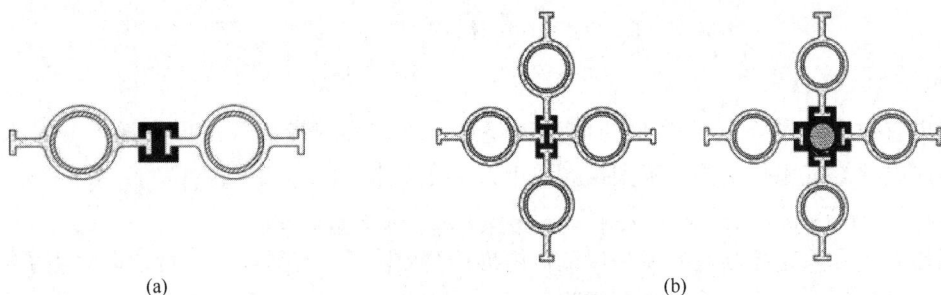

图 6　新型地埋管材换热器连接形式
(a) 单 U 管形式；(b) 双 U 管形式

结合相应地埋管换热器结构及相应管件，可以组合的结构较多。考虑到地埋管换热器土壤侧换热能力的限制，以及大量关于双 U 管地埋管换热器的研究，选取如图 7 左图所示的 4U 管进行多管回填的相关模拟研究。通过 FLUENT 数值模拟，比较了分别采用 PE 管地埋管换热器和复合管材地埋管换热器的 4U 回填与单 U 回填的性能差异。采用数值模拟计算了四种换热器分别运行 30d 下的土壤温度变化趋势。可知，随着运行时间加长，土壤平均温度不断升高，与地埋管换热器出口水温不断上升以及地埋管换热器换热能力不断下降相对应。在运行30d后，土壤温度上升幅度由高到低分别为常规4U、复合4U、常规单U、复合单U，土壤温升分别为0.74℃、0.70℃、0.19℃和0.17℃。

研发的新型高效换热地埋管材系统能够在地源热泵规模化应用中根据地域特点进行不同形式组合，克服了气穴干扰，减少了换热热阻，较常规管材系统换热能力提升30%，保障了系统稳定、高效运行。

（2）提出了空气源热泵经济平衡点温度设计方法，开发了空气源热泵运行最优回差控制算法，建立了地源热泵源荷耦合系统化设计方法，形成了提升热泵供暖工程能效的支撑技术。

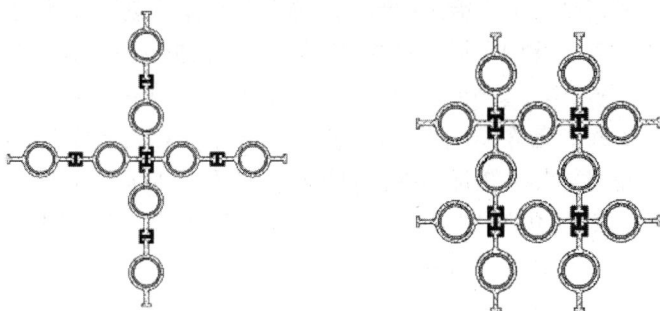

图7　多管地埋管换热器连接

1）提出了空气源热泵经济平衡点温度设计方法

针对传统空气源热泵系统设计，仅依据供暖室外计算温度往往造成机组容量过大、浪费初投资与运行费用的弊端，科学耦合与气象同频的建筑热负荷频变及与作息同频的人员热负荷频变，开发空气源热泵经济平衡点温度设计法，研究内容如下：

将平衡点温度作为设计指标，分析了环境参数、热泵机组性能、机组装机价格等因素影响，以全生命期成本为目标函数，提出了经济平衡点温度概念，并通过经济平衡点温度进行空气源热泵供暖系统的机组选型。该方法综合考虑了空气源热泵供暖系统运行性能及经济性，提高了机组选型和系统设计的科学性和经济性，可按式（1）计算：

$$LCC = C_h Q_{h0} + C_f'(Q_0 - Q_{h0}\eta_h) + C_e' + OC \tag{1}$$

式中　LCC——生命周期成本（元）；

　　　C_h——空气源热泵机组的装机价格（元/kW）；

　　　Q_{h0}——空气源热泵机组的名义制热量（kW）；

　　　C_f'——辅助加热设备的装机价格（元/kW）；

　　　Q_0——建筑物冬季供暖热负荷（kW）；

　　　η_h——设计工况下空气源热泵机组制热能力修正系数，若机组在室外计算温度下不能运行，则该系数为0；

　　　C_e'——电力增容费，住宅类已取消电力增容费，其他类建筑可咨询当地电力部门（元）；

　　　OC——运行成本（元）。

进一步针对"用户侧"建筑能效提升与"热源侧"热泵供暖双侧同推工程，建立适应不同建筑节能改造措施的变平衡点温度系统设计法，保证了技术方案兼具灵活性与可靠性，该方法可按式（2）计算：

$$LCC' = C_h Q_{h0} + C_f'(\gamma_h Q_0 - Q_{h0}\eta_h) + C_e' + OC \tag{2}$$

式中　LCC'——变平衡点生命周期成本（元）；

　　　γ_h——适应不同建筑节能改造措施的建筑物冬季供暖热负荷调整系数，若建筑能效提升率为30%，则该系数为70%。

基于全生命期节能理念的空气源热泵平衡点温度设计法，在工程应用的设计阶段充分考虑了热泵系统运行能效与成本回收期，有效减少了设备初投资，提高了空气源热泵机组的运行负荷率，有效提升空气源热泵工程应用系统能效30%以上，节省用户运行费用30%，满足了不同气候区空气源热泵系统供暖的节能性与经济性要求。

2）开发了空气源热泵运行最优回差控制算法

因选型偏大、室外气象条件波动等原因，传统空气源热泵工程采用定供水温度回差的控制方式造成频繁启停，浪费能源、影响寿命。项目团队创造性提出供水温度设定值与回差随室外温度和热舒适要求动态优化的"最优回差控制算法"，根据实际供水温度与供水温度设定范围的相对关系采取变频或启停操作，进一步结合室内热舒适要求，随室外温度变化调整供水温度设定值与回差，实现对机组运行状态、启停循环的控制，改善机组由于频繁启停造成的低能效问题。

空气源热泵最优回差控制算法，既可应用于新建工程，也可用于既有工程项目控制策略优化，有效提升空气源热泵工程应用系统能效 15% 以上，节省用户运行费用 15%，极大降低了取暖用户的返煤风险，提高了清洁取暖的可持续性。

3）建立了地源热泵源荷耦合系统化设计方法

传统地埋管地源热泵设计方法以延米换热量进行稳态估算设计，地源侧和负荷侧不联动，无法正确计算地埋管换热面积，导致地源热泵系统能效低、效果差。项目团队通过对地埋管与岩土体耦合换热、系统输配、热泵能量提升等环节的系统研究，揭示了地源热泵系统地下换热和建筑负荷的动态耦合规律，提出了地源热泵源荷耦合系统化设计方法。该方法提出了取热量与释热量不平衡阈值，将热量采集、传输与提升过程与建筑动态负荷反复迭代、综合寻优，确定最佳性能参数。进一步，以 TRNSYS 为后台计算软件，植入逐时耦合设计法，后台封装复杂系统参数库，开发快速模拟设计软件 GESS。

研发新方法有效提高了地源热泵系统设计方法的科学性与准确性，GESS 软件有效缩短了模拟耗时和难度，有效支撑了地源热泵工程稳定高效运行。

（3）建立了基于耦合波动要素的热泵供暖适宜性量化评价方法，开发了信息多源感知的性能监测平台，构建了热泵供暖事前适宜性评估和事后效果评价的前估后评体系。

1）建立了基于耦合波动要素的热泵供暖适宜性量化评价方法

热泵供暖系统应用效果受地域环境影响较大，且影响因素中既有稳定要素也有波动要素，针对热泵供暖适用区域不明确，"适宜性"缺乏量化评价方法的难题，建立了基于耦合波动要素的热泵供暖适宜性量化评价方法，内容如下：

基于多要素耦合影响研究和大量实际数据调研，创建了资源、气象、能效、经济、环保等要素为稳定指标，耦合政策、产业等要素为波动指标，形成了稳定要素为基础同步耦合波动要素的适宜性量化评价法，实现了对热泵供暖区域适宜性的精准量化分析，基于此首次制作完成六大主要类型热泵全国地域适宜性分布图。

针对土壤源热泵系统，以土壤平均温度、系统能效比、投资回收期、标煤替代量为评价指标，建立了土壤源与其他冷热源相结合的复合式热泵系统地域适宜性评价体系（图8）。

针对地下水源热泵系统，以水文地质、场地施工、社会经济、气象、节能、环保等方面的因素为评价指标，建立了地下水源热泵地域适宜性评价体系（图9）。

针对地表水源热泵系统，以水资源、气候、初投资、运行费、社会经济、环境破坏强度等方面的因素为评价指标，建立了地表水源热泵地域

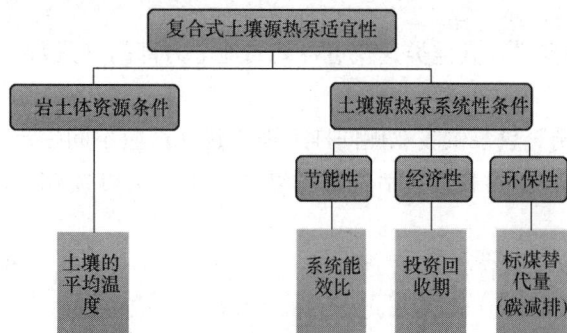

图 8 土壤源与其他冷热源相结合的复合式
热泵系统地域适宜性评价体系

适宜性评价体系（图 10）。

针对海水源热泵系统，以海水温度、系统能效比、运行费用、标煤替代量为评价指标，建立了海水源热泵地域适宜性评价体系（图 11）。

图 9 地下水源热泵地域适宜性评价体系

图 10 地表水源热泵地域适宜性评价体系

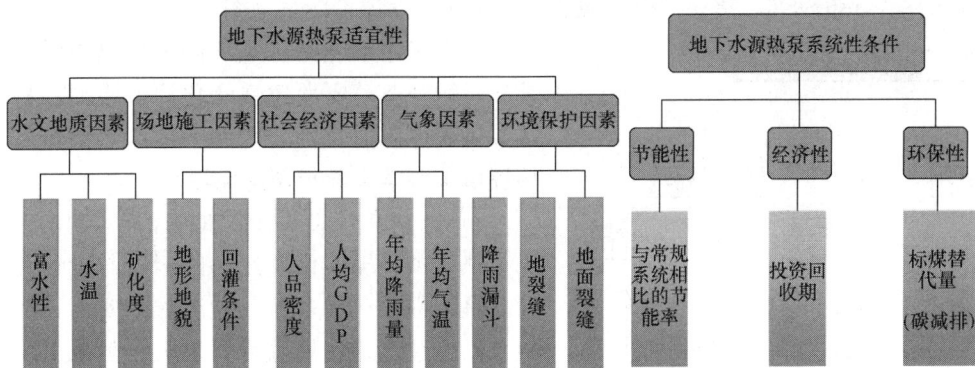

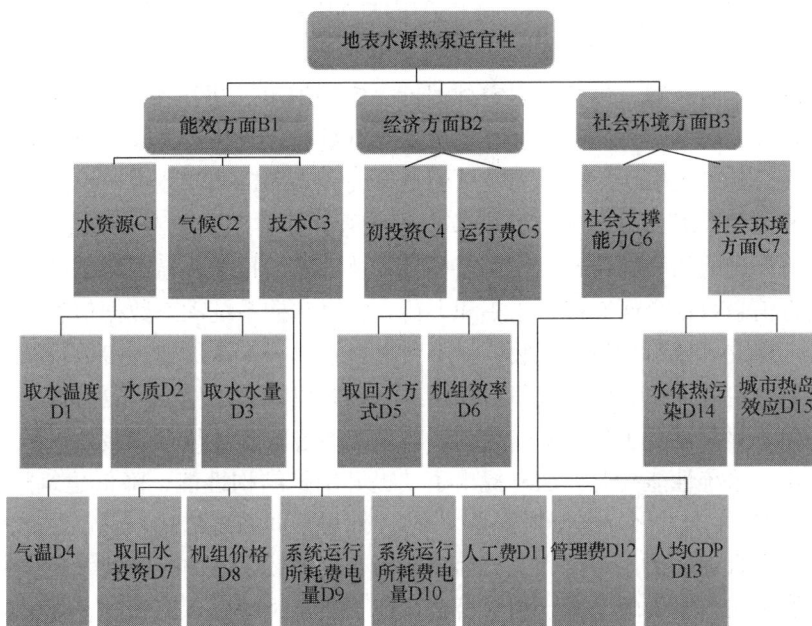

针对污水源热泵系统，采用熵权层次分析法，以经济、能耗、环境等方面的因素为评价指标，建立了污水源热泵地域适宜性评价体系（图 12）。

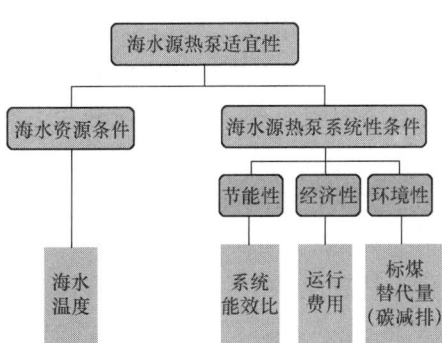

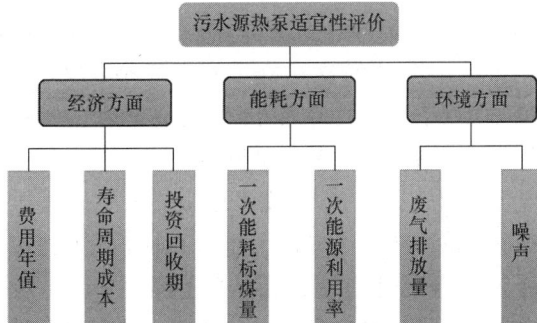

图 11 海水源热泵地域适宜性评价体系

图 12 污水源热泵地域适宜性评价体系

针对空气源热泵系统，考虑室外环境温湿度、供水温度以及部分负荷下机组启停等影响因素，以一次能源利用率为评价标准，建立了空气源热泵地域适宜性评价体系（图13）。

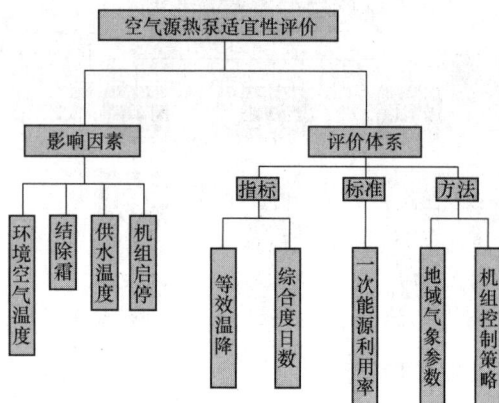

图13 空气源热泵地域适宜性评价体系

研究工作系统揭示了不同类型热泵供暖地域应用差异，耦合波动要素建立量化评价模型，科学评价了热泵供暖地域适宜性，为北方地区热泵供暖规模化应用提供了科学指导与理论保障。

2）开发了信息多源感知的性能监测平台

热泵供暖规模化应用实际运行与设计预期存在差异，且工程存在点多面散监测难的实际，为全景分析热泵供暖系统的使用效果，攻关了热泵供暖系统运行性能数图声异构多源感知方法，对其室外气象参数和供暖室温保证率、能源消耗量、运行费用、系统供热量和系统能效比进行实时统计，开发了信息多源感知的性能监测平台，内容如下：

对热泵供暖系统进行全面监测，包括监测室外温度、室内温度、进出水温度、水流量、制热量、累计制热量、电压、电流、功率、总耗电量、峰电量和谷电量等，监测设备采用外置电控箱携带采集模块及仪器仪表的形式，其采集模块、电能表及电磁热量表表头固定在箱体内，水温及空气温度探头等在箱体内设置合适的位置，现场方便取出并安装在系统管路中，流量计外部放置但须和电控箱配套。监测平台采用目前先进的物联网技术、设备监控技术及云应用技术，通过无线数据采集器以及远端服务器监测等方式将信息数据全面连接、采集和上传，实时掌握系统动态数据信息。基于所研发的监测设备和监测平台，建立了城市级热泵供暖监测平台，全景掌握系统的运行参数，实现热泵设备性能的高时间分辨率监测和定时抽检、设备故障自动推送、维修建议自动生成、复后性能自动核检、历史故障定检预防，构建了热泵供暖工程效果量化测评体系。通过对各类热泵供暖效果和系统能效比的影响因素分析，探寻供暖系统性能提升方法，提出了"提升围护结构性能，降低建筑热负荷是基础""严格落实'一户一设计'要求，做好选型匹配是关键""针对不同系统形式，确定最佳系统控制策略是难点"和"宣传与培训合理的使用习惯，引导用户行为节能节钱是方向"等技术建议和措施。

信息多源感知的城市级热泵供暖全景反馈平台，构建了热泵供暖的运行管理、效果监测与量化评价运维模式，为热泵供暖规模化应用的"能效提升与长效运行"提供了可靠的监测、诊断、响应与保障机制。目前，全景性能监测平台已覆盖北京市、西安市、鹤壁市等近十个城市，共涉及122个热泵品牌253个型号。

3 技术指标

3.1 技术创新点

（1）创新点1：国际上首次建立了基于最小名义制热量损失系数的空气源热泵除霜精准控制方法，国际上首次研制了内金属传热外PE防腐地源热泵新型地埋复合管材换热器，国内首次开发了增焓补气压缩循环的多系列空气源热泵机组。

（2）创新点2：国际上首次建立了地源热泵源荷耦合系统化设计方法，国内首次提出了空气源热泵平衡点温度系统设计法，国内首次开发了最优回差控制算法。

（3）创新点3：国际上首次建立了基于耦合波动要素的热泵供暖适宜性量化评价法和适应性分区图谱，国内首次开发了信息多源感知的城市级热泵供暖性能监测平台。

3.2 与当前国内外同类研究、同类技术的综合比较

（1）国际首创基于最小名义制热量损失系数的空气源热泵除霜精准控制方法，达到国际领先水平。

国内外同类研究主要通过监测表面除霜程度进行除霜操作，易频繁误除霜。新方法量化了结除霜性能损失程度，可以性能损失最低实现按需除霜。

（2）国际首创内金属传热外 PE 防腐地源热泵新型地埋复合管材换热器，达到国际领先水平。

国内外同类研究多采用 PE 管材，换热性能差。新换热器兼顾防腐和传热性能，换热性能好。

（3）国际首创基于耦合波动要素的热泵供暖适宜性量化评价法和适宜性分区图谱，达到国际领先水平。

国内外同类研究量化指标单一，系统化评价方法缺失。新方法耦合波动因素多维度量化评价，并首次形成适宜性分区图谱。

（4）国内首次提出了地源热泵源荷耦合系统化设计方法，达到国际先进水平。

国内外同类研究按稳态估算设计，源荷耦合性差。新方法源荷逐时耦合设计，提高运行匹配性。

4 适用范围

项目着重解决北方地区热泵供暖规模化应用的全链条的技术瓶颈问题，形成了具有我国自主知识产权的系列高效产品、工程技术、监测平台、标准规范，促进我国相关产业快速发展，产业规模跃居世界第一。项目研究成果共支撑 9 项国家和地方热泵供暖政策制订，项目组直接指导了 19 个国家清洁取暖试点城市的实施建设，共计涉及热泵供暖面积约 1.2 亿 m^2；项目组直接承担了百余个示范园区、商业区、生态区等区域的清洁能源规划设计，应用面积超过 1 亿 m^2；项目成果直接应用到各地煤改电工程项目，推广热泵供暖面积 1662 万 m^2；项目成果直接应用到北京大兴国际机场、北京城市副中心核心区等国家重大工程，取得显著的示范效果。

5 结语展望

本研究着重解决了北方地区热泵供暖规模化应用的技术瓶颈问题，从"关键产品—工程技术—效果监测—标准规范"全链条开展研究工作，为我国热泵供暖的设计、安装及运行提供了技术依据和保障，未来将有效提升热泵供暖的技术水平和应用效果，有力推动北方地区热泵供暖的规模化应用。

作者：刘辉（中国建筑科学研究院有限公司）

建筑能耗监测及调适优化技术

Building Energy Consumption Monitoring and Adaptation Optimization Technology

1 背景

2020 年 9 月中国明确提出 2030 年"碳达峰"与 2060 年"碳中和"目标，即"双碳"目标。2021 年，国务院印发《关于完整准确全面贯彻新发展理念做好碳达峰碳中和工作的意见》，强调要大力发展节能低碳建筑，持续提高新建建筑节能标准，加快推进超低能耗建筑等规模化发展。同年，住房和城乡建设部发布国家标准《建筑节能与可再生能源利用通用规范》公告，当中指出：自 2022 年 4 月 1 日起，建筑碳排放计算作为强制要求，并明确要求"建设项目可行性研究报告、建设方案和初步设计文件应包含建筑能耗、可再生能源利用及建筑碳排放分析报告"。这些政策向建筑业释放出明确信号，即建筑节能低碳已经成为"双碳"目标下建筑产业发展的必要前提。全国各地政府也制定相关政策推动建筑领域的节能低碳发展。

2000～2010 年上海市民用建筑总能耗从 2000 年的 965 万 tce 增加到 2010 年的 2085 万 tce，上海建筑能耗的年均增速达到 8.0%，增幅高达 1 倍多。同时上海市建筑行业发展迅速，建筑规模快速扩大，建筑面积体量从 2000 年的 27817 万 m^2 增长到 2010 年的 73414 万 m^2，净增长 1.6 倍，建筑能耗的增长已经成为上海能耗增长的主要因素。其中全市公共建筑能耗约占建筑总能耗的 55%。公共建筑能耗的快速增长是建筑能耗逐年增大的最主要因素。

建筑能耗是全球能源消耗的主要来源之一，建筑能耗监测可以帮助我们了解建筑能源的使用情况，发现能源浪费的问题，采取措施并对其进行调适优化，从而减少能源消耗、降低碳排放并降低运营成本。通过建筑能耗监测，可以评估建筑的能源性能和效率，并根据监测数据进行调适优化。这有助于提高建筑的整体性能，包括能源效率、室内环境质量、舒适度等方面。此外，建筑能耗监测是建筑绿色化和可持续发展的重要手段之一。通过监测建筑能耗，并采取相应的节能措施，可以展示企业或组织在环境保护和可持续发展方面的努力和成果，提升企业形象和社会认可度。

目前很多既有公共建筑机电系统运行效率低下，能源利用效率不高，使用年限较长的建筑中问题尤为突出。部分新建建筑由于机电系统缺乏调适，运行效率也并不理想。建筑能耗监测及调适优化技术是通过在建筑群（物）内安装分类和分项能耗计量表具，采用远程传输等手段及时采集能耗数据，基于物联网、大数据以及人工智能等信息新技术，实现建筑能耗的在线监测和动态分析评价，结合系统性的测试诊断，分析建筑机电系统存在的问题，通过硬件更新、控制优化、整体调优等措施不断迭代更新，从而提升建筑能效。

2 技术内容

建筑能耗监测及调适优化技术是通过在建筑群（物）内安装分类和分项能耗计量表具，采用远程传输等手段及时采集能耗数据，基于物联网、大数据以及人工智能等信息新技术，实现建筑能耗的在线监测和动态分析评价，结合系统性的测试诊断，分析建筑机电系统存在的问题，通过硬件更新、控制优化、整体调优等措施不断迭代更新，从而提升建筑能效（图 1）。

2.1 建筑能耗监测技术

建筑能耗监测技术基于物联网、大数据以及人工智能等信息新技术，集成能耗分项计量、在线监测、能耗统计、能源审计、能效公示、能耗对标、绿色建筑、节能改造以及能耗预测诊断、分析评价和节能运行管理等功能，应用微服务架构和分布式技术，基于国产化和开源软件，设计开发的省市级建筑能耗监测平台以及建筑智慧能源管理云服务平台，已应用于 10 多个省市，覆盖建筑 3 千多栋，支撑了城市建筑节能监管以及建筑用能精细化管理。

平台总体架构如图 2 所示，平台总体包含了以下几部分：

（1）数据集成：建筑能耗数据网关应用物联网技术采集电、水、气、室内环境等能耗相关数据，并按照规定的传输协议上传到平台；平台接收并通过分布式消息中间件缓存数据；

（2）数据存储：对数据进行分片并存储到分布式数据库；

（3）数据处理：基于大数据引擎对数据进行分布式计算，汇总统计 KPI 指标；

（4）数据分析：基于机器学习框架对数据进行算法分析处理：异常数据识别、数据修复、能耗预

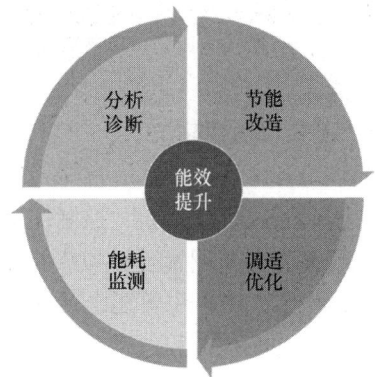

图 1　建筑能耗监测及调适
优化技术迭代流程

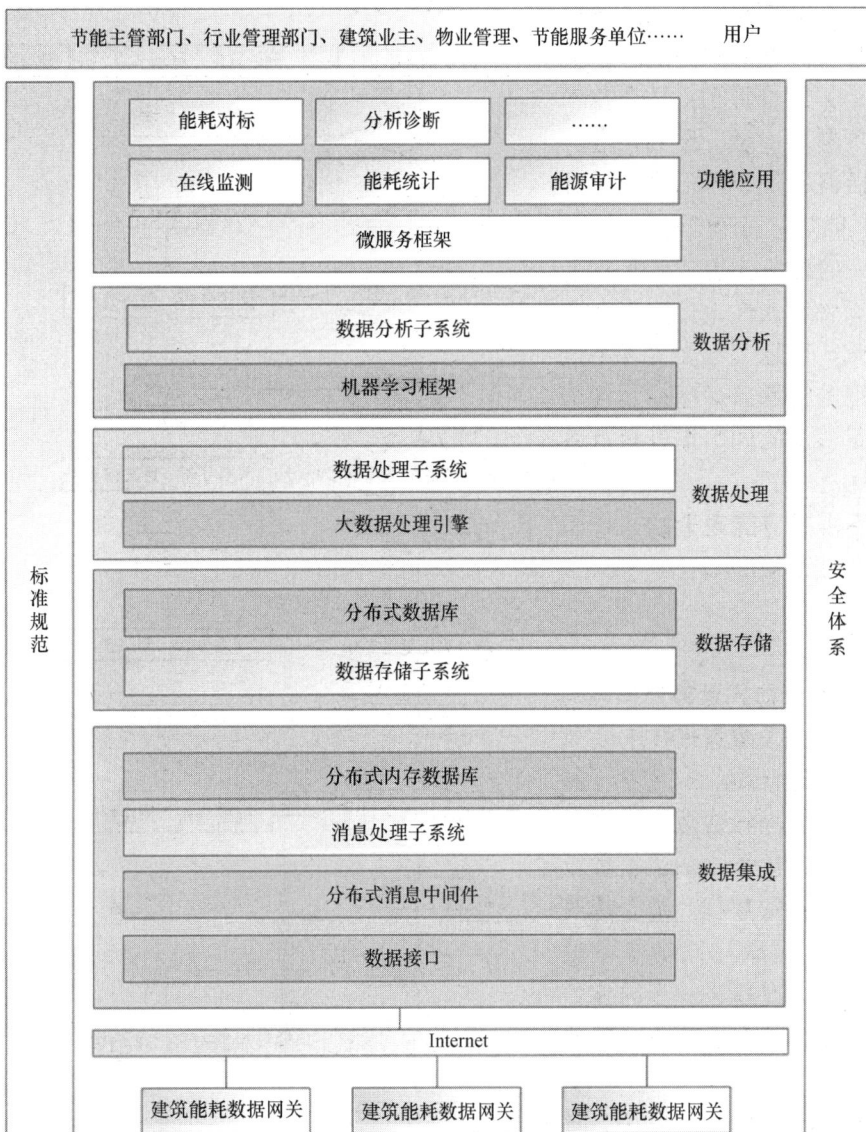

图 2　建筑能耗监测平台总体框架

测等；

（5）用能应用：基于微服务框架实现在线监测、能耗统计、能源审计、能耗对标、分析诊断等各种功能。

2.2 建筑调适优化技术

建筑调适优化技术通过深入挖掘机电系统现状，通过系统化分析存在的问题，建立全面解决方案。进而通过硬件更新、控制优化、整体调优等不断迭代解决问题。尤其是通过运行策略优化、设施状态改善、必要配置增加和节能改造、运行管理保障等，在保障用户舒适度的同时，对包括冷热源、照明、电梯、变配电等用能系统进行持续优化，提升系统运行能效，降低建筑能耗的综合节能服务。

技术的整体流程包括：（1）现场调研测试：对该机电系统进行全局调研和现场测试，包括其设计目标、运行现状、末端情况、控制策略、能效水平等。（2）技术分析：结合各类标准的能效要求、建筑自身需求满足程度和调研测试的结果，研究并制定一套完整的，包含硬件更换、系统调优、控制优化、运行优化等的综合解决方案。（3）具体实施：通过购买设备、安装施工、管路阀门调节、运行参数调整等措施，实现硬件系统的优化。通过安装控制系统探头、控制器、算法服务器等工作，实现控制的优化。通过精细化调节、末端精确调试等工作，实现运行优化。（4）综合评估：结合技术应用前后的各项参数，对工作成果进行综合评估，包括但不限于末端供给、舒适度、安全性、能效、资产增值等。

相比于单一的设备改造或者自控系统，本技术从硬件、软件、管控三个方面进行综合优化，可最大程度实现系统性提升，在应用本技术后，可在实现末端冷热供给满足要求的同时提升机电系统效率5%～30%。

其中针对不需要节能改造的机电系统调适优化流程如图3所示。

3 技术创新性

3.1 以机器学习和分布式运算为核心的建筑能耗大数据质量管理技术

建立了将KNN和k-means等多元算法联合应用到建筑能耗异常数据识别和数据修复的方法。通过k-means聚类算法剔除偏离群体的异常数据，结合建筑能耗使用周期特性，再通过KNN算法根据每栋建筑自身数据进行进一步异常数据识别和数据修复。该方法解决了一般数据驱动模型需要完整训练集与实际工程断点缺数的矛盾，且相较于SVM、神经网络等算法，其计算量小，在较高缺

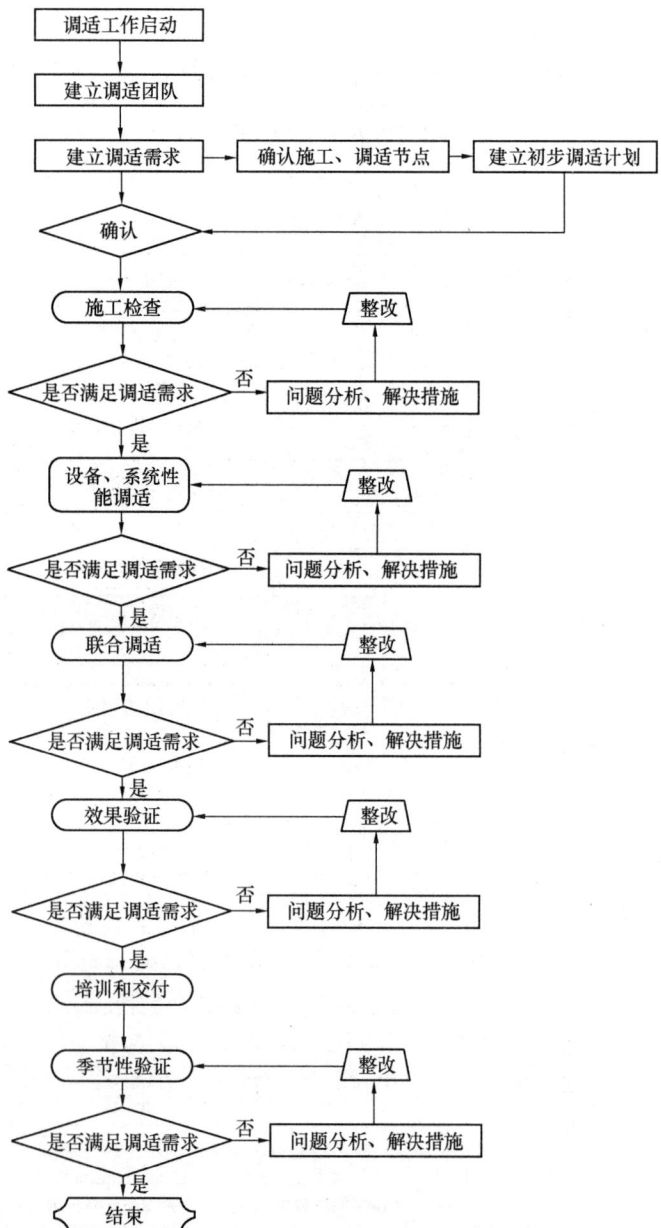

图3 调适优化流程

失率下仍有较高的准确度，即使当数据缺失率达到 50％时，经过填补后的当日总用电量与监测原始数据累计的当日总用电量误差可控制在 5％以内。

基于 Spark 分布式数据处理引擎和 Spark 机器学习库，应用多元综合能耗异常数据识别与修复技术算法，建立了分布式大数据分析平台，将算法分布到多台服务器进行并行计算，将 1700 多栋建筑的数据异常识别和修复时间从 176min 缩短到 8min，解决了海量数据分析计算效率问题。

3.2 基于建筑横向对比的用能在线诊断技术

从建筑运行问题出发，梳理了涵盖空调制冷系统、空调供暖系统、室内环境、变配电系统、照明系统、动力系统、通风系统 7 大类型、21 个用能问题和现象，通过建筑横向对比方式，应用监测数据，结合专业知识和经验，确定诊断指标、诊断对象和诊断方式；对历史数据进行时间序列分析，识别用能基本模式；根据监测数据，计算诊断指标，横向对比确定判断阈值；分析诊断结果，确定存在用能问题的设备或回路，给出合理运行建议。和传统人工测试诊断相比，本技术将专业知识、数据挖掘和分析技术相融合，通过建筑的横向对比，可及时、高频进行问题诊断，及时发现问题，节约人力、物力。

3.3 基于人工智能的空调系统全局寻优控制方法

本技术在常规机电系统控制的基础上，利用少量关键传感器和现有能耗监测系统的数据，通过采集受控系统的系统知识，设置合理的物理边界条件，在此基础上应用强化学习算法，根据输入参数对其运行结果进行评估预测，决策设定机电系统控制参数并执行，记录反馈的运行收益，学习和修正调控策略，最终实现全局寻优控制。

与常规机电系统控制方法相比，本技术可充分利用能耗监测系统运行大数据，应用强化学习算法代替固守不变的传统控制方法，实现系统的多设备的联合优化，可对系统和设备性能衰减等因素实现自适应，减少对传感器数量和精度的依赖并减少现场调试的工作量。

4 适用范围

本技术可应用于新建公共建筑和既有建筑的能效提升领域，对于新建建筑，通过能耗监测，分析诊断建筑运行管理过程中存在的问题，进而对建筑机电系统进行调适和控制策略优化，可提升机电系统运行效率，提高运行管理水平。对于既有建筑，针对机电系统设备老旧、运行不善、能耗较高等问题，通过能耗监测、实地调研、测试分析、硬件综合改造、设备综合优化、软件控制升级、运行调适提升等措施，实现建筑能效提升。

本技术在公共建筑、数据中心、工厂等领域具有高度适用性，通过硬件、软件、管控的多维融合，实现长期动态管控优化。

5 工程案例

2010 年，作为住房和城乡建设部建筑能耗监测示范城市项目，上海市启动了 200 栋大型公建的用能监测系统建设（一期）。截至 2021 年底，上海市累计共有 2143 栋公共建筑与能耗监测平台联网。自 2013 起，上海市连续 8 年向全社会发布《国家机关办公建筑和大型公共建筑能耗监测及分析报告》，受到行业主管部门、业内专家和单位的广泛关注和一致好评。2020 年疫情期间，通过平台监测数据，准确地反映了各行业的复工复产情况，发挥了能耗数据看经济的作用，从一个全新的角度体现了能耗数据的价值。作为推进本市建筑节能减排工作的重要载体，2020 年，平台入选"30 年来上海市节能重点领域十件大事"。

基于本技术，完成了建筑能耗监测系统架构设计和建设。在上海市建成包含 1 个建筑能耗监测市级平台、17 个建筑能耗监测区级分平台和 1 个市级机关办公建筑能耗分平台在内的建筑能耗监测系统架构，实现市级平台与区级分平台数据自动交换；此外，建立了上海市建筑能耗监测中心，位于徐汇区宛平南路 75 号建科大厦三楼，占用建筑面积 642m²，包括演示厅、会议室及数据中心等，接待了各级主管部门、国际组织、媒体上万人次来访。

本工程作为省市级建筑能耗监测平台，应用了物联网技术采集建筑能耗数据，应用大数据技术进行数据的存储和处理，应用人工智能技术进行数据质量管理和数据分析，应用数据可视化技术进行数据展示和应用。基于此，持续 9 年发布《公共建筑能耗监测及分析报告》，从政府管理、全市发展、区域管理、行业监督等方面进行分析，通过大数据挖掘，揭示上海市国家机关办公建筑和大型公共建筑年度能耗现状及建筑运行用能特征和规律。

该平台有力支撑上海市建筑节能改造，为全面的城市建筑能效提升提供了有效的示范。基于能耗监测数据，通过对相同类型建筑的能耗排序以及诊断分析，筛选出了各行业内高耗能建筑，推动上海市 400 万 m² 的住房和城乡建设部公共建筑节能改造重点城市示范项目建设，改造后单位建筑面积能耗下降 25%，年总节能量近 2 亿度电。在改造前后，均优先采用能耗监测数据作为项目节能量核算的依据。通过能耗监测平台，也推动了上海市超大型公共建筑（建筑面积超过 10 万 m²）节能降耗工作，完成了"十三五"期间超大型公共建筑能耗下降 5% 的目标。

该平台数据支撑上海市地方标准的制订，推动了行业技术进步。基于本技术上海市相继推出了机关办公建筑、星级饭店建筑、大型商业建筑、商务办公建筑、综合建筑、医疗卫生建筑、教育建筑等 10 类建筑的合理用能指南，推动了限额设计体系的建设，如上海市《居住建筑节能设计标准》《公共建筑节能设计标准》，并推动了节能验收、能效测评、能源审计、节能量审核等实施类标准制定。

6 结语展望

建筑能耗监测及调适优化技术通过安装能耗计量表具、采集能耗数据，并结合物联网、大数据和人工智能等新技术，实现建筑能耗在线监测和动态评价。通过系统性的测试诊断，分析问题并采取硬件更新、控制优化和整体调优等措施，不断提升建筑能效。

在"双碳"背景下，结合中长期应用趋势，本技术可从以下几方面进行进一步优化创新：

（1）升级建设上海市建筑碳排放智慧监管平台：加快升级建设上海市建筑碳排放智慧监管平台，聚焦建筑碳排放监测管理、能源与环境智能服务、可再生能源监测等核心功能，在原有基础上，扩大监测楼宇范围和监测内容，逐步纳入建筑用水、燃气、可再生能源等其他用能品种数据，探索对建筑光伏系统、充电桩等新兴供用能载体的分项计量安装实施及数据采集，同时，融合多系统数据资源，建立全景碳地图及相应系统，空间维度上实现从宏观到微观的建筑碳排放全方位监管，时间维度上实现涵盖各阶段的建筑全生命周期追踪，形成监测—对标—预警—审计—公示—改造—再监测的建筑节能闭环管理体系，推进建筑领域碳达峰、碳中和工作落实。

（2）进一步加强建筑节能监管和平台数据应用：深入挖掘能耗监测平台数据基础，研究建立各类公共建筑能耗对标、能耗限额指标及标准。积极探索多元化能源数据集成应用方案，进一步开展上海市能耗监测平台在智慧能源服务、需求侧响应服务等方面的应用技术研发。

（3）发挥平台效应，助推产业转型发展：发挥市级平台数据资源优势和平台作用，既立足于满足政府节能管理部门法定管理的需要，以科学准确、客观公正的建筑能耗数据，协助政府加强节能监管体系建设，又全方位服务于本市建筑节能产业链多个环节发展。

作者： 孙建平[1]　刘坚[1]　周红波[2]　张颖[2]　张改景[2]　陈勤平[2]　汪雨清[2]（1. 同济大学城市风险管理研究院；2. 上海建科集团股份有限公司）

光储直柔——新型建筑电力系统

Novel Power System of Buildings: Photovoltaics and Energy Storage Integrated Flexible Direct Current Distribution Systems

面向 2060 的碳中和未来，建筑需要从传统的单一的电力消费者，逐步融合可再生能源、新型储能系统以及包括 V2G 充电桩在内的新技术，发挥能源终端产出、消费及调蓄的关键作用，成为实现零碳新型电力系统的能源产销者，解决关于可再生能源带来的技术问题。在全社会低碳发展大战略下，"光储直柔"新型建筑电力系统为本地充分消纳可再生电力资源、实现可再生电力调蓄等方面辟出新径，成为破解零碳新型电力发展中所遇难题的有效工具。应用"光储直柔"新型建筑电力系统是在建筑能效提升的基础上进一步实现建筑减碳的重要工具，是实现建筑领域电能替代、使现有建筑变为电网友好型建筑的重要方法，是我国建筑领域达成"碳达峰碳中和"目标的重要技术手段。

1 技术背景

1.1 建筑运行阶段碳排放是重点领域

建筑领域是我国三大主要的碳排放领域之一，根据 2020 年《中国建筑能耗研究报告》显示，2018 年建筑全生命周期包含建材生产、施工建造、建筑运行及建筑拆除四个阶段，其总碳排放量占全国总量的 51.3% 左右（其中，建材生产阶段占约 28.3%，建筑运行阶段约占 21.9%）。与其他领域相比，建筑领域的碳排放量占比较大，且由于社会发展以及我国城市化进程的不断推进，建筑领域的碳排放仍存在巨大的潜力和空间。为进一步推动"30·60"目标，我国针对建筑领域出台了有关"光储直柔"建筑电力系统的一系列政策，旨在改善建筑运行阶段的碳排放，从而推动整体"双碳"目标的实现。

1.2 光储直柔新型建筑有助于实现"双碳"目标

2021 年国务院发布的《2030 年前碳达峰行动方案》明确提出，提高建筑终端电气化水平，建设集光伏发电、储能、直流配电、柔性用电于一体的"光储直柔"建筑。2022 年《智能光伏产业创新发展行动计划（2021—2025 年）》提出积极开展光伏发电、储能、直流配电、柔性用电于一体的"光储直柔"建筑建设示范。

2022 年 3 月，《"十四五"住房和城乡建设科技发展规划》提出开展高效智能光伏建筑一体化利用、"光储直柔"新型建筑电力系统建设、建筑—城市—电网能源交互技术研究与应用；2022 年 6 月，《科技支撑碳达峰碳中和实施方案（2022—2030 年）》提出，研究光储直柔供配电关键设备与柔性化技术，建立一批适用于分布式能源的"源—网—荷—储—数"综合虚拟电厂，建设规模化的光储直柔新型建筑供配电示范工程。

2022 年 6 月《城乡建设领域碳达峰实施方案》提出推动高效直流电器与设备应用，推动智能微电网、"光储直柔"、蓄冷蓄热、负荷灵活调节、虚拟电厂等技术应用，优先消纳可再生能源电力，主动参与电力需求侧响应。

我国光伏市场在过去十年里取得了飞速增长，国内制造商的技术水平不断提高，光伏电池和组件的成本不断下降，从而使太阳能能源可利用效率不断提高。"光储直柔"作为建筑电力系统，将推动建筑能源清洁化转型。以现有良好的光伏市场为基础，带动相关行业的发展，推动建筑电气直流产品市场化推广，以城市空间概念，通过建筑群形成大规模、分布式的储能系统，建立虚拟电厂，高比例接入并充分消纳本地可再生能源，进而实现区域建筑绿色低碳运行，最终实现建筑领域的"双碳"目标。

"光储直柔"建筑电力系统将为建筑需求侧带来节能与碳减排效益，节约百亿元规模的电费成本，减少千万吨规模的碳排放；推动建筑电力荷载柔性化，为火力发电的供给侧减约30%建筑用电带来的碳排放；将推动建筑电力系统产业升级，形成3万亿元的建筑电力系统改造市场；将推动建筑屋顶、基础设施等的光伏化改造升级，带来投资运营效益，预计未来的市场规模将在万亿元以上；将推动建筑光伏和移动蓄能，降低电动汽车的充电成本，客观上促进电动汽车的推广应用；与农村政府合作，通过投资打造农村离网"直流柔性"能源系统，可从农民用电和碳排放权交易两方面获得收益，其中每年能够创造不少于430亿元的碳排放权收入。

我国政府正在积极支持"光储直柔"建筑电力系统的研发和应用，这一技术在能源可持续性、碳排放减少和经济增长方面具有重要意义。通过制定政策法规、提供资金支持和推动创新，我国有望在可再生能源领域取得重大突破。

2 技术内容

2.1 光储直柔新型建筑电力系统

"光储直柔"这一概念最早是由江亿院士提出，"光"即建筑光伏，"储"是建筑内储能及利用邻近停车场电动汽车的电池资源，"直"指建筑内部采用直流供电，"柔"则是"光储直柔"的目的，即实现柔性用电，使其成为电网的柔性负载或虚拟灵活电源；"光储直柔"建筑电气系统的最终目标是使建筑用电系统由目前的刚性负载变为柔性负载，可以根据电力系统的供需关系随时调整用电功率，而不决定于当时系统内各用电设备的用电功率。

"光储直柔"建筑具备网源荷储等基本要素，是新型电力系统在建筑领域的新形态。对内：显著改善建筑供电性能、提高电源品质、降低能量损耗，促进建筑自身节能、提高建筑用电体验，提升建筑接入和消纳光伏能力，实现建筑由碳消耗主力向碳中和主力转变。对外：基于虚拟电厂运行优化策略，可最大限度聚合调动"光储直柔"建筑负荷的可调节能力，参与电网互动甚至提供电力辅助服务；可有效缓解负荷逐年增长压力，缩小电力负荷峰谷差，提升电网安全稳定水平，提高新能源消纳利用能力，促进电网从"源随荷动"向"源荷互动"。

2.2 光储直柔工程项目技术应用

2.2.1 关键技术

"光储直柔"建筑电力系统的关键核心技术包括：（1）柔性电力系统技术，即柔性电力系统采用智能电力管理系统，能够实现电力的高度可控性和精确分配；（2）高效太阳能光伏电池，这些光伏电池需要具有高效的能量转化率，以最大程度地利用太阳能；（3）高性能、高安全性能源储存系统，能源储存系统包括各种电池技术，如锂离子电池、钠硫电池和液流电池，需要具有高能量密度、高充放电效率、低事故率和长寿命；（4）电网集成技术，确保"光储直柔"系统能够与传统电网无缝集成，以实现电力的双向流动和分布式能源管理。

2.2.2 设计与施工

在设计和施工"光储直柔"建筑电力系统时，通常需要遵循以下方法。首先对选址和资源进行评估，选择适合太阳能光伏发电的地点，确保能够充分利用阳光资源。对太阳能光伏系统设计：设计光伏电池阵列，包括光伏面板、支架和电缆系统，应确保面板的布局和倾斜角度能够最大程度地利用太阳辐射；对能源储存系统安装与容量进行设计：选择适当的能源储存技术，并安装储能系统，包括电池、充电控制器和逆变器。同时，评估电力需求以确定储能系统容量；对柔性电力系统进行部署：安装柔性电力系统，包括智能电力管理系统和远程监控设备。确保电力系统能够实现高度的可控性和智能分配。最终进行系统联网：将"光储直柔"系统与电网连接，以实现电力的双向流动和集成。此外还应该包括性能监测和维护，确保太阳能光伏系统、能源储存系统和柔性电力系统的正常运行、延长系统寿命等。

"光储直柔"建筑电力系统在工程项目应用中，包括以下技术：

（1）直流配电系统拓扑结构优化技术。确定直流供配电和交流供配电混网模式的系统架构；电源端构成及各处电流变换设计，基于电气设备生态现状，设计能源分配核心，确定电压等级等关键内容，形成直流配电系统拓扑图。

（2）直流建筑的柔性控制技术。基于母线电压信号控制的分布式直流建筑柔性控制策略。根据可再生能源供给与需求关系，确定当前系统工作模式；根据工作模式调整母线电压等级，为后端电器、储能电池等柔性设备提供指令信号；最后，电器确定是否进入柔性工作模式，储能电池充放电提供功率补偿，使得母线总电力供给与需求最大程度匹配。

（3）"光储充"一体化柔性微网控制技术。利用分时电价机理，在配网电价峰谷时，尽可能地从电网吸收电能；在电网电价峰值时，多利用储能系统以及提高光伏系统的用电占比，满足用户的实时充电负荷需求。充分利用这一机理能有效地降低充电站购电成本，且又不影响电动汽车普通用户出行行为习惯。

2.2.3　关键验证结果

关于"光储直柔"建筑电力系统中各项技术的试验验证结果中，其试验与示范工程验证已经在多个地区由高校、研究院与企业推进，以评估其性能和可行性。以下是一些关键的验证结果：

（1）能源转换的高效性：试验结果表明，该技术能够将太阳能转化为电能的效率逐年提高，这得益于光伏电池技术的改进、能源储存系统的性能提升以及柔性资源的充分利用。这意味着更多的太阳能可以被利用并转化为电力，降低了能源浪费。

（2）电力供应的可持续性：试验验证显示，"光储直柔"能源系统能够提供连续的电力供应，即使在夜间或多云的天气条件下也能够提供电力。这对于提高电力可靠性至关重要。

（3）柔性电力系统性能：柔性电力系统的性能经过试验验证后，显示其在电力分配和智能电力管理方面具有高度的可调节性。该性能允许电网在面对各种电力需求的情况下进行精确的电力分配，提高了电网的供电质量。

（4）生态环境效应：使用"光储直柔"技术的试验验证结果表明，与传统燃煤或天然气发电相比，这种技术可以显著减少碳排放和环境影响，有助于减缓气候变化、阻止全球变暖。

2.3　小结

综上所述，"光储直柔"建筑电力系统代表了一种创新的能源解决方案，将太阳能光伏、能源储存和柔性电力系统融合在一起，以提供可持续、高效的电力供应。试验验证结果表明这一技术的潜力，并且其在能源转型中具有重要作用。设计和施工方法需要综合考虑光伏系统、储存系统和电力系统，以实现最佳性能。这一技术的核心技术包括：柔性电力系统、高效光伏电池、高性能与高安全性储存系统和电网集成技术。通过持续的研发和实践，我国"光储直柔"建筑电力系统有望在能源领域发挥重要作用，为可持续能源供应作出贡献。

3　技术指标

3.1　光储直柔关键技术指标

"光储直柔"新型建筑电力系统较传统光伏产出可再生电力、储能系统进行削峰填谷而言，该技术更大程度发挥建筑用能柔性，实现高比例可再生能源电力本地消纳，结合建筑群柔性资源空间，从需求侧响应出发，与电网进行良好互动，进行时空精准匹配，极大程度实现区域能源低碳化。该系统所包含的技术指标主要有光伏发电消纳率、柔性电力系统性能、光伏发电效率、能源储存效率、环境影响等，指标相关信息如下：

（1）光伏发电消纳率：发电消纳率是指太阳能光伏系统产生的电能被成功地纳入电网并被消耗的

比率。它反映了光伏系统的电能产生与实际用电之间的匹配程度。一个高发电消纳率表示系统产生的电能很大一部分能够被实际用电所消纳，高比例消纳率有助于提高系统的可持续性。可再生电力在本地被充分利用，可减少对传统化石燃料能源的需求，减少环境影响和碳排放。另外，发电消纳率的高低对于电网的稳定性至关重要，较低的消纳率可能导致电力过剩，需要电网进行进一步的调度和储存，而较高消纳率能够更好地匹配电力供应和需求，降低电网负担。

（2）柔性电力系统性能：柔性电力系统性能包括电力分配的精确性、系统的稳定性以及电网的可控性。这些指标对于确保系统的高效运行至关重要。柔性电力系统采用高度可控的电力分配，以满足不同地点和时间的需求。这有助于平衡电网，并提高电力供应的可靠性。

（3）光伏发电效率：指太阳能光伏电池将光能转化为电能的效率，这一关键指标影响着系统的整体性能。目前，得益于技术的不断发展，光伏电池的效率已得到了很大提升。传统的硅晶体太阳能电池已经实现了较高的效率，而新型薄膜太阳能电池以及多结构太阳能电池等新技术也正在不断涌现，有望进一步提高效率。

（4）能源储存效率：能源储存系统的效率是指将电能转化为储存状态并从中释放电能的过程中的损失。高效的能源储存系统可以最大限度地减少电能的损耗，从而提高系统的可持续性。随着锂离子电池等储能技术的不断改进，能源储存效率也在提高。

（5）环境影响：减少碳排放和其他环境影响也是关键技术指标之一。与传统燃煤或天然气发电相比，太阳能光伏发电系统和能源储存系统可以大幅降低碳排放。这对应对气候变化和减轻环境负担至关重要。

3.2 光储直柔技术验证方法

在应用"光储直柔"建筑电力系统时，需要采用一系列检验方法来确保系统正常运行并满足预期性能。以下是一些应用过程中的检验方法：

（1）光伏系统性能监测：定期监测太阳能光伏系统的效率和性能。这包括监测光伏电池的输出功率、光伏阵列的倾斜角度和定期检查光伏组件的清洁度。监测还可以包括使用气象站数据来优化系统的性能。

（2）储能系统性能检测：储能系统的性能检测涉及对电池充电和放电过程的监测，以确保储能系统能够有效地储存和释放电能。这包括监测电池的电荷状态和电压等参数。

（3）柔性电力系统监控：监测柔性电力系统的性能，包括电力分配和管理。通过实时监测电力需求和电力产量，系统可以实现高度可控的电力供配，以适应不同地点和时间的需求。

（4）环境影响评估：在应用过程中，需要定期评估系统的环境影响。这可以包括监测系统的碳排放和其他环境效应，以确保技术的可持续性。

3.3 光储直柔技术优势

"光储直柔"建筑电力系统所采用的各项技术在与同类技术的比较中展现出明显的优势：

（1）具备连续电力供应：与传统太阳能光伏系统相比，"光储直柔"建筑电力系统具有能够提供连续电力供应的明显优势。太阳能光伏系统通常受到日照和天气条件的影响，但能源储存系统的存在使得系统能够在日间充电并在夜间或阴天释放电能，从而保障电力供应的连续性。

（2）可进行能源灵活储存：能源储存系统是"光储直柔"建筑电力系统的关键特点之一。与传统建筑电力系统，配有储能的光储直柔系统允许多余的电能在生产时被储存，以供之后使用。同时，储能系统可在需求侧可实现削峰填谷，进一步减少了建筑的用能开支的同时减少了电网的扩容压力。

（3）可提供柔性供配：柔性电力系统的存在为系统提供了高度可控的电力供配。这有助于平衡电网，以满足不同地点和时间的需求。与传统电力系统相比，柔性电力系统具有更高的智能性。

（4）具有良好的环保性：通过减少碳排放和其他环境影响，"光储直柔"建筑电力系统有助于应对气候变化和减轻环境负担。与传统燃煤或天然气发电相比，太阳能光伏发电系统和能源储存系统产生的电力更为环保。

（5）可观的经济与安全效益：通过提高电力供应的可靠性、减少电力浪费和降低电网维护成本，"光储直柔"建筑电力系统在经济上具有竞争优势，同时其在地区电网的需求响应方面也将发挥重要作用，提升电网的电力安全。

4 适用范围

"光储直柔"建筑电力系统适用于多种环境特点，这使其成为一个非常灵活的能源解决方案，包括但不限于以下所列情况：

（1）阳光充足的地区：这项技术最适合在阳光充足的地区应用，因为太阳能光伏系统依赖于光照来产生电能。地区的日照时间和强度是决定系统性能的关键因素。

（2）分散式电力需求："光储直柔"建筑电力系统适用于有分散式电力需求的环境。这可以包括住宅、商业建筑、工业设施、农村地区和远离电网的地区。

（3）需求侧管理需求：在需要电力供应的地方，特别是需要可持续能源供应的地方，这项技术的应用将是一个有吸引力的选择。这可以包括用电高峰期的需求侧管理，以减轻电网的压力。

（4）电力短缺地区：在电力供应不稳定或不足的地区，太阳能光伏系统和储能系统可以提供额外的电力供应，增加电网的可靠性。

"光储直柔"建筑电力系统的应用特点包括：

（1）可再生能源整合：该技术将太阳能光伏与能源储存系统相结合，以充分利用可再生能源并实现电力供应的可持续性。

（2）电网的灵活性：柔性电力系统使电网更加灵活，有助于电网的可控性和负荷管理。这有助于提高电网的质量和韧性。

（3）智能电力管理：技术的智能电力管理系统可以实现电力的精确供配，根据需求实时调整电力供应，从而提高电力的利用效率。

（4）能源自主性：通过安装太阳能光伏和能源储存系统，建筑物的电力供应可以更加自主，减少对传统电网的依赖。

"光储直柔"建筑电力系统较传统的建筑技术有了较大的突破，目前也获得了行业内的认可并成功进行了示范项目建设。但仍然存在一些问题和挑战：

（1）工程应用成本较高：安装太阳能光伏和能源储存系统的初始成本相对较高，相关建筑直流产品市场刚刚萌芽，普及率不高且产业链不成熟导致产品价格过高；给业主带来一定的经济负担。尽管成本逐渐下降，但需要更多的财政支持和激励政策以促进该技术的推广与应用。

（2）缺乏行业技术标准：行业需要制定一致的技术标准，以确保系统的互操作性和性能。这有助于提高系统的可靠性和可维护性。目前相关技术的设计、安装及运行等技术标准仍是行业内的重点任务，相关企业与机构已稳步推进中。

（3）运维成本及技术要求较高：如能源储存系统中的电池寿命是一个关键问题。电池的持续性能和寿命可能受到充放电循环和环境因素的影响，相关技术规程与操作运维需要一定的技术经验，确保系统的稳定高效运行。

（4）源网两侧互动存在一定的难度：为了实现最佳效果，技术需要与传统电网进行短时高频互联。在技术难点突破后，仍需要相关政策、法规和标准的协调。

5 工程案例

5.1 中建绿色产业园综合办公楼光储直柔示范

中建绿色产业园综合办公楼建筑高度约 17m，地上 5 层，总建筑面积约 9623.64m² 。"光储直柔"

系统竣工于2021年8月，至今已运行将近两年。项目"光储直柔"系统与市政电网连接，其中直流照明为保障负荷，需时刻保证用户照明需求，电动汽车充电和直流负荷则根据系统电力负载状态进行负荷功率调节（图1、图2）。

图1　中建绿色产业园综合办公楼项目实景图

| (a) | (b) | (c) |

图2　直流用电场景实景图
(a) 直流照明；(b) 直流空调；(c) 直流充电桩

该项目利用直流柔性配电技术，实现绿电消纳；应用了丰富的电压等级，采用更先进的人居环境柔性用电技术，降低因电网峰谷和能源损耗造成的无效碳排放；同时配备自主研发的自律式柔性直流充电桩，有效消纳光伏能量，对电动车进行群控有序充放电，消纳新能源电力；应用自主研发的人体舒适度需求响应控制，提高柔性工况下的室内舒适度应用自主研发的能源与碳排放管理平台。

目前建筑"光储直柔"系统已正常运行将近两年，满足设计工况范围，光伏、储能、充电桩以及直流电器等均按照设计要求运行，系统整体运行按照预期的控制策略和控制目标运行，运行数据也已进行了相关验证。按照预设直流柔性调节策略进行调控，系统母线电压和电流均满足电能质量要求，对系统的相关电气安全保护和设备保护也进行了调试验证，可以正常运行。

项目在2021年12月～2022年11月期间项目总用电量为18.3844万kWh；其中电网供电量为13.6649万kWh，占总用电需求的74.33%；光伏供电量4.7195万kWh，占总用电需求的25.67%。结合直流配电系统、储能系统和柔性控制策略的调控，使得光伏消纳率达到了92.98%。

5.2　芮城庄上村光储直柔系统项目

庄上村位于山西省芮城县黄河北岸的庄上村，是首个将光储直柔系统在农村落地的示范项目。项目屋顶光伏总装机容量2MW，储能600kWh，建设户级和村级二级光储直柔系统。项目目前已经覆盖了庄上村71户村民，利用村民房屋屋顶安装光伏发电系统，并在村内改造建设直流微电网，同步配套建设储能系统，形成"屋顶光伏＋储能＋直流配电＋柔性用电"的柔性直流微电网系统，并结合"煤改电"等工程，为村民实现了光储直柔＋清洁取暖、村民生活全面电气化、田间农具电气化、全电食堂，为零碳农村的实现进行了可行的探索（图3）。

图3　芮城庄上村项目实景图

庄上村的示范工程光伏所发电量优先用于供应村民使用，剩余电量送到村级光储直柔系统，系统设计支持村内各户之间互济以及与电网的能量交互。本示范项目实现了分布式光伏的高效消纳，提升发电用电的能效和台区间功率互济的能力；解决了分布式光伏给电网带来的部分扩容压力、三相不平衡、谐波、电压波动及闪变等问题；解决了光伏发电和百姓用电的随机波动性问题，实现了对电网的柔性友好接入，以及可观、可测、可控。本示范项目采用"光储直柔"建筑电力系统对光伏发电进行传输消纳。

庄上村示范项目可实现总发电量240万kWh/年，项目运行至今，已减少800多吨标煤使用，减排二氧化碳2000余吨。项目还带动农民增收及村集体经济收入（户均增收1200元以上），增加GDP和财政收入，实现每年发电收益约100万元/年（税收约10万元），提升地方经济水平。当纳入碳交易后，项目将新增额外的碳指标收入（目前国内价约12.6万、国际价约88.2万元）。另外，农村光储直柔系统的实施还减少了农村电网升级改造投资以及"煤改电""煤改气"等取暖工程的投资支出。庄上村投建的"户—村"光储直柔示范项目实现了明显的经济效益和社会效益，为光储直柔在农村的广泛应用提供了实践基础。

5.3　深圳建科院未来大厦光储直柔建筑

在"光储直柔"建筑电力系统支撑下，深圳建科院未来大厦（图4）配置了光伏发电系统、锂电池储能系统和直流电环境。白天阳光充裕时，光伏自发自用，余电自动储存；夜间通过储能系统对大楼进行供电，有利于促进建筑领域可再生资源的利用和消纳，降低用电成本。例如，大厦里的空调在电压较低时降低运行功率，具有储能功能的充电桩在用电低谷期充电，高峰期向大厦反向送电，促进削峰填谷。相比于同样功能的面积的建筑，它从电网获取的电量减少三分之一以上。未来大厦光储直

图 4　深圳建科院未来大厦项目实景图

柔系统采用直流 375V 和 48V 两种电压等级，前者适用于充电桩、空调等大功率用电，后者用于照明、电脑等小功率电器。

未来大厦光储直柔系统已经稳定运行了近三年时间。在 2020 年 10 月 1 日～2021 年 9 月 30 日完整一年的数据分析，未来大厦单位建筑面积电耗指标下降至 48.27kWh/(m² · a)，与深圳商业办公建筑能耗平均值相比，本项目的单位面积年碳排放减少 29.50kg，总碳排放减少 1854.26t 碳排放，减碳效果明显。本项目也作为第一批民用建筑接入到深圳市虚拟电厂平台，在与南方电网联合测试中响应削峰比例达到了 51.6%。光伏自给率（光伏发电供建筑使用的电量占净用电量的比例）为 28%，光伏自用率（光伏发电供建筑使用的电量占光伏发电量的比例）为 100%。作为典型城市办公建筑，未来大厦的建筑分布式光伏可实现完全消纳，成为"只进不出"的光储直柔系统。

如在深圳市每年 350～400 万 m² 新建建筑中应用"光储直柔"建筑电力系统，"十四五"期间直接碳减排量将达到 10 万 t/年，相当于 4 万亩森林的碳汇量，并且可形成 120 万 kW 的可调节能力，辅助电网更好地消纳可再生能源。

6　结语展望

"光储直柔"建筑电力系统代表了一种创新的能源解决方案，融合了太阳能光伏发电、能源储存和柔性电力系统。这项技术具有众多优势，包括提供可持续的电力供应、减少碳排放、提高电网的可靠性和灵活性。通过将太阳能发电与能源储存系统相结合，并采用智能电力管理系统，实现了电力供应的高度可控和精确供配，这项技术也是我国建筑领域"双碳"目标中的重要抓手。"光储直柔"建筑电力系统同时也存在一些挑战，包括高成本、技术标准、电池寿命、电网互联和环境影响。随着技术的发展与突破，"光储直柔"建筑电力系统将发挥更好的应用价值。

"光储直柔"建筑电力系统的发展可以从以下几个方面进行：

（1）成本降低：技术的成本将继续降低，使其更具竞争力。这可以通过提高光伏电池的效率、减少能源储存系统的成本、降低材料成本以及提高生产效率来实现。此外，政府激励政策和补贴也将对成本降低产生积极影响。

（2）技术创新：新的太阳能光伏技术和能源储存技术将不断涌现，提高系统的效率和性能。例如，新型太阳能电池材料、高容量储能系统和更智能的电力管理系统将推动技术的不断创新。

（3）可持续生产和回收：为减少环境影响，技术的生产和电池等组件的回收将越来越受重视。可持续生产和回收政策将有助于降低环境足迹，提高技术的可持续性。

（4）智能电力管理：技术的发展将强调智能电力管理系统的重要性。这些系统将进一步提高电力供应的可控性和精确供配，帮助用户更有效地管理电力需求。

（5）电网集成：技术的未来发展将强调与传统电网的无缝集成。这包括制定标准和政策以确保技术与电网相互协调，以实现电力的双向流动和分布式能源管理。

在未来，"光储直柔"建筑电力系统的发展趋势将受到以下因素的影响：

（1）政策支持：政府的政策支持将在技术的发展中起着至关重要的作用。通过激励政策、减税政策和可再生能源标准等措施，政府可以鼓励技术的广泛应用。

（2）市场需求：市场对可持续能源解决方案的需求将继续推动技术的发展。随着环保意识的增强和能源成本的上升，技术将在住宅、商业和工业市场上迎来更多的机会。

（3）能源转型：能源转型是全球范围内的重要趋势。太阳能光伏和能源储存技术将在能源转型中发挥关键作用，推动电力系统向更可持续的方向发展。

（4）全球合作：技术的研发和应用需要全球范围内的合作。各国之间的合作将促进技术的共享和互动，以加速技术的发展和普及。

（5）技术标准：制定一致的技术标准将有助于技术的发展。这可以确保系统的互操作性和性能，并帮助技术更容易地融入电网。

总之，"光储直柔"建筑电力系统代表了一个具有广泛应用前景的可再生能源解决方案，具有重要的经济、环保和社会影响。未来，技术的发展将集中在成本降低、技术创新、可持续生产和回收、智能电力管理和电网集成等方面。技术的成功发展需要政府、产业界和科研机构的协同努力，以满足能源需求、减少碳排放并促进可持续发展。

作者：李丛笑　齐贺（中建科技集团有限公司）

乌梁素海流域山水林田湖草沙一体化保护与系统治理关键技术

Key Technologies for Holistic Conservation and Systematic Management of Mountains, Rivers, Forests, Fields, Lakes, Grasslands and Deserts in the Wuliangsuhai Basin

1 技术背景

1.1 政策背景

生态兴则文明兴，生态衰则文明衰。生态环境是人类生存最为基础的条件，是我国持续发展最为重要的基础。保护生态环境就是保护生产力，改善生态环境就是发展生产力。党的十八大以来，以习近平同志为核心的党中央，从中华民族永续发展的战略高度出发，把生态文明建设纳入"五位一体"总体布局，把生态保护修复作为建设生态文明和美丽中国的重要任务。

自2016年10月财政部、国土资源部、环境保护部联合印发《关于推进山水林田湖生态保护修复工作的通知》以来，国家部署实施了51个山水林田湖草沙一体化保护和修复工程，统筹各类生态要素，以流域为主要单元，实施系统治理、综合治理、源头治理，累计完成治理面积8000万亩。各省市在工程的资金管理办法、项目管理办法、修复模式、治理技术、体制机制等方面都在不断地探索创新。

在2019年3月，习近平总书记针对乌梁素海流域作出指示批示："乌梁素海是黄河流域最大的湖泊湿地""治理'一湖两海'要对症下药，切实抓好落实"。2023年6月，习近平总书记在巴彦淖尔市主持召开加强荒漠化综合防治和推进"三北"等重点生态工程建设座谈会，了解当地坚持山水林田湖草沙一体化保护和系统治理、促进生态环境恢复等情况，察看乌梁素海自然风貌和周边生态环境，强调治理好乌梁素海流域，对于保障我国北方生态安全具有十分重要的意义。

1.2 流域概况

自20世纪90年代以来，乌梁素海接纳了河套灌区90％以上的农田灌溉退水、生活污水和工业废水，水质日益恶化，生态功能逐步退化，同时乌兰布和荒漠化进程持续扩大，沙区现有沙化土地面积256.6万亩，侵蚀巴彦淖尔市和周边盟市近100km²的土地。其次，由于流域矿山的过度开采活动，导致乌拉山等山脉遗留了大量露天废弃采坑，地表植被遭到严重破坏，成为全区水土流失最严重的地区，导致每年约5000万m³的洪水，伴随着大量的沙、砾石和腐殖质，随洪水冲入并淤积到了乌梁素海流域，对乌梁素海流域的生态安全构成了严重威胁。此外，乌梁素海流域草原荒漠化、沙化、贫瘠化问题突出，涉及面积达到1951万亩，草原植物种类锐减，植被覆盖度和稳定性下降，导致多年来草原的水源涵养作用和阻隔入湖污染物的屏障作用逐年下降，进一步加剧湖体污染。

以上因素产生叠加效应，导致乌梁素海流域陷入了生态环境质量下降的恶性循环，而过去的植树造林等工程往往只针对单一要素进行生态治理，而忽略了"治田必先治水，治水关键在治山，治山首先要兴林"这一内在关系。

2 技术内容

乌梁素海流域山水林田湖草生态保护修复试点工程坚持"保护优先、系统治理"的原则，从"上溯下延，系统规划"出发，围绕"修山—保水—扩林—护草—调田—治湖—固沙"治理路径开展一体化保护与系统治理，打破条块分割的治理模式，有效克服生态修复碎片化问题，创新形成了乌梁素海流域山水林田湖草沙一体化保护与系统治理关键技术，该项目从过去单纯的"治湖泊"转变为系统的"治流域"，可为同类项目提供全过程的技术借鉴。

2.1　山水林田湖草沙一体化设计

打破以往条块分割的治理模式，调整"头痛医头，脚痛医脚"的治理思路，统筹推进山水林田湖草沙整体保护、系统修复，按照"一中心、二重点、六要素、七工程"组织实施乌梁素海流域山水林田湖草生态保护修复试点工程。

因地制宜，多种造林方式相结合开展林业生态修复工程；节水优先，科学调配，以水定绿，科学绿化，辅助滴灌技术开展沙漠综合治理，最大限度地保护生态环境，保障黄河水生态安全。

2.2　大面域生态修复工程施工技术

2.2.1　矿山废弃地客土坡面水土流失防治与植被恢复技术

（1）构建了矿山客土坡面水土流失风险评估系统

针对客土坡面土壤结构松散，抗侵蚀能力差，极易受到微地形等多种因素影响的问题，通过立地调查，采用坡面径流冲刷试验，设置不同坡长、坡度、植被分布和土壤结皮状况（图1），构建了矿山客土坡面水土流失风险评价系统（图2），探明了矿山废弃地客土坡面水土流失主要影响因素的作用过程和机理，解决了针对客土坡面水土流失风险预测的技术难题，填补了矿山废弃地客土坡面水土流失风险评估方法的空白，可为客土坡面水土流失防治工程措施布设提供方法支撑，最终确保坡面植被恢复效果。

图1　水土流失影响因素研究

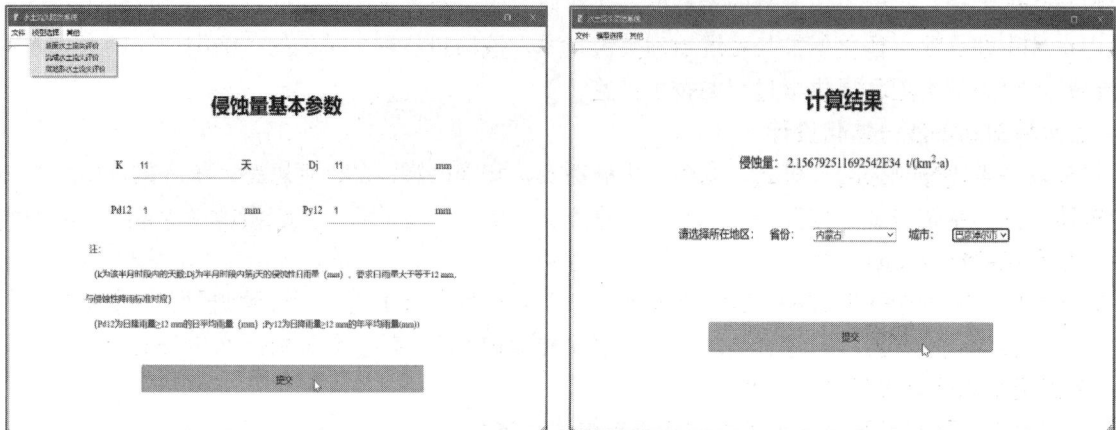

图 2　水土流失风险评估系统

（2）研制了投入低、水保能力高、可降解的水土保持桩

针对矿山废弃地客土坡面覆土后多不采取任何水土保持措施，在经历典型强降雨过程后，坡面中上部客土流失严重，中下部形成大量侵蚀沟，进而影响植被恢复的问题，通过对比分析不同水土保持措施的减流减沙效益（图 3），研发了水土保持桩（图 4），由杂草、秸秆、树叶、海藻、碎木等物质经粉碎后加胶压制而成，一端呈箭头状，按 X 形布设（图 5），防止了降水汇流对边坡的冲刷破坏，提升了客土坡面的水保能力，降低了原材料成本，实现了水土保持措施原地降解。

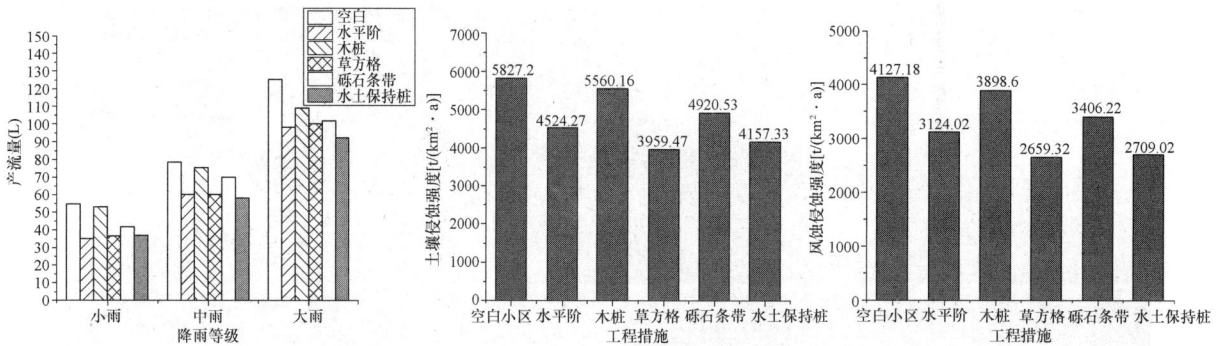

图 3　不同水土保持措施对土壤侵蚀的影响

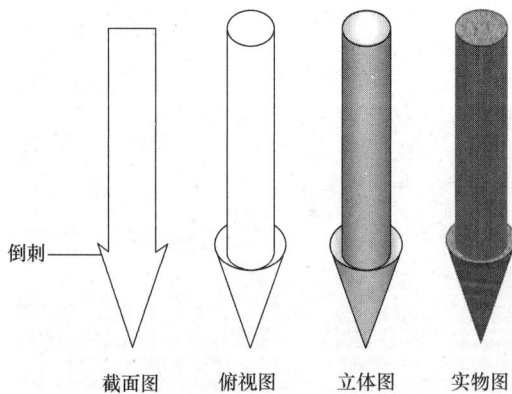

图 4　水土保持桩

图 5　水土保持桩及布设图

（3）研发了植被配置与促萌定植技术

针对研究区飞播的种子易被风力、水力搬运和动物摄食，萌发率和存活率低等问题，基于乡土植物分布及自然地理环境调查，提出了适宜灌草物种的按微地形配置方法，提高了物种多样性和生态恢复效果。研发了保水、供肥、防冲刷、防摄食的促萌定植技术体系，实现了矿山废弃地客土坡面植被的快速建植。

1）研发黏附植物种子和抗旱促萌配方的水土保持桩

将种子按比例预先掺混后充填入胶囊壳，结合保水剂、有机肥、抗剪条和赤霉素，黏附在可降解水土保持桩上，研发了黏附植物种子和抗旱促萌配方的水土保持桩（图6）。该技术一次性完成植被生长起来前的水土保持，按比例播种、施肥、保墒以及植被生长起来后拆除水土保持桩（通过其自然降解完成）等一系列工作，简化了坡地水土保持工作流程；此外，通过近自然胶囊种子配置，提高了植物群落物种多样性、群落物种均匀度和群落稳定性；有机肥逐渐释放到土壤中后，使植物生长起来后便自动形成了植物篱，保障了水土保持效果；通过添加赤霉素，促进了植物的营养生长与快速建植。

图6　黏附植物种子和抗旱促萌配方的水土保持桩应用效果

2）研发促进种子快速萌发的丸化种粒技术

该技术通过将先锋种子丸粒化（图7），并在种衣剂中掺杂促进种子的根生长并抑制种子的芽生长的植物生长调节剂，克服了该区域种子萌发后因根生长过慢而在裸地上干死的问题（图8）；通过在种衣剂中掺杂保水剂，延长了种子萌发后干死的时间，种子萌发后根的生长；通过密度较大的磷矿粉和密度较小的有机肥来使丸化种粒密度不均，从而使其物理上的重心偏移其几何重心，简化了生产过程。

图7　丸粒化种子及发芽试验

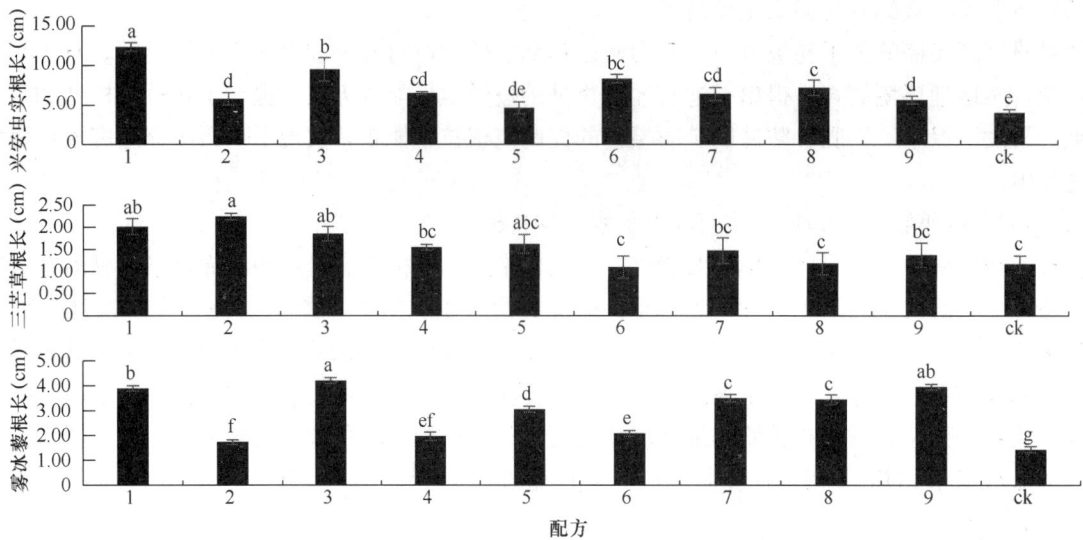

图 8　不同处理下包衣种子最终胚根长度

3）研发复合种子胶囊技术

该技术通过将种子按比例预先掺混后充填入胶囊壳，形成了具有很高的多样性、丰富性及均匀度的植被（图 9）。通过赤霉素调节种子萌发，改善了其萌发时的多项正面的生化指标，调整了根和芽的生长速率（图 10），避免出现植株很高但根系未触及土壤深处的问题，从而明显提升了植株抗旱性；包衣剂中的有机肥，改善了植株周围的土壤并促进植株生长；胶囊种子无需现场按比例掺混，减少了现场播种的工作流程。

图 9　胶囊种子制作和播种

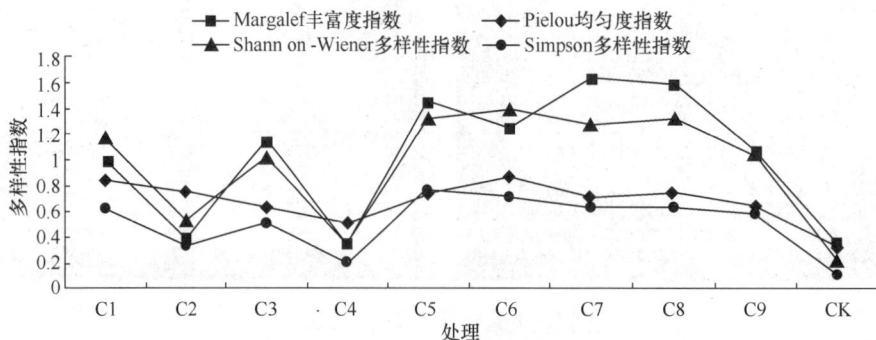

图 10　胶囊种子的植被生长情况

2.2.2 沙漠风沙灾害综合治理技术

（1）研制了自动化机械压草覆沙机械

针对人工压沙覆草存在的效率低、成本高的问题，基于工程实际工况，综合考虑施工成本、工期、质量等因素，创新研制机械化压草覆沙技术，解决了沙丘整体坡度小于等于30°的大面积荒漠化治理工程中的草方格铺设施工难题。该技术高效、高质、环保，工效可达到人工压草方格的50倍（图11～图14）。

图11 机械平沙

图12 机械照片

图13 自动化布设沙障

图14 沙障布设效果图

（2）研制了梭梭＋肉苁蓉机械化同步种植机

针对目前梭梭人工栽植面临的劳动强度大、施工难度大、不能有效保证工期和质量等问题，综合考虑施工成本、工期、质量等因素，创新研发了肉苁蓉种植设备和沙生灌木植苗机，实现了机械化栽植。后将二者融合，形成梭梭＋肉苁蓉同步种植一体机，变两次操作为一次操作，实现了种植与接种同步完成施工，缩短了肉苁蓉从投入到产出的时间（图15）。

2.2.3 西北地区林草修复与精准化管理技术研究

（1）改良了精准化无人机飞播系统

针对人工种植存在的费时费力、效率较低、成本较高等问题，改良了无人机的测风组件、喷射组件和调节组件进行，形成了精准化无人机飞播技术，降低了风速对种子飞播的影响，提高了飞机播种准确率，实现了大面域飞播造林（图16）。

（2）研发了精准化水肥一体化自动灌溉系统

鉴于目前国内外在该领域的研究都属于起步阶段，系统性和深度都不足，研发了精准化水肥一体化自动灌溉系统，该系统功能强大，操作简单，降低了劳动强度，提高了大面积造林工程苗木灌溉管

图 15　同步种植应用

图 16　无人机飞播

理的精准化、自动化管理水平，达到了节水、节肥、省工、高效的效果（图17）。

图17　项目铺设的自动灌溉系统

（3）提出了一种人工幼龄林单木成活率估测方法

　　针对本工程生态修复植树造林范围大，人力调查效率低，监测管理成本高等问题，依据幼龄木的生长状况，提出了单木识别—人工幼龄林成活率计算—冠层植被指数提取—幼龄林精度验证一体化的语义分割算法技术（图18、图19），融合了无人机高分辨率多光谱影像与植被指数，改进了Mobile-NetV3-YOLOv4。ResNet50-YOLOv4深度学习目标检测算法，实现了生态修复模式下人工林早期治理防护的准确性和高效性。

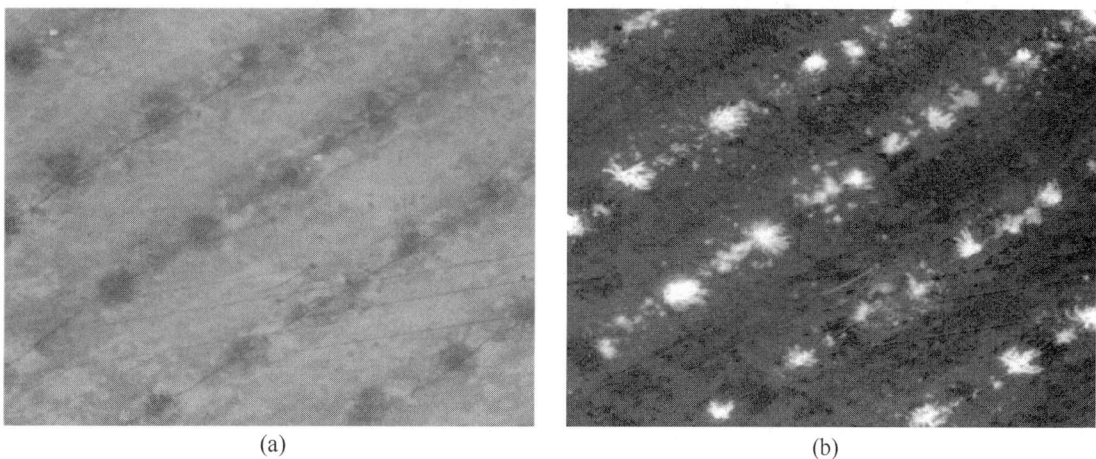

(a)　　　　　　　　　　　　　　　　　　　(b)

图18　对比试验结果

（a）RGB三波段图像；（b）单波段植被指数

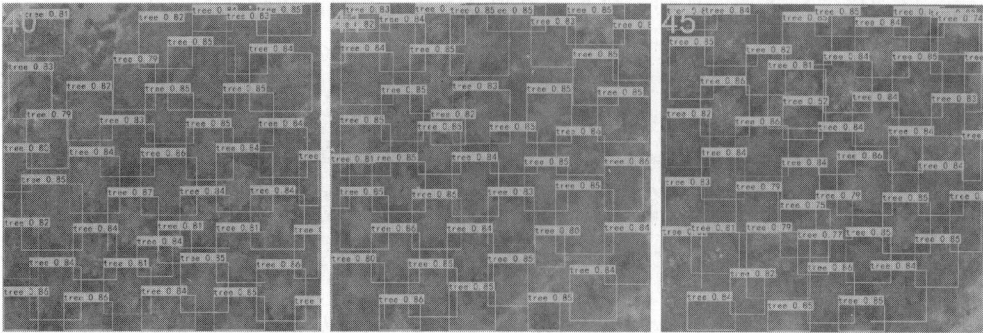

图 19 算法测试结果

2.2.4 实现了利用生物技术对盐碱地的改良

为解决研究区盐碱程度高、植被生长难的问题，通过多样性调查（图 20）、培育和种植耐盐植物枸杞（图 21）和菊芋（图 22），增强其抗盐碱性，探明了盐碱胁迫与植被生长的响应机理，减轻了盐碱地对农作物造成的伤害，改善了盐碱地土壤理化性质，提高了土地生产力，实现了盐碱地的有效改良。

图 20 植物多样性调查

图 21 试验枸杞   图 22 试验菊芋

2.3 生态修复效果评价创新

2.3.1 研发了融合空天地多源遥感的生态环境监测和修复效果评价技术

为解决西北干旱荒漠典型区长时序生态脆弱性评价时数据获取难、方法复杂等难题，选取高程、地形起伏度、景观干扰度、年均降雨量、大气温度、地表温度、地表湿度、地表干度、人口密度、植被覆盖度、经济密度等指标，构建了生态"敏感—恢复—压力"评估体系，实现了利用长时序遥感影像结合地理云平台和时间序列分析方法对乌梁素海流域地区的生态脆弱性的综合评价，填补了乌梁素海流域长时序生态脆弱性研究的空白，也为同类型流域的生态综合治理工程提供了理论依据和技术支持。

（1）提出了融合多源遥感数据的大尺度长时序生态环境质量时空变化评价方法

针对乌梁素海流域湖区面积急剧减少、生态功能严重退化等生态问题，基于长时序 MODIS 数据，构建了集绿度、热度、湿度、干度指标于一体的遥感生态环境状况指数 RSEI，利用气象数据、夜间灯光数据（CNLI）、土地利用数据，运用线性回归、Hurst 指数和残差分析法，构建了"生态环境指数—时空变化评价—驱动因素分析"三个维度的生态环境质量评价体系，明确了该地区生态环境质量的时空变化趋势，探明了生态环境质量变化的自然因素和人为因素的影响机理，满足了区域流域生态质量快速评估的需求，提供了乌梁素海流域地区制定生态保护修复政策的科学依据。

（2）构建了基于多模态立体遥感观测的矿山、林草、沙（荒）漠和盐碱地区域生态修复效果综合评价模型

针对传统生态效果评估过程中存在的数据获取难、量化评价效果复杂等问题，基于多模态立体遥感观测数据，构建了矿山、沙漠、林草、盐碱地等生态修复效果综合评价指标体系，实现了遥感技术辅助下的大尺度修复效果评估（图23），发布了一系列技术标准，弥补了该领域标准的空白。该技术体系成熟度高、迁移性强，节省大量人力、物力，适用于大部分类型的生态修复工程效果评估。

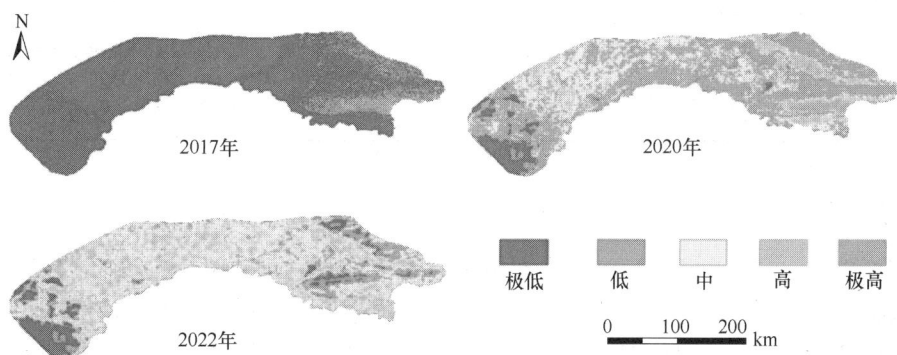

图 23　乌梁素海流域地区生态状况综合评价空间分布图

2.3.2　立体遥感技术下的林草碳汇测算技术

林草碳汇计算计量监测平台针对单木碳汇量精准测算中，使用传统人工测量费时费力，以及现代遥感技术在高密度林分中单木分割精度低等问题导致的反演精度低的问题，提出兼顾林木生长结构和光照等环境的融合无人机高光谱和 LiDAR 三维点云数据的单木树冠分层分割方法，实现了高郁闭度多树种人工林单木精准、高效分割，为森林碳汇精准计量提供重要的数据支撑；此外，创新了基于倾斜摄影色彩信息、纹理信息、LiDAR 点云结构信息的单木碳储量及碳汇量测算技术，并自主研发了林草碳汇计量监测平台，实现了多树种、草本植物碳汇的实时、自动化测算。

3　技术指标

乌梁素海流域山水林田湖草沙一体化保护和系统治理关键技术，授权发明专利 11 项，授权实用新型 13 项，发布标准 7 项，发表论文 26 篇，发布工法 6 篇，登记软著 6 项，出版专著 2 部，成果经鉴定整体达到国际先进水平（表1），其中水土保持桩等 3 项自主研发的技术达到国际领先水平。成功应用于乌梁素海流域山水林田湖草生态保护修复试点工程中，显著改善区域经济社会发展和生态面貌，树立了生态治理的国际典范，推广应用前景广阔。

技术先进性评价表 表1

序号	创新技术	技术经济指标	现有技术局限性
1	水土流失风险评估技术	研发流域、坡面、微地形的多尺度客土坡面水土流失风险评估系统，为水土流失防治措施体系布设提供依据	目前水土流失风险评估多基于区域、流域、小流域尺度，评估对象多为自然坡面，缺少针对矿山废弃地客土坡面的水土流失风险评估
2	可降解的水土保持桩技术	水土保持桩成本低30%，可原地降解，有较好的水土保持效果	目前常用的水土保持措施存在成本较高、施工难度较大、部分材料难降解等缺点
3	植被配置与促萌定植技术	在提高物种多样性和生态恢复效果的同时，保水、供肥、防冲刷、防摄食，萌发率、保存率和植被覆盖率提高40%～50%	当前植物抗旱促萌措施主要存在技术成本高、技术应用范围狭窄、环境安全性低等问题
4	自动化机械压草覆沙施工技术	压沙草方格机械化施工，在大面积压沙工程中可以大幅度提高工效，缩短工期，工效为人工压沙障的50倍	现存的治沙机器只在小范围内试验，未实现大面积推广使用，目前治理沙漠普遍还是以人工治理和半机械化治理为主
5	梭梭＋肉苁蓉机械化同步种植技术	实现梭梭和肉苁蓉同步机械化植苗和播种，缩短工期，节约劳动力，工效可提高4倍	一直以来，肉苁蓉依靠操作人员种植，存在劳动强度大、效率低、成本高的问题
6	精准化无人机飞播技术	对播种箱的播撒口进行改良，精确播撒量，保证播撒密度，提高常规无人机飞播施工质量	由于无人机携带播种装置处于高空区域，使得种子从播种装置掉出后易受到大风的影响，进而使得种子难以掉落到播区内，降低了播区内种子的播种率，从而不利于环境的修复及治理
7	生态修复效果评价体系	发布林草、矿山、沙漠生态修复效果评价技术标准，弥补行业空白	现有评估技术主要侧重于短期效果的评估，忽略了对生态环境的长期可持续性评估，无法全面反映生态修复的成效

4 适用范围

本项目依托工程，结合乌梁素海流域生态现状，聚焦上述大面域施工、精细化管理、量化性评估等关键问题及需求，开展流域综合治理与评价技术研究，总结包括沙漠治理、废弃矿山修复、林草修复与管理、生态评价在内的乌梁素海流域可持续生态修复体系综合研究报告，形成一套治理加产业化的科技成果，为类似的生态修复工程提供经验借鉴及科技支撑，同时探索生态与经济社会效益协同的保护修复调控模式，为提高当地农业经济效益，实现可持续发展提供更多选择。

该技术已在乌梁素海流域山水林田湖草生态保护修复试点工程、内蒙古国电投霍林河露天煤矿生态修复规划设计项目应用，显著改善区域经济社会发展和生态面貌，树立了生态治理的国际典范，推广应用前景广阔。

技术可应用于大面域生态修复项目，实现区域生态环境由人工修复到自然修复的转变，其最终目的是复原当地生态环境。但部分生态修复类项目的目的是建造城市公园、深坑酒店等人文设施，该报告所示技术在应用于此类项目时具有一定局限性，可提供部分参考。

5 工程案例

"乌梁素海流域山水林田湖草沙生态保护修复试点工程"，涵盖对乌梁素海产生影响的汇水区域，包括整个河套灌区、乌梁素海区、乌拉特前旗、乌拉特中旗与乌拉特后旗的阴山以南部分和磴口县的一部分，治理流域面积1.47万 km²，包含矿山地质环境综合整治工程、水土保持与植被修复工程、农田面源及城镇点源污染治理工程、河湖连通与生物多样性保护工程、乌梁素海湖体水环境保护与修复工程、沙漠综合治理工程、生态环境物联网建设与管理支撑7大类，共35个子项目，是全国最大的同类生态保护项目。

项目的实施有效减轻黄河中下游防洪防汛压力，减少洪涝、泥石流等灾害，保护人民生命财产安全；项目引导企业和农民绿色生产，带动了全市绿色有机农业快速发展，促进了区域绿色高质量发展，提高了乌梁素海流域生态治理科技水平，促进区域催生新产业、新业态和新动能，加快了贫困人口脱贫步伐，显著改善区域经济社会发展和生态面貌，绿色惠民成效显著，树立了生态治理的国际典范。

该工程2020年10月被生态环境部评为全国"绿水青山就是金山银山"实践创新基地；2020年11月，入选自然资源部评选的"社会资本参与国土空间生态修复案例"；2021年2月，被自然资源部评为基于自然的解决方案（NBS）先进典型案例；2021年4月，入选生态环境部生态环境导向的开发模式试点；2023年10月，入选山水工程首批15个优秀典型案例。

2023年6月5日，习近平总书记来到乌梁素海，了解当地坚持山水林田湖草沙一体化保护和系统治理、促进生态环境恢复等情况，察看乌梁素海自然风貌和周边生态环境。习近平总书记强调，治理好乌梁素海流域，对于保障我国北方生态安全具有十分重要的意义。乌梁素海治理和保护的方向是明确的，要用心治理、精心呵护，一以贯之、久久为功，守护好这颗"塞外明珠"，为子孙后代留下一个山青、水秀、空气新的美丽家园。

项目通过流域水环境治理削减了流域污染物数量，改善了水质，乌梁素海湖心断面水质达到Ⅳ类，水面面积稳定在293km²，迁徙经过乌梁素海和在乌梁素海繁殖的鸟类，已经达到了260多种，600多万只。同时，项目通过植被修复新增植被覆盖面积67.91km²，工程固沙效果显著，减少入黄河的泥沙量，阻止沙漠向东侵蚀，系统提升"北方防沙带"功能（图24）。

图24 乌梁素海流域山水林田湖草生态保护修复试点工程

6 结语展望

2022 年，"中国山水工程"被联合国评为首批"世界十大生态恢复旗舰项目"，向世界展示了中国生态文明建设的新形象，贡献了人与自然和谐共生的中国智慧、中国方案。2023 年政府工作报告提出，坚持山水林田湖草沙一体化保护和系统治理，继续实施一批重大生态工程，全面推行河湖长制、林长制。

乌梁素海流域山水林田湖草沙生态保护与修复关键技术在修复模式、治理技术等不断地探索创新，取得较好效果，有效改善了重点区域生态环境质量，提高经济高质量、跨越发展，奠定了良好的生态环境基础，形成了可复制、可推广的典型经验，为全国山水林田湖草生态保护修复起到了先行示范作用。

作者：梅晓丽[1]　王冬[1]　张晓霞[2]　朱若柠[1]［1. 中建一局集团第三建筑有限公司；2. 中国建筑一局（集团）有限公司］

城市污水处理深隧工程建造及运维技术研究与应用

Research and Application on Construction and Maintenance Technology of Urban Sewage Treatment Deep Tunnel Engineering

1 技术背景

随着城市化进程的快速推进，城市污水问题成为全国各大城市普遍面临的问题，城市空间优化利用面临巨大挑战，城市核心区污水处理厂邻避效应突出，改造新建面临困局，是当前我国生态文明建设面临的重大挑战之一。与此同时，随着国家"绿水青山就是金山银山""幸福中国"及"长江大保护"等战略口号的提出，生态文明建设越来越受到各级政府的重视，污水问题作为其中重要一环，亟须解决。

针对城市污水处理厂逐渐中心化，原污水处理厂设计标准低，处理能力和排放标准难以满足目前城市污水处理的需求量及日益提升的环保要求，污水处理厂面临提标困难、无地可扩建、与周边用地环境矛盾激化等问题，为彻底解决污水处理厂与城市功能布局的矛盾，统筹解决污水、雨水、污泥等问题，武汉市提出了"四厂合一，深隧传输"的方案，将城区污水传输至远郊新建高标准污水处理厂进行集中式处理，释放中心城区土地资源，提升污水处理能力。该方案利用城市深层空间传输城区污水，腾退中心城区土地，解决了邻避效应，对地面交通和建筑影响小，综合环境效益好、土地集约利用率高，预留了浅层地下空间，为远期发展预留了更大空间，对提升城市水承载力、改善生态环境、实现城市功能更新意义重大。

该方案系国内首次采用深层隧道传输城市污水，面临设计、建造、运维等一系列难题，规划设计层面缺乏深隧规划设计模型，缺少案例支撑；建造层面，小断面长距离隧道施工效率低，结构防渗、防腐要求高；运维层面，隧道运行后无信号、无能见度带水监测难，智慧化管理调度要求高，运行风险实时预测预警难。基于上述问题，中建三局经过系列研究及实践，提出城市污水处理深隧工程建造及运维技术。

2 技术内容

城市污水处理深隧工程建造及运维技术依托于国内首条污水深隧——武汉大东湖核心区污水传输系统工程，构建了深隧规划、设计、建造、运营全生命周期关键技术体系，填补了国内污水处理深隧领域技术空白。主要包括污水深隧规划设计关键技术、污水深隧精益建造关键技术、污水深隧智能监测关键技术及污水深隧智慧管理关键技术。

2.1 污水深隧规划设计关键技术

（1）创新性提出武汉大东湖超大输量深隧全生命周期系统建设新理念，针对性梳理深层污水隧道路由选线、竖向方案、设施布置、输送方式和整体结构设计要点，引入共轭对偶规划理论，结合经济效益和环境效益分析，提出深隧整体规划设计方案。

（2）采用数学建模和仿真等方法，结合竖井物模和隧道整体物模试验，对不同输送方式和运行工况下，深层隧道、入流竖井等的水流、气流变化过程进行分析和研究，完成低溶气高消能率超深入流竖井结构设计。

（3）开展满管流不淤流速物理试验研究，建立管径—临界不淤流速关系曲线，通过数学模型对隧洞内部水沙运动过程进行模拟分析，制定了污水深隧不淤输水预处理工艺。

（4）开展有限元及物理模型研究，明确了污水深隧结构受力体系，优化了结构衬砌形式；通过腐蚀劣化试验，揭示了污水深隧腐蚀破坏机理，提出了"管片＋二衬＋渗透结晶材料"叠合式衬砌结构形式及防渗工艺，实现深隧"百年运营"耐久目标。

2.2 污水深隧精益建造关键技术

（1）为解决竖井开挖效率低、二衬施作难度高、高承压水富砂地层盾构接收风险高等问题，开展深竖井土方高效开挖、高承压水头土压平衡盾构水下接收及二衬多断面快速施工的技术研究，结合理论分析、数值计算、模拟试验、BIM 三维仿真模拟、依托工程现场试验等手段，提出安全高效的施工工艺技术方案。

（2）开展适配安全智能施工装备研究，结合二衬施工工序、竖井运输及硬岩顶进的实际工程需求，通过需求分析、理论计算、模拟试验及现场技术验证等针对性技术手段，完成二衬配套设备、悬挂式施工升降机及硬岩顶管机的研制，实现装备安全智能高效运转。二衬配套设备包括适用于小断面隧道施工的钢筋转运、模板体系及运输机械、混凝土水平运输及设备平移机械等；悬挂式施工升降机顶部加节向下延伸，随竖井开挖同步向下延伸；硬岩顶管机设计了一种具有二次破岩功能的顶管刀盘，研发了一种智能化监控及远程操作系统。

（3）开展适用于污水的绿色环保高性能材料研究，研制高保坍自密实高性能二衬混凝土，改善混凝土泵送性能及耐腐蚀性能；研发低碳环保预制盾构管片技术，使用技术手段得到高活性固废纳米颗粒，实现水泥等强条件下 50％超大固废掺量，促进废弃资源高值利用。

2.3 污水深隧智能监测关键技术

（1）针对超大输量排水深隧运行中压力大、工况复杂、大管径流量监测数据精度要求高，国内无成熟经验借鉴，集成开发了超声波互相关流量/流速分层监测系统，并因地制宜设计了适合深隧现场的监测系统安装实施方案，解决了大管径隧道全断面流场多层流速/流量实时监测难题。

（2）通过监测设备选型及模拟场景试验调试，开发基于预埋光纤传感器的隧道结构健康监测系统，可在线监测结构内力、渗压、腐蚀等风险参数。

（3）开发适用于高流速大埋深腐蚀性介质的水下检测机器人，重点开展低可视污水环境下多传感器融合数据采集技术、长隧洞无源定位导航技术和基于闭环控制的水下位姿感知技术研究，实现长距离污水深隧正常工况下全线结构、淤积精准观测和准确定位。

2.4 污水深隧智慧管理关键技术

（1）开展淤积风险评估研究，提出一种污水深隧淤积风险评估方法，构建淤积风险评估层次分析模型；开展国产化深隧淤积模型研发，实现了隧道沿程各断面淤积厚度、淤积分布实时预测及淤积风险实时预警。

（2）结合现有技术规范、相关工程案例与污水深隧特点，开展深隧结构健康分级预警制度研究，提出基于未确知测度理论的污水深隧结构安全评价方法，实现结构安全的高效准确评估。

（3）分析城市排水深隧安全防护需求，建立基于定量风险评价方法的城市排水深隧外源性破坏风险评价体系；开发无人机智能巡线技术，基于卷积神经网络建立深隧地表巡线风险识别模型，实现自动化、智能化的深隧巡检。

（4）充分分析深隧运营管理需求，开发深隧场景下的智慧管控平台，应用水力淤积模型、结构健康安全评价体系及智能调度算法，建立深隧安全运行优化方案，实现了精细化、专业化和智慧化管理，保障了深隧安全、稳定、高效的长久运行。

该技术已授权发明专利 10 项（含 PCT 专利 1 项），实用新型 23 项，发表论文 35 篇，出版专著 2 部，获得省部级工法 16 项，发布团体标准 1 项，湖北省地方标准 1 项，经院士评价达到国际领先水平！

3 技术指标

创新性提出超大输量深隧全生命周期系统"一管到底"建设新理念，建立了基于共轭对偶理论的污水深隧系统规划方法，预留了浅层地下空间，降低工程总投资额 15%，并牵头编制行业内首个深隧工程技术标准；结合物理模型和数值模拟试验提出了深隧结构及工艺设计关键参数，解决了污水深隧多目标优化及科学、经济建设运行的科技难题，保障竖井进气量低于 9‰，消能率高于 98%，保障设计年限内（100 年）深隧安全可靠（图 1、图 2）。

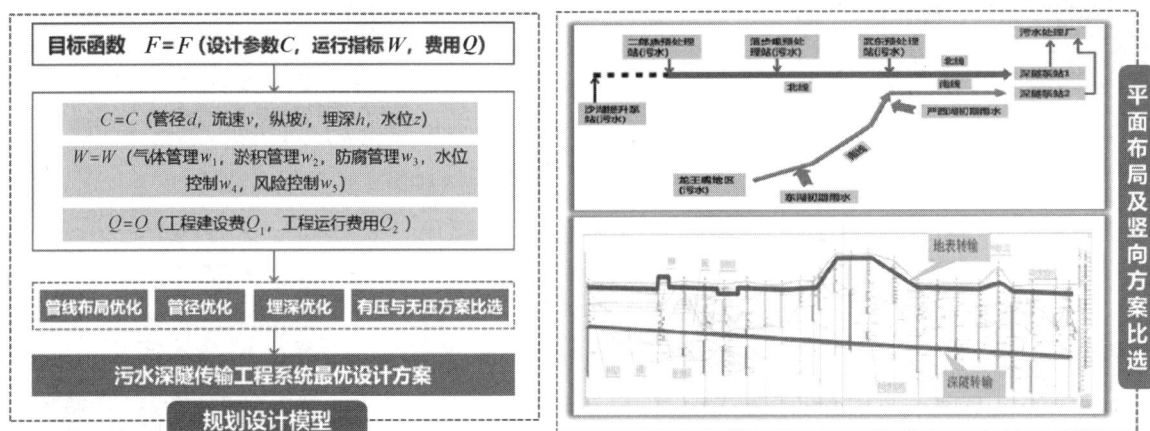

图 1 基于共轭对偶理论的超大输量污水深隧系统规划设计方法（示意图）

图 2 基于数学与物理模型的低溶气高消能率超深竖井结构设计方法及基于压力和腐蚀破坏机理的高耐久隧道结构设计方法（示意图）

研发了污水深隧绿色低碳环保系列材料，实现等强条件下 50% 的固废大掺量，并提高管片抗渗能力 50%，突破了 500m 超长距离水平泵送难题，提高二衬施工效率和浇筑质量；优化了小断面长距离深隧施工工艺及施工设备，研发了顶部加节向下延伸式施工升降机、长距离硬岩顶管机、适用于小断面隧道成套二衬施工装备，节省关键线路工期 180 天，S 形曲线硬岩单次精确顶进 927m，解决超深竖井施工人、机、料上下运输的难题；提出了土压平衡盾构水下接收技术、小直径长区间薄壁二衬高效施工技术等创新技术，提高了污水深隧施工质量和效率，实现了 40m 高承压富水砂层土压平衡盾构安全水下接收，创造了 5 个月完成 17.5km 二衬结构的创举，实现了深隧安全、低碳、高效建造（图 3～图 5）。

研制了全球首款污水深隧检测机器人，可实现 4km 以上检测距离及 1.2m/s 高流速双重苛刻工况

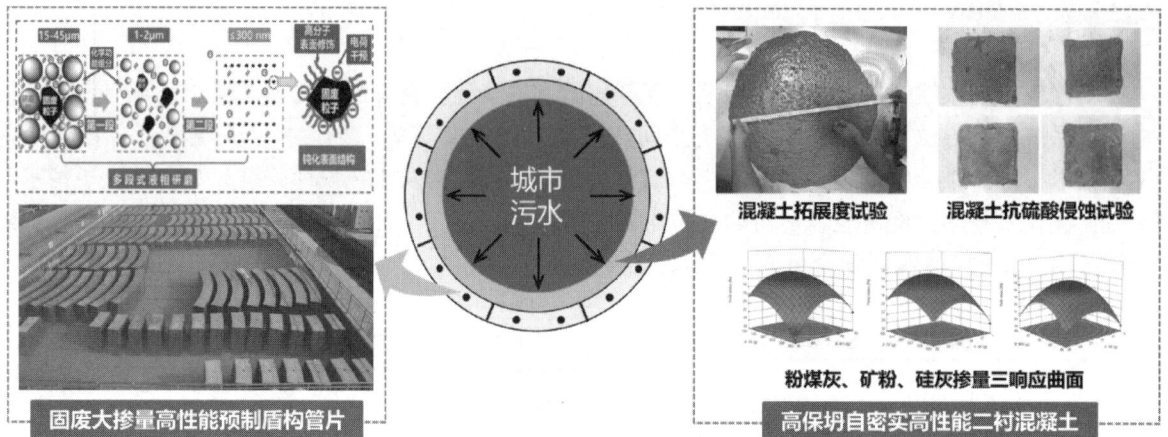

图 3 污水深隧绿色低碳环保系列材料

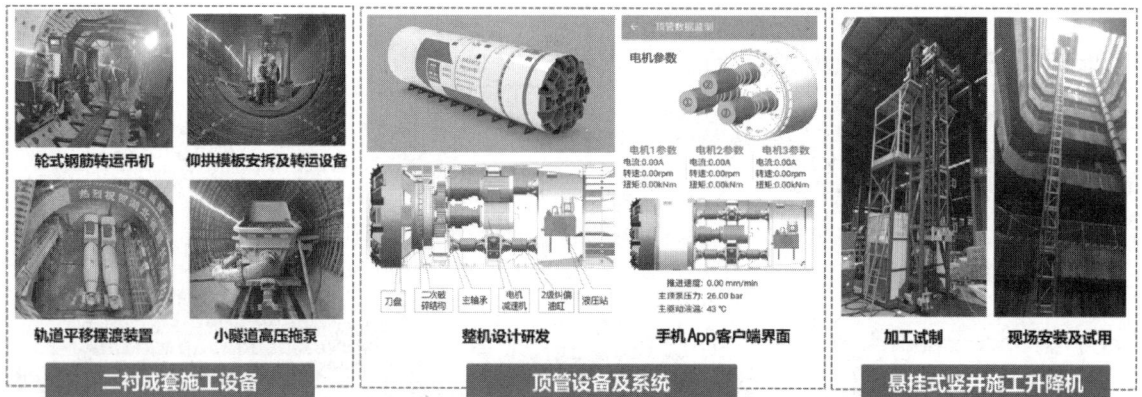

图 4 深隧建造成套特制装备

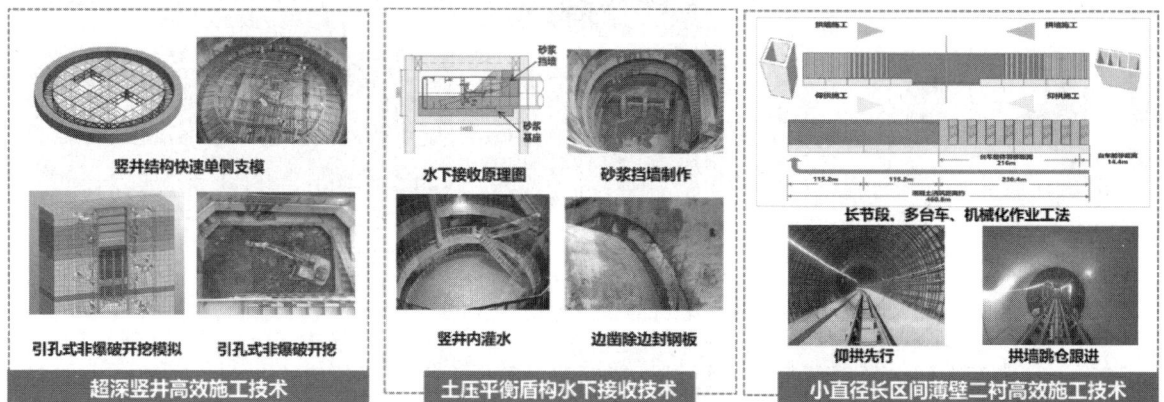

图 5 深隧建造关键技术

下机器人稳定控制，可实现隧道毫米级结构缺陷、厘米级淤积厚度等的精准监测，可将机器人定位精度控制在 1m/km 以内；建立多参数耦合分布式在线监测系统，解决了无信号、无能见度、高水流速、长距离污水深隧多参数高精度检测难题；研发深隧水动力与淤积风险预警模型，建立深隧及上下游的智能联合调度体系，实现了"智慧控制、智慧调度、智慧管理、智慧展示"；研发了超大输量污水深隧安全运行智慧管理系统，保障污水深隧长期安全、稳定、高效和经济运行，两年来运营达标率 100%（图 6～图 9）。

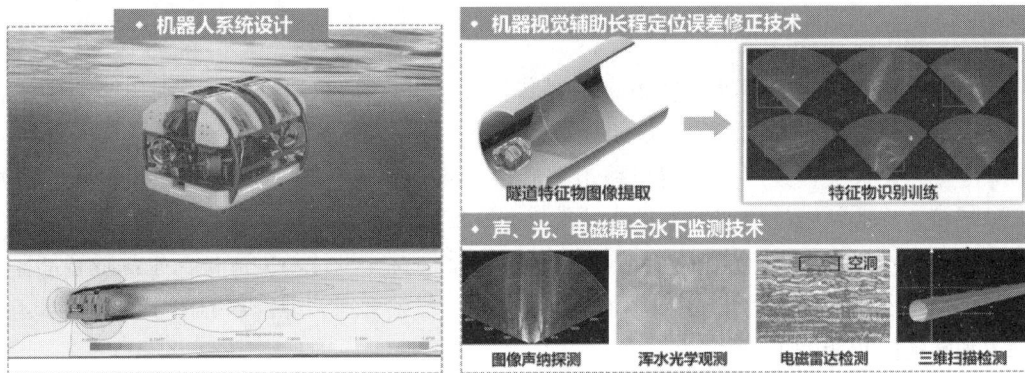

图 6　全球首台可适应长距离、大流速、低可视度污水深隧全线带流检测机器人

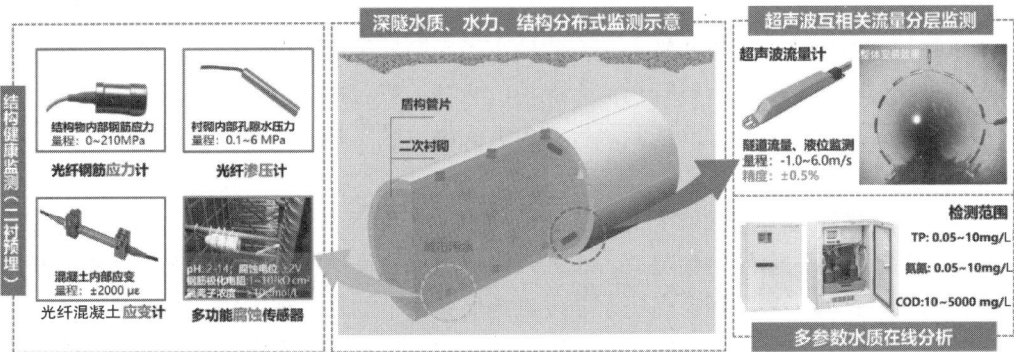

图 7　污水深隧多参数耦合分布式在线监测系统

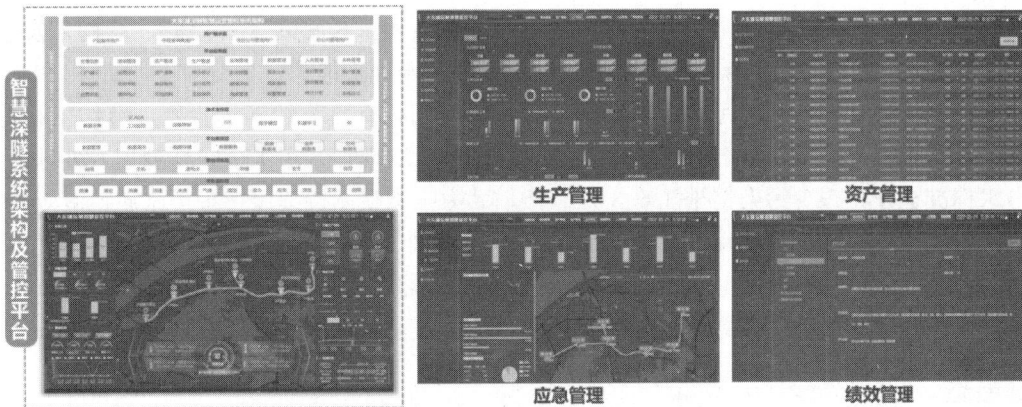

图 8　国内首个全资产在线智慧深隧管控平台

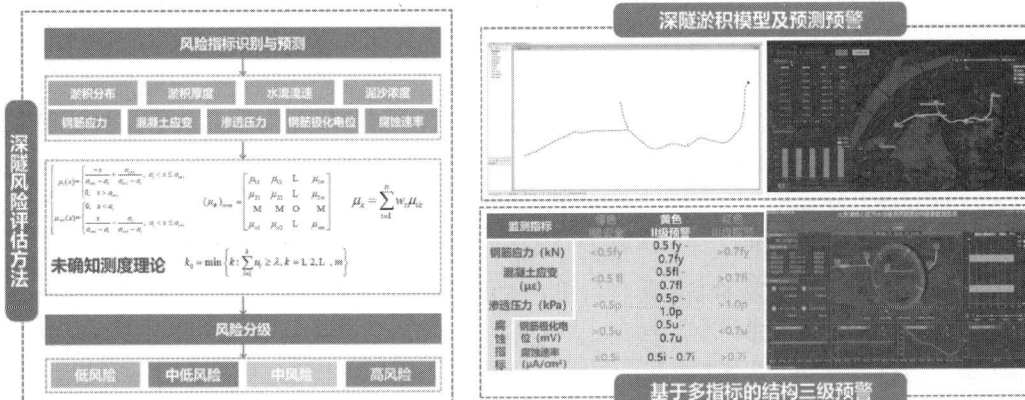

图 9　国产化深隧淤积模型和结构安全预警模型

4 适用范围

本技术为城市污水处理问题提供系统解决方案，适用于城市输水工程、污水传输系统工程的设计、施工及运维，亦适用于城市深隧工程的规划、设计、施工及运维。

污水深隧规划设计关键技术可适用于城市核心区污水长距离传输、类似大输量输水隧道规划设计；污水深隧精益建造关键技术适用于类似城市复杂环境超深竖井建造、长距离小直径隧道建造、长距离盾构隧道内二次衬砌施工、类似污水传输隧道薄壁结构材料设计与生产；污水深隧智能监测关键技术适用于类似带压传输输水隧道的结构监测；污水深隧智慧管理关键技术适用于类似输水工程的运维管理、污水隧道淤积防治等。

5 工程案例

本技术依托国内首条正式建设并投入运营的城市污水深层传输隧道——大东湖核心区污水传输系统工程。大东湖深隧项目是武汉市践行长江大保护的标杆工程、推进四水共治的排头工程、建设水生态文明的示范工程，总投资为 30.29 亿元。旨在为大武昌片区 130km² 内约 300 万居民打造排水收集及传输主动脉。

建造阶段，成套技术的应用保障了工程复杂地质水文条件下多个竖井、17.5km 预制管片＋现浇钢筋混凝土二次衬砌叠合式双层衬砌隧道、系列入流、通风检修结构，有效提升小断面、长距离等严苛环境下施工工效，保障了超深埋、高压水、复杂地质条件下的隧道施工安全与质量。

运营阶段，随着 2020 年 8 月 31 日工程主隧正式通水，沙湖提升泵站、二郎庙预处理站、武东预处理站都处于 24h 运行状态，各设备运行工况正常，并按照北湖污水处理厂的水量需求输送污水。自正式通水以来，始终保持高效安全稳定运行，隧道内未见淤积，衬砌内未有渗漏，结构未发生腐蚀，迄今已累计传输污水超 5 亿 t，有效提升了大东湖地区的污水处理能力。

该技术在武汉大东湖核心区污水传输系统工程中的应用，有效节约工程投资，节约工程总工期，降低人工、资源投入，经济效益突出。该项目的建成投产，实现片区污水全闭环处理，处理能力提升 57%，出水标准提升，减少污染物排江 6.3 万 t/年，助力东湖整体持续保持Ⅲ类水质，有效改善区域生态环境。工程践行了绿色、环保的建设理念，不仅有效推进城市核心区域污水处理厂改造，采用"地上花园、地下厂站"的设计，消除了污水处理设施的"邻避"效应，优化了城市功能布局，减小对城市人居生态环境的影响，提高市民生活满意度，社会效益及环保效益突出（图 10）。

6 结语展望

本技术构建了国内首套城市污水深隧全生命周期技术体系，填补国内研究领域与实践空白，对推动污水传输系统工程及城市深隧工程的经济环保设计、安全保质建设、低成本安全运行具有重要促进作用。

本技术提出污水深隧全生命周期系统建设新理念，为特大城市核心城区超大量污水处理难题提供了一种有效解决方案，可有效提升污水处理能力及标准，减少对城市人居与生态环境的影响，腾退大量核心城区土地并提升开发价值，同时有效利用城市深层地下空间，充分释放城市发展潜力，社会效益、环保效益突出，具有较强的推广应用价值。

目前，国内深层排水隧道技术处于起步阶段，上海苏州河深隧工程、深圳前海深隧工程等项目陆续开工。随着国内城市的进一步发展，浅层地下空间资源逐渐紧张，深层地下空间将得到更广泛的利用，城市深隧工程将迎来大发展阶段。与此同时，随着对污水处理能力、处理标准要求的提升，采用深层排水隧道传输污水将成为污水处理中的一个重要方向，成为国内污水处理的新趋势，对于城市污水处理深隧工程建造及运维技术的需求将大幅提升。

图 10　技术应用照片

随着技术应用场景的不断变化，隧道向大直径化、深埋化的不断发展，研究应用不断深入，适用性更为广泛。与此同时，城市污水处理深隧工程建造及运维技术将持续向智慧化、智能化发展，实现技术的不断迭代升级，为城市的高质量发展提供更强有力的支撑。

　　作者：戴小松[1]　朱海军[2]　贾瑞华[2]　刘开扬[2]　叶亦盛[2]　陈伟[2]（1. 中建三局集团有限公司；2. 中建三局基础设施建设投资有限公司）

复杂环境超浅埋暗挖地铁车站施工关键技术

Key Technology for the Construction of Ultra-shallow Buried Underground Excavation of Subway Stations in Complex Environment

1 技术背景

1.1 市场环境的重要意义

随着国内各大城市的快速发展，现代城市交通矛盾日益突出，修建地下铁道已成为解决城市交通问题的有效途径之一。在城市修建大型综合性地铁车站紧邻地面建（构）筑物、既有交通道路，下穿地面建（构）筑物、地下管线已成为常态，同时各级政府对既有绿化保护、保留的意识不断增强。因此基于上述因素考虑，在明挖法施工不能满足环境要求时，暗挖地铁施工不需要进行绿化迁移、不需要进行管线迁改，极大程度地降低了交通导改和绿化迁移等需要协调等外界不利因素，能够更好地平衡地铁施工与交通、拆迁、绿化的关系，尽可能减小地铁施工对城市环境的影响。为满足 7、10 号线医学院站双线换乘站横穿郑州市主干道大学路段施工，通过对暗挖法分阶段施工步序的探索研究，改善有关施工方法，更好地控制施工精度、保障人员及设备安全、加快施工进度、有效控制施工成本。切实解决施工过程中的安全、质量、进度、成本等问题，逐步提高暗挖施工技术管理水平和预测分析能力。

1.2 研发目的

（1）研究在车流量大、覆土浅、管线复杂工况下，平顶管幕代替传统管棚施工的方法，在管幕施工过程中采取切实可行的技术方案和严格的安全防护措施以及应急处理措施，以确保郑州医学院站跨大学路暗挖段施工安全和大学路交通使用安全。

（2）暗挖小导洞内中桩及钢管柱施工是本工程核心难点工序，其施工工序复杂、导洞内空间狭小、柱下中桩直径大，钢管柱安装垂直度及标高控制精度要求高，如何严格和有效控制狭小导洞内中桩及钢管柱施工质量和施工精度是本工程的核心难点。依据施工场地条件及相关环境要求，研究一种桩柱一体化施工技术，解决原设计方案中人工在中桩桩顶安装钢管柱定位器，再分节下放钢管柱及柱内钢筋笼灌注钢管柱内混凝土，最后形成中柱支撑体系的施工方法，避免施工周期长和施工安全风险高的难题，有效提高施工精度和施工进度，施工安全得到切实保障。

（3）研究顶纵梁的施工模式，由原来的先施工模板支架变为先施工钢筋，增大钢筋施工作业空间，减小施工作业风险及难度，同时研究一种简单、可持续观测的混凝土充盈与否的判断方法及创新混凝土浇筑方式。

（4）研究轻质桁架体系在暗挖逆筑法地铁车站中的应用，为以后同样无法吊装材料周围困难的暗挖地铁车站侧墙施工提供可靠的施工经验和成熟的施工工艺，实现"安全、质量、进度"等方面全面受控，解决传统地铁车站侧墙施工中"无法人工周转、施工效率低"等问题。

2 技术内容

2.1 技术原理

超前管幕支护施工技术，利用管幕内填充砂浆的方式增强整体刚度，通过锁扣间注浆填充达到抑制沉降的目的。利用反循环钻机和移动式调垂机进行桩基和钢管柱一体化施工，规避人工安装钢护筒及定位器的风险；提高施工效率，降低资源投入，缩短降水周期，节省成本与工期。浅埋暗挖地铁车站平顶直墙小导洞内顶纵梁施工工法，解决了暗挖法地铁车站顶部结构为平顶直墙工况下钢筋定位难、狭小空间内钢筋安装难、顶部结构不密实等难题。地表沉降控制技术，通过 Midas civil 建模结构计算各施工阶段下暗挖段基坑受力情况，并进行分析模拟，给出各施工阶段地表沉降最大允许沉降值，并在施工时与人工监测数据进行对比分析，在施工过程中根据数据反馈进行施工措施调整，确保施工安全。轻质桁架体系在暗挖逆筑法地铁车站中的应用研究，实现"安全、质量、进度"等方面全面受控，解决传统地铁车站侧墙施工中"无法人工周转、施工效率低"等问题，同时也印证了负二层采用顺作法施工加快施工进度的可能性。

本工程暗挖施工沉降监测点布设沿东向西横向按照 5m、5m、25m、10m 布设监测断面，纵向每个断面布设 15 个监测点，测点布设如图 1、图 2 所示。

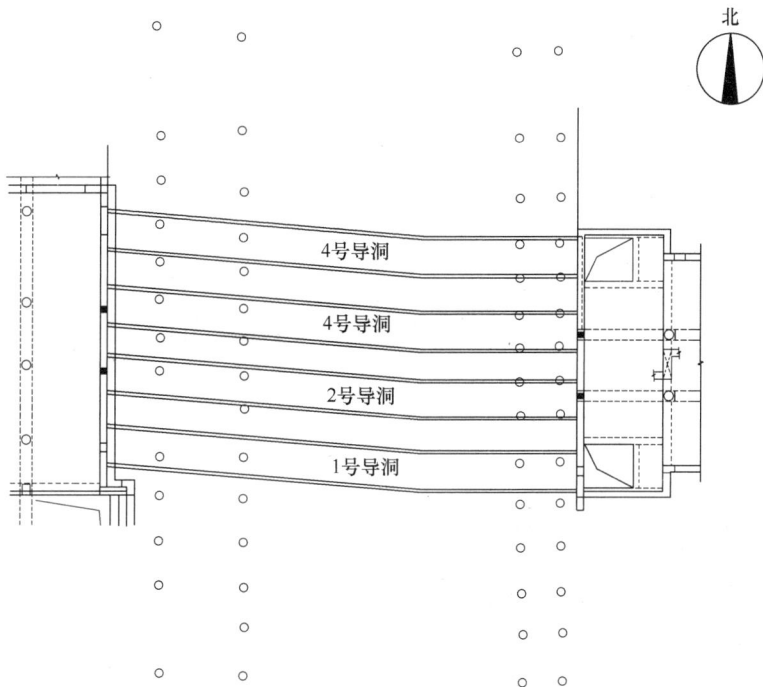

图 1 地表监测沉降点布置平面图

图 2 地表监测沉降点布置剖面图

本文选取 DBC4-7～DBC4-11 共 5 个测点，进行研究。此测点数据包含管幕打设（施工阶段Ⅰ）、导洞开挖（施工阶段Ⅱ）、中桩柱打设及边桩打设，中纵梁施工及边跨施工（施工阶段Ⅲ）、顶板扣拱（施工阶段Ⅳ）4 个阶段，获取测点变形数据共 2655 个，时间跨度 531 天。相关曲线见图 3、图 4。

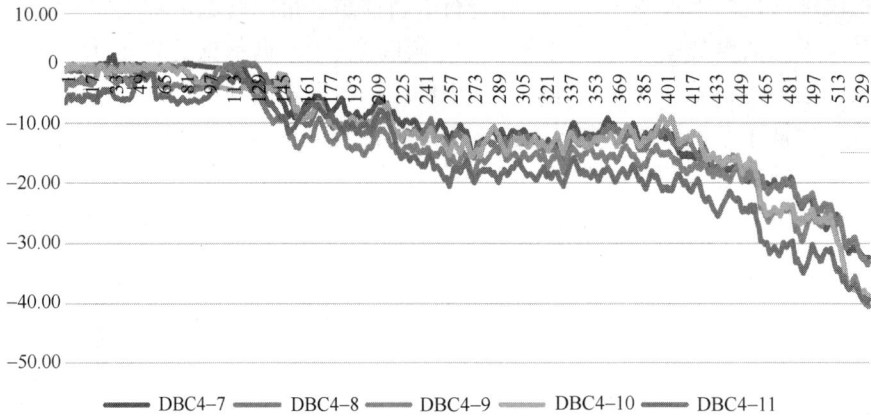

图 3　郑州地铁 10 号线医学院站暗挖典型测点曲线图

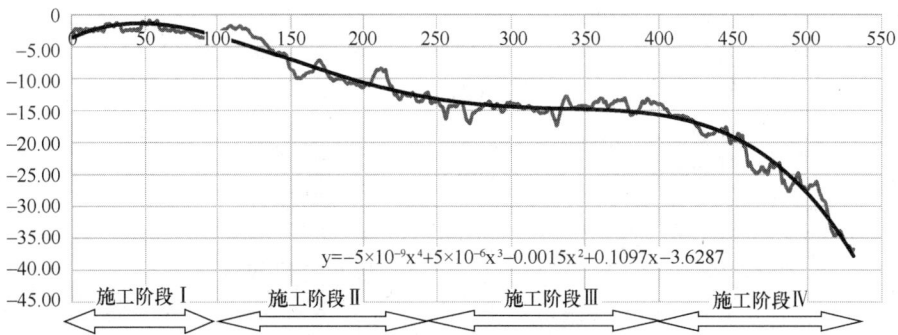

图 4　郑州地铁 10 号线医学院站暗挖测点拟合曲线图

从本项目的地表变形实测数据与图 2 及图 3 发现：（1）影响暗挖地层变形的阶段依然为导洞暗挖施工工序与顶板扣拱施工工序两个阶段，其他施工阶段对变形量贡献不大；（2）其中，导洞暗挖施工工序阶段变形量约 10mm，占总变形量的 20％，顶板扣拱施工工序阶段变形量约 20mm，占总变形量的 50％；（3）从总体变形曲线来看，阶段变形曲率有增大，但相对常规支护的 PBA 暗挖工法，变形曲线曲率大为缓和，已基本消除变形急剧增大区；（4）截至本论文研究时，本项目施工工序为完成顶板扣拱，依据以前的研究的成果，后续施工引起变形量约为总沉降量的 10％，即本项目二衬施工完成后总沉降量控制在 40.8～45mm，总变形量与常规支护的暗 PBA 暗挖工法变形量比，减小约 25％～30％的变形。

将现场实际施工过程实测数据与设计有限元建议控制值对比，得出表 1 结果。

实测数据与设计预测值比对表　　　　表 1

监测项目	施工管幕		施工导洞		扣拱		二衬施工完成	
	设计	实测	设计	实测	设计	实测	设计	实测
沉降值	4.5mm	3.56mm	12mm	10.82mm	20mm	22.38	8.5mm	5
占总沉降的比值	10％	8.7％	25％	26.1％	45％	54.85％	20％	10％

根据表 1 比对结果可知：（1）现场实测数据与设计有限元计算预测数据基本符合，各施工阶段变

形绝对值及变形相对值相差不大，有限元计算相关参数选取合理，其预测变形情况可以作为施工变形控制的重要依据；（2）在本项目中，最终变形量为预估变形量，需二衬完全施工完成后进行进一步验证；（3）通过比对结果可知，有限元理论计算与现场实测数据相互验证，本次研究对地下工程（地铁车站）PBA 暗挖工法初支强支护条件下的变形规律真实可信，可作为未来同类项目设计、施工重要依据。

2.2　施工方法

本车站跨大学北路暗挖工程施工采用 PBA 法＋平顶 4 导洞法综合施工技术，"PBA"工法即洞桩法。其原理就是将明挖框架结构施工方法和暗挖法进行有机结合，核心思想是在施工过程中，首先采取超前支护措施。应用通长大管幕＋管幕内灌注砂浆＋锁扣注浆工艺、导洞初支结构采用格栅拱架＋锁脚锚管施工措施，并结合 BIM 模型、Midas civil 计算分析手段，确保整体稳定受控。

开挖小导洞并在导洞中施作钻孔桩，采用 PBA 工法施工边桩，中导洞内采用一体化调垂机施作永久中桩钢管柱。

临时支撑体系转换过程中，在扣拱施工期间为确保地表沉降受控，通过增设钢筋桁架等措施，合理组织加快顶纵梁、顶板等相关施工。随后待负一层中板浇筑完成后向下开挖至底板垫层底，底板施工完成后开始负二层侧墙施工，因作业空间受限，水平运输困难，采用易安特轻质可移动装配式侧墙模板桁架体系进行。

2.3　关键技术简介

2.3.1　超前管幕支护施工技术

管幕支护工艺工法利用小口径顶管设备建造大断面地下空间；原理与管棚工法近似，属于大刚度管棚；它利用较大直径的钢管在地下密排并相互咬合预先形成钢管帷幕，然后在此钢管帷幕的保护下进行开挖，从而建造大断面的地下空间。由于本项目暗挖段处于市中心且覆土较薄管线较多，考虑到其安全性和重要性，管幕施工采用"钢管静压顶进，管内螺旋出土"的非开挖顶管施工方法。管幕施工采用螺旋出土套管顶进工艺进行施工，即管幕钢管作为套管，内部安装带有专门钻头的螺旋钻杆，在顶进钢管的同时，旋转管内螺旋钻杆，将管口挤入的土体通过螺旋钻输送至管外，边顶进、边切削、边出渣，将管幕钢管逐段向前顶进至该施工单元（单孔或）施工结束。反复进行后续单元施工，逐步在开挖线外形成管幕结构。通过"管幕法"施工地铁暗挖车站，其不影响地面的正常交通，无须进行管线改接，强度高；可防止过程中地表及地下管线发生过量变形，保证建设过程安全可控。

2.3.2　中桩钢管柱一体化施工技术

该技术利用改造后液压履带式反循环洞桩钻机在车站小导洞内钻孔作业，从钻杆外将泥浆注入孔中钻孔，用真空泵将钻渣从钻杆中吸出，成孔后分节下放桩基钢筋笼；钻机移位，调垂机就位，分节下放钢管柱，并进行钢管柱定位和固定，利用超声波成孔质量检测仪检测成孔质量及垂直度，随时纠偏。在小断面导洞内施工孔桩，无须提前降水、无须人工安装钢护筒，减少施工作业风险及成本；中桩、钢管柱混凝土浇筑连续进行，无须等待凿毛和浮浆清除，降低质量风险，整体性强，承载能力高，利用调垂机定位，使用超声波检测仪、测斜仪、调平仪等控制一体化成桩精度。该技术将明挖框架结构施工方法和暗挖法进行有机结合，将地表作业转入地下，施工对城市地面占用少，对交通影响极小，能满足城市施工高环保要求。

2.3.3　小导洞内顶纵梁施工技术

在小导洞内钢管柱顶部施工顶板纵梁及部分顶板。使用承插式盘扣满堂支架作为施工平台，钢筋桁架作为纵梁及部分板钢筋主筋承载结构，使用异形槽钢支架为传力主楞；根据纵梁长度在其内部布设浇筑管道与外部泵管连接，拱顶布置液位继电器点位对混凝土浇筑高度进行预警，采用流动性好的自密实混凝土进行浇筑，通过液位继电报警设备、预留出浆孔及实际浇筑方量对顶纵梁浇筑密实度进行判断，使得狭小封闭空间大体积混凝土浇筑具备"可视化"条件，有效提高了浇筑安全性和浇筑效率，保证了混凝土的浇筑质量及施工密实度。该方案强度高、刚度大、整体性好，同时有效降低了在暗挖法小导洞有限空间内绑扎大密度、大体积钢筋的施工难度，该方法在施工过程中满堂支架安装方便、省时省工，钢筋绑扎过程质量得到有效保证，异形槽钢支架在混凝土浇筑过程中整体稳定性好，安全系数高，各构件使用螺栓拼接方式方便安装与拆除，施工效率高；自密实混凝土浇筑可有效提高混凝土的浇筑密实度和施工质量。

2.3.4 轻质模板侧墙施工技术

暗挖段负二层侧墙施工轻质桁架体系采用复合材料模板，仅需采用连接手柄便可进行模板间连接和拆卸，主体框架系统分为上部、下部模架与斜撑杆，整拼整装。整体采用轻量化设计，模架平均重量为 80～100kg/m²，仅为传统三角桁车架（240kg/m²）重量的 1/3～1/2。通过安装滚轮整块模板可人工移动，不需起重设备进行吊装，可操作性强，在无法使用吊装设备的盖挖施工项目中体现出较大的优势。本施工技术有效改善了在暗挖及盖挖地铁车站中无法吊装，运输困难的狭小有限空间内浇筑侧墙的问题。采用轻质桁架体系施工，有效降低了施工风险及难度，减少了劳动力投入，同时也提高了浇筑安全性和浇筑效率，保证了混凝土的浇筑质量。可以将此工法推广到类似暗挖及盖挖法狭小空间内车站主体结构施工工程中，对后续暗挖地铁站施工有一定的指导意义。

3 关键技术指标

新建郑州医学院站跨大学路暗挖工程按常规人工在中桩桩顶安装钢管柱定位器，再分节下放钢管柱及柱内钢筋笼，灌注钢管柱内混凝土，形成中柱支撑体系的施工方法会造成施工难度大、工期长和中桩塌孔事故，造成人员伤亡，安全隐患大，钢管柱垂直度不易控制，容易造成施工偏差，出现质量问题，对后期钢管柱承载能力造成损失，对暗挖结构整体稳定性造成影响。经研究论证采用导洞内桩柱一体化施工技术为切实可行的技术方法。

（1）大直径管幕超前支护施工：管幕超前支护主要研究螺旋出土钢管顶进管头纠偏技术、水位随钻测量技术、辅助全站仪标高角度控制测量技术等管幕顶进过程角度及标高精确控制技术。该技术减少地铁建设引起的交通疏解拥堵；避免了绿化迁移 36 棵法桐，保证了大学北路法桐林荫大道的景观；避免了 14 条市政管线的迁改，减少管线迁改带来的经济、工期代价及对整个城市运转的影响。

（2）桩柱一体化施工：桩柱一体化施工主要研究使用洞内反循环钻机成孔施工及桩柱安装机安装钢管柱施工过程技术控制、钢管柱就位精度控制。该技术将明挖框架结构施工方法和暗挖法进行有机结合，将地表作业转入地下，施工对城市地面占用少，对交通影响极小，能满足城市施工高环保要求。

（3）小导洞内顶纵梁施工：小导洞内顶纵梁施工主要研究使用钢筋桁架在狭小空间内绑扎大吨量钢筋，以及使用异形槽钢支架在狭小封闭空间内混凝土浇筑施工过程技术控制及混凝土浇筑质量控制。该方案强度高、刚度大、整体性好，同时有效降低了在暗挖法小导洞有限空间内绑扎大密度、大体积钢筋的施工难度，该方法在施工过程中满堂支架安装方便、省时省工，钢筋绑扎过程质量得到有效保证，异形槽钢支架在混凝土浇筑过程中整体稳定性好，安全系数高，各构件使用螺栓拼接方式方便安装与拆除，施工效率高。自密实混凝土浇筑可有效提高混凝土的浇筑密实度和施工质量。

（4）侧墙大体积混凝土施工：侧墙大体积混凝土施工主要研究使用新型轻型拼装式模板支架在狭小空间内浇筑侧墙大体积混凝土施工控制技术。本施工技术有效改善了在暗挖及盖挖地铁车站中无法吊装，运输困难的狭小有限空间内浇筑侧墙的问题。采用轻质桁架体系施工，有效降低了施工风险及难度，减少了劳动力投入，同时也提高了浇筑安全性和浇筑效率，保证了混凝土的浇筑质量。可以将此工法推广到类似暗挖及盖挖法狭小空间内车站主体结构施工工程中，对后续暗挖地铁站施工有一定的指导意义。

（5）结构体系转换施工：采用"应力解除法"进行受力体系转换，优化拆除中隔壁及梁柱施工顺序，保证了工程结构安全。

4　适用范围

4.1　双管顶进施工

双管顶进适用于黏土、粉砂土、淤泥质地层，工期要求紧、角度精度要求较高的项目，但其优缺点也比较明显。

优点：

（1）管幕钻机设计为双缸液压顶进，所以使用双管顶进使管幕钻机受力较均匀合理，对管幕钻机不会产生较大变形，钢管顶进角度不会因钻机影响出现角度偏差，受控性较好。

（2）双管是两根钢管通过公母锁扣互锁成整体，在顶进过程中一次性成型度较高，就算遇到土质较硬地层，也不会轻易改变顶进路径，由于作用力合理，整体性好，所以在顶进过程中角度和标高等指标较易控制，管幕精度控制较好。

（3）对工期要求有保障。双管施工在相同的时间中可以一次性完成两根管幕，完成速度较快，可以有效节省施工时间，加快施工进度。

缺点：

（1）对反力墙的施工标准和性能要求较高，双管顶进两个油缸同时工作，同时将力作用于管排上，管排本身截面积较大，在顶进过程中受到的土的压力和阻力也会随之增大，其原理为作用力和反作用力的关系，而液压顶进过程中所需要克服的土的阻力压力全部需要由反力墙提供，所以对反力墙的强度、刚度、稳定性提出了很高的要求。

（2）对作业空间有一定要求。双管互锁成管排其体积和重量较大，施工灵活性变低，施工过程中需要较大较宽敞的作业空间来吊装、安装，以此来保证其作业的安全性。

（3）施工成本偏高。由于是双管施工，其重量和体积较大，在加工、拼接、吊装、焊接过程中就需要比单管更多的人工来完成这些工序，从而保证其安全性、高效性和精确性，所以其施工成本会比单管施工更高。

因此，不论是单管施工还是管排施工，各有其适用范围和优劣性，在施工过程中需要按照实际情况来选择最合适最经济最安全的施工方式，从而提高施工效率，保证施工质量，创造更多的经济效益。

4.2　管幕钢管锁扣焊接

管幕锁扣材质为 L75×50×8 角钢采用 CG1-30-S 摆动式自动焊接小车焊接在钢管的两侧，形成公母互锁形状，相邻钢管通过公母扣接对钢管横向进行限制和约束。该摆动式自动焊接小车可以任意设置自动焊接长度，焊缝质量饱满密实，无焊渣焊瘤，且焊接效率高，安全可靠。扣接形式焊接工艺较为简单，可实施性强，扣接材料市场化程度高，成本低廉，适用于小口径管幕；同样角铁锁扣焊接时容易导致钢管受热变形，实际操作中可采用间隔焊接和逐根焊接的措施来避免变形，使用自动焊接小车通过自主设置焊接时间和焊接长度从而保证焊接质量及防止钢管管身受热变形。

5　工程案例

5.1　社会效益

（1）管幕施工：该技术减少地铁建设引起的交通疏解拥堵；避免了绿化迁移 36 棵法桐，保证了大学北路法桐林荫大道的景观；避免了 14 条市政管线的迁改，减少管线迁改带来的经济、工期代价及对整个城市运转的影响。

（2）洞内中桩及钢管柱施工：该技术无须提前降水、无须人工安装钢护筒，减少施工作业风险及成本；中桩、钢管柱混凝土浇筑连续进行，无须等待凿毛和浮浆清除，降低质量风险，整体性强，承载能力高，利用调垂机定位，使用超声波检测仪、测斜仪、调平仪等控制一体化成桩精度。

（3）顶纵梁施工：该技术较好地解决了暗挖法地铁车站顶部结构为平顶直墙狭小空间工况下钢筋定位难、模板安装加固困难、顶部结构不密实等难题，是一种集技术和管理于一体的施工方法，该工法投入较小，操作简单，易于推广。通过方案优化，采用钢筋桁架＋异形槽钢支架施工工法，节约工期，降低安全风险，社会效益明显增加。

（4）侧墙施工：如何在狭小有限空间内施工侧墙高大模板是施工技术的一项难题。本技术施工改变了传统高大钢模板的施工工艺，采用轻质可移动装配式侧墙模板桁架体系施工，减少了劳动力的投入，节约了成本及工期，取得了良好的经济效益。通过方案优化，采用轻质可移动装配式侧墙模板桁架体系施工工法，节约工期，降低安全风险，社会效益明显增加。

（5）经济效益合计：郑州地铁 10 号线医学院站跨大学路暗挖段工程施工中通过专家论证及方案讨论对各工序进行优化改进，加快了施工进度，节约了施工成本，创造了良好的经济效益。运用该技术施工从工程开始到施工结束共计创造经济效益 548.23 万元。

5.2　社会效益

在技术创新方面，项目获批国家级工法 2 项、省部级工法 1 项、企业级工法 1 项、公司级工法 6 项、实用新型专利 1 项，河南省建筑业协会工程施工技术创新Ⅰ类成果 1 项、Ⅱ类成果 2 项，中国施工企业管理协会工程施工技术创新Ⅱ类成果 2 项，中国建筑业协会 QCⅠ类成果奖 1 项、Ⅱ类成果奖 2 项，荣获中国图学学会第九届"龙图杯"全国 BIM 大赛二等奖、中国施工企业管理协会"首届工程建设行业 BIM 大赛三等奖"等诸多奖项。

项目重视宣传文化建设工作，中央级媒介报道项目施工管理优秀举措报道 11 篇、公司及企业内网宣传报道 179 篇。项目 7·20 救人英雄，暗挖段施工班组喷锚手袁格兵成为形象标兵，中央级媒介宣传报道 23 篇、省部级 11 篇、地市级 9 篇，在央视新闻频道专题报道 10 余分钟。

复杂环境下富水超浅埋高灵敏度地层暗挖地铁车站施工关键技术研究为工程创优作出了积极贡献，提高了施工效率；对全线工程质量宣传及树立良好形象作出了巨大贡献，取得了良好的社会效益，体现出了公司的先进技术管理水平，为后期市场竞争力提供了支撑。

6　结语展望

《复杂环境超浅埋暗挖地铁车站施工关键技术》课题研究理论和工程实际相结合，采用了一整套技术解决了管幕超前支护施工、洞内中桩及钢管柱施工、暗挖主体结构施工等对周围建筑影响大、施工安全风险高的难题，创新了洞内桩柱一体化施工、顶纵梁施工、暗挖侧墙新型轻型模板支架施工技术，课题研究成果显著。该套施工技术成果成功应用于新建郑州 10 号医学院站跨大学路超浅埋暗挖工程。

该技术丰富了我局在复杂环境下穿城市主干道超浅埋暗挖施工业绩。对大城市内周边环境复杂、建筑物高大密集、地下管线密布、道路绿植保护及交通繁忙的下穿主干道超浅埋暗挖地铁车站施工有较大的借鉴价值，其中大直径管幕超前支护施工技术、小导洞内中桩钢管柱一体化施工技术及狭小空间内暗挖主体结构施工技术具有广泛的参考意义。该研究在城市复杂环境下超浅埋暗挖地铁车站工程施工中具有较强的实用性，具有普遍的应用性和广泛的推广性。

作者：陈宏俊　吴志　邹超　黄兴　党延升　樊荣　陈得勇　李卫国　杨振华　李维　杨晗飞　王鹏飞　宁凯　刘金（中铁一局集团有限公司）

高灵敏性粉质黏土场地强夯置换处理关键技术研究

Research on the Key Technology of Dynamic Compaction Replacement Treatment in Highly Sensitive Silty Clay Site

1 技术背景

1.1 国家政策法规要求

强夯地基处理应符合岩土工程勘察和设计要求，做到因地制宜、就地取材、施工安全、环境保护、节约资源等。强夯地基处理工程应符合《强夯地基处理技术规程》CECS 279—2010 与国家现行的有关标准的规定。

1.2 市场环境情况

（1）传统强夯置换夯击能单一。传统夯击能单点施工工艺单一，为单一夯击能施打，对同一土层特性施工效果显著，无法针对不同土层特性进行有效夯击能调节，从而无法满足设计要求。

（2）传统强夯置换夯锤形式单一。传统的强夯置换所用夯锤为圆柱锤，锤形单一，且锤脖较短，针对本场地土质，强夯极易造成吸锤、歪锤、埋锤等现象，拔锤困难，导致施工进度缓慢。

（3）传统强夯置换可适用场地土性状单一。强夯置换法适用于处理含水量过高的黏性土、杂填土和厚度不大的淤泥、淤泥质土地基，对高饱和度的粉土、流塑—软塑的黏性土等地基有良好的处理效果，本场地土含水率高，且灵敏度高，不宜采用传统的强夯置换法施工。

1.3 重要意义

通过对高灵敏粉质黏土强夯技术的研究，使得强夯技术在施工中应用面进一步扩大，在应对不同土质变化时可根据不同土质进一步优化施工工艺，加快施工进度，节约造价；通过该项技术的研究，可加速推进强夯施工在地基处理领域的发展，使得强夯工艺技术更完善。

1.4 研发目的

针对本项目地基土为高灵敏性粉质黏土，地基处理面积约 14 万 m²，工程量巨大，在这一背景下，为能够高效、保质地完成地基处理施工，针对高灵敏土性进行强夯置换工艺的探索和研究，对关键技术问题、难题突破解决，从而形成一套有效的施工工艺技术，并使之推广。

此项工艺通过对夯击能、夯锤、排气孔等的优化，解决了施工过程中吸锤、歪锤、无法拔锤等现象，施工中形成有效夯坑，同时可有效增加墩体深度检测合格率，完成设计要求；夯击能的组合优化能极大程度增加夯击墩体深度合格率，满足设计墩体深度及直径；夯锤的形式优化主要解决了小直径夯锤因锤底接地静压力较小而无法形成有效夯坑的情况，增加锤体直径及增加锤脖长度可有效增加锤底接地静压力值，在形成有效夯坑的同时可有效解决夯锤埋锤、无法拔锤等现象的发生；排气孔的优化主要解决传统排气孔经常堵塞的情况，通过研发一种防毒排气装置来解决这一难题。

2 技术内容

2.1 技术原理

通过对国内同类型强夯置换施工技术进行分析，针对山西省某项目场地土处理全过程的研究，重点对组合夯击能创新工艺、夯击能转换控制技术、夯锤形式创新、夯锤排气装置创新等不同方面进行技术研究与组合优化，提出具有针对性的施工过程技术指导；将科技创新与先进技术转移、渗透相结合，从而创新针对不同土质特性的施工工艺技术，在原有夯击能转换控制技术上进行创新，发明一种快速变能级装置，从而提高机械效率，加快施工进度。

2.2 试验验证结果

2.2.1 组合夯击能创新工艺测试记录

（1）组合夯击能选择：根据场地质条件，结合土质灵敏度，小直径锤拔锤后无法形成有效夯坑，缩孔严重，因此仅可采用锤径较大，即锤底静压力值较小的锤型，并在试夯区分别进行 4000～8000kN·m 夯击能试验，得出结论：采用小于 5000kN·m 夯击能穿透能力差，施工效率低，无法形成有效夯坑；采用大于 7000kN·m 夯击能穿透力太强，容易造成隆起过高、吸锤、歪锤、无法拔锤、缩孔严重等困难，不利于现场施工。因此将夯击能锁定在 5000～7000kN·m 之间（表 1）。

单一夯击能 5000kN·m：穿透性差，能有效解决吸锤、歪锤等问题，能形成有效夯坑，填料后数击，检测夯墩深度距离设计要求深度差距较大。

单一夯击能 6000kN·m：穿透力较强，因场地土含水量高，导致在夯锤夯击 1～4 击时，地面隆起高、淤泥飞溅、吸锤、歪锤严重，填料后数击，检测夯墩深度无法满足设计要求。

单一夯击能 7000kN·m：设计墩体深度可满足，置换材料用量相对较小夯击能有大量增加，在 1～4 击时吸锤、歪锤严重、隆起过高，数击后因填料原因可避免吸锤、歪锤发生，隆起相对平缓。

夯击能优缺点对比表 表 1

方案		单一夯击能	组合夯击能
选择方式		试夯检测	试夯检测
主要内容		施工过程中不需要切换夯击能	根据地质情况可以随时切换夯击能，施工中避免因为地质过软而导致吸锤，地质过硬下沉量过低
综合比较	可行性	出现下沉量过低或吸锤现象	可以根据地质情况随时切换夯击能
	经济性	需考虑吸锤时，挖锤所耗人工和机械台班	不需考虑吸锤时，挖锤所耗人工和机械台班
	有效性	施工效率低	施工效率高
	时间性	需考虑吸锤时挖锤所用时间	不需考虑吸锤时挖锤所用时间

根据表 1 分析对比，最终采用组合夯击能对本项目场地土处理施工。

经过分析试夯数据、过程总结经验，最终经试验形成场地土组合夯击能：5000kN·m（1～4 击，穿透上层软弱土，初步形成夯坑）＋7000kN·m（5～16 击，将置换材料夯入至设计墩体底标高）＋5000kN·m（17～20 击，夯实上层置换材料，稳定收坑）。

（2）置换材料选择：为选定置换材料，课题研究小组在现场选择相邻两块面积相当的场地进行两种置换材料（山皮石与块石）的试验，在试验过程中夯击能选用 5000kN·m 和 7000kN·m 的组合夯击能，强夯击数选择 20 击（第 1～4 击 5000kN·m，第 5～16 击用 7000kN·m，第 17～20 击用 5000kN·m 收坑），夯锤选用带导向夯锤，各施工 10 个点。

山皮石、块石试验数据见表 2、表 3；山皮石、块石的选择见表 4。

山皮石试验数据（m） 表 2

点号	1	2	3	4	5	6	7	8	9	10
墩体总长	6.2	6.0	6.4	6.5	6.4	6.3	6.2	6.6	6.3	6.4
填料吨数（t）	58	56	58	60	60	63	63	61	63	60
隆起高度	2.0	1.9	2.1	1.9	1.9	2.1	1.9	2.1	1.9	2.2
有效长度	4.2	4.1	4.3	4.6	4.5	4.2	4.3	4.5	4.4	4.2
是否合格	否	否	否	是	是	否	否	是	否	否
合格率	30%									
单墩平均填料（t）	60t									

块石试验数据（m）　　　　　　　　　　　　　　表 3

点号	1	2	3	4	5	6	7	8	9	10
墩体总长	6.3	6.2	5.7	6.4	6.3	6.5	6.4	6.0	6.2	6.1
填料吨数（t）	50	48	42	44	43	50	43	41	45	45
隆起高度	1.4	1.3	1.3	1.4	1.4	1.4	1.4	1.2	1.4	1.2
有效长度	4.9	4.9	4.4	5.0	4.9	5.1	5.0	4.8	4.8	4.9
是否合格	是	是	否	是	是	是	是	是	是	是
合格率	90%									
单墩平均填料（t）	45t									

山皮石、块石的选择　　　　　　　　　　　　　　表 4

需求		选择一种适合本工程场地强夯置换的材料类型	
方案		山皮石	块石
试验时间		2022 年 12 月 2 日～2022 年 12 月 10 日	
试验方式		现场试验	现场试验
试验数据		合格率达到 30%	合格率达到 90%
综合比较	可行性	不可行	可行
	经济性	成本低	虽然材料本身价格高于山皮石，但综合单根墩体填料使用量来看，成本反而低于山皮石
	有效性	不满足施工需求	可满足施工需求
	时间性	填料次数增多，时间偏长	时间相对合理

夯击到接近埋锤时将石料回填至坑深的 2/3 处，回填时石料尽量均匀铺设，避免将石料集中堆积，在施打的过程中出现歪锤现象，在此过程中项目管理人员全程旁站并留存影像资料（图 1、图 2）。

图 1　装载机铲石料

图 2　石料回填

实施结果：在此过程中课题研究小组成员全过程监督，发现块石回填过程与方案一致。

2.2.2　夯击能转换控制技术测试记录

（1）夯击能的设定：强夯机强夯前，根据夯锤过磅记录（34.5t）算出对应夯击能所需落距，现场将强夯机驾驶到平整的面然后提升脱钩器，并测量出 5000kN·m 及 7000kN·m 对应落距，并在钢丝绳相应位置设置两个钢丝圈，更换夯击能时只需要将钢丝绳的一个绳圈与挂钩固定或打开，组装好后会同监理进行试夯，并再次测量确认落距，落距误差在 15cm 以内（图 3～图 5）。

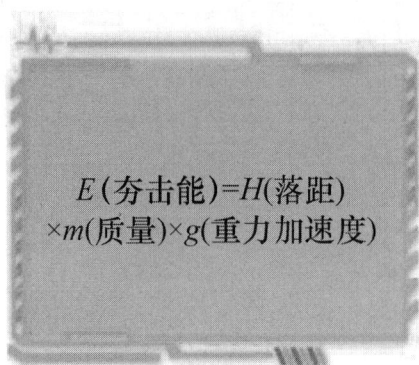

图3　落距测量　　　　　　图4　夯击能计算公式　　　　　　图5　切换夯击能

$$E(夯击能)=H(落距)\times m(质量)\times g(重力加速度)$$

实施结果：落距误差在15cm以内，折合夯击能在52kN·m以内。

（2）控制夯击能切换时机：每个夯点开始用5000kN·m试夯，在地质条件允许的情况下更换为7000kN·m，尽量提高首次填料前的成孔深度，过程中确保7000kN·m不少于10击，最后4击切换成5000kN·m收坑，在此过程中项目管理人员全程旁站并留存影像资料。

实施结果：在此过程中课题研究小组成员全程监督，发现夯击能切换时机与方案一致。

2.2.3　夯锤形式创新测试记录

用两种不同导向夯锤分别进行了强夯置换试验，并将形成的墩体现场开挖，发现圆锥导向夯锤所施工的夯点墩体成型效果差，易向周边扩散，墩体深度浅，隆起高（图6～图9）。

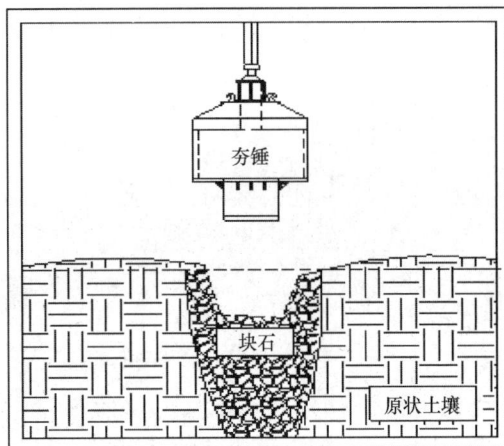

图6　圆柱导向夯锤成墩示意图　　　　　　图7　圆锥导向夯锤成墩示意图

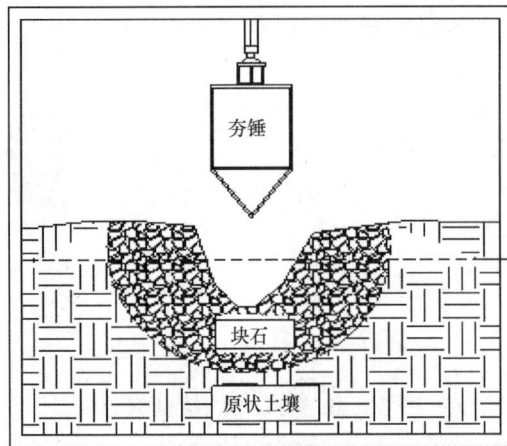

2.2.4　检测

（1）钻孔检查：勘测单位对强夯完成点按数量比进行了3%的抽样转孔检查。

检查结果：抽检的墩体深度均在自然地坪以下4.5m。

（2）静载试验：抽样钻孔检查完成后，按规范静置28d后进行了静载试验。

试验结果：检测点98%的承载力特征值满足$f_{ak}\geqslant120kPa$。

（3）结论：根据以上试验数据显示，采用高灵敏性粉质黏土强夯置换技术，强夯置换合格率达到98%，超出目标值3%。

图 8　圆柱导向

图 9　圆锥导向

2.3　设计施工方法

（1）夯点采用 4.6m 正三角形布置，夯锤直径为 2.2～2.35m，单点夯击数 18～22 击，根据前期试夯结果确定采用不同能级组合工艺，夯击能拟控制在 5000～7000kN·m 之间，以控制墩体深度不浅于原始地表下 4.5m 为准。

（2）墩体材料采用级配良好的块石、碎石等坚硬粗粒材料，且粒径大于 300 的颗粒含量不超过 30%，最大粒径不大于 800。

（3）要求成墩直径平均不小于 3m，填料量为强夯单个夯坑 50～60m³。

（4）墩体长度为原始自然地坪下不小于 4.5m，每点夯击数初步估计为 15～20 击。

（5）夯击应由内而外或单向前进的原则完成全部夯点的施工，最后两击的夯沉量不大于 300mm。

（6）最后采用 2000kN·m 的能量满夯 1 遍 2 击，锤印应彼此搭接 1/3 锤直径，平均下沉量不大于 50mm，满夯范围应从最外排夯墩边外扩 2m。

（7）强夯置换后的复合地基承载力特征值 $f_{ak} \geqslant 120kPa$。

2.4　关键核心技术简介

（1）组合夯击能创新工艺

原因分析：采用传统单一夯击能施打，如锤底静压力值过小（锤底面积相对较大），相同夯击能条件下穿透力相对较弱，若加大夯击能，虽能形成夯坑，但地面隆起过高且形成淤泥飞溅，不可取。若增大锤底静压力值，选用较小锤底面积，则容易造成吸锤、歪锤、无法拔锤等困难，且土质灵敏度高，拔锤后缩孔严重，无法形成有效夯坑。不利于现场施工，需探索一种折中的方式来解决其矛盾点。

技术简介：通过对单一夯击能进行逐一试夯（传统的夯击能全部进行试夯），最终选定适用夯击能区间为 5000～7000kN·m 之间，当全部采用 5000kN·m 夯击能施工中，墩体深度无法满足设计要求，在全部采用 6000kN·m 夯击能的施工过程中，吸锤、歪锤比较严重，且墩体深度无法保证，全部采用 7000kN·m 夯击能时，墩体深度满足设计要求，但吸锤歪锤比较严重，最终经试验形成组合夯击能 5000kN·m（1～3 击，穿透上层软弱土）＋ 7000kN·m（4～17 击，将置换材料夯入设计墩体底标高）＋5000kN·m（18～22 击，夯实上层置换材料）。

（2）夯击能转换控制技术

原因分析：传统的转换方式操作繁琐，单墩置换时间较长，需按要求夯击能计算不同长度钢丝绳，并在施工中由人工绑扎铁丝调节，容易造成长度计算不准确及固定不牢固等情况，还会存在无法避免的铁丝可能拉断的安全风险，施工操作繁琐，施工周期增加，单墩夯击能转换需耗时 20min，为缩短单墩施工时长，通过分析数据，试验对比，最终形成一套有针对性的夯击能转换体系及成熟的施工工艺。

技术简介：经研究，设计出一套既安全又节省施工时间的装置（夯击能快速变能级挂钩），此装置被固定于夯机耳板上，施工前期，在钢丝绳上根据落距固定长度，形成勾环，根据组合夯击能的切换时间进行调整，能快速完成夯击能的施工转换，缩短转换时间至 3min。

（3）夯锤形式创新

原因分析：当场地土属于高灵敏性粉质黏土且含水率高时，使用传统夯锤的强夯置换墩体深度无法保证（以圆柱体为主），接地静压力值较大，场地土质的不均匀性，导致施工中存在定位不准确、歪锤吸锤严重等问题，需通过自主创新、试验对比，从而解决施工过程中遇到的问题，节省施工周期。

技术简介：①一种降低锤底接触面积，增加定位准确性的夯锤，底部增加小直径锤，减小接地静压力值的同时起到定位准确的作用，顶部加长蘑菇头螺栓，减少埋锤的发生；②一种可根据现场土质情况，在现场进行增减配重片，从而增减锤体高度、增加锤底接地静压力值的夯锤，此锤的锤重自主切换可在现场实施，有效节约了施工时间，保证置换材料能根据场地的不同有效夯击至设计深度，并可极大减少吸锤歪锤、无法拔锤的风险；③一种增加锤体高度、增加锤重的同时有效增加锤底接地静压力值的夯锤，保证置换材料能一次性有效夯击至设计深度。

（4）夯锤排气装置创新

原因分析：当场地土属于含水率较高的粉质黏土时，传统夯锤留置排气孔为三个，直径为200mm，施工过程中因夯击能大且土质为黏性土，每次的夯击都会造成排气孔的堵塞，无法形成上下气流造成拔锤严重，吸锤无法拔锤等困难，增加施工时间的同时造成经济上的浪费。

技术简介：一种可阻挡在施工锤夯击土体后排气可控堵塞的装置，且在拔锤时还可形成一定的空气对流，在施工的同时有效避免排气孔堵塞无法拔锤的现场发生，极大减少施工周期，加快施工进度，此项技术主要组成部分为弹簧＋圆形钢板＋支撑螺杆，支撑螺杆主要起固定弹簧的作用，螺杆与圆形钢板相连，形成一闭一合的防堵孔排气装置。

3 技术指标

3.1 置换材料的选择试验研究

3.1.1 关键技术指标

墩体材料采用级配良好的块石、碎石等坚硬粗粒材料，且粒径大于 300mm 的颗粒含量不超过30%，最大粒径不大于 800mm。

3.1.2 应用过程中检验方法

（1）置换材料选择

在对场地现状、周边环境、建设内容、施工工艺流程、运输路线以及施工成本等诸多条件进行缜密分析的基础上，拟定了块石和山皮石两种材料作为场地土处理置换材料进行对比。

（2）置换材料对比

块石：

材料本身相对于选择山皮石的优点：材料更为坚硬、承载能力高。

材料本身相对于选择山皮石的缺点：材料价格相对较高。

山皮石：

材料本身相对于选择块石的优点：材料价格便宜。

材料本身相对于选择块石的缺点：材料质量不好控制、材料不如块石坚硬、承载能力不如块石。

通过现场试验进行数据分析，采用山皮石无法保证夯点合格率，而采用块石合格率可以达到90%，且采用块石可以节省填料量，加快施工进度。

从经济性考虑，块石作为置换材料，虽材料本身价格高于山皮石，但综合单根墩体填料使用量来看，成本反而更低。

选择块石作为置换材料，能更经济地满足置换墩体深度及施工承载力要求，且施工时间相对较为合理。

3.1.3 实施效果

在强夯置换试验数据采集过程中，分别采用山皮石和块石进行试夯试验，能够得出选择块石作为置换材料可以更经济地满足设计深度和承载力的要求。

3.2 夯击能的转换控制技术及施工工艺创新

3.2.1 关键技术指标

夯击能是强夯施工时的一个非常重要的控制指标，夯击能过高会增加施工成本及施工时间，夯击能过低又无法达到设计要求的置换深度和承载能力，因此需要根据项目本身的场地土质，经过试夯得出数据，经过研究团队总结经验、分析数据，最终得出在高灵敏性粉质黏土场地环境中采用5000kN·m+7000kN·m+5000kN·m的夯击能最为经济合理。

3.2.2 应用过程中检验方法

（1）当夯击能全部采用5000kN·m

全部采用5000kN·m夯击能，能有效解决吸锤、歪锤等问题，但最终检测夯墩深度无法满足设计要求。

（2）当夯击能全部采用6000kN·m

全部采用6000kN·m夯击能进行试夯，夯击能单一，仍无法解决吸锤、歪锤等问题，施工困难，最终无法达到设计墩体深度。

（3）当夯击能全部采用7000kN·m

全部采用7000kN·m夯击能进行试夯，最终设计深度可以达到墩体深度，但过程中发现墩体置换材料用量相对6000kN·m有很大程度增加，同样吸锤、歪锤严重，且增加施工成本和工期，并且隆起高度大大增加。

最终选择组合夯击能进行施工，常规强夯机械需按要求的夯击能计算不同长度的钢丝绳，并在施工中由铁丝固定于原夯机耳板上，施工中容易造成长度计算不准确及固定不牢固情况。又因铁丝固定相应长度的钢丝绳不仅固定不牢固，还会存在施工中无法避免的铁丝可能拉断的安全风险，安全系数低，施工操作繁琐，导致施工周期增加，传统施工工艺夯击能转换需要约30min；经过课题研究组的研究，设计出一套既安全又节省施工时间的装置（已获发明专利），优化后夯击能转换仅需要30s，该发明应用后能够快速完成夯击能的施工转换。

3.2.3 实施效果

经过试夯试验得出5000kN·m+7000kN·m+5000kN·m在高灵敏性粉质黏土场地土处理工程中，能够既经济合理，又能满足设计墩体深度和承载力的要求，在工程正式施工完成后经检测最终合格率能够达到100%。圆满完成了设计要求。

3.3 夯锤形式的选择控制技术

3.3.1 关键技术指标

（1）夯锤直径为2.2～2.35m。

（2）要求成墩直径平均不小于3m。

（3）墩体长度为原始自然地坪下不小于4.5m。

（4）单点夯击数18～22击。

（5）2000kN·m 的能量满夯 1 遍 2 击，锤印应彼此搭接 1/3 锤直径，平均下沉量不大于 50mm，满夯范围应从最外排夯墩边外扩 2m。

3.3.2　应用过程中检验方法

（1）异形螺丝锤

异形螺丝锤包括底部受力锤和小直径的钢板配重片固定相连而成，用夯锤下部的大直径底部受力锤来控制墩体直径；将小直径的钢板配重片来控制夯锤重量。底部受力锤较大的底面积通过斜坡过渡到较小直径的钢板配重片，减少夯击时截面变化部位的应力集中，并通过接缝处的加强肋，从而增长使用寿命。夯锤上部底面积缩小后，不仅使其夯锤上部与土体接触面积减少，而且使其墩体直径不变，在相同锤体重量下，可大幅增加置换深度，而且重心平稳作用十分明显，在施工定位上较为准确，无须反复定位，节省了施工时间，侧面摩擦面积减小且容易拔锤，大大提高施工效率，节省施工时间，缩短了施工周期。

（2）异形引导组合锤

异形引导组合锤通过大直径的基础夯锤和小直径的引导夯锤固定相连而成，夯锤下部小直径的引导夯锤，将基础夯锤较大的底面积在无斜坡过渡的情况下直接跳变为较小的底面积，不仅使其静压力值大幅增加，而且使得施力方向更加集中，没有水平方向的转换损失，在相同锤体重量下，可大幅增加置换深度。而且引导夯锤的施工引导作用十分明显，在施工定位上较为准确，无须反复定位，节省了施工时间。小直径的引导夯锤因其底面积较小，不容易造成施工锤体吸锤及歪锤的情况，拔锤时较容易，大大提高施工效率，节省施工时间，改善施工环境，缩短了施工周期。

（3）强夯锤防堵排气装置

强夯施工使用的强夯锤都有分布的排气孔，但传统的排气孔多为简易贯穿孔洞，土体极易堵塞排气孔，造成拔锤困难，增加施工难度，并且清理排气孔会减缓施工速度，同时强夯落锤过程中形成的压缩波阻力增加，直接影响置换深度。通过课题研究组的创新，改造出了一个排气孔防堵装置，可以很好地阻止每次夯击过程中土体挤入排气孔造成排气孔堵塞，有利于加快施工速度，提高工作效率与质量。

3.3.3　实施效果

采用上述课题研究的夯锤形式可以更加高效、保质地在高灵敏性粉质黏土场地处理施工过程中达到设计要求。

3.4　与同类技术对比及优势

该技术较完整地将高灵敏性粉质黏土场地强夯置换处理的技术难点进行了有成效地攻克，准确地将各种出现的问题解决，并创新出多个发明专利和实用新型专利，与传统工艺相比效率高，节约了资源，降低了成本，加快了施工进度，得到了建设单位、各级政府部门的一致认可。

经国家认定的"一级科技查新咨询单位"科学技术部西南信息中心查新中心在国内外进行检索，国内外未见相同文献报道。

高灵敏性粉质黏土场地强夯置换处理关键技术研究在强夯领域发挥了良好的效益，将政府、业主、设计、施工等单位紧密结合。施工过程中的各种创新措施及建议，对同类工程在高灵敏性粉质黏土场地强夯置换处理方面起到了一定的参考和指导作用。

4　适用范围

4.1　技术适用环境特点

（1）工程地质条件

岩性以人工填土、粉质黏土、粉土、粉细砂等为主。不存在全新活动断裂，无崩塌、滑坡、地面塌陷、地面沉降、泥石流、地裂缝等危及本工程安全的不良地质作用。

（2）水文地质条件

地下水类型有潜水和承压水，承压水含水层主要为第⑦、⑩、⑫₁、⑮层粉细砂层，潜水稳定水位埋深介于 1.07～3.80m 之间，稳定水位埋深为 1～2m。

（3）场地岩土综合分析

拟建建筑场地类别为Ⅲ类，场地饱和粉土、砂土存在液化可能，液化指数 $\sum I l E$ 介于 1.47～5.75 之间，液化等级为轻微，主要液化土层为第④层粉砂夹粉土层和第⑦层粉细砂层，非湿陷性场地；本次处理主要为上层人工填土和粉质黏土。

4.2　适用建筑物特点

适用于大型厂房、大型交易市场，设计使用年限大于 100 年，地基承载力大于等于 120kPa 的建筑物及道路。

4.3　应用特点

（1）场地土强夯置换处理施工方法具有处理速度快、造价低、工艺简单、施工方便的特点。

（2）工程规模大、场地土处理工程复杂等特点。

4.4　存在问题

（1）因此项工艺涉及夯击能转换，能转换时间有局限性，不适合用于设计深度小于等于 3m 的墩体，此更适合采用单一夯击能施工，时间相对更节约。

（2）适合用锤直径相对较大，不适合采用直径小于等于 2m 的锤，此锤接地静压力值相对较小，穿透性太强。

（3）从施工工艺分析，还有很多优化的空间，例如夯击能的不同组合方式，每种发生组合的夯击能施工工艺，都可适用于不同的施工场地；锤脖的长短变化可根据场地土的含水率来进行调整与适应；锤体排气孔的个数是否可针对不同土层减少或增加等，这些新技术的研究与探索还比较欠缺，还需要进一步优化创新。

（4）在施工过程中，部分施工工艺虽有技术交底记录及影像资料，但未形成标准化进行推广，在今后的施工中，需积极总结经验，发掘创新点，形成标准化施工工艺，做进一步扩展推广。

5　工程案例

5.1　技术在典型工程中的应用情况

该项目通过大量试夯数据、结合理论分析、实际操作、发明创新等对在高灵敏性粉质黏土场地强夯置换地基处理施工过程中遇到的一系列技术难点做了较为系统的研究。四大关键技术：组合夯击能创新工艺、夯击能转换控制技术、夯锤形式创新、夯锤排气装置创新，并获得 4 项发明专利、6 项实用新型专利，1 项省级工法以及在国家级期刊发表 1 篇论文。

应用工程一：果品、蔬菜等交易区周圈强夯置换工程

工程建筑面积约 22.86 万 m²，场地用途为大型运输车辆行驶、果蔬批发交易，场地土呈可塑～软塑状，具中～高压缩性，承载力 $f_{ak}=60～80kPa$，①2 层土含水量 $W=23.6\%$，高灵敏性土质，采用强夯置换施工约占 14 万 m²，置换点位 7632 个。

应用工程二：锌原料、铅原料等车间强夯及置换墩工程

强夯施工区域为锌原料、铅原料配料车间、原料堆放棚、熔铸车间、氧化锌浸出车间、化验室开关站、北门口办公楼等区域，处理总面积约 16.1 万 m²，采用高灵敏性粉质黏土场地强夯置换处理关键技术，应用效果良好，经济效益显著。

5.2　经济效益

5.2.1　果品、蔬菜等交易区周圈强夯置换工程（表5）

应用工程一创效情况　　　　　　　　　　　表5

分析项目	方案一：高灵敏性粉质黏土场地强夯置换处理关键技术研究	方案二：常规强夯置换处理场地土
材料	25t 块石（节省 1087.6 万元）	40t 块石
人工	4584 人工（节省 3816 人工，合计 114.5 万元）	8400 人工
机械台班	900 个台班（节省 954 个台班，节省机械费 258.5 万元）	1854 个台班
合计	节省费用 1460.6 万元	

5.2.2　锌原料、铅原料等车间强夯及置换墩工程（表6）

应用工程二创效情况　　　　　　　　　　　表6

分析项目	方案一：高灵敏性粉质黏土场地强夯置换处理关键技术研究	方案二：常规场地土强夯置换处理
材料	20t 块石（节省 668.5 万元）	32t 块石
人工	3868.4 人工（节省 2931.6 人工，合计 87.9 万元）	6800 人工
机械台班	1229.9 个台班（节省 732.9 个台班，节省机械费 198.6 万元）	1962.8 个台班
合计	节省费用 955 万元	

5.3　社会效益

高灵敏性粉质黏土场地强夯置换处理关键技术是指该项目在场地土处理施工过程中通过运用科学的管理措施、先进的技术手段和创新技术的实施，以资源的高效利用为核心，在满足设计要求的基础上以成本控制优先为原则，尽可能地减少人、材、机的过度浪费，追求高效、保质、统筹兼顾，最大限度地实现场地土处理质量安全、建筑材料、人工、机械等资源的节约。高灵敏性粉质黏土场地强夯置换处理关键技术在项目中的应用，对提高企业自身经济效益和社会效益有显著的影响。

该技术在高灵敏性粉质黏土场地强夯置换地基处理施工中有很强的示范作用，过程中总结的多项科技成果经鉴定达到国际领先水平，在同类型的建设项目中起到很好的引领作用，从理论和实践的角度起到示范作用。

6　结语展望

项目所处环境受到地形地质的影响，需大面积场地土处理后进行下一步工程建设。传统的场地土处理施工方法需要用到水泥等污染比较大的加固材料。本项目为节约成本，保护环境，最终选择采用强夯置换施工，但使用传统的场地强夯置换处理，施工难度大，施工过程中极易造成吸锤、大面积隆起等施工困难，研究组通过数据分析，总结经验，发明创造，最终达到设计要求。采用高灵敏性粉质黏土场地强夯置换处理关键技术可适用于各类软弱土处理，效果显著，成本低，施工速度快，质量保证率高。

从经济效益出发，高灵敏性粉质黏土场地强夯置换处理关键技术的研究与之前对比，该技术效果显著，符合施工节约成本的原则，必将激励该技术的大力发展。

高灵敏性粉质黏土场地强夯置换处理关键技术研究整体效益显著，综合技术领先，各单项技术先进。实现了场地土处理施工优质安全高效的目标。在该项目中得到成功应用，为所有参建单位均赢得了良好的社会效益。该成果对高灵敏粉质黏土场地强夯置换处理施工过程具有很强的指导示范作用。

作者：褚海伟[1]　华栓[1]　董晓强[2]　文哲[3]　曾国红[2]　董宝志[3]　闫振兴[1]　张兵[1]　黄新华[1]　包益波[1]　杨沛达[1]　董雪伟[1]　文宇坤[3]　赵霞[3]（1. 中国建筑第二工程局有限公司；2. 太原理工大学土木工程学院；3. 山西金宝岛基础工程有限公司）

低多层半刚性全装配式框架结构体系设计与应用技术

Design and Application Technology of Low-Multi Story Semi-rigid Fully Assembled Frame Structure System

1 技术背景

1.1 政策背景

随着国民经济快速发展，我国城镇化率不断提高，建筑业也随之快速发展。而传统的现浇式建筑已不符合绿色健康的发展理念，政府对于建筑工业化不断推进，装配式生产方式的优势逐渐明显。2016 年《国务院办公厅关于大力发展装配式建筑的指导意见》对装配式建筑的发展做出了详细的指示，力求在 10 年左右使装配式建筑在新建建筑中的占比达到 30%。但受各地区经济发展水平及政府的政策支持力度的限制，各个省市装配式建筑发展水平不同。

1.2 市场环境情况

低多层建筑是较为适宜的建筑形式，在城镇化建设中占据着重要地位，其结构在竖向和水平作用下的内力和位移小，对于抗震、抗风等要求不高，对节点受力的要求可以适当降低，适合装配式结构推广。

然而，我国装配式混凝土建筑多数采用"等同现浇"原则设计，其节点构造施工的要求较高，施工过程繁琐，导致难以在中小城市大范围推广低多层装配式建筑。近年来，国内外已开展了一些连接节点和整体结构的研究工作，对预制构件及其连接方式进行了较多的试验研究和分析。但综合对装配式连接节点的研究发现，现有连接节点还存在设计复杂且传力不直接、装配式节点配件繁琐、拆换不易、造价较高等问题。

1.3 重要意义

装配式建筑能有效减少噪声及粉尘污染，预制构件的模块化、工业化生产最大限度减少了建筑垃圾及废弃物的排放，钢模的重复使用，减少了木材的消耗，在施工阶段减少了人工、能源消耗和用水消耗，因此，采用装配式建筑是实现碳中和目标的关键路径。

同时，装配式建筑工业化生产模式通过预先在工厂生产构件，可以节省工期；规模化生产从源头上降低了成本；工厂生产相对现场浇筑大大降低了建筑误差，通过预先检测，避免了不合格构件出厂，提高了建筑产品质量，这些特点契合了城镇化建设高速度、低成本、高质量发展的核心理念。

1.4 研发目的

在上述背景下，本公司以低多层装配式建筑为切入点，在"等同现浇"的要求之外寻求突破，提出了一种干式连接形式，作为全装配式钢筋混凝土半刚性连接节点，用以简化节点的连接形式和现场节点安装的复杂程度。在此基础上，对低多层新型全装配式半刚性结构体系的设计及应用进行研究。开发一套结构可靠、成本可控、易于施工的"低多层新型全装配式半刚性结构体系设计、施工成套技术"，将其应用于低多层建筑领域，在丰富建筑工业化技术储备的同时，进一步推动装配式建筑的发展与应用。

2 技术内容

2.1 技术原理

2.1.1 低多层新型全装配式半刚性结构体系简介

低多层半刚性全装配式框架结构体系是由预制梁柱、预制外墙、SP 楼板基本构件组成的全装配式结构体系。本体系中，预制柱与基础、预制梁与柱、预制外墙与预制梁连接，SP 楼板与预制梁采用不同形式的干式连接，可以实现快速安装。这种结构体系具有半刚性连接特点，在满足承载能力的同时，具有比现浇框架结构更好的延性和耗能能力。

2.1.2　基本构件

低多层新型全装配式半刚性结构体系包含上述内容中的预制梁、预制柱、预制外墙和 SP 楼板等构件。

2.1.3　连接方式

（1）预制柱—预制梁半刚性节点连接

梁柱半刚性端板螺栓连接通过在柱内预留螺栓孔洞，采用对穿螺栓和端板组件连接，框架边节点由一块钢垫板与端板组件通过对穿螺栓夹抱与柱形成连接，中间节点由对穿螺栓拉接两个端板组件形成连接（图 1）。

其中端板组件包括外伸端板、焊接钢板、加劲肋，梁内钢筋与焊接钢板焊

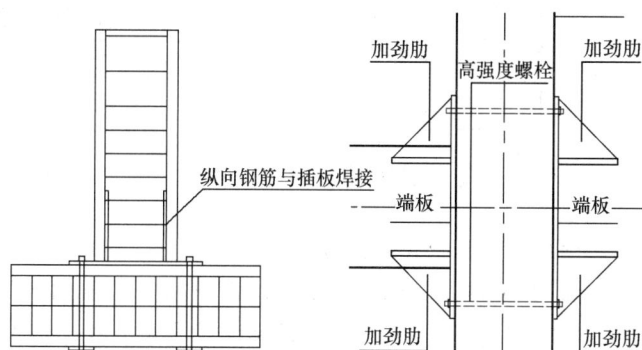

图 1　梁柱节点及端板组件示意图

接连接。梁端处的内力可以通过焊接钢板传递给端板，再由端板变形传递给柱子，保持节点传力连续性。加劲肋的作用是增加外伸端板的刚度，提高连接节点的承载力。

（2）基础—预制柱连接

预制柱采用柱靴螺栓连接方式应用于柱—基础和柱—柱连接。该节点采用连接螺栓与预埋柱靴形成连接，其中连接螺栓预埋在基础内或预制下柱内，当埋在基础内时，螺栓端头焊接锚固板，埋在预制下柱内时，通过套筒与预制下柱内的纵筋相连（图 2）。

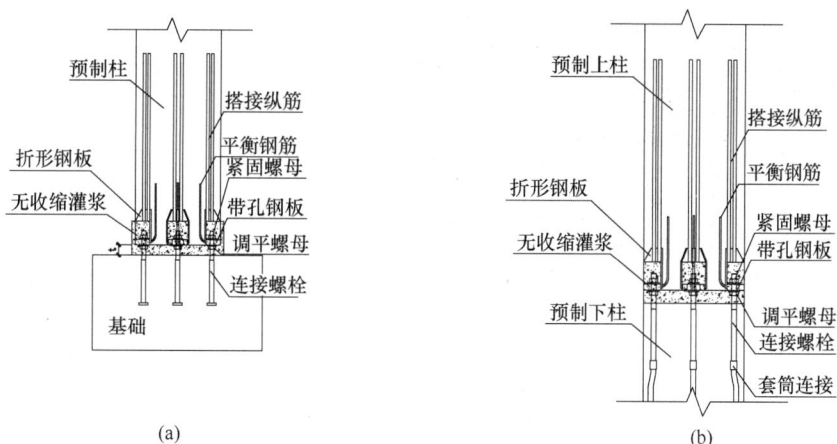

(a)　　　　　　　　　　　　　　　　　(b)

图 2　柱靴节点连接图

（a）柱—基础连接；（b）柱—柱连接

（3）预制梁—预制板连接

楼板与梁的连接如图 3 所示，在 SP 板端和混凝土梁顶对应位置预埋钢板，并在板端焊接，SP 板中预埋钢板如图 4 所示，并将扣片扳弯扣住钢绞线进行预埋，该节点形式无须后浇，可有效提高安装效率。

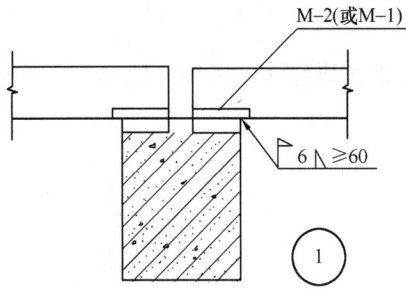

图3 板端节点连接图

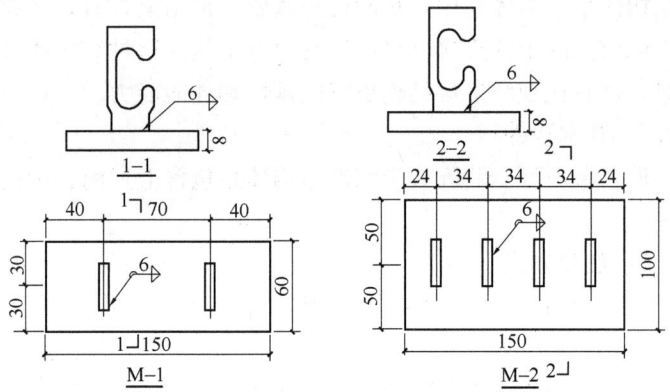

图4 SP板带扣预埋钢板

（4）预制梁—预制外墙连接

墙板的连接包括 SP 墙板与梁、柱之间的节点和 SP 墙板自身之间的节点。将 SP 墙板竖向布置，其与梁、柱之间的节点采用 SP 墙板预埋件与梁、柱连接件焊接，使其悬挂在梁或柱上，这种连接方式可实现外墙平面内外的位置调整，且传力途径简单，安装方便，连接大样及连接件如图5、图6所示。

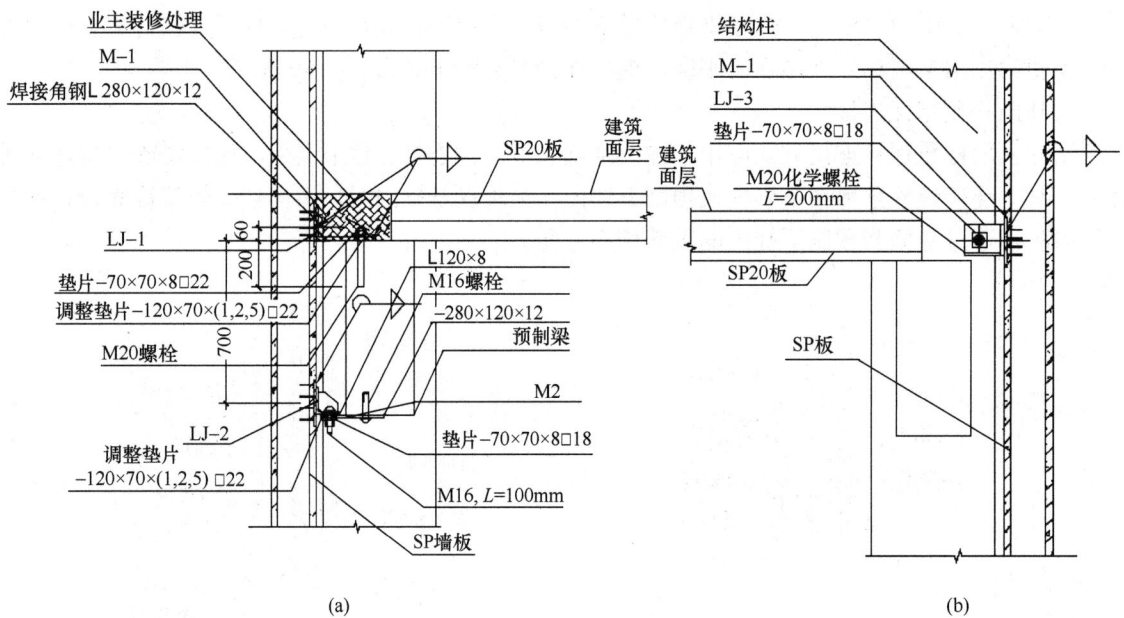

(a)

(b)

图5 外墙连接大样

（a）墙板—梁连接大样；（b）墙板—柱连接大样

2.2 试验验证结果

对于本结构体系，端板螺栓半刚性梁柱连接节点是本项目创新提出的新型连接形式，对整个结构体系的受力起到关键性作用，需要对其进行理论和试验验证。本项目对该连接节点及其框架进行了拟静力试验并进行了有限元模拟分析，图7为节点和框架试件的受力试验图片。

试验结论：

（1）端板连接半刚性节点承载力略低于现浇节点，但其延性系数和能量耗散系数均大于现浇节点，具有良好的延性和抗震性能。

（2）端板厚度和加劲肋的设置会对节点承载能力和转动刚度有较大影响。

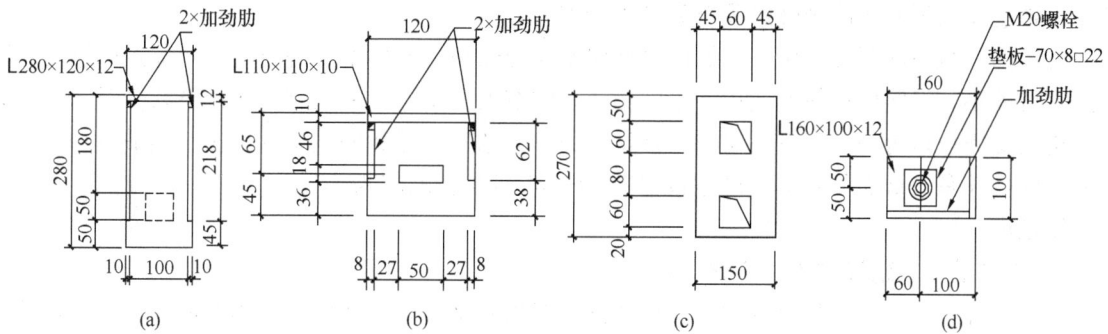

图 6　外墙连接件

(a) LJ-1；(b) LJ-2；(c) M-2；(d) LJ-3

图 7　节点和框架试件的受力试验

（3）提高节点初始转动刚度会增加框架结构的抗侧刚度，有利于提高框架的承载力，满足抗震要求。

（4）框架整体屈服顺序为端板屈服→梁内纵筋屈服→柱脚纵筋屈服，表明半刚性端板连接框架在破坏时，首先发生梁端端板屈服破坏，最后发生柱脚破坏，梁端混凝土并未发生压碎，说明这种框架具有合理的梁铰破坏机制，同时可实现破坏后快速修复。

2.3　低多层半刚性结构体系的设计方法

本结构体系采用的梁柱连接节点是将钢结构中的端板连接应用于预制混凝土梁柱中，这种节点具有明显的半刚性特性，传统的现浇框架或者"等同现浇"的装配整体式结构设计方法不再适用，因此，在其进行设计时，应当包括针对半刚性连接框架的设计和对节点本身的设计。

2.3.1　半刚性连接框架的内力计算

与现浇框架的刚性节点不同，半刚性节点会在梁柱间发生有限的相对转动，在受力上介于刚接和铰接之间，这种特性使得结构在不同的转动刚度时，其内力分布也会不同。研究表明，节点的半刚性对框架内力的影响是由节点的初始转动刚度决定的。

对于半刚性连接的内力，可以通过考虑连接的转动变形来进行推导，得到修正的、考虑节点半刚性的梁单元刚度矩阵，将该单元刚度矩阵用于矩阵位移法，从而可以实现半刚性连接的内力和变形计算。

2.3.2　初始转动刚度的选取

从上述内容可以看出，对应于每一个具有不同初始转动刚度的节点，框架的内力分布和大小都会不同，而半刚性连接的内力分布特点同时也决定了半刚性连接框架在设计时，需要预设节点的初始转动刚度，再通过试算的方法来确定预设值是否合理。

因此，为了减小计算工作量，根据低多层建筑受力较小、变形不大的特点，对节点初始转动刚度的范围进行缩小，以便快速找到适用于本结构体系的节点。于是，采用有限元计算软件对节点初始转动与结构的层间位移角的关系进行研究，计算不同跨数和不同层数的框架在采用不同节点初始转动刚度时的层间位移角，从而得到节点的建议的初始转动刚度选范围为 $EI_b/L_b \leqslant R_k \leqslant 3EI_b/L_b$（$EI_b/L_b$ 为梁的线刚度）。

2.3.3　节点初始转动刚度的设计步骤

根据半刚性连接的传力特点及理论计算依据，提出新型半刚性连接框架体系的设计方法步骤：

① 根据结构构件的布置初选梁柱截面；

② 选取节点初始转动刚度 R_{k1}；

③ 按本章方法计算框架内力及变形；

④ 校核其结构变形，当框架最大层间位移角小于其限值（$\theta < [\theta_e]$）时进入下一步，否则回到②；

⑤ 根据 R_{k1} 的值设计节点，得到节点实际转动刚度 R_{k2}，并重复步骤③，当满足④中的要求时进入下一步，否则需重新设计节点；

⑥ 根据内力计算结果进行混凝土截面配筋设计，若截面不符合要求需从步骤①开始重新设计；

⑦ 计算节点承载力，并校核，若不满足需从步骤⑤重新设计。

2.3.4　半刚性连接节点的计算

对于本项目的半刚性端板螺栓连接节点，根据试验和理论研究结果，提出其计算方法，得出其弯矩—转角全过程曲线模型。

分析节点的变形特点，基于组件法思想，建立端板螺栓连接节点转动刚度计算的力学模型并提出其初始转动刚度计算方法，根据试验和模拟结果，建立端板螺栓连接的承载力计算模型并提出其抗弯承载力计算方法，按照以上计算方法，便可对节点本身进行参数设计。同时，根据节点的初始转动刚度和抗弯承载力推导了半刚性节点全过程曲线简化的计算方法用于理论分析。

2.4　低多层半刚性结构体系的施工方法

2.4.1　整体施工流程

提出结构体系的整体施工流程为：预制构件生产→放线、标高测定→首层柱吊装、固定→首层梁吊装、固定→首层楼板吊装、固定→二层柱吊装、固定→二层梁吊装、固定→二层楼板吊装、固定→三层柱吊装、固定→……→外墙吊装、固定。

2.4.2　各预制构件的生产

根据各预制构件的特点，提出相应的生产要点：

预制柱在生产阶段，需要预留梁柱节点螺栓孔和预埋柱靴连接件，预留螺栓孔和柱靴连接件时，可用铁板制作专用定位板（图8），确保其相对位置准确。

预制梁在生产时，按图纸绑扎钢筋完钢筋后，将端板和钢筋笼安装在一起，安装前应确认端板组件各焊缝饱满，无缺陷，安装后应复核端板垂直度，检查预制梁总长，随后将梁主筋与端板焊接在一起。

预制SP板在设计阶段应预先对其进行分段布置，以保证与建筑模数吻合，预制时应注意根据设计要求留设预埋件。

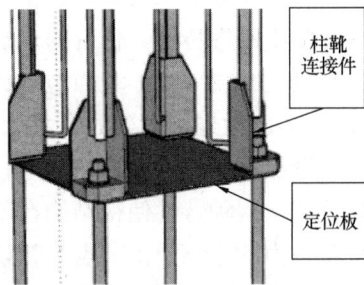

图 8　柱靴定位板

2.4.3 各预制构件的施工流程及操作要点

预制柱的安装流程为：测量定位→预制柱起吊→检查螺栓孔是否对孔→对孔→利用调平螺母调整标高及垂直度→初拧连接螺母→支设斜撑→复合垂直度→固定斜撑→拧紧螺母→松钩→细石混凝土填缝。

吊装时，应注意以下要点：

（1）起吊时应缓慢起吊，先将柱在原位完成翻身起吊，使柱呈竖直状态（图9），随后将柱吊至设计位置上方0.3m左右，检查柱靴螺栓孔是否对孔，将基础预埋螺栓对准柱脚预留螺栓孔，缓慢下降，随后采用调平螺母调平，初步拧紧连接螺母。

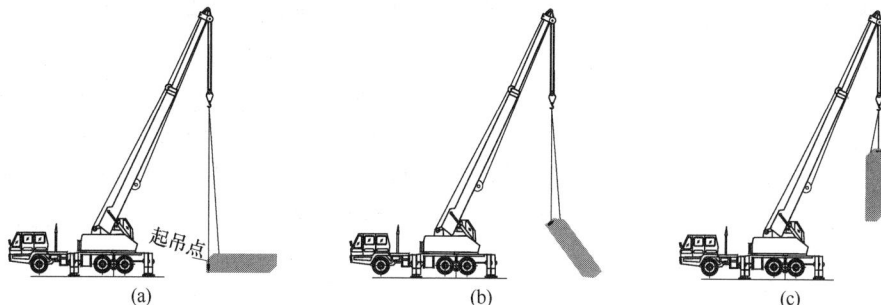

图 9 预制柱起吊

（2）当预制柱过高时（每2层接长一次），为防止脱钩后柱子倾倒，采用斜撑加固。安装斜撑后，复合垂直度，垂直度有偏差时，可用可伸缩斜撑配合调平螺母再次调整后紧固螺栓。

（3）预制柱固定后，松钩，随后采用细石混凝土进行填缝处理，并用细石混凝土将柱脚的预留凹槽填满。

（4）预制柱安装完成后，在预制梁的端板下口位置，用化学螺栓固定角钢牛腿，作为预制梁安装时的临时支撑（图10）。

预制梁的安装流程为：预制梁起吊→检查螺栓孔是否对孔→对孔→预制梁就位→安装高强度螺栓→高强砂浆填缝→拧紧高强度螺栓。

吊装时，应注意以下要点：

（1）吊装过程中应缓慢起吊，并将预制梁吊离地面0.2m进行试吊。梁吊装时，取梁两端的1/3处起吊，采用吊带从梁底穿过，采用平衡梁进行吊装（图11），预制梁安装就位后，将梁搁置在预先用化学螺栓固定的角钢牛腿上，检查螺栓孔是否对孔，如发现不对孔，可采用铁片填塞调整完成对孔，安装高强度螺栓。

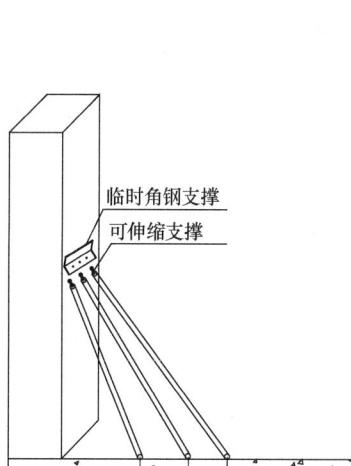

图 10 预制柱斜撑加固

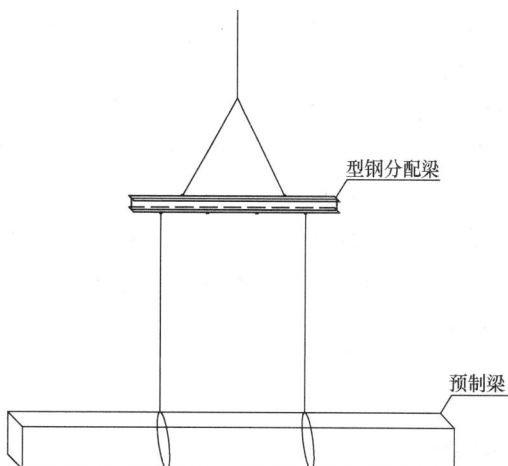

图 11 预制梁吊装

173

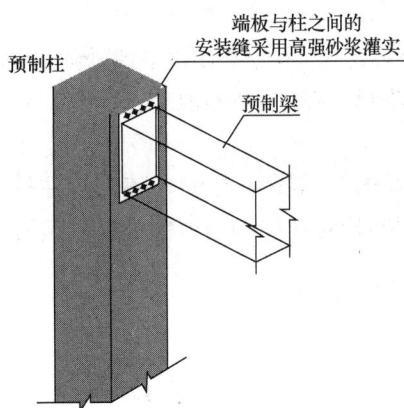

图12　高强砂浆填缝

（2）为了便于安装，在预制混凝土梁时，应考虑预留10mm安装缝，安装缝采用高强砂浆填实（图12），灌缝的高强砂浆达到设计强度后，紧固高强度螺栓。

（3）为便于预制楼板的安装，预制梁吊装完成一层时，先进行本层预制楼板的吊装，完成后再继续下一层预制梁安装，直至全部预制梁安装完成，进入下一工序。

SP墙板的安装流程为：构件进场→墙体起吊→墙体就位→位置调整→位置、标高确认→连接件固定。

SP墙板吊装时，应注意以下要点：

（1）预制外墙挂板吊装前要清理结合面，在已施工完成的基础地梁上放出预制外墙挂板定位边线，同时，为节省施工时间，预先根据设计图纸确定的位置，在梁、柱上进行连墙件预埋。

（2）墙板在板顶端预留了板宽方向的吊装孔，将吊索伸入墙板竖向孔洞，利用直圆钢插入预留吊装孔将吊索锁住，在板底端用吊带捆绑起吊，起吊时，利用吊车大小钩进行墙板翻身，当墙板完全竖直时，取下下端吊带。

（3）墙板吊至预定位置进行墙板安装时，将放至距楼面0.2m处，根据预先定位的控制线微调，微调完成后减缓下放。降落至地面后，参照墙体控制线，调整墙体进出位置及两端标高。墙体下端标高及进出位置调整好后，校核垂直度，垂直度调整完成后，将梁（柱）上预埋件与墙体预埋件按照图5进行连接固定，完成墙体安装。

2.5　关键核心技术简介

低多层半刚性全装配式框架结构体系设计与应用的关键核心技术主要包括低多层半刚性全装配式框架结构体系设计技术及低多层半刚性全装配式框架结构体系施工技术两大部分。各部分经过了充分的试验研究或示范工程建设进行验证。

（1）对半刚性端板螺栓连接节点及框架进行了试验和模拟分析，验证了如下指标：

① 半刚性端板螺栓连接节点的承载能力。

② 半刚性端板螺栓连接节点的延性、耗能指标。

③ 半刚性端板螺栓连接节点的强度及刚度退化指标。

④ 半刚性端板螺栓连接框架的延性、耗能指标。

⑤ 半刚性端板螺栓连接框架的强度及刚度退化指标。

⑥ 半刚性端板螺栓连接框架的破坏模式。

上述指标结果表明，半刚性端板螺栓连接框架结构的承载能力满足使用要求，其抗震性能指标良好，优于现浇节点。根据试验理论分析结果，研发了节点全过程曲线计算方法和半刚性全装配式结构体系的结构设计方法，并提出了建筑和结构设计要求，提出的设计计算方法合理，经现场施工验证，该结构体系施工快速方便，可有效减少劳动力消耗，提高施工质量，节约建设工期。

（2）通过实际施工生产探索，研发了一系列生产工艺及施工方法，主要包括：

① 预制梁、柱生产及质量控制技术。

② 预制梁、柱、楼板、外墙运输和存放技术。

③ 预制梁、柱、楼板和外墙安装技术。

3　技术指标

3.1　结构性能指标

半刚性端板螺栓连接节点的破坏模式端板屈服破坏，具有良好的延性和耗能能力，其承载能力略低于现浇节点，但可以满足低多层建筑的使用要求，采用本节点的框架结构首先发生梁端端板屈服破坏，最后发生柱脚破坏，具有合理的梁铰破坏机制，提出的设计计算方法与实际受力情况相符。

3.2　施工安装技术指标

与现有一般的装配整体式结构相比，采用本结构体系可以使以下性能指标提高：

（1）材料用量指标：本结构体系由于采用梁柱半刚性连接，其内力分布相比刚性连接更加均匀，梁端弯矩得到有效减小，因此可以减小截面或配筋，从而节约了材料成本，经计算，采用本结构体系一般可使构件截面减小15％左右。同时，由于截面减小，构件重量也相应减轻，降低了起重设备的要求。

（2）劳动力指标：采用本结构体系，装配率可达到90％以上，所有构件均可在工厂加工，在提高产品质量的同时。同时，本结构体系采用的构件不需要支设模板及架体，现场无须投入架体工人。经计算，全装配式框架结构施工全过程劳动力消耗为现浇框架的47％，为钢结构框架的56％。

3.3　应用过程中检验方法

本结构体系在应用之前进行了受力及抗震性能试验，并将各项性能指标与现浇节点进行了对比，结果表明，其受力及抗震性能可以满足适用范围内的各项要求，提出的设计计算方法合理可行。

在建设实践的基础上，总结的施工工艺流程及操作要点切实可行，提出的质量和安全控制措施以及应执行的国家及行业标准保证了施工的质量和建设中的安全。

3.4　与同类技术对比优势

本结构体系主要应用于低多层建筑，经查新，所研发的技术国内外未见相同文献报道，本项目技术的应用具备以下优势：

（1）成型质量优，本结构体系采用的所有结构构件均可实现工业化生产，相较于现场浇筑，质量易于控制。

（2）安装方便快捷，在施工过程中，构件之间的连接绝大部分都采用螺栓连接，可实现快速安装。

（3）力学性能好，本结构体系采用的端板螺栓半刚性连接框架，具有良好的抗震性能，承载能力满足使用要求。同时，遭遇地震破坏时，首先发生梁端端板屈服破坏，具有合理的梁铰破坏机制，可实现梁的可更换。

（4）经济效益好，本结构体系相较现浇框架，可节省大量工期，管理成本随之下降，工厂标准化生产采用钢模，理论上可无限周转，节省模板费用。同时，施工现场无需模板和内外脚手架，可节省大量措施费用。

（5）环保效益高，构件在工厂生产，避免了现场浇筑施工，大量减少了粉尘、噪声和建筑垃圾，同时，在工厂生产实现了各种资源的集中，有利于节能减排。

4　适用范围

4.1　技术适用环境特点

本结构体系可适用于低多层建筑结构，经生产实践验证，建筑跨度可以达到8m，建筑层数和层高根据结构变形要求可以通过改变节点转动刚度从而改变结构的抗侧刚度来实现，可以满足7层以下建筑要求，构建的空间可以满足大多数低多层住宅、商业、学校、工厂、仓储用房及办公建筑。

4.2　适用建筑物特点

根据理论和试验研究结果，考虑经济合理性和施工便利性，采用本结构体系的建筑结构可以用于抗震设防烈度为8度（0.3g）及以下的建筑。

4.3　应用特点

采用本结构体系的建筑，可实现全部构件的工厂标准化生产，其质量优良，结构可靠，避免发生各类质量通病。同时，经验证，发生地震破坏时，首先发生梁端端板屈服破坏，不会发生柱的破坏，可以实现梁的快速修复。

4.4 存在问题

存在的主要问题是工程验证还不够全面。目前本项目技术还没有规模化推广应用，未能在全国各区域、各种施工条件以及各种功能建筑上全面应用，可能存在的潜在设计施工问题未能充分暴露并予以解决，同时，由于是新的技术应用，建筑结构的耐久性还有待评估。

5 工程案例

5.1 应用情况

以重庆市第九人民医院两江分院低多层半刚性全装配式框架结构体系设计与应用示范工程为例进行介绍。重庆市第九人民医院两江分院临时会议室位于重庆市两江新区水土新城，北侧和西侧是封闭道路，东侧及南侧是该项目临时办公区。项目为临时会议室建筑，其结构形式为端板螺栓半刚性连接框架结构，其中南北向 2 跨，东西向 1 跨，建筑面积约为 217.6m²，一层层高 4.50m，二层层高 4.05m，建筑高度 9.15m。其中一层为会议室，二层为活动室和接待室，建筑的框架结构采用本结构体系提出的预制构件和相应的连接方式，楼板和外墙均采用 SP 板，屋面采用彩钢坡屋面，外墙装饰为真石漆，建筑装配率达到 92%。

5.2 取得的社会经济效益

通过对该示范工程的工期、经济效益、节能指标和碳排放指标进行计算。结果表明，本结构体系主体结构的工期和经济效益与钢结构接近，约为 540 元/m²，相比现浇框架和钢结构框架可分别节约工期 53% 和 44%，具有明显优势。在节能环保方面，本结构各项构造的节能指标满足现行标准，均满足当地居住建筑节能设计标准，同等构造下相比传统黏土砖可减少保温层厚度 20mm，碳排放指标相较现浇结构具有一定优势。在社会效益方面，本工程的应用初步验证了本技术的科学性和实用性，起到了宣传示范作用，为工程的推广积累了经验，培养了一批管理人员和技术工人，同时，也丰富了装配式建筑技术，推动了装配式产业的发展。

5.3 存在问题及措施

本工程的应用从施工生产的层面验证了本项目技术的实用性，但还存在以下问题：一是预制构件安装精度要求较高，影响安装效率；二是由于属于试验性质的首次工程建设，在建设过程中遇到的相关问题没有事先充分考虑，提出的解决方案较单一或者不是最优方案；三是在装配式构件之间的节点、缝隙的处理做法还需进一步完善。

解决措施：一是加强管理和培训，对于安装精度要求高的问题，通过加强生产管理，提高构件生产质量，加强培训，提高施工人员技术水平；二是加强咨询，对于施工过程中的疑难问题，邀请行业专家对方案进行论证指导；三是创新做法，针对节点等做法，在现有标准图集的基础上，有针对性地创新做法，本工程针对外墙防水，发明了带有装饰效果的止水条，获得 1 项实用新型专利。

6 结语展望

装配式建筑经过多年发展，各项技术已经在建筑行业取得了较大进步，过去的主要思路是采用"等同现浇"的原则，将装配式建筑构件用于各类建筑结构中。本文从使用场景和应用范围的角度出发，调研低多层建筑的应用前景，以此为出发点，突破"等同现浇"这一原则，研究装配式在低多层建筑中的应用，提出了新型的半刚性连接节点，在此基础上，研发了低多层半刚性全装配式框架结构体系设计及施工技术，通过工程应用实践，表明该结构体系具有较好的社会经济效益，是一种可推广的装配式建筑技术。

　　未来，还应在以下几个方面进行深入研究、完善：（1）进一步验证该体系在各种场景下的适用性，对于结构的耐久性也还需要工程实践进行验证；（2）进一步完善与机电系统、装饰等专业的结合，实现各专业的一体化设计、生产和施工；（3）进一步探索智能建筑和零碳建筑与本结构体系的融合，从而进一步打开本结构体系的应用市场。

作者： 鲁万卿　王承林　田为（中建七局西南建设有限责任公司）

全周转预应力型钢组合支护体系

Full Turnover Prestressed Steel Composite Support System

1 技术背景

伴随城市地下空间开发利用的规模越来越大,基坑工程也不断朝着特大超深方向发展,对其安全性和周边环境影响的要求也越来越高。目前常用的深基坑支护形式大体可归类于"竖向支护结构+水平内支撑结构"。水平支撑结构主要采用钢筋混凝土支撑和钢支撑。传统的钢筋混凝土内支撑结构虽然具有强度高、刚度大等优点,但是也存在众多不足之处,施工速度慢,基坑结束后需要全部拆除,材料无法重复利用,造成钢筋混凝土的浪费,拆除时噪声、粉尘、振动等污染严重,与绿色环保的低碳建筑理念相悖。

钢支撑具有安装拆除方便、施工速度快以及可重复利用的优点,但是传统钢支撑刚度偏小,一般适用于平面尺寸较小的基坑,且结构体系松散,支撑与围檩、围檩与围护结构没有可靠的连接,支撑间连接也较少,不能形成高冗余度的超静定结构体系,一旦产生局部破坏极易演变成整体垮塌,造成严重的人员伤亡和财产损失。

预应力型钢组合支撑是国内近些年摸索发展形成的一种新型内支撑体系。采用集束化设计理念,用多根型钢模块化拼装形成组合支撑截面,组合构件之间通过高强度螺栓进行连接,同时通过施工预应力,对基坑变形进行有效控制。预应力型钢组合支撑体系弥补了钢筋混凝土内支撑高能耗和单根钢支撑低刚度的不足,安全储备高,变形控制能力强,可循环利用,近年来在长三角、河南、山西、云南等地得到了广泛的应用。全周转预应力型钢组合支护体系是基于预应力型钢组合支撑,在保证基坑安全的前提下,通过模块化工业化拼装设计、集约化精细化施工控制,从支护设计到施工再到拆除,全面把控钢材的投入和使用,最大限度创造材料回收利用条件,以实现钢构件的全周转利用。

2 技术内容

2.1 技术原理

全周转预应力型钢组合支护体系主要由型钢围护结构和预应力型钢组合支撑组成。预应力型钢组合支撑包括型钢支撑、盖板、缀条、三角传力件、围檩、牛腿、立柱、托座、横梁等构件;型钢围护结构包括止水水泥土墙和内插 H 型钢(图 1)。

图1 全周转预应力型钢组合支护体系

2.1.1 型钢围护结构

型钢围护结构与止水帷幕墙合二为一,在止水帷幕墙内插入 H 型钢提高侧向刚度,作为基坑围护墙抵挡侧向土体变形。桩顶设置钢筋混凝土冠梁增强整体刚度,提高围护结构抵抗变形的能力。肥槽回填后将 H 型钢回收周转使用。止水帷幕墙优选采用成墙均匀、等厚、连续的 TRD 等厚水泥土搅拌墙。

2.1.2 预应力型钢组合支撑

(1)型钢支撑:每组型钢支撑梁由多根 H 型钢组合,型钢之间以盖板和缀条组合形成整体,支撑梁通过横梁和托座与立柱连接固定。所有型钢支撑构件之间均通过高强度螺栓连接,安装完成后对组合型钢主动施加预应力,提高基坑稳定性(图2)。

图2 型钢支撑

(2)钢围檩:型钢支撑与桩顶冠梁或型钢支撑与支护结构之间采用双拼 H 型钢围檩连接,起到固定型钢支撑和传递荷载的作用。型钢围檩与竖向支护结构内插型钢连接牢固,不同角度的型钢支撑构件与围檩斜交时采用三角牛腿作为传力构件。型钢围檩内每隔一定距离需焊接加劲肋,钢围檩的拼接接头需相互错开,相邻两根钢围檩的搭接接头不得在同一断面上。

(3)型钢立柱:由于钢支撑自重小,组合型钢支撑的立柱一般为 H 型钢直接插入地基中,地基特别弱时可设置搅拌桩或混凝土桩立柱。

(4)轴力补偿伺服系统:型钢支撑构件两端设置轴力补偿伺服系统。由智能油源(泵站)、现场监控主机、安装有快速接头的长距离高压油管、油路分配转接头、短接油管、紫铜垫片等组成。泵站集成了控制系统与超高压液压系统,具有4路独立油路通道,可实现1~4道支撑的独立控制(图3)。

2.1.3 周转预留预埋装置

为便于钢构件的回收周转使用,各类型钢构件均设置回收预埋预留口。用于围护墙的内插型钢在顶部开设直径100mm圆孔,便于型钢拔出,在侧壁支撑标高预留螺栓孔,便于型钢围檩与其连接,避免采用直接焊接损伤钢材,影响周转使用。用于支撑梁的型钢顶部每间隔一定距离设置螺栓孔组,可适应不同盖板、缀条间距、角度需求,提高型钢支撑的通用性。钢围檩设置刚性伸缩装置,以适应围檩与支撑不同角度的斜交连接。

图 3　轴力补偿伺服系统

2.2　位移控制原理

传统钢筋混凝土内支撑位移控制的本质是通过增加内支撑刚度来控制基坑位移,刚度越大,在相同水土压力作用下产生的变形越小。预应力型钢组合支撑则是通过施加较大的支撑预应力来控制基坑位移。预应力型钢组合支撑控制基坑坑壁水平位移的工作机理可以概括如下:

(1)施加预应力阶段,预应力使型钢支撑伸长,外顶围檩、围护墙向坑外变形,坑外土体处于被动土压力状态,产生基坑外侧土体抗力。预应力会使钢支撑产生很大的压缩量,但这一压缩量基本由千斤顶消化,不计入基坑累计位移。

(2)支撑下土层开挖时,开挖卸土效应产生的主动土压力首先与外侧土体抗力相抵消。抵消后的差值才会成为型钢支撑的压力增量,且此增量是整个挖土期间使支撑产生压缩增量的唯一原因(不考虑坑顶外荷载变化情况)。预应力越大,基坑挖土过程中支撑压力的增量越小,其压缩增量也越小,挖土期间坑壁位移就越小。在实际工程应用中,一般使支撑中压力的变化量控制在10%以内。

(3)基坑侧壁在支撑作用点的水平位移等于附加压力产生的支撑压缩量,再减去施加预应力时产生的塑性位移后得到的净值。通过设置合理的预应力值,或增加应力伺服装置,可以有效控制基坑侧壁位移值,保证基坑安全。

2.3　关键节点受力特点

钢结构端部连接点往往是受力薄弱点,对于预应力型钢组合支护体系来说,用于连接钢支撑与钢围檩的三角传力件受力最为复杂。对其建立实体三维模型进行分析,在三角件底部连接加压端,加压端再与型钢进行连接;在模型右侧面及底部的型钢底面设置固定约束的边界条件,在型钢处施加轴力设计值模拟内支撑(图4、图5)。

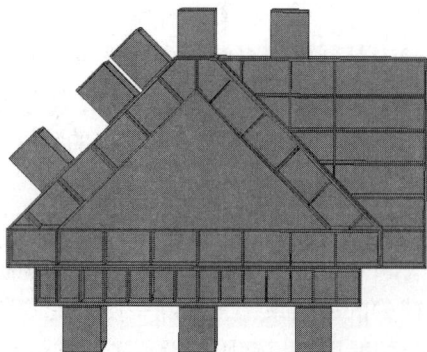

图 4　三维模型

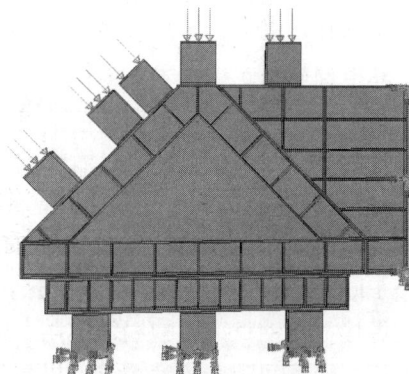

图 5　边界条件及荷载布置

三角件应力云图、变形云图如图6、图7所示，型钢施加轴力后，三角传力件大部分区域产生的应力都很小，个别加劲板角部出现应力集中，但也未达到钢构件屈服强度，对整体受力无较大影响。最大变形出现在三角件顶部加压端位置，且三角件整体变形较小。模拟结果显示，三角传力件能够满足强度、刚度、稳定性的要求。

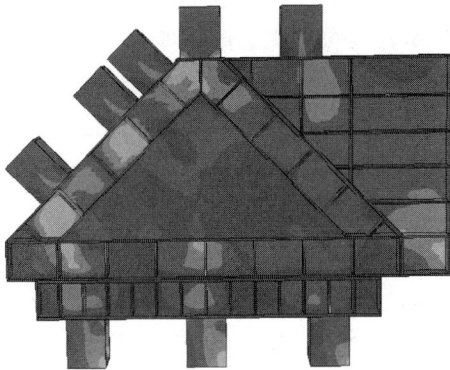

图6 应力云图

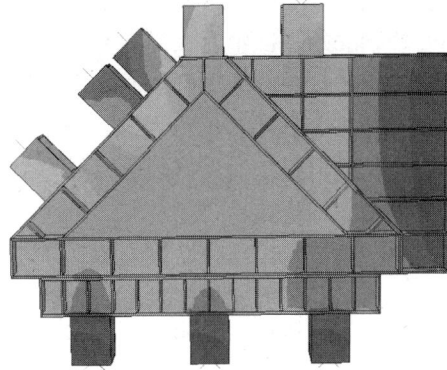

图7 变形云图

2.4 施工控制要点

2.4.1 工艺流程

全周转预应力型钢组合支护体系施工工艺流程如图8所示。

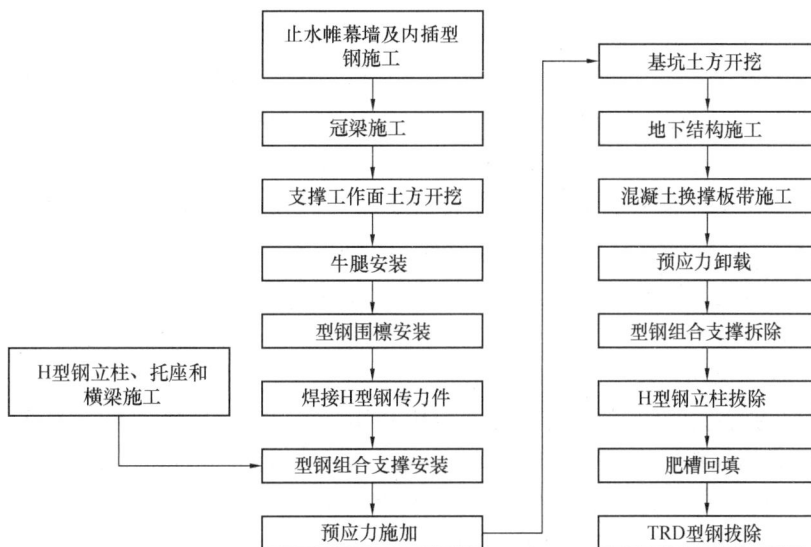

图8 工艺流程图

2.4.2 关键工艺控制要点

（1）竖向型钢围护结构及止水帷幕施工：沿基坑周边施工竖向围护结构，TRD等厚型钢水泥土连续搅拌墙按照三工序施工方法即先行挖掘、回撤挖掘、搅拌成墙，由一端向另一端循环往复施工。

H型钢按照设计要求选择使用，为了便于重复使用和吊装，在距型钢顶端中心处开出圆孔，孔径约为10cm，顶端超出冠梁标高50cm，为了方便后期拔出，H型钢在插入前涂刷减摩剂。

（2）牛腿安装：牛腿用来支撑型钢围檩，使之处于同一个标高，同时为了防止型钢围檩向下坠落，牛腿构件分为H型钢牛腿和角钢牛腿，H型钢牛腿安装在每个三角传力件下方，角钢牛腿则按焊二跳一的布置规则安装在型钢围檩下方。牛腿施工前应将对应位置处的水泥土剔凿至露出TRD中插入的 H 型钢表面，型钢牛腿通过螺栓与焊接在竖向支护 H 型钢上的钢板相连接，角钢牛腿则可以直接焊接在 H 型钢表面，焊接均采用双面满焊焊缝高度 8mm。

（3）型钢围檩施工：围檩采用双拼 H 型钢围檩。围檩施工前应根据图纸深化设计合理配置围檩尺寸，应遵循先深化后排布，先长后短少接头的原则，优先使用较长围檩。围檩随架设顺序逐段吊装，人工配合挖机或吊车将钢围檩安放于牛腿支架上。围檩安装前需要确定轴线基准点，之后用棉线或弦线控制安装轴线的平面精度。围檩与围檩连接时均采用摩擦型高强度螺栓进行连接，高强度螺栓紧固分 2 次施工，严禁一次紧固到位。

（4）H 型钢立柱、托座和横梁施工：H 型钢立柱通过履带式打拔机直接垂直插入土层中。立柱施工完成后安装托座，托座通过高强度螺栓与立柱翼缘侧连接。托座安装完成后架设横梁，横梁与托座之间通过高强度螺栓连接。

（5）安装支撑梁：每组组合型钢支撑梁均由若干 H 型钢间隔一定距离组合而成，支撑梁安装固定在横梁之上，通过高强度螺栓连接，支撑梁上部通过盖板和缀板将若干 H 型钢连接形成一个整体，盖板与组合型钢梁垂直设置，缀板与组合型钢梁斜交设置，各个型钢安装前应先根据深化图纸进行放线定位，支撑梁与型钢围檩斜交处通过三角传力件相连接。支撑梁安装过程中，每安装完成一节后立即安装盖板和缀板，通过高强度螺栓相连，将支撑体系形成一个稳定结构，避免在安装过程中造成扰动。

（6）施加预应力：组合型钢支撑梁各个构件拼接安装完成后，应先全面检查各个部件的螺栓连接是否紧固，传力件与维护体系的连接状态是否准确，然后角撑区域由内向外逐道施加预应力。预应力依次按照总预应力的 20%、50% 和 30% 分级施加，钢支撑施加预应力后应再次拧紧松弛的螺栓。预应力施加过程结合监测和巡查结果进行信息化施工。

（7）卸载预应力：在基础、底板、底板传力带和楼板换撑板带施工完成后，并且混凝土构件达到 80% 设计强度后方可以卸载组合型钢支撑的预应力，同理，卸载预应力的过程也应该分级卸载，防止突然一次卸载造成应力突然释放从而引起围护结构的位移突变。

（8）拆除组合型钢支撑：在组合型钢支撑的预应力完全卸载释放完成之后先观察 12h，并将此期间的监测数据与卸载前的监测数据进行对比，确定基坑变形稳定后方可进行下一步拆除工作。预应力组合型钢支撑的拆除顺序与安装顺序相反，严格按照先按后拆的顺序进行，构件的拆除顺序一般为盖板、缀板→支撑→三角件→围檩→H 型钢传力件→牛腿→立柱拆除。在支撑拆除时，应注意未拆除支撑区域的型钢围檩应保留延长 10m 以上。

（9）拔除 H 型钢立柱：在型钢组合支撑、横梁和托座完全拆除之后，开始进行 H 型钢立柱的拔除工作，立柱在沿结构底板面处进行电焊切割，立柱拔除采用塔式起重机进行起吊运输。

（10）围护型钢拔除：在地下结构完成并完成肥槽回填后方可拔除型钢。根据基坑周围的基础形式及其标高，对型钢拔出的区块和顺序进行合理划分：按照先拔较远处型钢，后拔紧靠基础的型钢；先短边后长边的顺序对称拔出型钢。型钢拔除采用 2 台液压千斤顶同时向上顶起，保证受力均衡且 H 型钢顺利拔除，型钢拔除采用跳一拔一的方式进行。拔出 H 型钢后及时对 TRD 连续水泥土墙的孔隙进行填充，采用水泥浆液回填，水泥浆水灰比 1.0，回填应保证填充饱满，肥槽位置不发生下沉。

3 技术指标

3.1 关键技术

（1）墙体垂直精度控制：根据等厚度水泥土搅拌墙的设计墙深进行切割箱数量的准备，并通过分段续接切割箱挖掘，打入到设计深度。切割箱安装完毕后，进行等厚度水泥土墙体的施工。通过注入挖掘液先行挖掘土体至水平延长范围，再回撤横移充分混合、搅拌土体，切割箱内部的多段式测斜仪，可进行墙体的垂直精度管理。拔出切割箱时不应使孔内产生负压而造成周边地基沉降，注浆泵的工作流量应根据实际挖掘速度的变化作调整。

（2）组合型钢支撑精细化拼装：拼装前根据图纸进行深化设计，合理配置钢构件尺寸和模数。遵循先深化后排布，先长后短少接头的原则，优先使用较长、整根构件。拼接的整个钢围檩体系确保双榀或多榀型钢构件形成整体、共同受力。为了防止型钢围檩向下坠落，根据实际情况选用 H 型钢牛腿和角钢牛腿。由于 H 型钢围檩和竖向 H 型钢支护结构之间存在一定的空隙，因此采用 H 型钢传力件将围檩与支护结构连接形成有效整体传力体系，H 型钢传力件与支护 H 型钢、型钢围檩采用高强度螺栓相连。

（3）钢构件无损拆除技术：钢构件在安装前设置回收预埋预留口。组合型钢支撑应在预应力完全卸载释放完成 12h 之后进行，在整个拆除过程中需要不断对基坑的变形进行监测，以确保基坑安全。严格按照先安后拆的顺序进行，优先在原拼装接口处断开拆除。对型钢拔出的区块和顺序进行合理划分，按照先拔较远处型钢，后拔紧靠基础的型钢；先短边后长边的顺序对称拔出型钢。型钢拔除采用 2 台液压千斤顶同时向上顶起，保证受力均衡且 H 型钢顺利拔除。

3.2　施工过程中的质量控制措施

（1）TRD 等厚水泥土搅拌墙施工时对桩机行进道路铺设钢板或路基箱等加固处理措施，确保桩机的垂直度，确保切割箱的垂直度小于 1/250。

（2）施工时应保持等厚度水泥土搅拌桩机底盘的水平和导杆的垂直，成墙前采用全站仪及经纬仪进行轴线引测，使等厚度水泥土搅拌墙桩机正确就位，保证墙体中心线误差控制在 ±25mm，并校验桩机立柱导向架垂直度偏差小于 1/250。

（3）等厚度水泥土搅拌墙施工后应立即插入 H 型钢，型钢的插入宜在搅拌桩施工结束后 30min 内进行。型钢插入定位平行于基坑方向偏差不超过 50mm，垂直于基坑方向偏差不超过 10mm，型钢底标高偏差不超过 30mm，垂直度偏差不超过 1/200，型钢长度偏差不超过 10mm，形心转角偏差不超过 3°。

（4）内插型钢时在沟槽定位型钢上设 H 型钢定位卡，型钢定位卡必须牢固、水平，必要时用点焊与定位型钢连接固定；型钢定位卡位置必须准确，要求 H 型钢平面度平行基坑方向 L±5cm（L 为型钢间距），垂直于基坑方向 S±10cm（S 为型钢朝基坑面保护层）。

（5）构件之间高强度螺栓紧固宜分两次进行，初凝扭矩值为终拧的 50%～70%，钢支撑施加预应力之后，再次拧紧松弛的螺栓。

（6）预应力组合型钢支撑两端中心线的偏心误差小于 20mm，两端标高差值不大于 20mm，整体挠曲度小于 0.1% 跨度，三角传力件安装轴线偏差为 ±10mm，顶面标高偏差控制在 ±5mm 内。

（7）支撑结构在施加预应力时应确保千斤顶压力的合力点与支撑轴线重合，千斤顶在支撑轴线两侧对撑、等距放置，且同步平衡施加预应力。在预应力的施加过程中，若出现异常情况，如螺栓松动、局部屈曲等，应立即卸压，并对支撑薄弱处进行加固后，方可继续施加预应力。

（8）支撑拆除时应先分级释放预应力，先卸载至轴力的 70%，再卸载至轴力的 30%，最后完全卸载。每级卸载后应观察 30min，并检查支撑节点及周边环境的变化情况，发现异常及时采取相应的控制措施。

3.3　与现有技术相比，该施工工艺具备的优势

（1）全周转预应力型钢组合支护体系具有环保、节能、循环重复利用的特点，是一种绿色基坑支护体系。绿色节能，低碳环保，全周转预应力型钢组合支护体系拆除后材料可以重复利用，不会造成材料浪费，而且拆除不会产生噪声和粉尘污染。减少成本，经济高效，围护与支撑构件均可以循环利用，损耗小，周转速度快，与传统的基坑支护体系相比，全周转预应力型钢组合支护体系的整体租赁费用较低。

（2）采用轴力补偿伺服系统对全周转预应力型钢组合支护体系进行型钢支撑轴力、复合围檩预应

力调节。通过无线网桥与泵站通信，实时控制多台泵站，并随时查看来自各台泵站反馈的压强、轴力及位移数据，可实现对支护系统轴力进行自动补偿，使基坑始终处于安全可靠的状态，并将监测数据实时上传云平台，通过云计算分析及时发出预警。

（3）施工速度快，节约工期，预应力组合型钢支撑采用工厂预制的标准化构件现场通过高强度螺栓连接，材料无须养护，安装后可以立刻发挥支撑作用，减少工序等待时间。

（4）操作简便、截面组合形式灵活，工艺适用性好，可以根据不同的基坑形状灵活布置不同的型钢支撑类型，比如支撑、围檩、八字撑等，组合后的截面具有较大的刚度，从而可以调节和优化围护结构的内力分布并控制基坑变形。

4 适用范围

4.1 技术适用环境特点

本技术适用范围广，基本可适用所有地质条件的深基坑工程，尤其在工期紧张，工程场地狭小，对变形控制要求严格和周边环境对绿色节能环保等要求比较高的地区，该工法的优势越发明显，既能做到安全、经济又能保证施工进度。

4.2 当前存在的问题

本支护体系采用型钢组合设计，涉及结构、岩土、钢结构等多专业，目前尚未形成统一的计算理论。受限于当前基坑设计工具软件不能模拟预应力组合式型钢实际工作状态，在设计中应采用有限元软件进行支撑平面整体计算，对设计结果进行校核。

5 工程案例

5.1 工程概况

杭州市滨江区某项目总建筑面积为 141673.71m²，其中地上建筑面积 81705m²，地下建筑面积 59968.71m²。本工程基坑开挖面积约为 2.9 万 m²，基坑周长约 730m。基坑开挖深度约为 9.55～10.15m，局部坑中坑深 11.55m，核心筒坑中坑深 15.15m。基坑支护设计安全等级为一级，基坑设计使用年限为 2 年。基坑南侧位于地铁保护区范围，划分为 4 个分坑，分坑之间及分坑与北侧大坑之间通过支护桩分隔，基坑南侧与地铁结构接驳位置设置联通道基坑。北侧基坑位于非地铁保护区，围护结构采用型钢水泥土搅拌墙，即 TRD 水泥土搅拌墙内插型钢。水泥土搅拌墙厚度 850mm，插入 H 型钢 700×300×13×24。搅拌墙上部设置现浇钢筋混凝土压顶梁。地铁联通道区域围护结构采用 700 厚 TRD 搅拌墙止水帷幕 φ800@1000 钻孔灌注桩，支护桩顶部设置现浇钢筋混凝土压顶梁。支撑采用 H350×350×12×19 型钢组合支撑；其中北侧基坑（非地铁保护区）设置 1 道钢支撑，坑中坑位置增加 1 道钢支撑；地铁保护区范围（分坑区域及地铁联通道区域）设置 2 道钢支撑（图 9）。

5.2 经济、社会效益

（1）全周转预应力型钢组合支护体系可以做到回收重复利用率高达 90％以上，同传统基坑支护体系相比不仅减少能源和材料的使用，而且造价低廉，有效节约了项目成本约 15％。

（2）预应力组合型钢支撑体系采用工厂预制的标准化构件现场装配而成，型钢构件无须养护，安装完成后即可投入使用，各个构件之间通过高强度螺栓连接，施工便捷，加快了施工进度，有效缩短施工工期 40d，降低了施工成本。

（3）节能环保，耗能低，影响小，在型钢构件安装和拆卸过程中不会产生建筑垃圾，而且对周边环境无噪声和振动影响。

（4）工程安全性高，预应力型钢组合支撑可以快捷地施加预应力，进行主动支护，进而消除支撑体系的松弛，增加整体支护体系的刚度，减小垂直支护结构位移变形。

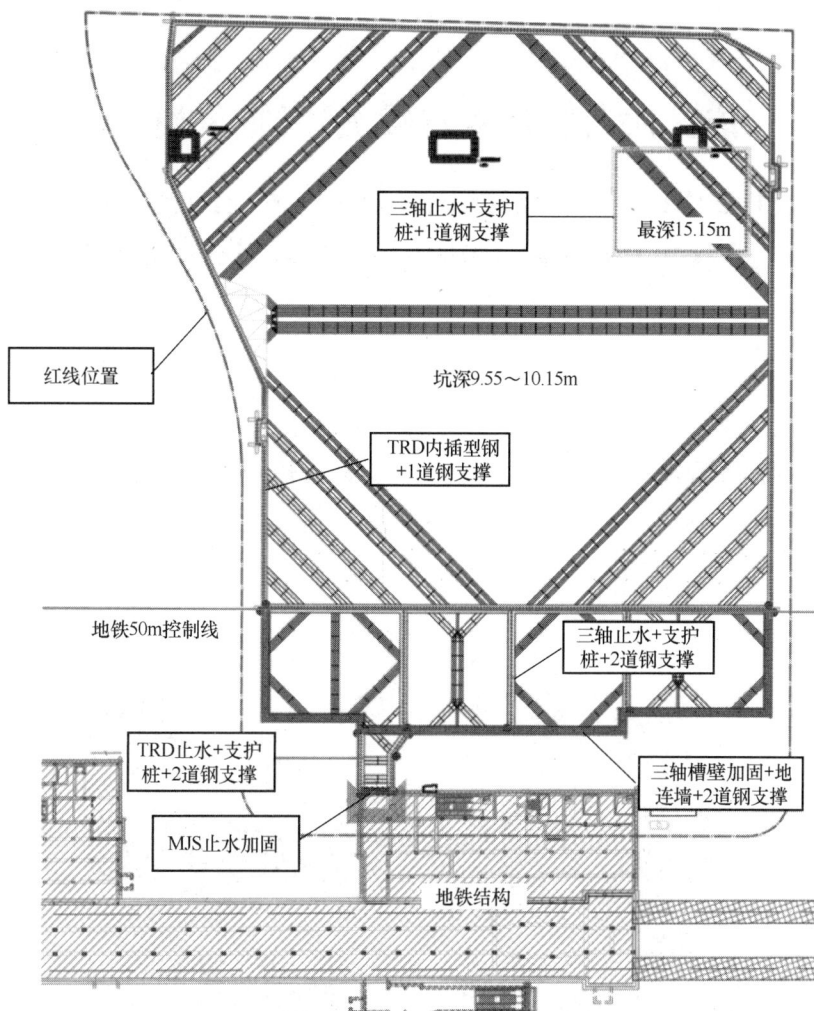

图 9 基坑支护结构示意图

6 结语展望

采用等厚水泥土地下连续墙内插型钢竖向支护结构＋预应力型钢组合支撑体系施工技术，确保了墙体的高连续性和高止水性；预应力型钢组合支撑工厂预制，减少成本，经济高效，截面组合形式灵活，既能做到安全、经济、环保，又保证了施工进度、基坑支护的变形控制满足规范及支撑设计的要求。与传统的施工方法相比，适应的地层范围更广，能在各类地层中施工，同时符合国家"双碳"发展政策，具有很好的应用前景。

组合型钢支撑端部通过与竖向支护结构共同作用形成空间布置灵活、整体刚度增强、全部可回收的基坑支护体系。由于所有构件均在工厂制作，现场不进行构件加工，安装拆除简单，施工速度快，施工周期短，构件均可以重复利用，不会存在大量建筑垃圾残留，既能保证基坑工程的安全和稳定也能达到周边环境保护的要求，同时还符合绿色基坑支护施工理念，推动建筑行业绿色低碳发展。

作者：刘卫末 谢志成 聂艳侠 时睿智 朱浩博（中建一局集团建设发展有限公司）

仿汉代大型艺术宫殿类建筑关键技术

Key Construction Techniques for the Construction of Large Art Palaces Imitating Han Dynasty

1 技术背景

中华民族拥有五千多年的悠久历史文化。随着社会经济的不断发展，人们对美好生活的需要日益增长，对精神需求日益攀升，对传统文化的弘扬与保护意识不断增强，对传统文化复兴的自觉不断强化。与历史文化相关的景区景观新建、提升与改造活动逐渐增多，绚烂的传统文化也吸引着人们前去探寻与体验，不断增强人们的文化自信。汉代文化是中国文化的主体，是传统历史文化的重要传承，仿汉代文化建筑是传播和弘扬中华文化、坚定文化自信的重要载体，其继承了汉代文化的特点，具有中轴对称、高台建筑、名堂辟雍、阙等显著特征（图1）。

图1 汉文化博览园全景图

汉文化博览园，为大型仿汉代文化建筑群，由汉源博物馆、汉乐府、城市展览馆三个单体建筑以及室外仿汉代园林组成，是为弘扬和传播传统文化而建立的省级重点工程。如何以现代的建造方式建成汉代文化建筑，是主要的施工难题，具体体现在：

（1）建筑主体结构大、截面高、柱多超3m宽，部分结构空间及跨度大，支模高度达46m、跨度45m，支模体系需进行单独设计，满足大跨度、大荷载、小位移等要求，施工难度大、安全风险高。

（2）建筑顶部为58m跨度双层空间穹顶结构体系，造型奇特，下方悬挂环形马道，上方布设风机、多联机等设备，承载重量大，屋面防水问题突出。

（3）建筑屋顶阶梯层次丰富、比例协调，施工测量定位精度和防水排水要求高；幕墙倾斜处采用40mm厚自然面花岗石，石材板块7种规格按一定模数错缝设置，檐口铝板"人字拱"、异形柱等造型复杂，施工难度大，安装精度高。

（4）室内空间高大，装饰复杂，吊顶造型为多个层级的藻井、斗栱、椽子阵列组成；墙面由斗栱、壁龛、雀替等组成，木雕、石雕、铜雕等种类多样，构件雕刻纹样繁多、结构及造型复杂、精度要求高、安装难度大。

（5）仿汉代景观园林面积 15 万 m^2，地形围绕建筑堆土造景，宏伟建筑与现场 130 余种名树、大树、古树、花草相互搭配，景观做新如旧难度大；特型山石、树木和雕塑布景效果控制难度大。

目前，国内仿汉代风格的建筑群落较少，施工实践与建造技术相当匮乏。迫切需要针对仿汉代文化建筑主体结构、双层网壳穹顶、室外装饰、室内装修、仿古文化园林等关键建造技术进行攻关，解决建造技术难题，形成成套建造技术，实现仿古如古、仿真如真的效果，为大型文化建筑的建设提供技术支撑与借鉴。

2　技术内容

2.1　总体思路、技术方案

针对汉文化博览园建筑结构尺寸大、安装精度高、装饰复杂多变等难点和特点，通过装置开发、工艺试验、技术创新与集成等工程应用手段，对高大空间混凝土结构高效施工、双层空间网壳穹顶结构施工、室外仿古装饰绿色施工、室内仿古装修智慧建造、仿古景观园林等关键技术进行系统深入研究，形成了汉文化博览园关键建造技术（图 2），并进行了工程应用和推广，实现仿汉代文化建筑仿古如古、仿真如真的效果，为工程实施提供技术支撑和保障，为后续类似仿古文化建筑的一体化高效建造提供借鉴。

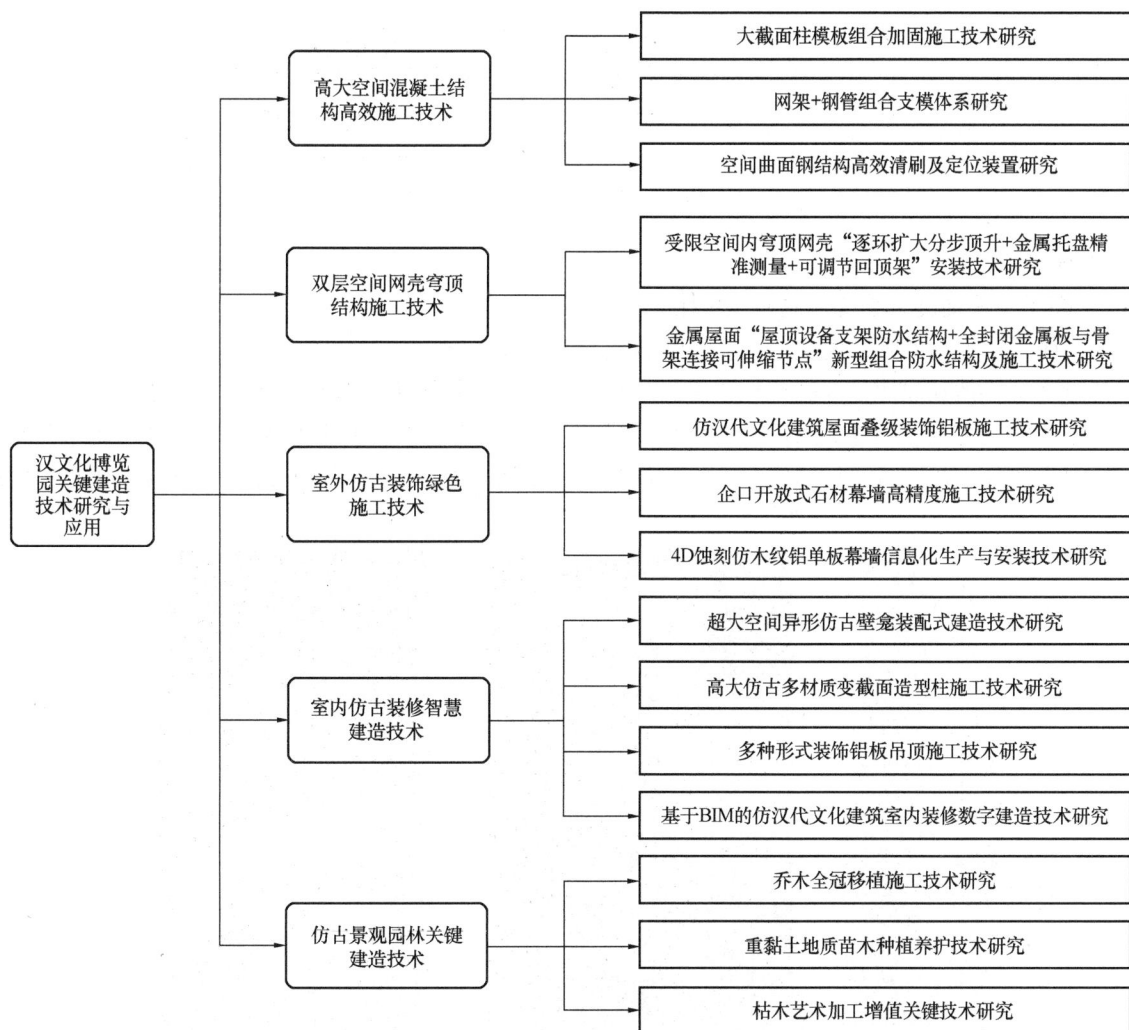

图 2　项目关键创新技术框架图

项目的主要研究技术路线（图3）：

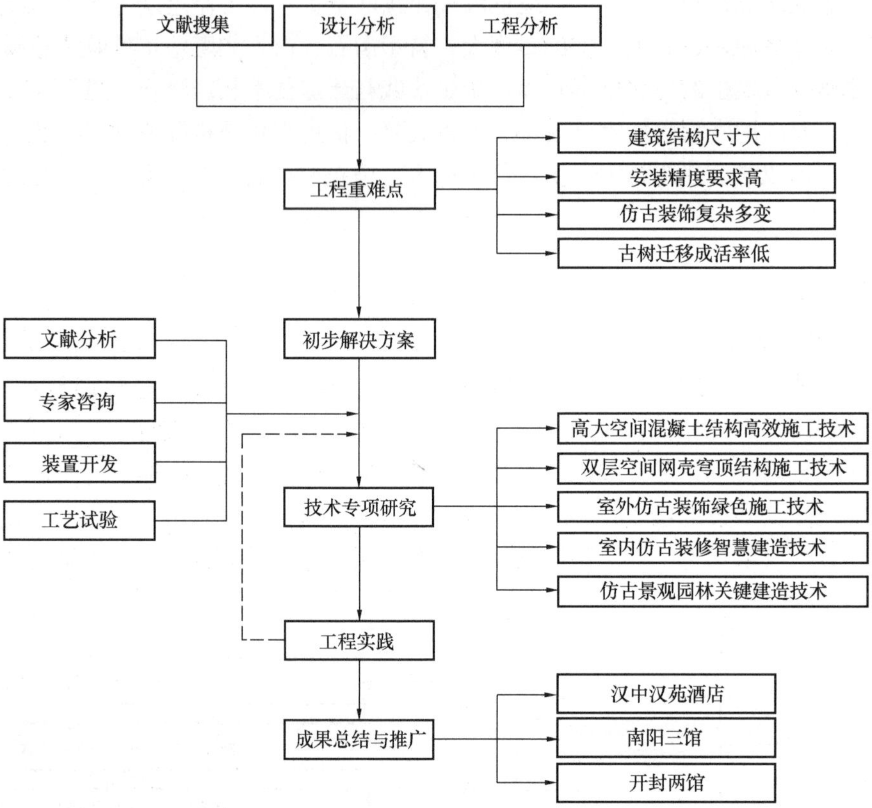

图3　研究技术路线图

2.2　关键技术

2.2.1　高大空间混凝土结构高效施工技术

（1）研发了大截面超高混凝土柱新型组合模板加固施工技术

针对汉文化博览园建筑混凝土柱截面尺寸和高度大、模板固定困难且容易胀模的难题，研发了工具式卡箍＋槽钢组合紧固件的模板组合加固技术（图4），其中方柱模板紧固件是专用定制型配套卡箍，由四个弯头单片镀锌卡板组成，卡板一端为折弯结构，每条卡板上沿长度方向设有若干相同间隔

图4　方柱模板设计和组合加固及实施效果

的固定孔，楔形固定销穿过通孔和固定孔将限位套和卡板固定；新型模板组合加固技术安装拆卸方便，操作简便，施工速度快，节约了工期及成本。

（2）发明了网架＋钢管组合高支模体系

由于传统的钢管脚手架支模体系无法满足现场跨度和高度大的要求，发明了网架＋钢管支模体系（图5、图6），采用双层正方四角锥网架，下层为下弦钢柱支撑，上层为周边柱点支撑，减少了钢管脚手架的搭设高度和钢管用量，降低了钢管及扣件质量的不可控因素，网架支模平台在后续的安装及装饰施工中可作为施工操作平台使用，确保了合理穿插工序，解决传统施工对工期影响大的问题。

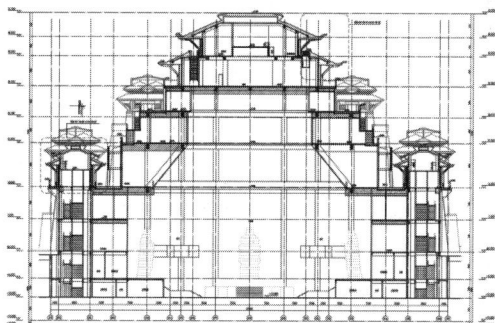

图5 三圣殿高支模示意图

图6 三圣殿高支模下弦钢柱支撑

（3）研发了空间曲面钢结构高效清刷及定位装置

针对组合支模体系中网架连接点部位清刷效率低、安装定位精度差的问题，研发了异形刷子和基于BIM的调节焊接球三维坐标支撑胎架，异形刷子刷片为记忆金属弧形截刷面并配有橡胶材料清洁剂腔，适用于各种曲率曲面，大大提高工作效率；新型支撑胎架可通过调节四个螺杆顶托的标高，将平台钢板调至水平，再通过调节上部的活动定位支座即可准确定位网架球节点的支撑点空间坐标（图7、图8），提高了异形钢结构的清刷和定位效率。

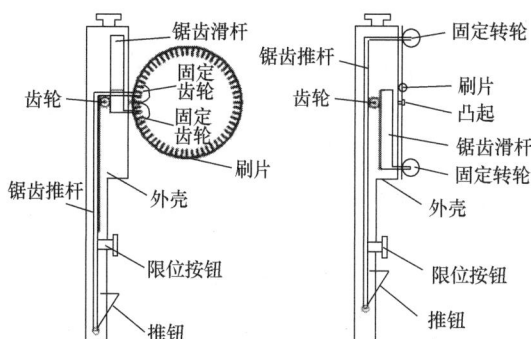

图7 适用于管式结构的异形刷子

图8 可调节支撑点三维坐标的支撑胎架

2.2.2 双层空间网壳穹顶结构施工技术

（1）提出了受限空间内穹顶网壳逐环扩大分步顶升施工工艺

古建筑宫殿具有气魄宏伟、严整开朗的特点，呈现出规模宏大、气势磅礴、庄重大方的时代精神。针对仿古建筑结构空间高大、施工作业空间受限等情况，研发了网壳逐环扩大分步顶升施工方法（图9）。通过有限元软件对顶升过程进行加卸载受力仿真分析（图10），确保在网壳顶升过程中和安装后的受力协调；开发了同步液压顶升、边顶边拼、分步逐环扩大的网壳阶梯式施工技术，实现了受限空间内穹顶网壳的地面快速精准拼装以及网壳演艺马道同步安装，减少了高空作业，提高了焊接质量，保证了穹顶结构外形曲线平滑，安装精度高。

图 9 逐环扩大分步顶升施工技术

图 10 网架逐环扩大分析

（2）研制了球节点金属托盘三维精准定位控制装置

图 11 金属托盘三维精准测量定位装置

针对网壳空间结构节点安装测量定位难、施工精度不易控制等难题，研制了球节点金属托盘空间三维定位控制装置（图 11），由铝合金材料制作而成，内嵌永久磁铁，金属托盘上平面镶嵌有四个调平气泡，其通过内嵌磁铁吸附在待测球节点上，调试气泡至水平，确保托盘形心通过球节点的中心，然后把棱镜拧入金属托盘中心的螺栓定位孔上，采用全站仪对节点球的三维坐标进行测量监控，确保节点球安装定位坐标与设计理论坐标保持一致。该装置解决了常规测量方法操作困难、精度不高、测量仪器无法空间固定、高空不方便携带等难题，确保了空间网壳安装精度，大大提高了施工效率。

2.2.3 室外仿古装饰绿色施工技术

（1）开发了仿汉代文化建筑屋面叠级装饰铝板施工技术

针对建筑屋面采用技术铝板叠级系统，研发了瓦板间搭接插接板施工技术（图 12），根据瓦板搭接部位，设计出 U 形插接板，放置于瓦板搭接接缝处，并耐候胶密封处理，防止瓦板间隙漏水、渗水，解决了屋面金属瓦上下行之间的搭接问题，同时保证了瓦板接口处的水密性能，优化造型平屋面排水系统，改进暗藏集排水，使造型平屋面排水更通畅，避免屋面漏水。

（2）开发了企口开放式石材幕墙高精度施工技术

中国古建筑外形具有沉稳、庄重、通透、挺拔等特点，现代仿古建筑高台多采用石材、浮雕等展现。针对石材板块规格多样，石材背栓安装可能存在角钢空位偏差等难题，研发了开放式自然面石材新型背栓铝合金挂件装置，创新设置底座和卡座，方便了铝合金挂件的固定、调整，并可用于已安装好破损石材的更换；制造简单，安装快捷，施工方便，安装精度高。优化设计传统石材阳角，使用海棠角，采用整块石材直接加工成 L 形安装，保证了外观原石材堆砌厚重的效果（图 13）。

图 12 屋面叠级铝板

图 13 L 形石材转角效果

（3）研发了 4D 蚀刻仿木纹铝单板幕墙信息化生产与安装技术

中国古建筑屋面多采用四角飞翘的形式，檐下斗栱由形状各异的构件重叠装配而成，针对木材用于仿古屋檐易变形、易腐蚀、易燃的难题，采用新型 4D 蚀刻仿木纹铝单板替代木材，提出了檐口异形铝板单元化组装加工施工技术（图 14），解决了阁楼檐口异形铝板仿木材效果呈现难度大、安装精度高的难题。通过全站仪收集了建筑阁楼檐口结构测量数据，采用 Revit 模型对结构造型进行了优化分析，研发了基于 Revit 的 VR 导出插件以及工厂化构件加工数据端口（图 15），实现了材料生产工厂化与材料成本节约化，降低了材料损耗率，完善了金属质感仿木纹等新材料在装饰领域的开发应用。

图 14 阁楼檐口铝板安装图

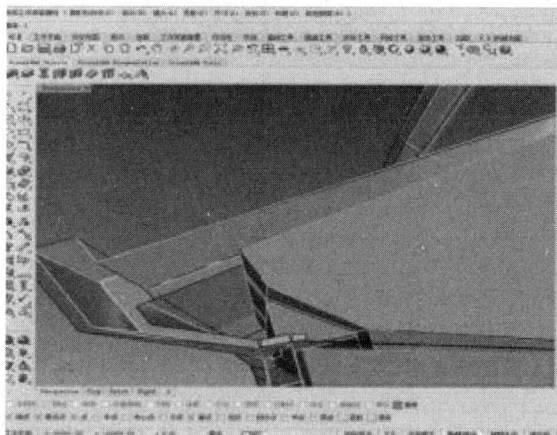

图 15 Revit 插件应用

2.2.4 室内仿古装修数字建造技术

（1）研发了基于 BIM 的仿古建筑室内装修数字建造技术

针对仿古艺术宫殿类方案设计中构件比例关系及效果难以控制的问题，通常需重复建造样板间验证设计方案。本项目提出了适用于艺术宫殿类装饰工程的虚拟建造路径，该技术解决了两个核心问题：一是采用虚拟现实技术中的 UE4，实现了设计效果的验证；二是采用 BIM 技术中的 Revit 白模，实现了构件比例的验证，将最终确认的 UE4 场景和 Revit 模型作为施工出图依据，实现了参数化虚拟建造；通过使用 UE4＋HTC VR 眼镜，可以实现虚拟展示设计师的方案效果（图 16～图 18），便于设计师方案快速调整，待到最终方案确认后再进行实体施工，减少了过程的拆改量。

图 16 虚拟方案样板 图 17 设计师提出意见 图 18 现场实施照片

（2）研发了多种形式装饰铝板吊顶施工技术

针对仿古建筑室内结构空间高大，造型梁枋、斗栱、藻井、檩条、柱头等构配件搭接多样，施工工序复杂，研发了造型铝板吊顶装配式施工技术、弧形檩条装饰铝板吊顶施工技术，利用 BIM 技术实现三维可视化交底，实现构件模块化设计、标准化加工，根据现场智能协同平台，单元化组装、装配式安装（图 19～图 21），保证了吊顶安装质量及工期要求。

汉代彩绘装饰具有重叠缠绕、上下穿梭、四面延展的构图风格，图案纹样内涵丰富、文化底蕴深厚；针对室内高空环形 GRG 吊顶结构空间定位难题，通过利用 3D 扫描技术，建立 BIM 模型（图22），提出了环形 GRG 彩绘大板块隔膜法分隔方法（图23、图24），保证了 GRG 彩绘吊顶流云如意纹路多变、综合点位精准排布，达到了 GRG 板块的精确拼装，实现了吊顶艺术彩绘线条与色彩融合。

图19　雀替构件

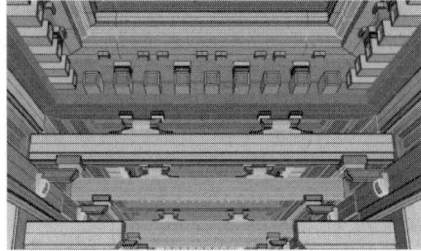

图20　吊顶 BIM 模型

图21　整体吊装演示

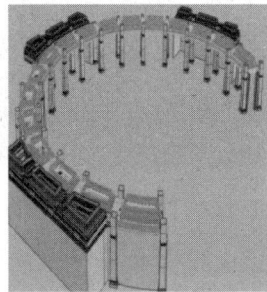

图22　结构 BIM 模型

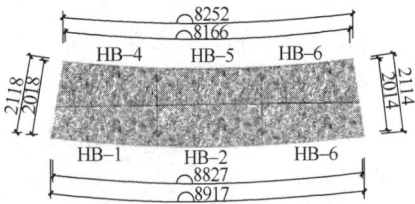

图23　GRG 板块优化分格图

图24　GRG 板彩绘

（3）研发了异形仿古壁龛、变截面造型柱建造技术

汉代建筑室内墙面采用雕刻、绘画及镶嵌饰面进行布局，以八角高大柱作为支撑体系；针对仿古建筑室内墙柱面装饰造型复杂，利用 BIM 技术进行版面优化分解，研发了装配式异形仿古壁龛施工技术，通过对石材、木饰面、木雕等完成面尺寸二次深化，采用"定定量，留变量"快速安装，施工过程中充分运用"三统一"技术，保证各材质造型一致，纹路统一，搭接合理。发明了可开启180°消防箱暗门结构（图25），解决了现场暗藏消防门装饰造型施工难题。针对变截面柱身上下截面尺寸不同、柱体材质多、造型复杂、各材质收口难等难题，提出了高大仿古多材质变截面造型柱施工技术（图26），实现了造型复杂、12m 高度造型柱的高效率、高质量施工。

图 25　可开启 180°消防箱暗门结构　　　　　图 26　变截面造型柱

2.2.5　仿古景观园林关键建造技术

（1）研发了乔木全冠移植施工技术

古树移植前，改良古树所在地生长环境，修剪断根前内堂枝，杀菌防水填充中空腐烂树干，主干部分和大侧枝加垫垫层并用绳索固定，确定合适的移植时间，极大提高了移植过程中古树的存活率；使用五角星包扎法对土球分层包扎，并在土球底部利用钢管架对其固定，避免了起吊过程中对土球拉力过大，避免了土球松散、脱落现象的发生，保证了树木的生长，提高了景观效果。

针对土球保护、乔木遮阳洒水养护，提出了名贵古树移植前的复壮技术，移栽过程中采用保护措施，避免在迁移过程中因原有土壤环境的改变造成的影响，解决了古树名木搬运过程中折损的问题，提高了古树名木的成活率（图 27）。

图 27　土球包扎与遮阳技术

（2）形成了重黏土地质苗木种植养护技术

在乔木选苗、起苗、运输、栽植和管护的全程，采用土球打包、支固撑杆、安装微喷等科学手段进行防护控制和管理，避免了乔木遭受物理和环境伤害；栽植穴的外侧加强排水，呈梅花状均匀埋设排气软管 3～5 根，外包无纺布、内装珍珠岩、上露地面，提高了土壤通透性，保证乔木根部处于透气状态，避免了烂根现象的发生，提高了种植成活率。

提出了土壤改良技术，根据重黏土特性采用喷灌方式对名贵苗木进行加湿、保墒。在浇水养护过程中，三遍水浇透之后，摒弃了常规的大水浇灌，采用喷灌浇水养护方式，确保了乔木养分的收支平衡，创造适宜生长的环境，促使其健康苗壮成长。

（3）开发了枯木艺术加工增值关键技术

基于藤本植物成活率低、生长速度慢、枯树不易保存的特性，将现场枯树死树树干挖出种植槽，缠绕袋装营养土，根据土壤结构和阳离子代换性能特点，为植物的根系提供丰富的营养成分，增强根系活力，抵抗强降雨的侵蚀和风蚀，有效抑制水土流失，避免被冲刷，有效固着其根系，便于后期养护，增加枯树死树的观赏价值。

合理利用枯树标本处理，采用废弃乔木与藤本植物结合、枯木根部加固等技术，解决了大型乔木在迁移过程中因不同原因造成死株被废弃的问题，使废弃乔木经过藤本植物结合的方式得以重新利用，为废弃乔木增值。

3　技术指标

各项关键技术的创新点、技术指标及获奖情况，见表1。

技术指标

表1

	主要技术创新点	与国内外相关技术对比	专利及查新情况
高大空间混凝土结构高效施工技术	研发了大截面超高混凝土柱新型组合模板加固施工技术	该技术操作简便，施工速度快，节约了工期及成本。传统施工模式极易出现安全质量问题，并且传统施工混凝土外观有螺杆孔，不美观	获发明专利1项
	发明了网架＋钢管组合高支模体系	将传统的钢管脚手架支模体系优化为网架＋钢管支模体系，有效降低了钢管脚手架的搭设高度，减少钢管用量，降低钢管及扣件质量的不可控因素	获实用新型专利1项
	研发了空间曲面钢结构高效清刷及定位装置	适用于各种曲率曲面，大大提高工作效率。传统连接点部位清刷效率低、安装定位精度差	获发明专利1项，实用新型专利1项
双层空间网壳穹顶结构施工技术	提出了受限空间内穹顶网壳逐环扩大分步顶升施工工艺	采用阶梯式拼装分步顶升工法，巧妙地避开看台对顶升施工造成的影响，减少安装难度。比传统节省了常规的满堂脚手架操作平台的搭设	发明专利2项
	研制了球节点金属托盘三维精准定位控制装置	快速精确定位节点球中心，从而快速监测网架安装精度，加快施工进度。传统焊接球中心点不容易快速准确找到，给测量带来很大的难度	实用新型专利1项
室外仿古装饰绿色施工技术	开发了仿汉代文化建筑屋面叠级装饰铝板施工技术	实现了材质轻量化，减少了建筑荷载，加工、运输、安装施工等都比较容易实施。传统结构复杂，安装不便、易造成漏水	实用新型专利1项
	开发了企口开放式石材幕墙高精度施工技术	有效调节左右、前后石材板块安装进出位，施工方便快捷、准确。传统安装效率低，更换石材难度大	发明专利1项，实用新型专利3项
	研发了4D蚀刻仿木纹铝单板幕墙信息化生产与安装技术	新型材料工厂化加工，降低了材料损耗率。传统木材效果呈现难度大、安装精度低	软著2项
室内仿古装修智慧建造技术	研发了基于BIM的仿古建筑室内装修数字建造技术	使设计方案确认率提高了70%，降低了样板成本，缩短了工期。传统实体样板耗时耗材	发明专利1项
	研发了多种形式装饰铝板吊顶施工技术	构件的标准化加工，单元板块整体装配式安装，大大降低了返工率。传统安装精度低，安装工序复杂	发明专利2项，实用新型专利2项
	研发了异形仿古壁龛、变截面造型柱建造技术	采用单元块加工，装配式施工，施工便捷，效率高。传统作业人员的劳动强度大，材料损耗多	实用新型专利2项

4　适用范围

本项目以现代钢结构（钢混组合结构）仿建传统古建木结构的设计思想为出发点，在现代饰面材料应用及仿古建筑预制构件制作等工程实践中形成了成套建造技术，实现了仿古如古、仿真如真的效果，可以为大型仿古建筑的建设提供了技术支撑与借鉴。

本项目积极运用信息化及数字化技术以推动大型仿古建筑的快速建造施工，初步建立了针对室外装饰、室内装修以及网壳穹顶的多维多角度全套施工技术。下一步将基于现有理论成果和建造技术，研发和编制适用于大型仿古建筑且符合我国规范体系要求的大型计算分析软件，以进一步提高计算速度和设计人员的劳动效率。此外，针对已建大型仿古建筑的智能运维和灾后快速修缮将是之后的主要研究方向。

5　工程案例

通过汉文化博览园关键建造技术的研究和应用，完美再现了汉代文化艺术气势与古拙的美学风格，展现汉代文化建筑具有的独特魅力。研究成果推广应用到汉中汉苑酒店、南阳三馆等项目，产生经济效益 1.7 亿元，社会和环境效益显著。其中，汉文化博览园项目获大国装饰 70 周年百项经典工程，成为集世界汉文化大会会址、世界汉语大会会址、世界汉学大会会址于一体的永久会址，被誉为 21 世纪汉文化建筑奇观；举办陕西省首届汉文化旅游节，承办了北京卫视、上海卫视、凤凰卫视、陕西卫视四大卫视联袂举行的 2018 年"汉风秋月"中秋晚会、2018 年世界环球小姐总决赛、全球创新创业教育论坛等活动。提高了大型仿古建筑建造技术水平，推动了行业技术进步，为国家制定相关技术规范、规程提供技术和实践支撑。

汉苑酒店工程概况：汉中市兴汉新区汉苑酒店项目总建筑面积 8.4 万 m^2，由主楼区、客房区、别墅区和 SPA 区组成，位于陕西省汉中市兴汉新区丝绸路与傥骆路口西南角，建成将成为汉中市第一个超五星级酒店（图 35）。

在建筑主体结构施工中，运用了大截面柱模板组合加固施工技术，有效降低了柱模板胀模风险，提高了施工质量；研发了空间曲面钢结构高效清刷及定位装置，提高了异形钢结构的清刷和定位效率。在装饰装修施工中，采用了 BIM 技术的虚拟实体展示技术，解决了方案设计师的效果展示和装饰比例验证，减少了实体样板的制作，节约了对实体样板制作的费用投入；运用了屋面叠级铝板施工技术、高大变截面柱施工技术、GRG 彩绘吊顶施工技术等，有效保证了施工质量，节省了施工周期。

本技术先进合理，可操作性强，实施后取得了显著的经济效益和良好的社会效益，收到了业主单位和监理单位的一致好评（图 28）。

图 28　汉苑酒店效果图

南阳市"三馆一院"二标段群艺馆和大剧院装饰工程概况：位于光武东路与白河大道交叉口西北角，建筑层数为地上四至六层，其中群众艺术馆总建筑面积约 3.2 万 m²，大剧院总建筑面积约 3.1 万 m²（图 29）。

项目初期运用了"建筑室内装饰智慧施工技术"，通过 BIM 建模及效果展示，有效结合设计师设计思路，快速确定了方案设计及图纸；室外装饰采用了屋面叠级铝板施工技术、开放式自然面石材幕墙施工技术，室内装饰施工中采用了高大空间吊顶装配式施工技术、弧形楝条吊顶技术、组合式封闭式吊顶技术、高大变截面多材质造型柱施工技术等多项技术成果，取得了良好的施工效果，加快了施工进度，节约了工程成本。

图 29　南阳三馆一院效果图

6　结语展望

随着社会的发展，近年来建筑领域也有了新的变化。现如今通过计算机辅助设计软件建筑师可以更加快捷、更加全面地研究设计建筑。可以通过建筑设计软件达到模拟建筑生成并管理建筑项目的实施流程。而在建筑施工技术与材料方面，现代技术已经发展较为成熟，新材料新技术都已经很好地在现代建筑实践中得以运用。例如钢筋混凝土与钢结构等施工技术在其材料与施工上都有着传统木结构所无法比拟的优点，其在材料的耐腐蚀性、可塑性与结构稳定性都要比传统木结构要更好，并且可以根据不同需求，选择不同的技术措施来进行结构设计。相对于传统的建筑结构来说，钢筋混凝土与其他建筑材料也更容易结合，来达到更多的要求，施工时间也更短。

中国传统建筑具有深厚的文化底蕴与灿烂的历史，是世界建筑艺术宝库中的一颗璀璨的明珠。传统建筑是由台基、大木作、墙壁、屋顶、小木作、色彩与装饰这六部分构成，其结构通常为木结构。而现如今建筑结构已经不再局限于传统木结构，出现了一些具有传统建筑样式但其结构与建筑技术上却与传统古建筑完全不同的建筑，这些建筑就是通过在研究传统营造技术的基础上，结合现代建筑施工技术与材料，构建新的结构形式的现代仿古建筑。

作者：菅俊超[1]　黄延铮[2]　王叙瓴[1]　白梅[1]　吴东昌[1]　刘雪亮[1]　王彩峰[1]（1. 中建七局建筑装饰工程有限公司；2. 中国建筑第七工程局有限公司）

核医疗工程施工关键技术研究与应用

Research and Application on Construction Key Technology for Particle Therapy Center

1 技术背景

恶性肿瘤治疗主要依赖于三大手段，即手术、化疗和放射治疗。放射治疗作为一种物理治疗手段，已有100多年的历史。然而当前常规的放疗技术如立体适形放疗（3DCRT）和调强放疗（IM-RT）已进入瓶颈阶段。质子和重离子放疗的出现，使得现代放射治疗迈入了一个崭新的发展时代。目前肿瘤放疗界普遍认为质子重离子治疗通过集成高能物理、加速器制造、计算机、自动控制等新技术，应用于肿瘤的影像成像、放疗计划、设计、实施和质量控制，使肿瘤放疗的精确性达到当今最高水平，既能有效杀灭肿瘤细胞，又能最大限度保护周围健康组织，具有精度高、疗程短、疗效好、副作用小等优势，明显优于目前其他放疗技术。

随着质子重离子技术的不断进步，世界各国都在竞相发展质子和重离子治疗设备的研制与相关机构的建设，大力推进质子重离子放疗技术基础与临床研究工作。美国、日本等发达国家因起步早、技术成熟，已走在全球质子重离子治疗的前沿。除了发达国家之外，中国等发展中国家也纷纷开始建设和发展本国的粒子放疗机构。

但是，国内外质子辐射屏蔽标准相差较大，如美国为治疗室外辐射剂量率限值为 $20\mu Sv/h$，中国的同类标准仅为 $2.5\mu Sv/h$，质子辐射吸收及难度远高于国外。同时质子重离子建设要求及标准是基于国家规范及设备供应商设备安装调试要求进行设计，施工技术要求高，目前尚无成熟集成技术可供借鉴。

合肥离子医学中心工程是国家战略核医疗项目，依托合肥地区大科学装置集群，聚焦信息、能源、健康、环境等重大领域，吸引、集聚、整合全国相关资源和优势力量，推进以科技创新为核心的全面创新，强化科研院所和高等院校科技创新主体作用和基础作用，大力营造良好的人才集聚环境和自由开放的科研制度环境，下好创新"先手棋"，建设国际一流水平、面向国内外开放的离子医学中心，为我国核医疗长远发展和创新型国家建设提供有力支撑。

项目2017年7月开工建设，质子区总面积约 $4200m^2$，选用了迄今世界上最大最先进的质子系统，涵盖1个回旋加速器、5个治疗室，质子区整体为超长异形大体积混凝土结构，结构内安装高精度超密集管线，且须满足质子辐射屏蔽效果，质量控制标准高，施工难度大，主要表现为以下几个方面：

（1）为满足质子设备运行标准，精密设备区（质子区）在泥岩地质条件下的总体沉降 $\leqslant 10mm$，水平差异沉降 $< 0.2(mm/10m)a$。质子区为埋设密集管线的超长异形大体积混凝土结构，为满足辐射屏蔽功能，要求混凝土结构最小干密度 $> 2350kg/m^3$ 且整体不得出现可见裂缝，对结构裂缝控制、混凝土匀质浇筑、模架支撑体系深化设计等方面提出巨大的挑战。

（2）质子治疗系统释放能量高达 $230\sim 250MeV$，为普通光子放疗系统的20～60倍，而我国治疗室外辐射剂量率限值仅为 $2.5\mu Sv/h$，仅为美国标准的1/8，质子辐射屏蔽要求极高。质子辐射屏蔽混凝土在满足干密度要求的基础上，还应具备低水化热、高流动度等优良工作性能，配制难度极大。

（3）质子区有限的混凝土空间内预埋管线包含工艺冷却水、技术气体、电气等14个系统，总长度超过 35000m，管线平均单方混凝土体积占比 17.3%，最密集处为 24.1%，同时要求管线在保证防辐射功能和信号不受损的前提下定位精度≤±2mm，质量标准极高。

如何突破这些挑战并形成具有参考性的成套施工技术，是亟待研究解决的问题。为保证工程的质量安全，提高工效，助力核医疗工程技术发展，深入研究核医疗工程施工关键技术，以期形成一套行之有效的技术方法与措施，为后续类似工程的应用提供借鉴与参考。

2 技术内容

2.1 总体思路

依托合肥离子医学中心工程项目的实施，通过查阅文献资料、计算机模拟分析计算、组织专家论证、现场实操验证等措施，研究核医疗工程结构建造、低水化热高流态辐射屏蔽混凝土制备、超密集防辐射管线高精度安装等各项施工技术，结合核医疗工程的使用特点与设计要求，总结形成一套核医疗工程关键施工技术。

2.2 技术路线

采用了国内外文献调研、国内类似工程调研、数值模拟与理论计算分析、现场试验与监测等研究方法，具体步骤如下：

（1）深入调研国内外质子中心工程资料，对成功案例的经验进行系统全面总结；

（2）现场制作两个足尺试块，利用有限元数值软件，对混凝土的材料性能检测、温度应力监测、数值模拟分析，为工程施工提供指导；

（3）采用理论分析与工程实践相结合的方法，对各关键技术进行研究，再通过现场实践，对关键技术进行优化和改进；

（4）汇总研究成果，形成最终研究成果并进行推广。

2.3 关键技术

针对核医疗工程质子辐射屏蔽和建筑变形控制要求高的特点，质子区超长异形大体积混凝土结构和防辐射超密集管线高精度安装的建筑需求，开展系统研究和总结，形成了核医疗工程结构建造技术、低水化热高流态质子辐射屏蔽混凝土配制技术、防辐射超密集管线高精度安装技术等系列创新性成果。

（1）核医疗工程结构建造技术：发明了一种泥岩地质条件下毫米级沉降控制方法，研发了大体积复杂结构匀质性施工技术及超厚结构板少支撑模板体系，达到了精密设备超高质量控制标准。通过足尺试验结合有限元模拟计算，形成核医疗工程混凝土裂缝控制技术，解决了精密设备配套施工远高于现行规范的控制指标及大体积辐射屏蔽混凝土裂缝控制的难题。

（2）低水化热高流态辐射屏蔽混凝土制备技术：研发了一种混凝土质子辐射屏蔽提升技术，通过理论计算、比选试配、足尺试验等措施，优化了辐射屏蔽混凝土的工作性能，在保证混凝土强度的基础上优化混凝土配合比，解决了超密集钢筋和管线影响下混凝土密实度的难题和超大截面大体积混凝土结构施工水化热的难题，保证了质子辐射的屏蔽效果。

（3）防辐射超密集管线高精度安装技术：研发了基于 BIM 的超密集多规格复杂管线深化技术，通过应用复杂管线组模块化安装、异形曲面相交管线空间展开放样技术，解决了防辐射超密集管线在狭小空间和密集钢筋条件下高精度安装的难题，保证了精密设备的功能实现。

3 技术指标

3.1 核医疗工程结构建造技术

3.1.1 技术特点与指标

（1）质子设备运行对所处环境要求极高，要求将建筑 10m 范围差异沉降控制在 0.2mm/年，质子区全寿命总体沉降小于10mm，需对基础沉降控制进行研究。

（2）质子区为异形超长超大混凝土结构，裂缝影响因素众多，施工时恰逢高温季节，须进行合理部署、采取适当措施，以减少裂缝产生，达到无可见裂缝的要求。

（3）项目核心功能区钢筋含量达2171.5kg/m²，为普通公建项目30～36倍，同时预埋的防辐射管线单方混凝土体积比高达24.1%。在此条件下要保证结构辐射屏蔽效果各向同性，对混凝土施工匀质性控制要求极高。

（4）质子区最大结构楼板厚达4.6m，如何有效利用支撑体系，快速优质完成楼板结构施工是极其关键的问题。

3.1.2 创新点

针对核医疗工程质子辐射屏蔽和建筑变形控制要求高的特点，通过对结构基础沉降控制方法、混凝土裂缝控制方法、辐射屏蔽混凝土匀质性施工方法和超厚楼板模架体系优化，有效保证了核医疗工程使用功能的要求，解决了辐射屏蔽和沉降控制的施工难点。

（1）泥岩地质条件毫米级沉降控制技术

针对泥岩地质条件下土体易扰动，持力层承载力不均匀，差异沉降控制要求难等特点，通过现场试验及数据分析，掌握了泥岩地质受扰动规律；通过优化混凝土配合比，研发了料举导管法，保证了超长干作业桩身混凝土密实；设置了后注浆保障措施，解决了泥岩地质条件毫米级沉降控制的难题；研发了深孔高清成像仪验收系统，减少了人工挖孔桩作业风险（图1）。

（2）辐射屏蔽混凝土裂缝控制技术

针对质子区结构混凝土裂缝影响因素多、实体试验时间经济成本高等问题，根据施工现场足尺试验实测数据，建立结构模型（图2），对各裂缝影响因素进行了数值模拟分析。

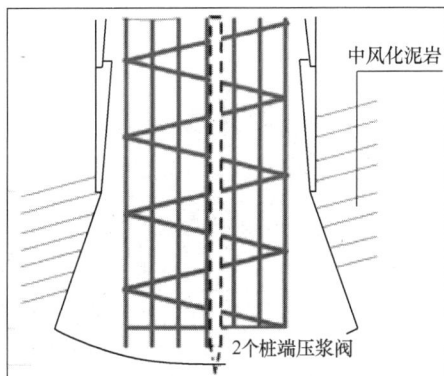

图1 后注浆孔设计

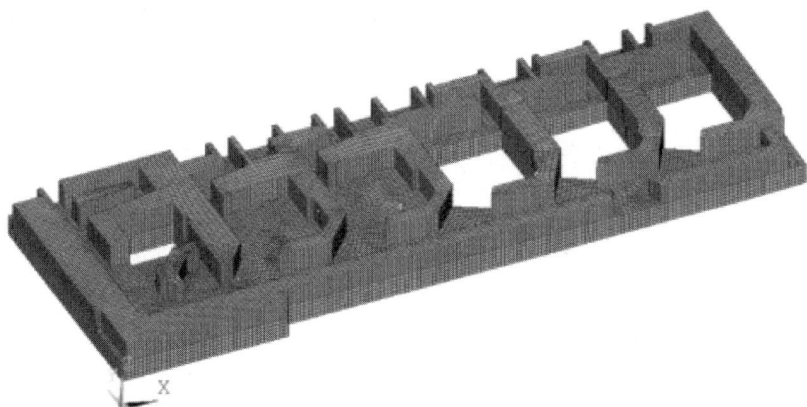

图2 典型模型建立

通过现场足尺试验和有限元数值模型，研究了不同养护措施和管线密集程度对混凝土裂缝的影响，在保证施工质量的前提下，综合工期、施工部署等多方面因素优选最佳结构施工工艺（图3）。

针对墙板不同分层分段工况进行模拟计算，结合辐射热点分析数据、现场实际工况及温度控制等因素，优化了质子区施工部署。研发了防辐射混凝土施工缝处理技术，确保结构整体质子辐射屏蔽效果（图4～图6）。

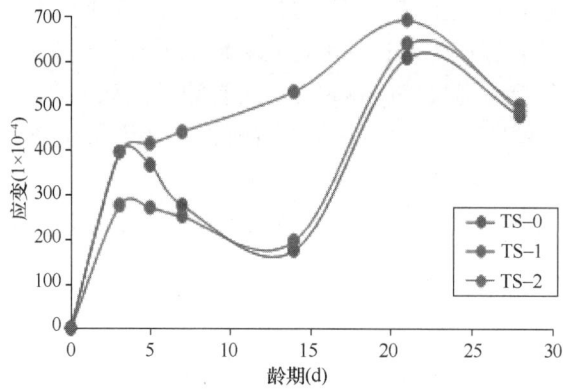

图 3　不同养护措施应变规律

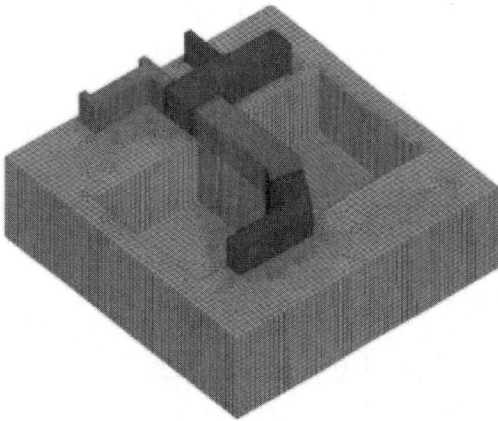

图 4　厚墙模型

图 5　厚板模型及分层

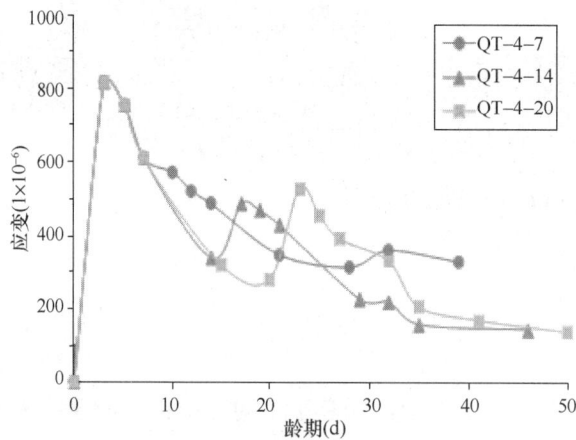

图 6　不同工况应变变化规律

质子区结构施工处于合肥夏季高温，最高温度达 40℃，为确保辐射屏蔽功能，避免温度裂缝产生，要求辐射屏蔽混凝土入模温度小于 28℃。通过理论计算及足尺试验现场验证，通过针对混凝土原材特性的专项降温处理，综合拌合、运输、浇筑准备等各关键节点工艺控制，形成高温季节质子辐射屏蔽混凝土入模温度控制技术。

对混凝土裂缝各影响因素进行数值模拟分析，结合质子区结构均为异形超大截面尺寸构件的特点，制定养护及温度监测措施。同时为了探究大体积混凝土内部既定点位混凝土物理性能，开发了匹配的养护方法和养护设备。

（3）辐射屏蔽混凝土匀质性施工技术

针对质子区结构中钢筋及防辐射管线超密布置、常规辐射屏蔽混凝土浇筑困难的特点，研究优化质子辐射屏蔽混凝土在超密集钢筋和管线中的工作性能，利用足尺试验调整、优化，最终确定质子屏蔽混凝土有效流淌半径和最佳振捣时间，并以此为依据优化混凝土下料口排布，调整混凝土施工工艺（图7、图8）。

图7　密集钢筋及大直径管线示意

图8　不同流淌半径干密度测定

（4）超厚楼板少支撑模架体系施工技术

优化4～4.6m厚板浇筑顺序，水平向分两次进行浇筑，通过模拟计算混凝土首层浇筑板与支撑体系的荷载传递和强度关系，优化超厚楼板模架体系；通过研发新型模架轴力及稳定性监测系统，在施工过程中进行实时监测，保证了少支撑体系超厚楼板施工安全（图9、图10）。

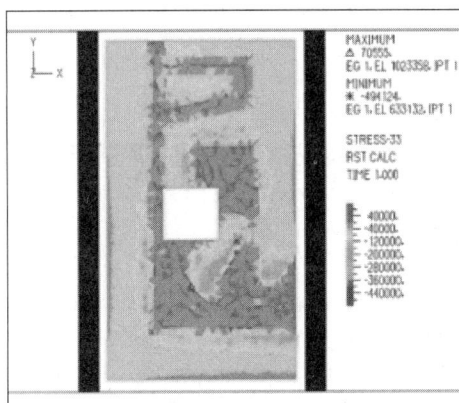

图9　板底部分切平面处混凝土应力

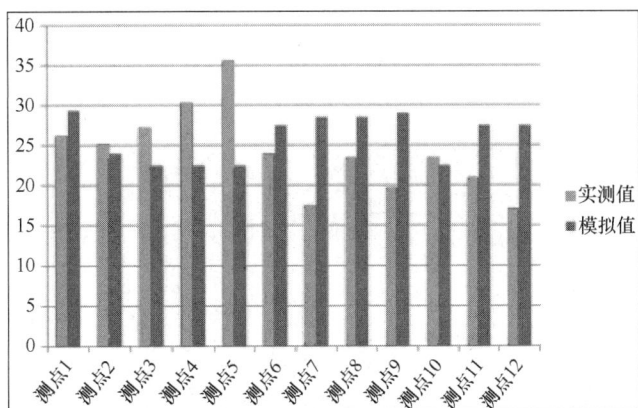

图10　立杆轴力与模拟值对比

3.2　低水化热高流态辐射屏蔽混凝土制备技术

3.2.1　技术特点与指标

（1）质子区混凝土需满足辐射屏蔽要求，高能质子辐射（230～250MeV）在能量等级和屏蔽措施上都有别于普通医院光子放疗低能（4～15MeV）电离辐射，且美国治疗室外辐射剂量率限值为 $20\mu Sv/h$，而中国的同类标准仅为 $2.5\mu Sv/h$，辐射屏蔽要求远超国外同类项目；项目所在地附近无普通辐射屏蔽混凝土所必需的优质重晶石或铁矿石，辐射屏蔽混凝土制备困难。

（2）核心功能区钢筋含量达 $2171.5kg/m^2$，为普通公建项目 30～36 倍，同时预埋在防辐射混凝土结构中的防辐射管线单方混凝土体积占比高达 24.1%，对混凝土施工性能提出极高要求。

（3）质子辐射屏蔽要求结构无可见裂缝，而质子区作为超长异形大体积混凝土结构，施工过程中大量水化热造成的结构内部温度梯度所形成的温度应力，使得裂缝控制难度进一步加大。

3.2.2 创新点

针对核医疗工程质子辐射屏蔽要求高的特点，通过对混凝土骨料比选、混凝土胶凝材料配合比、骨料连续级配、外加剂选型及掺量选择、现场足尺试验等试验研究，解决了常规辐射屏蔽混凝工作性能差、水化热高、原材产地限制等难题，形成低水化热高流态辐射屏蔽混凝土制备技术。

（1）混凝土屏蔽质子辐射性能优化技术

针对工程质子辐射屏蔽需求，通过原材比选、理论计算、试验分析，研究了不同原材料对混凝土干密度、辐射屏蔽性能的影响，最终形成对辐射屏蔽混凝土的原材基本参数要求和配合比范围，经实验室试验和现场足尺试验验证，优化效果良好（图 11）。

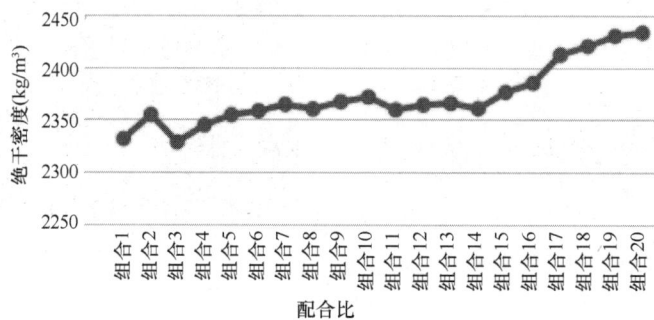

图 11 部分配合比绝干密度曲线

（2）辐射屏蔽混凝土工作性能优化技术

针对辐射屏蔽混凝土大管径超密集管线埋设特点，通过对细骨料"混合砂"的制备、混凝土连续级配的优化、骨料粒径范围的选择、混凝土整体配合比及外加剂对工作性能影响等多角度的研究，配制高流态辐射屏蔽混凝土，经过现场足尺试验及实体工程的检验，达到了均质密实的效果（图 12、图 13）。

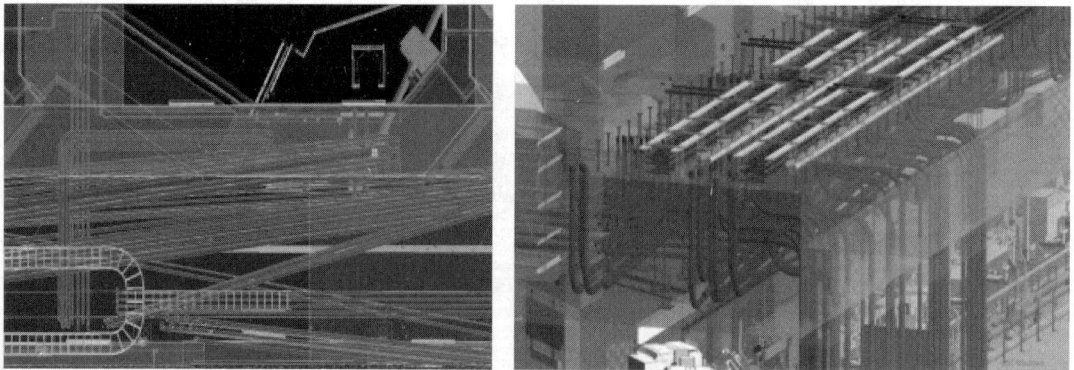

图 12 墙体超密集管线施工

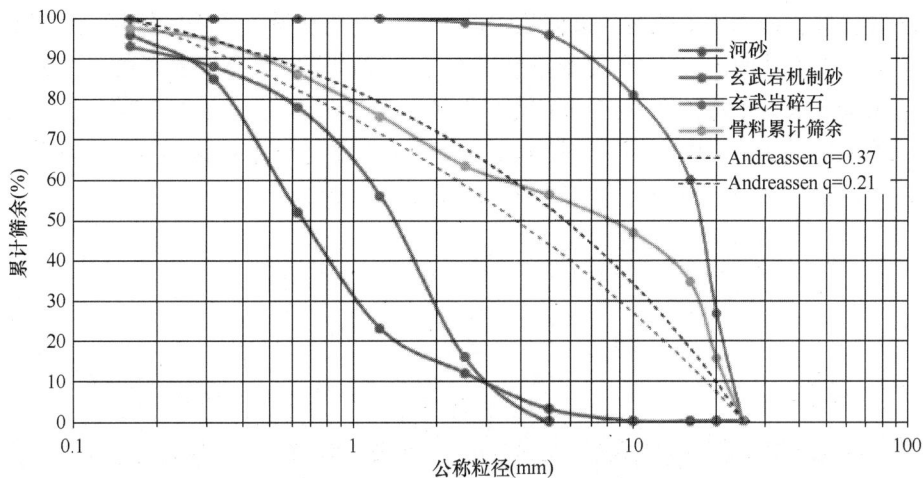

图 13 最终级配筛余曲线

（3）辐射屏蔽混凝土低水化热优化技术

针对质子区超长异形大体积混凝土结构的特点，基于混凝土施工温度应力控制的难题，研发了一种超低水泥掺量的混凝土配合比，形成了一种满足设计强度的低水化热辐射屏蔽混凝土，避免了因温度应力而产生温度裂缝进而引发辐射泄漏的风险（图 14）。

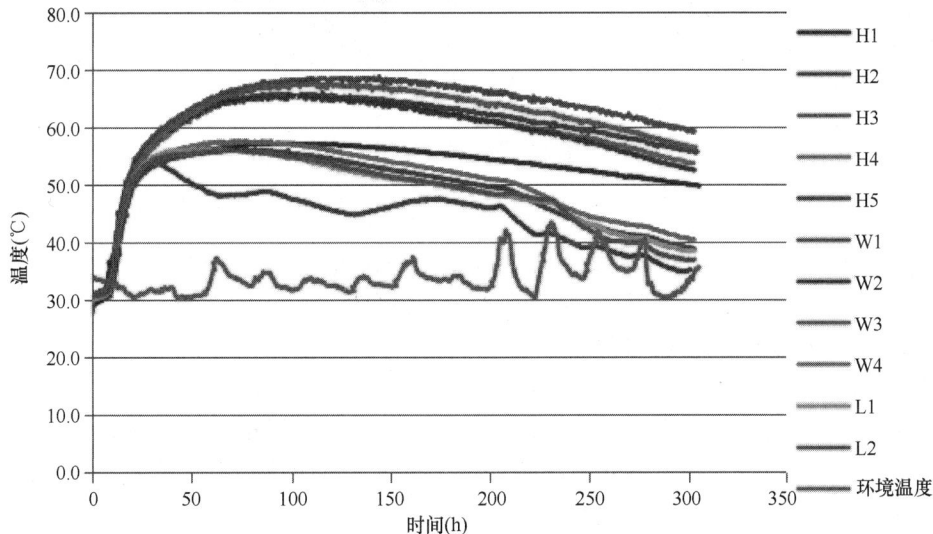

图 14 足尺试验温度变化总图

3.3 防辐射超密集管线高精度安装技术

3.3.1 技术特点与指标

（1）质子区管线均为美标厚壁（SCH40S 标准 2.3～10mm）大直径（3/4～6 英寸）管线，涵盖了工艺冷却水、技术气体、电气线管等 14 个系统，混凝土内埋设总长度超过 35000 多米，管线密集处单方混凝土体积占比高达 24.1%，同时为了满足防辐射要求，所有管线均需安装 2 个大曲率（NEC 标准 $R＝6D$）弯头并须保证相邻管线的净距满足防辐射与信号稳定性要求，深化设计极为困难。

（2）质子医疗设备作为当前世界最精密的设备之一，配件及线材由不同国家加工运输至项目组装，为了避免设备无法安装造成的越洋超长周期采购，其预留管线位置必须确保与精密设备对接无误,管口定位精度误差必须小于等于±2mm,且需确保管线预埋100%合格,施工难度极大。

(3)质子区校准管位于五个舱室与束流沟隔墙中,用于精密设备使用后的复位校准,每个舱室校准管由三根不同角度不共面的DN200特制不锈钢管道组成,三根异形管道两两不共面,并需满足空间异面相交的功能要求。整体校准管定位精度小于等于±1mm,且精度受混凝土浇筑等工序影响极大。校准管所处的质子区墙体内钢筋、预留管线密集且有其他支架系统穿插施工,校准管的精确定位与结构成型后定位精度保证,对施工提出了极高的要求(图15)。

图 15 质子区管线图

3.3.2 创新点

针对防辐射管线分布密集、系统繁多、路由复杂、数量庞大、定位精度高等特点,从管线 BIM 深化设计、管线定制加工、管线安装定位及固定、异形相交校准管定位施工、管道定位复核等方面进行研究,形成了防辐射超密集管线高精度安装技术。

(1)防辐射超密集多规格管线 BIM 深化技术

针对防辐射管线的特点,研制防辐射管线高精度安装 BIM 应用技术,解决管线分布密集、规格众多、路由复杂、二维平面图纸难以指导施工等难点,保证了超密集管线的高精度安装问题,同时为高精度预埋及模块化预制施工提供良好的数据基础(图16)。

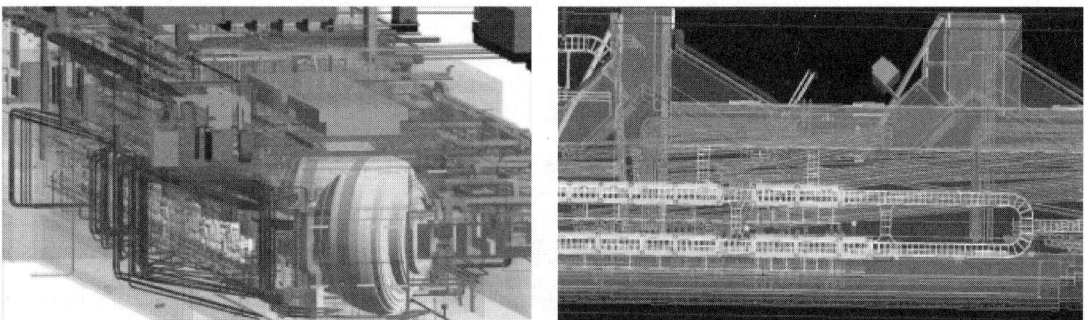

图 16 质子区超密集多规格管线示意图

（2）防辐射管线高精度模块化安装技术

针对管线高精度定位安装，分析管线固定方式、外部环境和施工工序穿插等影响因素，通过优化工艺衔接，利用 BIM 设计并深化管线模块及其配套的装配式支架模型，优化管道及支架固定方式，对超密集管线进行分段场外预制，并进行预安装，现场模块化吊装与固定，顺利解决了管线高精度安装施工的问题（图 17、图 18）。

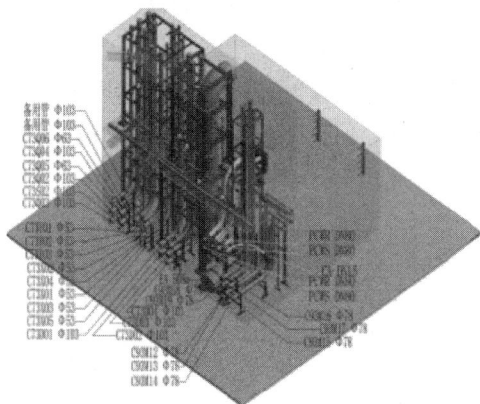

图 17　管线支架深化设计

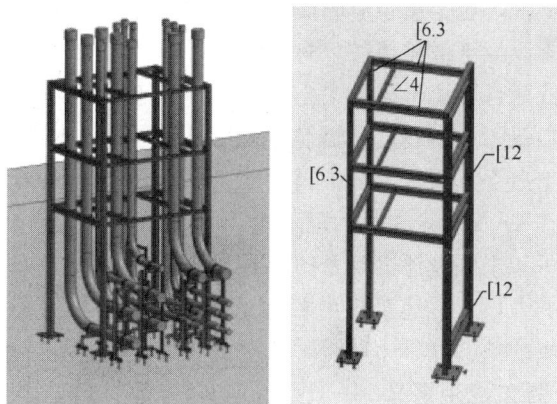

图 18　支架组 Z01-02BIM 模型

（3）防辐射异形相交校准管精准安装技术

针对校准管安装精度要求高，施工偏位控制难度大的特点。项目通过引入 Autodest-Inventor-Professional 进行管道模型空间异面展开翻样，提前进行场外预制、施工现场整体吊装、测量机器人精准复核等一系列措施，确保施工精度。

4　适用范围

该技术适用于医院、科研、核工程等具有防辐射要求的项目，主要应用于核医疗工程的建造、超厚混凝土结构施工、密集管线精准预埋等领域。核医疗工程具有以下建造特征：

（1）核医疗工程普遍存在辐射屏蔽的要求

质子重离子系统最大能量为 $200 \sim 460 MeV$，远超普通放疗系统（$5 \sim 20 MeV$）。因此为满足辐射屏蔽要求，对结构尺寸、混凝土密度、裂缝控制、管线安装、封堵方式都增加了额外的挑战。

（2）核医疗工程需满足设备商的运营需求

粒子系统是高精密设备，为了满足安装运行需求，对工程建造提出远超规范的建设标准，如建筑沉降要求、振动要求、平整度要求、结构尺寸精度、预埋件预埋管线精度、环境温湿度等。

核医疗工程具有以下特点难点：

（1）需要配置防辐射混凝土

低水化热：混凝土构件最大截面超 8m，需显著降低混凝土产生的水化热；高流态高匀质性：结构埋设密集管线、钢筋，需保证混凝土达到均质自密实效果；高干密度：普通辐射屏蔽结构最小干密度大于 $2350 kg/m^3$，薄弱部位最高要求大于 $3900 kg/m^3$。

（2）"零"裂缝大体积混凝土结构

超长异形大体积混凝土结构：设备区为满足辐射要求均设计为近百米的异形大体积混凝土结构，墙板厚度 $1 \sim 5m$；"零"裂缝：结构表面无可见裂缝，结构实体无贯通裂缝。

（3）建筑物沉降和振动要求高

毫米级沉降：建筑投入使用后，10m 差异沉降小于 0.2mm/年；微米级振动：设备区最大振动速率小于 $100 \mu m/s$。

5 工程案例

5.1 社会经济效益

核医疗工程施工技术在合肥离子医学中心的成功应用，提高了项目整体施工质量，完全满足设备供应商提出的 2011 项技术要求，是瓦里安（Varian）全球范围内 28 个工程中唯——个一次性验收通过的工程，也是迄今全球最快顺利完成质子设备调试的项目，在国内外质子建设领域取得了良好的声誉，累计经济效益超过 5000 万元。

依托合肥离子医学中心工程项目实施总结的核医疗工程关键施工技术可以大幅提高质子结构建造速度，保障成型质量及辐射屏蔽性能，同时成本更低且更加绿色环保，填补了核医疗工程成套施工技术的空白。本项目荣获中国建设工程鲁班奖、华夏建设科学技术奖三等奖、两项国际 BIM 大奖、国家级"AAA 安全文明示范工地"、2 项国家级 QC 成果、"上海市建设工程项目管理成果一等奖"等，得到了各个领域评奖专家的认可。项目在 2018 年、2019 年两度举办安徽省级观摩会，大幅提高了社会影响力，工程建设期间累计接待超过 3000 人，得到社会各界的广泛认可，打造了在核医疗工程建设领域的核心竞争力，同时推动了行业技术进步，起到了科技示范引领作用，社会效益明显。

5.2 推广应用情况

本技术已成功应用于合肥离子医学中心工程项目、义乌复元医院、首台套国产质子医疗验证基地项目等多个工程，整体施工过程安全可靠、施工质量优良、工期短、经济性好，具有良好的推广前景及价值。

6 结语展望

针对载体合肥离子医学中心工程项目特点，通过对项目进行过程中各项施工技术进行提炼总结，研发了大体积防辐射混凝土，通过理论计算、试验及优化混凝土原材料等措施，提升了普通混凝土性能，可达到辐射屏蔽的效果，满足混凝土防辐射要求；研究形成了核医疗工程结构建造技术，解决了防辐射混凝土裂缝控制的难题；研究形成了大体积防辐射混凝土成套施工技术，解决了狭小空间施工技术难题。

2019 年国家卫生健康委员会办公厅发布的《国家癌症区域医疗中心设置标准》指出，国家癌症区域医疗中心应当为三级甲等肿瘤专科医院，其医疗技术水平、安全、教学和科研能力达到国内或区域内领先水平，其中质子重离子放射治疗被纳入核心技术清单。2023 年 6 月 29 日，国家卫生健康委关于发布"十四五"大型医用设备配置规划的通知，"十四五"期间，全国规划配置大型医用设备 3645 台，其中：甲类 117 台，甲类中重离子质子放射治疗系统 41 台，截至目前，重离子质子放射治疗系统规划总数为 60 台。

根据国家战略发展需要，越来越多质子重离子项目投入建设，核医疗工程在辐射屏蔽混凝土配置、大体积混凝土裂缝控制、毫米级沉降控制、结构尺寸精度控制、密集管线高精度埋设、工艺冷却水洁净度控制等方面形成了特色施工技术，不断提升核心技术优势，多项技术达到国际领先水平。

作者：俞华文[1]　王启桃[2]（1. 中国建筑第八工程局有限公司；2. 合肥离子医学中心有限公司）

新型装配式混凝土建筑结构体系、设计方法与自主 BIM 应用技术

New Prefabricated Concrete Building Structure System，Design Method and Independent BIM Application Technology

1 技术背景

在当前我国大力推进生态文明建设、促进节能减排的重要阶段，传统的现浇混凝土作业方式弊端逐渐显现，迫切需要在产业全面转型升级基础上实现绿色、低碳发展。装配式建筑具有节约资源、减少环境污染和提升生产效率等优势，已成为我国建筑行业发展的趋势之一。目前我国装配式混凝土建筑的研究及应用已取得良好的成绩，但仍存在一系列问题：（1）现阶段混凝土装配式结构中大多数梁柱节点、墙墙节点、墙板节点为湿连接节点，需要通过节点区现浇实现节点的可靠构造连接，其现场施工无法彻底摆脱湿作业，施工效率低、不适应工业化生产方式。（2）装配式混凝土结构为了满足现有抗震规范，要求按照等同现浇的原则实现延性设计，设计方法不适用于新型连接节点以及新型装配式结构体系，并且高强、高性能材料和预制构件在装配式混凝土结构中的应用较少，相关设计指南仍属空白。（3）尚未建立起能够指导工业化建筑发展的标准体系，现行标准规范对工业化建筑发展支撑不足，短期内难以满足建筑行业转型的发展需要，并且关键技术标准缺位、关键技术和产品标准化程度不高。（4）现有国外 BIM 平台和相关软件由于抗震标准差异、专业化差异和构件本地化的问题无法满足国内工程应用需求，而我国装配式建筑在设计、生产和施工各环节各专业间信息不互通，导致协同工作效率低，生产成本严重浪费。

为了解决以上问题，从结构体系、设计方法、标准规范、BIM 应用技术四个层面进行全面系统的研究和创新，提出新型装配式混凝土结构体系，建立相应的设计方法，构建装配式混凝土结构标准体系，研发我国自主的 BIM 全流程集成应用系统，如图 1 所示，以提升我国装配式混凝土结构的技

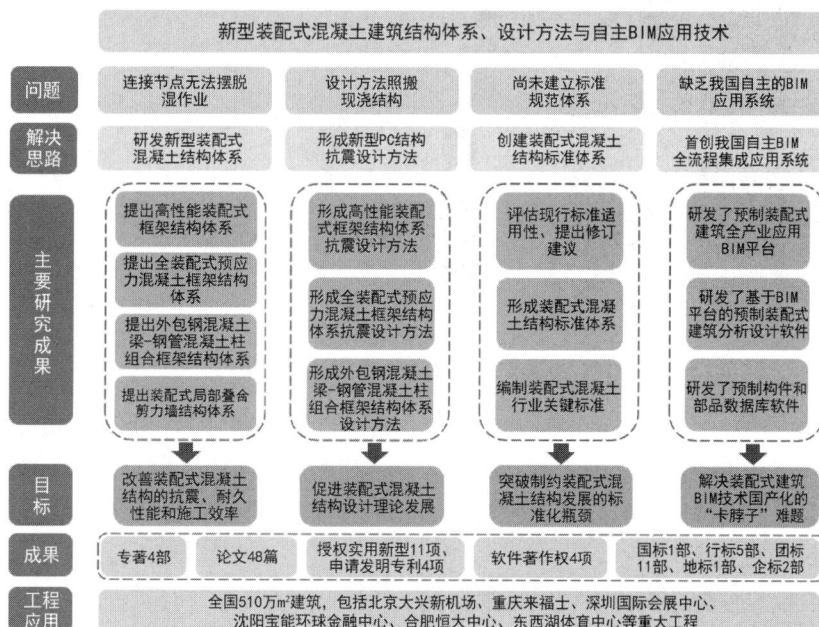

图 1　总体技术路线图

术水平，促进装配式混凝土建筑广泛应用。

2 技术内容

2.1 新型装配式混凝土结构体系

2.1.1 高性能装配式框架结构体系

（1）一种新型高性能装配式框架结构体系

为了解决我国混凝土装配式结构梁柱节点依赖等同现浇原则设计、无法摆脱现场湿作业、施工效率低的问题，构建了一种由高强混凝土预制构件、高变形能力干式连接节点和高效耗能构件共同构成，具有高抗震性能、高耐久性和高施工效率的高性能装配式框架结构体系，如图 2 所示，可实现刚度退化可控的破坏机制和构件损伤可控的耗能机制。

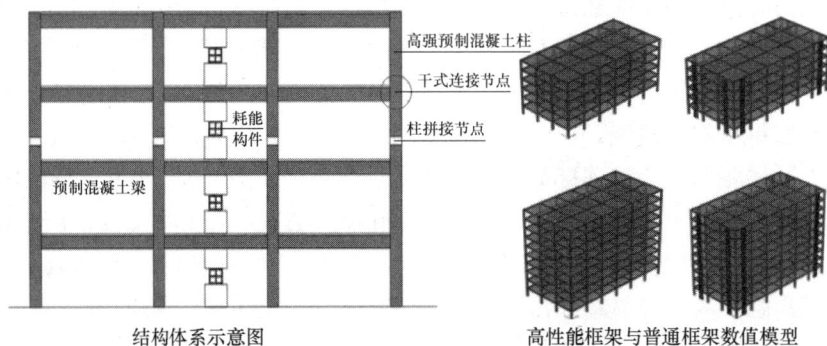

图 2 高性能装配式框架结构体系

（2）一种新型高变形能力干式连接节点

以高变形能力为目标，创新性地设计了一种螺栓连接新型干式连接节点，如图 3 所示，该节点可在施工现场通过干式螺栓连接，施工便捷；节点刚度和承载力可根据端板、螺杆的尺寸来调整，性能可控；在大震下节点核心区基本处于弹性状态，震后易于修复。

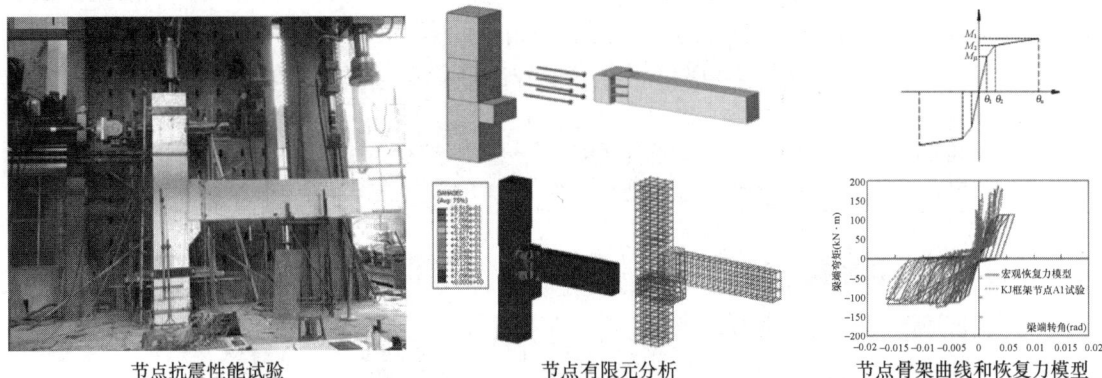

图 3 新型高变形能力干式连接节点研究

通过对普通螺栓和高强度螺栓的 2 种装配式梁柱节点进行模型试验和数值模拟，研究节点的抗震性能和损伤机制。研究表明：对于上述两种梁柱节点，其耗能基本由预制梁承担，节点核心区和预制柱没有明显损伤，滞回曲线较饱满，具有良好的耗能能力。普通螺栓梁柱节点具有更好的大变形能力，可通过更换螺栓修复结构。

（3）高性能装配式框架结构体系抗震性能研究

通过对 2 榀半足尺的单榀 3 跨 2 层高性能装配式框架结构进行低周往复拟静力试验研究，考察结构体系的抗震性能，如图4所示。研究表明：合理设计的高性能装配式框架结构体系具备可控的耗能机制和良好的承载力，基本实现了预设的工作模式。框架主要损伤集中在剪切阻尼器耗能系统上，框架预制构件裂缝发展程度较轻，未出现明显的混凝土破坏。

高性能装配式框架结构的金属阻尼器充分发挥滞回耗能作用，滞回曲线饱满。层间位移角满足混凝土结构在罕遇地震下弹塑性层间位移角1/50的限值要求，符合大震不倒的要求，结构抗震性能良好。

节点破坏现象

单榀3跨2层高性能框架抗震性能试验　　　　梁柱破坏现象

图4　高性能装配式框架结构抗震性能试验研究

2.1.2　全装配式预应力混凝土框架结构体系

（1）一种全装配式预应力混凝土框架结构体系

构建了一种由预制楼板、全预制后张无粘结预应力框架梁和预制框架柱构成的全装配式预应力混凝土框架结构体系，具有施工效率高、地震损伤轻、延性好、自复位等特点，研究了该框架结构的平立面布置、预制预应力构件形式、预制预应力框架的拼装方式，提出了柱—基础节点构造、预制柱形式、梁—柱节点构造、板梁节点构造、楼盖体系，如图5所示。

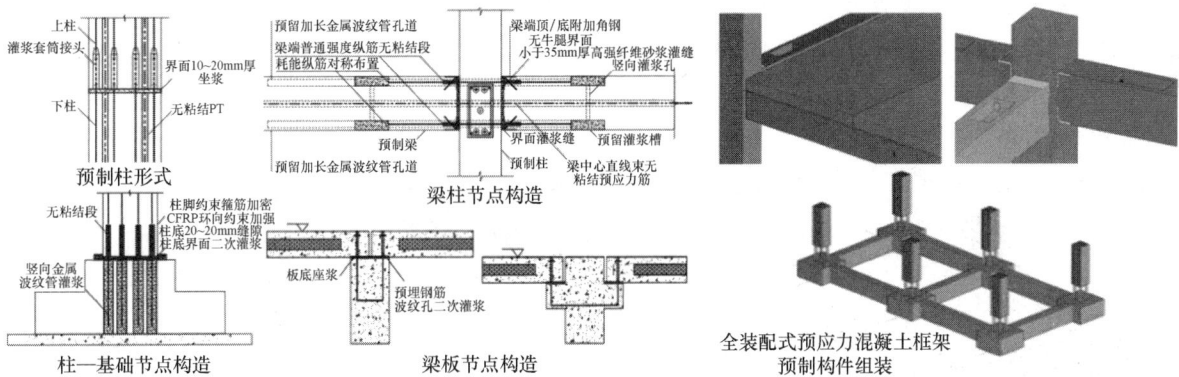

图5　全装配式预应力混凝土框架结构体系

（2）全装配式预应力混凝土框架节点性能研究

1）节点接缝抗剪性能试验。通过6组共18个框架节点试件，研究了预应力螺杆轴力、构件连接面尺寸、钢牛腿对自复位节点接缝抗剪性能的影响。

2）梁端刚度试验。通过连续梁加载试验，研究该结构体系梁端的变形能力、刚度退化和内力重分布，并确定梁端刚度的折减系数。

3）节点抗震性能试验。通过1个整体现浇节点、4个框架节点的拟静力试验，研究了全装配式预应力混凝土框架梁柱节点抗震性能，如图6所示。研究表明：梁柱节点基本没有破坏，预应力筋始终保持弹性，可实现节点的自复位性能，滞回曲线饱满，耗能能力好。

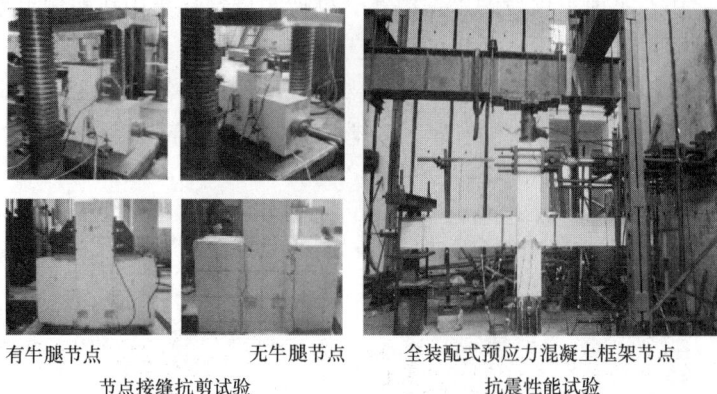

有牛腿节点　　　　　　无牛腿节点　　　　全装配式预应力混凝土框架节点

节点接缝抗剪试验　　　　　　　　　　　抗震性能试验

图 6　全装配式预应力混凝土框架节点抗剪和抗震性能试验

4）完成了 2 组共 8 个不同配筋率、不同初始扭矩的框架梁端节点抗震性能的拟静力试验研究，结果表明：在位移角卸载状态下更易界面抗扭失效；扭转变形随着加载循环次数和位移角增加而累积且不可复位。结合有限元分析、界面剪应力分布的理论计算，揭示了受压界面在弯—剪—扭耦合作用下的受力机理、抗扭失效特征。

（3）全装配式预应力混凝土框架结构振动台试验研究

进行了 1/2 缩尺的三层全装配式预应力混凝土框架结构的振动台试验，研究了模型在各级地震动作用下的动力特性、加速度和位移反应、损伤情况等。结果表明：框架柱柱脚损伤轻，框架梁端损伤微小且可自复位；大震下，试验模型有较好的自复位性能和满足规范要求的抗震性能；采用顶部设置刚性楼板的框架结构具有良好的整体侧向变形协调性能。

2.1.3　外包钢混凝土梁—钢管混凝土柱装配式组合框架结构体系

（1）一种新型的装配式组合框架结构体系

外包钢混凝土梁—钢管混凝土柱装配式组合框架结构体系是以外包 U 形钢—混凝土组合梁为核心，与免拆模钢筋桁架楼承板配套，集成装配式隔墙及复合外围护墙，形成的装配式组合结构技术体系，如图 7 所示。框架柱为矩形钢管混凝土柱，框架梁为外包 U 形钢—混凝土组合梁（以下简称"外包钢组合梁"）。

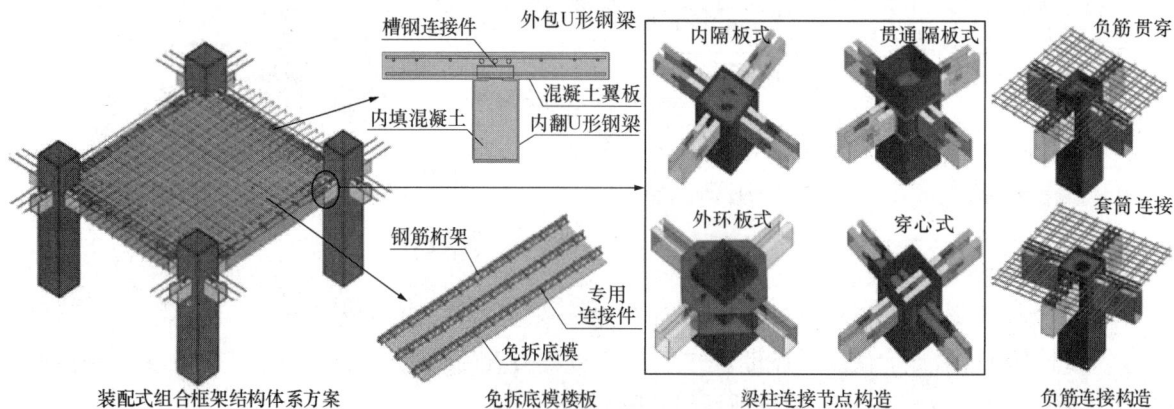

装配式组合框架结构体系方案　　　免拆底模楼板　　　梁柱连接节点构造　　　负筋连接构造

图 7　外包钢混凝土梁—钢管混凝土柱装配式组合框架结构体系

（2）外包 U 形钢—混凝土组合梁性能研究

1）对 5 个连续组合梁试件进行了受弯试验，研究负筋配筋率和 U 形钢腹板高厚比等因素对组合梁抗弯性能的影响，如图 8 所示。结果表明：外包钢组合梁的破坏形态均为中支座处翼板首先开裂，之后中支座及跨中相继形成塑性铰。普通组合梁试件的中支座下翼缘及腹板过早地发生了屈曲变形。

2）对 4 个组合梁试件进行了受剪试验，研究剪跨比、U 形钢腹板高厚比、混凝土强度等级等因素对外包钢组合梁抗剪性能的影响，如图 8 所示。结果表明：试件表现出较好的延性能力，受剪承载力随梁高和混凝土翼板宽度的增加而增加，随剪跨比的增加而降低。

3）对 4 个组合梁试件进行了裂缝宽度试验，研究负筋配筋率、构造、抗剪件对外包钢组合梁裂缝宽度的影响，如图 8 所示。结果表明：外包钢组合梁试件与普通组合梁试件均发生延性破坏，混凝土翼板开裂严重，底部钢板受压屈曲。普通组合梁破坏时荷载下降至峰值荷载的 0.85 倍，外包钢组合梁破坏时无明显下降段出现。

| 外包钢连续组合梁受弯试验 | 外包钢组合梁受剪试验 | 外包钢组合梁裂缝宽度试验 |

图 8 外包钢组合梁受力性能研究

（3）梁柱连接节点抗震性能研究

对 7 个不同构造的外包 U 形钢组合梁—方钢管混凝土柱节点试件进行拟静力抗震试验和有限元数值模拟，研究其抗震性能和破坏机理，如图 9 所示。结果表明：节点试件滞回曲线较为饱满，表现出较好的延性、变形能力和耗能能力，等效黏滞阻尼系数均大于 0.1，耗能能力优于普通钢筋混凝土节点。钢筋套筒连接质量、内隔板焊缝质量、U 形钢冷弯部位焊接后的力学性能决定了试件的整体性能。

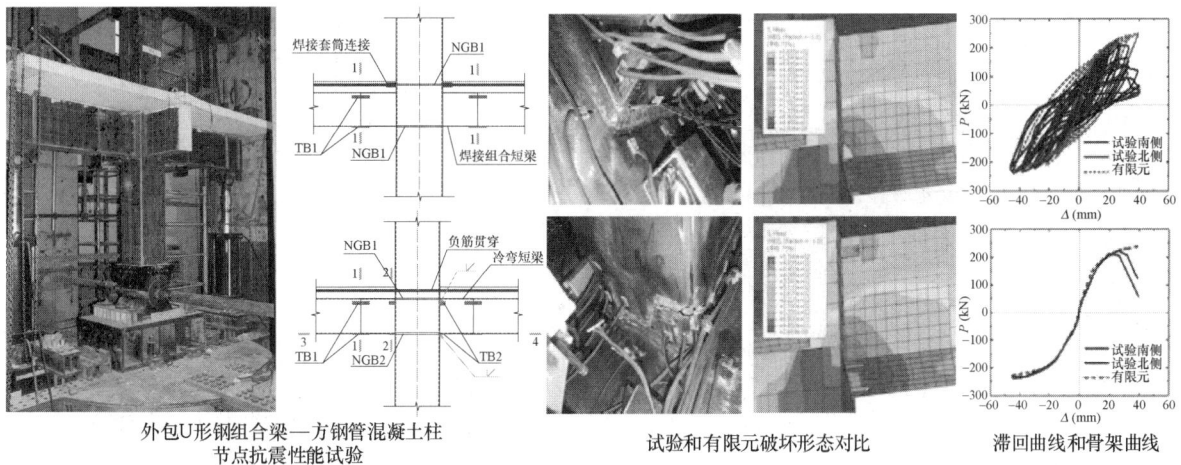

| 外包 U 形钢组合梁—方钢管混凝土柱节点抗震性能试验 | 试验和有限元破坏形态对比 | 滞回曲线和骨架曲线 |

图 9 外包钢组合梁—方钢管混凝土柱节点抗震性能研究

2.1.4 装配式局部叠合剪力墙结构体系

（1）一种新型装配式局部叠合剪力墙结构体系

该结构体系预制剪力墙构件底部预留后浇区，竖向分布钢筋在预留后浇区内采用搭接连接，墙体构造做法如图10所示。预制构件底部预留支腿用于安装定位，底部预留后浇区与边缘构件一起浇筑成型。对于内墙，为降低现场支模工程量，在底部预留后浇区域的墙体为单皮叠合墙，即在墙体底部后浇区一侧留有一定厚度混凝土面层，该混凝土层与墙体一次浇筑成型。在该混凝土层内留设凹槽，在凹槽内连接上下层墙体的竖向分布钢筋。对于外墙，墙肢外侧有保温层及防护层，剪力墙底部没有单皮叠合的情况。

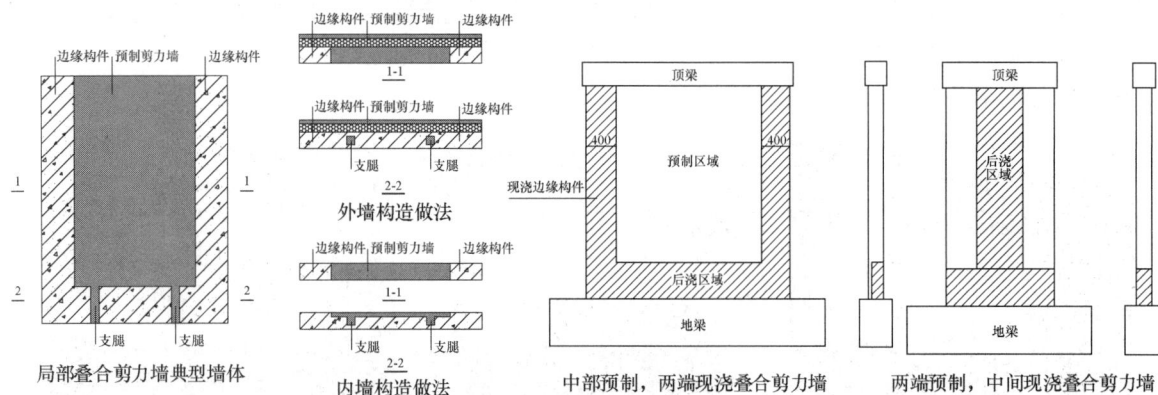

图10　新型装配式局部叠合剪力墙结构体系

（2）装配式局部叠合剪力墙抗震性能研究

完成了8个足尺剪力墙试件的拟静力试验，主要研究局部叠合剪力墙的破坏机理和抗震性能，以及水平拼缝、竖向拼缝对装配式剪力墙试件承载力、刚度、裂缝分布模式的影响，如图11所示。

结果表明：装配式剪力墙试件的变形能力较好，试件的位移延性系数均大于6，能够满足剪力墙的抗震性能要求。随着墙体剪跨比的增大，墙体试件的变形能力增强，极限层间位移角基本均可达到在1/120以上，达到剪力墙结构在大震下层间位移角的要求。装配式剪力墙试件的承载力、刚度、破坏模式、耗能能力等性能与现浇试件性能等同。该剪力墙装配方式技术可靠，构造合理，可按与现浇结构相同的方法进行此类装配整体式剪力墙构件的设计。

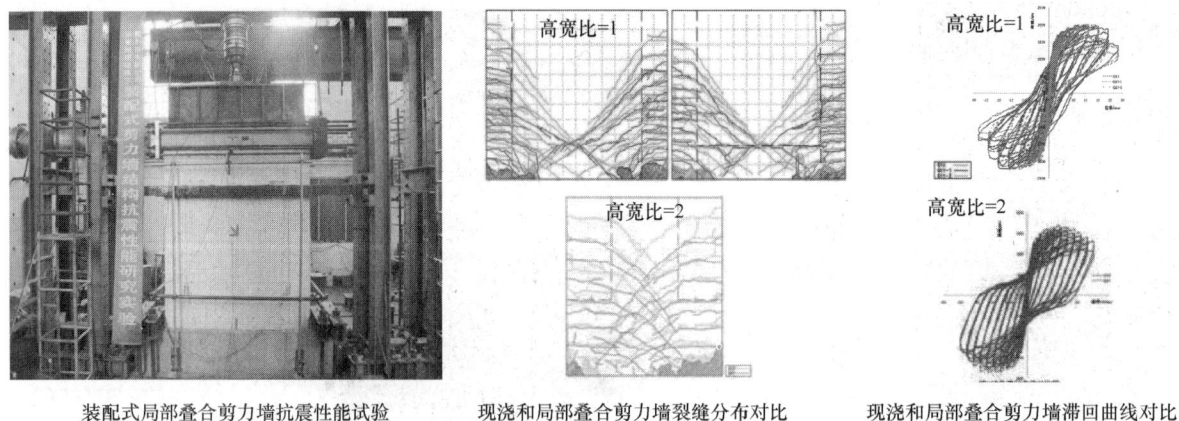

图11　装配式局部叠合剪力墙抗震性能试验

2.2　装配式混凝土结构设计方法研究

2.2.1　高性能装配式框架结构体系设计方法

（1）整体结构和构件的性能目标

高性能装配式框架结构体系在多遇地震作用下框架结构的层间位移角不宜超过1/550，罕遇地震作用下框架结构的层间位移角不应超过 1/50。持久设计工况和多遇地震作用下，各类构件均处于弹性状态。罕遇地震作用下，首层框架柱柱底位置允许出现塑性铰发展，其余梁柱应基本处于弹性状态。

（2）多遇地震和罕遇地震下的结构分析方法

1）多遇地震下的等效线性分析方法。大变形梁柱节点采用弹性连接单元模拟，节点转动刚度由试验实测结果或推导分析结果得到。耗能构件采用连接单元模拟，根据耗能构件类型指定弹性变形刚度或等效割线刚度，采用能量法计算等效附加阻尼。

2）罕遇地震下基于中国规范反应谱的弹塑性推覆分析方法。由于通用软件的推覆分析主要是基于欧美的抗震规范，因此本项目提出了基于中国规范反应谱的弹塑性推覆分析方法。采用考虑设计地震分组和场地类别的强度折减系数 R-μ-T 模型，通过迭代计算得到推覆性能点。

（3）梁柱连接节点设计方法

1）梁柱连接节点承载力。控制装配式节点的抗弯承载力，有利于实现预设的节点连接屈服模式，保证罕遇地震作用下梁柱构件基本处于弹性受力状态，节点承载力应满足要求：梁柱连接抗弯承载力标准值和抗弯承载力设计值的比值不宜大于 1.2，不应大于 1.5；梁柱连接抗弯承载力标准值不应大于对应框架梁端的抗弯承载力标准值的 0.85 倍；梁柱连接抗剪承载力设计值不应小于对应框架梁抗剪承载力设计值的 1.1 倍。

2）梁柱连接节点刚度。节点转动刚度系数 α 大于 0.5 时，节点转动导致的刚性层间位移占结构总层间位移的比例超过 60%。建议节点转动刚度系数 0<α≤0.5，满足结构抗侧刚度要求。

3）梁柱连接节点构造。节点应具备良好的变形能力，最大允许转动变形不应小于 1/50，大变形时支承牛腿仍应具有竖向支承能力，相应的构造要求：连接螺杆材料伸长率应不小于 20%，连接螺杆无粘结段长度不小于框架梁有效截面高度的 1/10，牛腿总长度不小于 1/3 框架梁截面高度，有效支承长度以外切角构造处理，释放对梁端的转动约束。

2.2.2 全装配式预应力混凝土框架结构体系设计方法

（1）节点和全装配式楼盖设计方法

1）基于全装配式预应力混凝土结构体系，系统分析了梁—柱、板—梁、柱—柱、柱—基础等相关节点构造。

2）提出了结构顶部楼层设置刚性楼板的措施，刚性隔板可采取预制—现浇叠合板或楼板边缘局部叠合板，提出了全装配式楼盖设计建议。

3）提出了板—梁连接节点的受剪承载力验算方法，以及小震和中震采用粘结抗剪和摩擦抗剪组合、大震时采用摩擦抗剪和销栓抗剪组合的板—梁连接节点受剪承载力计算公式。

（2）梁—柱节点界面不同受力状态的承载力计算方法

1）提出了全装配式预应力混凝土梁端界面摩擦抗剪的承载力计算公式。

2）提出了全装配式预应力混凝土框架梁—柱节点界面处的受弯承载力计算方法，梁柱界面处的耗能钢筋的极限受弯承载力和截面极限受弯承载力计算方法。

3）因梁端界面的抗扭性能薄弱且扭转变形不利，为严格限制框架梁端界面极限位移角下不可复位的扭转变形，需要对极限位移下抗扭不失效进行弯—剪—扭耦合承载力计算。分别提出了加载和卸载状态下界面受剪—扭承载力验算公式。

2.2.3 外包钢混凝土梁—钢管混凝土柱组合框架结构体系设计方法

（1）外包钢组合梁的设计方法

1）正、负弯矩区的承载力计算方法。通过试验结果对承载力计算公式进行验证，各外包钢组合梁试件正弯矩区受弯承载力试验值与计算值之比为 0.99～1.16，负弯矩区受弯承载力试验值与计算值之比为 0.90～1.08，证明计算方法准确可行。

2）抗剪连接件和翼板纵向抗剪计算方法。按本项目提出的计算方法配置抗剪连接件，可以保证界面抗滑移能力满足要求；按本项目提出的翼板纵向抗剪计算方法进行界面抗剪验算，虽不能保证翼板不发生纵向开裂，但可以控制裂缝宽度满足正常使用要求。为尽可能避免过早开裂，建议适当增加翼板顶面横向配筋，或增设倒 U 形插筋。

3）裂缝宽度和挠度计算方法。参考钢筋混凝土受弯构件的最大裂缝宽度方法，以及参考《组合结构设计规范》JGJ 138—2016 按叠加法确定截面刚度的挠度计算方法可用于本文研究的外包钢组合梁，计算结果均偏保守。建议验算最大裂缝宽度时取与承载能力极限状态相同的调幅系数。

（2）外包钢组合梁—钢管混凝土柱节点设计方法

1）比较了 2 种正、负弯矩受弯承载力计算方法。方法 1：按全塑性计算承载力，和静力的简支梁或连续梁的截面承载力计算方法相同；方法 2：忽略外包钢腹板和上翼缘，将外包钢下翼缘作为下筋。结果表明：负弯矩截面基本能达到全截面塑性状态，设计时可采用全截面塑性承载力。正弯矩承载力计算可按保守计算，不考虑腹板及上翼缘的作用。

2）提出了梁柱节点构造优化设计建议，包括：优先采用贯通隔板式节点，其贯通隔板可兼做短梁。对于内隔板式节点，需要保证内隔板的焊接工艺，例如采用一级全熔透和进行焊缝质量检验。对于穿心式节点，需要注意柱混凝土浇筑密实问题，此外由于柱开孔削弱且节点内构造不同于内隔板和贯通隔板，还需对节点域进行验算。

2.3　装配式混凝土结构标准体系研究

2.3.1　现行装配式混凝土结构标准适用性评估与修订方案建议

（1）现行装配式混凝土结构标准适用性评估方法

通过建立一套科学的评估体系，对装配式混凝土结构标准进行适用性评估，为工业化建筑标准体系的建立提供依据，包括：①从标准条款匹配性、标准内容支撑度和标准自身有效性三项内容来开展现行标准对装配式结构的适用性进行评估；②在处理评估结果时，选用传递熵和距离矩阵模型确定的专家权重来改进模糊综合评价法；③通过对《混凝土结构工程施工规范》GB 50666—2011 等标准的实证评估，为适应装配式混凝土结构发展做出一定的调整和补充。

（2）现行标准适用性评估与修订方案建议

围绕装配式混凝土相关 13 项现行重要标准，按照基础类、设计类、施工类、产品类对现行重要标准进行评估，评估标准包括：《工程结构设计基本术语标准》《建筑结构制图标准》《建筑结构可靠性设计统一标准》《建筑结构荷载规范》《建筑抗震设计规范》等 13 项，并提出了适用装配式建筑发展的修订方案建议，形成了 13 份标准适用性评估报告和 13 份标准修订建议报告。

2.3.2　装配式混凝土结构标准体系研究

（1）装配式混凝土结构标准体系理论与体系结构

以全寿命期理论、霍尔三维结构理论为基础，从层级维、级别维、种类维、功能维、专业维、阶段维等不同维度构建了装配式混凝土结构标准体系，如图 12 所示。装配式混凝土结构标准体系的上下层次结构为：强制性标准为约束层，推荐性标准为指导层、团体标准和企业标准为实施支撑层的新型标准体系。

（2）涵盖装配式混凝土结构全过程、全产业链的标准体系

1）全过程综合性标准。《混凝土结构通用规范》为现行规范中强制性条文归集。对于通用技术标准，可将现行行业标准《装配式混凝土结构技术规程》JGJ 1 和现行国家标准《装配式混凝土建筑技术标准》GB/T 51231 合并形成新的行业或国家标准，内容上覆盖高层建筑和多层建筑、装配整体式结构和全装配式混凝土结构。

2）设计阶段。主要从结构设计角度，对全过程综合性标准的延伸和补充。装配式混凝土结构的设计，除包括结构体系、预制构件和节点连接三个主要方面外，尚包括结构的耐久性设计、防火设计

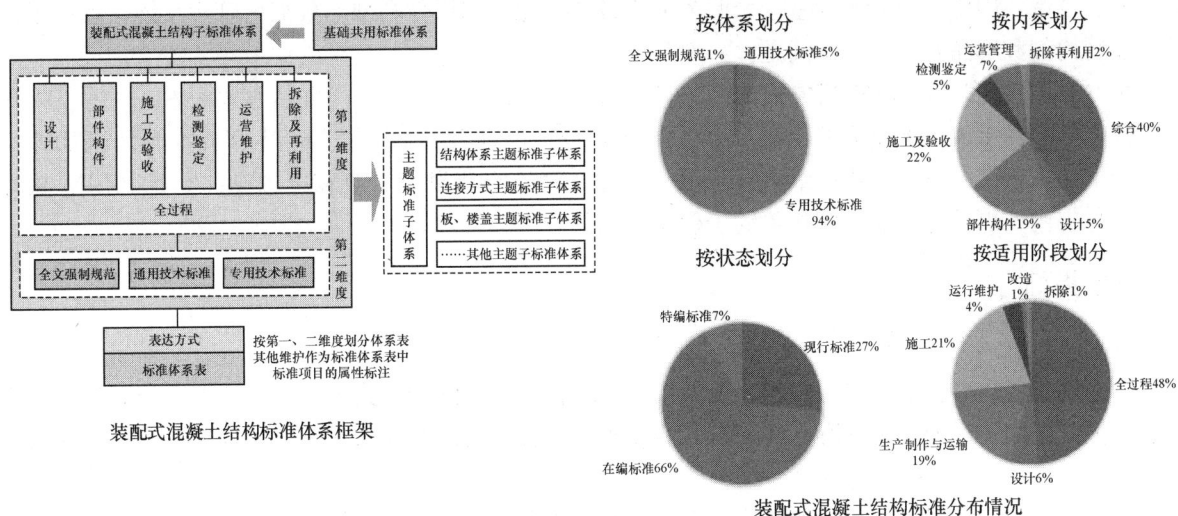

图 12　装配式混凝土结构标准体系框架和分布情况

等方面。

3）部件构件生产阶段。专用技术标准针对各种预制构件、部品、部件给出专门的制作生产技术及质量控制的要求，包括结构类构件和建筑类构件等。

4）施工及验收阶段。主要是从施工及验收阶段角度，对全过程综合性标准的延伸和补充。专用技术标准针对装配式混凝土结构专项技术的施工及验收，主要包括构件进场验收、预制构件场内运输与堆放、预制构件安装及预制构件连接等阶段。

5）检测鉴定阶段。装配式混凝土结构检测鉴定阶段的专项标准分为通用和专用标准，主要是针对既有装配式混凝土结构的检测、鉴定、认证、评价等方面的标准。除了结构性能方面的标准外，还包括装配式建筑评价、绿色建筑评价、绿色建材评价的以及认证方面的相关标准。

6）运营管理阶段。装配式混凝土结构运营管理阶段的专用标准，主要是针对既有装配式混凝土结构的运营、管理、加固以及信息化等方面的标准。其中专用标准以团体标准为主。尽管把 BIM 相关标准放于本阶段，但 BIM 是贯穿建筑全生命周期的，包括装配式建筑全过程信息构建、信息交换、信息管理以及信息应用等。

7）拆除再利用阶段。装配式混凝土结构拆除再利用阶段的专项标准分为通用和专用标准，主要是针对既有装配式混凝土结构的改造、拆除与再利用等方面的标准。其中专用标准以团体标准为主。

2.4　基于 BIM 的装配式建筑全流程集成应用系统

2.4.1　预制装配式建筑全产业应用 BIM 平台（PKPM-BIM）

本项目根据我国预制装配式建筑产业化全过程的应用需求，研发支持装配式建筑设计、加工、运输、施工全过程应用的自主 BIM 平台。建立符合我国装配式建筑特点的 BIM 数据标准化描述、存取与管理架构，实现装配式建筑全产业链各环节数据的顺畅流动，提高全过程协同工作效率。

2.4.2　基于 BIM 平台的预制装配式建筑分析设计软件（PKPM—PC）

基于 PKPM-BIM 平台研发了 PKPM—PC 装配式建筑分析设计软件。该软件实现了装配式建筑全专业一体化设计，包括基于标准构件的装配式建筑智能拆分、装配式结构直接分析计算、标准预制部件详细设计与验算、构件钢筋碰撞检查、设备开洞和预埋管线，自动统计预制率和装配率，一键生成施工图、构件加工详图和构件物料清单，大大提高了装配式建筑深化设计的效率和精度。

2.4.3　预制构件和部品数据库软件

装配式建筑预制部品部件在各专业、各行业领域间的数据孤立问题，直接影响我国装配式建筑发展速度、效率。因此本项目研发基于云服务的多维参数化预制构件和部品数据库管理系统，解决了标准化预制构件和部品数据的共享问题。

2.4.4 主编并发布5本BIM相关标准

基于本项目主编了国家标准《建筑信息模型存储标准》GB/T 51447—2021和五本P-BIM团体标准，分别适用于结构设计专业、给水排水设计专业、暖通空调设计专业和电气设计专业P-BIM软件的开发与应用，以及与专业设计相关的子模型数据的互用与管理。

3 技术指标

技术创新点：

（1）创新提出多套新型装配式混凝土结构体系，包括高性能装配式框架结构体系、全装配式预应力混凝土框架结构、外包钢混凝土梁—钢管混凝土柱组合框架结构体系、装配式局部叠合剪力墙结构体系。

（2）研发了高性能装配式框架结构体系、全装配式预应力混凝土框架结构、外包钢混凝土梁—钢管混凝土柱组合框架结构体系的抗震设计方法及构造措施。

（3）构建了覆盖装配式混凝土结构全过程、主要产业链的标准体系。

（4）首创了我国自主的装配式建筑BIM的全流程集成应用系统。

4 应用情况

本研究成果与实际工程紧密结合，研发的高性能装配式混凝土框架结构及抗震设计方法，以及基于BIM的装配式建筑全流程集成应用系统已经实现了研究成果产业化，目前已在深汕实验办公楼、合肥市高新区人才公寓项目、沈阳宝能环球金融中心、北京新机场停车楼及综合服务楼工程、武汉东西湖体育中心、深圳国际会展中心、重庆来福士等33项工程中，总建筑面积510万 m^2，在保证结构安全的基础上提升设计效率不少于35%，取得了显著的经济效益和社会效益。

作者：刘辉（中国建筑科学研究院有限公司）

基于国产软件平台的二三维协同建筑设计工具

2D-3D Collaborative Architectural Design Tool Based on Domestic Software Platform

1 建筑设计软件发展现状

建筑信息模型（BIM，Building Information Modeling）一词由 Autodesk 所创，用来形容同时处理三维几何模型与建筑信息模型的电脑辅助设计技术。需要说明的是，BIM 并不限定于特定软件或平台，而是借助软件平台实现的业务对象建模的过程（Modeling）及模型交付物（Model），与传统二维图纸交付物相比（Deliverables），BIM 可以更方便地传递构件级的信息，是提升建筑业信息化及工业化水平的重要工具。

《"十四五"国家信息化规划》要求：把关键核心技术自立自强作为数字中国的战略支撑，把数字产业化作为推动经济高质量发展的重要驱动力量，加快培育信息技术产业生态，推动数字技术成果转化应用，推动数字产业能级跃升。通过推动互联网、大数据、人工智能等同各产业深度融合，实现实体经济的健康发展。我国建筑行业数字产业化的发展，离不开基础 BIM 平台以及基础技术模块的自主与创新。

国外 BIM 软件中，在全球具有一定影响力、在国内市场具有一定认知度和实际工程应用的 BIM 软件，可粗略分为以下五类：美国欧特克 Autodesk 系列产品、美国奔特利 Bentley 系列产品、法国达索 Dassault 系列产品、美国天宝 Trimble 系列产品，以及 Open BIM 联盟的部分产品。各类产品经过用户使用的验证与打磨，基本占领国内的主流市场，在此不再赘述。

国内 BIM 软件中，广联达、构力等软件公司也推出了数维设计、Bimbase 等目标打通施工数据、装配式结构的基础 BIM 平台，在部分场景有所应用。

当前 BIM 技术在设计阶段的应用中存在以下两个问题：

1.1 BIM 作为设计工具尚未成熟

当前的 BIM 技术应用绕不过去的一个问题是，能否作为生产工具，提高生产效率与成果质量？在应用落地的过程中往往以投入成本分析作为技术成功与否的标准，目前 BIM 技术落地前景尚不乐观。

当前国内的项目在设计阶段节点控制相对紧凑，且常常在设计方案深化过程中不断完善设计需求。基于 AutoCAD 的设计师，工作流程已经相当成熟，左手控制命令，右手操作对象，思维不会打断，成果也是几何级增长；而使用 BIM 的设计师，电脑的卡顿跟不上手速，还时不时要停下来，思考一些最基础的问题——比如标注怎样符合要求、模型剖切出来为什么线型不对等，一个又一个的技术问题，导致设计师难以聚焦到设计任务本身，以构件为基础对象的 BIM 技术在前期设计需求的决策环节价值有限，且难以高效完成图纸表达。

1.2 高大上的 BIM 价值落地少，解决具体问题的轻量化 BIM 实践初见端倪

BIM 的应用呈现出施工阶段价值高、设计阶段价值低的局面，尽管 BIM 技术提倡高质量的设计协同与数据传递，但在国内落地的核心问题在于不存在统一模型传递的业务价值与业务分工。相比较设计单位提供的未经 BIM 策划、交付验收的模型，施工单位更偏好经过审查的、有法规依据的图纸作为重新翻模的依据，并在翻模过程中结合自身施工工艺进行模型的深化调整。因此，从设计单位用

户视角，在设计任务重、时间紧的情况下，往往选择通过伴随式 BIM，将模型设计任务分包出去，从而规避交付风险，用最简单的方式管理模型数据。

借助可视化的方式决策具体的设计问题，对设计单位有较大的吸引力，是 BIM 技术在设计阶段的价值亮点。

案例一，通过用 Revit 管理商场货架数据：主要使用 Revit 作为跟踪商品信息辅助决策的可视化工具。通过每个商品指定一个立方体族，通过建立共享参数（包括商品编号、所在排号、通道编号、销售额、是否损坏、是否返修），然后按照商品的大小来定义这些方块的尺寸，再按照它们在货架中的实际位置来摆放这些商品，形成一个库房模型。通过指定关键参数对应的颜色过滤器，方便可视化地查看返修数量、商品价格、利润率、用户回头率等信息。由于数据量很大，通过在商店模型中创建房间分隔线网格，并在每个区域中添加房间对象，可以实现区域商品参数的求和或汇总，实现合适颗粒度的可视化统计结果。

案例二，垃圾车路由规划：主要使用 Revit 作为夹层空间净高的可视化工具，辅助平面决策。垃圾车道净空需要 3m，它还位于管线非常复杂的地下室夹层，一不小心就会和管线发生碰撞。通过将管道的空间尽可能优化，然后用参数过滤的方式，给不同净高的管道区域赋予不同颜色，生成空间净高分布图，然后在允许的通行的范围内，将垃圾车入口以及垃圾车收集间进行连线，最终确定了垃圾车的路由。如果将垃圾车路线当作一种特殊的路由，这是众多管线综合应用中的一个特例。

当前建筑工程设计阶段的主要任务：一方面是根据任务书的内容，及时更新法定交付物（图纸）；另一方面通过 BIM 模型及信息可视化，论证设计方案的可行性及优化各类设计决策，为后续施工阶段奠定基础。

2 技术要点

马良建筑（XC-ARCH）基于国产软件平台（马良 XCUBE），以建筑专业设计为目标场景，帮助用户快速进行二三维设计、推敲和优化建筑方案。具体包括几何造型、二三维协同、渲染模拟、数据智能四大模块。四个模块分别对应于建筑设计时常用的 4 款软件的能力：SketchUp 的造型能力、AutoCAD 的制图能力、Enscape 的渲染能力以及 Excel 的数据统计能力。

马良建筑将建筑设计过程中模型、图纸、视频、统计间的数据打通，从而实现设计过程中增效、提质的目标（图 1）。

图 1 轻量化三维智能设计工具（自主知识产权）

2.1　几何造型（XC-SHAPE）

几何造型模块负责几何形体的创建，具体包括直接造型与特征参数化造型两种。直接造型建模，涉及点、线、面、体的创建与编辑、材质、面积、体积等；特征造型建模，涉及约束求解、尺寸联动等。

几何造型模块（XC-SHAPE）与 SketchUp 对比：

（1）功能、交互相似：马良建筑支持 SketchUp 全部的几何造型能力。SketchUp 的优势在于交互简单，通过绘制线、拉伸的方式，实现快速造型。马良建筑借鉴了这一设计理念，通过尽量简洁的交互，实现用户目标。

（2）造型逻辑不同：SketchUp 为 Mesh 网格建模，马良建筑为 Nurbs 曲面建模，在平面造型情况下，两者差异不大，在曲线、曲面造型场景下，SketchUp 仅可以通过三角面的方式近似拟合，马良建筑可以支持精确的曲面造型。

（3）造型成果不同：由于造型逻辑的差异，SketchUp 造型更为自由，因而成果标准化难度相对较大，不同构件可能存在未拆分、未清晰表达的情况（取决于建模习惯）。马良建筑不支持非流形，几何对象最小单元为体量或多重曲面（类似 Rhino），模型传递时整理工作相对简单。

2.2　二三维协同（XC-DRAWING）

二三维协同模块负责对三维对象进行剖切或投影，形成二维图块并联动更新，可二维进一步深化，并补充尺寸、文字等标注信息，也可以将二维内容置入三维，用于建模的辅助。

二三维协同（XC-DRAWING）与 AutoCAD 对比：

（1）功能、交互相似：在二维对象绘制、测量、图层、样式管理等方面，功能基本一致。在功能精细度，特别是在命令行交互方面，马良建筑还需要进一步完善。

（2）二三维数据交互不同：得益于马良建筑不同模块间的数据接口，马良几何造型的成果可以在二维环境进行剖切、投影和更新，二维直接绘制的对象也可以通过插入三维空间的方式用于建模参考、辅助定位使用，并可以通过改变图层的显隐实时改变参照图纸的图层可见性。

2.3　渲染模拟（XC-AURA）

渲染模拟模块是一个云渲染图形引擎，可以对模型进行材质、光照、环境配景等方面进行调整，通过光线追踪或类似技术，模拟真实场景。

渲染模拟（XC-AURA）与 Enscape 对比：

（1）渲染功能相似：马良建筑覆盖 Enscape 80% 功能，集成了相机、光影、材质、粒子、地形、动画、水体等渲染模块，提供内置材质库、模型库，支持批量替换材质和放置模型，满足用户布置场景、渲染和输出高质量成果的需求。

（2）可视化应用：在业务方面，马良支持多专业模型组装、批注、测量、剖切等辅助工具，支持GIS 及其相关数据加载，并提供二次开发组件支持 BIM+CIM 应用的开发。

2.4　数据智能（XC-DATA）

数据智能模块具有对模型数据进行二次计算及处理的能力，结合标签工具，对体量划分楼层后，用户可以通过自定义标签实现模型的语义化，并进行体量的指标定义与实时计算。

数据智能（XC-DATA）与 Excel 对比：支持自定义的函数运算：与 Excel 相比，马良建筑在通用数学函数方面比较简单，但通过提供多个几何函数，可以基于用户选定的内容进行几何运算，并通过简单的数学函数进行二次组合计算，从而帮助用户获得专业统计数据。马良建筑的优势在于模型与统计指标一体化，避免了建模软件中统计，Excel 内粘贴并计算的繁琐。

3　应用特点

作为一款轻量化三维智能设计工具，马良建筑具有操作简单、功能强大、数据智能、格式互通四大特点，满足方案设计阶段建筑专业的设计工作。

马良建筑支持本地端交付（PC 端）及在线交付（Web 端）。PC 端用于交互频繁的几何造型、二三维协同模块，Web 端用于渲染模拟、数据智能模块。用户可自行访问官网注册并申请试用，试用期可免费使用，云盘存储限制为 500M/人，服务器高峰时需排队使用。

马良产品具有如下特点：

操作简单：功能易理解，软件易操作，功能界面简洁明晰，操作逻辑符合常规建模思路；所见即所得的交互设计，最少步骤实现复杂功能，保证软件易操作。

具有全部的 SketchUp 的方案设计能力，为用户提供低成本的建筑方案设计替代方案。

功能强大：复杂几何造型的创建和编辑，模型图纸数据联动。

支持 Nurbs 曲线曲面，基于 Brep 的精确几何表达，支持曲线绘制：控制点移动及编辑，曲线放样、旋转、扫掠、曲面倒圆角、偏移、加厚等操作二三维协同具有二维对象的编辑能力、图层管理能力、三维投影（2D 块）的更新能力，实时云渲染具有环境光照配置能力、材质调整能力、模型更新同步能力。

数据智能：实时计算多种指标，基于模型快速生成意向图，智能指标统计，支持标签、模型拾取，指标函数自定义，指标数据引用，指标计算更新，AI 意向图调用 Stable Diffusion 大数据模型，多风格效果图素材训练，意向图一键生成。

格式互通：导入导出多种格式，兼容现有设计文件格式，商业软件格式支持，skp 格式（SketchUp）、dwg 格式（AutoCAD）、3dm 格式（Rhinoceros）。兼容多种数据标准，支持 IFC（建筑行业数据交换标准）、STEP（产品数据交换标准）、IGES（初始化图形交换规范）。

4 效益分析

4.1 经济效益

（1）减少企业软件采购直接成本：中国建科坚持供给发力，应用牵引，依托企业关键核心技术攻关基础，聚焦解决我国建筑行业系列工业软件受制于人问题。马良建筑对 SketchUp 实现国产化替代后，按照集团建筑工程领域建筑设计师 3000 人，替换率 50％进行估算，每年可以减少 SketchUp 软件采购成本为 1500 万元。

（2）减少施工成本，推动产业链发展：马良二三维设计软件平台化，通过数据传递和智能转换功能可以对接工业化生产，提高建筑设计建设一体化，减少施工成本，拉动装配式建筑工业化，发展产业链。

（3）研发成果商业销售效益可观：马良建筑以作为标准化软件产品进行推广和销售，数据遵循国际开放标准，具有智能识别、映射和转换功能，根据工业标准化的数模组，自动实现数模组拆解，并对接 MES 系统，形成设计、生产和建设的一体化，预计市场规模将达到千亿以上。

4.2 社会效益

（1）承担央企社会担当，保障国家战略安全。中国建科坚持供给发力，应用牵引，依托企业关键核心技术攻关基础，聚焦自主知识产权的国产化平台软件研发，极大缓解工业软件和数据平台受制于人的问题，提高中央企业核心竞争力，保障国有资产稳定增值，并为其他行业数字经济的建设发展提供标杆模板。

（2）推动建筑业数字化转型，保障行业高质量发展。实现产业数据有效流转整合，提升建筑业产业链数据贯通程度不低于 20％，推动建筑业数字化水平整体提升不低于 10％。

（3）人才培养。在软件研发及技术攻关过程中，积累总结设计业务模型，学习并运用多种开源算法库，培养众多工程行业及数字化技术骨干人才。

5 应用案例

2023年马良建筑目标完成330测试版、630稳定版、1230优化版三个版本的发布及试用验证，依次完成模块功能、成果质量、软件质量、软件易用性四个维度的确认和提升，最终实现软件从能用到好用的跨越。重点保障几何造型模块的成熟度，支撑中国建科集团业务国产软件替代目标和关键核心技术自主可控，完成众多应用案例，并形成自己的开发平台（图2）。

		测试版 330			稳定版 630							优化版 1230	
		Q1			Q2			Q3			Q4		
重点用户故事	场景拆分	1	2	3	4	5	6	7	8	9	10	11	12
一、马良-几何造型	场景1：软件易用性优化			功能闭环			阶段成果	迭代优化					
	场景2：软件稳定性优化						阶段成果	迭代优化					
	场景3：软件性能优化											阶段成果	
二、马良-渲染模拟	场景1：软件易用性优化			功能闭环			阶段成果	迭代优化					
	场景2：软件稳定性优化						阶段成果	迭代优化					
	场景3：软件性能优化											阶段成果	

图2 2023年研发计划

马良将实现四个模块的功能规划，软件质量达到商用标准，实现从概念设计到施工图设计建筑专业的国产软件替代目标。同时，通过建筑设计工具创新与业务创新，不断降低设计服务门槛，提升设计价值。目前，马良建筑已完成测试版、稳定版的发布，并在中国建设科技集团及子公司内部进行应用试点，完成项目应用测试及应用案例两千多个。各模块及项目应用效果见如下所示：

（1）几何造型应用成果见图3～图5。

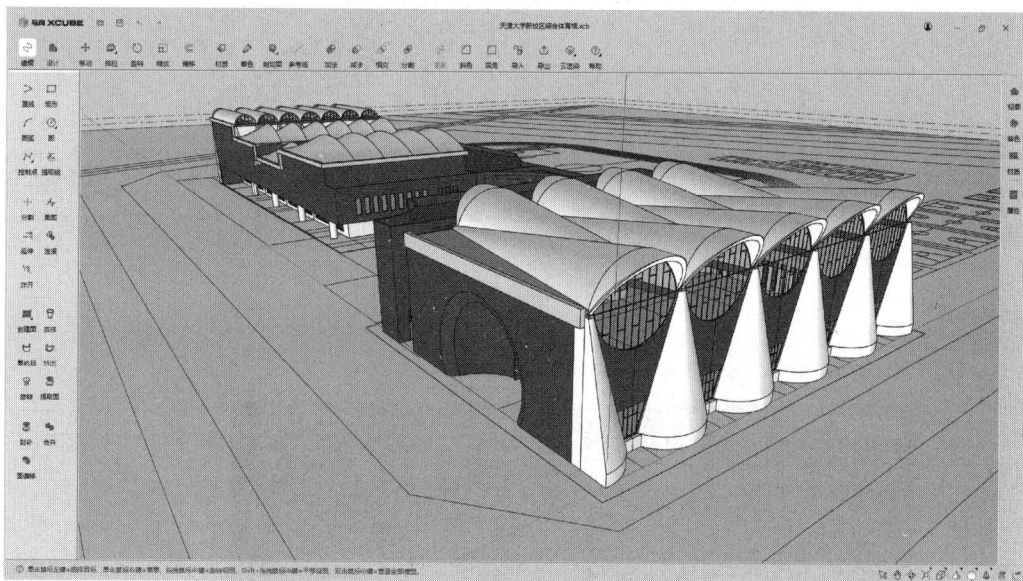

图3 天津大学新校区综合体育馆项目

（2）二三维协同应用成果见图6、图7。

（3）渲染模拟应用成果见图8、图9。

（4）智能数据模块应用成果见图10。

杭州天目里城市综合体项目，通过数据卡片实时统计模型的经济技术指标（图11）。

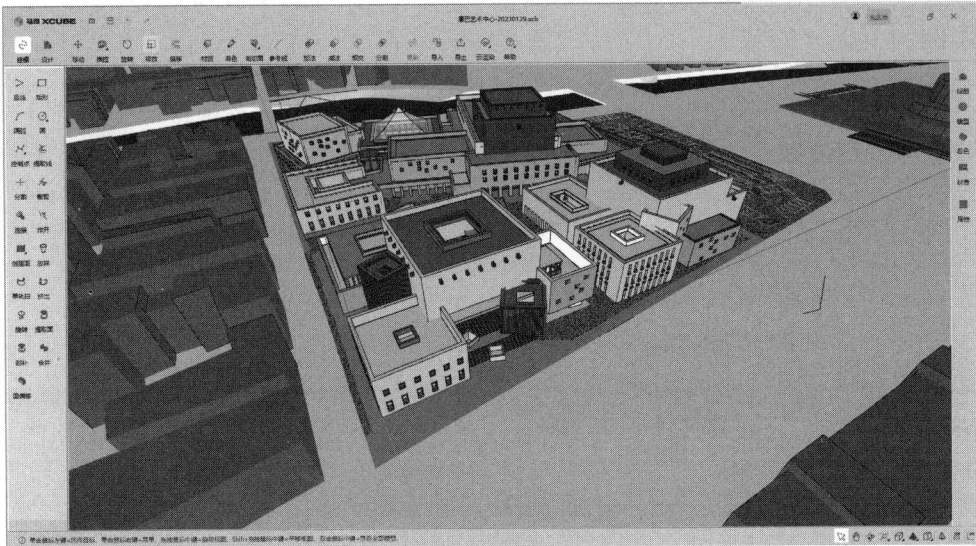

图 4　康巴艺术中心项目

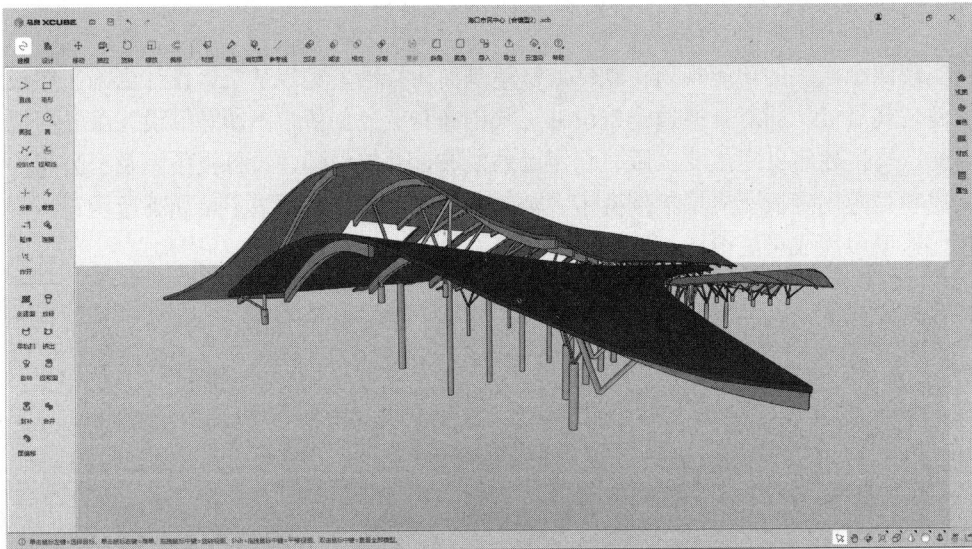

图 5　海口市民中心曲面屋顶

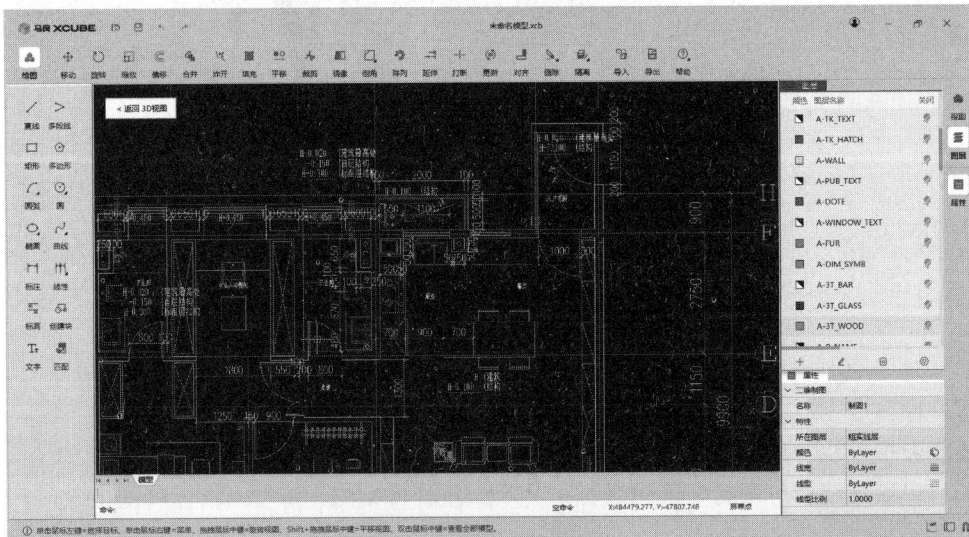

图 6　某住宅项目二维出图

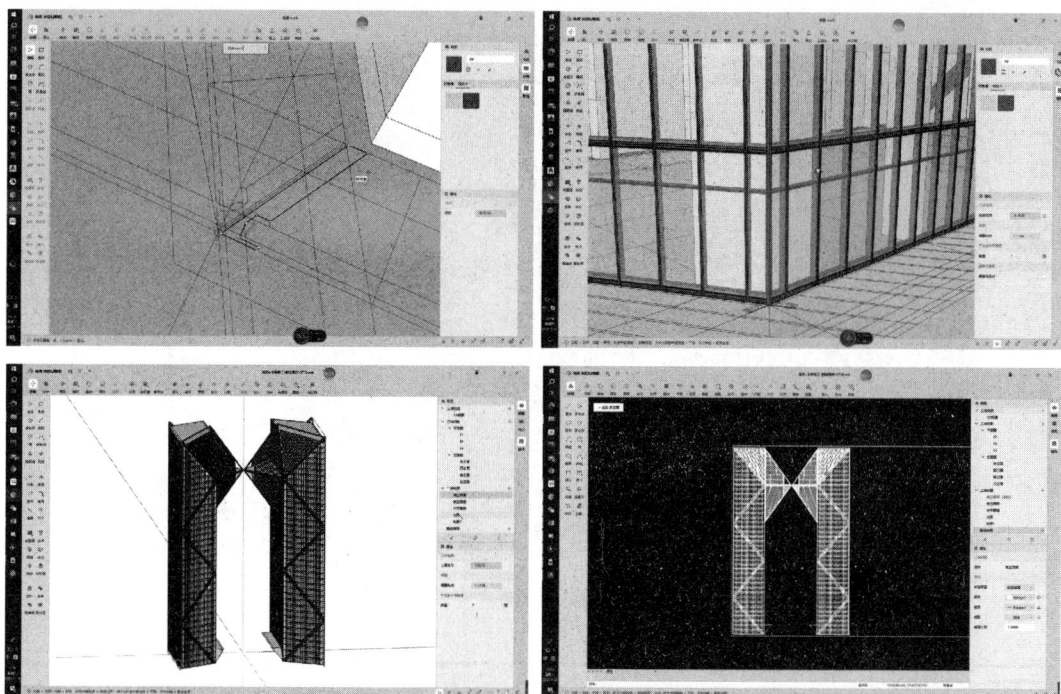

图 7 某公建项目二三维精细化节点设计及出图

图 8 农科院项目

图 9 康巴艺术中心

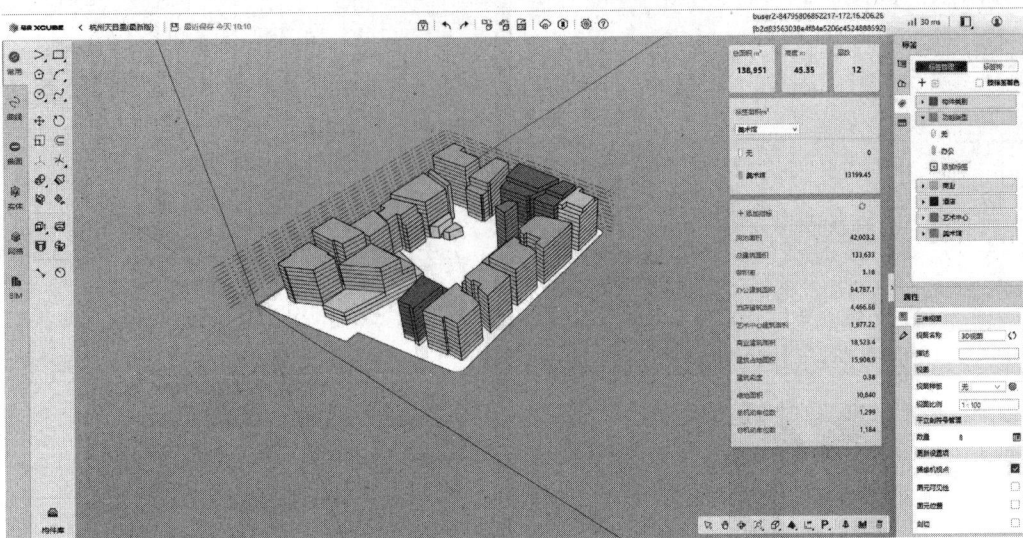

图 10 智能数据模块应用成果

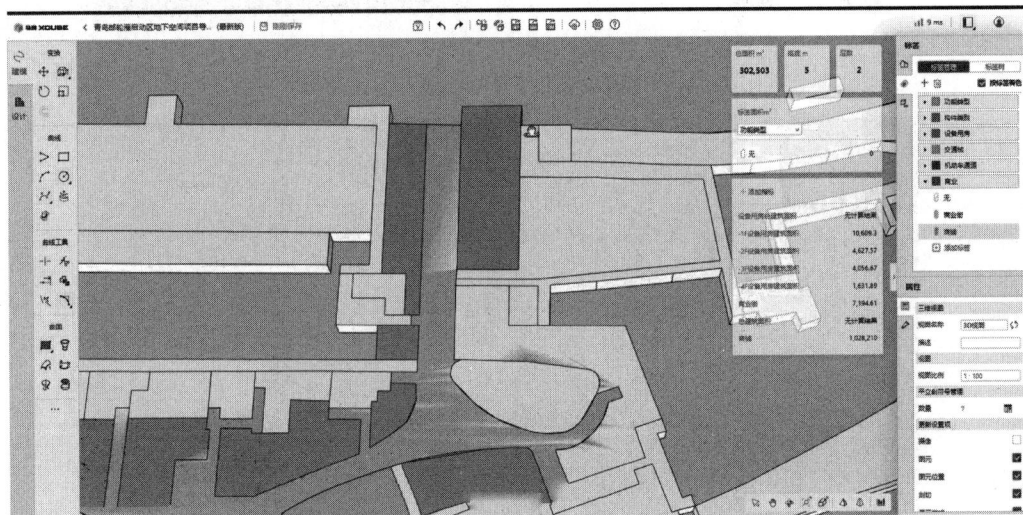

图 11 使用自定义函数实时统计指标

6 结语展望

综上，马良建筑对当前的 SketchUp、AutoCAD 工作流进行了一定的优化，通过打通不同模块间的数据流，降低 BIM 技术的门槛，让设计流程更便捷，让设计成果更全面。

当然，目前也存在开发周期紧、软件不成熟、用户少等问题，部分场景没有得到充分的测试，部分模块还有较大的优化空间，这些问题在项目试点中也已经有所反馈，由于前期的政策和用户习惯等原因，当前国产替代软件发展的试错成本与用户成本均很高。

尽管如此，软件研发并没有捷径，我们只有不断优化软件功能，不断扩大试用范围，不断从用户侧获得反馈，最终实现从能用到好用的转换。2024 年，马良建筑将在几何造型模块基本成熟的基础上，进一步提升其易用性与稳定性。同时，进一步完善用户较为关心的二三维协同与数据智能模块，作为差异化亮点。进一步完善二三维协同快捷键与交互，进一步完善马良建筑本地端标签及指标统计功能，并进一步扩展数据智能的应用场景，不断扩充智能算法。在建筑设计业务创新方面，通过连接制造业厂家建立构件库、支持高校培训等，积极探索新的业务发包模式。

　　当前建筑业的发展面临较大的转折，以高周转为代表的资本驱动型设计已经被证明走不通。挖掘细分和精细化设计场景，通过建筑设计工具创新与业务创新，不断降低设计服务门槛、提升设计价值，将是马良建筑未来的发展的重要参考依据，并最终实现从概念设计到施工图设计建筑专业的国产软件替代目标。

　　作者： 缪一新　于丁一　李伯宇（中设数字技术有限公司）

数字项目集成管理平台

Digital Project Integrated Management Platform

1 发展现状

当前我国建筑业正在经历深刻的产业变革，智能建造与数字化转型已成为行业公认的重要发展战略方向。在《关于推动智能建造与建筑工业化协同发展的指导意见》《"十四五"建筑业发展规划》等国家和行业政策中，都把建筑业的工业化、数字化、智能化水平的提升作为行业转型升级的重要抓手。在建筑业的数字化转型、智能化升级的过程中，作为基础业务单元的建设工程项目的数字化是实现建筑业转型升级的重要基础和关键环节。

针对我国建设工程项目管理普遍存在现场交叉作业多、信息协同差、管理决策经验性强等问题，通过数字化项目集成管理的方式可有效地提升项目管理决策。数字项目集成管理是指运用计算机技术和数字化手段，对建设工程项目的全参与方、全要素和全过程进行集成化管理。数字项目集成管理平台作为支撑数字项目集成管理的数字化基础设施，它是建筑企业实现建设工程项目精细化管理和集约化经营的重要抓手。随着 BIM、物联网、人工智能等信息技术与项目管理深度融合，数字化、智能化的新业务场景不断涌现，数字项目集成管理正经历着从可视化管理向数据驱动的智能化管理方向演进。

国内外典型的数字项目集成管理平台包括美国普力克公司的 Procore 平台、甲骨文公司的 Aconex 平台，以及广联达公司的数字项目集成管理平台、杭州新中大公司的 i8 工程项目管理平台等。美国普力克 Procore 平台通过"平台＋生态"的方式，面向工程项目建造全过程提供超过 180 种应用服务。广联达数字项目集成管理平台通过多年的业务沉淀和项目管理实践检验，在功能上更贴近国内建设工程项目管理需求，适用性更好。

2 技术要点

数字项目集成管理平台定位为行业数字化赋能的核心能力平台，基于国产自主可控的核心技术，采用业内先进的微服务设计理念、中台架构思想建设，面向行业应用者和开发者提供开箱即用的工程建设领域专业能力和系统性的数字化支撑能力，帮助建筑企业和行业应用开发者的落地核心数字化业务场景。该平台涵盖云计算基础、应用集成、应用开发组成的基础 PaaS 技术平台，以及由 BIM 中台、数据中台、物联网中台、业务中台组成的行业 PaaS 能力中台，在解决方案层，平台可以支撑房建工程、基建工程等领域各类数字化解决方案快速搭建（图 1）。

围绕建设工程项目建设全过程，该平台通过"平台＋组件"模式为行业开发者提供开箱即用的行业专业能力，如 BIM、物联网、云计算、人工智能等核心数字化能力，其核心技术指标如图 2 所示。

（1）国产自主 BIM 三维图形引擎：自主研发了独立知识产权的 BIM 三维图形技术平台，覆盖了模型数据管理、几何造型算法、图形显示渲染等关键技术领域，可提供包括 BIM 建模、BIM 接入、BIM 数据交换标准、BIM 集成、BIM 轻量化等覆盖建筑全生命周期的 BIM 能力赋能。其核心能力指标包括：支持常用的 50 多种 BIM 数据格式，可加载 40 万 m^2 BIM 模型和 $2000m^2$ 公司 GIS 模型，已有超过 2 万名应用开发者基于该平台进行 BIM 应用开发。

（2）工业级工程物联网平台：平台搭建了"端、边、管、云、用"的一站式物联设备智能化综合

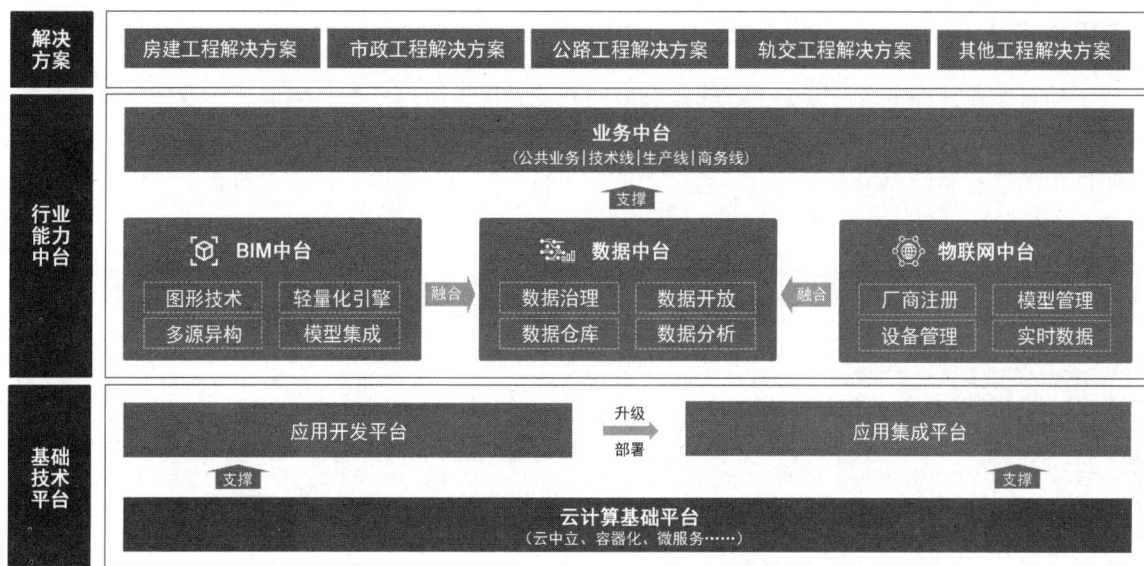

图 1 数字项目集成管理平台总体架构

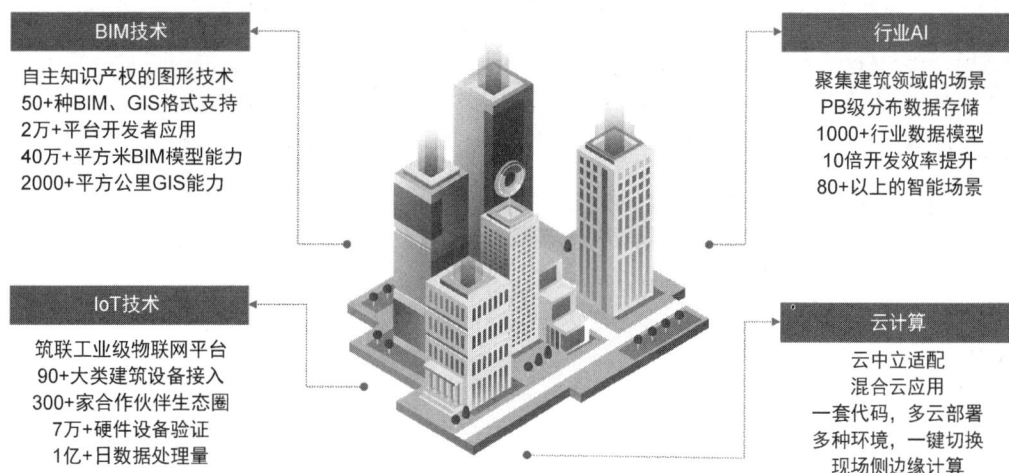

图 2 平台的核心技术指标

服务能力；内置常见施工现场 90＋大类设备模型，提供低代码设备接入能力，可实现各种设备在平台的轻松接入；提供基于 MQTT/HTTP 等主流接入协议的双向链接；通过了国家信息系统安全等级保护三级认证，具备高安全性。平台经过 7 万多行业设备的使用验证，可有效解决建设工程现场设备品类多、接入繁、运维稳定性差等问题。

（3）多场景化行业 AI 能力：平台将计算机视觉、自然语言识别、数据挖掘等技术等 AI 技术与工程建设场景深度结合，AI 识别现场人、机、料、环的实时动态，场景化智能驱动现场业务的管理。平台可提供 1000 多个行业数据模型和 80 多个智能应用场景，具备 PB 级分布式数据存储能力，让 AI 成为建筑业高质量发展的真正生产力。

（4）多云适配技术：在云计算技术方面，平台构建了多云适配能力，可实现一套代码多云部署，多种环境能够一键切换，让业务应用不再受低层技术平台束缚，解决了技术升级成本高、数据安全风险大等问题，为建筑企业自主安全可控的持续发展提供了数字基础设施保障。

3　应用特点

数字项目集成管理平台可以为工程建设领域的开发者提供应用开发、集成、部署、运维等一站式管理服务。同时，为开发者提供包括 BIM、工程物联网、数据治理、行业 AI、工程算量、生产管理等开箱即用的工程建设领域专有能力，通过"平台＋组件"的开放体系，为建筑企业提供全方位的业务数字化支撑能力（图 3）。

图 3　平台的核心能力全景图

3.1　应用集成开发

面向工程建设领域专业应用开发者提供安全、高效的行业应用开发和二次开发能力，采用平台＋组件＋解决方案的机制，通过可视化开发工具降低能力获取和使用难度，通过高效灵活的部署能力，提升交付效能和质量，降低运维成本，通过完善的二次开发机制，实现需求的快速响应和实时交付。如图 4 所示，平台应用集成开发场景主要包括全代码开发、低代码开发、集成开发等。全代码开发主

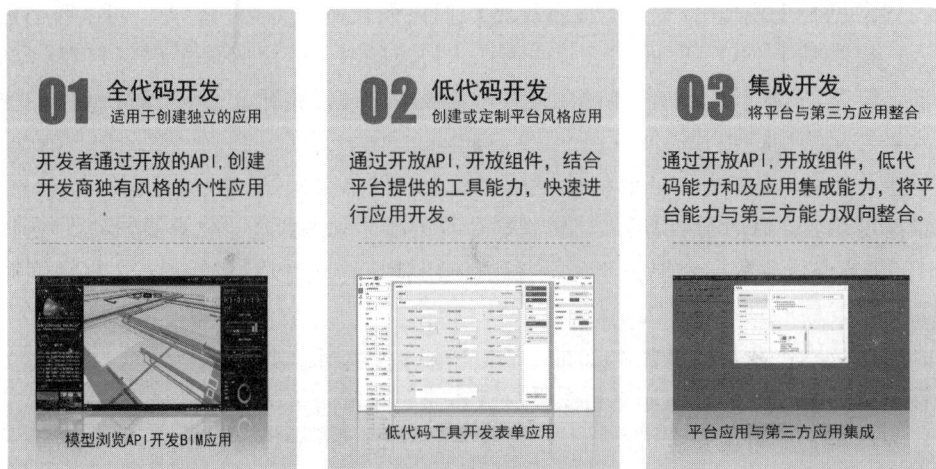

01 全代码开发 适用于创建独立的应用

开发者通过开放的API，创建开发商独有风格的个性应用

模型浏览API开发BIM应用

02 低代码开发 创建或定制平台风格应用

通过开放API，开放组件，结合平台提供的工具能力，快速进行应用开发。

低代码工具开发表单应用

03 集成开发 将平台与第三方应用整合

通过开放API，开放组件，低代码能力和及应用集成能力，将平台能力与第三方能力双向整合。

平台应用与第三方应用集成

图 4　平台应用集成开发场景

要适用于创建独立业务应用，低代码开发主要用于创建和定制一致风格的应用，集成开发主要用于平台与第三方应用的双向集成。

下面以低代码开发为例介绍应用开发的通用流程。平台通过"平台＋组件"的方式帮助应用开发者快速搭建个性化的项目管理应用。如图 5 所示，仅需 5 步即可实现基于平台的典型应用开发。

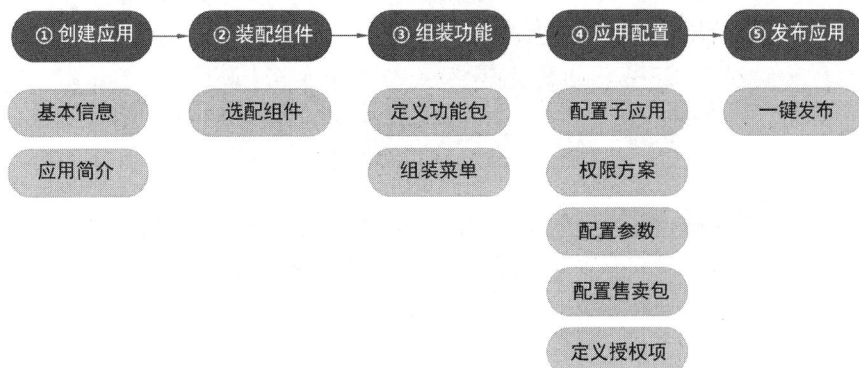

图 5　基于平台的典型应用开发流程

（1）创建应用。应用开发者创建一个应用（全新应用、二开定制应用），并录入包括名称、图标、应用描述等基本信息，并提供对应用的功能模块详细的图文介绍，以便让用户更直观地了解应用的业务能力。

（2）装配组件。应用开发者可以在组件库中选取组件，并配置参数。不同的组件提供不同的业务参数，开发者需要站在应用视角来对参数进行配置，完成必要的配置行为，即可让组件在应用中顺利运转。

（3）组装功能。包括定义功能包和组装菜单两部分工作。其中，定义功能包只需要选用组件的开放模块即可。在组装菜单部分，应用开发者需要完成应用的菜单排布、菜单信息配置等工作。

（4）应用配置。为了将应用下发到应用集成平台上体验，需要在完成功能开发后，进行必要的配置。主要包括：配置子应用、权限方案、配置参数、配置售卖包、定义授权项等五项工作。

（5）发布应用。完成应用的各项配置后，应用开发者可以选择目标环境进行应用正式发布。

3.2　物联网中台

物联网中台为工程项目现场智能硬件设备在线化、数字化、智能化，提供端到端的解决路径，降低智能硬件设备接入难度，削减接入成本。如图 6 所示，物联网中台可为各类业务应用提供服务，让应用开发者专注于业务场景，实现设备侧、平台侧、应用侧解耦，提升开发与复用效率。在设备连接管理方面，依据施工现场设备的连接方式，物联网中台提供了云云对接、设备网关接入、设备与平台直连等多种设备快速接入方案；在设备管理与数据分析方面，平台提供的数据层能力，包含对物联设备数量、物联设备在线率、设备上行流量监控、物联设备健康状况监控等管理与分析服务。

当前，面向建筑行业的物联网中台发展尚处于起步阶段。物联网能力主要还是以设备管理和连接管理为主，缺乏统一的标准和接口，应用场景上也相对单一，缺乏与业务的深度融合。从长期的发展趋势来看，物联网中台的赋能将以数据管理和计算服务为主，并以数据为核心融合和具体的业务场景，将成为施工现场数字化核心抓手。

3.3　BIM 中台

BIM 中台提供 BIM 图形技术、多源模型接入、BIM 模型集成、BIM 模型应用 4 大类 BIM 能力，如图 7 所示。在 BIM 图形技术方面，研发了完全自主知识产权的图形技术平台，具备完善的几何造型描述，支持超大规模 BIM 模型的绘制与施工模拟，自主研发的 IFC 解析引擎，解析速度和准确率均处于行业领先水平，基于公有云和大数据的模型轻量化 BIMFACE 引擎支撑移动和网页端的超大

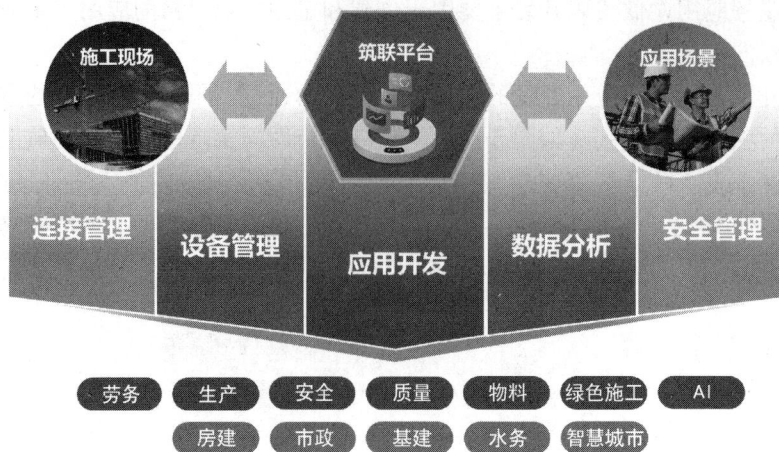

图 6　物联网中台应用场景

模型流畅、高效展示；在多源模型接入方面，提供了主流建模软件原生插件、国际数据交换标准 IFC、广联达自主研发面向开放的数据交换标准 GFC 等；在 BIM 模型集成方面，提供了全专业的 BIM 模型集成能力，支持二三维的整合能力，支持 BIM+GIS 集成展示；在 BIM 模型应用方面，提供了 PC、WEB、App 等三终端模型浏览能力，支持漫游、视点、剖切等基本应用，支持模型模拟，支持模型模拟、变更模型对比等深度应用，支持业务快速对模型属性、工程量提取。

图 7　BIM 中台核心能力

下面以 BIM 轻量化模型管理引擎 BIMFACE 为例，基于 BIM 中台能力，该引擎实现了模型转换、存储、显示、分析四大核心功能。在 BIM 模型转换方面，BIMFACE 支持 60 多种模型格式，涵盖了工程行业、机械行业、电力行业、化工行业、GIS 领域等众多主流格式的解析，模型支持种类和覆盖度国内遥遥领先。在显示性能方面，能支持百万构件场景的流畅显示及应用，并支持飞线效果、环状扫描、电子围墙等众多特效。在生态发展方面，BIMFACE 拥有 1000 多个第三方开发站，上传的文件数量超过了 760 万，有超过了 100 亿的 API 调用。已经被广泛应用于设计协同管理平台、施工大场景应用、智慧工地平台、数字资产运维管理平台、规建管一体化系统及 BIM 运维管理系统中。

3.4 数据中台

数据中台涵盖主数据管理、企业数据治理、数据资产管理、数据分析、数据服务、算法管理等全栈数据管理与应用能力。如图 8 所示，该数据中台具有聚焦建筑领域建立了行业大数据解决方案，内置丰富的企业管理数据模型、提供全场景数据管理能力，帮助建筑企业快速建立企业数据治理能力，支撑企业实现数据驱动的业务赋能和数据模式创新应用。在主数据管理方面，平台提供灵活、贯通、可信、高效的主数据运营管理能力，实现核心数据在企业内外上下的全面贯通与共享，提升跨职能的协作效率以及业务标准化水平；在数据治理方面，平台提供标准建模、数据采集、开发、计算、存储、治理、服务全链路大数据能力，融合丰富的建筑行业数据模型，与建企业务特色深度结合，助力中台建设快速高质量落地，少走弯路；在数据分析方面，平台提供指标管理，数据服务，数据可视化，自助分析等能力，让每一家建筑企业都能轻松发掘数据价值，解决数据应用难题，获取深度洞察能力，实现降本增效。

图 8　数据中台核心能力

3.5 行业 AI 中台

行业 AI 中台基于计算机视觉、自然语言处理、多模态、数据挖掘等数字技术，依托平台沉淀的海量的行业数据，打造数据驱动的算法升级闭环，使得人、机、料、环等生产要素的管控更智能，进度、成本、质量、安全等管理要素的精细化管理。如图 9 所示，行业 AI 中台已经沉淀 30 多种工程现场智能监控类算法模型，并经过超过 5000 个项目应用验证。此外，通过该中台的 AI 训练模块可以对算法模型进行训练优化，确保了智能监控类算法模型的迭代更替与算法优化。

以基于 AI 中台研发的 AI 蜂鸟系统为例，该系统构建起端—边—云 AI 一体化解决方案，搭载 10 余种安全隐患算法进行抓拍识别，并针对施工现场既有特点，如监控画面人员较少，施工现场环境复杂等特点进行针对性优化，通过自动变焦及算法补偿等技术手段，实现施工现场高精度算法，构建起智能感知的施工现场。

4　效益分析

数字项目集成管理平台是以云原生、低代码开发、应用集成、物联网平台、大数据平台、行业

图 9 行业 AI 中台核心能力

AI、BIM 等技术为基础，围绕工程项目全生命周期从规划、设计、施工、运营各个阶段，为多参与方（组件开发者、硬件开发者、专业应用开发商、行业最终客户）提供 PaaS 与 SaaS 服务的产业互联网平台。平台赋能于行业客户与行业开发者双边市场，促进建筑企业数字化转型升级和打造行业生态。

4.1 助力建筑企业实现数字化转型

对于施工企业而言，传统的信息化产品在应用过程中无法实现数据互通，导致了管理过程中的信息孤岛以及业务和信息的脱节。这种碎片化的管理增加了施工企业管理难度，降低了管理效率。

数字项目集成管理平台具备统一的数据模型、产品接口、业务系统标准，同时通过将业务提炼成公共组件，并对组件产生的公共数据进行统一管理调用，打破了原有的业务和数据的壁垒，最终实现业务和信息互通，解决了传统模式下的信息孤岛难题。通过数字项目集成管理平台，企业可以实现数字化、集约化管理，从而提升自身经营管理能力，并最终形成企业数据资产，为其数字化转型和发展提供重要支撑。

4.2 助力建筑企业提升开发效率并打造行业生态

数字项目集成管理平台采用"大中台＋小前台"的模式，平台开发过程中将业务提炼成公共组件并沉淀到项目中台，使得产品研发人员可直接调用中台相关组件进行产品开发，大幅提升开发效率。

同时，使用平台开发带来的便捷性和专业性能够迅速聚拢大量行业信息产品供应商。具备广联达基因的施工管理类产品及服务能够快速、大规模地孵化，并成为市场主流，进而构建起建筑企业的业务开发生态，进一步强化公司在行业的领先地位。

5 应用案例

数字项目集成管理平台作为平台型产品，可以提供应用集成开发、物联网平台、大数据平台、行业 AI、BIM 等行业专有能力，助力企业建筑建业快速搭建企业级数字化平台，实现企业的数字化转型升级。

5.1 中建七局物联网平台建设实践

中国建筑第七工程局有限公司（简称"中建七局"）于 2021 年 10 月启动了物联网平台的建设，依托数字项目集成管理平台的物联网中台将物联网与其他先进数字化技术在人、机、料、法、环等管理要素中的应用融合，涵盖了进度、质量、安全、成本等关键管理领域的应用场景。在公司层面实现统一的设备管理、物联数据管理，建立起物联设备与应用场景之间的"桥梁"，建立起从物联网感知层到应用层的数据"枢纽"。如图 10 所示，项目实施过程包括如下 6 个阶段，平台搭建成功后，公司初步选取了 12 个试点工程项目作为应用示范，验证建设方案，保证项目成功上线。

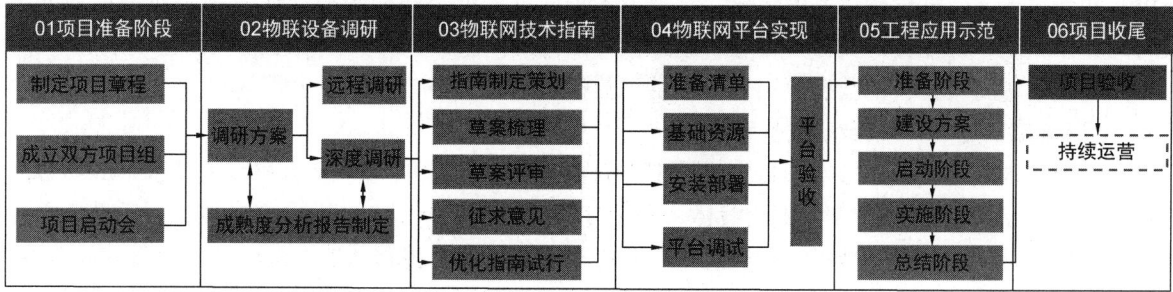

图 10 物联网平台主要建设内容

同时，物联网平台及标准体系通过试点项目应用，进一步验证了平台的接入能力，培育了一批示范带动作用强的物联网建设项目，形成企业内可复制、可推广、可持续的物联设备运营服务模式，打造赋能作用显著、综合效益优良的供应体系，构建一套健全完善的物联网建设标准和安全保障体系。初验成功后，公司进一步扩大试点项目建设范围，从现状调研、设备接入、平台验证、项目运行等维度不断扩大物联网建设价值，优化平台方案，健全运营统计。

5.2 北京建工数据治理实践

北京建工集团于 2021 年 9 月启动了企业数据平台建设，该项目包括数据治理咨询、数据平台建设、数据标准建设、主数据实施、数据湖仓建设以及数据应用建设。其中数据治理咨询采用的是轻咨询的方式，通过咨询指导实施和开发工作，实现了咨询成果的落地；通过数据治理的实施、数据湖仓及数据应用的开发工作，对数据治理咨询的成果进行了验证。因此，该项目采用咨询、实施、开发三线并行的模式，实现了咨询与实施、开发的无缝衔接，进而充分保障了项目的建设方向和建设成效（图 11）。

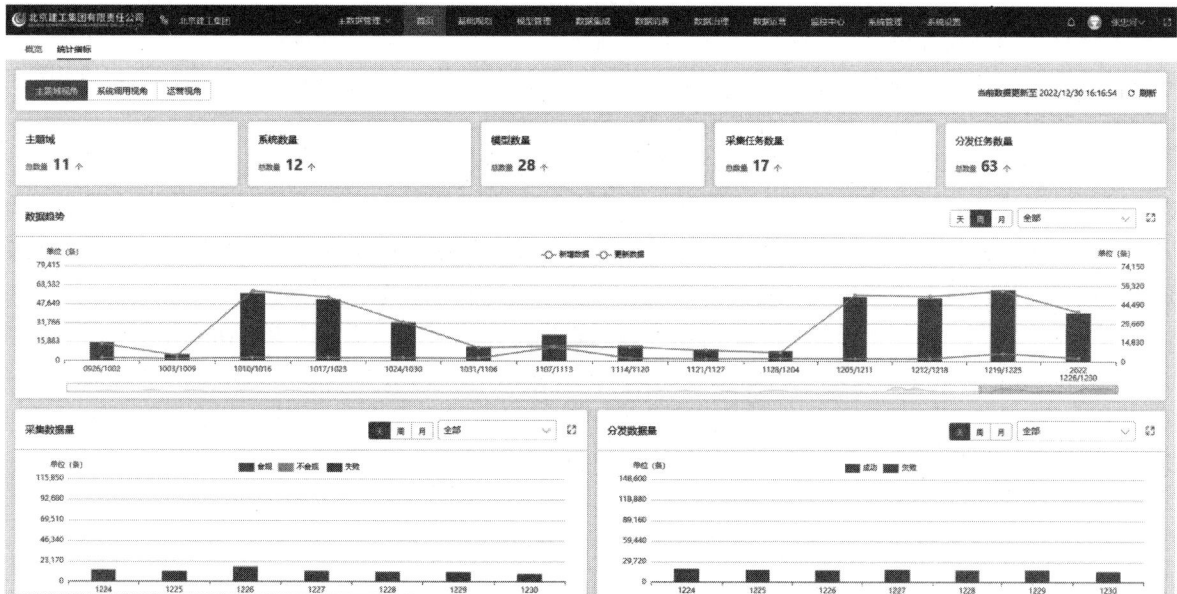

图 11 主数据管理平台首页

通过数据治理项目建设，规范了近 600 个业务术语，完成了 17 个业务域、243 个业务指标的标准制定，实现了 11 类、311 个属性的主数据标准的制定，统一了集团房建与市政业务的数据标准，消除了由标准不一致带来的管理问题。北京建工构建了数据管理组织，确定了数据流程，制定了数据管理制度，以及业务术语标准、数据指标标准、主数据标准，并进行了主数据的实施以及数据应用的建设，初步完成了数据管理体系的建设，实现了各个业务系统之间的数据互通机制，通过更加准确、及时的数据实现了对业务的支撑，为北京建工在集团范围内全面进行数据治理建设创造了条件，并为在集团范围内进行大规模的数据应用建设提供了数据基础和条件。

5.3 上海建工四建BIM平台研发实践

上海建工四建集团基于数字项目集成管理平台的模型轻量化能力，成功开发了基于BIM的智慧建造平台。该平台以BIM模型数据为载体，利用互联网、IoT等技术，收集施工进度、质量、安全、资料等信息形成工程建设大数据，赋能总承包管理模式。平台支持移动端、微信端、网页端等多终端浏览模型图纸，有效落地了质量管理、安全管理、进度管理、商务管理、资料管理等线下场景。

目前智能建造平台已经覆盖公司内部30余个施工项目，并逐步延展开发智慧运维平台、全面覆盖建筑工程设计阶段、施工阶段、运维阶段，助力企业实现由建造服务向全生命周期服务转型。

6 结语展望

数字项目集成管理平台结合先进的精益建造理论方法，集成人员、流程、数据、技术和业务系统，实现建筑的全过程、全要素、全参与方的数字化、在线化、智能化。研究取得了多项重要创新和技术融合突破，形成了系统的创新成果。

（1）基于数据驱动的低代码快速开发、高效应用集成的低代码开发平台：针对建筑领域生命周期长，业务复杂，各企业管理诉求不一致特点。单一标准产品无法满足企业数字化诉求。基于平台＋组件机制以及规范，将通用业务及技术作为原子服务，为开发者提供新开及二开应用，为行业开发者提供应用开发平台与应用集成平台，应用开发平台开发完成的组件及应用，通过统一集成、统一部署的方案，下发到应用集成平台进行共享互通，避免开发者重复造轮子，加速建筑行业的数字化转型进程。

（2）面向建筑工程项目全过程、全要素、复杂场景的多源异构数据的融合大数据平台：传统的信息化工具重点在于提升单岗位、单业务的生产及管理效率，造成业务之间的数据横向割裂，纵向互通困难。通过统一主数据标准，建设数据仓库，基于数据进行建模，进而基于人工智能技术，挖掘数据的价值，实现指导生产与决策，实现数据价值的最大化应用。

（3）基于数字孪生与项目管理融合的智能化管理与建造技术：企业在数字化转型中会应用各种系统，而这些系统之间一般无法互通，造成系统之间的割裂，给管理带来极高复杂度。平台结合先进的精益建造理论方法，通过系统之间集成能力的建设，实现各系统之间认证、组织权限、人员等基础数据的互通，为应用运行提供了统一的数字化运行底座，提升管理效率。

（4）基于自主三维图形引擎的建筑信息模型的轻量化处理与应用调度引擎：研发了具有完全自主知识产权的BIM轻量化引擎，其中算法引擎实现了高效稳定的BIM建模能力，渲染引擎支撑了多端（PC端、Web端、移动端）的高效渲染。建筑行业的软件开发者可基于该引擎所提供的基础功能上进行二次开发，与自身业务相结合，为终端用户提供更加丰富、更有价值的BIM应用。

作者： 王勇　王鹏翊　黄锰钢（广联达科技股份有限公司）

基于人工智能技术的智慧运维平台

Intelligent Operation and Maintenance Platform Based on Artificial Intelligence Technology

1 发展现状

智慧运维平台是一种基于人工智能技术的运维管理平台，它可以自动化地监控、诊断和解决问题，从而提高 IT 系统的可靠性和稳定性。平台主要运用 BIM（Building Information Modeling，建筑信息模型）、GIS（Geographic Information Service，地理信息服务）、物联网、大数据分析等技术来实现智慧化运维管理。

2022 年 12 月科学技术部、住房和城乡建设部联合印发的《"十四五"城镇化与城市发展科技创新专项规划》提出提高城市运行智慧化水平，加强智能建造与智慧运维技术的研发与应用，推动全场景智能监测预警和智慧园区综合运维服务平台建设。

通过调研数据发现，运维服务数字化发展的痛点难点主要包含以下六个方面：

（1）数字化推进执行方面，出于传统行业的工作方法惯性，数字化系统建成后，使用效率不高，执行力偏弱；

（2）业务赋能方面，业务与数字化的结合不够深，导致工作人员的劳动量提升，因此无法提高运维管理效率；

（3）产品运营方面，在数据治理、架构优化、场景迭代上缺乏对平台产品的持续性运营；

（4）价值定位方面，数字化团队普遍缺乏突破成本中心价值定位的理念，导致平台产品的推广与开发相对独立，对市场需求的敏感度不高；

（5）员工能力方面，作为劳动密集型的传统行业，运维工作人员相对比较缺乏熟练应用智慧化手段的能力，行业普遍存在能用则用的思维方式，缺乏人才能力建设意识；

（6）数据质量方面，运维作为传统行业，对数据积累的意识相对较弱，缺乏实现从"经验决策"到"数据决策"跨越的必要数据资产。

运维管理是一项长期的系统工作，目前运维行业对智慧运维还存在认知的不足，因而大量资源无法被高效利用。智慧运维平台以更安全、更低碳、更健康、更敏捷为目标，在行业领域内进行引领性的探索。

2 技术要点

本智慧运维平台由五个主要部分构成，包括云平台、物联平台、AI（Artificial Intelligence，人工智能）平台、时空平台和感知系统，各部分所包含的技术要点陈述如下。

2.1 云平台

云平台通过 IOC 数字大屏实现可视化数据分析，Web 系统实现业务在线打通、与本地物联平台双向协同联动，手机移动端应用实现预警提醒、远程接收工单进行办理并报工反馈。

2.1.1 技术指标

云平台集成能力平台、业务平台和数据平台，实现对产品应用的整体支撑。能力平台提供多用户的技术架构以及企业级的低代码能力；业务平台提供统一身份认证服务、定时任务服务、内容管理服务等业务支撑能力；数据平台提供数据治理、大数据分析能力。

2.1.2　检验判定

通过大屏端可视化展示、中屏端业务运转和数据分析统计、移动端事件执行处理，检验产品使用效果。

2.1.3　创新优势

通过平台管理一站式服务，实现各项目的数据互通、信息共享能力。提升智能化运维服务管理能力，同时实现运维平台的数据资产汇聚多维度统计分析，为推动行业智慧化发展做好数据沉淀，为领导决策提供依据。

2.2　物联平台

物联平台实现园区运维、运营业务数据融合，提供设备管理、数据应用、运维服务、运营管理等核心能力，服务园区管理人员、入驻企业及员工。

2.2.1　技术指标

支持全量化泛在物联设备接入，设备与系统通过协议适配、消息路由等进行稳定可靠的双向通信。提供完整的设备生命周期管理功能，支持设备创建、功能定义、设备增删改查等功能；具备设备物模型 TS 和数据存储能力。主要通过全链路治理打造物联平台生态，帮助用户全方位实时了解物联平台和上层应用的健康状况，快速发现和定位问题，优化系统。采用一机一密的设备认证机制，降低设备被攻破的安全风险。提供数据权限功能，控制不同人员查看不同数据。从业务和系统架构两个方面对系统安全进行加强。

2.2.2　优势对比

相比于市场常规物联系统，本产品具有灵活部署、技术先进、高开放性、高安全性、国产化的优势。

2.3　AI 平台

AI 平台实现对人、车、非（机动车）向量特征的提取，并检测结构化信息、行为姿态信息及园区事件。

2.3.1　技术指标

AI 算法识别率一般基于测试数据集的测试得到。识别率指标主要包括检出率和准确率。

2.3.2　检验判定

采用第三方、自主收集、实际项目等手段，可以更全面、准确地评测不同检测算法的性能。对检测算法通用性、鲁棒性在多种场景、目标、数据类型的条件下，衡量算法在通用场景的性能。涵盖面向不同场景、目标、数据类型的异常检测测试结果，便于使用者深入分析算法优缺点，从不同角度了解算法性能的测试报告。

2.3.3　优势对比

AI 平台的主要优势是轻量、弹性、灵活。不同于互联网大厂的云 AI 平台和政府投资为主的城市大脑级 AI 赋能平台，本 AI 平台针对特定场景中视频、图片等数据处理需求，轻量化裁剪，更具经济性；算法已经适配主流国产 AI 芯片平台，同时适配英伟达、英特尔以及高通等进口主流 AI 芯片平台；支持管理多台 AI 分析服务器和 AI 边缘计算设备，支持对数据统一管理、存储、分发，支持与第三方平台数据对接和扩展。

2.4　时空平台

时空平台是在时间维度下，园区级运维空间数据的采集、存储、共享及应用的平台。

2.4.1　技术指标

系统功能指标包括时空数据管理台账、数字模型管理、设备虚实互联、权限控制、数据安全。

系统性能指标包括支持 100 人同时登录使用系统，页面加载时间不超过 500ms；查询页面响应时间不超过 3000ms。

2.4.2 检验判定

依据如下标准进行检验判定：

《系统与软件工程 系统与软件质量要求和评价（SQuaRE） 第 10 部分：系统与软件质量模型》 GB/T 25000.10—2016；

《系统与软件工程 系统与软件质量要求和评价（SQuaRE） 第 51 部分：就绪可用软件产品（RUSP）的质量要求和测试细则》GB/T 25000.51—2016。

2.4.3 创新优势

时空平台立足运营、运维业务场景，赋予人、事、物时空数据属性，并构建运维时空数据库，从时间、空间两个维度提供数据台账、展示和统计分析能力，提升管理精度、赋能运营策略、强化成本控制，从定性判断向定量判断转化。

2.5 感知系统

感知系统是为智慧运维平台客观提供环境、人员行为、设备设施数据的底层设备基础，是智慧运维平台的重要组成部分，主要由数据传输用网关设备和各种传感器设备组成。

2.5.1 技术指标

感知系统通过异构总线网络集成各种网关和传感器设备。异构总线网络主要有用于平台接入的以太网、4G/5G 网络，及用于连接底层设备、子系统、传感器的各种现场总线网络。网关设备主要有协议转换类、边缘计算类嵌入式接入传输设备。协议转换类网关设备支持多种常用的楼宇自动控制总线通信协议，边缘计算类网关支持一定的计算和 AI 处理能力。传感器主要包括空气温湿度、空气质量、光照、噪声、设备振纹、二氧化碳、CO 等传感器，以及倾角仪等。

系统框图见图 1。

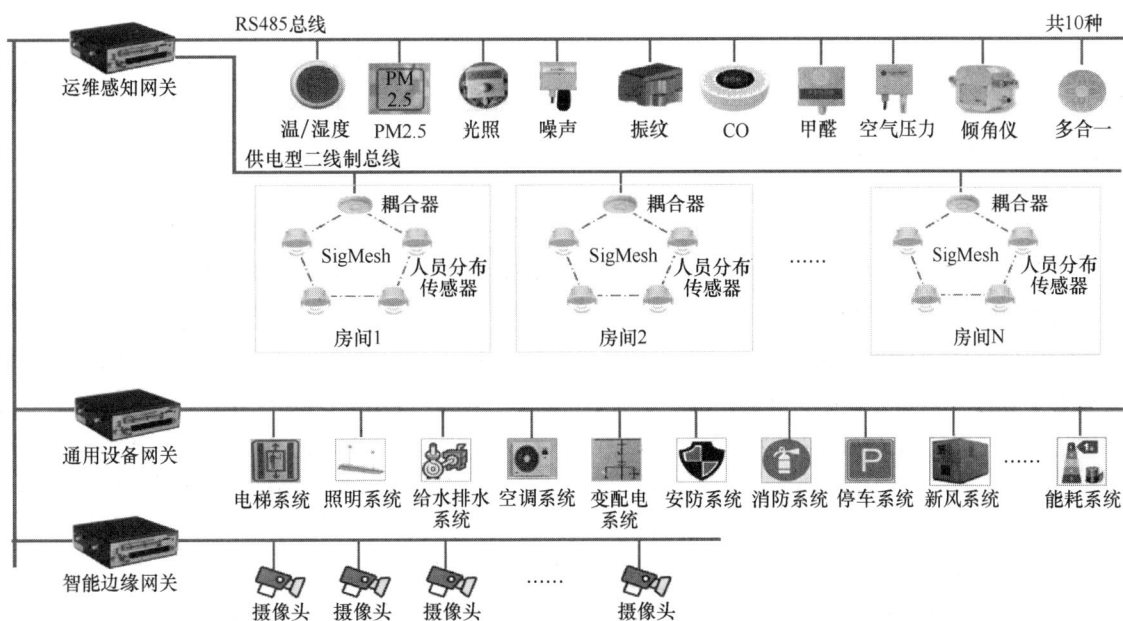

图 1 感知系统框图

感知系统中研制了基于红外阵列技术的人员分布传感器，通过采集区域内温度数据，通过算法实现人员分布密集度、温度矩阵的智能检测；温度检测范围可达到 $20m^2$ 的矩形空间，人员数量检测范围可达 $12m^2$。

2.5.2 检验判定

感知系统网关设备按照工业网关设备标准检验，可以满足在建筑场景应用需要。

2.5.3 优势对比

现有感知系统大多采用传感器数据通过 NB（Narrow Band，窄带）、4G 等物联网络直接上云的方式。智慧运维平台感知系统通过网关设备集成各种传感器，通过网关设备对数据进行边缘侧处理后，再通过有线或无线方式将数据接入平台，更适合在建筑场景应用，同时可更有效地满足运维管理的应用需要。

3 应用特点

3.1 服务方式

云平台通过数据集成、业务监控、智能分析，实现高标准、高质量的运维服务，通过平台化模式建设实现统一品牌、统一规范、统一管理、统一指挥。

物联平台适用于各类园区场景，如商住园区内的电力、供水、供暖和通风系统的维护，确保住宅区的居民和商业区的商户都能享受到高品质的生活和工作环境；维护体育场馆内的体育设施、照明、音响和空调系统，以确保比赛和活动的顺利进行；维护酒店客房的电子设备、供暖和冷却系统，以及会议中心的音响和投影设备，以提供舒适和愉悦的住宿和会议体验；确保社区中的学校、医疗设施和公共交通系统正常运行，确保基础设施不受故障影响。

AI 平台基于统一的视频/图片识别解析的算法程序运行环境，搭建以算力调度为底层架构的能力平台，并根据各行业的应用特性打造面向公安、交通、智慧城市等不同类别的 AI 平台。AI 平台在智慧城市场景（包括智慧社区、智慧园区、智慧建筑、智慧城管等）中受到广泛应用，支持在此基础上进行裁剪和拓展。

时空平台立足运维业务场景，构建运维时空数据台账。在运维项目中不断积累存储运维过程中的数据，通过时间戳、坐标点的标识，形成时空数据台账。通过分析现有数据，推动管理、运营策略、成本控制等策略的改进。建立模型中心，积累运维模型库，本地项目部可以从模型中心下载需要的运维模型，模型中心也可以在实践中逐步积累更新，逐步减少运维模型重复建设费用。

感知系统可以实时采集建筑、园区、公共设施的环境数据、人员行为数据、设备设施运行数据等，适用于公共建筑、产业园区等运维管理系统的改造，主要用于建筑、设备、环境等数据的数据采集，为运维对象的基础设施优化、运营管理精细化、综合服务智敏化提供数据支撑。

3.2 产品特点

云平台在架构上打通横向业务扩展，也能够实现纵向持续功能挖掘，让系统具有高可用性，能够为后续持续运营提供动力。业务上建设工单中心、客服中心、库存管理中心、设备信息中心、建筑能耗中心、技术支持中心、运维数据中心、应急管理中心支撑业务推进。呈现上通过 IOC（Intelligent Operation Center，智慧运营中心）数字大屏实现可视化数据分析，手持移动应用提供运维人员远程接收工单进行办理并报工反馈。通过一云多屏的数据协同机制支撑属地化运维服务的智慧化提升。

物联平台提供本地端一体化智慧运维解决方案，实现物联设备的可感可视可控。同时打通 AI 平台和时空平台，建设统一的园区级平台，为建筑群本地人员提供高端运维管理体验和园区服务体验。

AI 平台以视频图像处理深度分析应用为手段，通过对行人、车辆、非机动车等信息进行采集分析，更好地发挥视频监控在公共建筑、产业园区、城市公共设施等领域的图像资源效能。基于系统业务应用功能模块，实现大数据处理及视频结构化数据提取，配置视频广场、以图搜图、事件告警、设备管理、配置服务、系统管理等功能；基于智能运维场景，实现车辆视频结构化、行人视频架构化、人员异常行为预警、安全隐患巡检、园区环境巡检、排队人数检测及告警等智能运维 AI 算法应用。

时空平台设施层作为基础环境支撑。数据层主要完成时空数据资产建设和标准模型库建设，通过

MySQL 和 Redis 进行数据存储，权限中心、数据交换和数据安全作为数据资产管理的基础服务，通过 http/https 协议实现数据层和基础应用层的数据调用。基础应用层设计时空数据台账管理、设备虚实互联和通用模型库三大功能模块，其中时空数据台账管理包括时空数据台账、时空数据展示、房源时空数据管理、房源模型管理子功能，设备虚实互联包括设备与空间坐标互联、设备与数字模型绑定子功能，通用模型库包括数字模型管理、模型参数配置子功能。

感知系统面向本地集成平台和云平台业务应用，从运维管理的业务需求出发，通过嵌入式智能网关接入设备和运维感知系统硬件的应用，提高运维管理的主动感知能力和建筑群内设备、子系统接入能力，解决系统接入难、运维管理客观数据少、无法进行深度数据挖掘等运维行业的痛点问题。

3.3　部署使用

3.3.1　云平台

云平台通过局域网本地数据仓库与互联网远程服务器共同部署，实现数据采集、数据可视、数据分析最终形成数据资产。

3.3.2　物联平台

（1）告警

用户可基于设备原始功能（属性、事件）上报的值重新定义告警事件，支持自定义告警记录查询、告警规则、通知规则配置等。支持处理报警，即将报警转为历史报警，并关联处理记录。若告警关联了平台的报警视频规则，则可以查看报警视频。

（2）联动

联动机制常用于安全报警事件的快速处理，也可用于节能自动的场景中；可以通过可视化的方式定义设备之间的联动规则；要实现联动先要定义联动策略，联动策略分两部分触发条件和联动动作，联动动作来源于预案中心；支持用户自定义预案，一个预案由若干设备的执行动作组成，是设备控制动作或设备数据变更动作。

（3）视频

显示所有视频通道和轮显组；可以选择查看实时预览画面；支持全屏浏览；支持切换窗口布局；支持对球机（不支持半球机）、云台设备云台控制，包括调整方向、调节变倍、设置预置点、巡航等操在摄像机列表中选中摄像机，还可以查看摄像机在 DVR 中的历史录像。

（4）可视化

支持通过组态配置的方式，配置空间平面视图以及设备结构视图，可实现消防报警、视频监控、防盗报警、智能停车、智能门禁、电子巡更、暖通空调、变配电、给水排水、照明系统、电梯监测等子系统的可视化。

3.3.3　AI 平台

通过在中心端 AI 服务器部署的方式，对公共建筑、产业园区、城市公共设施等多个应用领域的视频监控进行结构化分析处理，并将处理结果实时分发给相应业务管理平台或其他管理终端，可自定义设置布控设防、安全预警、智能检索等任务。AI 平台是本地集成平台的核心组成部分之一，基于本地部署，拥有数据查看、数据分析、数据提取等功能；平台可管理多个前端边缘设备及中心端中心识别服务器，提供业务应用视频数据进行视频结构化分析。

3.3.4　时空平台

系统主体采用 B/S 架构，分布性较强，客户端零维护，维护简单便利。物理架构如图 2 所示。公网环境通过网络下载形式完成系统参数配置、依赖软件安装、业务应用启动；无公网环境通过压缩包安装完成系统参数配置、依赖软件安装、业务应用启动。

3.3.5　感知系统

感知系统设备的部署安装主要涉及设备供电和通信链路，其中网关设备一般安装于配电柜中，需按网关的技术规格进行配电成套设计；传感器多采用吸顶明装方式，供电采用有线方式。

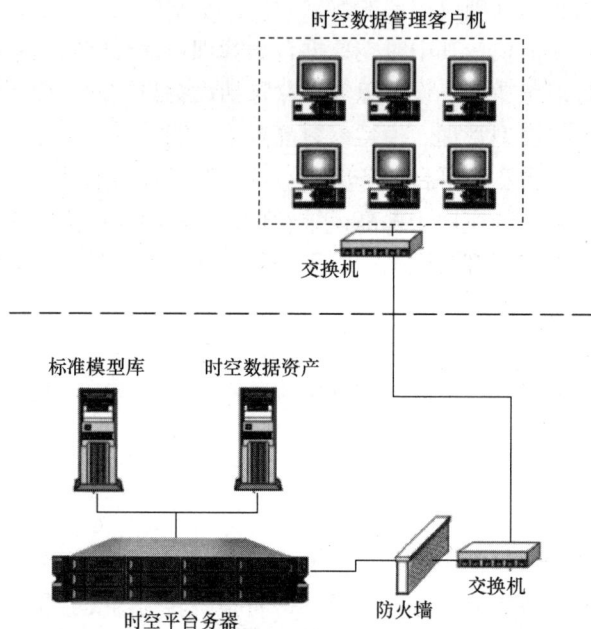

图 2　物理架构图

4　效益分析

4.1　经济效益

智慧运维平台合理的架构设置可以支撑各行业业务的纵深发展，既能实现运维数据的收集与分析，又能积累不同应用场景行之有效的数字化工具。根据客户需求将各应用模块合理搭配，快速输出硬软成套数字化平台产品。服务的对象既包括行业中的管理角色，也包括服务角色。通过智慧运维能力的输出，为用户和行业赋能，提升运维服务效率和市场竞争力，并获得相应的增值收益。

4.2　社会与环境效益

以平台为核心将大数据、云计算、BIM＋AIOT 及智能感知等技术相结合，为用户提供绿色低碳和智能协同的智慧运维服务。依托数字化工具提供运维服务，在提升效率与品质的同时，积累项目数据与行业认知，结合业务场景对数字化工具做出不断的优化迭代，再通过兼具高度行业理解和实用性的数字化工具，吸引更多有高品质运维需求的政企客户，实现智慧化运维服务的滚动发展。

通过与设计院、运维企业、软/硬件研发公司形成强强联合，建立全新生态链。通过智慧运维管理的提升与运维数据反馈，实现节能减排、绿色低碳的目标。

5　应用案例

5.1　车公庄大街 19 号院——创新科研示范楼

中国建筑设计研究院创新科研示范楼（图 3）（以下简称"创新楼"）总建筑面积 41438m²，地上 15 层，建筑面积 22001m²，地下 4 层（含夹层），建筑面积 19437m²。三层及以上是各设计企业办公区，二层为会议区，首层包括展厅、门厅、多功能厅，地下一层及夹层是餐厅和厨房，地下二层至地下四层是车库和机房区，停车位 208 个。围绕创新楼打造了"建科智慧运维平台"，该平台基于 BIM（Building Information Modeling，建筑信息模型）＋IoT（Internet of Things，物联网）等新一代信息技术，通过"感知、接入、分析、监控、预警、运维"六位一体的服务，实现对创新科研示范楼关键设施设备运行监控（图 3）、能耗的监管（图 4）及空间的管理，从而达到绿色、低碳、智慧化的运维。旨在为客户提供高效、智能的公共设施运维服务，以助力客户实现数字化转型，提高管理效率和降低运营成本。

图3 设备设施管理

同时基于创新楼项目的共享停车（图5）模式已经实现，并在实际应用中取得了可观的成效。根据此模式，通过鼓励长租用户积极参与，可实现车位共享，在车主请休假、出差、限行时，可将车位进行短期或短时租赁，提高车位利用率，缓解停车难的问题。同时，这种共享停车模式也为车主提供了更多的停车选择，并能够减少停成本，实现物业、车主和用户三方的最大化利益。因此，这种共停车模式具有"三惠三赢"的优点，具有较高的推广价值。

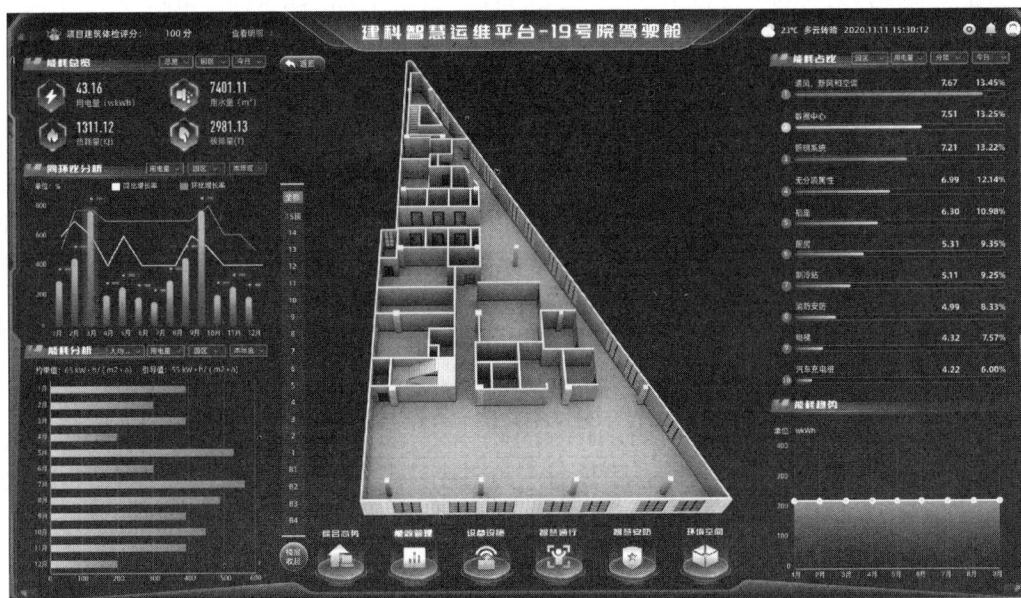

图4 能耗管理

5.2 存在问题

现有运维系统缺乏顶层设计，老旧子系统集成困难，设备设施管理、能耗管理、安防管理、楼宇

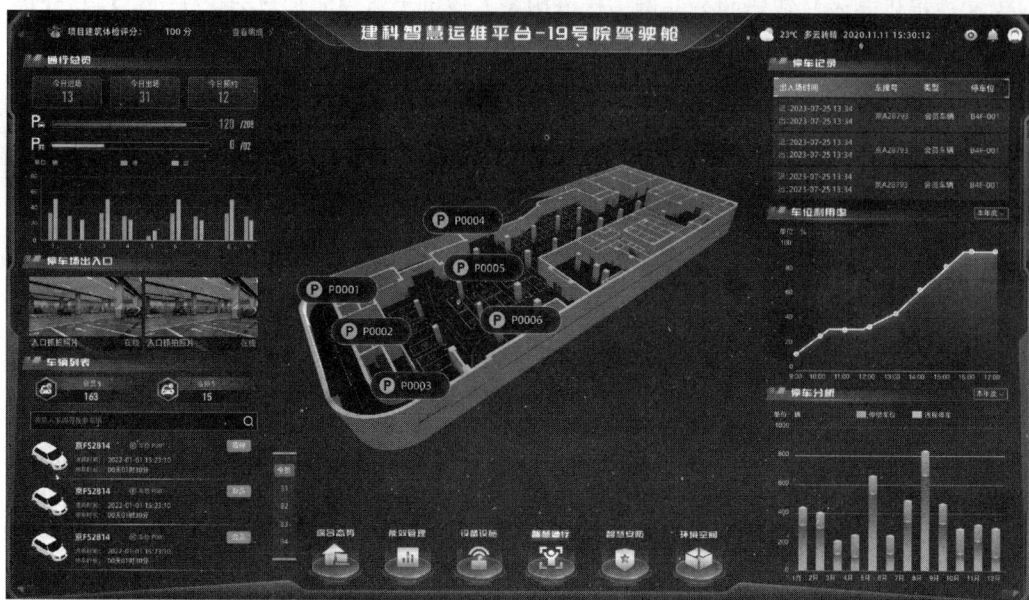

图5　共享停车

控制等各系统存在着信息壁垒，数据无法共享，导致数据孤岛现象严重，从而造成运维效率低下。

（1）设备设施未能及时更新信息和有效维护，导致设备管理效率低下，增加了设备的维修成本。

（2）安防管理手段单一，过度依赖人工，缺乏图像智能识别告警功能，存在安全隐患。

（3）能耗管理中数据采集方式落后、数据报表分析困难，导致能源应用效率低下，难以实现节能减排、绿色低碳的运营目标。

（4）建筑内部存在空气质量差、噪声污染和光线不足或过强等问题，对室内人员健康产生负面影响。

（5）运维过程中规范化和自动化的不足，导致运维人员无法及时响应和解决问题。

5.3　采取的措施及应用效果分析

利用数字孪生技术构建虚拟的建筑模型，通过智慧运维平台建立完善的设备设施运维管理体系，确保设备的正常运行和维护。同时，对大量设备运行数据和用户行为数据进行有效存储、分析和处理，提供精准的数据支持和决策依据。

基于平台三维模型和空间信息，集成设备设施管理、运行监控、异常预警、运行维护等功能，实现对设备设施全生命周期的数字化管理。同时，结合人工智能技术和大数据分析，可以自动识别设备故障并进行预测性维护，提高设备的可靠性和稳定性。

安防管理通过视频AI分析，实现园区内人员结构化分析、人员轨迹分析、车辆结构化分析、非机动车结构化分析、以图搜人、以图搜车等功能，基于AI智能分析预警，创建发现、告警、派单、反馈、算法优化、核查跟踪的流程，实现园区事件AI数字化运营。

能耗管理通过接入水、电、热等能耗传感器，实现能源数据的全量化汇聚、分区计量、分项计量。结合设施运行数据和能源消耗数据，科学计算碳排放量。定时切断不必要的设备，减少能源消耗，实现节能减排。

结合环境感知数据和人员分布状态，可以自定义策略和情景模式，按需制定环境控制设备运行逻辑。通过设置不同的策略组，实现环境控制设备自动运行，进而改善空气质量、减少噪声污染、提升环境舒适度。

通过设备告警自动触发工单，提高运维响应效率。通过对平台的多方信息综合分析，精确定位现场问题，提高运维服务效率。

6 结语展望

智慧运维平台采用创新性的"1+N"技术架构，将三维可视化、人工智能物联网、大数据和云计算等技术与原有运维业务融合，提供从源头到云端的智慧运维平台体系。在场景应用中，以智慧为手段，以更低碳、更安全、更健康、更敏捷为目标，提供设备管理、能耗管理、智能预警、协同处置、在线工单、智慧通行等园区级运维服务，为传统行业赋能。

伴随运维行业数字化进程的不断增速，未来智慧运维平台将与行业需求紧密结合，以更短的迭代周期贴合不断发展变化的市场环境。

6.1 技术手段创新，数字化产品赋能

从运维的实际业务角度看，在进行数字化建设和平台迭代时，可针对普遍性的独立功能点需求分别构建相应的数字化功能、应用，然后将其引入各类应用场景进行整合，形成适用于不同类型项目的数字化整体解决方案。

另外，在国家提出数字中国概念的大背景下，运维企业可利用物联网、图像识别、机器人等技术与业务相融合进行平台场景应用的创新尝试，通过不断的版本更新，提升数字化产品的服务价值，并依托技术赋能最终实现传统业务上的数字化革新。

6.2 数据决策支撑，数字化业务转变

未来运维行业会更多地向数字化业务进行转变，利用"算法+数据"提升业务决策的精准度，主要包含三个方面：（1）在现有业务中推广数据决策思维，将数据决策作为现有业务流程的环节；（2）以数据和智能设备设施为驱动，替代部分人工，实现降本增效；（3）由数据辅助决策，到数据即为决策，再到智能化自动决策，逐步迭代。

6.3 培训体系构建，数字化手段考核

建立合理的数字化培训体系。从运维企业自身战略目标出发，进行业务数字化培训课程设计，并从员工需求端出发进行培训调研与设计优化，提升员工数字化业务能力与企业数字化培训的价值。

通过合理的数字化考评机制针对性地解决"数字化系统使用率不高"的问题，用数字化平台系统替代传统的派单反馈流程，通过数据触点自动形成数据的采集分析，凭借数据驱动业务能效的提升。

作者：张哲 熊斌 王毅 韩柏林 梁晓旭（建科公共设施运营管理有限公司）

多功能全装配式栈道铺设机的研发与应用

Development and Application of Multifunctional Assembly Trestle Laying Machine

1 发展现状

为了践行"绿水青山就是金山银山""坚持绿色发展建设生态宜居城市"等理念，以及人民对各种文化和休闲类设施的需求，城市内森林栈道应运而生。为给游人舒适的体验和设计美感，城市森林栈道沿河滨、溪谷、山脊等城市自然地貌，因地制宜，成功地把沿线一系列重要的自然和文化点串联起来，给予市民公共开放的大自然有氧区域，促进公众保护、利用和欣赏自然景观，让市民共享生态福利。

福州城市森林步道（以下简称"福道"），作为福建省生态建设的重要实践和重点民生工程，建设之初就存在"地质脆弱、用地单薄、缺乏人文、体验感差、观景困难"的场地困境。其地形险峻复杂，施工条件恶劣，大型车辆无法通过，材料运输困难。如何在进行森林栈道建设过程中，坚持不破坏原有林地环境，不得砍伐、破坏、移除现状树木、林地及植被，尽全力保持自然的原生态景观，是施工的一大难题。

现有施工中一般采用汽车起重机、履带起重机、塔式起重机、缆索等吊装设备，但是森林栈道通常绵延数十千米，在山林之中的构件运输、堆放、吊装均会大量破坏原有林地环境，不符合绿色施工的要求。为克服福道项目建设困难，研制了全新钢结构安装设备——多功能全装配式栈道铺设机（以下简称"栈道铺设机"），将轨道铺设在已建栈道上，栈道铺设机可沿轨道一边行走一边向前建设栈道，不仅可以减少施工占地面积，还可以降低施工对生态环境的影响。该栈道铺设机能够适应栈道施工要求，可以在轨道上稳定行走，具有安全性高、使用方便的技术特点。

2 技术要点

通过对福道项目各种施工工序及工况进行拆解及承载力验算、建模计算分析，确定对各项设备要求，并进行设备相关设计，研制了全新钢结构安装设备——多功能全装配式栈道铺设机。栈道铺设机较常规汽车起重机而言，其底盘小、材质轻便高强、自重轻、机动性强、绝对高度低；同时栈道铺设机自身配套了行走机构、防倾覆机构，可适用于小于1：6的坡度轨道上行走及吊装，稳定性好，在使用前经过充分的技术论证和试验研究，确保设备安全可靠，因而安全性能好。

2.1 栈道铺设机轨道系统

栈道铺设机轨道系统借鉴于火车轨道设计，在其基础上进行了改良优化，以 H 型钢作为轨道横梁代替下部枕梁，H 型钢作为轨道梁代替上部钢轨，创新设计了一种轨道系统。轨道按照结构1：16坡度设置，包含水平段、直线段、转弯段（半径18m）等。轨道间距根据栈道断面尺寸、荷载要求等因素进行调整。

福道项目栈道铺设机轨道系统设计的轨道间距为1.55m，轨道横梁长2.4m。通过计算选取热轧 H 型钢 HW250×250×9×14 作为轨道横梁，选取 H 型钢 H300×200×14×14 作为轨道梁，材料均为 Q235B。轨道梁与下部横梁采用压板螺栓连接（图1）。

轨道系统与主体管桁架采用 T 字形托板螺栓连接，上部钢板上表面标高与栈道钢格栅支架相同，

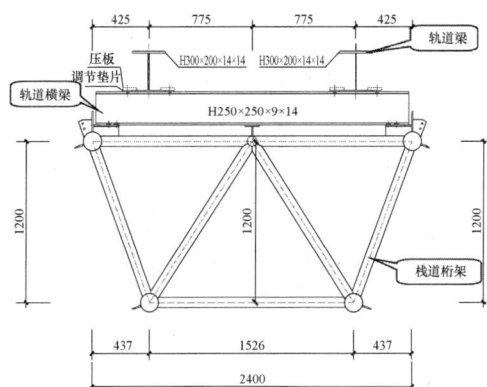

图1 行走轨道图

这样在钢桁架施工完成轨道拆除后，轨道托板可以作为钢格栅支架，无须割除。

2.2 多功能全装配式栈道铺设机设备

2.2.1 吊装设备设计

考虑福道项目施工时吊装半径和吊装高度，栈道铺设机吊装机构臂长需达到22m，此时吊臂重量较大。采用桁架式吊臂相对于箱形结构式虽然重量相对偏小，但是桁架式吊臂无法伸缩，在森林栈道上行走、转臂不方便。因此，最终确定吊装机构吊臂采用箱形结构，类似于常规汽车起重机可伸缩吊臂。

主吊臂由基本臂、二节臂、三节臂、四节臂组成，用高强度钢板焊接成箱形结构，截面形式为六边形大圆角，受力合理，承载能力强，各节臂间有滑块支撑，设计主吊臂全缩时长7m，全伸出时长22m。

栈道铺设机吊装机构回转基座总成主要由基座体、回转支承、回转减速机、回转体组成，吊装机构和下部自行式机构采用法兰连接，连接方式可靠，拆装方便。配重机构为4t铸铁配重块，配重伸缩油缸在吊装机构两侧板中间位置，可伸缩长度为2m等组成；配重块距吊装机构中心距最远为5m，最小距为3m（图2、图3）。

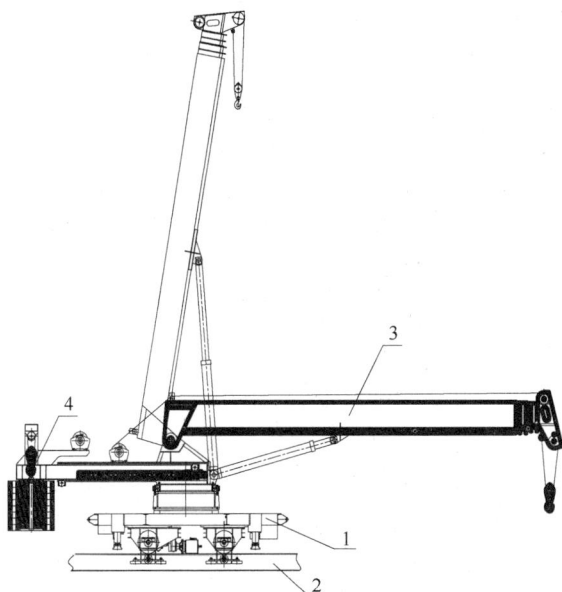

图2 多功能全装配式栈道铺设机机构图

1—自行式机构；2—轨道系统；3—吊装机构；4—配重机构

图3 多功能全装配式栈道铺设机

2.2.2 行走设备设计

（1）自行式机构

栈道铺设机在行驶和作业时，要求吊装设备与行走设备两者完全组装固定，形成整体，同时考虑到小半径转弯时接驳需要，吊装设备、配重及行走设备能在施工现场快速分离和重组（图4、图5）。

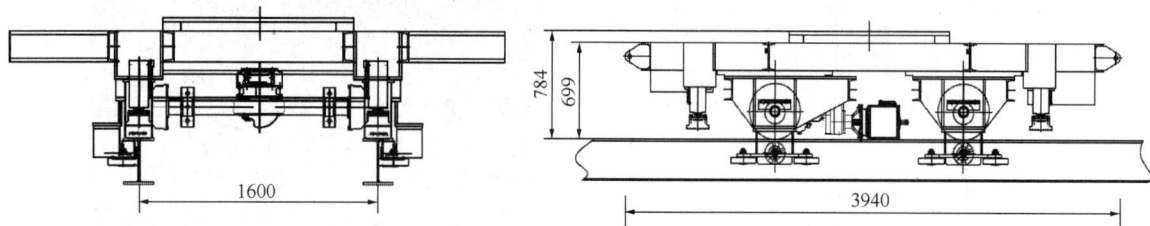

图4　移动小车的结构示意图

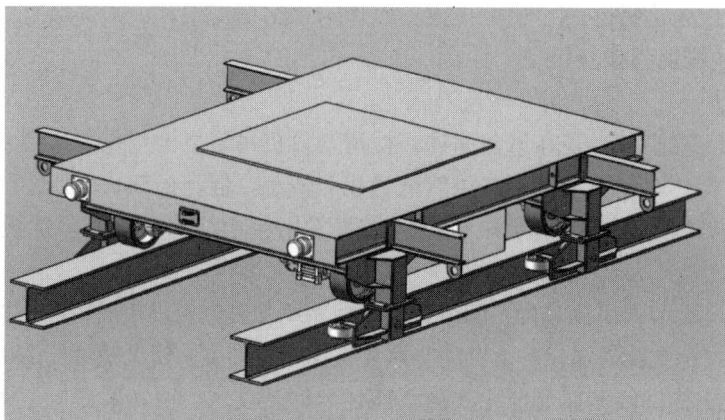

图5　移动小车的三维模型图

栈道铺设机行走设备为自行式机构——移动小车，同时设置行走及抗倾覆机构。移动小车采用先进的系统控制技术，通过无级调速控制技术，实现速度稳定可调，控制运行安全性能。通过过载控制，车辆超载即刻自动停止运行，防止出现安全事件。移动小车控制系统还设置了防滑系统、失电保护，防滑分为过载防滑保护和停车防滑保护。过载防滑保护为控制系统通过轮子和轨道的相对运动情况作出判断，出现前行后退情况即刻抱死轨道同时停止运行，并发出报警声报警要求减载或人工处理；停车保护系统中设有停车锁紧装置，系统检测到停车信号和电压缺失信号即刻进行保护（失电保护），确保车辆运行安全。移动小车中还设置了防倾斜装置，出现10°倾斜将会灯光报警提醒注意，超过15°倾斜会出现声光报警同时停机抱闸等待人工处理（图6）。

（2）行走、抗倾覆机构

栈道铺设机移动小车行走时，为防止发生卡轨和脱轨等情况的发生，创新设计了一种行走及防倾覆机构，包括行走轮组件以及防倾覆组件。行走轮组件为若干对行走轮，用于在轨道上行走；防倾覆组件为布置在移动小车两侧的若干个保护轮组，每一个保护轮组包括安装在轮架上的水平保护轮以及竖直保护轮，水平保护轮的轮轴与竖直保护轮的轮轴相互垂直。行走、抗倾覆机构可以使移动小车在轨道上稳定行走，而且具有安全性高、使用方便的技术特点（图7）。

2.2.3 与结构连接设计

栈道铺设机驻停使用时，要确保与主体结构有效连接，并利用主体结构作为吊装机构配重，根据车间试验和现场吊装两种情况设计了两种固定连接方式：①车间试验时，采取抱箍形式与试验平台连接；②现场施工时，采取捯链与管桁架、钢柱结构连接（图8、图9）。

图 6 移动小车（运输平板车）

图 7 行走、抗倾覆机构

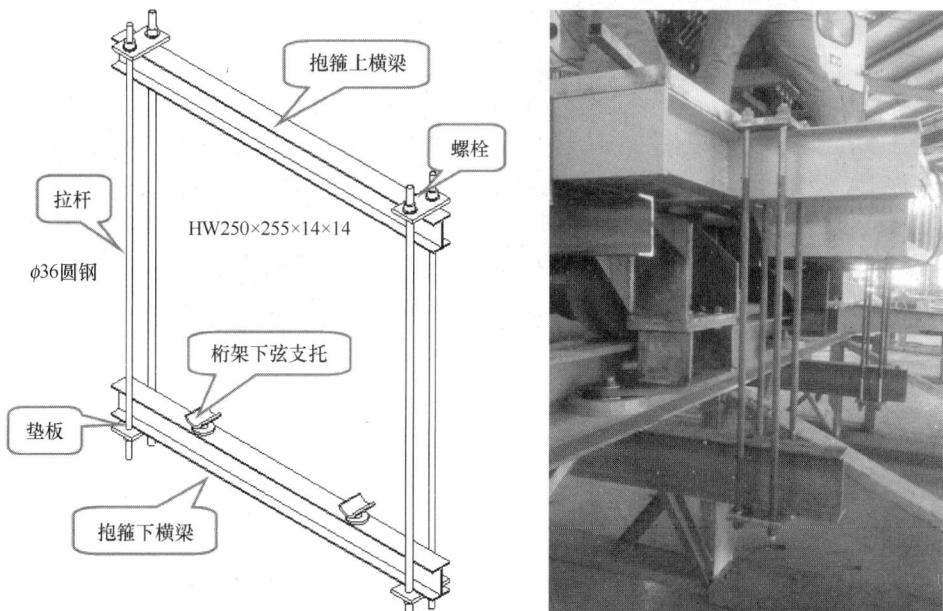

图 8 设备车间试验抱箍体系

图 9　施工现场吊装抱箍体系

2.3　试验

2.3.1　设备车间试验

在设备车间根据栈道模块坡度及轨道设计制作类似试验平台，对栈道铺设机进行组装、行走和吊装能力试验，试验结果满足设计、施工要求。

2.3.2　现场试验

在正式投入使用之前，利用起始段栈道进行栈道铺设机的拼装、行走、防倾覆、支腿压力检测以及栈道主结构复核等全工况试验。全工况试验结果表明，栈道铺设机设备在按规定进行行驶、停放、固定、转动和吊装的情况下，能够满足栈道的安装要求（图 10、图 11）。

图 10　栈道铺设机组装

图 11　栈道铺设机各支腿的压力测试

3　应用特点

3.1　栈道铺设机设备应用方式

多功能全装配式栈道铺设机在项目的实际应用中主要包含三个部分，底部用于行走的移动小车，用于吊装构件的吊装机构，与移动小车结构相同的运输平板车。吊装机构与移动小车可以快速组装、分离，在操作时运输平板车与移动小车相同，在应用时运输平板车作为构件运输。

栈道铺设机在施工现场应用时，吊机主体安装在车架上，车架通过行走轮直接在轨道上行走，并且行走轮的外沿包裹着橡胶圈，可以增加摩擦力，防止打滑；移动小车两侧设有保护轮，可以避免移动小车行进时偏移轨道而倾覆，安全性高，操作方便，车架上设有驻停机构，可以通过液压缸抓紧轨道使得桥面吊机停在轨道上，位置固定，方便操作。

3.2 应用栈道铺设机的施工方法

3.2.1 渐进式施工方法

（1）技术原理

栈道铺设机吊装施工技术利用地面汽车起重机在起点处进行材料、桥面吊机以及运输平板车等设备的吊装，利用已成型的桥段作为构件运输平台，桥段上铺设轨道，栈道铺设机在轨道上进行开行及吊装作业；以运输平板车作为构件运输设备，依次向前逐段安装（图12）。

图12 多功能全装配式栈道铺设机在轨道上安装

（2）主要工序及操作要点

轨道安装→栈道铺设机设备组装→栈道铺设机行走（栈道铺设机吊臂收起，转到已安装完成的桥跨方向）→栈道铺设机驻停（与结构连接）→栈道铺设机吊装→结构拼装，进入下一个循环。

1）起始段结构施工：栈道铺设机施工需要预先完成一跨或一段桥梁或栈道的施工，起始段的施工可采用地面吊机（塔式起重机或汽车起重机）等常规机械设备施工。

2）轨道安装：栈道铺设机为有轨式运行，使用前需进行轨道梁安装，并可由栈道铺设机自行吊装周转。轨道间距可根据实际工程的桥梁断面尺寸、荷载要求等因素进行调整。

轨道高程可通过横梁进行调平，要求同一位置处的两根轨道梁在同一平面上，轨道梁与下部横梁之间必须有压板普通螺栓连接固定；桥面与横梁之间、横梁与轨道梁之间必须用钢板垫塞满，保证轨道总长上任意位置连接可靠、受力均匀可靠。

在安装轨道时，为防止栈道铺设机在开行过程中冲出轨道，需在已完成轨道的最前方轨道上部设置钢结构车挡。同样，为了防止构件运输小车脱轨，在轨道初始段的起始点，需设置钢结构车挡（图13）。

3）栈道铺设机设备就位组装：栈道铺设机由吊装机构、配重机构、自行式机构组成，自行式机构由移动小车和行走及防倾覆机构组成，轨道安装完成后进行设备组装。栈道铺设机设备中的自行式机构可根据轨道间距设计调整。配重机构可伸缩，以平衡栈道铺设机的抗倾覆力矩。

4）栈道铺设机行走：栈道铺设机行走的动力靠安装在移动小车滚轮上的电机提供，可根据栈道铺设机的技术参数和轨道坡度等因素选配不同型号的电机。栈道铺设机行走前，将吊装机构支腿缩回

图13 轨道铺设

缸，将配重缩回到最小距离，吊臂收臂放至水平（0°）位置，并回转机身将吊臂朝向后方（施工已完成的桥跨），保证栈道铺设机的行走稳定性。在桥面有纵坡的情况下，考虑到吊装机构行走时的稳定性，可通过计算，调节配重距离、吊臂角度和长度，对自行式机构的抗倾覆力矩进行补偿。

5）栈道铺设机的使用：栈道铺设机在使用时，通过调节自行式机构的支腿高度，来保证自行式机构回转支承面保持水平，平台倾斜度不大于1/1000；通过调节支腿高度，使行走轮与轨道脱空，不承受上部重力，由四个支腿承受上部压力。

栈道铺设机在使用时，栈道铺设机与桥体连接的缆风绳或捯链应收紧，以保证各连接措施受力一致，确保设计工况实施过程中，设备不发生倾覆；吊装时，需随时观察配重机构能否跟随力矩传感器指令前后移动，保证栈道铺设机的稳定。

3.2.2 小转弯半径处的吊装接驳施工方法

（1）技术原理

在福道项目建设过程中栈道部分区段存在转弯半径小的情况，最小处转弯半径仅为3m，而栈道铺设机、运输小车及构件分段长度大于3m。基于施工时存在无法转弯的难题，在安装时采用接驳安装施工方法，即由转弯段分隔的前、后区域各设置一台栈道铺设机和一台运输小车。构件运输通过转弯段时由吊机吊装接驳，栈道铺设机设备中的吊装机构与行走机构通过法兰盘连接，能够快速组装和分离。

（2）主要工序及操作要点

栈道铺设机在接驳点固定→安装下区段接驳位置结构→起始点新上一台栈道铺设机和小车，开行至接驳区域→栈道铺设机吊至下区段结构上→组装栈道铺设机及小车→构件接驳运输→下一区段桥跨安装→循环接驳，栈道安装完成。

1）弯道结构安装与轨道铺设：弯道已施工的第一侧的栈道铺设机将预制构件起吊至弯道待施工的第二侧进行安装，并在第二侧铺设轨道。

2）新栈道铺设机开行到位：利用地面吊机起吊一辆新的栈道铺设机以及运输平板车到起始段，并沿轨道开行至第一侧。

3）吊机接驳：由第一侧的栈道铺设机将新的栈道铺设机以及运输平板车起吊至第二侧，第一侧的运输平板车和第二侧的运输平板车之间通过第一侧的栈道铺设机进行接驳，第一侧和第二侧之间的弯道由第一侧的栈道铺设机完成施工，新的栈道铺设机以及运输平板车负责后续区段的施工（图14）。

图 14　转弯半径处的吊装接驳施工

3.3　栈道铺设机应用范围

应用多功能全装配式栈道铺设机的施工方法主要适用于以下情况：（1）桥梁或栈道承载力较小、桥面宽度较窄，不适于汽车起重机直接上结构的桥梁或栈道，且受施工环境影响，材料和机具不能方便地运送至施工区域的，如修建在陡坡、悬崖、山区、深谷和浅水等地区材料转运困难的桥梁或栈道；（2）线路超长、墩柱超高的桥梁或栈道，采用塔式起重机、汽车起重机或缆索吊等设备对施工材料和机具进行二次转运不经济的情况。

4　效益分析

栈道铺设机采用电瓶供电，不采用汽油或柴油，无污染；移动小车及运输平板车采用遥控操作控制。可以有效地减少对树木的砍伐，保护山体植被，降低对生态环境造成的影响，而且具有适用范围广、施工方便、成本较低的技术特点；经过施工分析验算及现场实施，方案安全可靠，操作工人反映栈道铺设机施工振动小，稳定性好，施工方便快捷。

4.1　经济效益

采用栈道铺设机进行栈道施工，与塔式起重机、汽车起重机、缆索吊等方案相比，可以多区域同时施工，确保了工程按工期节点进行。现已按合同规定时间内完成了福州左海公园桁架栈道的施工。

针对福道项目进行经济效益分析，采用栈道铺设机的施工方法的费用仅包含：新型设备加工、维护费、轨道铺设费用、创新施工工艺研发费用。未发生平台及堆场设置、施工便道、基础拆除爆破费及垃圾处理、绿化恢复费等费用，而且轨道及新型设备可周转使用，相比传统施工经济效益明显。

采用经济环保的多功能全装配式栈道铺设机，以及应用栈道铺设机的渐进式施工方法，有效解决了森林栈道的运输和吊装的技术难题。栈道铺设机在已建好的栈道上行进，无须在地面上开设道路，可以有效减少树木的砍伐量，降低对生态环境的破坏。栈道铺设机渐进式施工技术具有工作效率高、施工方便、成本较低的特点，产生了明显的经济效益。

4.2　社会效益

采用栈道铺设机的施工方法进行森林栈道建设，解决了山体、陡坡、深谷等困难区域桥梁领域的施工难题，栈道铺设机及轨道可周转使用，施工方便快捷，成本低，符合国家倡导的绿色施工、降耗减排的要求，社会效益显著。

采用栈道铺设机施工的福道项目，获得第十九届中国土木工程詹天佑奖，代表栈道铺设机的应用受业内肯定。福道项目也多次被各大电视、报纸报道，中央电视台《新闻联播》评价：拉近生活与山水的距离；中央电视台"绿色中国"以"空中森林福道，让城市会呼吸"为题进行专题报道，引起了社会各界的广泛关注。

5　应用案例

采用多功能全装配式栈道铺设机进行施工的方法形成的钢结构栈道技术体系已成为企业招牌之一，已应用于福州左海公园—金牛山城市森林步道及景观工程一期示范段栈道（A段、B段）、二期栈道（C段、Bb段、D段）等项目的桁架结构栈道中，同时也应用于光明小镇运动森林公园钢结构红色景观廊桥、福州市永泰县小汤山生态主题公园等多个项目不同结构形式的栈道中。项目建设过程中采用多功能全装配式栈道铺设机吊装施工，在实际应用中取得了良好的质量效果，实施后合格率为100%。有效减少了生态的破坏，同时减少了操作架的搭设与拆除，极大地提升了工作效率，降低了成本，具有明显的经济效益和社会效益。

应用多功能全装配式栈道铺设机的施工方法减少了大型机械设备的投入、施工便道的开设、材料运输的成本、树木的砍伐，可以多区域同时施工，工作效率高、施工方便。同时栈道铺设机可以不受地形条件和结构标高的限制，在各类桥梁和栈道结构施工中推广应用。

多功能全装配式栈道铺设机作为钢结构栈道施工的核心装备，应用效果显著，但是在应用过程中仍存在一些有待改进提升的问题：（1）现有栈道铺设机智能化程度不足，施工过程中需要投入较多人工操作与管理；（2）栈道随自然地貌地势起伏，存在大量坡度不同的设计，现有栈道铺设机爬坡能力较弱，最大爬坡坡度为8%，无法适应大坡度栈道施工段的需求；（3）现有每种型号的栈道铺设机仅适用于单一宽度的栈道施工，栈道宽度变化时，需要制作新的栈道铺设机，适应性不足；（4）高空作业较多，栈道铺设机吊装时存在倾覆危险，施工风险高，现有安全防护措施拆装、转运困难；（5）现有栈道铺设机的最小转弯半径（以外轮中心为准）较大，仅可采用吊装接驳的方法进行施工，无法正常通过。企业后续已立项省市级课题，进一步研发设计新一代栈道铺设机——绿色智能栈道铺设机器人，通过后续对栈道铺设机器人的功能与模块化分析、优化转弯机构、提升控制系统、形成数字样机等研究，完善相关施工技术体系，实现钢结构栈道的绿色、智能化施工。

6　结语展望

多功能全装配式栈道铺设机的研制及相关技术体系研发，是对塔式起重机设备、架桥机、缆索系统等吊装设备施工桥梁的补充，可实现以钢结构为主的预制结构桥梁或栈道的规范化和标准化作业，有利于推进能源与建筑结合配套技术研发、集成和规模化应用的发展。

多功能全装配式栈道铺设机是中天恒筑钢构钢结构栈道施工的关键装备。依托福道项目的栈道铺设装备研发，对推动中天恒筑钢构科技创新具有重要意义。为实现钢结构栈道技术可持续发展，中天恒筑钢构针对现有设备存在各种问题，通过后续开发新一代绿色智能栈道铺设机器人，使其具备自感知、自适应能力，可适应大坡度、小转弯、宽度变化的栈道施工，并能监测施工情况、感知自身的工作状态系统，实现施工质量的。

在钢结构桥梁、栈道施工中，推广绿色智能栈道铺设机器人，可实现钢结构桥梁、栈道的绿色、智能化施工，在不破坏原有林地环境的基础上，可以保持自然的原生态景观，满足人们舒适的游览体验。对建设绿色低碳城市，推动城市朝着零碳方向演进，实现"双碳"目标，加快形成绿色生产方式具有重要引领和示范价值。

作者：段坤朋　李超群　徐山山　蒋金生（浙江中天恒筑钢构有限公司）

H 型钢构件设计—制造一体化与全工序智能生产线

H-shaped Steel Component Design-manufacturing Integration and Full Process Production Line

1 发展现状

近年来，我国钢结构行业快速发展，作为装配式建筑的主流应用形式之一，目前正受到国家以及地方政府的大力推崇，不少地区针对钢结构的产业化发展出台了相应的规划与优惠政策。与此同时，《关于推动智能建造与建筑工业化协同发展的指导意见》《关于加快新型建筑工业化发展的若干意见》和《"十四五"建筑业发展规划》均明确提到要加快智能建造产业体系的研发和应用。在国家大力倡导创新的利好局势下，建筑机器人未来在我国将取得长足发展。

目前钢结构构件的生产过程仍以产线工人的手动加工为主，加工效率和自动化程度低，产线工人的数量与质量难以与日益发展的钢结构行业相适应。尤其在焊接加工工序中，这类问题更加突出，人工焊接量大、焊接质量不稳定、焊接效率难以保证等问题普遍存在，满足技能要求的焊接工人也日益短缺，国内企业的焊工流失率高，用人单位对焊工培训付出的管理成本也大幅增加，企业留住焊接技师的难度逐年增加。

传统工业制造行业的自动化和智能化以工业机器人应用为主要特点，机器人是实现制作过程自动化、信息化、智能化的有效手段。工业机器人作为自动化生产的延伸和智能化制造的基础，已经在汽车、电子电器、橡胶塑料、铸造和家用电器等各领域推广应用。

钢结构是最具有制造业基因的建筑结构产品，这就为工业机器人在建筑钢结构行业的应用提供了契机，参照汽车行业制造加工类似的生产经验，引入工业机器人取代人工，采用机器人进行钢结构加工，不仅能提高生产效率，提升加工质量，而且可以降低工人作业强度，改善工人作业环境，具有广泛的工程应用前景。

因此，开展 H 型钢构件设计—制造一体化，与全工序智能生产线涉及的设备制造与智能生产管理技术的研发，为传统钢结构的数字化转型提供了一种切实可行的实施方案。

2 技术要点

该 H 型钢构件设计—制造一体化与全工序智能生产线包含一套可复制、柔性的智能化生产线设备以及一套适用于钢结构智能化生产的管理技术，实现了钢构件加工过程自动化的数据流转和统计分析（图1）。

针对传统的钢构件生产过程中 H 型钢构件设计—制造数据链未打通、生产管理数字化程度低、加工制造成套技术装备缺乏等问题，开展了设计—制造全过程数据链传输技术、成套设备设计制造技术和钢构件制造智能管理平台等研究。

（1）提出了设计—制造全过程多源异构数据链传输方法，开发了建筑钢构件设计—制造数据处理系统。首次实现了从多个设计模型中自动提取和归并符合 H 型截面钢构件全工序数字化柔性生产线加工范围的构件，自动按截面和长度进行最优排产组合；提出了钢结构设计深化模型中提取基础数据的智能算法，实现了构件加工批量数据的自动生成。

（2）首次设计制造了 H 型钢构件全工序智能柔性生产线，包括"清割岛""组焊校"和智能装配

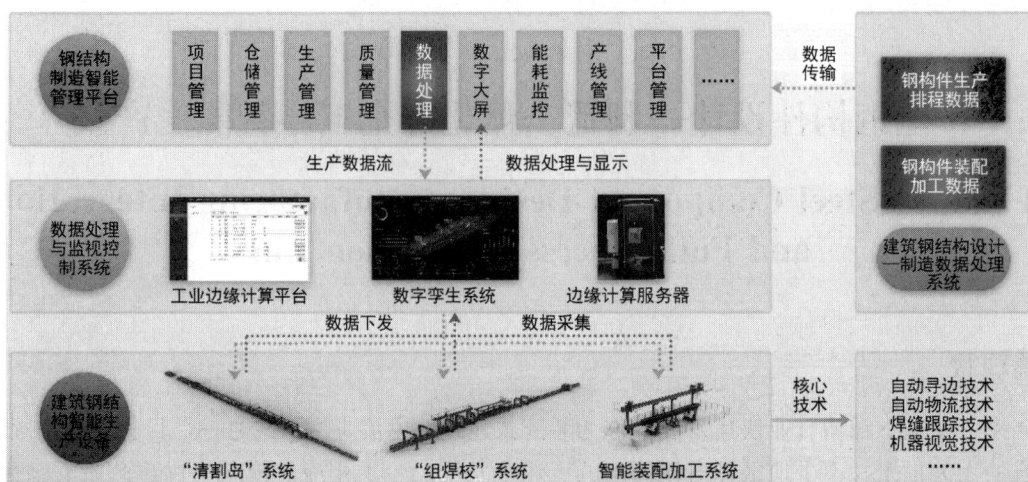

图 1　建筑钢结构智能生产架构图

加工系统，可实现从钢板到 H 型钢构件的连续自动化柔性生产，改变了传统钢构件依靠人工、数字化程度低、非连续式生产模式。

（3）自主研发了钢构件制造智能管理平台、数据处理与监视控制系统，实现了数字模型与智能产线之间的信息交互，采用了数字馈控技术与云端同步技术相结合，建立了 H 型钢构件智能生产线数字孪生体与实体设备之间的馈控链接，实现了生产线的全过程智能监控与生产管理。

3　应用特点

整条 H 型钢构件智能生产线及其管理技术实现了从钢板到钢构件的连续自动化制造加工和生产管控，具有装备自动化、工艺数字化、生产柔性化、过程可视化和信息集成化的特点。构件加工环节减少人工参与，甚至是无人化加工，提高产品的质量、提高生产效率，显著改善钢结构加工的工作环境，降低工伤事故的发生概率。有效解决了传统钢结构生产加工企业存在的设备自动化程度低、焊接效率低、焊接质量不稳定、焊接工人短缺等问题，符合产业发展新趋势，具备广泛的推广应用前景。

在硬件设备上，整条智能线包括"清割岛"和"组焊校"两大系统。"清割岛"系统包括表面处理单元、钢板切割单元、桁架搬运单元和清边倒角单元等设备，实现钢板的自动表面处理、切割、搬运和清边倒角等功能；"组焊校"系统是智能线生成 H 型钢的主要工序，包括进料、组立、埋弧焊、矫正及锯切等单元设备，实现将"清割岛"系统中生产的条板组合成满足需求的 H 型钢的加工过程（图 2）。H 型钢加工范围：（1）H 型钢腹板宽度：$400\sim800$mm；（2）H 型钢腹板厚度：$8\sim60$mm；（3）H 型钢翼板宽度：$200\sim600$mm；（4）H 型钢翼板厚度：$8\sim60$mm；（5）H 型钢长度范围：$6\sim12$m；（6）材质：Q235B-Q420B。

在管理技术上，以钢结构制造智能管理平台为中心，通过数据处理与监视控制系统、建筑钢结构设计—制造数据处理系统，实现钢构件加工信息、指令的高效管理和传递（图 3）。

（1）建筑钢结构设计—制造数据处理系统，包含"钢构件排产数据流"和"钢构件装配加工数据流"两个模块，模块一可对多个工程项目的钢构件设计数据进行归并处理，通过最优排产组合和下料排板，形成所需的钢构件排程数据流。模块二可从钢结构深化设计模型中，一键批量生成构件级的具有加工定义的 BIM 数据，采用视觉技术获取钢构件的真实轮廓数据，协同加工管理中心解析 BIM 数据文件，实时处理机器视觉和加工设备的反馈信息，形成钢构件装配加工数据，综合调度机器视觉、变位机和作业机器人协同工作。

（2）数据处理与监视控制系统主要由建筑钢结构制造综合信息平台和边缘计算与数字孪生系统两

智能线中间部位

图 2 H 型钢构件生产线

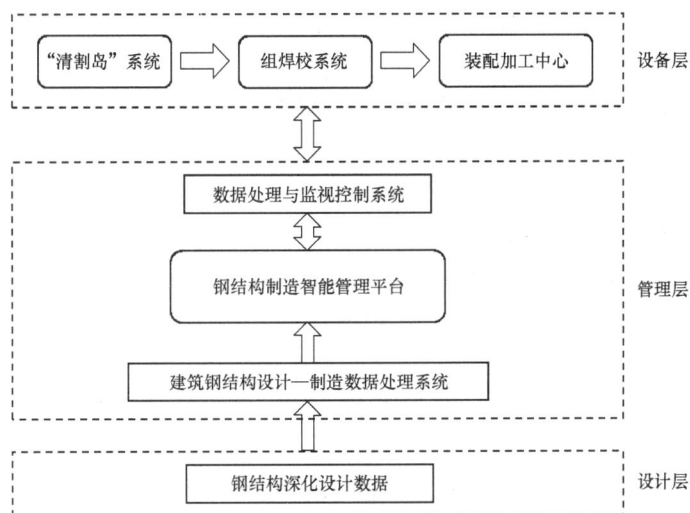

图 3 设计层—管理层—设备层数据传递架构

大部分组成。综合信息平台来实现过程管理，该平台具备工单自动排产、人机协同生产、节拍动态控制等功能。通过有针对性地研究、设计开发缓存区动态管理功能模块，最大程度提高产线的灵活性与适应性。边缘计算与数字孪生系统实现了数字模型与智能产线之间的信息交互，系统实时采集设备运行数据并数字大屏呈现设备实际运行状态，采集的设备数据经优化处理后即时下发回产线设备，从而实现从设计层—管理层—设备层数据的传递、管理与交互。

（3）钢结构制造智能管理平台通过项目管理、仓储管理、数字化工厂系统等功能，实现公司物料和构件的动向跟踪，以及生产管理大数据的分析与管理。平台打通车间数据，优化资源配置和生产过程，实现车间执行、控制过程的科学管理，并在此基础上提供更高效的信息传递与管理协同，数据挖掘与分析，提升了车间管理的智能化与精益化程度。

浙江省建设投资集团股份有限公司（以下简称"浙建集团"）研发的 H 型钢构件设计—制造一体化与全工序智能生产线及其关键技术可提供多种对外服务方式，包括整条产线设备及其配套管理的软件系统整体出售，或者硬件、软件分别出售（或部分单元设备）；对现有的传统钢构件制造产线进行定制的智能化升级；提供钢构件智能制造系统解决方案咨询服务等。

4 效益分析

该研发成果已获国家发明专利 13 项，实用新型专利 22 项，软件著作权 13 项，发表论文 4 篇，入选 2021 年度住房和城乡建设部智能建造新技术新产品创新服务典型案例，国务院国资委首届国企数字场景，研发成果已示范应用于浙西产业园龙游钢结构基地，并推广应用于杭州国家版本馆、之江文化中心等 72 个工程项目，提高了生产效率和产品质量，降低了材料损耗，取得了显著的经济效益和社会效益。

在经济效益方面，H 型钢智能生产线主要在以下六个方面得到改进提升：

（1）缩短产品制造周期：提高制造的快速响应能力，实现高动态性，高生产，高质量和低成本的产品数字化制造。

（2）提高生产效率：通过对设备智能化提升，设备数据的采集应用，管理组织的智能化、科学化，大幅提高生产效率。相较于传统生产模式，生产效率将至少提升 2～3 倍。

（3）降低材料损耗：现有工程经验分析，构件的损耗率基本在 4%～5%，普遍偏大，存在板件排板不合理，工人随意切割；采用气割形式进行下料，对材料损耗较大。智能化生产线从前端进行材料排板，采用等离子切割工艺，可以节约 1%～2% 的钢材。

（4）降低能源消耗：自动化产线和生产设备以及先进的生产组织，不仅能降低能源的消耗量，提高产品的合格率，同时减少因返工修补而产生的能源消耗。

（5）降低运营成本：智能线先进的生产方式，充分利用自动化加工工艺，产线工人减少，降低人工成本、机械成本及能源成本等；提高构件质量，减少返工及构件报废的成本。

（6）降低产品不良品率：先进的数字化生产方式，大大降低产品的不良品率。普通加工生产工厂生产的不良产品，特别是焊缝这块，一次成型的产品不良品率约为 10%（即产品合格率达到 90%），经修复后产品不良品率降低到 2%（即产品合格率达到 98%），采用智能化生产线后，一次成型产品不良品率约 2%（即产品合格率达到 98%），经过修复成型产品不良品率约 1.5%（即产品合格率达到 98.5%），相较于传统生产方式，可以看出不良品率将有 80% 以上的降低。

在社会效益方面，H 型钢生产线通过改造传统的钢结构加工制造业生产方式，提升整个钢结构行业的生产效率，同时减少对人工成本的投入，减少钢结构行业的职业病发生概率。为龙游县的人才培养集聚、技术研发攻关、专业整合集成了重要创新平台，对提升区域竞争力具有积极意义。浙建集团围绕现代建筑科技前沿领域，布局钢结构智能加工领域技术高地，将引领浙江省建筑业（钢结构）走出一条创新发展道路，从而加快实现我省建筑业转型升级。

5 应用案例

2020 年 9 月 28 日浙建集团自主研发的 H 型钢构件设计—制造一体化与全工序智能生产线在浙西产业园龙游钢结构生产基地全线贯通。浙江建工绿智钢结构有限公司成为 H 型钢生产线的首个服务单位，产品应用于多个在建工程项目（图 4）。

以龙游县公共文化服务中心项目为例，该项目位于龙游县城东中央生态廊道中段，总用地面积约 14.04 公顷。整个项目拟建 7 个单体以及相应的室外配套工程和地下管廊，总建筑面积 230201.89m²，其中地上总建筑面积 135011.39m²，地下总建筑面积约 95190.50m²。项目钢结构主要为十字柱、箱形柱和 H 型钢梁，材质基本为 Q355B，总用钢量约 7500t。

5.1 加工数据智能处理阶段

浙江建工绿智钢结构有限公司的 H 型钢生产线生产人员根据 H 型钢构件的订单要求，通过建筑钢结构设计—制造数据处理系统，形成钢构件排产数据流，数据在钢结构制造智能管理平台中进行统一管理。通过边缘计算服务器将加工数据精准下发至 H 型钢生产线各设备，生产人员只需根据设备

图 4　H 型钢构件生产线环境

上的加工数据操作设备就可完成相应加工任务，检查并保证所生产构件满足钢结构规范要求。

5.2　H 型钢生产加工阶段

在生产过程中，钢板通过整条 H 型钢生产线的"清割岛"（图 6）和"组焊校"（图 7）两大系统，实现从钢板到 H 型钢的连续自动化加工。

（1）"清割岛"系统加工阶段：H 型钢生产线生产人员将钢板吊至表面处理单元后，操控"清割岛"设备将钢板加工成后续所需的条板。表面处理单元排除钢板表面浮锈灰尘对加工的不利影响，钢板上料时自动定位，钢刷辊自适应不同厚度的钢板进行加工；切割单元设计的三工位调度上下料系统，合理安排切割工位与前后工位的钢板高效流转，切割时通过激光自动寻边技术，参照钢板边线确定切割路径，自适应定位切割头，多枪联动调整切割间距，数字化控制火焰等离子切割灵活调用，批量切割直条以及异形构件；桁架搬运单元采用的龙门结构承载稳定，导轨滑块运行精确，液压耐高温电磁式抓手耐用可靠，柔性自动调节长度，根据调度控制灵活搬运条板缓存或进入下一个加工工位（图 5）。

图 5　"清割岛"系统各单元设备

（2）"组焊校"系统加工阶段：作为 H 型钢生产线生成 H 型钢的主要工序，其进料单元自动搬运条板进行二次缓存，同时有序搬运条板上料用于组立加工；组立单元通过条板自动定位和伺服夹紧固定完成 H 型钢的组立，灵活高效适应不同构件截面，激光自动焊缝寻位跟踪，辅助机器人完成点焊。埋弧焊单元采用双缝同步焊接，自适应不同构件截面，焊接机头自动定位，精密垂直双排滚轮仿形跟踪，双弧双丝焊接高效可靠；翻转单元辊道正反方向灵活传输，协同埋弧焊单元和校正单元构件变位，适应不同构件长度对中定位；通过校正单元对构件正反向反复校正；锯切单元通过构件自动对中机构和伺服定位液压系统固定构件，锯切长度激光测距精准定位。通过各单元的整体协调完成 H 型钢的生产，经质检合格后进入后续二次加工工序（图 6）。

图 6 "组焊校"系统各单元设备

5.3 全生产过程数据实时馈控

在生产过程中，以钢结构制造智能管理平台为中心进行数据管理，同时依托边缘计算技术开发的数据处理与监视控制系统，实现 H 型钢生产线设备数据采集、动态管理和大屏数据展示。打通了车间数据，优化资源配置和生产过程，实现车间执行、控制过程的科学管理。

经检测，该智能生产线所加工的钢构件全部符合质量要求。

6 结语展望

针对传统的钢构件生产存在以下典型问题：加工效率和自动化程度低，焊接质量不稳定、焊接效率低，专业工人短缺、人工成本高，设计—制造数据链未打通、设计模型未用于生产制造等问题，建筑钢构件设计—制造数据处理系统打通了建筑钢构件设计—制造数据链，实现人工减少、产品质量提高、加工效率提高。该智能生产线可实现从钢板到钢构件的连续自动化加工，具有装备自动化、工艺数字化、生产柔性化、过程可视化和信息集成化的特点。

同时，研发过程中形成的钢构件智能装配焊接加工系统可作为独立的产品体系向外进行推广应用，可提高加工环节的自动化和智能化水平，减少人工参与，甚至是无人化加工，提高产品的质量、提高生产效率，显著改善钢结构加工的工作环境，降低工伤事故的发生概率。

针对不同规模的钢结构生产企业，可制定适合其自身发展的设备技术更新方案。以生产企业的需求为出发点，从单台设备到产线、从设备到系统平台，逐步更替传统生产设备和生产运行运营模式，实现企业的数字化转型。

H型钢构件设计—制造一体化与全工序智能生产线的技术优势可有效吸引传统钢结构制造企业的关注，激发传统制造企业对其生产线进行改造升级的兴趣，增大创新变革带给传统制造企业的行业竞争淘汰压力，倒逼传统制造企业回归到技术创新驱动发展的良性循环中来，在目前钢结构建筑市场的竞争中取得强大优势。

作者： 丁宏亮[1] 蒋燕芳[2] 金睿[1]（1. 浙江省建设投资集团股份有限公司；2. 浙江建投创新科技有限公司）

第三篇　标　准　和　规　范

习近平总书记指出，中国将积极实施标准化战略，以标准助力创新发展、协调发展、绿色发展、开放发展、共享发展。总书记强调，以高标准助力高技术创新、促进高水平开放、引领高质量发展，这些指示为标准化工作提供了根本遵循。

2021年，中共中央、国务院印发《国家标准化发展纲要》，对推进标准化发展做出了战略部署，也为工程建设标准化工作发展提供了重要机遇。住房和城乡建设部《关于深化工程建设标准化工作改革的意见》中明确了构建以强制性工程建设规范为核心的新型工程建设标准体系的建设方针。截至2023年10月，城建建工行业重点推进的38项强制性工程建设规范已有37项发布实施。本篇在本书2021、2022年版的基础上，新收录了9项强制性工程建设规范、2项行业标准和1项团体标准，以飨读者。

本篇分别对12项标准的编制背景、编制思路、主要内容、亮点与创新点等方面内容进行了介绍。《城市轨道交通工程项目规范》适用于城市轨道交通工程的规划、勘察、可行性研究和预可行性研究、测量勘测、设计、施工、验收和运行维护，规定了城市轨道交通工程控制底线要求。《城乡历史文化保护利用项目规范》纵向涵盖城乡历史文化遗产保护利用和管理维护工作的全过程，确定城乡建设中各类保护对象的强制性保护措施。《建筑环境通用规范》从建筑声环境、建筑光环境、建筑热工、室内空气质量四个维度，明确了控制性指标，以及相应设计、检测与验收的基本要求，实现建筑环境全过程闭合管理。《既有建筑鉴定与加固通用规范》基于我国既有建筑检测、鉴定与加固工程的实践经验，梳理了我国相关法律、法规、规章以及现行标准中的基本要求，提出了既有建筑鉴定与加固领域需要强制执行的基本性能要求和关键技术措施。《既有建筑维护与改造通用规范》规定了既有建筑维护与改造过程中的功能、性能，以及满足功能、性能要求的技术措施，内容包括了既有建筑维护与改造过程中全过程的技术和管理的要求。《消防设施通用规范》规定了建设工程中各类消防设施的设置目标，应具备的基本性能和功能，安装、调试、验收、使用和维护等方面应满足的基本要求，以确保各类消防设施的设计和安装质量。《建筑防火通用规范》从性能要求、技术措施和技术指标等方面对建筑防火提出了通用的技术规定，对预防建筑火灾、减少火灾危害，保障人身和财产安全需要强制的所有建筑防火共性的、通用的专业性关键技术措施作了规定。《建筑与市政工程施工质量控制通用规范》从质量控制体系构建及施工全过程质量控制要求两方面提出了建筑与市政工程施工质量控制的基本要求。《建筑与市政施工现场安全卫生与职业健康通用规范》提出了我国建筑与市政施工现场安全卫生与职业健康管理中需要强制执行的基本性能要求和关键技术措施。《装配式住宅设计选型标准》将标准化理念贯穿于新型建筑工业化项目的设计、生产、施工、装修、运营维护全过程，规范了装配式住宅建筑设计、结构系统、外围护系统、设备管线系统、内装修系统的协调设计方法。《城市信息模型基础平台技术标准》对城市信息模型（CIM）平台的架构和功能、数据、运维、安全保障等内容作出了具体规定。《建筑工程施工质量管理标准化规程》以施工单位质量管理体系为基础，以落实施工现场质量管理责任为主线，实现施工质量行为规范化以及工程实体质量控制的程序化和标准化。

希望本篇能够进一步普及工程建设标准化改革和行业技术创新的最新成果，助力强制性工程建设规范和最新推荐性政府标准的全面推广和正确实施，推动新时期建筑行业转型升级，支撑行业质量发展。

Section 3　Standards and Specifications

President Xi Jinping has pointed out that China will actively implement a standardization strategy to support innovation, coordinated development, green development, open development, and shared development with standards. The General Secretary emphasized that high standards aid high-tech innovation, promote a high level of openness, and lead high-quality development. These instructions provide a fundamental guideline for the work of standardization.

In 2021, the CPC Central Committee and the State Council issued the *"Outline for National Standardization Development"*, making strategic arrangements for the advancement of standardization and providing significant opportunities for the development of standardization work in engineering construction. The Ministry of Housing and Urban-Rural Development's *Opinions on Deepening the Reform of Standardization Work in Engineering Construction* clarified the construction policy of building a new type of engineering construction standard system centered on Mandatory Standards for Engineering Construction (MSEC). As of October 2023, 37 out of the 38 key MSECs promoted in the urban construction industry have been released and implemented. This chapter, based on the 2021 and 2022 editions of this book, newly includes 9 mandatory engineering construction standards, 2 industry standards and 1 group standard for the benefit of our readers.

This section introduces the background, compilation ideas, main content, highlights, and innovation points of 12 standards respectively. *"Project Code for Engineering of Urban Rail Transit"* applies to the planning, survey, feasibility study and pre-feasibility study, measurement survey, design, construction, acceptance, and operation maintenance of urban rail transit engineering projects, specifying the baseline requirements for control of urban rail transit engineering projects. *"Project Code for Urban and Rural Historical and Cultural Conservation & Utilization Engineering"* covers the entire process of the protection, utilization, and management maintenance of urban and rural historical and cultural heritage, establishing mandatory conservation measures for various types of protected objects in urban and rural construction. *"General Code for Building Environment"* defines control indicators for the building acoustic environment, lighting environment, thermal engineering, and indoor air quality, as well as the basic requirements for corresponding design, testing, and acceptance, to achieve closed-loop management of the entire building environment process. *"General Code for Assessment and Rehabilitation of Existing Buildings"* is based on China's practical experience in the detection, assessment, and reinforcement of existing buildings, summarizing the basic requirements in related laws, regulations, rules, and current standards, proposing mandatory basic performance requirements and key technical measures in the field of existing building assessment and reinforcement. *"General Code for Maintenance and Renovation of Existing Buildings"* stipulates the functions and performance during the maintenance and renovation of existing buildings, as well as the technical measures required to meet these functions and performance, covering the entire technical and management requirements during the maintenance and renovation process. *"General Code for Fire Protection Facilities"* sets the basic requirements that must be met for the setting objectives, basic performance, and functions of various fire protection facilities in construction projects, as well as for the installation, commissioning, acceptance, use, and maintenance, to ensure the design and installation quality of various fire protection facilities. *"General Code for Fire Protection of Buildings and Constructions"* provides general technical regulations for building fire protection from aspects of performance requirements, technical measures, and technical indicators, prescribing the mandatory, general, professional key technical measures for all buildings to prevent fires, reduce fire hazards, and ensure the safety of people and property. *"General Code for Construction Quality Control of Buildings and Municipal Engineering"* proposes the basic requirements for quality control of construction and the entire construction process from two aspects: the construction of the quality control system and the requirements for quality control during construction. *"General Code for Safety and Occupational Health on Construction Site of Building and Municipal Engineering "*presents the basic performance requirements and key technical measures that must be enforced in the safety, hygiene, and occupational health management on construction sites in China. *"Standard for Model Selection of Assembled Housing"* integrates the concept of standardization throughout the entire process of design, production, construction, decoration, and operation and maintenance of new industrialized construction projects, standardizing the coordinated design methods of prefabricated residential buildings, structural systems, envelope systems, equipment pipeline systems, and interior decoration systems. *"Technical Standard for Basic Platform of City Information Model"* specifies the architecture and functions, data, operation and maintenance, and security guarantees of the City Information Model (CIM) platform. Based on the quality management system of construction units and the implementation of quality management responsibility on construction site, *"Code for Quality Management Standardization of Construction Engineering"* realizes the standardization of construction quality behavior and the procedural and standardized quality control of engineering entities.

This section aims to further popularize the latest achievements of engineering construction standardization reform and industry technical innovation, assist in the comprehensive promotion and correct implementation of mandatory engineering construction standards and the latest recommended government standards, promote the transformation and upgrading of the construction industry in the new era, and support the quality development of the industry.

强制性工程建设规范《城市轨道交通工程项目规范》

Mandatory Standards for Engineering Construction
Project Code for Engineering of Urban Rail Transit

1 规范背景及编制思路

本规范是根据国家工程建设标准化改革及《住房和城乡建设部关于印发 2016 年工程建设标准规范制订、修订计划的通知》要求，在原计划《城市轨道交通技术规范》GB 50490—2009 修订和国家现行相关工程建设标准基础上研究制定。

制定本规范主要考虑的需求环境为：（1）符合技术法规（强制性标准）内容要求，适用于政府监管；（2）符合、支撑党和国家战略、政策及其落实；（3）与国际接轨、符合国际惯例，提高国际化水平；（4）强制性技术内容全覆盖，补缺项；（5）来自于实践的经验、教训，应对安全风险挑战，提高健康或安全保护水平，避免新的安全风险。同时考虑以下新的需求：（1）按照《标准化法》要求制定强制性标准；（2）新型城镇化战略；（3）区域经济一体化；（4）公共卫生与健康的要求；（5）环境保护、资源节约与循环利用；（6）残疾人权益保证；（7）提高服务质量与水平；（8）标准国际化战略需要。

本规范编制目的是规范城市轨道交通工程规划建设和维护，保障城市轨道交通安全和基本运行效率，做到以人为本、技术成熟、安全适用、经济合理。

本规范编制按照工程建设标准改革的思路，采用法规政策的模式表述，以规定城市轨道交通工程项目的建设目标、规模、布局、功能、性能及关键技术要求为主。

本规范采纳现有标准的全部强制性要求内容，新增需要用标准约束的强制性要求，弥补现行强制性条文的缺陷，并借鉴国外法规安全监管经验，结合我国实际情况，对规范补充完善。

本规范编制基于以下原则：（1）符合国家相关法律法规、政策和改革要求；（2）规范内容体现城市轨道交通工程建设控制底线的强制性；（3）与国际接轨。

本规范适用于城市轨道交通工程的规划、勘察、可行性研究和预可行性研究、测量勘测、设计、施工、验收和运行维护等。

2 规范主要内容

确定本规范主要内容考虑因素为：（1）规定需要由政府监管的内容，或应该监管、能够监管的对象或内容，以及预料出现的新的监管要求；（2）市场机制失效或公共治理制度欠缺，需要由政府出手监管的内容；（3）现行强制性标准或强制性条文存在的漏洞或缺陷，如现有存在指标过低、疏漏、技术内容过于复杂或难以理解、执行力不够、表述不清等问题；（4）鼓励创新或推动经济发展。

本规范按照制定强制性国家标准的要求，规范内容限定在保障人民生命财产安全、人身健康、工程安全、生态环境安全、公众权益和公共利益，以及促进能源资源节约利用、满足社会经济管理等方面，规定城市轨道交通工程建设控制性底线要求。

本规范构建强制性要求的内容框架分三个层次：

（1）目标层——总则。以"规划建设和基础设施运行维护应满足安全、卫生与健康、环境保护、资源节约、公共安全、公共利益和社会管理要求"为目标，是城市轨道交通工程建设标准的顶层设计，指导工程项目建设全过程。

（2）基本层——基本规定、限界。基本规定主要概括规定强制性工程项目底线和政府监管要求，以及工程项目规划、杂散电流防护、环境保护与资源节约、应急设施等要求。限界是城市轨道交通特有的车辆安全、土建工程安全、设备设施安全和关于运行安全的要求。

（3）技术层——城市轨道交通子系统。城市轨道交通系统安全最终落实或实现强制要求的依托或途径，以实现城市轨道交通工程项目的目标，包括车辆、土建工程和机电设备系统的安全要求。

本规范包括总则、基本规定、限界、车辆、土建工程和机电设备系统共6章，覆盖城市轨道交通的地铁系统、轻轨系统、单轨系统、有轨电车、磁浮系统、自动导向轨道系统和市域快速轨道系统全部7种制式。

根据工程建设标准化改革要求，本规范按照城市轨道交通工程项目总量规模、规划布局、功能性能、关键技术措施为主要内容进行表达。

2.1 总量规模

主要包括运量规模、选择制式及编组、控制用地等条文。例如：

2.1.4 城市轨道交通规划和建设应根据承运客流需求选择高运量、大运量、中运量、低运量系统，选择制式和设计编组；应按照效率目标，确定运行速度；应根据出行时间、舒适度和换乘方便性等因素确定服务水平……

2.1.5 ……在设计年限内，设计运能应满足客流预测需求，应留有不小于10％的运能储备。

2.2 规划布局

主要包括工程项目规划布局和建设项目基本布局。例如：

2.1.21 下列区域或场所应划分为轨道交通地下和地上工程安全保护区的范围：出入口、风亭、冷却塔、变电所和无障碍电梯等附属设施结构外边线外侧10m内……地面车站和地面线路、高架车站和高架线路结构、车辆基地用地范围外边线外侧30m内……

2.1.23 城市轨道交通应划定公共安全保护区，并应按照区域和部位设置外界人、物禁入的区域及阻挡、防范设施。

2.2.1 城市轨道交通线网规划应……提出线网规划布局以及线路和设施等用地的规划控制要求。

2.3 功能性能

功能性能是技术法规的主要表达方式。主要包括确保乘客安全基本要求；满足乘客基本需求的要求；环保、文物保护的要求；保证工程项目安全的功能性能等。例如：

2.1.8 一条线路（含支线和贯通运营的线路）、一座换乘车站及其相邻区间，应按同一时间发生一次火灾进行防火设计。

2.1.10 供乘客自行操作的设备，应易于识别，并应设在便于操作的位置；当乘客使用或操作不当时，不应导致危及乘客安全或影响设备正常工作的事件发生。

2.1.14 城市轨道交通工程应采取有效的防震、防淹、防雪、防滑、防风、防雨、防雷等防止自然灾害侵害的措施。变配电所、控制中心应当地100年一遇的暴雨强度确定防内涝能力。

2.1.16 全封闭运行的城市轨道交通车站应设置公共厕所。

4.1.2 车辆最高运行速度不应小于线路设计最高运行速度的1.1倍，并应根据线路运营需求设计车辆耐振、减振、抗冲击能力，减小振动对车辆及环境的有害影响。

2.4 关键技术措施

关键技术措施是技术法规的基本功能。例如：

2.1.24 城市轨道交通工程建设应建立关键节点风险防控体系，编制关键节点清单，执行关键节点风险管控程序，进行关键节点施工前安全条件核查。

2.2.5 城市轨道交通公共安全防范设施应与城市轨道交通工程同步规划、同步设计、同步施工、同步验收、同步投入使用。

  4.1.1 车辆及其内部设施应采用不燃材料或低烟、无卤的阻燃材料。

  5.5.6 结构工程应按照相关部门批准的地质灾害评价结论，采取相应的措施，确保结构安全。

3 国际化程度及水平对比

  本规范借鉴国外特别是美国、欧盟、英国、德国等发达国家城市轨道交通技术法规和标准，内容符合国际惯例、规则，与国际接轨，并具有中国特色。

3.1 符合强制性规则

  发达国家均采用技术（或行政）法规进行城市轨道交通安全监管，如美国《固定导轨系统州安全监管：最终规章》（49 CFR Part 659）、欧盟《铁路安全指令》（2004/49/EC）、英国《铁路和其他轨道交通系统安全条例 2006》（ROGS 2006）、《德国联邦轻轨建设和运营条例》（BOStrab）。本规范采用强制性标准形式体现，为"技术法规"，供城市轨道交通安全监管使用。

3.2 技术内容全覆盖

  对比《美国地表固定线路交通法》（2017）发布的《安全标准纲要》城市轨道交通部分，本规范技术内容包括土建工程和机电设备，覆盖面与其一致。例如美国公共交通协会标准 APTA—RT—SC—S—005—02《线路锁闭测试》，本规范有相应条款"连锁系统必须符合'故障—安全'原则"；又如美国规范《凸轮缘爬脱轨准则和轮/轨面管理和运行维护指南》（Transit Cooperative Research Program（TCRP）Report 71，Track-Related Research，Vol. 5，Flange Climb Derailment Criteria and Wheel/Rail Profile Management and Maintenance Guidelines for Transit Operations），本规范有相应规定"地段及竖曲线与缓和曲线重叠地段应采取防脱轨措施"，等等。

3.3 工程建设过程全覆盖

  美国、欧盟、英国、德国法规和标准只区分"建设"和"运营"。本规范则细分为"规划、勘察、可行性研究和预可行性研究、勘测、设计、施工、验收和运行维护"全过程，操作性更强。

3.4 典型内容与国际先进国家一致

  发达国家城市轨道交通法规和标准通常专门对规划、杂散电流防护、环境保护与资源节约、车辆、限界、安全与保护区、公共安全、应急设施、保护残疾人等发布法规或标准。本规范相应地用章或节进行专门规定。相关的条文内容列举如下：

  美国交通部规范 DOT—FTA—MA—26—5019—03—01《公共交通系统公共安全与应急响应规划指南》（The Public Transportation System Security and Emergency Preparedness Planning Guide）规定设置城市轨道交通安全保护区，本规范有相应规定"下列区域或场所应划分为轨道交通地下和地上工程安全保护区的范围……"。

  美国《轨道线路安全标准》（49 CFR Part 213 Subpart A，Track Safety Standards）规定：支撑轨道所有的材料——（a）将轨道和铁路滚动设备的载荷传递和分配到路基上；（b）在铁路滚动设备施加的动态载荷和钢轨施加的热应力下，横向、纵向和垂直约束轨道。本规范相应规定"钢轮钢轨系统钢轨的断面、轨底坡、硬度应与车轮踏面相匹配，安全性满足列车正常运行要求，并应对运行列车具有足够的支撑刚度和良好的导向作用"。本规范与美国标准的要求是一致的。

  美国《信号和列车控制系统安装、检查和维护规章、标准和监管》（49 CFR Part 236，Rules，Standards and Instructions Governing the Installation，Inspection，Maintenance and Repair of Signal and Train control Systems，Devices and Appliances，Subpart B（7 individual sections）规定，电池系统应与电缆和乘客座椅区绝缘；列车移动和信号采用"连锁"，等等。本规范相应规定"车辆内所有电气设备应有可靠的保护接地措施"；"信号系统应具有行车指挥与列车运行监视、控制和安全防护功能及道岔、信号机、区段连锁功能"。本规范与美国标准的要求是一致的，本规范规定更加明确、具体。

本规范借鉴欧盟能效法规《终端能效和能源服务指令》(Directive 2006/32/EC of the European Parliament and of the Council of 5 April 2006 on energy end-use efficiency and energy services and repealing Council Directive 93/76/EEC)指标,本规范规定了"城市轨道交通系统能源消耗计算基本指标应为车公里能耗［kW·h/(车·km)］和乘客人千米能耗［kW·h/(人·km)］。建设项目能耗计算应选用单位投资能耗指标",等等。

4 规范亮点与创新点

4.1 突出安全底线要求

作为强制性标准,本规范以城市轨道交通工程项目建设和监管的核心——安全为对象,加强、新增、重申和具体化了基本要求和关键技术指标。本规范整体条文组织围绕"安全"展开。从工程安全、设施安全、运行安全、人员健康安全、环境保护安全和公共安全六大方面层层展开。从总则到"一般规定"及"限界",规定了城市轨道交通工程特有的关键安全基本要求;技术层面从车辆、土建工程和机电设备系统三大板块对安全要求做了细化技术规定。

4.2 突出对保障改善民生、保护环境的要求

本规范条文明确提出,城市轨道交通的规划建设和基础设施运行维护应满足安全、卫生与健康、环境保护、资源节约、公共安全、公共利益和社会管理要求。新增了公共安全、公共利益和社会管理要求的规定要求。

4.3 突出内容完整性和可操作性

本规范内容做到安全底线全覆盖,条款规定可操作。

(1)完整性:内容覆盖城市轨道交通工程项目建设全过程,技术内容覆盖规划、限界、土建工程对象,以及车辆和机电设备系统和子系统。

(2)可操作性:全部条款均经反复论证推敲或论辩,均具有较高可操作性和可实施性,既有操作过程的要求,定量或定性的规定,结果也是可检查、可衡量和可判断的。

4.4 探索法规制订规则与方法

为体现本规范作为"标准"的强制性,制定本规范创新性采用了法规制定规则和方法,既是创新性的技术上强制规定,也是制度和规则上的创新,体现出"合规"的强制性,为形成工程建设"技术法规"体系奠定了基础。

4.5 规范内容及要求与国际接轨

本规范遵循国际各国城市轨道交通工程建设监管"通则"——安全监管制定。针对性对比国际国外——美国、欧盟、英国、德国等发达国家城市轨道交通法规、标准,本规范内容总体要求和美欧等国家要求基本是一致的。

5 结语展望

本规范符合中国国情和城市轨道交通工程项目技术特色,继承了中国城市轨道交通飞速发展的成功实践。在内容上与国际技术法规、国际条约和规则、国外标准、国际标准基本一致。本规范的发布和实施,使城市轨道交通工程项目安全法制建设迈上新技术台阶,成为高水平安全建设的基本依据和城市轨道交通工程标准化的纲领性文件。

根据标准化改革政策,本规范的发布实施,现行城市轨道交通相关工程建设国家标准、行业标准中的强制性条文同时废止,按照强制性国家标准的配套要求,城市轨道交通领域的推荐性国家标准、行业标准将面临逐渐完善中,地方标准、团体标准将有广阔的发展空间和创新空间。本规范在实施过程中遇到的实施困难和问题,也将推动本规范不断完善,不断提高城市轨道交通领域标准化水平。

中国已经是世界公认的城市轨道交通大国，要成为城市轨道交通强国，按照国际规则和惯例建立城市轨道交通技术法规体系是基本标志。本规范作为强制性标准，无疑是建立技术法规体系的基础、起点和体系框架。同时，在城市轨道交通工程安全管理体系、风险评估和相关认证的内容及规则等方面，仍然是城市轨道交通法制化和标准化建设的方向，还需要长期不懈地努力。随着本规范的发布实施，以及城市轨道交通领域技术法规和标准体系的不断完善，将有力引领和支撑城市轨道交通领域工程建设可持续发展。

作者： 李凤军　陈燕申（中国城市规划设计研究院）

强制性工程建设规范《城乡历史文化保护利用项目规范》

Mandatory Standards for Engineering Construction "*Project Code for Urban and Rural Historical and Cultural Conservation & Utilization Engineering*"

1 规范背景及编制思路

1.1 制定背景

党的二十大报告提出"加大文物和文化遗产保护力度，加强城乡建设中历史文化保护传承"。2021 年 8 月，中共中央办公厅、国务院办公厅印发《关于在城乡建设中加强历史文化保护传承的意见》（以下简称《意见》），提出建立分类科学、保护有力、管理有效的城乡历史文化保护传承体系，始终把保护放在第一位，要完善制度机制政策、统筹保护利用传承，做到空间全覆盖、要素全囊括，着力解决城乡建设中历史文化遗产屡遭破坏、拆除等突出问题，强化城乡建设与各类历史文化遗产保护工作协同，加强制度、政策、标准的协调对接，确保各时期重要城乡历史文化遗产得到系统性保护，为下一步做好保护传承工作指明了方向、提供了遵循。

1.2 编制思路

本规范把《意见》作为规范制定的重要纲领和依据，以在城乡建设中系统保护、利用、传承城乡历史文化遗产，建立分类科学、保护有力、管理有效的城乡历史文化保护传承体系，延续历史文脉，推动城乡建设高质量发展，增强中华民族文化自信为目标，系统总结十余年来我国城乡历史文化保护的经验、教训，按照相关法律法规要求，结合国际先进经验，明确保护底线要求，确定城乡建设中各类保护对象的强制性保护措施，在现行标准规范的基础上进一步强化刚性管控作用。

1.3 编制原则

（1）明确重点。理顺目前保护体系，结合各类城乡历史文化遗产的特点，明晰不同类型、不同空间层次下城乡历史文化遗产保护和利用的重点要求。

（2）准确定位。研究国外相关法规规范构成要素、术语内涵、各项技术指标和强制性规定，遵循国家相关法律法规、政策文件的要求，对本规范所涉及的全部现行相关标准规范和强制性条文，以及纳入技术规范的必要性、可行性和相应政策法规依据予以明确。

（3）纵向贯穿。纵向涵盖保护利用和管理维护工作的全过程，明确不同环节的规范要求。

1.4 适用范围

本规范适用范围为《中华人民共和国文物保护法》《历史文化名城名镇名村保护条例》等法律法规确定的具有保护价值的城、镇、村、地段、建筑等，主要对象包括历史文化名城、历史文化名镇、历史文化名村、历史文化街区、历史地段、历史建筑等城乡建设领域中涉及的活态遗产。此外，传统村落、不可移动文物、工业遗产、农业文化遗产、灌溉工程遗产、非物质文化遗产、地名文化遗产等其他遗产的保护利用要统筹好与本规范的关系。

2 规范主要内容

2.1 总体构架

按照《住房和城乡建设部关于印发 2019 年工程建设标准规范和标准编制及相关工作计划的通知》

要求，编制组在国家现行相关工程建设标准基础上，认真总结实践经验，参考了国外技术法规、国际标准和国外先进标准，并与国家法规政策相协调，经广泛调查研究和征求意见，编制了本规范。

本规范认真落实习近平总书记关于"历史文化是城市的灵魂，要像爱惜自己的生命一样保护好城市历史文化遗产""在保护中发展、在发展中保护""更多采用微改造这种'绣花'功夫"等重要指示精神，以坚定文化自信为导向，分章对历史文化名城、历史文化名镇名村、历史文化街区、历史地段、历史建筑的保护利用进行规定，各类对象对应的章节分别从环境、格局风貌、建（构）筑物、道路交通设施、市政基础设施等方面提出保护与利用、规划与建设的要求。

2.2 主要技术内容

2.2.1 条文内容

第一部分，总则。明确本规范目的、适用范围、基本原则、公众参与等方面的要求。

第二部分，基本规定。包括保护范围，即历史文化名城、历史文化名镇名村、历史文化街区、历史地段、历史建筑等保护对象的保护范围划定的技术要求和规定；管理维护，即各类保护对象在保护利用过程中建立档案管理、应急力量建设、日常维护、资金投入、修缮技艺传承人培训和评价、宣传教育、保护责任人明确等相关要求。

第三部分，历史文化名城。规定了历史文化名城的城址环境、格局风貌、建（构）筑物、道路交通设施和市政基础设施等方面的保护利用和建设要求。

第四部分，历史文化名镇名村。规定了历史文化名镇名村的环境景观、格局风貌、建（构）筑物、道路交通设施、市政基础设施等方面的保护利用和建设要求。

第五部分，历史文化街区。规定了历史文化街区的街区环境、建（构）筑物、道路交通设施、市政基础设施等方面的保护利用和建设要求

第六部分，历史地段。规定了历史地段的保护重点和设施改善等方面的要求。

第七部分，历史建筑。规定了历史建筑的保护重点和活化利用等方面的要求。

2.2.2 规定重点

（1）环境方面的规定重点。遗产与周边自然环境融为一体是我国城乡历史文化遗产的重要特色。本规范落实相关法律法规要求，分别针对各类城乡历史文化遗产的特征制定了相应的自然环境保护要求。其中，历史文化名城的城址环境，重点提出两方面要求：一是整体保护，新的城市建设不得改变与历史城区相互依存的自然景观和历史环境；二是要求制定切实可行的管控措施保护城址环境的山水人文空间格局。历史文化名镇名村的环境景观，重点提出两方面要求：一是保护山川形胜、地形地貌、河湖水系、田园风光、历史驳岸、古树名木等自然人文景观；二是保护与传统生产生活相关的设施、场所和景观。历史文化街区的环境，重点提出三方面要求：一是保护历史信息的真实性，维护风貌的完整性，维持生活功能的延续性，改善生活条件和街区环境；二是保护古井、围墙、石阶、铺地、水系、驳岸、古树名木等历史环境要素；三是保护和延续传统文化活动。

（2）格局风貌方面的规定重点。本规范分别对历史文化名城、历史文化名镇名村的格局风貌保护方面进行了规定。包括，历史文化名城的格局风貌，重点提出四方面要求：一是整体保护历史城区传统格局、历史风貌和空间尺度，加强城垣轮廓、历史轴线、河湖水系、街巷肌理、重要节点等空间特征的保护和延续；二是严格控制历史城区的建筑高度、体量、风格、色彩；三是保护重要视线通廊，对视廊内的建筑高度进行严格控制；四是保护和延续具有历史意义的空间场所和标志物。历史文化名镇名村的格局风貌，重点提出四方面要求：一是整体保护传统空间格局和历史风貌；二是保护街巷格局和尺度，保持延续传统材料、尺寸和铺装方式；三是保持原有传统风貌建筑形式和高度；四是保持文化空间场所的景观环境和场地特征。

（3）建（构）筑物方面的规定重点。本规范各类城乡历史文化遗产内的建（构）筑物分类制定了保护利用的要求。包括历史建筑，保护风貌、修缮外观、改善内部设施，满足符合保护要求的新功能

或现代生活需要；不协调建（构）筑物进行整治和改造；新建改建的建（构）筑物。高度、体量、色彩、肌理等应保持和延续历史风貌。

（4）道路交通设施方面的规定重点。本规范对各类城乡历史文化遗产范围内的道路交通设施制定了要求。包括历史文化名城的道路交通设施，重点提出四方面要求：一是保持或延续原有的道路格局、传统街巷原有空间尺度和界面；二是优先发展公共交通，完善步行和自行车交通环境，提高公共交通可达性；三是交通组织应以疏导为主，不应新建高架道路、立交桥、货运枢纽等交通设施；四是交通设施的形式应满足历史风貌的管理要求。历史文化名镇名村的道路交通设施，重点提出三方面要求：一是保护和延续传统的道路格局和空间尺度，并利用原有道路街巷组织慢行交通；二是通过性交通干路不应穿越核心保护范围；三是机动车停车场的选址和规模不应破坏历史环境。历史文化街区的道路交通设施，重点提出三方面要求：一是保护传统街巷格局、空间尺度和沿街建筑界面特征；二是不应设置高架道路、立交桥、高架轨道、客货运枢纽、大型停车场、大型广场、加油站等交通设施；三是优先发展步行和自行车交通，完善无障碍设施。

（5）市政基础设施方面的规定重点。本规范各类城乡历史文化遗产内的市政基础设施制定了要求。包括历史文化名城的市政基础设施，重点提出几方面要求：一是积极改善市政基础设施，设施建设应与历史风貌、用地布局及功能、道路交通等统筹协调；二是不应保留环境敏感型设施，不应新设置区域性大型市政基础设施站点；三是因地制宜确定排水体制；四是健全防灾安全体系；五是防洪堤坝工程设施应与自然环境、历史环境协调。历史文化名镇名村的市政基础设施，重点提出几方面要求：一是设施建设应与历史风貌、用地布局及功能、道路交通等统筹协调；二是因地制宜地制定防火安全保障方案；三是保留传统的自然排水方式，新建生活污水系统应因地制宜地解决污水处理问题；四是当市政设施、管线布置与保护要求矛盾时，应在满足保护和安全性能的前提下，采取变通的技术措施。历史文化街区的市政基础设施，重点提出几方面要求：一是市政基础设施改善应保证既有建筑和管线的安全；二是过境市政工程管线不应穿越核心保护范围；三是市政场站选址应避让文物建筑、历史建筑、古树名木等，与历史风貌协调；四是市政工程管线符合历史风貌保护要求；五是在狭窄地段敷设管线，采用新材料、新工艺等满足管线安全运营管理要求；六是设施配置优先利用既有建筑。

3 国际化程度及水平对比

本规范充分研究了国外相关法规规范构成要素、术语内涵、各项技术指标和强制性规定。

3.1 本规范纳入了国际保护的基本理念和准则

通过对国外宪章、标准规范的系统梳理和解读，我们总结出国际保护领域的一些基本的理念共识和主张，并在本次规范编制中进行了落实，主要包括以下几方面：

3.1.1 坚持真实性的保护理念

真实性原则是国际文化遗产保护领域坚持的一项基本原则。真实性的原则最早出现在欧洲文物古迹保护和修复的相关文件中，并在后来得到国际遗产保护领域的广泛认可。《世界遗产公约实施行动指南》中明确规定："列入《世界遗产名录》的文化遗产至少应具有《保护世界文化和自然遗产公约》所说的突出普遍价值中的一项标准以及真实性标准。"文化遗产的真实性一般包括遗产形态的真实性、建筑材料与传统技术的真实性、地域位置与环境的真实性等内容。但是，由于各地文化的复杂性和多样性，因而在各地的保护实践中，对于真实性这一国际保护领域的普遍性理念的本土化理解和运用出现众多的分歧。

本规范编制充分贯彻了真实性的理念，分别在1.0.3基本原则、2.1保护范围划定、5历史文化街区的相关章节中予以体现。

3.1.2 坚持完整性的保护理念

在《威尼斯宪章》中，"完整性"第一次出现于国际文化遗产保护宪章。从《威尼斯宪章》的内容看出，此处的"完整性"是希望通过周边环境的缓冲来确保纪念物的价值。这为完整性内涵的进一步完善提供了可能，并指出了方向。1976年，《内罗毕建议》提到的完整性不仅包括物质环境的安全，还考虑到经济、社会等方面的影响。近年来，文化遗产的"完整性"内涵不断发展。《维也纳备忘录》和《保护历史城市景观宣言》综合考虑当代建筑、城市可持续发展和景观完整性之间的关系，以更好地实现历史环境的复兴与当代发展。《西安宣言》指出文化遗产及其环境包含着大范围、多维复杂的相互关系，包含着相关的方方面面人为与自然的、传统与现代的、有形与无形要素等各方面的因素。这是人类对文化遗产所关联的地域的新认识，扩展了文化遗产的完整性的内涵。

本次规范编制充分贯彻了完整性的理念，分别在1.0.3基本原则、3历史文化名城、4历史文化名镇名村、5历史文化街区、6历史地段的相关章节中予以体现。

3.1.3　强调历史城镇的社会治理与可持续发展

对于历史城镇和历史地区的社会治理和可持续发展是国际保护领域经过长期探索最终形成的一条基本的理念和准则。从《威尼斯宪章》到《华盛顿宪章》，人们对文化遗产的保护与当代城镇发展关系的认识不断深化，从最初强调城镇发展应注重与遗产保护相协调，逐渐深刻认识到遗产是城镇发展的重要资源。《内罗毕建议》提出将历史地区和谐地融入到当代生活中，《华盛顿宪章》则更加明确提出历史城区融入现代生活的具体方法，希望通过对周边地区的景观控制、改善历史地区的基础设施、引导历史街区的适当功能，将历史街区融入到当代生活中，成为城市整体的有机组成部分。《维也纳备忘录》对当代建筑的重视大大超越以往，将历史城镇的未来发展与遗产保护放在同高度上进行统筹考虑。

本次规范编制在管理维护和利用历史文化名城、名镇名村、历史文化街区的设施改等方面，充分贯彻了社会治理与可持续发展的理念。

3.2　本规范借鉴了国外标准规范的主要制定经验

3.2.1　保护标准全流程覆盖

从日本等国外历史文化遗产保护的成熟经验来看，标准规范基本都实现了保护过程中各环节的全覆盖。从流程上涵盖了从调查认定、管理利用到综合防灾的全过程，覆盖面非常广。

本次规范编制除了在保护的规划设计等方面提出规定外，在遗产利用、设施建设、管理维护等方面也提出了相应的要求，基本实现了保护利用的全流程覆盖。

3.2.2　充分衔接已有法律法规和标准规范的内容

日本文化遗产保护已经基本形成以《文化财保护法》《古都保存法》《景观法》《历史风致法》、地方性法规、条例为核心的完整法律体系，所有的标准规范也都是在法律体系的基础上建构起来的，是对遗产保护实施过程中的具体指引。其标准制定也是严格按照法律法规的要求，将具体的保护要求进行传导，指导下一层级规划的编制与实施，整个体系衔接较为顺畅，且执行的约束力较强。

3.3　对比的具体成果

本规范与国际保护的基本理念和准则相一致，体现了坚持真实性、完整性的保护理念，强调历史城镇的社会治理与可持续发展。同时借鉴国外规范的制定经验，实现保护标准流程的全覆盖，并与现有法律法规和标准规范的内容衔接一致。

4　规范亮点与创新点

4.1　明晰了保护利用全过程管控要求

过去涉及城乡历史文化保护利用的相关标准主要是侧重规划环节的通用技术要求。本规范为项目规范，对城乡历史文化的主要保护对象分别从保护范围划定、格局风貌、建筑（构）筑物、道路交通设施、市政基础设施和公共服务设施等在该对象范围内的项目进行全过程、全方位的管控和指引。尤其是对城乡历史文化主要保护对象的利用和人居环境改善等工作提出要求和指引。

4.2 突出自然与人文的整体保护的基本理念

中国的古城选址营建与周边自然山水格局关系密切、相互依存。《条例》指出"历史文化名城不得改变与其相互依存的自然景观和环境"。本规范落实和细化了《条例》的要求,强调历史文化名城名镇名村自然与人文的整体保护理念,将与城、镇、村相互依存的人文环境及其所依存的地形地貌、河湖水系等自然景观环境作为历史文化名城保护的重要目标与内容,要求历史文化名城应保护城址环境的山水人文空间格局,制定切实可行的管控措施。提出历史文化名镇名村应保护山水形胜、地形地貌、河湖水系、田园风光、历史驳岸、古树名木等自然人文景观。

4.3 明确了城乡历史文化遗产管理维护要求

本规范在现行相关标准的基础上,首次通过专门小节明确了城乡历史文化保护利用中的管理维护要求。在保护对象的信息化管理、应急力量建设、日常维护、资金的投入机制、传承人和工匠培训和评价、宣传教育、保护责任人的义务和责任等方面提出了要求。

5 结语展望

本规范的编制与实施,使得城乡历史文化保护利用工作中的底线将更加明确,各类项目的全过程管控要求更加清晰,有助于新时代城乡历史文化保护传承工作的科学、合理、有效开展。

规范中明确了各类保护对象涉及的项目的措施和要求,提出了从整体到地段、建筑、基础设施等方面保护利用要求,提高了保护利用管理的刚性和科学性,对指导保护工作的开展和保护工程的实施具有重要的意义。

规范强调了城乡历史文化遗产的保护与利用有机结合,有助于新时代文化复兴和经济社会全面发展,为各类文化遗产充分发挥良好的经济效益提供了保障。

规范衔接了《历史文化名城名镇名村保护条例》《历史文化名城名镇名村街区保护规划编制审批办法》《历史文化名城名镇名村保护规划编制要求(试行)》,强化了原有强制性内容和刚性管控的力度,其实施将有效促进城乡历史文化遗产的各类项目建设行为的管控力度。

作者: 王军 许龙 (中国城市规划设计研究院)

强制性工程建设规范《建筑环境通用规范》

Mandatory Standards for Engineering Construction
"General Code for Building Environment"

1 编制背景

2016 年住房和城乡建设部印发了《关于深化工程建设标准化工作改革的意见》，提出改革强制性标准，加快制定全文强制工程建设规范，逐步用全文强制工程建设规范取代现行标准中分散的强制性条文。明确"加大标准供给侧改革，完善标准体制机制，建立新型标准体系"的工作思路，确定"标准体制适应经济社会发展需要，标准管理制度完善、运行高效，标准体系协调统一、支撑有力"的改革目标。

依据《住房和城乡建设部关于印发 2017 年工程建设标准规范制修订及相关工作计划的通知》、《住房和城乡建设部关于印发 2019 年工程建设标准规范和标准编制及相关工作计划的通知》的要求，编制组开展了《建筑环境通用规范》GB 55016—2021（以下简称《环境规范》）研编和编制各项工作，从建筑声环境、建筑光环境、建筑热工、室内空气质量四个维度，明确了控制性指标，以及相应设计、检测与验收的基本要求，实现建筑环境全过程闭合管理。

编制组开展了对现行建筑环境领域相关标准规范强制性条文、非强制性条文梳理和甄别，国内相关法律法规、政策文件研究，国外相关法规和标准等专题研究，同时对建筑声环境、建筑光环境、建筑热工和室内空气质量方面技术指标和控制限值提升进行了研究，有力支撑了标准编制工作。

2 技术内容

2.1 框架结构

《环境规范》作为通用技术类规范，以提高人居环境水平，满足人体健康所需声光热环境和室内空气质量要求为总体目标，由多项工程项目类规范中出现的重复的强制性技术要求构成。

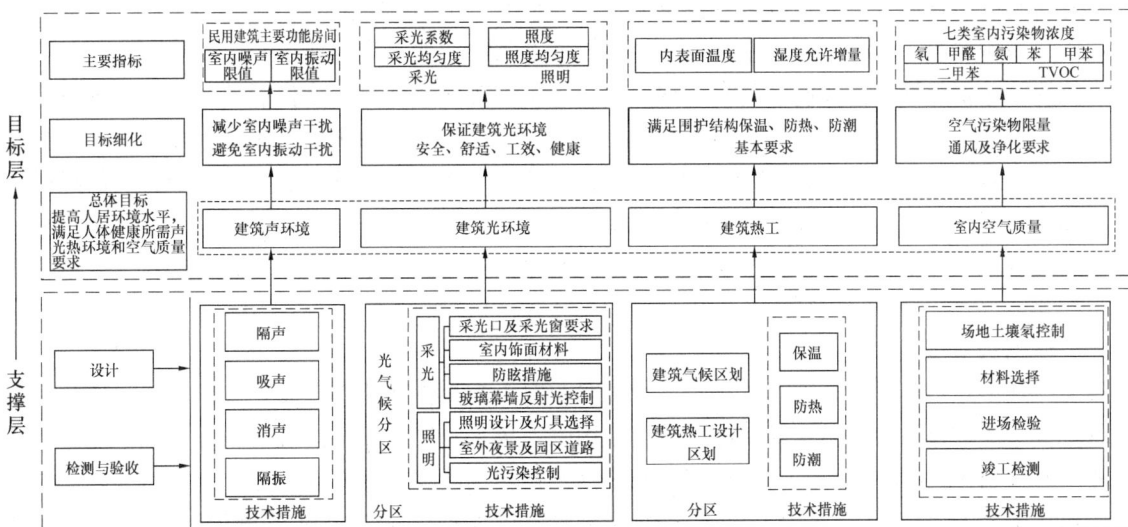

图 1 《环境规范》框架结构图

《环境规范》框架结构见图1，分为目标层和支撑层。

（1）目标层包括总目标、分项目标和主要技术指标。主要技术指标有：

声环境：民用建筑主要功能房间室内噪声、振动限值等；

光环境：采光技术指标（采光系数、采光均匀度等），照明技术指标（照度、照度均匀度等）等；

建筑热工：内表面温度、湿度允许增量等；

室内空气质量：7类室内污染物浓度（氡、甲醛、氨、苯、甲苯、二甲苯、TVOC）等。

（2）支撑层主要分设计、检测与验收两大环节，提出各专业应采取的技术措施，保证性能目标的实现。

2.2 性能要求

响应国家高质量发展、绿色发展需求，《环境规范》从各专业特点出发，结合我国当前发展水平，在不低于现行标准规范基础上，对各专业性能提出了高质量要求。

（1）建筑声环境包括主要功能房间噪声限值和主要功能房间振动限值；

（2）建筑光环境包括采光技术指标（采光系数、采光均匀度、反射比、颜色透射指数、日照时数、幕墙反射光等），照明技术指标（照度、照度均匀度、统一眩光值、颜色质量、光生物安全、频闪、紫外线相对含量、光污染限值等）；

（3）建筑热工包括热工性能（保温、隔热、防潮性能），温差（围护结构内表面温度与室内空气温度等），温度（热桥内表面等），湿度（保温材料的湿度允许增量等）；

（4）室内空气质量包括民用建筑室内7类污染物浓度（氡、甲醛、氨、苯、甲苯、二甲苯、TVOC）限值，场地土壤氡浓度限量，无机非金属建筑主体材料、装饰装修材料的放射性限量。

2.3 技术措施

为保证建筑工程能够达到各项环境指标的要求，《环境规范》规定了建筑环境设计、检测与验收的通用技术要求。

（1）设计

建筑声环境包括隔声设计（噪声敏感房间、有噪声源房间隔声设计要求、管线穿过有隔声要求的墙或楼板密封隔声要求），吸声设计（应根据不同建筑的类型与用途，采取相应的技术措施控制混响时间、降低噪声、提高语言清晰度和消除音质缺陷），消声设计（通风、空调系统），隔振设计（噪声敏感建筑或设有对噪声与振动敏感用房的建筑物的隔振设计要求）。

建筑光环境包括光环境设计计算，采光设计（应以采光系数为评价指标，采光等级、光气候分区、采光均匀度、日照、反射光控制等设计要求），照明设计（室内照明设置、灯具选择、眩光控制、光源特性、备用照明、安全照明、室外夜景照明、园区道路照明等设计要求）。

建筑热工包括分气候区控制（严寒、寒冷地区建筑设计必须满足冬季保温要求，夏热冬暖、夏热冬冷地区建筑设计必须满足隔热要求），保温设计（非透光外围护结构内表面温度与室内空气温度差值限值），防热设计（外墙和屋面内表面最高温度），防潮设计（热桥部位表面结露验算、保温材料重量湿度允许增量、防止雨水和冰雪融化水侵入室内）。

室内空气质量包括场地土壤氡浓度控制（建筑选址），有害物质释放量（建筑主体、节能工程材料、装饰装修材料），通风和净化。

（2）检测与验收

建筑声环境包括声学工程施工过程中、竣工验收时，应根据建筑类型及声学功能要求进行竣工声学检测，竣工声学检测应包括主要功能房间的室内噪声级、隔声性能及混响时间等指标。

建筑光环境包括竣工验收时，应根据建筑类型及使用功能要求对采光、照明进行检测，采光测量项目应包括采光系数和采光均匀度，照明测量应对室内照明、室外公共区域照明、应急照明进行检测。

建筑热工包括冬季建筑非透光围护结构内表面温度的检验应在供暖系统正常运行后进行，检测持续时间不应少于 72h，监测数据应逐时记录，夏季建筑非透光围护结构内表面温度应取内表面所有测点相应时刻检测结果的平均值，围护结构中保温材料重量湿度检测时，样品应从经过一个供暖期后建筑围护结构中取出制作，含水率检测应根据材料特点按不同产品标准规定的检测方法进行检测。

室内空气质量包括进厂检验（无机非金属材料、人造木板及其制品、涂料、处理剂、胶粘剂等），竣工验收（室内空气污染物检测；幼儿园、学校教室、学生宿舍、老年人照料房屋设施室内装饰装修验收时，室内空气中氡、甲醛、氨、苯、甲苯、二甲苯、TVOC 的抽检量不得少于房间总数的 50%，且不得少于 20 间；当房间总数不大于 20 间时，应全数检测）。

2.4　主要指标与国外技术法规和标准比对

建筑声环境方面，《环境规范》规定睡眠类房间夜间建筑物外部噪声源传播至睡眠类房间室内的噪声限值为 30dB（A），建筑物内部建筑设备传播至睡眠类房间室内的噪声限值为 33dB（A），与日本、美国、英国标准一致，在数值上略低于世界卫生组织（WHO）推荐的不大于 30dB（A）限值。但是，WHO 和《环境规范》采用的测试条件不同，WHO 指标是指整个昼间（16h）或整个夜间（8h）时段的等效声级值，《环境规范》指标是选择较不利的时段进行测量的值，因此《环境规范》指标测量值低于 WHO 测量值。此外，WHO 指标值是在室外环境噪声水平满足 WHO 指南推荐值（卧室外墙外 1m 处夜间等效声级不超过 45dB）的前提下推荐的，《环境规范》的相关限值指标并没有对室外环境噪声值的限制，从这个角度上来说，本规范规定的夜间低限标准限值和 WHO 的推荐值处在同等水平。

建筑光环境方面，采光等级是根据光气候区划提出相应采光要求，国外采光规范没有相关光气候区划，因此内容更具有针对性；灯具光生物安全指标高于国际电工委员会（IEC）灯具安全标准的要求，且《环境规范》具体规定了适用于不同场所的光生物安全要求；《环境规范》率先给出了频闪指标的定量指标，并规定了儿童及青少年长时间学习或活动的场所选用灯具的频闪效应可视度（SVM）不应大于 1.0，而欧盟《光与照明—工作场所照明　第 1 部分　室内工作场所》EN 12464—1（2019 版）仅给出了该评价指标，暂无具体数值要求；光污染指标与国际照明委员会（CIE）光污染指标要求水平相当。

建筑热工方面，建筑热工设计区划与美国、英国、德国、澳大利亚等国家规范的建筑气候区划一致，《环境规范》增加了针对建筑设计的气候区划规定。在保温设计方面，美国、德国等国家是对热阻（或传热系数）进行限定，《环境规范》则对围护结构的内表面温度提出要求，直接与人体热舒适挂钩。在隔热设计方面，欧美发达国家重点关注空调房间的隔热性能，《环境规范》则针对国内自然通风房间和空调房间并存的实际情况，对自然通风房间和空调房间分别提出不同的外墙和屋面内表面最高温度限值。

室内空气质量方面，我国室内氡浓度限值标准要求 150Bq/m³ 低于 WHO 标准的 100Bq/m³，主要是因为《环境规范》检测要求与 WHO 不同，我国规定自然通风房屋的氡检测需对外门窗封闭 24h 后进行，而 WHO 检测没有限定对外门窗封闭等要求；I 类民用建筑工程甲醛限量值标准 0.07mg/m³ 要求略高于 WHO 标准的 0.10mg/m³，因为 WHO 限值包含活动家具产生的甲醛污染，根据《中国室内环境概况调查与研究》，活动家具对室内甲醛污染的贡献率统计值约为 30%，所以《环境规范》甲醛限值水平与 WHO 标准相当。其他室内污染物指标国外没有明确规定。

3　特点和亮点

3.1　特点

多学科集成。建筑声、光、热及空气质量各章节内容相对独立，且要求、体量不同；《环境规范》作为建筑环境通用要求与其他项目规范、通用规范内容交叉多。

衔接和落实相关管理规定。建筑声环境、室内空气质量与环保、卫生部门相关联，建筑光环境与城市照明管理相关联，需要与国家现行管理规定做好衔接和落实。

大口径通用性环境要求。在规定建筑室内环境指标同时兼顾室外环境，规范的内容不适用于生产工艺用房的建筑热工、防爆防火、通风除尘要求。

全过程闭合。尽量做到性能要求与技术措施、检测、验收的对应，可实施、可检查。

3.2 亮点

以功能需求为目标，提出了按睡眠、日常生活等分类的通用性室内声环境指标；强调了天然光和人工照明的复合影响，优化了光环境设计流程；关注儿童、青少年视觉健康，根据视觉特性，其长时间活动场所采用光源的光生物安全要求严于成年人活动场所；将建筑气候区划和建筑热工设计区划作为强制性条文，以强调气候区划对建筑设计的适应性，明确了建筑热工设计计算及性能检测基本要求，保证设计质量；明确了室内空气污染物控制措施实施顺序，除控制选址、建筑主体和装修材料，必须与通风措施相结合的强制性要求，并提出竣工验收环节的控制要求。

4 结束语

《环境规范》涉及社会公众生活和身体健康，是建筑环境设计及验收的底线控制要求，也是建筑节能设计，以及绿色建筑设计的主要基础。《环境规范》的编制和发布，将有助于推动相关行业的技术进步和发展；有助于创造优良的人居环境，提升人们的居住、生活质量，为进一步改善民生、保障人民群众的身体健康做出贡献。

作者：邹瑜[1,2]　徐伟[1,2]　王东旭[1,2]　林杰[1,2]　赵建平[1,2]　董宏[1,2]　王喜元[3]　曹阳[1,2]（1. 中国建筑科学研究院有限公司建筑环境与能源研究院；2. 建科环能科技有限公司；3. 河南省建筑科学研究院有限公司）

强制性工程建设规范《既有建筑鉴定与加固通用规范》

Mandatory Standards for Engineering Construction "*General Code for Assessment and Rehabilitation of Existing Buildings*"

1 编制背景

我国既有建筑量大面广、结构类型不一，保障其质量、安全，防止并减少既有建筑鉴定、加固、改造和更新活动中的工程事故，既至关重要又十分迫切。目前既有建筑鉴定与加固领域的国家和行业标准中，强制性条文约 170 条，分布在数十项国家标准和行业标准中，缺乏系统性，不利于标准实施和监督以及标准国际化。为构建新型强制性标准体系，促进既有建筑鉴定与加固领域高质量发展，根据国务院《深化标准化工作改革方案》、住房和城乡建设部《关于深化工程建设标准化工作改革意见》，按照住房和城乡建设部的相关要求，由四川省建筑科学研究院有限公司会同有关单位进行强制性工程建设规范《既有建筑鉴定与加固通用规范》（以下简称《规范》）的编制工作。《规范》于 2021 年 9 月 8 日发布，2022 年 4 月 1 日实施。

作为通用技术类规范，《规范》总结了我国既有建筑检测、鉴定与加固领域的工程实践经验，梳理了我国相关法律、法规、规章以及现行标准中的基本要求，对标了欧盟以及国外发达国家建筑技术法规与重点标准，研究并提出了该领域需要强制执行的基本性能要求和关键技术措施，以保障既有建筑质量和安全，保证人民群众人身安全和生命财产安全，减少既有建筑加固改造中的工程事故，满足管理的基本需要。

《规范》作为通用技术类规范，针对既有建筑的特点，兼顾主要结构形式，融合国际上通用的基本原则（如基于优秀历史性能评价的原则、最小干预原则等），以检测、鉴定、加固材料、加固设计、加固施工与质量检验等通用技术要求为主要内容，并由多项鉴定与加固类技术规范中出现的强制性技术要求构成。具体编制思路与编制要点如下：

（1）借鉴国际以及国外发达国家建筑技术法规、强制性技术标准的构成要素、术语内涵、技术指标、表现形式、实施方法等。

（2）研究分析我国相关法律法规、规章、规范性文件等对既有建筑鉴定与加固领域安全、环保、节能等方面的要求。

（3）研究确定现行工程建设标准中可以直接纳入或者修改后纳入《规范》的技术条款以及需要补充完善的技术内容，确保《规范》的逻辑性、系统性、完整性。

（4）理清《规范》与现行技术标准以及其他强制性工程建设规范的依存关系，做到协调统一。

2 规范主要内容

《规范》适用于已建成可以验收的和已投入使用的建筑，涵盖检测、鉴定与加固三部分主要内容，共计六章，主要解决何时进行鉴定与加固、鉴定与加固工作程序、如何进行检测鉴定与加固等问题。其中，鉴定分为在永久荷载与可变荷载作用下承载能力的安全性鉴定和在地震作用下的抗震鉴定；加固分为地基基础加固与上部结构加固；上部结构加固分为整体加固和构件加固，并按结构形式分别作出规定。具体内容介绍如下：

2.1 总则与基本规定

总则一章系统地阐述了《规范》制定的目的、适用范围、使用规则及执行《规范》的要求。基本规定一章则规定了安全性检查、鉴定和加固、加固材料、设计、施工与验收等基本要求。

2.2　调查、检测与监测

（1）一般规定。规定了既有建筑调查、检测与监测的通用要求。（2）场地和地基基础。规定了对场地、地基基础进行调查、检测与监测的通用要求。（3）主体结构。规定了对主体结构进行调查、检测与监测的通用要求，以及不同结构形式对应的重点检查部位及内容。

2.3　既有建筑安全性鉴定

（1）一般规定。规定了安全性鉴定三个层次、四个安全性等级的划分标准及相应处理要求。（2）构件层次安全性鉴定。规定了安全性鉴定的第一层次，即混凝土结构、砌体结构、钢结构、木结构构件按承载能力、构造与连接、不适于继续承载的变形和损伤四个鉴定项目分别进行安全性评定的要求。（3）子系统层次安全性鉴定。规定了安全性鉴定的第二层次，即按场地与地基基础、主体结构两个子系统分别进行安全性评定的要求。（4）鉴定系统层次安全性鉴定。规定了安全性鉴定的第三层次，即鉴定系统安全性鉴定评级的要求。

2.4　既有建筑抗震鉴定

（1）一般规定。规定了抗震鉴定应首先确定抗震设防烈度、抗震设防类别以及后续工作年限的要求，选择后续工作年限的基本要求，A、B、C三类建筑划分依据以及这三类建筑抗震鉴定的基本要求。（2）场地与地基基础。规定了建造于危险地段、不利地段、液化侧向扩展场地的既有建筑，以及地基基础存在软弱土、饱和砂土或饱和粉土的既有建筑抗震鉴定的基本要求。（3）主体结构抗震能力验算。规定了地震影响系数的确定依据，以及A类和B类建筑采用现行规范规定的方法和简化方法进行抗震能力验算时的基本要求。（4）主体结构抗震措施鉴定。规定了主体结构抗震措施鉴定时主要构造要求及核查的重点和薄弱环节的确定依据；在建筑所处场地、地基基础有利和不利因素下的调整要求；主体结构抗震措施鉴定的注意事项和检查与评定内容。

2.5　既有建筑加固

（1）一般规定。规定了加固设计的依据、需明确的基本内容、设计计算要求、需注意的事项等。（2）材料。规定了结构加固用混凝土、钢构件和钢筋、植筋和锚栓、纤维、结构胶粘剂、防护层的性能要求。（3）地基基础加固。规定了地基基础加固设计的基本要求，需要设置现场监测以及沉降观测的情况。（4）主体结构整体加固。规定了结构整体加固方案的确定原则，以及结构加固后承载能力和抗震能力验算要求。（5）混凝土构件加固。规定了采用增大截面法、置换混凝土法、外包型钢法、粘贴钢板法、粘贴纤维复合材法加固混凝土构件的设计要求和构造要求。（6）钢构件加固。规定了采用增大截面法、粘贴钢板法、外包钢筋混凝土法、钢管构件内填混凝土加固法加固钢构件的设计要求和构造要求。（7）砌体构件加固。规定了采用钢筋混凝土面层法、钢筋网水泥砂浆面层法加固砌体构件的设计要求和构造要求。（8）木构件加固。规定了木材置换法、粘贴纤维复合材法、型钢置换加固法加固木构架的设计要求和构造要求。（9）结构锚固技术。规定了采用植筋技术和锚栓技术进行锚固的设计要求和构造要求。

性能要求上，《规范》规定了既有建筑结构应满足的安全性、耐久性及抗震性能要求。

技术内容上，为满足既有建筑鉴定与加固工作的需要，对既有建筑现场调查与检测进行了底线性规定；将既有建筑鉴定分为安全性鉴定和抗震鉴定分别进行规定，确保既有建筑在永久荷载与可变荷载作用以及以地震作用下的安全；通过对加固材料的性能指标进行规定，确保结构加固材料的安全性和耐久性；对地基基础和上部结构的加固分别进行技术规定，将上部结构根据工程实际需要分为整体加固与构件加固，对混凝土结构、钢结构、砌体结构和木结构的加固设计、施工进行规定，以达到设计工作年限内安全、耐久的目的。

3　国际化程度及水平对比

以英国和美国的法规、规范与标准为重点，研究了英国标准、美国标准、国际标准中与既有建筑评估（鉴定）、修复、加固等方面的技术内容，并就国外相关法规、规范与标准的章节设置、术语内涵、技术指标情况与我国相关标准规范条文内容进行了对比。

经对标国外相关法规、规范表明，对于既有建筑的鉴定与加固，国内外始终围绕既有建筑的突出特点，聚焦两类不确定性：固有不确定性和认知不确定性，综合原建造规范和现行规范，遵循两大原则：重视历史性能与最小干预原则，对相关条文和指标进行设置。主要的对比、借鉴及引用情况如下：

（1）内容架构和要素构成：美国规范《既有混凝土结构评估、修复与加固改造规范》ACI 562 与《国际既有建筑规范》结合使用时的规则、荷载、荷载组合及强度折减因子、评估与分析、结构修复设计、耐久性设计、施工、质量保证方面做了规定，旨在为既有混凝土结构的鉴定、修复和加固改造提供技术支撑。英国规范《结构抗震设计规范第三分册：建筑物评估与加固改造》BS EN 1998—3，从性能要求和合格标准、结构评估资料、评估、结构性干预决策、结构性干预设计方面做了规定，旨在为现有单栋建筑房屋的抗震性能进行评估，并为加固改造措施提供设计标准。同时，对标国外标准规范术语内涵，将《规范》中"加固"的内涵进行完善和拓展，包含结构修复、承载力加固、抗震加固、因改造导致的结构构件加固。

《规范》从调查、检测与监测、安全性鉴定、抗震鉴定、加固（含材料、设计、施工、验收）全过程出发，覆盖了主要的结构类型，相比于国外规范系统性更强、执行更方便。

（2）需进行鉴定的情况：借鉴国际标准《结构设计基础—既有结构评估》ISO 13822 第 1 章与我国现行国家标准《民用建筑可靠性鉴定标准》GB 50292 和《工业建筑可靠性鉴定标准》GB 50144 中对于需要进行鉴定的情况，《规范》参照国外标准并考虑我国市场经济发展情况，增加了第 2.0.2 条第 7 款，在应管理部门、保险公司、银行、业主的要求进行质量评价时需进行鉴定的规定。

（3）安全性鉴定与抗震鉴定：结合我国现行标准体系，参照国际标准、英国标准、美国标准及日本相关标准对安全性鉴定和抗震鉴定的规定，并考虑到以上两种类型鉴定针对的承重体系不同，《规范》将以上两种鉴定类型分章节编写。

（4）安全性鉴定的关键要素：《规范》第 4.2.1 条规定了承重构件的安全性鉴定，应按承载能力、构造与连接、不适于继续承载的变形和损伤四个鉴定项目分别评定。该条是在《建筑结构可靠度设计统一标准》GB 50068 定义的承载能力极限状态基础上，对标英国规范《结构抗震设计规范第三分册：建筑物评估与加固改造》BS EN 1998—3、美国规范《既有混凝土结构评估、修复与加固改造规范》ACI 562 与国际标准《结构设计基础—既有结构评估》ISO 13822 等标准中的相关要求作出规定。

（5）原建造标准与现行标准：《规范》规定了在鉴定原结构构件在剩余设计工作年限内的安全性以及以结构加固、改变用途或延长工作年限为目的时，既有建筑承重结构、构件的承载能力验算要求。与美国规范《既有混凝土结构评估、修复与加固改造规范》ACI 562 的相关规定相比更稳健，体现了高质量发展的要求。

（6）加固方法、加固材料等：对标美国规范《既有混凝土结构评估、修复与加固改造规范》ACI 562，对混凝土结构构件钢筋网聚合物改性砂浆加固法作出规定；对标国际标准、欧洲标准、美国标准中材料强度标准值的检验规定，对结构胶粘剂强度标准值的确定要求作出规定；参照美国标准、由国际混凝土联合会修订的混凝土结构模型规范以及编制组的试验资料，对碳纤维复合材加固混凝土结构的构造要求作出规定；参照欧洲技术认证指南《混凝土用金属锚栓》ETAG 001，对混凝土结构加固时采用锚栓技术作出规定。

4　规范亮点与创新点

4.1　覆盖了主要结构与关键链条，助力城市更新

《规范》涉及混凝土、砌体、钢、木结构类型，覆盖检测、鉴定、加固（材料、设计、施工、验

收）全过程，为我国当前既有建筑加固改造与城市更新的顺利实施奠定了坚实的基础，为我国既有建筑鉴定与加固活动提供了控制性底线要求。

4.2 明确了鉴定与加固的内涵，兜住安全底线

《规范》进一步明确了既有建筑鉴定与加固的内涵，将既有建筑鉴定分为在永久荷载和可变荷载作用下的承载能力的安全性鉴定和在地震作用下的抗震鉴定，并指出既有建筑的鉴定应同时进行安全性鉴定和抗震鉴定；将既有建筑加固分为承载能力加固和抗震加固，并要求既有建筑加固应进行承载能力加固和抗震加固，且应以修复建筑物安全使用功能、延长其工作年限为目标，确保了既有建筑在目标使用年限内的安全性能。

4.3 强调了鉴定与加固的程序，避免事故发生

从防止加固改造工程事故的角度出发，《规范》首次明确规定了既有建筑鉴定与加固的工作程序。包括既有建筑鉴定与加固应遵循先检测、鉴定，后加固设计、施工与验收的原则以及不得将鉴定报告直接用于施工等内容。

4.4 细化了安全性鉴定要求、修正了抗震鉴定分类方法，践行绿色发展理念

《规范》首次提出了当鉴定目的不同时，对既有建筑承重结构、构件的承载能力的验算应选用不同的标准依据。当为鉴定原结构、构件在剩余设计工作年限内的安全性时，应按不低于原建造时的荷载规范和设计规范进行验算，如原结构、构件出现过与永久荷载和可变荷载相关的较大变形或损伤，则相关性能指标应按现行规范与标准的规定进行验算；当为结构加固、改变用途或延长工作年限的目的而鉴定原结构、构件的安全性时，应在调查结构上实际作用的荷载及拟新增荷载的基础上，按现行规范与标准的规定进行验算。

《规范》根据后续工作年限的不同，对抗震鉴定要求进行了重新梳理，使得既有建筑的抗震鉴定按后续工作年限进行分类，而不再依赖于建造年代。

《规范》规定了既有建筑抗震鉴定应根据后续工作年限采用相应的鉴定方法，且后续工作年限的选择不应低于剩余设计工作年限，并将抗震鉴定按后续工作年限分为三类：后续工作年限为30年以内（含30年）的建筑，简称A类建筑；后续工作年限为30年以上40年以内（含40年）的建筑，简称B类建筑；后续工作年限为40年以上50年以内（含50年）的建筑，简称C类建筑。

5 结语

当前，我国大量的既有建筑需要通过检测鉴定、加固与改造，才能满足安全使用要求，才有可能满足人民群众对美好生活的向往。《规范》保证了既有建筑鉴定与加固改造的安全底线要求，严格执行本《规范》，将有利于避免既有建筑鉴定与加固改造过程中安全事故的发生，对建设资源节约型和环境友好型社会，以及保存中华民族的建筑历史文化信息具有重要意义。《规范》的实施，也为当前城市体检与城市更新的顺利实施奠定了坚实基础。

作者：王德华　黎红兵　梁爽　刘汉昆　薛伶俐　黄朗（四川省建筑科学研究院有限公司）

强制性工程建设规范《既有建筑维护与改造通用规范》

Mandatory Standards for Engineering Construction *"General Code for Maintenance and Renovation of Existing Building"*

1 编制背景

在工程建设领域，已经发布实施的国家、行业和地方标准已经有 7000 余项，为我国工程建设事业做出了重要贡献。但随着我国经济社会的发展，工程建设标准体系出现了标准缺失、老化滞后，交叉重复矛盾、体系不够合理、标准化协调推进机制不完善等问题。造成这些问题的根本原因是现行标准体系和标准化管理体制是 20 世纪 80 年代确立的，政府与市场的角色错位，市场主体活力未能充分发挥，既阻碍了标准化工作的有效开展，又影响了标准化作用的发挥，必须切实转变政府标准化管理职能，深化标准化工作改革。因此，国务院自 2015 年 3 月起，陆续出台了《深化标准化工作改革方案》、《贯彻实施〈深化标准化工作改革方案〉行动计划（2015—2016 年)》、《强制性标准整合精简工作方案》等文件，明确了标准化改革的目标、任务、职责分工及保障措施等。2016 年 8 月，住房和城乡建设部印发了《关于深化工程建设标准化工作改革的意见》，提出了工程建设标准化改革的总体要求和具体任务。其中明确提出了加快制定全文强制性标准，逐步用全文强制性标准取代现行标准中分散的强制性条文。新制定标准原则上不再设置强制性条文的要求。

《关于深化工程建设标准化工作改革的意见》要求，我国工程建设标准化改革要最终实现政府制定强制性标准、社会团体制定自愿采用性标准的总体目标，到 2020 年，适应标准改革发展的管理制度基本建立，重要的强制性标准发布实施，政府推荐性标准得到有效精简，团体标准具有一定规模。到 2025 年，以强制性标准为核心、推荐性标准和团体标准相配套的标准体系初步建立，标准有效性、先进性、适用性进一步增强，标准国际影响力和贡献力进一步提升。

在此背景下，2014~2016 年住房和城乡建设部分别下达了一系列强制性标准的编制项目和研编工作，2016 年 9 月 8 日，住房和城乡建设部标准定额司下达了《住房和城乡建设部标准定额司关于请抓紧研编和编制工程建设强制性标准的通知》，由上海市房地产科学研究院会同有关单位开展《既有建筑维护与改造通用规范》的研编工作。本规范于 2021 年 9 月 8 日发布，2022 年 4 月 1 日实施。

1.1 编制思路

（1）本规范涵盖既有建筑使用阶段的全过程，建筑类型覆盖居住建筑、公共建筑、工业建筑、优秀历史建筑。研编时，需要加强同其他在编规范的协调工作，同时不断听取房地产司的意见和建议。

（2）本规范的主要目次为总则、基本规定、检查、修缮、改造五个章节。

（3）规范条文主要体现既有建筑维护和改造中的控制性技术指标。

（4）本规范具有独立完整性，主要涉及宏观要求和控制性技术指标，和管理结合较为紧密，同其他规范边界要清，内容不重复、不矛盾。

1.2 编写原则

（1）覆盖维护和改造过程中流程性的内容，如维护、改造程序等。

（2）覆盖维护、改造中涉及人民生命财产安全、人身健康、工程安全、生态环境安全、公众权益和公共利益方面的内容。

（3）覆盖现有规范中涉及维护、改造相关的全部强制性条款。

（4）收录现行规范中尚不是强条、但应该修改完善、提升吸纳为强条的内容。

（5）明确维护、改造的基本目标和控制性技术指标。

1.3 规范定位

本规范属于住房和城乡建设领域国家工程建设规范体系中的工程项目类规范，是保障人民生命财产安全、人身健康、工程安全、生态环境安全、公众权益和公共利益，以及促进能源资源节约利用、满足社会经济管理等方面的控制性底线要求，是政府依法治理、依法履职的技术依据。

本规范主要规定了既有建筑维护与改造过程中的功能、性能，以及满足功能、性能要求的技术措施，内容包括了既有建筑维护与改造过程中全过程的技术和管理的要求。

2 规范主要内容

梳理发现国内既有建筑维护与改造现行标准规范共有相关强制性条文 36 条，本次规范编写中收纳 24 条（其余 12 条在规范最终协调中划入其他相应规范中），另外收纳一般条文 28 条，并在此基础上新增部分强制条文，形成全文强制标准条文共计 105 条。

2.1 规定了既有建筑维护的流程

既有建筑维护活动根据实施主体和活动的不同，划分为检查、养护、评定、修缮四个环节。检查和养护是定期对建筑物及其附属设施的检查和保养。建筑物检查以影响使用性指标为检查项目，附属设施（电梯、水电设施、消防）的检查以设施零（部）件的养护周期为检查项目。达到养护期限的设施要及时进行保养。当检查发现建筑物存在影响使用性的项目时，应进行修缮。修缮是对导致建筑物使用功能损害因素的处理，使之恢复原使用功能的活动。修缮应该是一种特殊的施工活动，修缮活动的责任主体包括产权所有人（受托管理人）和专业人员。产权所有人（受托管理人）委托专业人员（专业公司）进行修缮施工。由于修缮项目、类别、工程量不尽相同，因此参考建设工程做法，提出按修缮项目和规模的分类，可分为专项修缮和综合修缮。

养护工程和修缮工程应按照建设过程施工程序进行管理。修缮工程从过程上分为查勘评定、查勘设计、修缮施工、修缮验收四个前后紧密衔接的阶段，其中修缮验收不但要对修缮施工质量验收，也要做到对下一维护周期内维护要求的检查修订。

2.2 规定了既有建筑改造的流程

既有建筑的改造活动，是对建筑使用功能改变与提升、节能环保提升的活动。因此，既有建筑物改造流程的设计可依据建设工程施工管理程序进行，遵守建筑施工管理的相关规定。本规范仅针对改造活动过程中必须严格遵守的，影响既有建筑的规划、勘察、测量、设计、施工、验收、使用维护和拆除等方面的条文予以规定。

改造活动分为检测鉴定、改造设计、改造施工三个环节。改造活动的责任主体为建筑法规定的建设方（产权所有人或受托管理人）、检测方、设计方、施工方以及监理方。改造活动完成后，应对下一维护周期的建筑物的维护提出新的策略方案。

2.3 检查与评定

既有建筑的检查是房屋产权所有人或受托管理人对地基基础、主体结构、建筑装饰装修与防水、建筑构件的检查，通过检查发现建筑及其构件的变形与损伤，对不影响使用安全的损伤及时进行维修；设施设备的日常检查应由物业管理公司或设施设备维护保养单位进行，并应与设施设备的日常保养与个别零件的损坏更换相结合；损伤、损坏比较严重或不能确定原因及其危害性的，应委托专业机构进行检查评估；损伤（损坏）严重危及使用安全与使用功能的，除应立即采取应急措施外，还应立即委托专业机构进行检查及评定。

考虑到既有建筑不同的建筑类型、使用情况和检查目的，将既有建筑检查及评定细分为日常检查、特定检查和评定三类。在总结既有建筑的地基基础、主体结构、建筑装饰装修与防水、建筑构件和配套各类建筑设施设备容易损伤和对使用安全与功能有影响损伤类型的基础上，规定了相应检查内容和重点。

既有建筑的装修与防水、外墙饰面砖、门窗与幕墙等为房屋的建筑部分，虽然不涉及结构安全，但涉及使用安全与公众安全，本规范对这方面的检查与评定给予了充分的重视。

2.4 维护

维护是在对既有建筑进行检查与评定之后，基于检查与评定结果的而采取的行为。本规范维护章节主要对涉及人民生命财产安全、人身健康、工程安全、生态环境安全、公众权益和公共利益方面的内容做出规定。

编制组对几个常见术语，如"保养""养护""维修""检修""修缮"等与"维护"概念进行了辨析。本规范所指的"维护"是指对既有建筑进行检查、评定、修缮，使之恢复原来的使用价值或者延长其使用期限的工程作业。维护的目的，一方面是为了保障建筑的使用功能，另一方面是为了维持建筑的使用年限。本规范所指的既有建筑的维护包括检查和修缮工程两类。

既有建筑各部分由于建筑材料不同，其强度和性能各异，损坏有先后，有一定规律性。在我国现有的社会经济条件和房屋管理现状下，制定刚性较强的维护周期强制性规定，条件还未成熟。应更强调既有建筑的日常检查和及时养护，建立完善的建筑管理和维护制度，加强实施维护的计划性，从而使建筑发挥正常使用功能，延长其使用寿命。因此本规范不做强制性维护周期规定，只对涉及安全问题的养护做强制规定。

2.5 改造

既有建筑的改造中，结构改造一方面服务于建筑功能改造，另一方面应保障建筑的耐久性，因此安全性和耐久性要求是结构改造的目标。建筑进行改、扩建和功能改造时，原结构的体系和受力状态会有不同程度的改变，必须在明确改造后建筑的使用功能和后续使用年限后重新确定抗震设防分类，并采取相应的抗震鉴定方法进行鉴定和设计，本规范对此提出了明确要求；并要求不得随意改变改造后建筑的用途和使用环境。

本规范针对既有建筑结构改造时，新旧基础如何处理的问题提出了明确的要求。在满足地基承载力要求的前提下，重点提出了新设基础变形协调的验算要求，以及施工过程中新基础对原有建筑地基变形影响的分析评价要求，以保证结构改造中地基基础的安全，避免对原结构造成不利影响。

本规范对既有建筑平屋面改坡屋面改造工程提出了明确的要求。要求采用轻质高强材料以避免荷载大幅增加，同时应做好新增结构的强度变形验算，新旧结构构件应可靠连接。对既有非成套住宅采用外扩改造的改造目标、扩建部分结构、新老建筑之间的关系进行了规定。

本规范对既有多层住宅加装电梯改造从技术层面提出加装电梯的改造的安全性底线保障要求，对不同结构类型的既有住宅结构安全性，如承载能力、加固措施作了规定。

3 国际规范对比及借鉴情况

3.1 国外部分先进性法规

（1）英国标准：由英国法规协会制定的《建筑物维护管理指南》BS8210—1986（Guide to Building Maintenance Management）对建筑维护进行了详细规定，例如第 4.2.3 条规定了检测鉴定周期，包括：例行检查：使用者应当对建筑进行持续、规律的观测，鼓励将观察结果进行反馈；一般检查：住户应当在自己的预算许可范围内，在合适的专业人员的指导下，每年对建筑物的主要构件进行观测；详细鉴定：一般的，应当在每 5 年之内对建筑物结构由专业人员进行全面的鉴定。如果因法令或租约要求等法律原因，鉴定的周期还应缩短。当权属关系出现变更时，鉴定周期同样可以缩短。与此同时，该指引对维护管理的责任进行了明确，同时涉及开展维护工作的安全保障以及维护资金的使用策略等方面。

（2）美国标准：美国普遍采用了国际标准理事会（International Code Council，ICC）制定的一系列条例示范文本，其大部分州、县和市都全部或局部经修订采用了该理事会制定的标准示范文本作为本地的地方条例。如《2003 国际财产维护标准》（2003 International Property Maintenance Code）和《2003 年国际既有建筑标准》（2003 International Existing Building Code）对于建筑物应达到的安全状态和既有建筑物的维修、改造和变更作了详细的规定。

3.2 中英规范对比

（1）既有建筑检查与评定方面

英国 BS8210 系列指南定义了所有人 Owner 和委托人 Client 的概念，所有人为房屋的法律权益人，委托人为对房屋的运行和维护负责的个人，可为法律所有人、非法律所有人或法律所有人的代理人。

相比较看来，我国和英国在既有建筑检查类型和检查周期的规定上存在一定差异，英国对检查类型和检查周期的规定较明确，而我国国家层面上的相关规定还不明确，特别是检查周期的规定，但在地方层面，如上海市《房屋修缮工程技术规程》DGTJ08-207—2008 中做了明确的规定。

英国 BS 8210—1986 指南附录 A 中针对不同结构类型建筑给出了详细的检查表，主要从建筑、外部结构两个大方面进行。建筑部分又分为地下部分、结构主要构件、次要构件、建筑表面、服务型设施、管道、电气服务、附属配件等方面；外部结构部分又分为辅助建筑、围墙、路面、地下管道设施、供电设施、附件和运动区域等。

评定内容上，英国《建筑物的维护管理指南》BS 8210—1986（Guide to Building Maintenance Management）、《设施的维护管理指南》BS 8210—2012（Guide to Facilities Maintenance Management）两本规范并没有明确规定评定的情况和项目。

在既有建筑抗震性能评定方面，可参考《结构抗震设计—第三部分：建筑物评估和加固改造》BS EN 1998-3：2005（Eurocode 8：Design of Structures for Earthquake Resistance—Part 3：Assessment and Retrofitting of Buildings）等。

我国对于既有建筑物性能的评定和鉴定大多从可靠性的角度进行，而对于可靠性的内容也基本上包括了安全性、适用性以及耐久性等。总之，我国在既有建筑现状检查和性能可靠性评定方面，相关规范在检查和评定覆盖的范围和具体的技术条款规定上较全面、充分，不差于英国规范的同类内容。

（2）维护修缮方面

涉及维护修缮原则和技术方面，可查阅到的英国规范如《建筑物缺陷·症状、调查、诊断和处理》BIP 2066—2001（Defects in Buildings-Symptoms，Investigation，Diagnosis and Cure）、《建筑物的清洁处理和表面检修的实施规范．自然石头、砖、红陶土砖的表面检修》BS 8221-2—2000（Code of Practice for Cleaning and Surface Repair of Buildings-Surface Repair of Natural Stones，Brick and Terracotta）、《建筑物内部供水系统—安装、工作、维护和检修》BS EN 15161—2006（Water Conditioning Equipment inside Buildings-Installation，Operation，Maintenance and Repair）、BS EN 752-5—1998《建筑物外的排水和污水系统—修复》（Drain and Sewer Systems outside Buildings-Rehabilitation）等。

我国在本规范发布前尚没有直接关于既有建筑日常使用维护或修缮的国家级标准规范，有一定程度涉及的标准和规范也只有：《建筑结构检测技术标准》GB 50344—2004、《建筑地基处理技术规范》JGJ 79—2012、《民用建筑修缮工程查勘与设计规程》JGJ 117—1998 等。

（3）既有建筑改造方面

英国既有建筑绿色改造方面主要有《提高既有建筑的能源效率》BS PAS 20302014（Improving the Energy Efficiency of Existing Buildings）、《安装过程、过程管理和服务提供的规范》（Specification for Installation Process，Process Management and Service Provision）等。结构性和功能性改造相关

的规范如《结构抗震设计—第三部分：建筑物评估和加固改造》BS EN 1998—3：2005（Eurocode 8：Design of Structures for Earthquake Resistance-Part 3：Assessment and Retrofitting of Buildings）（该规范具体的构成要素和条目简述见后附录）和《建筑物缺陷—症状、调查、诊断和处理》BIP 2066-2001（Defects in Buildings-Symptoms，Investigation，Diagnosis and Cure）等。

我国在改造方面相关的国家级专业规范标准还是较完备的，主要有：《混凝土结构加固设计规范》GB 50367—2013、《砌体结构加固设计规范》GB 50702—2011、《古建筑木结构维护与加固技术规范》GB 50165—1992、《公共建筑节能改造技术规范》JGJ 176—2009、《既有建筑绿色改造评价标准》GB/T 51141—2015 等。

3.3　中英规范借鉴情况

英国 BS 8210—1986 指南第 3.7 节、BS 8210—2012 指南第 7.1 节规定：应采取适当措施，以保证工作所有参与人在健康和安全等方面的需求。本规范规定了既有建筑维护与改造工程安全防护的要求。

英国 BS 8210 系列指南第 3.3 节在档案的内容、档案的制备、档案的利用、档案的存储等方面做了详细规定。本规范基于以上国际标准，规定检查工作应备齐的资料。

英国 BS 8210—1986 指南附录 A 中针对不同结构类型建筑给出了详细的检查表。本规范综合各相关规范的规定，结合实践调研，规定既有建筑日常检查中建筑、结构、设施设备三方面的具体内容，主要评定外围护系统、室内装饰装修的安全性和使用性等项目，相比英国规范增加了对建筑防火安全的评定。

英国规范 BS 8210—1986 第 3.2 节：建筑及其部件的维护需求与建筑的所处的环境、使用类型和强度相关。从该规范中可以看出，除了检查建筑各方面的外观损伤和日常运行情况，还应对既有建筑的使用条件和环境做日常性检查。本规范借鉴该条规定，对既有建筑使用条件和环境的日常检查做了规定。

4　结语

工程建设技术规范（指全文强制性标准）是保障人民生命财产安全、人身健康、工程安全、生态环境安全、公众权益和公共利益，以及促进能源资源节约利用、满足社会经济管理等方面的控制性底线要求，是政府依法治理、依法履职的技术依据。

《既有建筑维护与改造通用规范》是国家第一本针对既有建筑使用阶段全过程，涵盖建筑、结构、设施设备等全专业的全文强制规范。我们在研编过程中，发现涉及这方面的现行标准不多，已有的强制性条文很少，很难形成体系。本次通用规范的研编工作得到各级领导的高度重视，时间要求很紧，研编难度大，尚有一些问题没有得到充分论证，存在一些疏漏，希望后续修订时加以完善。

作者： 陈洋（上海市房地产科学研究院）

强制性工程建设规范《消防设施通用规范》

Mandatory Standards for Engineering Construction
"General Code for Fire Protection Facilities"

1 规范背景及编制思路

1.1 编制背景

国务院印发的《深化标准化工作改革方案》要求建立政府主导制定的标准与市场自主制定的标准协同发展、协调配套的新型标准体系，健全统一协调、运行高效、政府与市场共治的标准化管理体制，形成政府引导、市场驱动、社会参与、协同推进的标准化工作格局，有效支撑统一市场体系建设，让标准成为对质量的"硬约束"，推动中国经济迈向中高端水平。

为落实以上文件，进一步改革工程建设标准体制，健全标准体系，完善工作机制，2016 年 8 月 9 日，住房和城乡建设部发布《关于深化工程建设标准化工作改革的意见》，其总体目标是：标准体制适应经济社会发展需要，标准管理制度完善、运行高效，标准体系协调统一、支撑有力；到 2025 年，以强制性标准为核心、推荐性标准相配套的标准体系初步建立，标准有效性、先进性、适用性进一步增强，标准国际影响力和贡献力进一步提升；加快制定全文强制性标准，逐步用全文强制性标准取代现行标准中分散的强制性条文。新制定标准原则上不再设置强制性条文。

2022 年 7 月 15 日，住房和城乡建设部发布全文强制性国家工程建设规范《消防设施通用规范》GB 55036—2022（以下简称《规范》），自 2023 年 3 月 1 日起实施。该规范由应急管理部、住房和城乡建设部作为主编部门，由应急管理部天津消防研究所作为牵头单位，会同有关设计、科研、消防救援等单位共同起草。该规范是我国消防领域发布的第一部全文强制的国家工程建设规范。

1.2 编制思路

规范编制思路及要点如下：

（1）借鉴国际以及国外标准规范体系完备的国家建筑技术法规、强制性技术标准的编制模式、技术内容、条文表现形式、实施方法等。

（2）研究分析我国相关消防法律法规、部门规章、规范性文件等对消防设施在安全、环保、节能等方面的要求。

（3）研究确定现行工程建设消防技术标准中可以纳入《规范》的技术条款以及需要补充完善的技术内容，达到逻辑性、系统性、完整性要求。

（4）理清《规范》与现行工程建设消防技术标准的依存关系，以及与工程建设标准体系中其他规范、标准的关系，做到协调统一、避免矛盾。

《规范》适用于建设工程中设置的消防设施的设计、施工、验收、使用和维护。《规范》所规定的建设工程，包括各类地上和地下的工业与民用建筑、市政工程与设施、轨道交通工程、城市交通隧道和公路隧道工程、人防工程、加油加气加氢站及其合建站、码头、管廊或共同沟及电缆隧道、各类生产装置、塔、筒仓、可燃气体和液体储罐等构筑物和可燃材料堆场及集装箱堆场，不包括核电建筑和工程、军事建筑和工程、矿山工程、炸药和烟火爆竹等火工品建筑和工程。

《规范》主要规定了建设工程中各类消防设施的设置目标，应具备的基本性能和功能，安装、调试、验收、使用和维护等方面应满足的基本要求，以确保各类消防设施的设计和安装质量，在投入使用后能保持正常运行状态，使这些消防设施能在建设工程发生火灾时按照既定要求发挥有效作用。

2 规范主要内容

2.1 概述

《规范》分 12 章，共 123 条，包括总则、基本规定及各类消防设施设置的基本要求。《规范》规定的消防设施包括消防给水与消火栓系统、自动喷水灭火系统、泡沫灭火系统、水喷雾灭火系统、细水雾灭火系统、固定消防炮灭火系统、自动跟踪定位射流灭火系统、气体灭火系统、干粉灭火系统、灭火器等灭火设施，以及防烟排烟系统和火灾自动报警系统。

《规范》仅规定了消防设施的基本要求，未规定各类消防设施更详细的技术参数和针对性的维护保养要求。因此，在实际工程建设和消防设施的使用和日常维护过程中，还需要在执行本规范相关要求的基础上，按照相应消防设施的技术标准进一步确定保证系统有效发挥作用的设计、施工、验收的技术要求和使用与维护的要求，如国家标准《消防给水及消火栓系统技术规范》GB 50974、《自动喷水灭火系统设计规范》GB 50084、《自动喷水灭火系统施工及验收规范》GB 50261、《火灾自动报警系统设计规范》GB 50116、《建筑灭火器配置设计规范》GB 50140 等。

《规范》规定的内容不包括在哪些建设工程或建设工程中的哪些部位或场所应设置什么样的消防设施。对于哪些建设工程或者一项建设工程中的哪些部位是否要求设置消防设施，需要设置什么样的消防设施，应根据国家标准《建筑防火通用规范》GB 55037、《建筑设计防火规范》GB 50016 等各类建筑防火类标准的规定确定。

2.2 基本规定

基本规定部分主要包括消防设施的基本设置目标，系统的可靠性要求，以及对系统或设施的设备、部件和管道等的性能和防护，施工、验收和使用维护及标识标志设置的通用要求。

建设工程在根据建筑防火类标准确定需要设置某种消防设施后，先应根据设置场所的建筑空间特性、火灾危险性、可燃物类型和火灾特点确定设置消防设施的设计目标，再在这种消防设施的各种类型中选择和确定可适用的消防设施类型，然后在可选用类型的消防设施中综合考虑设计目标、设置环境条件、工程投资情况、运行维护要求等因素选择更有效、安全环保、经济合理的类型。

建筑消防给水与灭火设施既要确保其有效性，也要具有足够的可靠性。消防给水与灭火设施的选型和具体设计参数，以既保证消防给水与灭火设施稳定、可靠地运行，又兼顾技术上的先进性和经济上的合理性为原则。消防设施中各部件或组件、管道、阀门及相关控制器件、配电线路等能在相应环境条件下长期正常工作的要求，消防设施的效能能够满足相应设置场所的防护目标要求，特别是要满足消防给水与灭火设施稳定运行和可靠运行的要求。

建设工程中的消防设施经过竣工验收并在投入使用后，需要定期进行巡查、检查和维护，良好的维护管理是各类消防设施能够正常发挥作用的保证。不同种类消防设施的巡查、检查周期以及维护保养要求不同，需要根据各类消防设施设置场所或位置的具体环境条件、消防设施的类型和所用材料等，按照有关产品制造商和消防设施的维护管理标准及要求制订有针对性的维护管理制度和操作规程，开展相应的运行维护管理工作。

2.3 灭火设施

《规范》第 3 章至第 10 章为灭火设施的相关内容，主要包括消防给水与消火栓系统、自动喷水灭火系统、泡沫灭火系统、水喷雾灭火系统、细水雾灭火系统、固定消防炮灭火系统、自动跟踪定位射流灭火系统、气体灭火系统、干粉灭火系统、灭火器等。

应用灭火设施扑救火灾，主要实现控制、抑制或扑灭火灾的目标。如自动喷水灭火系统、水喷雾灭火系统、泡沫灭火系统、气体灭火系统、干粉灭火系统、固定消防炮灭火系统、自动扫描定位射流灭火系统和灭火器以控制、抑制、扑灭建设工程中发生的初起火为主要目标。室内和室外消火栓系统以扑灭室外或建筑室内各阶段火灾为主要目标，辅以对着火建筑及相邻建(构)筑物的冷却保护和防火隔断的作用。其中，控制或抑制火灾是通过水等灭火介质对可燃物燃烧过程的作用在短时间内限制火势增长或迅速降低火灾热释放速率，扑灭火灾是通过灭火介质的作用在一定时间内终止可燃物的燃烧过程，使火熄灭。一些消防设施除了控火、灭火外，还具有防护冷却或防火分隔的作用。如防护冷却自动喷水系统、防护冷却水幕系统主要通过冷却防护对象起到使防护对象不被破坏的作用。防火分隔水幕系统通过在分隔部位形成一定厚度和喷水强度的水幕起到阻止火势和烟气通过的防火分隔作用。

《规范》第 3 章为消防给水与消火栓系统。其中消防给水系统是各类水基灭火系统均应遵循的基本准则，该部分主要规定了消防水源、供水类型、供水设施的基本性能要求和确立原则。如消防水源，分别规定了市政供水、消防水池和天然水源作为消防水源时，水量、水压、水质和取水设施的基本要求。供水类型包括低压、临时高压和高压消防给水系统，规范分别规定了不同压力制消防给水系统工作压力的确定方法。另外，对于消防给水系统的基本部件，如消防水泵、稳压泵、水泵控制柜以及高位消防水箱等，提出了基本性能和设置要求。消火栓系统是消防救援人员扑救各类建筑火灾的基本力量，涵盖了市政消火栓、室内和室外消火栓。该部分规定了各类消火栓设置的基本要求，这些基本要求体现在对系统供水压力、流量、火灾延续时间等设计参数的规定。另外，从使用角度出发，还分别对各类消火栓系统在供消防救援人员使用时，应当安全和便于操作进行了规定。

《规范》第 4 章为自动喷水灭火系统。主要规定了系统的设计目标以及系统选型、系统主要组件和关键参数设置的基本原则。自动喷水灭火系统的设计目标是灭火、控火、防护冷却和防火分隔，因此又可分为多种子系统；系统选型与使用场所的环境条件和防护对象的特征紧密相关，是使用该系统的基础；喷头、报警阀、控制阀等各个部件应设置合理，有效衔接，形成一个有机的整体；喷水强度、作用面积和持续喷水时间等关键参数则确保系统具有有效性、可靠性和可持续性，规范对这些关键参数进行了原则性规定。

《规范》第 5 章为泡沫灭火系统。主要规定了泡沫灭火系统的基本要求、泡沫液及系统类型的选择要求及关键设计要求。满足有效灭火或控火要求是泡沫灭火系统需要达到的基本防护目标，系统的工作压力、泡沫混合液供给强度和连续供给时间等参数是保证系统正常发挥作用的关键技术参数，采用适宜的泡沫液和系统形式是系统实现防护目标的前提条件。此外，基于泡沫灭火系统的防护目标，本章对泡沫混合液设计用量、系统响应时间、中倍数和高倍数系统防护区及系统控制等关键设计要求也做了比较具体的规定。

《规范》第 6 章为水喷雾、细水雾灭火系统。主要规定了水喷雾和细水雾灭火系统的基本要求、系统水源、重要组件的选择设置要求及关键设计要求。这两种水基灭火系统也以实现灭火、控火、防护冷却、防火分隔作为防护目标。系统需要基于不同防护目标，充分考虑保护对象自身特性和环境条件等因素，以合理确定系统工作压力、供给强度、持续供给时间、响应时间等关键设计参数。规范基于水喷雾和细水雾灭火系统工作压力高、喷头孔径小的特点，重点对系统的水源、管道、喷头、过滤器等主要组件提出了相应性能要求，并对系统控制方式、持续喷雾时间等关键设计要求进行了规定。

《规范》第 7 章为固定消防炮、自动跟踪定位射流灭火系统。主要规定了固定消防炮、自动跟踪定位射流灭火系统的基本要求、系统的选型和布置、重要组件的设置要求及各类系统的设计要求。固定消防炮、自动跟踪定位射流灭火系统应满足扑灭和控制保护对象火灾的基本要求。本章涵盖了室内外固定消防炮、固定泡沫炮、固定干粉炮、自动跟踪定位射流灭火系统等对象，对其选型，组件，以及喷射响应时间、射程、供给强度、流量等关键设计参数进行了规定。

《规范》第 8 章为气体灭火系统。根据气体灭火系统的应用方式，分别对全淹没灭火系统和局部应用灭火系统的防护区、保护对象、关键参数、系统部件的设置要求以及控制原则进行了规定。对于防护区的要求，体现在对围护结构的耐压性能、密闭性能和疏散门的启闭性能上，目的是保证灭火剂的喷放和浸渍功能；灭火浓度、灭火剂用量、响应时间等关键参数是衡量系统灭火能力的重要指标，系统部件的合理设置则是确保系统能够满足相应的功能需求。同时，规范还提出了系统的不同启动方式以及扑救气体火灾时要联动切断气源的要求。

《规范》第 9 章为干粉灭火系统。干粉灭火系统的工作原理类似于气体灭火系统，因此《规范》也从防护区、保护对象、关键参数、系统部件的设置要求以及系统控制等方面进行了规定。这些技术措施是保障干粉灭火系统发挥有效功能的基本性能要求。比如对保护对象附近的空气流速、遮挡物和距离的规定，是针对局部应用干粉灭火系统的喷放特点进行规定，以提升系统的喷射速率，从而在保护对象周围建立所需的灭火浓度。

《规范》第 10 章为灭火器，主要规定了灭火器的类型选择、设置基准以及维护、报废等基本要求。规范要求根据场所的火灾类型和危险等级选择相适应的灭火器，防止在同一场所内选配灭火剂不相容的灭火器、防止灭火剂与保护对象发生不利于灭火的逆化学反应。为了保证灭火器更有效地扑灭初起火灾，需要合理设置灭火器的设置点，明确灭火器的配置数量，使得每个设置点配置足够灭火级别和数量的灭火器，确保配置场所的灭火器保护范围全覆盖，并且灭火器数量与所保护的计算单元的灭火需求相匹配。此外，定期维护和维修灭火器、到期报废灭火器，是消防设施日常管理的基本要求，规范对此也进行了相应规定。

2.4　防烟与排烟系统

《规范》第 11 章为防烟和排烟系统，共分三节，主要规定了防烟系统和排烟系统的功能要求和基本技术要求。对于建筑火灾，火灾烟气是造成人员伤亡的主要因素，设置防烟、排烟系统的根本目的就是及时排出火灾产生的高温和有毒烟气，阻止烟气向发生火灾的防烟分区外扩散，使人员在疏散过程中不会受到烟气的直接作用，同时为消防救援人员进行灭火救援创造有利条件。在建设工程中设置的防烟、排烟系统应能实现其功能要求，即应满足控制火灾烟气蔓延、保障人员安全疏散和方便灭火救援的要求。要实现防烟和排烟系统的功能要求，应严格按照《规范》和相关标准的要求，做好防烟、排烟系统的设计、施工及维护管理。

第一节为一般规定，主要给出了系统的基本要求及系统组件的关键技术要求。本节明确了防烟与排烟系统要满足控制烟气蔓延、保障人员安全疏散、有利于灭火救援基本要求。在此基础上，规定了系统组件的性能要求和技术要求，一是要求系统组件满足正常使用要求；二是对系统管道、风机等提出了具体技术要求。

第二节为防烟系统的相关要求，主要规定了防烟系统的系统选型、各系统的设置要求和联动控制要求。一是明确了需要选用机械加压送风系统的建筑和部位；二是对于机械加压送风系统，规定了其在楼梯间的设置要求、分段布置要求及余压要求，对于自然通风系统，规定了楼梯间、前室、避难层、避难间等自然通风开口的面积及朝向要求；三是对系统的联动控制提出了要求，包括联动启动送风口和送风机的时间要求，以及联动的楼层区域要求。

第三节为排烟系统的相关要求，主要规定了防烟分区、机械排烟系统和补风系统的基本要求。对于防烟分区，明确了其应满足有效蓄积烟气和阻止烟气向相邻防烟分区蔓延的要求；对于机械排烟系统，主要明确了其布置要求、和通风空调系统的合用要求，以及排烟防火阀的设置要求；对于补风系统，主要规定了引风要求、补风量和补风口风速的原则性要求。

2.5　火灾自动报警系统

《规范》第 12 章为火灾自动报警系统。火灾自动报警系统是以实现火灾早期探测和报警、向各类消防设备发出控制信号并接收设备反馈信号，实现预定消防功能为基本任务的一种自动消防设施。火灾自动报警系统除担负火灾探测报警和消防联动控制的基本任务外，还具有对相关消防设备实现状态监测、管理和控制的功能，是建筑消防设施实现现代化管理的基础设施。

《规范》主要规定了火灾探测报警系统、联动控制系统、火灾预警系统的基本技术要求。《规范》

明确了系统的功能要求，并对系统组件的兼容性提出了原则性要求。对于火灾探测报警系统，《规范》规定了报警、探测区域划分的基本要求，以及探测器、短路隔离器、警报器、手动火灾报警按钮等组件的设置要求。对于联动控制系统，《规范》规定了联动触发信号的形式、联动控制器的功能及联动模块的设置要求。对于火灾预警系统，《规范》明确了可燃气体探测报警系统和电气火灾监控系统应独立组成，并对可燃气体探测器、电气火灾监控探测器的设置提出了基本要求。此外，《规范》还对系统线路的选择及布线，系统设备的防护等级提出了原则性要求。

3 国际化程度及水平对比

《规范》研究了英国、美国、加拿大等国家的建筑技术法规，并进行了对比分析，做到了基本术语、构成要素和主要技术要求与这些国家的建筑技术法规保持一致。一是消防设施功能要求与英国《建筑条例2000》保持一致，均对及时进行火灾探测、控制建筑内的烟气蔓延和灭火设施有效控火、灭火作出了规定；二是建筑高度大于100m的公共建筑，自动喷水灭火系统采用快速响应喷头的要求高于美国《自动喷水灭火系统安装标准》NFPA 13等国外同类标准；三是泡沫液选用灭火效能高的氟蛋白泡沫液和水成膜泡沫液，不采用灭火效能较低的蛋白泡沫液和普通合成型泡沫液，美国《低、中、高倍泡沫灭火系统标准》NFPA11等国外标准对此并无限制。

4 规范亮点与创新点

《规范》与现行消防设施类消防技术标准对比，提升了相应的设置及技术要求。一是明确了消防水池采用两路消防供水且在火灾中连续补水能满足消防要求时，对于仅设置室内消火栓系统的水量要求，有效容积应大于或等于 $50m^3$；二是明确了建筑设置高位消防水箱的要求，高层民用建筑、3层及以上单体总建筑面积大于 $10000m^2$ 的其他公共建筑，当室内采用临时高压消防给水系统时，应设置高位消防水箱；三是规定了自动喷水灭火系统的末端试水装置应具有压力监测功能，用于检查系统是否处于良好的准工作状态；四是增加了F类火灾（烹饪器具内的烹饪物如动植物油脂火灾）场所灭火器的配置要求；五是明确了加压送风机、排烟风机、补风机的启动方式，应具有现场手动启动、与火灾自动报警系统联动启动和在消防控制室手动启动的功能；六是规定了建筑内同一空间的不同防烟分区或同一个防烟分区采用同一种排烟方式，同一个防烟分区应采用同一种排烟方式。

5 结语展望

消防设施是保障建设工程消防安全的重要组成部分，是建筑使用管理单位及时发现火灾，有效扑救初起火灾或控制火势，排出高温有毒烟气，为人员安全疏散提供相对安全空间的有效工具。

《消防设施通用规范》突出了技术法规性质，确定了消防设施的控制性底线要求和关键技术措施，体现了保障人身和财产安全的原则。该规范与法律、行政法规、部门规章中的技术性规定所构成的"技术法规"体系，将科学合理地规范消防设施的设计、施工、验收、使用和维护，有效发挥消防设施的功能。

作者：倪照鹏[1] 阚强[2] 王宗存[3]（1. 住房和城乡建设部建设工程消防标准化技术委员会；2. 中国建筑设计研究院有限公司；3. 应急管理部天津消防研究所）

强制性工程建设规范《建筑防火通用规范》

Mandatory Standards for Engineering Construction
"General Code for Fire Protection of Buildings and Constructions"

1 编制背景

2022 年 12 月 27 日，住房和城乡建设部发布全文强制性国家工程建设规范《建筑防火通用规范》GB 55037—2022（以下简称《规范》），自 2023 年 6 月 1 日起实施。该规范是我国消防领域继《消防设施通用规范》GB 55036—2022 后发布的第二部全文强制的工程建设规范。

国务院印发的《深化标准化工作改革方案》要求建立政府主导制定的标准与市场自主制定的标准协同发展、协调配套的新型标准体系，健全统一协调、运行高效、政府与市场共治的标准化管理体制，形成政府引导、市场驱动、社会参与、协同推进的标准化工作格局，有效支撑统一市场体系建设，让标准成为对质量的"硬约束"，推动中国经济迈向中高端水平。

为落实以上文件，进一步改革工程建设标准体制，健全标准体系，完善工作机制，2016 年 8 月 9 日，住房和城乡建设部发布《关于深化工程建设标准化工作改革的意见》，其总体目标是：标准体制适应经济社会发展需要，标准管理制度完善、运行高效，标准体系协调统一、支撑有力；到 2025 年，以强制性标准为核心、推荐性标准相配套的标准体系初步建立，标准有效性、先进性、适用性进一步增强，标准国际影响力和贡献力进一步提升；加快制定全文强制性标准，逐步用全文强制性标准取代现行标准中分散的强制性条文。新制定标准原则上不再设置强制性条文。其中，工程建设消防领域共包括 3 本全文强制性通用规范，即已发布的《消防设施通用规范》《建筑防火通用规范》和正处于编制状态的《可燃物储罐、装置及堆场防火通用规范》。

《规范》由住房和城乡建设部、应急管理部作为主编部门，由应急管理部天津消防研究所作为牵头单位，会同 16 家代表国内最高水平的设计、科研、消防监督等单位共同编制，经行业内工程经验丰富的 19 位资深专家审查通过。规范编制思路及要点如下：

（1）借鉴国际以及国外标准规范体系完备的国家建筑技术法规、强制性技术标准的编制模式、技术内容、条文表现形式、实施方法等。

（2）研究分析我国相关消防法律法规、部门规章、规范性文件等对建筑防火在安全、环保、节能等方面的要求。

（3）研究确定现行工程建设消防技术标准中可以纳入《规范》的技术条款以及需要补充完善的技术内容，达到逻辑性、系统性、完整性要求。

（4）理清《规范》与现行工程建设消防技术标准的依存关系，以及与工程建设标准体系中其他规范、标准的关系，做到协调统一、避免矛盾。

2 规范主要内容

《规范》全文 12 章共 241 条，包括总则、基本规定、建筑总平面布局、建筑平面布置与防火分隔、建筑结构耐火、建筑构造与装修、安全疏散与避难设施、消防设施、供暖通风和空气调节系统、电气、建筑施工和使用与维护等。

《规范》从性能要求、技术措施和技术指标等方面对建筑防火提出了通用的技术规定，对预防建筑火灾、减少火灾危害，保障人身和财产安全需要强制的所有建筑防火共性的、通用的专业性关键技术措施作了规定，明确了建筑的防火性能和设防标准应与建筑的高度或埋深、规模、类别、使用性质、功能用途或火灾危险性等相适应，突出了建筑耐火、人员安全疏散、消防设施的技术要求。

在建筑总平面布局方面，规定了工业建筑、民用建筑、消防车道和救援登高场地等方面布局的技术要求；在建筑平面布置与防火分隔、建筑结构耐火方面，按工业建筑、民用建筑和其他工程等分别做出了规定；在建筑构造与装修方面，规定了防火墙、防火隔墙与幕墙、竖井、管线防火、防火封堵、防火门（窗）、防火卷帘、防火玻璃墙、建筑装修等技术要求；在安全疏散与避难设施方面，分别对工业建筑、住宅建筑、公共建筑及其他工程等做出了规定；在消防设施方面，规定了消防给水和灭火设施、防烟与排烟、火灾自动报警系统等技术要求；在电气方面，规定了消防电气、非消防电气线路与设备的技术要求；同时，对建筑施工、使用和维护等规定了防火技术要求。

2.1 适用范围

除生产和储存民用爆炸物品的建筑外，新建、改建和扩建建筑在规划、设计、施工、使用和维护中的防火以及既有建筑改造、使用和维护的防火，必须执行本《规范》。《规范》所规定的建筑，包括各类地上和地下的工业与民用建筑、市政工程与设施、轨道交通工程、城市交通隧道和公路隧道工程、人防工程、加油加气加氢站及其合建站、码头、管廊或共同沟及电缆隧道、筒仓等构筑物，不包括核电建筑和工程、军事建筑和工程、矿山工程、炸药和烟火爆竹等火工品建筑和工程。

2.2 基本规定

基本规定部分主要明确了各类建筑防火设防标准的确定原则，规定了建筑防火的目标和主要子系统的功能要求、建筑消防规划和既有城镇的防火要求、建筑防爆的基本性能要求和建筑中消防救援设施的基本设置要求。

在建筑的建设与使用过程中，要根据《规范》规定的各类建筑的防火性能和设防标准的确定原则，按照建筑的高度或规模、火灾危险性及其扑救难易程度、使用人员的特点等影响建筑消防安全的主要因素，有针对性地确定建筑的防火要求和实现这些要求的方法、措施。

《规范》规定了建筑防火应达到的基本目标，这些目标源自现行相关技术标准的规定，是确定各类建筑防火技术、方法和措施的基础，也是在建筑防火中采用新技术、新材料、新工艺和新方法时的基本判定依据。

爆炸危险性场所或部位应根据爆炸危险性物质的特性，如密度、点火能、爆炸极限等，在爆炸危险性环境内采取防止产生火或静电，禁止使用明火或高温表面，防止可燃气体、蒸气或粉尘等积聚等预防性措施，预防发生爆炸。尽管不同规模、不同高度或埋深、不同使用功能或不同类别火灾危险性的建筑对灭火救援场地和消防救援设施等的需求不同，在不同位置建造的建筑和不同外观的建筑对消防救援设施的设置有所影响，但是每座地上和地下建筑都要充分考虑满足扑救建筑火灾需要的消防救援设施及场地。消防通信指挥系统是全国各级消防救援指挥中心实施减少火灾危害，应急抢险救援，保护人身、财产安全，维护公共安全的业务信息系统。《规范》规定了消防救援指挥中心的主要业务职能及性能要求。

2.3 被动防火

《规范》第3章至第6章为建筑自身耐火性能及防止火灾蔓延等被动防火内容，主要包括建筑总平面布局、建筑平面布置与防火分隔、建筑结构耐火和建筑构造与装修等。

第3章为建筑总平面布局，规定了各类建筑的防火间距确定原则和高火灾危险性建筑的防火间距，将重要公共建筑统一归入人员密集场所，确定了消防车道和消防车登高操作场地设置的基本要求。在建筑的总平面布局中，应根据建筑的使用性质、使用需要与规模、火灾危险性等合理确定建筑的方位、建筑间的相互关系与间距、消防车道与内外部道路、消防水源等，减小拟建建筑和周围建

（构）筑物火灾的相互作用，防止引发次生灾害，并为消防救援提供便利条件。

第 4 章为建筑平面布置与防火分隔，主要规定了建筑内平面布置的基本原则和目标，确定了在建筑内划分防火分区的基本原则，明确了部分建筑中防火分区的最大允许建筑面积，调整了仓库的防火分区划分要求；规定了应与相邻区域分隔的重点场所，明确了部分场所的允许设置楼层位置；规定了消防控制室和消防水泵房的布置与防火分隔要求。建筑中不同功能区域内的用途多样，不同功能或用途区域的火灾危险性、使用人数及人员特性各异。建筑内部应根据便于人员安全疏散与避难、有利于防止火灾和烟气在建筑内部蔓延扩大为原则，合理布置和分隔。

第 5 章为建筑结构耐火，主要规定了各类建筑的最低耐火等级要求，规定了建筑的承重结构应进行耐火性能验算或试验验证及防火保护。建筑的整体耐火性能是保证建筑结构在火灾时不发生较大破坏或垮塌的根本，建筑结构或构件的燃烧性能和耐火极限是确定建筑整体耐火性能的基础。采用耐火等级对房屋建筑的耐火性能进行分级，可以更合理地确定不同类别建筑的防火要求。《规范》要求对各类建筑构件或结构进行耐火性能验算和防火保护设计，以确定其具有要求的耐火性能或采取相应的防火保护措施。

第 6 章为建筑构造与装修，主要规定了防火墙、防火隔墙的基本性能和构造要求，管线竖井和贯穿孔隙及建筑幕墙的防火分隔和防火封堵要求，防火门、防火窗、防火卷帘、防火玻璃墙的基本性能、功能及不同设置部位应具备的基本耐火性能，明确了部分场所疏散门的烟密闭性能和自闭功能，规定了建筑内部和外部装修的基本要求，以及外墙和屋面保温的防火性能。普通门由于没有严格的烟密闭性能要求，在火灾条件下难以保证宿舍、公寓、老年人照料设施、旅馆建筑中居室内人员的安全。《规范》提升了防火门、防火窗的基本功能和性能要求，以及居住建筑等具有住宿功能的房间门在正常情况下关闭后的防烟性能，以确保防火分隔的有效性，减少烟气对人员的危害，建筑内门、窗户正常使用时的启闭状态可以根据使用需要确定。

2.4 安全疏散与避难设施

《规范》第 7 章为安全疏散与避难设施，规定了疏散出口、疏散走道和室内外疏散楼梯的设置原则、基本性能和最小净宽度，疏散门的开启方向和基本性能，疏散出口数量和疏散距离的确定原则及其目标要求，明确了用于辅助人员疏散的电梯的性能和设置要求，规定了避难层的设置要求、避难层和避难间的防火要求，规定了疏散通道、疏散走道、疏散出口的净高度。疏散出口的位置、数底和宽度，疏散距离，疏散楼梯的形式，疏散走道、疏散楼梯间和避难区域的防火防烟性能等，对于保证人员安全疏散与避难至关重要，而这些与建筑的高度、层数或一个防火分区、房间的大小及内部布置、室内空间高度和火灾荷载等关系密切。建筑的疏散和避难设施应结合区域内使用人员的特性、平面布置和疏散规划和上述因素合理确定，使之在火灾时能为人员疏散和避难提供安全保障，满足人员安全疏散和避难的要求。

一个区域设置多个疏散出口时，要求分散布置，以保证火灾时人员具有多个不同方向的疏散路径。多个楼层的建筑，无论位于地上还是地下，建筑各层的用途和使用人数均可能各不相同，各层所需疏散宽度会有所差异。因此，沿人员疏散顺序使用的疏散楼梯，从楼层的安全出口开始至楼梯间再到下一层（或上一层）楼梯间，每一层疏散楼梯的宽度均应依次不小于前者，以确保人员疏散过程中不会发生拥堵而延误安全疏散时间。疏散距离的确定既要考虑人员疏散的安全，也要兼顾建筑功能、空间高度和平面布置的要求，不同火灾危险性场所、不同耐火等级建筑可以有所区别。

在疏散楼梯的中间加设中间扶手且设置栏杆扶手，可以保证通行宽度不至过宽，防止人群疏散时因失稳跌倒而发生踩踏等意外情况。合理设置疏散指示标志有利于人员快速、安全地疏散。建筑内所设置的疏散指示标志要便于人们辨认，并符合人行走时的行为习惯，能起到引导作用，但要避免被建筑构配件和火灾烟气遮挡。疏散楼梯间是建筑内人员疏散和消防救援的主要竖向通道，应防止在楼梯间内发生火灾或火灾通过楼梯间蔓延。疏散门应具备在火灾时能从室内、外任何侧开启的功能，不应因平时的管理和限制而导致疏散门无法在火灾时开启。

2.5 设备设施

《规范》第8章至第10章为消防给水和灭火设施、供暖通风和电气等设备设施章节，规定了建筑有关消防给水、灭火设施和器材的功能要求，供暖、通风和空气调节系统防火的基本要求和消防电气及非消防电气线路与设备的功能与性能要求。

第8章为消防给水和灭火设施，明确了消防设施的设置原则、目标和保障安全的关键要求，规定了消防给水、室内外消火栓系统、自动灭火系统的基本设置范围，防烟和排烟系统，火灾自动报警系统的基本设置范围。建筑消防给水主要由消防水源、给水管道、控制阀门和消防水泵等构成，灭火设施和器材包括室内和室外消火栓系统、自动灭火系统或装置、灭火器及其他灭火器材等。建筑应设置与建筑的规模和火灾危险性等相适应的消防给水设施、灭火设施和器材。建筑中设置的灭火、控火、早期报警、防烟、排烟、排热等消防设施应与建筑内的火灾特性、空间和环境条件、防火目标等相适应。

固定灭火设施包括自动喷水灭火系统、水喷雾灭火系统、细水雾灭火系统、气体灭火系统、泡沫灭火系统、干粉灭火系统、自动跟踪定位射流灭火系统、固定炮灭火系统、厨房自动灭火设施等，主要用于抑制、扑灭建筑内初起火灾或对防护对象实施防护冷却等。《规范》规定了建筑内固定灭火设施的基本性能要求，以确保灭火设施有效并能安全可靠运行。

《规范》规定了建筑内应设置防烟设施的基本部位。这些部位主要为在发生火灾时需保证人员疏散与避难安全的区域，包括建筑物内的防烟楼梯间及其前室、消防电梯间前室或合用前室、避难层中的避难区域与连接走道、避难间、避难走道等。火灾自动报警系统具有早期发现火灾信息，及早发出火灾警报，通知人员疏散、灭火或联动相关消防设施的功能。《规范》规定了应设置火灾自动报警系统的设置范围，主要为可燃物较多、火灾蔓延迅速、扑救困难，或同一时间停留人数较多的场所或建筑，是工业与民用建筑中应设置火灾自动报警系统的基本范围。

第9章为供暖、通风和空气调节系统，主要规定了不同供暖方式的防爆性能、关键措施，通风和空气调节系统防爆性能、关键措施和防火要求。《规范》规定了建筑中不应采用循环空气的场所，以预防在这些场所内形成爆炸危险性混合气体。建筑中含有容易起火或爆炸危险性粉尘、纤维的场所，应设置通风系统，并且在通风机前一般应设置净化空气的过滤器，只有当排出的空气中不再有燃烧或爆炸危险并符合职业健康等要求时，该场所的空气才可循环使用。同样，存在爆炸危险性物质的场所只有当排出的空气不再有燃烧或爆炸危险时，该场所的空气才可循环使用。《规范》规定了甲、乙类火灾危险性场所，具有可燃粉尘、纤维、气体或蒸气爆炸危险性场所的供暖方式以及供暖设备的基本防火性能要求，以预防明火、高温供暖装置引发火灾或爆炸。建筑内易挥发出可燃蒸气的甲、乙类物质，易泄漏甲、乙类可燃气体或可能产生可燃气体、粉尘、纤维并能形成爆炸危险性气氛的场所，包括建筑中的燃油、燃气锅炉房、商业燃气用气场所机械通风的方式应根据场所的具体情况确定，一般应采用独立的通风系统。自然通风和机械通风的具体设置要求应符合国家现行相关技术标准的规定。

第10章为电气，规定了建筑消防电源的等级和基本性能、主备电设置与转换的要求，规定了消防供配电线路选型、敷设的基本性能，规定了应急照明、疏散指示标志的设置范围，应具备的基本性能和非消防电气线路和设备的基本防火要求。提高了建筑高度大于150m的建筑的消防供配电要求。消防用电负荷包括消防控制室和消防水泵房的应急照明、消防水泵、消防电梯、防烟排烟设施、火灾探测与报警系统、需使用电源的自动灭火系统或装置、疏散照明和疏散指示标志以及电动的防火门窗、卷帘、阀门等设施、设备。《规范》根据建筑火灾的扑救难度、建筑的功能及其重要性、建筑发生火灾后可能的危害与损失、消防设施的用电情况，规定了建筑的消防用电设备相应负荷供电的基本范围，以保证这些建筑消防用电的可靠性。消防配电线路的选型是否合理，线缆的耐火和防火性能高低、线路敷设是否安全，直接关系到消防用电设备在火灾时能否正常运行。消防配电线路应根据建筑中不同位置的环境条件和可能的火灾环境，选择相应燃烧性能或阻燃性能和耐火性能的电线电缆，并根据不同敷设方式采取符合防火要求的保护措施，以保证供配电线路在设计的火灾延续时间等供电时间内能够持续供电。建筑中的其他电气线路应根据供电电压等级、用电设备的功率、敷设环境条件和敷设方式等采取相应的防火保护措施，避免因敷设不当导致线路老化、破损等而引发火灾。

2.6 建筑施工、使用和维护

第 11 章为建筑施工，包括新建、扩建和改建建筑的施工现场，既有建筑改造、拆除的施工现场，保障应急避险、疫情防控、灾区过渡安置等所需临时建筑的施工现场。《规范》规定了建筑施工现场的平面布局和消防水源、消防设施及灭火器材的设置与配置要求，施工建筑和施工临时用房的疏散与防火要求，施工现场消防电源、消防供配电的设置要求和非消防供电线路的防火要求，施工现场用火、用气、用电的防火要求和关键措施。

施工现场队伍多、材料和器具多，人员管理复杂，引发火灾的因素多。施工现场的防火除要防范人员的不安全行为外，还应重点控制容易引发火灾或爆炸的火源和材料的管理，如施工用油漆稀料、乙炔等易燃易爆危险品、动火和动气作业场所、可燃保温材料和竹木脚手架等可燃材料堆场及其加工场所等，并通过合理的平面布局和间隔以减小相互间的火灾作用。

既有建筑在改建、扩建时，一般应停止整座建筑的正常使用；建筑中在施工期间还必须正常使用的区域应采取防火分隔措施，并严格控制施工现场的火灾危险性因素，结合建筑与施工现场的实际情况采取有效的防火管理等安全防范措施，确保施工区域在发生火灾和建筑既有消防设施不能发挥作用的情况下，使人员疏散、火灾扑救仍具有良好的条件。

第 12 章为使用与维护，规定了建筑在使用期间必须保障的消防救援设施及条件，建筑在使用期间保障人员疏散设施可用的要求和建筑在使用期间预防火灾的基本要求。为保障市政消火栓、建筑的室外消火栓和消防水泵接合器等空外消防设施的安全，避免被机动车撞坏或占用而妨碍消防车在火灾和应急时取水和向建筑供水的需要，在设置市政消火栓的城镇道路和建筑周围设置室外消火栓的道路沿消火栓一侧、建筑外墙或附近设置消防水泵接合器，沿车辆停靠的场地，应留出一辆消防车车位的空间，并设置相应的警示标志以提示该区域在任何时候不允许被非消防车辆占用。疏散出口包括各类安全出口、房间的疏散门，疏散通道包括房间内的通道、建筑内的疏散走道、坡道、避难通道和疏散楼梯间。当建筑内的疏散出口平时需要被锁闭时，应具有在发生火灾时自动解锁的功能。

3 国际化程度及水平对比

《规范》重点研究并借鉴了美国、加拿大、英国等国家的相关法规标准，在要素构成、技术要求等方面与上述法规标准一致。

有关防火间距的要求，与美国《国际建筑规范》（2018 年版）、加拿大《国家建筑规范》（2015 年版）一致。结构防火、安全疏散、建筑内外部火灾蔓延控制、消防救援等方面的技术措施要求，与英国《建筑条例 2000》一致。对建筑中的最大疏散距离考虑空间高度要求，与英国《建筑设计、使用和维护消防安全指南》（2017 年版）一致。对消防电梯前室的尺寸要求，与美国《国际建筑规范》（2018 年版）一致。

4 规范亮点与创新点

《规范》首次明确在城市建成区内不应建设压缩天然气加气母站、一级汽车加油站等火灾危险性较大的设施；耐火等级低的既有建筑密集区应实行防火分隔、设置消防车道、完善消防给水设施等。

首次要求长度大于 40m 的尽头式消防车道应设置消防车回转场地或道路，高度 250m 以上的工业与民用建筑应在屋顶设置直升机停机坪，埋深大于 10m 的地下建筑应设置消防电梯；将建筑高度大于 150m 的工业与民用建筑消防供电由现行标准按一级负荷供电提升到按特级负荷供电。

首次明确高层建筑主体与裙房之间同时采用防火墙和甲级防火门进行分隔时，裙房的防火分区、疏散楼梯形式、疏散净宽等应符合规范对单、多层建筑的相应规定，未分隔时裙房应与主体一样符合高层建筑的相应规定。提升了建筑高度大于100m的建筑及埋深大于10m的地下建筑的防火分隔要求。

首次明确宿舍、公寓的居室、老年人照料设施的老年人居室、旅馆建筑的客房开向内走廊或封闭式外走廊的疏散门应具备烟密闭性能和自动关闭功能。

扩大了商店建筑、展览建筑、客运和货运建筑、儿童活动场所等设置火灾自动报警系统的范围。增加对室外消防设施防护和标识方面的要求。

5 结语

《规范》是全文强制性标准体系的重要组成部分，对所有建筑防火共性的、通用的专业性关键技术措施作了规定，突出了技术法规性质，体现了保障人身和财产安全的原则，确定了消防安全底线要求，并为创新性技术方法和措施在工程中应用的合规性判定提供了基本依据。

《规范》对标英、美等国家的技术法规和标准，与现行的法律、法规和技术政策相衔接，符合住房和城乡建设部、应急管理部推进提升建筑消防安全的工作要求，达到了国际先进水平。《规范》的发布与实施，将极大提升建筑的消防安全。

作者：倪照鹏[1]　阚强[2]　王宗存[3]（1.住房和城乡建设部建设工程消防标准化技术委员会；2.中国建筑设计研究院有限公司；3.应急管理部天津消防研究所）

强制性工程建设规范《建筑与市政工程施工质量控制通用规范》

Mandatory Standards for Engineering Construction
"General Code for Construction Quality Control of Buildings and Municipal Engineering"

1 规范背景及编制思路

1.1 编制背景

随着我国经济社会的发展，工程建设标准体系出现了标准缺失老化滞后，交叉重复矛盾、体系不够合理、标准化协调推进机制不完善等问题。造成这些问题的根本原因是现行标准体系和标准化管理体制是 20 世纪 80 年代确立的，政府与市场的角色错位，市场主体活力未能充分发挥，既阻碍了标准化工作的有效开展，又影响了标准化作用的发挥，必须切实转变政府标准化管理职能，深化标准化工作改革。

因此，国务院自 2015 年 3 月起，陆续出台了《深化标准化工作改革方案》、《贯彻实施〈深化标准化工作改革方案〉行动计划（2015—2016 年)》、《强制性标准整合精简工作方案》等文件，明确了标准化改革的目标、任务、职责分工及保障措施等。2016 年 8 月，住房和城乡建设部印发了《关于深化工程建设标准化工作改革的意见》，提出了工程建设标准化改革的总体要求和具体任务。其中明确提出了加快制定全文强制性标准，逐步用全文强制性标准取代现行标准中分散的强制性条文。新制定标准原则上不再设置强制性条文的要求。

《关于深化工程建设标准化工作改革的意见》要求，我国工程建设标准化改革要最终实现政府制定强制性标准、社会团体制定自愿采用性标准的总体目标，到 2020 年，适应标准改革发展的管理制度基本建立，重要的强制性标准发布实施，政府推荐性标准得到有效精简，团体标准具有一定规模。到 2025 年，以强制性标准为核心、推荐性标准和团体标准相配套的标准体系初步建立，标准有效性、先进性、适用性进一步增强，标准国际影响力和贡献力进一步提升。

在此背景下，2014～2016 年住房和城乡建设部分别下达了一系列强制性标准的编制项目和研编工作，《建筑与市政工程施工质量控制通用规范》（以下简称《规范》）为 2016 年确定的研编项目之一，针对建筑和市政工程的施工质量控制的内容制定全文强制性标准。

1.2 编制思路、原则及适用范围

《规范》编制以"保证工程质量，保障人身、财产和公共安全"为目标，通过质量控制体系构建及施工全过程质量控制要求两方面实现该目标，是一个有机的整体和体系，该体系质量控制标准全面、合理、先进，反映了建筑和市政工程建设质量控制的最新进展，针对性、可操作性强。

《规范》是建筑与市政工程施工质量控制的基本要求。建筑与市政工程施工质量控制必须遵守本规范。工程建设所采用的技术方法和措施是否符合本规范要求，由相关责任主体判定。其中，创新性的技术方法和措施，应进行论证并符合《规范》中有关性能的要求。

2 规范主要内容

2.1 规范总体架构

《规范》的框架结构如图 1 所示。

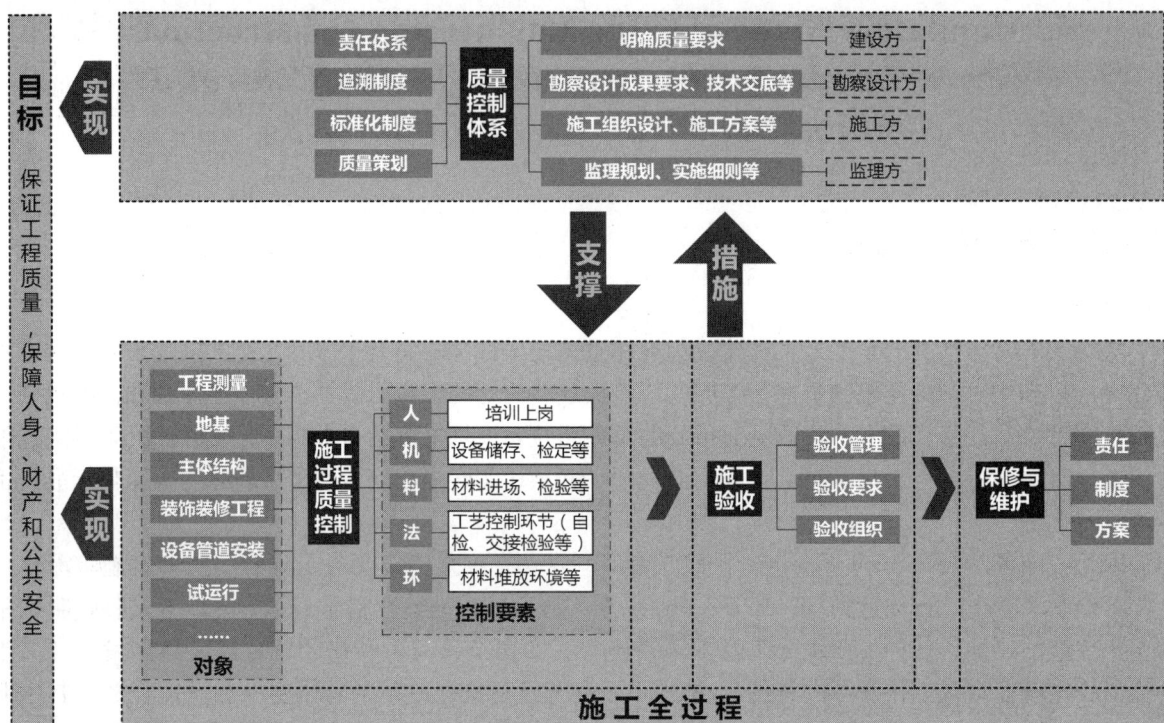

图 1 《规范》框架结构

《规范》编制以"保证工程质量,保障人身、财产和公共安全"为目标,通过质量控制基本规定及施工全过程质量控制具体要求两方面实现该目标。质量控制基本规定支撑施工全过程质量控制具体要求,而具体的控制要求是实现质量控制基本规定的措施。

质量控制基本规定为贯穿施工全过程的质量控制基本要求,包括管理体系、制度的建立等,同时对影响施工质量的各责任方的具体工作进行规定,如明确质量要求,勘察设计成果要求及制定施工进度计划、监理规划及实施细则等。

施工全过程质量控制中,在实施阶段,关注人、机、料、法、环五大控制要素,分别对其控制关键点进行要求;同时分别针对施工过程中的主要对象,如工程测量、地基基础、主体结构、装饰装修工程等,提出控制要求。在施工验收阶段,对验收一般规定、验收要求、验收组织三方面进行规定。在保修与维护阶段,明确了保修责任、制度及方案制定。

2.2 主要技术内容

《规范》着力落实国家最新文件与精神,遵循工程建设标准化改革方向,保障各方面的控制底线,涵盖施工质量控制有关各方面,学习借鉴国外发达国家的先进规范体系,对现行法律法规进行了细化补充,并包含了现行强制性条文。

《规范》包含 5 章,共 72 条,各章节主要内容见表 1。

《规范》部分条文是在现行法律法规的基础上进行扩展、细化,是结构和内容上的延续。如针对《建设工程勘察设计管理条例》规定"编制建设工程勘察文件,应当真实、准确,满足建设工程规划、选址、设计、岩土治理和施工的需要",细化完善为"勘察、设计文件应符合工程特点、合同要求和规划要求,应说明工程地质、水文和环境条件可能造成的工程质量风险,并应经过质量管理程序审批。"

《规范》各章节主要内容　　　　　　　　　　　　　　　　　　　　　表1

章节	条文数量	主要内容
1　总则	3条	目的、适用范围、合规性判定
2　基本规定	11条	质量管理体系建立：标准化制度、追溯制度等；施工质量控制基本要求（质量控制资料、施工变更、人员培训等）
3　施工过程质量控制	29条	3.1　一般规定（施工过程通用规定）：图纸会审、质量策划、技术交底等 3.2　材料、构配件及设备质量控制：进场验收要求、质量追溯要求、材料运输及储存要求 3.3　工艺质量控制：工序衔接、工程测量、地基基础、主体结构、装饰装修、设备管道等质量控制要求 3.4　施工检测质量控制：器具、设备、方案、报告
4　质量验收	17条	4.1　一般规定（验收阶段通用规定）：单位工程、分部工程、分项工程和检验批的划分、工程资料归档、永久性标牌设置 4.2　验收要求：检验批、分项、分部、单位工程的验收要求、验收不合格的处理办法 4.3　验收组织：组织、参与方及各方责任
5　质量保修与维护	5条	建筑工程使用说明书；质量保修书；质量回访制度及保修流程；维护责任

针对《建设工程质量管理条》第十条规定"建设工程发包单位不得任意压缩合理工期"，细化施工进度管理具体措施，规定"施工进度计划应经建设单位、监理单位审批后执行。施工中不得任意压缩合理工期，进度计划的重大调整应按原审批程序办理变更手续，并应制定相应的质量控制措施"。

针对《建设工程质量管理条例》第三十三条规定"施工单位应当建立、健全教育培训制度，加强对职工的教育培训；未经教育培训或者考核不合格的人员，不得上岗作业"，细化培训管理、培训内容等，规定"质量培训应保留培训记录，应对人员教育培训情况实行动态管理"。

针对《中华人民共和国建筑法》第六十一条规定"交付竣工验收的建筑工程，必须有完整的工程技术经济资料和经签署的工程保修书"，第六十二条规定"建筑工程实行质量保修制度"，细化工程保修书内容，规定施工质量保修书中应明确保修范围、保修期限、保修责任和费用计算方法；明确质量保修制度应包括的内容，规定"应在保修期内建立质量回访制度，应明确回访保修和质量投诉受理部门、人员及联系方式，应建立相关记录文件等"。

《规范》中包含原强制性条文13条，来源于12本不同规范。如：纳入《建筑工程检测试验技术管理规范》JGJ 190—2010中关于检测试验选取、检测报告要求的条文；纳入《建筑装饰装修工程质量验收标准》GB 50210—2018、《屋面工程质量验收规范》GB 50207—2012及《无障碍设施施工验收及维护规范》GB 50642—2011中关于主体结构预埋件、屋面瓦材铺设及栏杆设置的条文；纳入《城镇燃气输配工程施工及验收规范》CJJ 33—2005等规范中关于地下管道防腐层要求的条文；纳入《建筑工程施工质量验收统一标准》GB 50300—2013中关于验收不合格处理、竣工验收组织的要求等。

部分主要强制条文来源及吸纳情况见表2。

《规范》采纳原强制条文情况（部分）　　　　　　　　　　　　　　　　表2

序号	来源标准名称	原条文编号	本规范规定
1	《建筑工程检测试验技术管理规范》JGJ 190—2010	3.0.4、 3.0.6、 5.4.1、 5.4.2	3.4.3　施工过程质量检测试样，除确定工艺参数可制作模拟试样以及预制混凝土构件平行加工试件外，必须从现场相应的施工部位取。 3.4.4　检测机构应独立出具检验检测数据和结果。检测机构应对检测数据和检测报告的真实性和准确性负责。对检测试验结果不合格的报告严禁抽撤、替换或修改

续表

序号	来源标准名称	原条文编号	本规范规定
2	《建筑装饰装修工程质量验收标准》GB 50210—2018	3.1.4、6.1.11、6.1.12、7.1.12、11.1.12	3.3.7 主体结构的预埋件数量、规格、位置和防腐处理应符合设计要求。 3.3.10 既有建筑装饰装修工程设计涉及主体结构和承重结构变动时，必须在施工前委托原结构设计单位或具有相应资质等级的设计单位提出设计方案，或由检测鉴定单位对建筑结构的安全性进行鉴定 ……
3	《屋面工程质量验收规范》GB 50207—2012	3.0.6、3.0.12、5.1.7、7.2.7	3.3.9 装饰装修工程施工应符合以下要求：4 屋面瓦材必须铺置牢固
4	《无障碍设施施工验收及维护规范》GB 50642—2011	3.1.12、3.1.14、3.14.8、3.15.8	3.3.9 装饰装修工程施工应符合以下要求：2 临空处设置的用于防护的栏杆以及无障碍设施的安全抓杆应与主体结构连接牢固
5	《城镇燃气输配工程施工及验收规范》CJJ 33—2005	5.4.10	3.3.12 地下管道防腐层应完整连续，采用阴极保护时，阴极保护不应中断，并应经检测合格
6	《建筑工程施工质量验收统一标准》GB 50300—2013	5.0.8、6.0.6	4.2.6 当工程施工质量验收不符合要求时，应由有资质的检测机构组织检测鉴定，检测鉴定达不到设计要求须由原设计单位进行验算复核，经返工、返修或加固处理的应重新进行验收。经上述处理仍不能满足安全或重要使用功能要求的分部工程及单位工程，严禁验收。 4.3.3 建设单位应组织监理、施工、设计、勘察单位进行工程竣工验收

3 国际化程度及水平对比

《规范》编制过程中整理调研多部英国、美国、日本的施工质量控制标准。

3.1 国外情况

美国通过《美国统一建筑法规（UBC）》确保设计施工质量的最低要求，各州、县、市可因地制宜对 UBC 进行修改补充，而具体的质量标准要求由学术团体制定和修改。美国对建筑工程质量的监督与控制通常是从政府、业主及建筑工程的生产者三个层次进行，政府对建筑工程质量的监督并不是直接插手，而是通过对专业人士或机构的授权，由专业人士或机构对建筑工程的质量进行监督。

日本的主要建筑法律文件为《建筑基准法》，在此基础上衍生了其他规范，如《建筑师法》《住宅质量确保法》等。而日本的建筑技术法规的制定和管理以中央政府为主导，具体的实施和监管工作由地方政府负责。日本建筑技术法规的实施依靠严格的监管程序，地方政府建设官员及指定机构在建设全过程实施过程监管，包括建设许可、中期检查、竣工验收等。

在英国，建筑工程质量控制体系由建设主管部门主导，地方政府负责落实，同时借助各类公立机构、私立机构、咨询公司等组织开展建设工程中的质量控制。施工质量控制体系由业主、承包商、建筑控制机构、资质人员、检查人员等各方组成。其中，业主对于建设工程的生产过程也要进行严格的监督和控制，一般手段是委托专业机构或人士进行监督控制。承包商按照标准建立质量控制制度，并设有独立于项目的咨询和检查人员，了解各施工现场的质量管理体系执行情况。比较特别的是建筑控制机构，可以是当地政府机构或认可检查员，其中检查员可以是企业或个人，从初步设计阶段开始介入，涵盖技术设计、施工、竣工交付阶段，直到项目使用。

3.2 借鉴

规范编制过程中，借鉴发达国家技术法规体系，充分填补法律、法规/条例与具体技术标准之间技术准则部分的空白。借鉴发达国家，尤其是英国的建设工程质量控制体系及各方责任规定，落实

"建设单位承担工程建设首要责任，参建各方承担主体责任，政府进行监督管理，借助各类政府授权的公立机构、私立机构、咨询公司开展质量控制"的质量控制体系。

对于进场材料检验，《英国建筑条例》中规定，"必要时，地方当局可以对实施建筑工程中所使用材料进行取样，从而使其能够确定此类材料是否符合本条例"。在一些具体的规范中，如《BS882 天然混凝土骨料规范》等，对混凝土、钢筋的具体检验项目、检验方法及要求进行规定。《规范》借鉴此规定，规定"对涉及结构安全、节能、环境保护和主要使用功能的试块、试件及材料，应在进场时或施工中按设计要求及合同约定进行见证检验。具体的检验项目、方法及指标要求不在《规范》中强制规定，而在具体技术规范中规定。

英国《建筑控制行为规范》中，详细规定了现场检查的制度、现场检查记录要求、检查频率、竣工测试要求等。《规范》借鉴此规定，规定了材料进场检验、复验，并经监理单位确认后方可使用的规定；同时规定了监理人员应对工程施工质量进行巡视、平行检验，对关键部位、关键工序进行旁站，并应及时记录检查情况；明确了施工工序间的衔接要求。

4　规范亮点与创新点

《规范》注重落实高质量发展和创新、协调、绿色、开放、共享的新发展理念。

根据 2017 年 2 月《国务院办公厅关于促进建筑业持续健康发展的意见》（简称《意见》）要求，优化资质资格管理。进一步简化工程建设企业资质类别和等级设置，减少不必要的资质认定。考虑优化营商环境的需要，《规范》仅对检测等对施工质量控制非常重要的单位提出资质要求。《意见》要求提高从业人员素质，在《规范》第 2.0.10、2.0.11 条中体现。

根据 2020 年 8 月《住房和城乡建设部等部门关于加快新型建筑工业化发展的若干意见》有关要求，加强预制构件质量管理，实行全过程质量责任追溯。《规范》第 3.1.1 条、3.3.6 条体现相关要求。

根据《住房和城乡建设部等部门关于加快培育新时代建筑产业工人队伍的指导意见》的相关要求，《规范》设 2.0.10 条。

《规范》注意解决当前工程建设突出问题。《规范》中，针对质量控制体系不健全等问题，建立质量责任追溯制度（第 2.0.1 条）；针对从业人员素质较低等问题，加强对人员教育培训要求的规定，明确教育培训的分类及管理（第 2.0.10、2.0.11 条）；针对建筑与市政工程保修期内的保修及维护问题将"质量保修与维护"纳入强制规范，对工程使用说明书、质量保修书中应明确的内容、保修流程，维护责任等作出详细规定，确保对施工全过程的质量控制（第 5 章）。

5　结语展望

《规范》的发布凝聚了行业各界专家的智慧及长达五年有余的辛勤劳动。编制过程中，编制组始终牢记"为人民编规范"的使命，将不同地域、不同环境下各类工程种类、各种结构形式工程的施工质量控制的强制要求在该《规范》中说明。做到了在确保质量管理的底线的同时，避免《规范》限制工程的实际开展，且避免限制新技术新材料新工艺的应用。《规范》的发布对我国工程标准化体系建设及施工质量的提升，具有重要意义。

《规范》编制过程中，编制组在借鉴学习国外的标准体系、条文要求中也引发许多思考。在国外施工质量控制体系中，一般均要求纳入工程保险作为社会监督保证，是质量控制体系中重要的一环。编制过程中，考虑到我国工程保险制度尚不成熟，故未纳入此次规范内容。后续待工程保险相关制度与业务开展完善后，可考虑将其纳入施工质量控制的强制要求。

作者：张晶波　何瑞　张旭乔（中国建筑股份有限公司）

强制性工程建设规范《建筑与市政施工现场安全卫生与职业健康通用规范》

Mandatory Standards for Engineering Construction
"General Code for Safety and Occupational Health on Construction Site of Building and Municipal Engineering"

1 编制背景及编制思路

建筑与市政工程建设过程中，施工现场的安全管理、环境管理、卫生和职业健康管理是工程管理中的重要部分，关系到施工现场每位人员的生命财产安全、环境安全和人身健康。目前，建筑与市政施工现场安全卫生与职业健康领域中，原相关强制性条文 500 多条，分布在近 80 余项国家标准和行业标准中，条文分散、系统性不强，不利于标准实施监督以及标准国际化战略推进。为构建新型强制性标准体系，促进建筑与市政施工现场安全卫生与职业健康高质量发展，根据国务院《深化标准化工作改革方案》、住房和城乡建设部《关于深化工程建设标准化工作改革的意见》，按照《住房和城乡建设部关于印发 2019 年工程建设标准规范和标准编制及相关工作计划的通知》的要求，由中国建筑第七工程局有限公司会同有关单位进行全文强制国家规范《建筑与市政施工现场安全卫生与职业健康通用规范》（以下简称《规范》）的编制工作。《规范》于 2022 年 10 月 31 日发布，2023 年 6 月 1 日起实施。

作为通用技术类规范，《规范》总结了我国建筑与市政施工现场安全卫生与职业健康管理的实践经验，梳理了我国相关法律法规、部门规章以及现行相关标准对施工现场安全管理、环境管理、卫生与职业健康管理等方面的基本要求，借鉴了发达国家安全卫生与职业健康的相关技术内容，研究并提出了我国建筑与市政施工现场安全卫生与职业健康管理中需要强制执行的基本性能要求和关键技术措施，以确保建筑与市政工程施工现场充分保障人身健康和生命财产安全、生态环境安全，满足经济社会管理的基本需要。

施工现场的安全管理、环境管理、卫生和职业健康管理是工程管理中的重要部分，直接关系到施工现场人身健康和生命财产安全、生态环境安全。《规范》作为通用技术类规范，以已发布实施的国家标准和行业标准中重复的、具体的性能要求和关键技术要求为主要内容。明确了建筑与市政工程施工现场安全管理、环境管理、卫生管理和职业健康管理的功能、性能和技术指标要求。安全管理规定了施工现场高处坠落、物体打击、起重伤害、坍塌、机械伤害、冒顶片帮、车辆伤害等 14 类安全伤害事故的管理要求；环境管理规定了施工现场扬尘、建筑垃圾、施工污水、噪声污染等环境管理要求；卫生管理规定了施工现场饮用水、食品、防疫等卫生管理要求；职业健康管理规定了施工现场起重机械操作工、电焊工、切割工、安装工、油漆工等工种的职业健康管理要求。具体编制思路与编制要点如下：

（1）借鉴国际以及发达国家建筑技术法规、强制性技术标准的编制模式、技术内容、条文表现形式、实施方法等。

（2）研究分析我国相关法律法规、部门规章、规范性文件等对建筑与市政施工现场安全卫生与职业健康管理的要求。

（3）研究确定现行工程建设标准中可以纳入《规范》的技术条款以及需要补充完善的技术内容，

达到逻辑性、系统性、完整性要求。

（4）理清《规范》与现行技术标准的依存关系，以及与工程建设标准体系中其他强制性规范的依存关系，做到协调统一、避免矛盾。

2 规范主要内容

《规范》适用于建筑和市政工程施工现场安全卫生与职业健康管理。《规范》以施工现场安全管理、环境管理、卫生管理和职业健康管理为主线编排，共分为6章，包括：总则、基本规定、安全管理、环境管理、卫生管理、职业健康管理。具体内容介绍如下：

2.1 总则与基本规定

总则一章系统阐述《规范》制定的目的、适用范围、使用规则及执行《规范》的要求。基本规定一章规定了专项施工方案、应急预案，安全分析、危险源辨识、风险评价，编制重大危险源清单等基本要求；施工现场规划和设计要求；施工现场生活区应满足的要求；劳动防护用品及使用培训要求；进场材料、设施、设备的要求；停缓建项目安全管理基本要求等。

2.2 安全管理

针对施工现场高处坠落、物体打击、起重伤害等14种安全伤害事故类别分别规定了防范技术措施。

2.2.1 一般规定

对工程项目的安全生产管理制度和安全生产管理体系提出了要求；对施工现场安全生产宣传标语、标牌和警示标识提出要求；对安全防护措施、安全问题和隐患的整改提出要求等内容。

2.2.2 高处坠落

明确了坠落高度基准面2m及以上进行高空或高处作业时的防范措施；对多工种垂直交叉作业时的安全防护措施的进行了规定；明确了孔洞以及无围护设施或围护设施高度低于1.2m的边沿应设置防护措施；明确了各类操作平台、载人装置应设置临边防护及其要求；规定了遇恶劣天气时应停止高处作业等内容。

2.2.3 物体打击

明确了高处安装、拆除或拆卸作业时应采取的安全措施及要求；明确了施工作业平台的使用要求；明确了安全通道应搭设防护设施及其要求；明确了预应力结构张拉、拆除时应采取的措施，无粘结预应力结构拆除时的安全要求等内容。

2.2.4 起重伤害

规定了吊装作业前及吊装作业时应采取的安全防范措施；明确了吊具和索具应满足的要求；规定了物料提升机严禁使用摩擦式卷扬机；明确了吊装作业时，未形成稳定体系的部分应采取的临时固定措施；规定了大型起重机械在低能见度天气及起重机械最高处的风速超出9.0m/s时应停止作业等内容。

2.2.5 坍塌

明确了土方开挖作业的安全要求；明确了边坡及基坑周边地面荷载限值的要求，及其截水和排水要求；明确了基坑和桩基施工过程中应及时采取处理措施的情况；明确了回填土土质及其压实要求；规定了模板及支架的设计、搭设和拆除要求；明确了临时支撑结构安装、使用的安全要求；明确了拆除作业应满足的相关要求等内容。

2.2.6 机械伤害

对机械操作人员的安全操作进行了规定；对机械操作装置和安全防护装置等进行了规定；明确了机械作业应设置安全区域及清洁、保养、维修机械时安全作业要求；规定了工程结构上搭设脚手架、施工作业平台及机具设备时应进行的安全作业要求；明确了塔式起重机安全监控系统的相关要求等内容。

2.2.7　冒顶片帮

规定了暗挖工程的安全作业要求；明确了盾构作业掘进速度的相关要求；明确了盾构掘进中应及时采取措施的情况；明确了顶进作业应满足的相关安全要求等内容。

2.2.8　车辆伤害

规定了施工车辆运输危险物品时应悬挂警示牌；明确了施工现场车辆安全行驶要求；规定了车辆行驶过程中，严禁人员上下；规定了夜间施工时，施工现场应保障充足的照明，施工车辆应降低行驶速度；规定了施工车辆应定期进行检查、维修和保养等内容。

2.2.9　中毒和窒息

明确了领取和使用有毒物品时的安全管理要求；规定了施工单位应根据施工环境设置通风、换气和照明等设备；规定了受限或密闭空间作业前应采取的安全管理措施；明确了室内装修作业时严禁采用的有毒有害材料等内容。

2.2.10　触电

明确了施工现场用电的保护接地与防雷接地应满足的相关要求；规定了施工临时用电的发电机组电源应与其他电源互相闭锁，严禁并列运行；明确了施工现场配电线路应满足的相关要求；明确了施工现场的特殊场所照明应满足的相关要求；规定了管道、容器内进行焊接作业时，应采取可靠的绝缘或接地措施，并应保障通风等内容。

2.2.11　爆炸

明确了易燃、易爆液体等安全管理的要求；明确了输送可燃液体、可燃气体或爆炸性气体的金属管道管理和使用要求；规定了输送臭氧、氧气的管道及附件在安装前应进行除锈、吹扫、脱脂；明确了承压作业时的管道和容器安全操作要求等内容。

2.2.12　爆破作业

明确了爆破作业前应进行的安全保障要求；明确了爆破作业人员安全作业要求；明确了露天浅孔、深孔、特种爆破实施后安全操作要求；明确了严禁进行爆破作业的情况等内容。

2.2.13　透水

规定了地下施工作业穿越富水地层、岩溶发育地质、采空区以及其他可能引发透水事故的施工环境时，应制定相应的防水、排水、降水、堵水及截水措施；明确了盾构机气压作业前应进行的安全操作要求；明确了钢板桩和钢管桩围堰施工前应进行的安全作业要求等内容。

2.2.14　淹溺

规定了当场地内开挖的槽、坑、沟、池等积水深度超过0.5m时，应采取安全防护措施；规定了水上或水下作业的人员，应正确佩戴救生设施；规定了水上作业时，操作平台或操作面周边应采取安全防护措施。

2.2.15　灼烫

规定了高温条件下，作业人员应正确佩戴个人防护用品；规定了带电作业时，作业人员应采取防灼烫的安全措施；规定了具有腐蚀性的酸、碱、盐、有机物等应妥善储存、保管和使用，使用场所应有防止人员受到伤害的安全措施。

2.3　环境管理

明确了施工现场排水沟、沉淀池和施工污水的处理的要求；明确了施工现场临时饮水点的设置要求。明确了生活区规划、设计、选址根据场地情况、入住队伍和人员数量、功能需求、工程所在地气候特点和地方管理要求等各项条件，采取满足施工生产、安全防护、消防、卫生防疫、环境保护、防范自然灾害和规范化管理等要求的措施。明确了施工现场的出入口、主要道路应进行硬化处理，裸露的场地和堆放的土方应采取覆盖、固化或绿化等措施；严禁将有毒物质、易燃易爆物品、油类、酸碱类物质向城市排水管道和地表水体排放；施工现场应在安全位置设置临时休息点；施工区域禁止吸烟等内容。

2.4 卫生管理

明确了施工现场生活饮用水的标准，对食堂许可证和炊事人员健康证提出了要求，对施工现场的厕所、盥洗室、宿舍、垃圾箱、医疗和急救用品提出具体规定。对现场的食堂设置提出了要求，对食品的安全卫生提出了具体规定。明确了办公区和生活区应采取灭鼠、灭蚊蝇、灭蟑螂及其他害虫的措施；办公区和生活区应定期消毒，如遇突发疫情，应及时上报，并应按卫生防疫部门相关规定进行处理等内容。

2.5 职业健康管理

明确了根据各工种的作业条件和劳动环境等为作业人员配备安全有效的劳动防护用品，并及时开展劳动防护用品的使用培训。明确了从事放射性、高毒、高危粉尘作业人员，建立、健全职业卫生档案和健康监护档案，定期提供医疗咨询和服务。明确了架子工、起重吊装工、信号指挥工应配备的劳动防护用品；电工的劳动防护用品配备应满足的要求；电焊工、气割工的劳动防护用品配备应满足的要求；锅炉、压力容器及管道安装工的劳动防护用品配备应满足的要求；油漆工在从事涂刷、喷漆作业时，应配备的防护措施；从事砂纸打磨作业时，应配备的设备；普通工从事淋灰、筛灰作业时，应配备的设备等内容。

3 国际化程度及水平对比

3.1 中美法规及标准对比

我国卫生与职业健康体系与美国相比而言，较为完善但不够细致，例如美国《建筑业安全与健康规范》（CFR part 1926），该标准整合了与建筑业相关的几乎所有法规条文，针对建设生产过程涉及的主要职业健康问题（如个人安全防护、急救和医疗服务、环境卫生、职业噪声暴露、电离辐射等），制定多条规定，有总则有细则，有定性有定量，较为详细。

我国卫生与职业健康标准的法律地位低于美国，美国职业安全卫生管理局制定了一系列的职业安全卫生标准，被收录于《联邦法典》第 29 卷 1900~1999 年的职业安全卫生标准中，各项标准在美国就是法律，我国卫生安全标准收录于国家标准中，法律地位不明显。

美国标准要求"组织应建立机制，在设计阶段识别、预防和控制危险源"，而我国标准无相关要求。

3.2 中英法规及标准对比

我国缺乏对劳动现场员工的职责要求，而英国《职业健康与安全管理法规》第 14 条专门指出雇员对自身和其他雇员以及上任雇主存在责任；缺乏对设计师在施工前阶段健康方面的职责要求，即忽视了设计阶段可能带来的施工阶段的职业健康风险。

3.3 中日法规及标准对比

日本法规非常注重"以人为本"，如《劳动安全卫生法》在第一条就明确："本法律的目的确保作业场所劳动者的安全和健康的同时，促进创造舒适愉快的作业环境"，而我国对此方面的规定相对较少。

日本建筑安全生产法规体系的另一个特色就是对企业的安全生产管理体制进行了详细的规定，如超过一定规模的企业应设立安全委员会和卫生委员会等。

3.4 借鉴情况

结构方面：在借鉴美国《建筑业安全与健康规范》（CFR part 1926）和第 167 号国际劳工公约《施工安全与卫生公约》平铺式顺序结构的基础上，对同类项进行合并，形成总分结构。

内容方面：包含施工安全、现场环境、卫生和职业健康管理等方面的内容，内容更加完善。

组成要素方面：借鉴美国《建筑业安全与健康规范》（CFR part 1926）按照事故类型或者危险源划分的方法，对施工安全板块的内容进行划分，确保组成要素全覆盖。

通过对比和借鉴，提高了本规范的国际化水平。

4 规范亮点与创新点

4.1 安全管理方面

提出了工程项目专项施工方案和应急预案应根据工程类型、地质条件和工程实践制定，工程项目应根据工程特点及环境条件进行安全分析、危险源辨识和风险评价，编制重要危险源清单并制定相应的预防和控制措施；施工现场规划、设计应根据场地情况、入住队伍和人员数量、功能需求、工程所在地气候特点和地方管理要求等各项条件，采取的措施。工程项目应根据各工种的作业条件和劳动环境等为作业人员配备安全有效的劳动防护用品，并开展使用培训。停缓建工程项目应做好停工期间的安全保障工作，复工前应制定安全隐患排查计划，并应进行复工前的安全检查。施工车辆运输危险物品时应悬挂警示牌。室内装修作业时，规定了严禁使用稀释剂和溶剂，严禁使用施工用具。地下施工作业穿越富水地层、岩溶发育地质、采空区时，应采取措施。水上或水下作业的人员，应正确佩戴救生设施等。

4.2 环境管理方面

提出了施工现场出口应设冲洗池，施工场地、道路应采取定期洒水抑尘措施，提高施工现场的环境质量；施工现场应进行噪声监测，并采取控制噪声排放和降低噪声影响的措施，降低施工现场的噪声污染。

4.3 卫生管理方面

提出了施工现场食堂应设置独立的功能分区，配备必要的设备设施，制定食品留样制度，并严格执行，食堂应有餐饮服务许可证和卫生许可证，炊事人员应持身体健康证上岗；提出办公区和生活区应定期消毒，遇突发疫情，应及时上报，并应按卫生防疫部门相关规定进行处理；提出办公区和生活区应设置封闭的垃圾箱及垃圾的处理方式。

4.4 职业健康管理方面

提出了工程项目从事放射性、高毒、高危粉尘等方面的作业人员，建立、健全职业卫生档案和健康监护档案，定期提供医疗咨询和服务。

4.5 《规范》具有国际先进性

我国现行法律法规和技术标准体系与发达国家存在较大差异，这也是标准化改革和建立新标准管理体系的原因之一。在编制原则和目标上，《规范》借鉴了发达国家的建筑技术法规，突出对保障人身健康和生命财产安全、国家安全、生态环境安全以及满足经济社会管理的基本需要。

5 结语

建筑与市政工程建设过程中，施工现场的安全管理、环境管理、卫生和职业健康管理是工程管理中的重要部分，关系到施工现场每位人员的生命财产安全、环境安全和人身健康。《规范》以建筑与市政工程中的施工现场安全、环境、卫生与职业健康管理为对象，以建筑与市政工程施工中保障人身健康和生命财产安全、生态环境安全，满足经济社会管理基本需要为目的，明确了建筑与市政工程施工现场安全管理、环境管理、卫生管理和职业健康管理的功能、性能和技术指标要求。《规范》编制过程中文充分借鉴了美国、英国和日本等先进标准和技术法规，在内容架构、要素构成及技术指标等方面进行了对比借鉴，提高了本规范的国际先进性。

《规范》中提出了施工现场应根据施工人员数量设置厕所和盥洗设施，会增加施工现场的施工措施费等费用，可能会在行业内引起小范围的争议。根据目前施工现场的实际情况，办公区和生活区设置厕所和盥洗设施基本能够满足要求，但在施工区设置一定数量的厕所和盥洗设施，对一些偏远项目和小散项目未必能够达到要求，可采取增加定额费用的方法，为施工现场增加厕所和盥洗室建设预算充分的费用。

作者：焦安亮　黄延铮　张中善　闫亚召（中国建筑第七工程局有限公司）

行业标准《装配式住宅设计选型标准》

Professional Standard "*Standard for Model Selection of Assembled Housing*"

1 编制背景

随着国民经济的发展和人民对美好生活的向往，我国目前推行的高质量发展、绿色低碳发展、可持续发展等国家顶层战略，加快了新型建筑工业化的发展进程。建筑业是我国国民经济的重要支柱产业，全面实现生产建造方式的转型升级刻不容缓。2020 年，住房和城乡建设部等多部门联合印发了《关于加快新型建筑工业化发展的若干意见》和《智能建造与建筑工业化协同发展的指导意见》等相关政策文件，提出将标准化理念贯穿于新型建筑工业化项目的设计、生产、施工、装修、运营维护全过程，为以装配式建筑为核心的新型建筑工业化发展指明了方向。

2016 年国务院《关于大力发展装配式建筑的指导意见》发布以来，装配式技术在我国开始大量应用，技术水平显著提升。特别是装配式建筑技术系列标准陆续发布实施后，装配式建筑已由起步期进入快速发展时期，国家顶层设计逐渐成型，各地方具体政策指导措施正在有序推进。目前，国家在大力推动装配式建筑发展的同时，更注重整个产业链的健康发展，只有将设计标准化和部品部件标准化等理念贯穿于整个过程，才能实现产业链上下游的高效有序衔接。

装配式建筑发展已有较长时间，但还存在很多问题，效果也不理想。经过调研发现，问题的关键是在建设过程的前端。一是设计环节，目前很多设计单位仍然先按传统思路进行设计，再拆分为预制结构部件，缺乏对标准化设计、系统集成等装配式建筑设计理念的应用，使得实际工程中存在大量非标尺寸的部品部件和接口；二是部品部件环节，部品部件标准化程度的不足，直接影响生产效率，在装配施工中也导致混凝土模具、施工机具等无法高效重复使用，造成极大的浪费。同时，部品部件接口的标准化程度不足，也使得部品部件无法通用、互换，进而导致生产、施工效率受到严重影响。可见，标准化问题已成为当下我国装配式建筑发展的障碍，亟须在设计理念层面对设计人员进行引导。

2 编制目的

为贯彻落实党中央、国务院关于大力发展装配式建筑的决策部署，将标准化理念贯穿于装配式建筑项目的设计、生产、施工、装修、运营维护全过程，住房和城乡建设部标准定额司着力打造"1+3"标准化设计和生产体系，见图 1。"1"为行业标准《装配式住宅设计选型标准》、"3"为《钢结构住宅主要构件尺寸指南》《装配式混凝土结构住宅主要构件尺寸指南》《住宅装配化装修主要部品部件尺寸指南》（以下简称《指南》）。

《装配式住宅设计选型标准》JGJ/T 494—2022（以下简称《标准》）的制定旨在引领设计单位实施标准化正向设计，重点解决如何采用标准化部品部件进行集成设计，与 3 项《指南》相互配合形成装配式建筑标准化的系统解决方案，全面构建"1+3"标准化设计和生产体系。

3 主要内容

《标准》在编制过程中，研究并消化吸收了国内外在标准化设计与标准化部品部件应用的成功经验，同时借鉴《装配式混凝土建筑技术标准》GB/T 51231—2016、《装配式钢结构建筑技术标准》

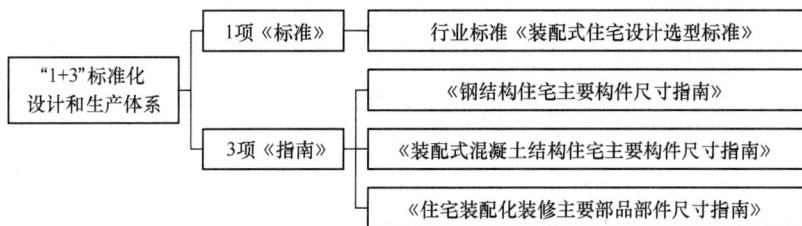

图1 "1+3"标准化设计和生产体系

GB/T 51232—2016 和《工业化住宅尺寸协调标准》JGJ/T 445—2018 等现行相关标准,《装配式混凝土建筑技术体系发展指南（居住建筑)》《装配式建筑系统集成与设计建造方法》《装配式建筑标准化部品部件库研究与应用》等相关技术要求,以及国家重点研发计划项目"工业化建筑部品与构配件制造关键技术"的相关研究成果,力求以行之有效的建设经验和科学技术的综合成果为依据,兼容新技术、新工艺并适应新的技术发展趋势,保证标准编制的科学性和可实施性。

基于以上原则,《标准》共8章,编制了总则、术语、装配式住宅设计选型的基本规定、建筑设计以及结构、外围护、设备与管线和内装修四大系统的设计选型要求（图2)。

"总则"规定了《标准》的编制目的、适用范围、共性要求和执行相关标准的要求;"术语"是沟通《标准》与执行者之间的桥梁,规定了与设计选型密切相关的基本概念;"基本规定"确立了设计选型应遵循的基本原则和设计选型的主要内容,并针对部品部件及其接口的设计进行了深入规定;"建筑设计"给出了建筑设计的总体要求,提出了模块及模块组合的设计方法和平立面标准化和多样化设计的协调方法;"结构系统""外围护系统""设备与管线系统"和"内装修系统"从装配式建筑四大系统的角度分别结合其特征明确了体系、性能指标及部品部件的具体选型规定。

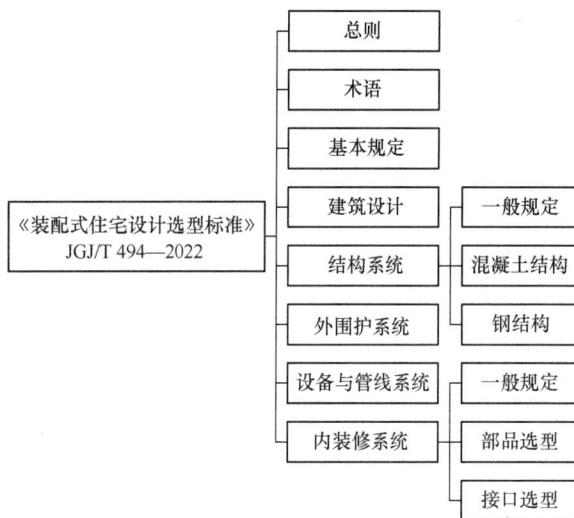

图2 《标准》章节架构

4 技术要点

4.1 设计选型的内涵

设计选型,是以新型建造体系为基础,对技术体系、部品部件及其接口等进行比较、选择、优化、确定的设计方法。装配式住宅的设计选型,首先需要在四大系统层级进行设计选型,选择合适的技术体系和适应的技术,并应进行集成设计,使得四大系统之间相互协调统一;其次,在部品部件层级进行设计选型,选择适合的部品部件,并确定其接口;最后,尚需要考虑生产、施工等各个建造环节的因素,进一步进行迭代优化,确定最终的设计选型。

装配式住宅的设计选型必须在系统集成理念的基础上进行,才能实现自建筑到四大系统、最终到各类部品部件之间尺寸、性能的协调,实现设计、生产、施工之间的协同,建立上下有序、健康发展的建筑产业链。《标准》提出设计选型的概念,最为重要的是引导设计人员建立产业化的思维,在设计前的技术策划中就要考虑到标准化部品部件的选型问题,建立以"建筑—技术体系—部品部件"自上而下、自下而上、相互协调、相互统一的原则。

4.2 通用部品部件的产生和应用

《标准》中提出的通用部品部件指的是满足尺寸定型要求，可规模化生产、规范化安装的系列化部品部件。通用部品部件应用的意义在于打破项目的壁垒，在一定区域、一定范围之内建立可规模化生产的部品部件；大批量的生产有助于部品部件走向商品流通领域，促进市场的竞争和生产水平的提高。非通用部品部件应用的意义在于适应项目本身特色，展现多样化的形式，避免千篇一律。装配式住宅由通用部品部件和非通用部品部件共同组成，不管是通用部品部件还是非通用部品部件在设计中均应遵循"少规格、多组合"的标准化设计原则。

装配式住宅由不同的部品部件组装而成，设计选型是基于通用部品部件和非通用部品部件的正向设计方法，最终形成一个整体的建筑产品。显而易见，部品部件的尺寸和住宅的空间布局、尺寸等密切关联。装配式住宅所应用到的部品部件中，有很多机电类、内装类部品已经走向了商品流通市场，形成了通用的部品部件，建筑设计时，尤其在卫生间、厨房等部品较多的空间设计时，应注重净空间尺寸与通用部品部件的协调，以避免不必要的浪费；对于装配式混凝土结构部件，受建筑体型、高度、空间尺寸等，以及结构体系、外部荷载作用情况等各方面因素的影响，尚未能够出现通用产品，因此《标准》也建议一方面鼓励各地方、大型企业等能够根据当地实际情况，针对保障性住房等典型住宅形成一定范围内的通用部品部件，另一方面也建议针对一些简单的结构部件，如楼梯等，配合住宅空间的标准化形成通用的部件。

4.3 建筑师引领的重要性

装配式建筑的发展是否顺畅，关键之一是设计理念的转变，装配式住宅与传统住宅在工作流程和设计方法上存在巨大差异。建筑专业是龙头专业，装配式住宅的设计选型对建筑师从建筑产业化思维到装配式建筑建造技术系统性、全面性的掌握等方面均提出了更高的要求。

建筑师应在整个住宅设计选型中充分发挥设计引领作用，承担更多的职责，以便更好地协调各阶段、各专业的需求。从技术策划阶段开始，建筑师就应牵头组织各相关单位、相关专业人员对项目进行一体化设计，以部件部品标准化为核心，同时兼顾项目定位及功能性要求，以产品化思维改进设计方法，并通过工业化的集成生产保障部件部品质量、提高生产效率，进而全面提升住宅建造品质。只有在建筑师高效、正确的统领下，方能以整体项目为对象，通过选型前置的方法，实现系统集成，促成全专业协同、全过程的协调。

4.4 标准化设计

对于装配式住宅而言，标准化设计体现在以模数和模数协调为基础，并采用模块和模块组合的设计方法。模块是复杂产品标准化的高级形式，其基本原则就是以标准化的模块形成多样化的系列组合。装配式住宅项目的部品部件、住宅套型以及住宅楼栋均应采用标准化设计，设计选型流程应为由标准化部品部件组合成功能模块，由功能模块组合成套型模块，再由套型模块和交通核模块组合成单元模块，最后由单元模块组合成楼栋（图3）。装配式住宅的设计，应将标准化与多样化两者巧妙结合并协调设计，在实现标准化的同时，兼顾多样化和个性化。

由于各方面原因导致的模数和模数协调概念在设计中缺失，是当前标准化设计浮于形式的根本原因，这也非一朝一夕，或是一本标准能够彻底解决的问题。《建筑模数协调标准》GB/T 50002、《工业化住宅尺寸协调标准》JGJ/T 445 等国家现行标准中对模数协调的原则和方法都进行了规定，故《标准》中未过多涉及该方面内容，仅针对部品部件的尺寸标注形式、接口的容差等方面进行了原则性规定。实际工程项目中，各方应根据相关标准要求，协调统一，共同推进标准化设计的落地应用。

4.5 结构设计选型

安全可靠、生产标准化程度高、施工便捷是结构系统设计选型的核心目标。安全可靠是结构设计最基本的要求，在满足基本要求的前提下，为达到生产标准化、施工便捷，《标准》第5章针对结构体系选型、结构布置、结构部件及其接口选型等方面进行了规定。首先，应在技术策划时选定适宜的

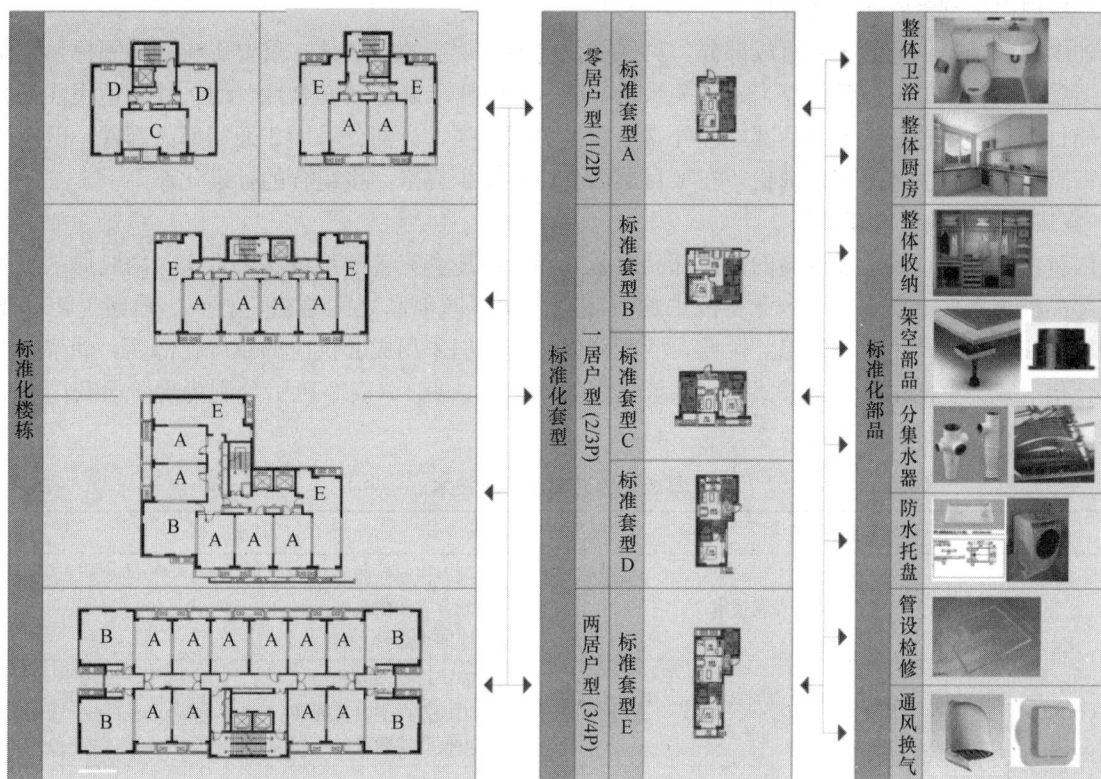

图 3　装配式住宅标准化设计理念

结构体系；其次，在建筑方案设计阶段结构专业应结合通用部件的应用配合建筑专业在建筑体型、结构布置方面提出相关建议；此外，还应充分考虑生产、运输、施工安装的要求，兼顾结构部件标准化和接口标准化进行结构设计。

装配式混凝土结构主要包括剪力墙结构、框架结构、框架—剪力墙结构等结构形式。近几年随着装配混凝土结构的推广应用，以这些结构形式为基础，国内也涌现出了诸多的新型结构技术体系，主要在结构部件形式、连接技术方面存在差异。装配式混凝土结构体系选型时，应在保证安全可靠、生产施工可行的前提下，综合考虑质量、效率、成本等各方面因素，选择生产简单、安装便捷的技术。结构部件层面上，在生产、运输、吊装能力允许范围内宜优选大型化结构部件；连接技术层面上，在满足要求的前提下宜优选大直径、高强钢筋等少连接钢筋的技术。同时，宜配合大空间的结构布置，采用预应力楼盖技术，并以预制混凝土楼梯为重点、推进通用部件的应用。

钢结构体系的设计选型，主要以住宅高度为参考依据，如低、多层住宅主要为钢框架结构体系、冷弯薄壁型钢结构体系、钢框架—中心支撑结构体系或交错桁架结构体系等，高层住宅可选用钢框架—中心支撑结构体系、钢框架—偏心支撑/屈曲约束支撑/延性墙板结构体系、钢框架—混凝土核心筒结构体系等。在钢结构部件设计选型层面，推荐选用性能优异的轧制型材。钢柱宜采用热轧 H 型钢、热轧或冷弯成型方（矩）形钢管及由方钢管或 H 型钢、T 型钢、C 型钢等型材焊接形成的组合截面；钢梁宜采用热轧 H 型钢；支撑部件宜采用宽翼缘热轧 H 型钢、冷弯成型方（矩）形钢管。

4.6　外围护系统设计选型

外围护系统指由建筑外墙、屋面、外门窗及其他部品部件等组合而成，用于分隔建筑室内外环境的部品部件的整体。《标准》将外墙分为基层墙、功能层和装饰层三部分，可选用一体化产品方案或分离式装配方案。不建议采用预制墙板结合外保温薄抹灰、现场抹灰以及现场贴瓷砖等做法。同时，外墙围护的设计选型应结合外门窗、外挑阳台、空调板等各类部品部件的布置以及各类材质、纹理的效果，展现出丰富多彩的立面效果。

外围护系统是住宅的重要组成部分，对保证住宅各项功能的实现具有重要影响。外围护系统设计应根据项目所在地的环境条件及当地相关绿色节能等政策要求确定其安全性、耐久性和适用性等方面的性能目标。外围护系统的部品部件和外立面效果关联性强，会部分采用非通用部品部件，但应结合项目特点，尽量减少部品部件规格，在项目层面上应遵循少规格、多组合的标准化原则。

4.7 集成化、模块化内装部品

内装修系统应选用集成度高的通用部品，所选部品应配套完善的系统解决方案。内装修系统所采用的部品种类繁多，如由施工企业零散采购拼装，由于不同部品之间规格、材料、质量、工艺不匹配，容易在装配中产生质量缺陷。因此，装配式内装修提倡采用成套供应的系统化部品，如架空地板系统、集成式卫生间系统、集成式厨房系统、整体收纳等。表1、表2所示分别为现阶段我国部分集成化、模块化内装部品的关键技术。

集成化内装部品关键技术 表1

内装设计整体技术			优势
内装分离与集成技术体系	1	轻钢龙骨隔墙集成技术	① 隔声保温性能好 ② 配合管线敷设施工 ③ 墙体重量轻
	2	局部架空地板集成技术（卫生间干区位置）	① 隔声保温性能好 ② 增加室内空气流通性 ③ 方便管线敷设施工
	3	局部轻钢龙骨吊顶集成技术	① 隔声保温性能好 ② 方便管线敷设施工
	4	局部双层墙面技术	① 方便管线敷设施工
	5	管线分离与集成技术	① 便于维护保养及检修 ② 减少室内管井的数量，空间布置更加灵活
	6	干法施工集成技术	① 便于维护保养及检修 ② 减少室内管井的数量，空间布置更加灵活

整体式内装部品关键技术 表2

系统	子系统	关键技术
内装模块部品	整体卫浴	① 工厂预制、现场装配，整体模压、一次成型
		② 防水盘结构，防水性和耐久性好
		③ 配有检修口
		④ 采用节水型坐便器、水龙头等
	整体厨房	① 整体配置厨房用电用具和电器
		② 综合设计给水排水、电气、燃气等设备用线
		③ 符合人体工程学，提高使用舒适度
	整体收纳	① 便于灵活拆卸和组装
		② 综合设置独立式、开敞式、步入式

4.8 数字化技术应用

基于标准化部品部件的设计选型方法，其实施的基础是建立通用部品部件库。部品部件库采用统一的编码规则，支持建造全过程的设计协同和建筑全寿命期的信息共享与有效传递。通过开放的参数化预制部品部件 BIM 库，形成装配式建筑标准化设计的基础单元库。

在装配式建筑的设计阶段，优先采用库内的通用部品部件进行设计。通过标准化部品部件库的合理应用，能够方便地加载与检索出标准化部品部件库内的适宜部品部件并直接用于设计，同时也能将生产、施工的因素前置考虑，打通前端设计与后端生产、施工，强调设计过程基于系统集成的理念进行选型，从而实现各专业的协同和全过程的协调。

5　标准实施意义

作为首部装配式住宅部品部件标准化设计选型标准，主要从正向的系统集成设计角度出发，解决标准化部品部件与前端设计衔接的相关问题，通过阐述如何通过标准化的部品部件进行结构、外围护、内装、设备与管线四大系统的集成设计，将建筑设计与部品部件选用有效结合，给装配式建筑设计人员提供强有力的技术指导。

同时，《标准》与3项《指南》共同构建"1+3"标准化设计和生产体系，定将全面打通装配式住宅设计、生产和工程施工环节，推进全产业链协同发展。通过明确通用标准化部品部件的具体尺寸，逐步将定制化、小规模的生产方式向标准化、社会化方式转变，全面提升新型建筑工业化生产、设计和施工效率，推动装配式住宅产业向标准化、规模化、市场化迈进。

作者：郁银泉　高志强　曹爽　周祥茵（中国建筑标准设计研究院有限公司）

行业标准《城市信息模型基础平台技术标准》

Professional Standard "*Technical Standard for Basic Platform of City Information Model*"

1 编制背景

我国已经进入城市化的中后期，城市发展由大规模增量建设转为存量提质改造和增量结构调整并重，从"有没有"转向"好不好"，进入到了城市发展新的历史阶段，亟须进一步提高城市精细化管理水平和加强城市治理方式创新。城市信息模型（CIM）基础平台是在城市基础地理信息的基础上，建立建筑物、基础设施等三维数字模型，表达和管理城市三维空间的基础平台，是城市规划、建设、管理、运行工作的基础性操作平台，是智慧城市的基础性、关键性和实体性的信息基础设施。推进CIM基础平台建设，打造智慧城市的三维数字底座，推动城市物理空间数字化和各领域数据融合、技术融合、业务融合，对于推动数字社会建设、优化社会服务供给、创新社会治理方式、推进城市治理体系和治理能力现代化均具有重要意义。

为深入贯彻落实党中央、国务院关于建设网络强国、数字中国、智慧社会的战略部署，持续推进"放管服"改革，优化营商环境，2018年以来，住房和城乡建设部结合工程建设项目审批制度改革，先后在广州、厦门、南京等地开展CIM平台建设试点工作，在CIM平台总体框架、数据汇聚、技术路线以及组织方式方面积累了较为丰富的经验。

为指导各地推进CIM基础平台建设，2020年6月，住房和城乡建设部会同工业和信息化部、中央网信办印发《关于开展城市信息模型（CIM）基础平台建设的指导意见》，提出了CIM基础平台建设的基本原则、主要目标等，要求"全面推进城市CIM基础平台建设和CIM基础平台在城市规划建设管理领域的广泛应用，带动自主可控技术应用和相关产业发展，提升城市精细化、智慧化管理水平。构建国家、省、市三级CIM基础平台体系，逐步实现城市级CIM基础平台与国家级、省级CIM基础平台的互联互通"。

尽管推动CIM基础平台建设已被多次写入党中央网络强国等相关行动和政策中，但我国在该领域还处于起步探索阶段，缺乏相应标准和技术要求参考，各地关于CIM基础平台的具体画像和建设路径一直处于无章可循的阶段，一段时间内盲目建设的困境凸显。为此，CIM基础平台建设需要成熟的相关标准作为指引，为加强对各地CIM基础平台建设的技术指导，在CIM平台建设试点基础上，2020年9月，住房和城乡建设部建筑节能与科技司组织有关单位开始编制《城市信息模型基础平台技术标准》（以下简称《标准》）等标准，旨在解决CIM平台建设过程中无标准可循、交叉重复等痛点问题。

2 技术内容

《标准》主要技术内容包括总则、基本规定、平台架构和功能、平台数据、平台运维和安全保障等六部分内容。

2.1 术语和基本规定

在术语章节，首次从行业层面给出了国家级、省级和市级三级城市信息模型基础平台的官方定义，明确了三级平台各自的定位、特点与相互之间的基本关系。在基本规定章节进一步阐述了国家、省、市三级平台纵向之间及各级与其同级政务系统横向之间的衔接关系，要求三级平台应建立协同工作和运行管理机制，实现网络联通、数据共享、业务协同，上级平台还需对下级平台进行监督指导，各级平台与同级政务系统应实现数据共享。

2.2 平台架构与功能

《标准》不仅规范了三级平台的架构与建设应遵循的共性要求，同时明确了各级平台的总体架构组成、功能建设等具体要求：（1）提出三级平台总体架构均由设施层、数据层、服务层、标准规范体系、运维与安全保障体系共三个层次、两大体系组成，其中国家级与省级平台的总体架构遵循统一的建设要求。（2）因三级平台在实际应用中的定位、侧重具体业务等不同，国家级、省级两级平台的三个层次建设内容与市级平台存在明确的差异。在设施层，国家级、省级两级平台仅包括数据存储、传输等软硬件和网络资源，市级平台在此基础上还涉及传感器、执行器终端等物联感知设备内容；在服务层，三级平台在数据交换与共享、数据查询与可视化、开发接口与运行管理（运行与服务）四大功能模块上既有共性要求也有各自区别。此外，国家级平台和省级平台还应具备重要数据汇聚、统计分析、监测监督等特有功能，市级平台还应具备数据汇聚与管理、场景配置、分析应用、运行与服务等特有功能，支撑市级平台进行具体业务操作。数据层的具体区别见平台数据部分内容。

2.3 平台数据

本章在已有的标准成果基础上对平台数据建库、数据更新、数据共享与服务的原则要求进行优化、总结、提炼，明确了三级平台数据库内容构成与约束条件。《标准》提出了国家级和省级平台数据库应包括 CIM 成果（CIM1 级～3 级模型）、资源调查、业务系统、工程建设项目四类数据，其中 CIM 成果数据和工程建设项目数据来源于同级政务系统和下级 CIM 平台；市级平台数据库应包含 CIM 成果（CIM1 级～7 级模型）、工程建设项目、资源调查、时空基础、规划管控、公共专题和物联感知七类数据。

2.4 平台运维和安全保障

本章对平台环境、平台运维、安全保障三方面提出原则要求与技术要求。《标准》除了对系统运行的软硬件环境、网络环境及运行维护工作与安全保障做出基本规定，还明确了自建机房和网络环境的建设应遵循的现行国家标准要求，新增了对安全域确定、数据分级划分的要求，对于平台安全工作应根据数据等级划分结果，制定相应安全保密方案，有针对性地开展安全保障工作。

3 亮点与创新点

《标准》是多个部委联合行业内 GIS、BIM、建筑信息化等领域大量企事业单位从业者通过对国内外 CIM 基础平台建设背景和建设需求进行深入剖析，在建设试点探索、政策研究、关键技术攻关、CIM 软件研发等方面做了系列工作基础之上产出的标准成果，跟同类项目相比具有如下亮点：

（1）《标准》是国内 CIM 领域第一本行业标准，具有不可替代的技术创新性。

按照住房和城乡建设部、工业和信息化部、中央网信办《关于开展城市信息模型（CIM）基础平台建设的指导意见》等文件指示，《标准》首次明确了国家级、省级、市级 CIM 基础平台定位、平台之间衔接关系，对于指导构建三级平台体系，推动三级平台实现网络联通、数据共享、业务协同，打通行业、部门之间数据壁垒，促进城市二三维信息共享应用具有里程碑的作用。

（2）《标准》明确了三级平台架构、功能和数据要求，理清了三级 CIM 基础平台功能和数据建设的边界，对于解决各级 CIM 基础平台建设的困境具有无可比拟的指导价值。

在住房和城乡建设部试点城市经验基础上，《标准》充分汲取科研领域技术攻关成果经验，创新提出了国家级、省级平台的架构、功能与数据库内容，优化了市级 CIM 基础平台架构、功能与数据库内容，强化了市级平台 CIM 数据类别的分类，将市级 CIM 数据分为成果数据、源数据和关联数据三大类。同时，《标准》对数据建库、数据更新、数据共享与服务等方面做出了明确规定，对于解决各级平台的各类 CIM 数据采集建库、数据更新、数据共享与服务等问题及为以后市级向上级 CIM 基础平台汇交数据提供了指导依据。《标准》的技术内容为各地建设各级 CIM 基础平台指明了方向，为全面指导三级 CIM 基础平台建设及其在城市规划建设管理领域的广泛应用奠定了坚实基础。

（3）《标准》引领了 CIM 行业标准和标准体系的深化研究。

《标准》成果的发布，可支撑 CIM 数据类、平台安全类、平台运维类等其他行业标准的立项与编制，可支撑多项各省部级科研课题的开展，推动国家平台及多个省市开展省、市级平台建设项目的落地实施，引领 CIM 行业标准和标准体系的深化研究。

4 编制思考

通过对《标准》内容的研读，我们了解到《标准》在编制过程中考量了平台分级、平台架构及 CIM 数据分类等方面的内容，但《标准》仍存在不足之处，例如：（1）关于 CIM 数据共享涉密方面的规定在标准中未能细化相关内容，考虑到数据涉密方面涉及政策法规层面问题，这将是我们未来在 CIM 标准中需要攻克解决的难题之一。（2）《标准》未提及平台性能方面的内容，考虑到由于各地信息化水平的差异性，CIM 技术目前还处于初步发展过程中，未来如何实现全国平台性能适配 CIM 技术发展等问题将是我们未来需解决的难题之二。（3）关于《标准》成果推广应用落地方面可能存在问题的思考。CIM 平台是属于跨部门共建共享共用的平台，涉及多个部门、企事业单位协同工作等问题，在《标准》推广应用过程中，还可能面临各地需落实平台应用的主导推进单位、如何保障《标准》成果应用落地效果、协同工作机制的建立、如何保障平台的安全与共享应用等现实问题。

5 结语

城市信息模型基础平台是智慧城市建设的新一代信息基础设施，是智慧城市的三维数字底座，平台的建设是推进数字孪生城市和数字中国建设的重要抓手和核心内容。然而目前在国内外对于 CIM 的概念内涵和建设方法路径尚未形成明确、统一的标准，各自结果无法横向比较。

《标准》遵循《关于开展城市信息模型（CIM）基础平台建设的指导意见》明确了各级 CIM 基础平台的定位、功能与数据建设要求，强化了各级平台纵向之间及与其同级平台横向之间的衔接关系。《标准》的出台为构建三级平台体系、逐步实现城市级 CIM 基础平台与国家级、省级基础平台互联互通奠定了理论和技术基础，对于规范各级 CIM 基础平台建设，推动城市建设、管理数字化转型和高质量发展，提升城市治理体系和治理能力现代化水平具有重要意义。未来各地市在开展 CIM 平台建设和应用过程中，在满足《标准》规定的基础上，建设主管部门应结合地方特色及发展战略确立 CIM 建设目标、内容和重点，各地市需考虑自身发展现状及趋势，全面梳理自有数据基础，根据实际需要，选择经济合适的方式建设 CIM 基础平台。

作者： 于静[1]　张永刚[2]　樊静静[3]　欧阳芳[4]（1. 住房和城乡建设部信息中心；2. 中外建设信息有限责任公司；3. 中外建设信息有限责任公司；4. 奥格科技股份有限公司）

中国建筑业协会团体标准《建筑工程施工质量管理标准化规程》

China Construction Industry Association Group Standard of *"Code for Quality Management Standardization of Construction Engineering"*

1 编制背景和原则

1.1 国家有关政策情况

1.1.1 国家层面关于标准化和标准

十八大以来，党中央、国务院通过深化标准化改革等一系列决策部署，加强标准化工作，把标准化改革列为重点任务。十八届二中全会提出了要加强技术标准体系建设；十八届三中全会要求政府要加强发展战略、规划、政策和标准的制定和实施；十八届四中全会把标准作为依法治国的重要手段；十八届五中全会对标准化的要求贯穿了"创新、协调、绿色、开放、共享"五大新发展理念。尤其是《国家创新驱动发展战略纲要》从党和国家工作全局高度，部署"实施知识产权、标准、质量和品牌战略"，要求"提升中国标准水平"；加快修订《标准化法》，使该法尽快出台。2016 年第 39 届国际标准化组织在北京召开，会议突出强调，标准是人类文明进步的成果，标准已成为世界"通用语言"。国务院相继颁布《深化标准化工作改革方案》《国家标准化体系建设发展规划（2016—2020 年)》。2021 年 10 月发布的《国家标准化发展纲要》，要求全行业全域标准全覆盖、大发展。

1.1.2 国家层面关于质量管理

2017 年 9 月中共中央、国务院《关于开展质量提升行动的指导意见》，明确提出"确保重大工程建设质量和运行管理质量，建设百年工程"以及"全面推进工程项目质量标准化管理"的新要求，进一步强调了工程质量管理及其标准化工作的重要性。

1.1.3 国家层面关于信息化

国务院印发《关于促进建筑业持续健康发展的意见》，要求加快推进工程建造技术科技化、信息化和智能化水平，其中还提及智慧建造。

1.1.4 行业主管层面关于质量管理与标准化

2014 年 5 月，住房和城乡建设部开展建筑业改革发展试点工作，将湖北省列为全国质量管理标准化试点省份之一。2014 年 7 月，住房和城乡建设部印发了《关于推进建筑业发展和改革的若干意见》，把推进质量安全标准化建设作为强化工程质量安全管理的一个重要举措。2017 年 12 月，住房和城乡建设部又发布了关于开展过程质量管理标准化工作的通知，以质量行为标准化和工程质量控制标准化为重点，提出了建立企业和工程质量自我约束、自我完善、创新改进的质量工作机制，对于严格落实工程参建各方主体质量责任，全面提高工程质量水平具有重要作用。

1.2 建筑业现状和立项

建筑行业属于劳动密集型行业，由于部分岗位职责不清、施工过程质量标准化管理程度不高，导致很多工程质量管理效率不尽如人意，且现行国家或行业标准尚没有对建筑工程施工质量管理标准化进行规范。

基于以上情况，中国建筑业协会印发的《关于开展第三批团体标准编制工作的通知》中明确了《建筑工程施工质量管理标准化规程》（以下简称《规程》）编制任务。

1.3 编制依据和原则

以上文 1.1 中的系列政策文件为依据，借鉴 2017 年中国建筑业协会质量分会集社会力量开展的工程质量管理标准化岗位职责研究的课题成果，结合各地的实际情况和国内在建筑工程中推行质量管理标准化比较早的城市的管理办法，总结建筑行业优秀企业在质量管理标准化方面的最新做法，在吸纳在质量管理标准化方面形成优秀经验单位成果的基础上，严格按照《工程建设标准编写规定》编写。《规程》邀请了我国建筑施工行业多名资深知名专家全程参与《规程》的编写和讨论，深入研究了以下 5 个问题：（1）什么是施工质量管理标准化；（2）施工单位应在哪些方面推行标准化；（3）如何开展施工质量管理的标准化；（4）怎么评价施工质量管理的标准化的效果；（5）哪些先进技术和管理手段在哪些方面可有效促进施工质量管理的标准化。为了集思广益和广泛征集社会意见，除了在协会网站公告征求意见外，还采取了向行业资深专家定向征求意见的方式，力求使《规程》具有科学性、实用性和可操作性。

2 主要内容

《规程》以施工单位质量管理体系为基础，以落实施工现场质量管理责任为主线，通过建立健全施工单位的日常质量管理和工程实体质量控制的管理制度、工作标准和操作规程等，明确施工单位质量相关岗位的质量责任，实现质量行为规范化；以保障工程实体质量为目的，通过对技术、物资、过程管理、资料和验收全过程的质量管理活动的控制，实现工程实体质量控制的程序化和标准化；通过结合信息化技术和实施标准化评价，从而使施工单位建立工程质量管理标准化的长效机制，促进工程质量均衡发展，有效提高工程质量整体水平，进而推动建筑业向高质量发展。《规程》全文共七章和四个附录，主要章节有：1. 总则；2. 术语；3. 基本规定；4. 质量行为标准化；5. 工程实体质量控制标准化；6. 质量管理标准化评价；7. 质量管理信息化；附录 A 施工单位关键岗位的质量职责；附录 B 公司层面质量行为标准化评价评分表；附录 C 项目管理层面质量行为标准化评价评分表；附录 D 工程实体质量控制管理标准化评价评分表。

第 1 章总则共 3 条，对《规程》的编制目的、适用范围及与其他国家现行标准的关系进行了明确。《规程》适用于施工单位对所从事的新建、扩建和改建房屋建筑工程实施的质量标准化管理。

第 2 章术语共 8 个，针对施工质量管理标准化、质量行为标准化、工程实体质量控制标准化、质量管理信息化和质量管理标准化评价等主要术语的内涵进行了阐述。其中：2.0.1 施工质量管理标准化中，首次明确了其内涵，不但包括质量行为标准化和工程实体质量控制两部分内容，而且要求在施工管理中去实施，实施的效果可以通过评价结果来体现。在 2.0.2 质量行为标准化中，首先结合国内施工单位的实际管理职责进行了分层。施工单位作为法人单位，对外其作为一个整体和工程施工主体对其施工工程的质量负有全部责任。但在内部，其设置的不同机构的质量职责可概括为两类：一类的主要职能是为工程实施提供服务、指导、检查和监督，如施工单位的机关部室以及按照区域或者专业等设立的分公司或分支机构，在《规程》中将其纳入为公司层面；另外一类是施工单位为了完成某项建设工程施工任务而设立的现场组织，如项目经理部、施工总承包项目经理部和工程现场指挥部等项目管理机构，其不具备法人资格，但代表隶属的施工单位负责工程从开工到竣工全过程的管理，是施工单位在该工程项目上的管理层，同时对作业层负有管理与服务的双重职能，在《规程》中将其纳入项目管理层面。其次要求针对不同层级在人员、技术、物资设备、分包、施工过程、资料和验收等质量管理方面的主要责任和义务进行规范。在 2.0.5 工程实体质量控制标准化中，明确要从建筑材料、构配件和设备进场质量、施工工序及质量验收管控等方面，对影响结构安全和主要使用功能的分部、分项工程与关键工序做法以及相关管理要求等全过程做出相应规定。在 2.0.8 质量管理标准化评价中，要求按照一定的指标和权重，对施工质量行为标准化和工程实体质量控制标准化进行考核，使施工单位能够全面了解其施工质量管理的真实水平，促进有推广价值的管理制度、指导图册、实施细则和工作手册等标准化成果的推广，提高施工单位的质量管理水平。

第3章基本规定共9条，主要针对施工单位如何开展施工质量管理标准化的共性内容进行了规定。如：施工单位应以循环动态管理方式开展施工质量管理标准化工作和实施建筑工程施工质量管理标准化时应纳入建设、勘察、设计和监理等责任主体单位质量管理要求进行了规定，并对施工单位应建立健全两级质量管理标准化体系和进行工程系统策划也提出了明确要求，同时还要求施工单位工程进行实体质量控制标准化应覆盖工程实施的全过程，还规定施工单位搭建工程质量管理标准化信息平台并宜组建资源管理系统供所有工程项目共享以确保质量管理标准化可以顺利实施。

第4章质量行为标准化，共3节，本章的主导思想是施工单位公司层面应加强对项目施工质量管理的指导、服务和管理，项目管理层面应在具体施工过程中落实各项施工质量管理化要求，即规定了谁来做、做什么的问题。在4.1节中，首先对施工单位作为一个整体在质量管理体系建设方面宜分别建立质量决策、质量保证、质量监督和质量管理评价以便各体系各负其责，避免使其质量管理体系流于形式。其次，对施工单位对质量管理活动实施策划和策划的内容进行了明确，以指导施工单位实施策划。同时，对施工单位的应建立技术进步促进质量提升和质量奖惩与对标行业先进等系统性的质量管理和提升制度进行了规定。如质量管理标准化岗位责任制度：应将工程质量责任详细分解并落实到每一个质量管理、操作岗位，制定简洁、适用、易执行、通俗易懂的质量管理标准化岗位手册，指导工程质量管理和实施操作，提高工作效率，提升质量管理和操作水平。质量责任追溯制度：应明确各分部、分项工程及关键部位、关键环节的质量责任人，严格施工过程质量控制，加强施工记录和验收资料管理，建立施工过程质量标识制度，全面落实建设工程质量终身责任承诺和竣工后永久性标牌制度，保证工程质量的可追溯性。样板示范制度：在分项工程大面积施工前，以现场示范操作、视频影像、图片文字、实物展开、样板间等形式直观展示关键部位、关键工序的做法与要求，使施工人员掌握质量标准和具体工艺，并在施工过程中遵照实施；通过样板引路，将工程质量管理从事后验收提前到施工前的预控和施工过程的控制；按照"标杆引路、以点带面、有序推进、确保实效"的要求，积极培育质量管理标准化示范工程，发挥示范带动作用。对标行业先进进度：根据工程或施工内容找出行业内优秀质量管理方法或具体做法，找出自身的差距，确定改进措施，达到提高实体工程质量水平的目的。此外，还对施工单位应建立并落实的工程施工过程质量控制流程进行了规定；在人员管理方面，要求施工单位应配置两级总监，并要求施工单位的各层质量管理人员进行教育等规定。4.2节对公司层面的质量职责进行了规范，突出公司层面主要职责中的支持、指导、服务和监督作用，如公司层面应建立质量管理信息化平台和资源系统并完善数据库等为各项目实施工程质量管理标准化奠定基础；要积极推广先进技术和指导技术创新促进质量管理提升；在工程实施阶段，公司层面应对质量管理策划进行管理，组建项目管理层面并定期实施考核，并应对技术、物资设备、过程质量、验收和资料进行相应的管理；在工程竣工后，公司层面应对质量维修和投诉进行管理、对保修期内的竣工工程进行定期质量回访和满意度调查并制定改进措施。4.3节对项目管理层面在人员管理、技术管理、物资设备管理、分包管理、过程管理、资料管理和验收管理等工程实施全过程的质量职责做出了规定，与公司的整体管理相对应，突出项目管理层面是落实和提供基础信息的作用，以确保各项制度和流程在施工过程中能够更好地落实，进而促进质量管理标准化。为推进施工单位的精益生产，不断提高质量过程控制的水平和能力，避免或减少因返工等造成的效益损失，进而在保证实现施工项目质量目标的前提下有效控制工程的质量成本，本章要求施工单位实施的工程管理策划，一般包括工程管理规划策划或称策划书和配套实施策划或称实施计划。工程质量管理策划文件属于配套实施策划文件的一部分，是施工单位积极贯彻"过程精品"质量方针的体现，工程质量管理策划应包括质量行为管理策划、实体质量控制策划。其中，公司层面应根据单位需要和合同约定，确定工程的质量目标，项目管理层面应依据确定的质量目标，在各专业施工图会审后开始分部、分项工程的实体质量策划并应在相关施工方案编制之前完成并报请公司层面审批后实施。

第5章工程实体质量控制标准化共7节,要求施工单位应按照技术交底可视化、施工质量样板化、操作过程规范化和验收精细化的原则开展工程实体质量控制工作,并对工程施工过程中的技术、物资设备、过程质量、检测试验、资料和验收管控全过程中在哪些具体方面开展管控进行了规定,即规定了工程实体质量控制标准化怎么做。其中,5.1节对构成工程实体的物资设备的检验实验、过程作业转序、检验批、样板示范、定期质量检查和资料等与工程实体质量控制进行了规定,并要求项目管理层面及时向公司层面传递质量有关信息;5.2节对工程技术管控流程和内容做出了规定,以促进施工单位提高技术管理水平。如施工组织设计和施工方案应结合工程实际编写并应按照会审、审核和审批的流程执行;图纸管理审核应执行自审核和会审流程;深化设计应经原设计单位审核和签认,设计变更和工程技术洽商应在经建设单位、设计单位、监理单位和项目管理层面确认后实施;技术交底应分级审批后进行;还对工程测量和四新技术应用做出了要求。5.3节物资设备管控的内容仅针对构成工程实体的物资设备,主要对其采购计划、采购的程序和进场后的管理做出了要求,并要求对构成工程结构实体的混凝土搅拌站等材料供应单位进行定期或不定期的检查或抽查,以减少工程质量风险。5.4节过程质量管控中,明确了经审批的施工组织设计和施工方案是施工的依据;编制质量样板计划要结合工程实际,特别是对于复杂节点应通过搭建虚拟样板及时检查和消除设计图纸和施工方案的缺陷;对施工过程中的各级生产技术质量人员如何参与过程质量控制和施工工序交接做出了规定;并要求对工程结构上有变化或转化以及对使用功能或建筑造型形成有重要影响的主要结构或构造部分等重点部位、关键工序或为了实现工程的受力性能或使用功能采取的非常用的特定的施工工艺或施工方法等特殊过程应设置电子施工质量铭牌并进行施工监控;针对越来越多的工程进行抢工等不正常现象,提出了凡涉及结构安全的工序,应保证合理的技术间歇的规定;针对施工中以包代管的问题也做出了项目管理层面应旁站和派员参加检验等针对性要求;针对野蛮施工提出了对建筑半成品和成品进行保护的要求;此外,还对人员培训教育以及开展促进技术与管理水平提升等活动做了规定。5.5节检测试验管控中,涵盖了对物资及设备进场检测试验、施工过程检测试验、工程实体质量与使用功能检测等的规定,并对检验报告和检验资料管理做出了规定。5.6节资料管控中,对资料编写原则和资料的形成、内容、检查以及移交做出了规定。5.7节对从样板、检验批、工序、分项工程、分部工程到单位工程的验收程序均做出了规定,确保工程规范验收。

第6章质量管理标准化评价共4节,明确施工单位质量行为标准化的评价可以自评,也可以聘请社会专家或第三方机构;同时对评价的内容、次数和步骤做出了要求,并规定了项目管理机构质量行为标准化的评价和工程实体质量控制标准化评价指标与赋分,且对施工单位的综合评价与持续改进提出了进一步要求;即本章意在让施工单位知道自己的施工质量管理标准化做得怎么样。在项目管理层面的评价中,质量管理行为的权重为30%、而工程实体质量管理标准化的权重为70%;在施工单位质量管理标准化评价中,公司层面质量管理行为标准化评价权重为40%、而项目管理层面质量管理标准化评价权重则为60%,可见,赋分原则重在实体质量控制、重在施工一线。

第7章质量管理信息化共3节,主要是指导施工单位如何系统进行信息化管理;即规定了如何高效做。规定了施工单位的质量管理息化应覆盖从工程开工后的质量策划、过程质量控制到竣工验收备案的全过程,且公司和项目两个管理层级均应借助数字化技术参与上述全过程管理;质量策划阶段宜使用可视化技术进行方案优化和模拟交底,将抽象的施工流程和质量要求转变具象;在过程质量管控中宜使用物联网(IoT)等感应技术进行过程质量数据的采集,并宜采用满足质量监督和巡检等过程控制的数据要求的即时通信技术实现数据的同步传输;在材料、实体质量检测中宜使用可提高数据真实性的(IoT)、AI等技术进行质量性能数据的采集和存储;质量管理信息化平台应利用互联网、移动通信和云计算等技术向两级管理层开放与应用,并可根据其职责灵活授权。

附录A施工单位关键岗位的质量职责中,给出了与施工质量管理标准化强相关的21个岗位的职责供采标单位参考；附录 B 公司层面质量行为标准化评价评分表，给出了评价项目、评价方法、评价内容和分值；附录 C 项目管理层面质量行为标准化评价评分表，给出了评价项目、评价方法、评价内容和分值；附录 D 工程实体质量控制管理标准化评价评分表，给出了评价项目、评价方法、评价内容和分值。

3 亮点与创新点

《规程》依据现行政策及有关规定，在总结提炼我国优秀施工企业的优秀质量管理标准化经验的基础上，制订了适用于我国建筑工程施工质量管理标准化的团体标准。其亮点与创新点为：

（1）《规程》首次明确了施工质量管理标准化包括质量行为标准化和工程实体质量控制标准化两部分，并首次分别对质量行为标准化和工程实体质量控制标准化的内涵进行了明确，还首次规范了质量管理信息化和质量管理标准化评价等术语，为统一施工单位和从业人员对建筑工程施工质量管理标准化相关的认识奠定了基础；

（2）《规程》结合施工单位实行多层级管理的实际情况，创新地将施工单位的质量职责从施工单位作为整体分解为公司层面和项目管理层面两个层级，在公司层面的质量职责的规定中突出了应加强对项目施工质量管理的指导、服务和管理，在项目管理层面的质量职责规定中突出了应在具体施工过程中落实公司层面的各项施工质量管理要求和加强信息反馈，在实施岗位责任制的同时，促进公司内部上下联动和交流，推进施工单位内部不同管理层面间既能各负其责又相互促进的良性管理；

（3）《规程》在工程实体质量控制标准化中，系统地规定了技术、物资设备、施工过程、检测试验、资料和验收管理等全方面全过程的管控内容，特别是针对实际施工管理中存在的技术资料编写和交底流于形式、施工单位疏于对结构主要材料管理、抢工和以包代管等不正常现象或问题，《规程》均做出了相应的规定，以推动施工单位提升工程施工质量管控水平；

（4）《规程》在施工质量管理标准化评价中，系统地规定了评价方法、内容、次数和步骤，赋分原则重在实体质量控制、重在项目管理层面，以引导行业重视工程实体质量控制，促进建筑行业整体迈向高质量发展之康庄大道；

（5）《规程》在信息化管理中，将现有的先进技术和智能装备从工程策划开始到竣工全过程给出了应用指导，并全面梳理出了质量行为信息化管理和工程过程质量控制信息化管理的内容，使信息化赋能施工单位质量管理标准化的提高；

《规程》强调工程开始的策划，注重过程把控，层层递进又基于现实地去规范施工单位的工程施工质量管理，为国内首部建筑工程施工质量管理标准化的标准，填补了国内关于建筑施工质量管理标准化的空白，审查专家一致认为编制水平达到了国内领先水平。

4 结语

2023 年 3 月 16 日中共中央、国务院印发了《质量强国建设纲要》，提出六大发展目标，聚焦五大关键要点，在"强化工程质量保障"中明确要推进工程质量管理标准化，实施工程施工岗位责任制，严格进场设备和材料、施工工序、项目验收的全过程质量管控，正好与《规程》内容高度契合。

《规程》实施后可以统一施工质量管理标准化的理解，促进施工单位不同层级职责清晰、加强工程实体质量控制中对技术、物资、过程管理、资料和验收全过程的质量管理控制，有利于施工单位推行建筑工程施工质量管理标准化，使施工单位建立工程质量管理标准化的长效机制，对贯彻执行国家高质量和标准化的方针政策具有积极的指导作用，从而促进工程质量均衡发展，有效提高工程质量整体水平，进而推动建筑业向高质量发展，对现场提高工程质量和工效具有重大现实意义。

《规程》编制过程中，有专家建议将 PPP（政府和社会资本合作）项目纳入规程管理，也有专家建议将标准化管理的信息化内容也进行评价，但鉴于 PPP 项目的管理重点要从前期规划着手，以及施工单位现阶段真实的信息化水平，上述两条建议尚未在本版《规程》中采纳。未来随着建筑业新政策的发布与实施以及不断向标准化发展的推进，《规程》也将进一步修订和完善相关内容。

作者：景万[1]　张晋勋[2]　温军[1]　彭书凝[1]　蔡亚宁[2]（1. 中国建筑业协会；2. 北京城建集团有限责任公司）

第四篇 实践和应用

本篇收录了建筑业各领域绿色化、工业化、数字化技术实践和应用的典型案例，包括重点工程项目、新理念、新设计、新技术、新材料等方面的内容。

北京丰台火车站是我国首个顶层高铁、地面普铁、地下地铁立体交通枢纽，开创了大型双层车场铁路站房综合体建造技术；西安国家版本馆工程创新应用了山体大空间馆藏抗震建筑施工技术；天府农博园主展馆工程创新了绿色建筑理念，开发应用了现代木结构空间结构建造技术；深圳玛丝菲尔总部大厦工程发展了异形仿生艺术建筑数字化绿色建造技术；天山胜利隧道工程开发应用了复杂环境下大直径立井井筒建设技术；复杂体育场馆智能建造关键技术研究与应用、陕北地区大型会展建筑智能管理展示了公共建筑智能建造技术的新发展；北京劲松一区 114 号楼拆除重建项目探索了城市更新新发展新路径、哈密城市更新实践探索城市生命体理念开创了城市更新全过程咨询设计服务；住宅工程品质提升综合技术研究与应用创新了住宅工程设计施工技术；苏州城亿绿建科技股份有限公司新建PC 构件项目 3 号综合楼项目技术创新与实践、装配式重载厂房项目设计—施工一体化建造实践、明挖装配式隧道建造技术研究与应用反映了装配式建造技术新发展；博鳌东屿岛区建筑绿色化改造项目创建了零碳示范区；古建筑遗址复原与展陈建造技术创新了设计理念和绿色建造技术。

本篇期以应用和实践案例反映行业新发展，启发、引导行业发展。

Section 4 Practice and Application

This chapter collects typical cases of green, industrial, and digital technology practices and applications in various fields of the construction industry, including key engineering projects, new concepts, new designs, new technologies, new materials, and other aspects.

Beijing Fengtai Railway Station is the first comprehensive transportation hub with high-speed railway on top floor, ordinary railway on the ground floor, and subway on the underground floor in China, pioneering the construction technology of a large multiple-level railway station building complex; The China National Archieves of Publications and Culture in Xi'an project innovatively applied seismic resistant building construction technology for mountain large space collections; The main exhibition hall of Tianfu Agricultural Expo Park project has innovated the concept of green building and applied modern spatial wood structure construction technology; The Shenzhen Masefield Headquarters Building project has developed digital green construction technology for heterogeneous bionic art buildings; The Tianshan Shengli Tunnel project has developed and applied the construction technology of large diameter vertical shafts in complex environments; The research and application of key technologies for intelligent construction of complex sports venues, as well as the intelligent management of large-scale exhibition buildings in northern Shaanxi, have demonstrated the new development of intelligent construction technology for public buildings; The demolition and reconstruction project of No. 114 building in Jinsong District 1 in Beijing has explored new paths for urban renewal and development, and the practice of urban renewal in Hami has explored the concept of urban life form, creating a whole process consulting design services of urban renewal; The research and application of comprehensive technologies for improving the quality of residential engineering have innovated the design and construction techniques of residential engineering; The technological innovation and practice of the 3# comprehensive building project of the new PC component project of Suzhou Chengyi Green Building Technology Co., Ltd., the design construction integration construction practice of the prefabricated heavy-duty factory building project, and the research and application of open cut prefabricated tunnel construction technology have demonstrated the new development of prefabricated construction technology; The Boao Dongyu Island Green Building Renovation Project has created a zero carbon demonstration area; The restoration and exhibition of ancient architectural sites have innovated design concepts and green construction technologies.

This chapter aims to reflect the new developments in the industry through application and practical cases, inspire and guide industry development.

大型双层车场铁路站房综合体施工关键技术研究与应用

Research and Application on Key Technologies for the Construction of Large-Scale Double-Deck Railway Station Complex

1 工程概况

北京丰台站位于北京市西南部丰台区，是利用原丰台站货场内用地建成的国内首个"顶层高铁、地面普铁、地下地铁"立体交通模式的特大型综合交通枢纽，高铁与普铁在空间高度方向平行布置的形式在世界铁路车站设计中尚属首次。

该项目建设单位为国铁集团北京铁路集团有限公司，项目合同金额为73亿元，2018年9月开工建设，2022年6月20日开通。该项目是由国铁集团和北京市共同筹资建设的大型铁路枢纽工程，为满足京广、京沪、京九、丰沙、京原普速列车和京广客专、丰雄商高铁铁路等引入而建，对京雄铁路引入北京枢纽具有重大意义。

站房建筑外轮廓东西向587m，南北向320.5m。地下二、三层为新建地铁16号线（市政工程）站厅、站台层，与站房共结构；地下一层标高−11.5m，为普速出站层与城市通廊，中部设置国铁与地铁16号线换乘厅，东南角设置国铁、16号线、既有地铁10号线换乘厅；地面层为普速车场，共计11台20线；10m层为高架候车层，23m为高速车场及站台，共计6台12线。总建筑面积39.88万 m²，含铁路高、普速双层车场共计约73万 m²，屋面最高点标高为36.50m。

丰台站作为首个双层车场，形成特殊的重载韧性结构，是工程的重要特点及难点：工程超长厚大混凝土构件多、单个钢构件重量大、结构复杂加工难度大、板材厚度大（最厚100mm），钢与混凝土始终在穿插施工，工期紧张、施工质量标准高。站房建设期间，位于站房基础下方仅有6m距离的10号线地铁正常运营，横穿站房北侧的既有京沪永丰线正常运营，南侧受横贯站房东西向下方同期新建地铁16号线工程影响，同步实施的还有行包库、行包通道、四合庄框函、市政道路及桥梁，多家单位、多个项目同时或穿插进行，共构或结构相互影响多，邻近既有铁路及地铁施工安全风险高、组织难度大。

项目实施团队在实施过程中进行专题研究，重点在高铁站房重载韧性结构实现、绿色建造、钢与混凝土智慧建造技术、复杂工况下邻近运营地铁基础施工技术等方面有重大突破。

2 科技创新

2.1 邻近地铁运营线上跨、下穿、左右大开挖复杂条件下数值模拟辅助地基基础施工技术

丰台站双层车场东侧与运营中的10号线关系紧密，集中表现为大范围工程桩、围护桩在10号线双线中间及两侧最近3m处邻近布置；上部重载结构转换基础、行包通道涵洞在10号线区间上部大范围间隔重复占压；地下换乘厅、16号线车站与下穿市政路箱涵在10号线两侧4m外大范围不对称明挖；以及新建地铁16号线双线盾构区间在10号线隧道底部2.7m处近距离下穿，确保运营中地铁安全是施工中的重难点。

通过采用数值模拟技术及科学施工组织，实现了运营地铁上部实施大跨度双层车场站房的先例，构建了既有地铁盾构上方重载基础转换技术和微扰动分布式四维控制技术，分步变形控制指标与保护

措施。

地铁埋深范围及下部6m采用全护筒钻孔灌注桩,6m以下采用泥浆护壁的组合支护钻进工艺,解决了砂卵石地层泥浆渗流侵入隧道问题与塌孔风险;通过工程桩、围护桩"一桩两用"技术研究,避免破除工程桩产生二次扰动;通过信息法施工研究,充分利用土方开挖时空效应,严格控制上浮绝对值与速率;通过砂卵石土层浅层固化抗反弹,多维度跳仓开挖施工工法研究,最大化减小上浮影响。经过全过程自动化及人工监测,变形控制在报警值范围内,确保了全过程地铁运营安全。

2.2 双层车场"桥建合一"大型重载混凝土框架劲性结构施工技术

2.2.1 多腔嵌套箱体截面转换加工技术

为适应双层车场荷载大且尺寸受铁路限界限制等因素,框架柱大量采用了多腔箱体钢管组合结构,有田字形、九宫格、十字箱形等截面,并在高架承轨层由田字形转换成十字箱形。钢板厚度为60~100mm。多腔箱体结构在结构楼层设置有多层加劲板。狭小空间内多格构组合,采用常规的装焊工艺无法完成所有焊缝的焊接。为此,研发多腔嵌套箱体截面转换加工技术,解决了多腔复杂节点部位焊接的加工难题。

2.2.2 双层车场多类型机械协作钢混无缝穿插施工技术研究

双层车场站房为多层劲性结构,钢结构从基础开始,即与混凝土结构穿插施工。且周边环境复杂,受地铁16号线施工和既有铁路线的影响,现场场地狭长,施工极度受限。

(1)重塔钢混无缝穿插施工技术

中央站房核心区钢柱下插入承台,并且在普速承轨层和高架承轨层均布置有大跨钢骨梁,通过对比多个吊装方案,创新采用重型塔式起重机结合履带起重机的施工方案。利用重塔覆盖面广、起重能力大的特性,合理布置塔式起重机及型号选型。同时综合考虑各种吊装设备的安拆工况,使钢结构安装与混凝土结构施工能无缝穿插,在混凝土结构施工的技术间歇期内进行钢柱和钢梁的吊装,节约了施工工期。现场由多个技术专家进行垂直运输的方案确定,根据不同的施工进度和构件特点进行塔式起重机方案的调整和优化,自主研发基于北斗系统厘米级定位的塔式起重机、履带式起重机防碰撞技术,并采用组织专家研讨、论证、相关施工单位基于BIM模型统筹协调等方式确保施工效率和安全(图1)。

图1 多机种垂直运输设备共同工作

（2）复杂环境下重型钢构件吊装技术

对于中央站房核心区以外的钢结构安装，采用履带式起重机安装，研发适用于200～300t履带式起重机的装配式行走基础栈桥；在重型钢结构分段吊装过程中，研发了重型钢柱起吊缓冲装置、首节钢柱校正装置、分段坡口保护装置、衬板保护装置、防焊接变形装置等，确保钢结构安装质量和安全可控并提升效率。

（3）跨越地铁大型钢骨转换梁混凝土施工技术

在10号线地铁盾构区间条形基础内设置大跨度超大截面实腹式钢骨转换梁，其中钢骨梁截面尺寸为H3900×2900×70×50，单根长度最大54m，最重361t，因钢骨梁长度超长、重量超重，现场安装需采取分段吊装的安装方式，为确保上部轨道层钢柱定位精确，必须精确进行焊接变形控制，主要采取的技术为：①同一根基础大梁分段全部安装定位完成后再进行分段间焊接。②分段安装定位时，考虑焊接收缩，安装定位加放收缩余量。根据截面形式和板厚大小，基础大梁安装每段焊接收缩考虑3mm，钢梁跨中的分段按照理论定位尺寸坐标定位，两侧的分段每个向外端逐步加放3mm焊接收缩变形值。③分段焊接采取从中间向两端对称焊接的施工方法，同一个对接位置先焊腹板，后焊翼缘，同一条焊缝采取双数焊工同时施焊。

2.3　超长厚大混凝土施工技术

丰台站中央站房地下室混凝土基础底板强度等级C40，抗渗等级S8，东西向长度为364.5m，南北向宽度为320.5m，厚度包含0.9～2.5m，柱坑深度3～7.5m。主要难点为：大体积混凝土基础受到钢柱脚和钢管混凝土柱双重约束，钢骨梁梁板层混凝土的梁和板构件尺寸差异大，导致各个部位混凝土收缩不一致，且施工期存在温度场梯度不一致问题，易产生应力集中现象，裂缝控制难度高。

重点针对不同商混厂家水泥原材和粗细骨料、粉煤灰、硅灰等原材，在不能完全统一材料的品牌和产地的前提下，根据影响混凝土性能指标和因素，以四水平五因素正交试验法进行试配。2名混凝土专家全程驻场监测混凝土质量，根据现场混凝土的特性进行原材和外加剂的精细化调整。通过对超长混凝土结构无缝施工的理论分析，确定"抗、放"结合的抗裂措施，研发并总结出超长厚大体积混凝土减少后浇带的补偿收缩混凝土配制及施工工艺。采用优化配合比结合内置降温管的方式，提升施工效率并有效降低温度场应力对大体积混凝土的影响，实现了超长超厚大体积混凝土少后浇带施工，且无有害裂缝。

3　新技术应用

3.1　钢与混凝土结构共同作用下高性能混凝土施工技术

3.1.1　多腔体密集隔板狭小空间钢管混凝土密实度和脱空研究

丰台站钢管柱共计有360根，从基础-11.5～20.5m为钢管混凝土柱，钢管柱截面为2.2m×（2～4.5m），在全高方向平面为四宫格或九宫格，每个腔体截面900mm左右且互不连通，水平方向存在多个隔板，隔板最小间距为100mm。如此构造的钢管混凝土柱在结构中较为少见。针对钢管柱腔体狭小且竖向节点处多层隔板的特点，通过优化配合比、采用1∶1模型进行工艺模拟及理论分析，重点进行配合比优化，并在过程中随时关注外加剂对骨料的含泥量、石粉含量及温度的敏感性，在降低钢管柱内自密实混凝土气泡率和后期膨胀率方面做重点研究，解决钢管柱内自密实高强混凝土密实度和脱空度难题，并采用诱导振动法和CT法来检测钢管混凝土内部缺陷（图2、图3）。

3.1.2　型钢混凝土结构施工技术研究

本工程承轨层及候车层大量采用型钢混凝土结构，钢梁与钢柱节点最密集处底排有五排主筋，翼缘板距离梁底空间200mm，型钢梁翼缘板底部钢筋密集且空间狭小，梁的截面超大，最大截面为5600mm×1600mm。梁混凝土设计采用C40或C50聚丙烯纤维混凝土。

主要采取的技术：①做1∶1实体模型进行混凝土浇筑模拟试验，采用三种不同纤维掺量进行对比试验，对比不同纤维掺量对钢骨梁混凝土浇筑难度的影响，最终选取了 0.7kg/m³。②对纤维混凝土配合比进行优化，根据现场实践，梁下 300mm 范围内混凝土采用同强度的自密实混凝土，自密实混凝土原材料同普通混凝土一致。③优化型钢钢梁钢筋马凳的做法：钢骨梁钢筋自重过大，采用常规的混凝土垫易被压碎，优化采用钢筋马凳，确保钢骨梁截面及保护层厚度。④优化箍筋形式：箍筋需要采用上下对插 U 形钢筋方式对接，经过多方论证并经过设计同意，U 形钢筋对插接头采用直螺纹连接方式，最终形成封闭箍筋。⑤节点及钢筋优化：原钢筋采用焊接方式与钢柱环板连接，但是当梁底有多层主筋时，相应的钢柱环板就会在节点处堆积，主筋、箍筋、环板在节点处十分密集，优化为在梁两端，一端采用接驳器、一端采用环板焊接方式。同时在梁柱节点处，将梁底加腋，增大节点处梁底部空间，保证混凝土浇筑密实。⑥浇筑混凝土过程采用内窥镜观察梁底混凝土浇筑密实度。

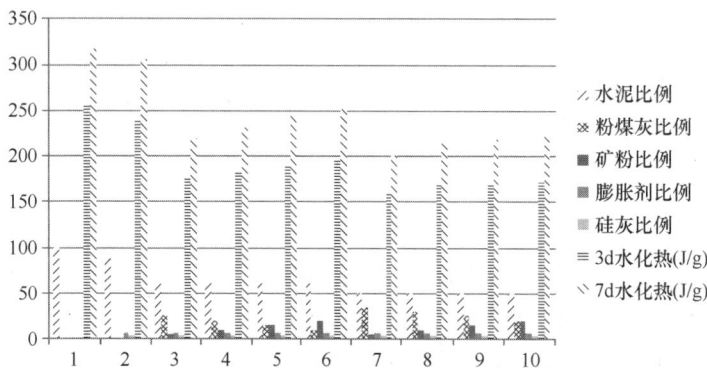

图 2　胶凝材料水化热检测结果

图 3　含气量为 2.3％的试验室混凝土柱

3.1.3　后浇带优化技术

本工程建筑面积 40 万 m²，受到铁路营业线和拆迁工程的影响，分为前后三个区段进行施工，在三期工程之间设置两道东西向通长的后浇带，需结构封顶 60d 后方能逐层进行后续施工。设计要求钢骨梁应断开，待其两侧结构变形完全后，方可将其连接。项目团队综合其他工程的计算经验和现场经验，与相关设计专家进行咨询研究，采用国际地基基础与岩土工程专业数值分析有限元计算软件 PLAXIS 3D 和 ABAQUS 建立精细化三维有限元模型，通过地基土、基础与结构相互作用进行施工阶段模拟，分析沉降后浇带阶段差异沉降、总沉降是否满足规范规定的相关要求。根据计算，取消沉降后浇带以后结构变形沉降差在规范允许范围内。经原设计单位反复验算、答疑和专家论证，最终取消了这两道东西向通长的 3 层结构后浇带，将沉降后浇带改为间歇式膨胀加强带，加快工期、节约成本。

3.2　新设备应用

3.2.1　大体积混凝土测温系统使用

采用大体积混凝土测温系统，在每个大体积混凝土测温点安装监测上传一体化装置，能够通过扫描二维码定义监测点信息，云端平台具有监测点位温度实时查看和历史温度曲线变化记录的功能，工作人员可以随时随地在手机中查看数据变化（图 4）。

3.2.2　高支模自动监测系统的优化与安全管理

在结构施工过程中对最高达 18m 的高支模架体进行自动化监测，主要包括支撑系统中的位移、应力、倾斜角度等因素，前端传感设备采用无线数据传输方式进行，确保危险在发生初期就能够进行报警，避免当个别部件发生偏载或沉降时，导致架体坍塌的风险（图 5）。

对监测过程中形成的力学数据进行计算，将实际测得的数据与设计控制值进行对比，实际的值大

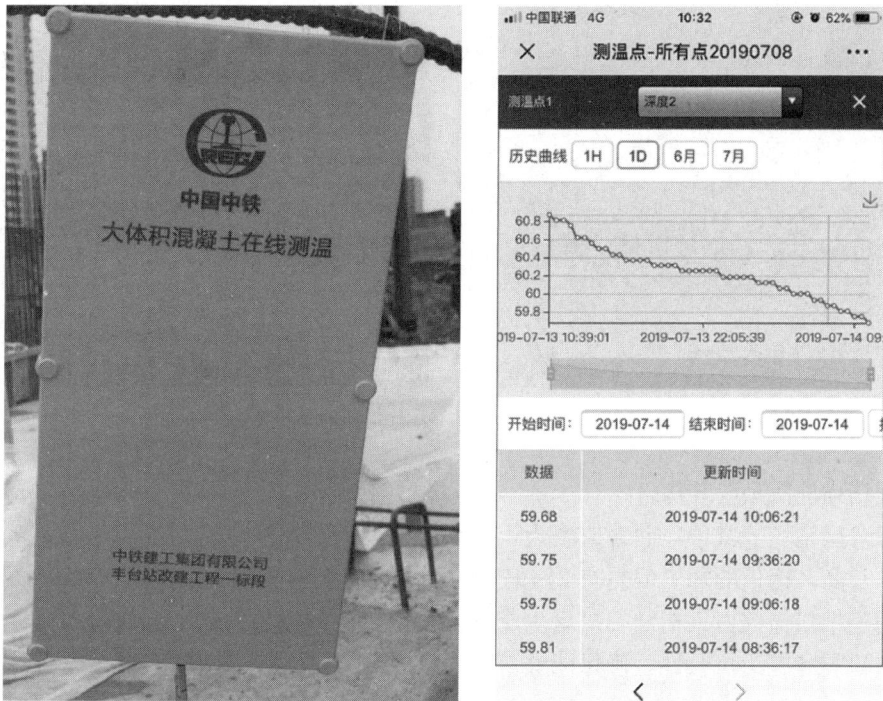

图4　一体化大体积混凝土在线测温设备

图5　基于物联网的高支模自动监测系统

部分低于设计控制值的 70%，分析之后进行支撑体系优化，提升架体的周转使用次数，节约工程成本，加快施工进度。

3.2.3　智能软硬件设备应用

（1）智能焊接设备全自动焊接构件

丰台站构件焊接过程中，针对大多焊缝采用埋弧焊的焊接工艺，新增多条采用智能焊接设备的焊接生产线，多台双头双丝龙门焊机、智能轨道式焊机等大幅提高了构件焊接效率，避免了传统因人员波动所导致的生产效率不高等问题，有效保障了构件焊接质量（图6）。

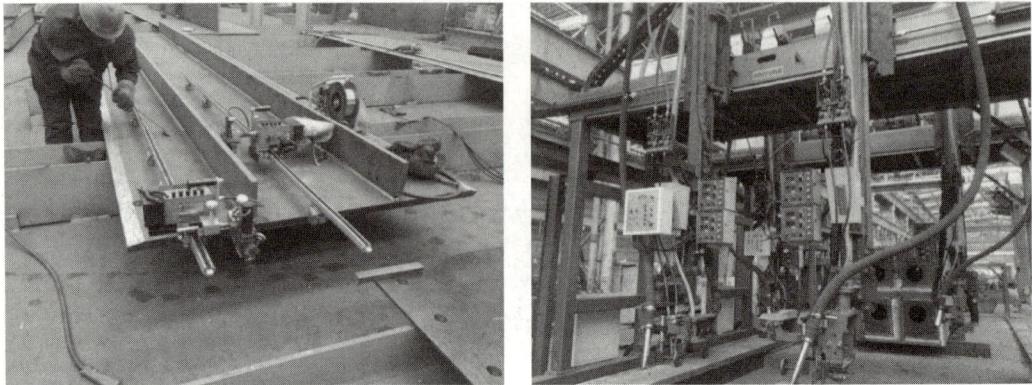

图 6　工厂智能焊接

（2）三维扫描虚拟预拼装构件

丰台站为双层车场，其中地面普速场为 11 台 20 线，钢结构柱位于两条线路之间，对钢结构柱的平整度要求非常高，钢板的加工误差有 2‰偏差的情况下就会造成侵占既有线。每根线间钢柱在出厂前，均要应用三维扫描仪对钢构件扫描后生成点云模型，在虚拟预拼装平台内对现有模型与前述模型进行拼接，校验焊缝施工可行性，确保能够一次焊接成功（图 7）。

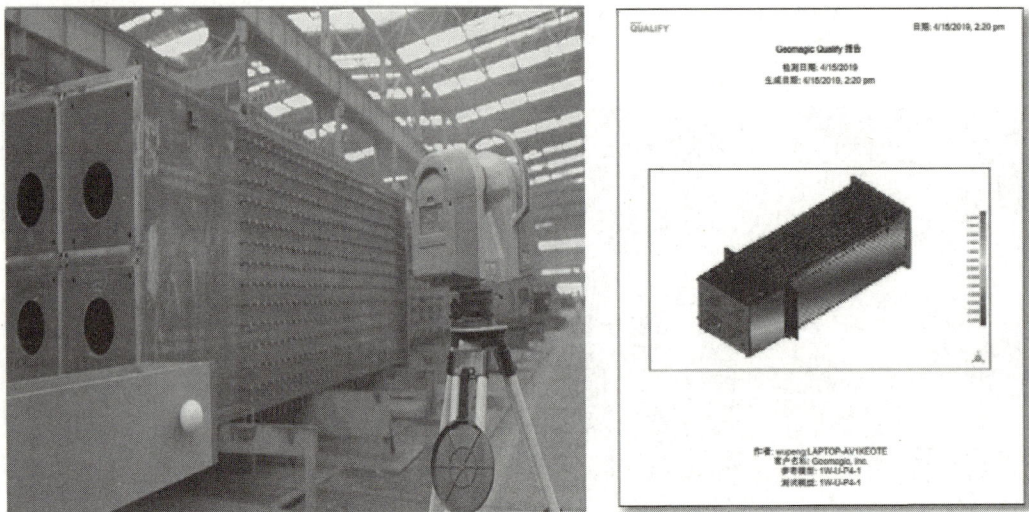

图 7　钢柱虚拟预拼装

（3）智能参数化焊机应用

在现场焊接中配备智能焊机，在每一次焊接作业前设定好焊接工艺参数，保证实际焊接过程中无法擅自调整焊接电压和电流，同时后台能够通过焊机的数据采集模块获取焊机的全过程焊接电压和电流，当发生超出设定值时，主动将报警信息发送给管理人员，并控制焊机停机，且其平台能够查看历史数据（图 8）。

（4）现场焊接机器人应用

改进并引用 ER-100 轨道式智能焊接系统高度智能化焊接，该系统首先利用高压电弧接触传感，全自动检测获取坡口参数信息，然后通过检测的坡口参数及工艺参数进行自动化焊接，实现了现场 9000 余道 2～2.2m 长 60～80mm 厚钢板水平横缝的自动化焊接（图 9）。

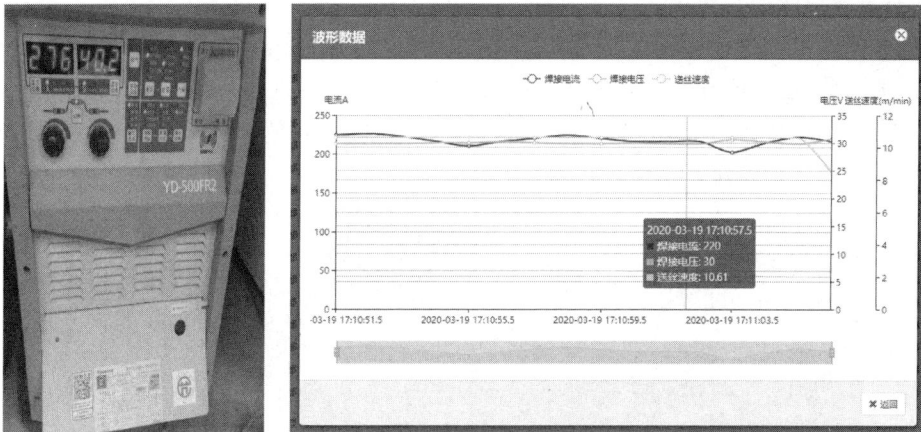

图 8 智能焊接设备与后台数据曲线

图 9 现场焊接机器人

4 数字化应用

4.1 BIM 应用

4.1.1 BIM 全专业建模

首次在站房工程开展设计阶段 BIM 设计，施工单位根据 BIM 图纸对全专业进行精细化 BIM 建模，包括混凝土结构、人防结构、钢结构、建筑、机电、装饰装修等专业，建模标准为 LOD300，局部 LOD350，且为分析与周边工程协调组织，建立与周边各工程的组合 BIM 模型（图 10）。

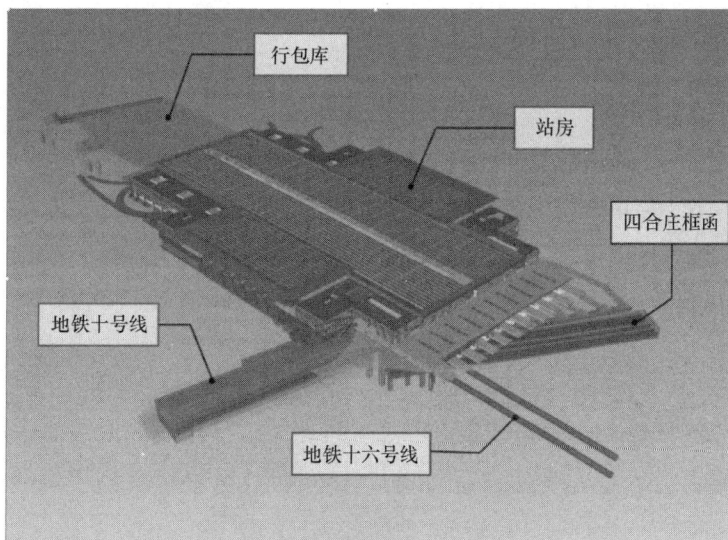

图 10 站房与周边工程模型整合

4.1.2　复杂节点虚拟建造与优化

丰台站最大劲性钢结构柱截面尺寸为 5.2m×3m 和 4.55m×2m，劲性钢结构梁截面尺寸为 5.2m ×1.0m 和 3.9m×2.9m，单排主筋最多达 5 层厚，单根钢结构柱最大重量可达 70.2t。针对站房有代表性的 20 余个劲性梁柱复杂节点在施工前全部建立高精度 BIM 模型，全部通过在 BIM 模型中的虚拟建造予以验证，保证现场施工进度和质量（图 11）。

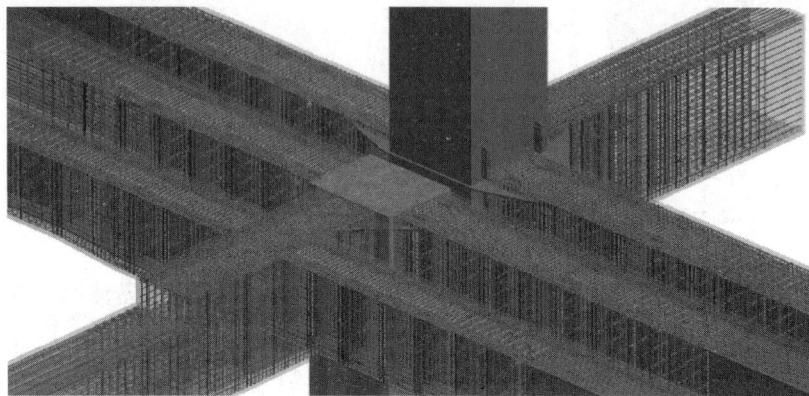

图 11　中央站房—2.5m 梁柱节点

4.1.3　BIM 全专业深化与图纸会审

开展工程全专业的 BIM 深化设计建模和图纸会审工作，根据铁路站房所具有的特点，重点就功能空间限定规则进行检查，主要包括人防门的开启检查、旅客楼扶梯净高和净宽检查、铁路站台与轨道限界检查等，在施工前充分验证各专业整合设计合理性，避免在实际施工中发生错漏碰缺的问题。

4.1.4　基于 BIM 的图纸、变更等文档管理

基于图纸众多版本更替较多、需要综合管理等因素，利用 BIM 模型的唯一空间属性，以空间模型为信息载体，以时间轴将图纸的设计优化信息、图纸变更信息、问题交流信息等集成到模型内，以此达到通过 BIM 模型的信息集成提高管理人员工作效率、减少沟通成本。

4.1.5　BIM 与放线机器人在测量放线、BIM 与 3D 打印机在模拟样板上的应用

通过 3D 打印机将模型进行缩放比例打印，将打印出来的模型在交底会进行展示；同时，与技术人员针对模型进行施工工艺的讨论，帮助施工作业人员充分理解施工完成后的节点形式，加快作业人员对施工工艺的熟悉。通过 3D 打印机，在一定程度上节约实际样板所需要的材料和人工费用，优化施工工艺，合理调整施工作业流程（图 12）。

图 12　复杂节点 3D 打印

丰台站东西向长 587m，宽 320.5m，应用放线机器人可实现单人手持手簿以 BIM 模型中点位坐标进行点位放线和数据提取，通过 BIM 模型直接驱动放线机器人进行放线工作，节约人力效率，提升放线精度。

4.1.6　BIM 与 GIS 结合在路径规划及影响分析上的应用

利用无人机的倾斜摄影建模技术在丰台站将周边 6km² 空间范围快速进行 GIS 实景模型生成，对周边路网规划、站房周边环境分析等提供可视化依据（图 13）。

图 13　无人机技术将 BIM 模型与实景模型相融合

4.1.7　基于 BIM 的预制装配式施工

丰台站各类通风、电气机房共有 330 个，在所有机房和主要管线中应用基于 BIM 预制装配式施工技术，建立所有管线的 LOD400 深化模型，将模型的管道分段，与管道、风管等自动加工设备数据接口打通，实现主要机电管线、全部机房管线的工厂内后台预制化加工，提升绿色、文明施工水平，保证安装质量，降低施工风险（图 14、图 15）。

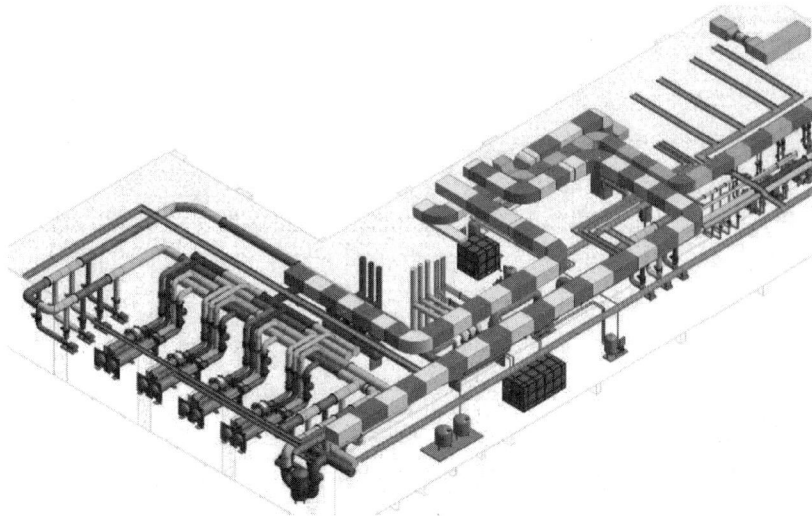

图 14　装配式机房 BIM 深化

4.2　BIM＋智慧工地集成建设应用

打造以 BIM 和 GIS 模型为载体的智慧工地集成建设模块，将高清视频监控系统、环境在线监测

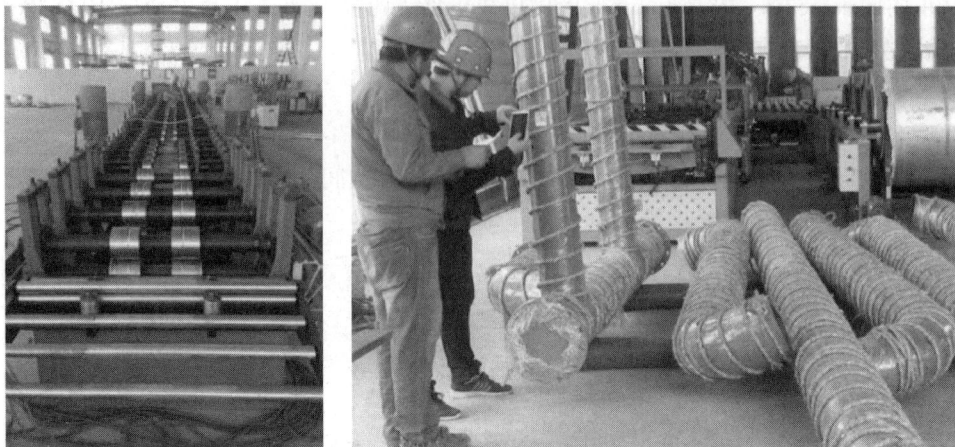

图 15　机电管线预制化加工

系统、群塔防碰撞与吊钩可视化系统、深基坑自动监测系统、大体积混凝土在线监测系统和人员管理系统等集成到平台中，实现了基于 BIM 环境下的智慧工地体系，提高现场管理能力。

4.2.1　群塔防碰撞与吊钩可视化部分

丰台站最高峰群塔施工作业 19 台，塔式起重机交叉重叠作业密度大，给项目安全生产和生产效率提升带来极大挑战。在每台塔式起重机上安装了一体化防碰撞与吊钩可视化主机，实时采集塔式起重机的角度、小车高度和幅度等数值，各防碰撞主机通过通信协议实时交换数据。每一台主机通过互联网与智慧工地集成平台相连，管理人员在后台可以通过可视化的 BIM 模型了解每台塔式起重机的运行状态，及时监控处置。

4.2.2　履带起重机与塔式起重机防碰撞系统

自主研发基于 A-GPS 的履带起重机和塔式起重机防碰撞系统，利用高精度定位系统获取履带起重机的准确坐标，实现了行走履带起重机与塔式起重机的动态防碰撞安全管理，有效保证了塔式起重机和履带起重机的不停机施工。

4.3　钢结构全生命周期建造技术

针对丰台站 19 万 t 大型复杂钢结构，基于 BIM、GIS 双引擎，采用 MVC 架构，建立由服务器端、网页端、手机 App 端三端组成的钢结构全生命周期管理平台，以钢结构构件编码为数据关联标准，通过 BIM 模型信息继承、数据接口自动抓取、物联网设备直采和移动 App 终端录入等方式，将钢结构六个阶段不同环节的生产和管理的结构化、非结构化信息如文档、图片、视频等分别存储，供前端集成管理、平台调用和分析处理，覆盖钢结构从设计、深化设计、工厂加工、物流运输、现场安装和竣工交验的 6 个阶段 16 个环节的精细化管理。同时，依据算法规则，自动驱动构件 BIM 模型阶段化颜色显示或隐藏，实现阶段数据和状态数据的三维可视化分析，实现以 40 万 m² 的 BIM 模型和 6km² 的 GIS 模型为基础的钢结构管理体系，达到实时准确的质量可追溯目的。

平台引进并改进了基于 BIM 的智能套料系统，实现了构件基于进度计划的随到随吊，减少了现场临时构件场地占用。基于平台 App 端的拍照、扫码等信息提取和关联功能，使平台能够触达一线作业人员，实现了全部构件、焊缝的全过程信息集成与传递，做到了全部构件和焊缝的质量信息三维可视化追溯，提高了项目钢结构综合管理水平，为企业在智能建造的技术和装配式施工管理上积累了宝贵的经验。

5　工程社会及经济效益

在建造过程中各界人士和领导对该工程高度重视，中央电视台、新华社等多家媒体在建设及开通过程中多次进行报道，双层车场及绿色智能建造引发广泛的关注，各级领导莅临丰台站均给予高度评价，赢得社会各界的广泛关注与认可。

本工程建设积极响应国家推出的绿色建筑理念，助力新型建筑的发展。在建设过程中应用多项绿色建造技术，起到了绿色施工科技示范的引领作用，环保与节能效益显著。

丰台站站房及双层车场建筑面积共计 73 万 m^2，钢结构用量 19 万 t，钢筋用量 14 万 m^2，混凝土用量 86 万 m^2。通过双层车场综合技术研究，经计算综合节约成本约 4820 万元。双层车场建造成本较常规车站略高，主要体现在双层车场结构复杂，单平方米钢结构及混凝土用量较大。但双层车场节地效果显著，新建丰台站是利用了原丰台站东货场用地，节约了常规车站 6 台 12 线的用地（相当于一个中型车站），由此可节约大量征地拆迁费用，为后续新建立体交通模式提供了新思路。

6　获奖情况

本工程荣获"2020 年度北京市绿色安全样板工地""中国钢结构金奖年度杰出工程大奖""北京市结构长城杯金奖"、2022 年度"建筑防水行业科学技术奖——工程技术奖（金禹奖——金属围护系统工程）"。通过住房和城乡建设部绿色科技施工示范工程验收，取得三星级绿色建筑设计标识，取得"BIM 示范工程""北京市企业管理现代化创新成果一等奖"及各类 BIM 大赛一类成果 6 项，入选中国施工企业管理协会 2021 年度工程建设行业信息化典型案例和住房和城乡建设部智能建造新技术新产品创新服务典型案例（第一批）。

该项目获发明专利 7 项、实用新型专利 31 项，部级工法 13 项，公开发表论文 12 篇，双层车场课题在研究过程中形成相关成果鉴定 5 项，其中 2 项为国际领先水平，3 项为国际先进水平。

7　结语展望

大型双层车场铁路站房综合体在实施过程中的关键技术研究及新技术、新设备的应用，确保了项目的安全、工期及质量，开创了国内立体交通的新思路，为陆续拟建的类似大型工程提供理论支撑和实践经验，将为类似高铁站房、大型公共建筑、上盖开发等项目提供宝贵的经验和参考，促进铁路客站等类似工程建筑技术朝领先国际建筑业的方向上发展。

丰台站及其他配套工程在建设期间全空间邻近既有运营地铁线路，且距离很小，涵盖了既有地铁影响区范围内施工的大部分工况，邻近运营地铁线的施工技术可为邻近既有运营地铁施工提供相应的经验数值，具有一定的指导意义。

对多腔体钢柱的深化设计、加工、安装、焊接以及钢结构与混凝土穿插配合技术研究，解决了复杂钢结构的施工效率慢和效益低的难题。

钢结构全生命周期管理平台，可以推广在所有大中型钢结构实施过程中进行信息化管理。

创新采用内窥镜解决型钢梁混凝土节点区域密集钢筋处混凝土密实度的技术难题，将直螺纹连接技术创新应用于超大截面钢骨梁箍筋的连接，为类似工程提供解决思路。

通过大量试验及理论分析，将后浇带改为膨胀加强带或采用跳仓法，显著降低底板的渗漏水隐患；采用多种软件进行结构变形计算与分析，将三期建设形成的沉降后浇带（含钢骨梁处）改为间歇式膨胀加强带，该技术对于大型公建后浇带的留设和处理进行了辩证处理，为结构后浇带的优化和解决提供了一定的借鉴思路。

作者：许慧[1]　吴长路[1]　付大伟[2]　朱必成[2]　张傲雪[2]　董无穷[2]　孙岩[3]　杨国松[4]（1. 中铁建工集团有限公司；2. 中铁建工集团第一建设有限公司；3. 中国二十二冶集团有限公司；4. 江苏沪宁钢机股份有限公司）

西安国家版本馆关键技术及应用

The Key Technologies and Applications of China National Archives of Publications and Culture in Xi'an

1 工程概况

1.1 项目概况

西安国家版本馆矗立于圭峰山下，南依秦岭，西邻黄柏峪，东连太平峪，北望长安城。项目规划总用地面积 300.18 亩，南北长约 490m，东西宽约 406m，场地南高北低，高差约 73m。总建筑面积 83150.95㎡，地上 48002.81㎡，地下 35148.14㎡；由洞库、保藏中心、文济阁、研究用房、多功能区、动力楼、地下车库等 18 个单体建筑组成，中心建筑保藏区分为地下二层地上二层，建筑高度 23.90m，文济阁建于保藏区北侧序厅之上，叠加总高度约 48m。由中国工程院首批院士张锦秋、中国建筑西北设计研究院设计，陕西建工集团施工总承包承建。项目总投资约 22 亿元。

工程主体及基础结构类型多种，有天然地基＋钢筋混凝土灌注桩基础、独立基础、梁筏基础等；基坑采用排桩＋预应力锚索＋挡墙的方式进行支护，其基础埋深最深为 18.80m；主体结构形式有框架—剪力墙结构、钢框架、钢筋混凝土框架结构等；结构设计年限为 50 年（耐久性使用年限 100年），安全等级为一级，抗震设防烈度为八度，人防设计为核 6 级常 6 级。

建筑以不对称双坡出檐伸挑仿汉唐建筑＋中国园林设计，中心建筑为高台筑阁，中轴线正对圭峰山顶，配套建筑参照出土云纹图案以众星拱月般对称布置于中心建筑周围（图1）。

工程于 2020 年 10 月 10 日开工，2022 年 4 月 15 日竣工，共计 553 天。

图 1 鸟瞰图

1.2 建筑特点

西安国家版本馆的建设是我国作出的文化建设重大决策，是文明大国建设的基础工程项目。着眼于中华文明载体的永久安全保藏，是国家版本资源总库，担负赓续中华文脉、坚定文化自信、展示大国形象、推动文明对话的重要使命；是集版本保藏收集、研究展示、交流互鉴等多功能于一体的中华文化种子基因库（图2）。

图2　序厅

巍巍秦岭，和合南北，泽被天下，是中华民族的祖脉和中华文化的重要特征。项目选址秦岭北麓，提炼古代国家书房形象，依山就势，高台筑阁。中轴线正对圭峰最高处，与山体等高线垂直，定位选址充分体现了项目作为国家文化战略布局顶层设计的重大意义。

园林景观与建筑、山体错落有致、融为一体，建筑造型出檐深远，飘逸舒展，建筑依地势层层抬高，暗含了尊重自然的思想。突出文济阁建筑标志性的同时，彰显张锦秋先生"山水相融、天人合一、汉唐气象、中国精神"的设计理念（图3）。

图3　"山水相融"

2 科技创新

2.1 建筑隔震施工技术

西安国家版本馆为国家重要文化传世工程，处于秦岭北麓坡地，距古地震形成地裂缝最近仅有 200m。因此，为确保该工程及馆藏文物免遭破坏是项目中的一项重大课题。为此，抗震设计中以面积达 4 万 m^2 的保藏中心建筑为主，在建筑基础上设置了隔震层，建筑周边，包括与南侧相连的地下珍藏洞库周边共同设置了隔震沟，并在建筑结构周边设有走廊、辅助用房等空腔构造。

隔震层设有 188 个直径 1.30m 大型橡胶隔震支座，隔震沟由永久支护桩＋混凝土板墙＋预应力锚索的支护结构构成，与外墙间隔宽度大于 75cm。其中施工最大的难点为 10000 m^2 的隔震层整体标高误差如何控制在 50mm 之内，以及为加快基坑施工进度、优化支护体系施工工艺而采用的顺施工法滞后进行支护板墙施工技术，以大幅提高隔震沟的外观质量。

根据相关文献的报道，使用传统简陋工具进行人工反复调整无法满足本项目的质量要求。通过对设计图纸和工艺特点的分析研究，创新出一种高精度高效率的施工方法，采用统一工艺标准、减少累计和人为误差，研发高效辅助测量和调整工具的技术路线。

施工中，采用现场设置唯一基准测控点，将各支座的基础垫层面、下支墩预埋件及上支墩标高等主要标高和轴线，由专人对各工序进行统一测控。对上、下支墩钢筋笼采用 BIM 技术优化钢筋与预埋锚杆位置冲突，全部进行统一预制加工成型，吊装就位固定。预埋锚板锚杆则采用直接插入钢筋笼，借助研发的微型升降调节器和平面水平测量装置进行快速定位，并采用定制专用固定卡对锚杆进行快速固定。

在筏板钢筋绑扎完成后，采用两次浇筑混凝土的工艺，即第一次浇筑至筏板面高度，待初凝前，将提前预制的下支墩组合盒模固定到下支墩钢筋笼处，二次浇筑混凝土时从预埋钢板中间浇筑口连续进行，采用振动棒从周边振捣口同步振捣，直至混凝土从周边溢出 5mm 左右。通过后期收缩和人工二次压实抹光，完成下支墩施工。

吊装橡胶支座时，借助研发的一组与支座连接螺栓等径的定位销，可使笨重的橡胶支座一次快速准确就位。下支墩找平是整个隔震层平整度控制的关键，支座吊装和上支墩施工，在前期技术措施的基础上，就如同常规施工。

该项技术操作过程安全可靠，降低劳动强度，缩短工期，质量得到大幅提高，经济效益显著，并取得 4 项国家专利和 1 项省级工法：

（1）发明专利《一种隔震支座高效施工方法》；

（2）实用专利《一种微型升降调节器》；

（3）实用专利《一种平面水平度测量装置》；

（4）实用专利《一种基于深基坑预应力锚索二次张拉的防护装置》；

（5）工法《大型隔震支座高精度快速施工工法》。

2.2 超长地下洞库抗裂施工技术

项目中珍贵版本洞库为地下钢筋混凝土双跨拱形结构，长 180m，单跨 13.5m，拱高 8.6m，拱梁截面 300mm×600mm，中间序厅与保藏区负二层相连。洞库底标高在埋深 17.4m，对恒温恒湿和抗裂防水要求很高，结构拱脚节点构造复杂，外观质量达到清水混凝土效果。综合施工技术具有较大难度。

在施工中，对 0.85m（局部 1.3m）厚筏板采用了跳仓法进行施工；侧墙和顶板部位设有无粘结预应力钢绞线，采用后浇带分段施工，科学合理布置预应力筋和张拉锚固预埋件设置；整体结构采用了 FQY 高效添加剂的抗裂混凝土技术；拱形梁板结构中采用矢高法工具脚手架＋弧形钢管主梁＋柔性木胶合板支撑体系，拱顶外设自制钢管桁架定型木模控制混凝土浇筑成型工艺。通过 BIM 精准建模、场外搭设 1∶1 模架试验模型、统一加工制作和安装模架构件、严格工序组织衔接，使洞库施工质量一次成优，工程质量和观感质量均达到设计要求，大幅度降低施工成本和缩短工期，效益显著，并形成《双拱形钢筋混凝土结构施工工法》创新成果 1 项。

2.3　高大空间平台式高支模施工技术

在版本馆建筑中有多处展示和演播等功能的高大空间工程，如保藏区的序厅，通高 24m、长 80m，最大跨度 32m，主梁及次梁的截面尺寸分别为 1000mm×2000mm、600mm×2000mm 等，主梁净间距为 2.2m，部分次梁与主梁间净距离只有 1.1m，与常规脚手架支撑体系参数很难匹配。另外，上部还要支撑后续建造的钢结构仿古建筑"文济阁"。因此，对该处高支模的承载力和稳定性要求非常高。

在施工方案中，根据结构特点和技术性价比，应用常规盘扣脚手架，利用其承载力高的特性，创新性地设计出组合式平台式支撑体系。即不考虑构件的位置与脚手架承重立杆的直接关系，在架体立杆托撑顶部，满设型钢作为模板主龙骨，将型钢主龙骨作为结构传力的转换梁，上面适当满铺木脚手板，形成一个整体平台。以结构梁板总荷载比分配到架体立杆承载力的平均值 0.5 为依据，按不大于盘扣架最接近的横杆参数设计立杆间距，但纵横向间距最小不得小于 0.6m。斜拉杆和顶梁抱柱等措施同常规按规范要求设置。型钢梁顶面为构件梁底模设计标高，因此，梁底模可直接铺设在型钢梁上。构件梁之间有楼板的位置，以平台架为基础，采用扣件钢管一步架支撑，结合梁侧模板加固支撑，与平台架连成整体。该施工技术，很好地化解了架体参数与构件间的模数不匹配的问题，使支撑体系的全部杆件的承载力得到有效发挥，支撑体系的承载力和稳定性得到有效保障，可大幅减少搭设架体的设施料，提高了工作效率。

3　新技术应用

3.1　十大新技术应用

在建设施工过程中，共应用了建筑业 10 项新技术 10 大项 39 子项，应用效果达到国内领先水平，并荣获陕西省建筑业创新技术应用工程。

3.2　国内领先新技术应用情况

3.2.1　仿古建筑不对称钛锌板坡屋面应用技术

钛锌板作为当前国内高档装饰板材之一，主要在国外加工生产，目前已呈逐渐扩大应用趋势。鉴于本版本馆作为传世工程的耐久性要求，设计采用了进口高档钛合金板材作为各楼屋面材料。

本项目建筑设计为汉唐风格，屋架为钢结构双坡不等跨度的造型，屋面面积 24581m²，各楼号屋面大小不同，弧度不一，屋檐出挑 0.5～4.5m。施工中对板材尺寸优化设计满足曲面造型，保温隔声和避雷等工序界面衔接等都存在难以控制的问题。所以，施工中严格按照设计方案对板材连接锁扣施工，屋脊檐口等收口连接的工程质量进行认真控制，采用 0.7mm 厚板材，与工程主体防雷接地系统连接，无须另设避雷带，可直接达到相应的避雷效果，有利于仿古建筑效果呈现。在施工完成后各屋面造型均满足设计要求，曲率顺滑、坡度准确，排水通畅、无渗漏，抗腐蚀及自洁效果良好。

3.2.2　机电安装工程中积极应用了设备工厂化预制、现场拼装技术

本项目机电设备功能非常完善，设备安装工程量大，管线错综复杂。为达到设备安装一次成优，使用功能可靠、平稳、耐用，在采用 BIM 等信息化技术策划施工方案中，对项目中大多数设备间的设备及管线安装，尽可能地采用了组合式支架、工厂化预制、现场组装等技术。使装配式消防泵房等设备间布局合理，安装牢固，做工精细，管阀组排列整齐，安装高度一致，管道安装顺直，支架设置合理，接口连接严密，成为创优工程中的一张亮丽名片。

4　数字化应用

工程项目采取数字化施工管理方式，综合应用了 BIM 技术、云计算、大数据、物联网、互联网、

人工智能、3D打印、VR/AR、监控、5G、二维码、斜摄影技术、实景三维模型技术等数字化技术。

4.1　BIM＋智慧化管理平台

BIM＋智慧化管理平台，主要针对信息共享、物资采购与库存、施工进度管控、质量管控、安全管控、劳务实名、模拟建造、视频监控、塔式起重机防碰撞等方面进行了集成平台管控，项目运用BIM5D平台，集成各专业模型，并以模型为载体集成项目进度、质量、安全、技术、图纸等信息，使得各子系统的数据统一呈现，智能识别项目风险并预警，实现在线化、数字化、智能化，打造出智能化的"指挥中心"（图4）。

图4　BIM＋智慧化管理平台

4.2　二维码技术管理

二维码技术管理，在项目中用于项目工程技术交底、工程质量验收和物资验收信息记录等方面。施工人员只需使用手机扫描，即可了解到相关信息资料，包括该项施工的质量工序卡控、质量控制点、控制方法及验收要求等，方便现场管理人员和施工人员随时查看学习，提高了建筑施工的管理水平。

4.3　倾斜三维高精度测图

倾斜三维高精度测图，基于倾斜摄影技术、实景三维模型技术对地形、地貌数据进行采集，利用实景三维模型进行图测。项目利用低空无人机搭载多方向镜头进行倾斜摄影测量，全方位获取地貌纹理信息，通过三维建模精确还原地形。在测量平衡土方工程中，通过内业测图，可以清晰观察到原地形的每一个细节，真实全面，在三维模型上进行精确测量及设计优化，为项目提供了可靠的施工计划编制依据，节约了大量时间、精力，有效提高了工作效率，降低了工程成本。

4.4　山体、基坑自动化监测系统

山体、基坑自动化监测系统，主要采用物联网、互联网、5G技术，实现无线自动组网，定期连续采样，实时数据上传与数据处理，实时了解山体和基坑的稳定状态，能够快速定位基坑主要危险源，及时对基坑安全性作出准确评估，预防事故的发生，避免人员伤亡。

4.5　数字化塑性成型技术

数字化塑性成型技术，是一项在塑性成型全过程中融合数字化技术，以系统工程为理论的技术体系，可实现优质、高效、低耗、清洁的生产。在对巨型湖心石建造的过程中，采用塑造泥模，精细打磨，再进行多维度3D扫描，利用3D打印技术放大模型，确定分割方案，将石料按分割方案拼装再进行艺术雕刻，完美实现了巨型湖心石的设计要求。

5　经济效益分析

通过在项目中应用新技术、新材料、新设备等绿色施工技术，创造了显著的社会效益和经济效益，受到了省市领导和社会上的一致好评。在类似工程的推广应用中，给各建筑相关企业提供了很好的借鉴作用。

5.1　社会效益

（1）把文化建设摆在全局工作的重要位置，是党中央不断深化对文化建设的规律性认识，提出的一系列新思想新观点新论断。纵观人类历史，每一个国家和民族的崛起，都是以文化创新和文明进步为先导的。盛世修文，以史资政，就是充分肯定了中华优秀传统文化在走向现代化进程中的主体地位和时代价值。

西安国家版本馆立足陕西这片丰厚的历史文化沃土，已累计接待各级领导、群众 12 万人次，收集典藏版本 243 万册，已成为陕西省地标性文化建筑，对推动陕西文化发展、弘扬文化自信具有重大意义。

（2）积极开展技术创新工作，响应科技强国，企业加快形成科技研发成果，对加快人才队伍建设，形成企业良好的科研氛围，提升企业核心竞争力，促进企业健康发展，为类似项目提供借鉴和经验，对推动国家和行业整体技术进步具有积极的推进作用。

（3）通过开展技术研发活动，为项目管理人员集思广益，及时解决现场工程技术实际问题，促进了 BIM 等信息化技术、新技术、新材料、新设备等积极推广，主动开展前期策划，保障工程质量，降低劳动强度，促进了项目文明施工建设和绿色建造管理水平的提高，获得了建设单位及社会各界的一致好评。

5.2　经济效益

本项目通过采用新技术、新材料、新设备等，在节约资源、降低用工和设施投入、节约工期中取得了显著的经济效益。

（1）大型隔震支座高精度快速施工技术，与传统施工工艺比较，节约工期 13 天，节约设施料租赁费约 4 万元，节约人工和管理费用约 16 万元，合计 20 余万元。

（2）地下超长双跨拱形结构洞库施工技术，与传统施工工艺比较，节约工期 16 天，降低起重设备和管理费用约 6 万元；节约大量设施料投入，节省租赁费用约 8 万元；相较于加工定型模板，降低成本约 260 万元，合计 274 万元。

（3）高大空间平台式高支模施工技术，与普通脚手架方案相比，可节约工期 8 天，节约人工费约 5 万元；大幅降低盘扣架设施料投入约三分之一，节省租赁费约 4 万元，节省模板等其他材料和损耗约 5 万元，合计 14 万元。

（4）山体稳定性监测、高支模监测、基坑监测等智能化监测技术及隔震建筑支护体系施工技术，与传统支护施工技术比较，综合效益显著，可节约工期约 42 天，节约人工费约 25 万元，节约设备租赁费约 29 万元，合计 54 万元。

仅上述主要创新技术应用产生的经济效益共计 362 万元。

5.3　用工分析

创新技术及数字化实施过程中，技术、信息实现共享化、透明化，避免了信息的重复维护与统计，根据实施流程的要求，对各岗位工作内容及强度发生了不同程度的积极变化，对各岗位的设置形成冲击，减少了很多人员的投入。

5.4　用时分析

（1）在支护工程应用新技术，与传统施工技术比较，综合效益显著，可节约工期 70 余天，大大提高了功效，缩短了施工工期。

（2）数字化的实施克服了传统业务处理方式不能满足信息随时传递的弊端，相关表单及管理记录自动汇总存储，方便随时随地办理业务，随时随地对文件进行追溯。

（3）数字一体化的实施，使数据源唯一，杜绝了数据重复录入和对账的现象，减少了数据录入的错误率。取消了部分报表工作，大大节约了人力资源，优化了岗位职能。

6 获奖情况

工程自开工以来，先后获得陕西省优秀设计奖；绿色建筑设计二星级荣誉；陕西省建设工程长安杯奖；陕西省文明工地；陕西省建筑业绿色施工工程；陕西省优质结构工程；陕西省建设工程科学技术进步奖一等奖；陕西省园林绿化优质工程；陕西省建筑业创新技术应用示范工程（国内领先水平）；西安市建设工程雁塔杯奖；中国建设工程鲁班奖。

在科技奖项中，荣获1项发明专利、10项实用新型专利，涵盖现场实施的各专业；2项省级工法和参与编写发布1项省级工程建设标准；9项QC成果立足于解决现场实际问题；8项BIM成果着重体现工程施工策划和应用水准。

7 结语展望

通过西安国家版本馆工程实践，以问题为导向，针对山体大空间馆藏抗震建筑的施工技术为研究对象，采用综合融合的创新途径，创新出大型隔震支座快速施工技术、地下超长复杂节点清水混凝土洞库施工技术、高大空间平台式高支模技术等系列创新技术成果。在保证施工质量和安全的前提下，解决了大型公共重点工程中的工期紧、单项体量大和工艺复杂等难题，创造了显著的社会效益和经济效益。各项技术成果大部分采用了市场现有的材料设备、简便的作业方法，结合创新先进技术装备，综合提升了工艺水平，推广应用前景良好。

作者：刘宏睿　王艳永　拓浩浩　白瑞忠（陕西建工第三建设集团）

天府农博园主展馆

Main Exhibition Hall of Tianfu Agriculture Expo Park

1 工程概况

中国天府农博园项目是四川农业博览会的永久会址，项目选址位于新津县兴义镇和崇州市三江镇，紧邻成新蒲快速和成都第二绕城高速，景观及交通条件良好。主场馆位于农博岛片区，成新蒲快速路以北，羊马河西侧，用地面积约 13.5 万 m^2。包含农博展厅、会议中心、天府农耕文明博物馆、文创孵化、特色街坊、室外展场等功能，总建筑面积约 13.2 万 m^2。四川农业博览会是经国务院批准由省政府主办的三大展会之一，2017 年，省委省政府提出要通过创新办展方式，将四川农业博览会打造成办在田间地头的永不落幕的农博会（图 1）。主要设计理念如下。

图 1 与田园融合渗透的主展馆

1.1 创新型会展模式——田间地头、指状渗透

我们首先让农博展馆充分拥抱田野，将其分开设置而非紧靠在一起。五个展馆呈指状张开并向羊马河伸展，在展馆之间，用开放的景观步道替代传统展馆消极的后勤通道，将羊马河景观与大田相互交织。依据历年农博会峰值交通量数据，对主展馆周边的车辆组织方式进行了重新规划，将原规划方案中展馆前的大型停车场拆分成 7 个小型停车场，散落布置在距离主展馆半径 3km 的范围内，并通过摆渡车与主展馆接驳。停车场内的地面不做永久性铺装，只用砾石散铺打底，展会结束后即可归还农民，恢复成可耕种的大田。这种分散式的停车场布局和简易布置，既能将车辆分流，有效缓解会展峰值时的交通压力，也避免了超尺度硬质广场将田野与展馆割裂和非展会期间的闲置。除满足卸货、消防扑救、人流集散的功能外，前广场也只做少量的硬质铺装，其余尽可能多地种树、植草，打造田间地头的景观展场。

为了应对成都多雨的地域性气候条件，同时呼应农业博览的主题，建筑形态设计回归种植大棚的建筑原型，在大田之上撑起五个形态各不相同、轻巧空透的巨型木拱棚架，形成了兼具结构美学和视觉冲击力的大地景观，或陡峭高亢，或舒缓悠扬，勾勒出起伏变化的天际线，既平衡了周围开阔的环境尺度，也将自然的形态隐含其中，抽象地演绎出远山峰峦的悠远磅礴和风吹稻浪的灵性趣意。我们还在拱棚之上铺装彩膜，将不同颜色的板块单元打散、重组，呈现出一种随机像素化的斑斓色彩，使建筑与不同节气的田野悄然融为一体。

1.2 绿色化建筑形式——空间开放、节能共享

空透的棚架与下部建筑形成了"棚中房"的空间组合模式，其间看似"无"的形态不仅将阳光、空气和植物引入进来，同时也营造出低能耗、舒适、健康的开放空间。其产生的节能效果远大于局部技术措施的应用，并最大程度降低了建造和运维成本，以确保展馆后期良性、经济运营。

压缩用能空间，降低设备配置：除了会议、办公、宴会、博物馆展厅等功能房间使用空调以外，棚下休憩、通过性空间均不使用空调，通过缩小用能空间，充分利用室外和半室外空间，并提高室外空间的舒适度，设置适宜的使用功能，从而有效地节约能源。在空间中，除博物馆外，各建筑随拱棚形态层层跌退，形成了不同标高的平台，这些开放性平台无一不坐拥360°大田景观，不仅从功能角度上强化了其作为多场景切换的休憩空间，而且从节能角度讲，出挑的楼板形成了室外自然气候与室内环境的缓冲区，可以降低外墙附近的辐射热交换，使之得热减少从而降低空调负荷（图2）。

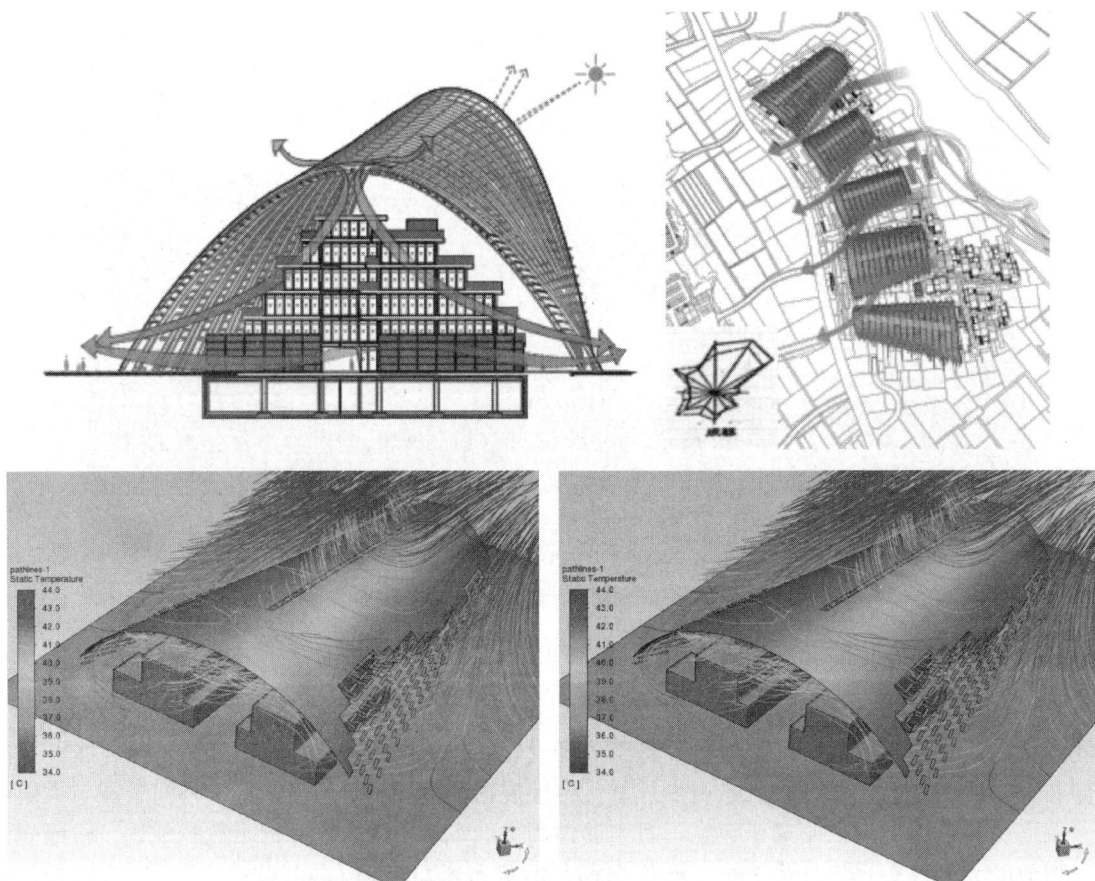

图2 主展馆绿色生态策略

利用自然通风创造舒适空间：拱棚打破了一般会展建筑的封闭模式，前后均不封闭，底部透空，形成了通透开放的半室外空间。模糊的内外界限能够轻易地将参观人流吸引到建筑中来，同时也削弱了人们身在其中的束缚感。内部的建筑布局均平行当地主导风向布置，建筑各组团分开设置，之间形

成气流能够贯穿的风廊，加强空气对流，提升空间舒适度。为了进一步改善拱棚内的微气候环境，保证高处半室外平台的舒适度，还将拱棚顶部 6m 宽的屋面抬起，两侧形成通长的高侧窗，进而起到了拔风作用，可有效将聚集在高处的热气排出。同时，为了进一步提高降温效果，还在棚架近人位置增加了喷雾系统，当雾化的水颗粒在环境中由液态转为气态时，便会带走空气中大量的热量，同时还能产生净化空气和除尘的效果。为了验证拱棚中的真实感受，我们将空间数据输入 fluent 模拟软件进行仿真模拟分析，结果显示，随着水雾的蒸发，周围环境温度能降低 4～8℃，影响面积可达 30～50m²。同时，拱棚内的通风换气数据也显示良好，均可满足 2 次/h 以上的换气次数。即使是静风天气，室外标准有效温度设定在 38～40℃ 之间时，室内标准有效温度也可控制在 34～35℃ 之间，室内人行风速在 0.5～1.2m/s 之间。与室外相比，棚架内的体感温度可综合降低约 5℃。

植入自然空间，引导健康行为：为了把景观引入拱棚，在室内营造出户外田园的感觉，在边界处，建筑伸入田野的同时，也将外部景观环境延展至拱棚内，或穿插室外庭院，或弱化建筑与自然的边界，增加与自然全天候接触的机会。在空间内部，将种植槽、滴灌系统、花槽组合在标准钢架单元内部，进而形成穿插在空间中透光点景的绿植幕墙。幕墙上选择适宜在半室外环境生长的绿植种类，并配合紫外线光谱灯促进植物光合作用，形成了拱棚内部有机富氧的微生态系统。除少量的封闭交通设施外，拱棚内的垂直交通空间均可自然通风、采光和观景并可方便串联平台，既提升了平台间参与性的行为体验，亦可减少机械通风和人工照明带来的能源消耗（图3）。

图 3 开放通透的半室外共享空间

1.3 复合化功能组成——前展后街、复合多样

为了推动城乡可持续发展，增辉四川农业金字招牌，政府对主展馆提出了"永不落幕"的诉求，这就要求其不仅要具有作为农博会永久会址的展示功能，更要能在平时起到激发场域活力、带动产业发展的作用。于是，经业主、运营、设计几方反复斟酌之后，从产业策划、建筑空间、宣传经营三位一体的角度出发，形成了以会展活动为主体，常设文博、文创功能作补充的功能组合模式，并通过多元互动实现主展馆未来的可持续发展。其中：2号、3号馆保留农博展厅功能，配合多功能展沟系统，以适应更多展览形式的需要；1号馆设计为与会展配套的会议中心，包含各种不同规模的中小会议室以及各可容纳2000人的大会议厅、大宴会厅；4号、5号馆分别是天府农耕文明博物馆和集办公、研发、展览不同功能于一体的农业科技创企业孵化器。各功能组团的配套设施位于1号、4号、5号馆的地下，通过各馆前广场下的地下车库串联。车库内在各馆入口两侧和景观中都嵌入了具备采光通风功能的开放式下沉庭院，通过庭院内的楼梯、扶梯、无障碍电梯等设施实现与前广场的竖向连接。最后，将"前展后街"的理念在羊马河与拱棚之间植入，形成一个个由商街串联的林盘村落。

面对如此大规模、功能混合的会展综合体，我们在设计中尝试建立空间形态生长模式。一方面通过单元化、标准化的空间模块实现更高比例的装配化施工，在生产建造环节落实绿色策略：地上建筑部分均采用钢框架结构装配体系，幕墙构造与结构脱开进而形成独立且连续的室内封闭界面，这也使得钢柱、钢梁可直接外露，既省去了保温和防火涂料表面大量的封装之烦，也让原本平淡的工业化网格化立面变得更为立体。钢柱表面用不同饱和度的绿色随机分段涂刷，进而形成风格统一并与田野更为协调相融的色彩构成。另一方面，通过空间模块的组合变化，适配多样化功能的同时，在整体建筑风格一致的基础上尽可能做到和而不同：会议和办公部分尽可能采用通透的落地玻璃，以保证充足的自然采光和通透的景观视野。大会议厅屋顶用 PTFE 膜覆盖，中间填充了气凝胶的双层 PTFE 膜毯兼具保温和透光性，使整个空间温润明亮。博物馆采用双层穿孔铝板作为外幕墙的材料，近看是富有川味的竹编肌理，远看建筑又仿佛竹笼一般轻盈通透。后街则参考川西民居的做法，二层框架内填充暖色的竹木墙板和窄长的竖条窗，首层框架外依附单元模块组合的石笼，轻钢编织网内填充羊马河滩的卵石，白天墙面肌理色彩丰富，夜间透过石缝溢出熠熠灯光，既温馨又浪漫。

2　科技创新

2.1　合理界定室内外空间，绿色节能

为响应"田间地头办农博"的办会理念。方案采用指状渗透的布局模式，与田园景观互相渗透，同时为体现农博展览的特色并兼顾遮风挡雨的基本需求，主要采用有顶室外展场的形式。主体建筑则采用外廊式与遮阳防雨棚架结合的方式，通过适当的被动式绿色建筑技术，引导组织气流，营造出舒适的半室外活动空间，这种做法还降低了单位面积的空调能耗，减少人工照明。展览部分更是达到了近似零能耗的目标，真正实现了与农博相契合的绿色生态理念。建筑开口的设计有效组织气流，形成通风廊道，使得室内温度长时间处于更舒适的状态，人活动的微气候环境得到很大的改善。同时在近人尺度采用雾喷附加措施，调节微环境。

2.2　针对项目特征，进行特殊消防设计分析

为实现田间地头项目本着田间地头办展会的理念，合理界定室内外空间，减少能耗，在 G1～G5 区主体建筑上方设置遮阳防雨棚架，整组建筑由主体建筑和遮阳防雨棚架两部分组成。现行标准规范对于主体建筑上方设置棚架后如何定性及进行消防设计没有明确规定，同时，棚架是否会对下部空间的火灾烟气及人员疏散造成影响，主体建筑发生火灾时是否会对棚架的结构产生影响等均属于现行规范无法涵盖的问题，为保障建筑的消防安全，针对以上内容，委托应急管理部四川消防研究所进行了特殊消防设计分析。川消所通过数值模拟分析、棚架结构抗火安全性论证、ETFE 薄膜顶棚实体火灾试验等进行特殊消防研究。

3　新技术应用

3.1　负碳木拱

当下，对气候变化的关切正在鼓励建筑业界考虑碳影响，其中最有效的举措即为采用排放较少二氧化碳的建筑材料以改善建筑物整个生命周期的性能。相较于传统建材，$1m^3$ 木材在生长过程中可吸收 1t 二氧化碳并将其固存，而生产同样的钢材并将其转换成建材的过程则要排放出近 2t 的二氧化碳。由此可见，使用负碳材料既是对可持续发展绿色生态理念的回应，更是在"碳中和、碳达峰"背景下，实现建筑物零排碳甚至负碳的重要举措。从结构受力角度分析，20 世纪 70 年代，德国建筑师弗莱·奥托就曾首次使用弯曲木条网格形成球面结构以实现大跨度空间，而由伊东丰雄设计的大馆市树海巨蛋则以主轴上横跨 178m，次轴上横跨 157m，成为现代大跨度钢木结构之最。拱与壳的受力逻辑本就有着异曲同工的特点，均需要其材料及构造拥有更好的抵抗侧向推力的能力。而木材抗压强度高、韧性好、易加工组装的特性不仅可满足拱形大跨度结构体系对材料的各种需求，而且现代胶合木

工艺也弥补了原生木材尺寸受限的不足，从而可以更大的截面和与钢更灵活的组合方式来实现更大跨度的建筑空间。从建筑美学角度看，为了达到相同的耐火性能，钢结构的表面需要涂装大量的防火涂料，而现代胶合木构通过木材炭化作用防火的特性，让其本身构造和材料属性直接暴露，无疑是实现主展馆所见即结构的最诚实的美学表达。

当然，除木结构自身的建筑优势外，心理学研究还表明：身处木构环境中的人会变得更健康、更快乐、更富创造力！正因如此，在五个巨大拱棚的结构体系构建中，我们选择胶合木作为结构材料，并让其与空间形态、受力合理性、施工便捷度等关联在一起。

3.2　结构创新

为了让拱棚的形态不仅具有视觉美感，同时兼顾结构受力合理性，我们首先将曲面形态的母线由 Bezier 曲线调整为悬链曲线，不仅可以降低拱脚的侧向推力，也使得分段构件在重力下保持理想的轴心受压状态，受力更为均匀，让木结构材料的性能得到最有效的利用。

主展馆屋面棚架采用钢木组合异形拱桁架结构，胶合工程木作为桁架的上下弦杆，与实心钢腹杆共同形成三角形截面的空间组合拱形桁架，各榀拱形桁架之间用木次梁连接，以形成共同受力的整体。但大型的空间桁架除了需要设置垂直桁架截面的钢管腹杆，还需要采用交叉拉索或拉杆将上下弦杆与腹杆拉结，这不仅使整个桁架体系在空中看上去过于繁琐，而且交叉拉杆或拉索与上下弦木构件的连接比较复杂，施工时还需要进行杆件的预张拉才能获得较好的结构刚度，施工难度大，质量也不易控制。经反复考量，最终决定用实心钢腹杆组成三角形单元并与上下弦木构件组合成立体四角锥以代替传统的桁架交叉的三角斜撑，并开创性地对立体四角锥单元进行了结构抽空处理，抽空间距根据结构的抗剪受力需求确定，跨中间距大，支座处间距小。同时，为了加强整体结构的抗侧力性能，拱棚各品采用"X"形的整体拉索拉结以提高整体稳定性，相比集中在边跨布置交叉支撑的传统方式，这种以"柔"代"刚"的做法不仅使受力更为合理，也实现了更为纯粹的美学表达（图 4）。

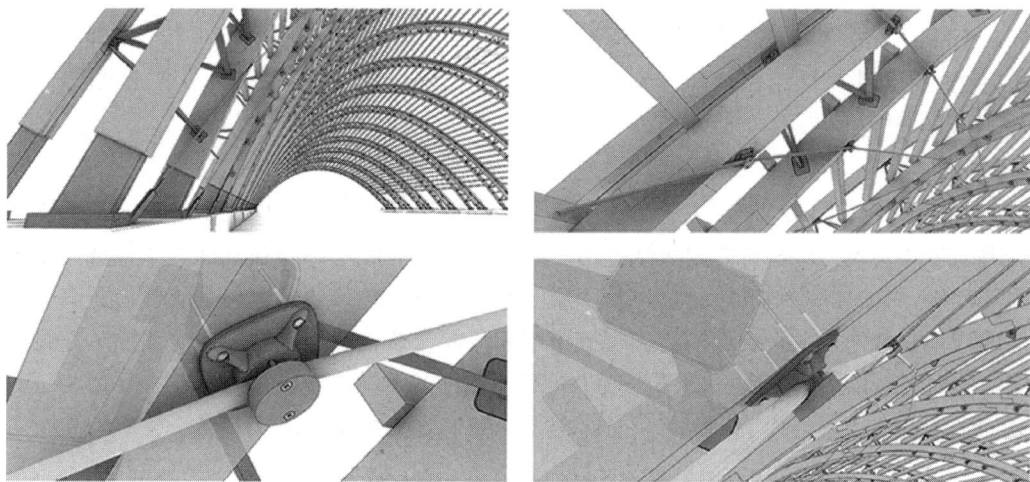

图 4　主展馆木结构节点

随着结构体系的确立，我们在结构构思上持续不断优化节点设计：比如，不光是桁架拱空间尺寸进行了变截面优化，单根弧形弦杆也依据结构受力分布进行了变截面处理，其中上弦杆截面尺寸由底部 640mm×220mm 渐变为顶部 560mm×220mm，下弦杆则由底部 800mm×280mm 渐变为顶部 600mm×280mm，既降低了自重节省了木材，构件看上去也更为纤细，呈现出与树木尺度更为接近的状态；钢腹杆与上弦杆的连接节点被优化成螺栓连接，杜绝了现场焊接施工的安全隐患；为了让三角斜撑和木杆件的组装更加直观，在加工厂预先加工了下弦杆件内侧的腹杆连接节点槽口，且钢板内嵌的方式也让钢与木紧密契合，提高了节点抵抗侧向力的性能；木次梁与下弦杆的交接节点也做了相同的处理，在与木次梁搭接位置的槽口，下弦杆可以与其紧密咬合，而且大大提高了现场安装的精确度。这些结构细节上的创新使结构受力更为直接、高效，同时简洁清晰的构造逻辑也使快速装配体系的实现成为可能（图5）。

图5 主展馆大跨度木结构

最终，变高跨比的拱形屋面基于数字模型生成了六万多个大大小小的钢木构件，实现了77跨不同跨度和高度的异形拱桁架结构。其中5号馆棚架首品桁架最高点达45.5m，1号馆棚架首品桁架跨度达到了118.9m。

3.3 材料耐候

与很多木结构项目不同的是，主展馆棚架有部分构件暴露在室外环境之中，而成都常年阴霾、夏季湿热多雨的特殊气候更对木材的耐久性提出了严格要求。为此，暴露在室外的木材选用耐候性、硬度俱佳的落叶松，室内部分则选用云杉，其木质细腻、色彩温和，造价也较之落叶松更有优势。除了有针对性地选择树种外，木材表面还需进行五道耐候漆的涂装，其中基层的三防漆除了兼顾防腐、防白蚁功能，同时还可以起到延缓木材燃延的作用，可将其耐火性能超越规范的限值由1h提升至1.5h，表面透明的四道水性面漆则可以保证木材常年暴露在紫外线中不会褪色。

4 数字化应用

4.1 全过程三维模型伴随式设计

天府农业博览园主展馆项目五组木结构棚架及棚架下方建筑空间关系复杂，设计阶段通过三维模型的紧密配合进行方案及空间的设计推敲，在初步设计及施工图阶段，通过精度更高的犀牛模型与Grasshopper参数化软件结合，与结构专业、木结构顾问、膜结构顾问一起基于设计模型进行深化设计以及结构方案的比选与推敲，最后进行木结构和ETFE膜的施工图纸导出；在施工阶段通过犀牛模型与厂家进行细部节点及相关施工细节的配合与推敲。通过对深化单位提供的深化模型进行审核，控制设计效果及时发现问题。通过全过程的模型辅助设计，保证在设计阶段尽可能发现存在的问题并且及时提出解决方案，对于提高项目的完成度帮助很大。

4.2 木结构、膜屋面、索结构格栅屏专项深化设计

五个木结构棚架设计是整个项目设计的难点之一，棚架主要由木结构拱形结构、ETFE 膜外维护和 LED 网屏几部分组成。棚架结构通过与结构专业和木结构顾问的配合，采用拱桁架的结构形式，木拱之间采用木次梁进行连接，设计阶段采用参数化设计方法进行形体的优化迭代设计，结合结构参数化分析确定结构形式，通过木结构深化单位的加工模型确定钢支撑和木梁的节点做法；ETFE 膜结构深化分为节点深化和配色深化两部分，膜主要采用索膜结构进行张拉，在木结构模型的基础上进行深化设计和膜片分割；LED 网屏采用索结构进行支撑，固定在第二品木结构拱形桁架上，采用集成化设计将线材整合到主次龙骨上，形成幕墙体系。

4.3 特殊材料做法的精细化设计

由于建筑采用开敞外廊的空间形式，土建、装修、景观无明确界限，设计图纸中一体化考虑孔洞的预留和固定件的预埋。首层地面采用新型的砾石聚合物地面做法，因其为一体化的地面形式，需整体浇筑，设计中提前考虑其与幕墙、绿植墙的交接收边做法，同时细化设计其伸缩缝的布置，确保与建筑其他部件的对位关系。

建筑大量使用绿植幕墙和石笼幕墙，考虑施工便捷性，在详图设计中，通过模块化的格构拼装组织。并根据轴网、楼层线等模数控制线确定分格尺寸，保证与柱子及幕墙等的对位关系。同时将消火栓箱、滴灌系统等设备末端置入绿植幕墙内，设计中梳理管线路由及末端尺寸定位，实现预留预埋。石笼模块采用镂空的设计，在底部布置线性照明灯，满足石笼墙内发光照明效果的同时，大量减少石头用量，减轻荷载，便于施工。

4.4 数控建造

木材原料均选自欧洲高寒地带，木构件在奥地利、瑞士工厂采用 CNC 数控机床加工成成品后，搭乘中欧专列运输至施工现场。构件加工、木构件分段定位、CNC 加工等数据文件均通过数字化设计模型自动导出生成。运输前，为了将运输效率最大化，甚至还特别生成了专门的集装箱内部构件布置图。在施工中，从木棚架整跨桁架在现场工厂的小段拼装开始，然后是场地上的吊装段拼装，再到空中的吊装段对接，以及后续形成整体棚架后的支撑架卸载，每个步骤都严格依照预先规划好的施工组织流程进行，并通过三维模型生成的数据参数控制每个步骤的施工精度以避免施工误差的累积放大。从初期摸索阶段的三周拼装一跨，到最后的三天可以搭设两跨，这种木结构大规模的拼装和吊装在短时间内得以实现，均得益于数字化设计与装配式建造的无缝对接。

5 经济效益分析

室内外空间的合理界定，使大部分公共空间不用能，减少了能耗和设备的一次投资。木结构的应用减少了二次装修的量，结构即完成面。质轻的膜材围护结构同样降低了重量，减少了结构用材。

6 获奖情况

在 2022 IStructE Structure Awards 项目评选中，中国天府农博园主展馆木结构棚架在全球 41 个入围项目中脱颖而出，成为全球结构设计 10 佳之一。

在 2023 亚洲建筑师协会 Arcasia Awards For Architecture 2023 入围金奖角逐。

7 结语展望

对于永不落幕的天府农业博览园主展馆，政府的诉求是探索乡村振兴模式；资本的诉求是投资与回报的平衡；而建筑自身的诉求是地域文化的传承与绿色生态高品质生活的营造，三者缺一不可，更相辅相成。目前，工程已进入运营阶段，会议、文创、餐饮、办公等配套产业给这片大田注入了新鲜的活力，展馆随即成为农民的新职场，更吸引着游客纷至沓来。在这里，田园变成了公园，展馆变成

了体验馆,传统的乡间劳作变成了寓教于乐的亲子互动,到处散发着美丽新农村的勃勃生机(图6)。

图6 倡导绿色低碳生活的主展馆

天府农博园主展馆项目不仅是一次轻量化结构体系与建筑空间的完美融合,也是一次中国本土设计理念与国际当代木结构技术的成功结合。而拱棚下方的空间营造更是在"双碳"语境下一次绿色建筑的开创性实践,正因为采用了这种室外化的创新会展理念,不仅使得木拱棚架在消防审批中顺利过关并最终得以实现,而其缩减能耗空间,自然通风、采光,开放透景的绿色导向也更让主展馆深深扎根在广袤无际的田园之中,成为人与自然和谐共生的理想之邦,其意义与影响已超越了建构本身。

作者:康凯(中国建筑设计研究院有限公司)

异形仿生艺术建筑数字化绿色建造技术研究与实践

Research and Practice on Digital Green Construction Technology for Heterogeneous Biomimetic Art Buildings

1 引言

随着中国经济的快速发展和建筑业的转型升级，建筑领域对建筑造型的艺术要求越来越高，由新西兰建筑设计师弗雷德先生设计的位于深圳的玛丝菲尔总部一期工程、二期工程屋面及外围结构造型，源于树叶和花瓣的曲面造型的设计灵感，运用仿生学的理念将大自然的双曲面优美造型应用到建筑上，实现了仿生建筑与艺术建筑的有机融合。

当前建筑业正进入绿色化、工业化、数字化的高质量发展阶段，异形仿生艺术建筑外形独特、施工工艺复杂，采用常规施工工艺费时又费工，还不节材，通过数字建造技术可以很好地解决定位测量、模板安装、装饰装修的难题，打造了绿色建筑的典范。

我司针对仿生艺术建筑的特殊性，通过采用数字建造技术结合工程实际进行测量定位、主体结构与装饰装修施工，并借助管理平台辅助现场施工，使得定位更加准确、施工工艺更加合理，结构成型效果良好，大大降低了劳动强度，解决了用工荒和劳动力老龄化的问题。

2 工程概况

深圳市玛丝菲尔总部大厦工程位于深圳龙华区大浪时尚产业创意园，是一座集办公、展览、休闲、商业、酒店为一体的仿生艺术建筑，成为中国顶尖的时装发布中心（图1）。

图 1 项目整体效果图

项目总投资约 20 亿元，总建筑面积 11 万 m²，分两期开发，地下二层，地上 3～7 层。于 2009 年 7 月 15 日开工建设，2022 年 5 月 18 日通过竣工验收。

建筑外形采用仿生学设计理念，将绿色生态与建筑艺术完美融合。造型以抛物线、螺旋线等曲面形态为主，一期屋面采用波浪形屋盖板、仿贝壳造型，二期屋面采用双曲叶面造型，内部空间结构复杂多变，采用各种形式的拱形柱、叶茎等钢混组合结构体系（图2）。

图2　项目施工完成效果

同时采用绿色设计理念，在建筑布局、遮阳设计、通风降温、节能降噪、水资源再利用、固废材料利用等方面作出新的探索，建筑装饰材料突破性采用红砖、青砖、碎瓷片、瓦片、玻璃等回收的废旧建筑材料，大量采用彩色碎拼工艺，渲染斑斓的色彩，打造了新时代绿色建筑。

3　仿生艺术建筑设计理念

建筑风格受到最早应用仿生形式的西班牙建筑大师安东尼·高迪的影响将自然界的生物和自然景观造型引入建筑和结构设计。俯视整个建筑群如同一只展翅大鹏，气势磅礴，富有神韵（图3）。

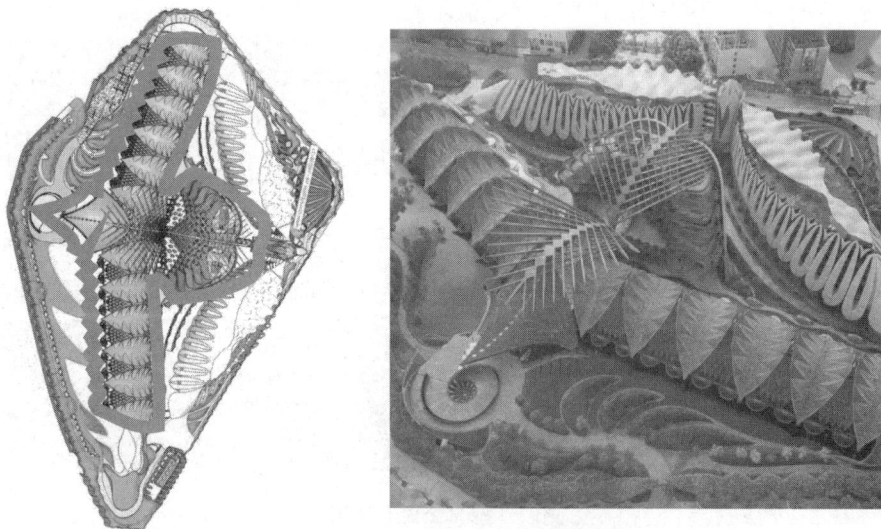

图3　建筑整体风格模型、实物对比

5号楼采用仿生贝壳状屋面，壳体结构蕴含着自然力和坚韧性，曲度均匀，装饰设计模拟贝壳表面形态及色彩，整体观感栩栩如生；羽毛状飘窗将交通塔装扮成了一只色彩斑斓的翠鸟，通风透气的同时又实现遮雨功能（图4）。

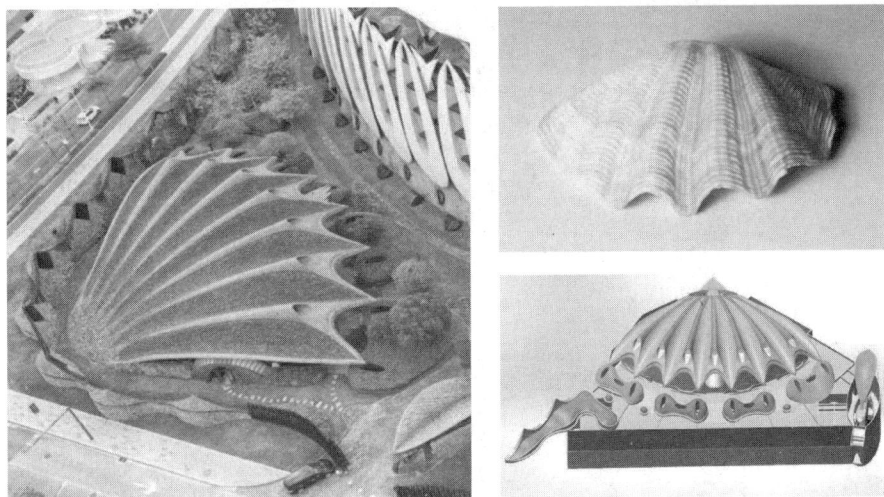

图4　5号楼屋面仿生贝壳造型效果

五星级酒店高度39.5m，巨型背叶面高37m，宽95m。背面的曲面型钢网格梁将酒店装扮成了一只振翅欲飞的蜂鸟（图5）。

图5　酒店背立面叶片造型

3、4号楼结构为12个大悬挑叶片，如同翠绿的树叶，对称布置于中庭叶面两侧，叶茎及叶片完全按照叶脉的自然生长肌理进行设计，将建筑使用功能和生态美学较好地融为一体（图6）。

从人类腿骨的受力分析中得到启示，两侧设置Y形钢结构立柱，使空间结构与建筑艺术形式的虚实结合，完美统一（图7）。

每个标准叶片平面投影长38m，宽18m，为空间双曲形状。平面曲线半径为20.7m，侧立面上曲线半径最小为9.3m。屋面上部结构由双曲叶面及网格梁组成，支承于22根Y形钢柱顶部。标准叶片由支撑叶茎柱、网格型钢梁、双曲钢筋混凝土叶面板组成。

出入口处马鞍形大悬挑结构采用了叶脉结构交叉网状的支撑组织肌理（图8）。

内部旋转楼梯采用DNA的双螺旋结构（图9）。

1、2号楼外立面为27对大叶片，每对叶片造型都不一致，交通塔顶部屋面如同盛开的莲花，花瓣均按照荷花的自然生长原理用数学模型中的双曲面组合叠加而成（图10）。

旋转坡道犹如银河系美丽的星云，中庭外壳拱形柱模拟翻滚的海浪设计，围墙立柱仿佛旋转的风暴，勾勒出一种天然的流动感（图11、图12）。

图 6 3、4 号楼 12 个悬挑大叶片造型效果

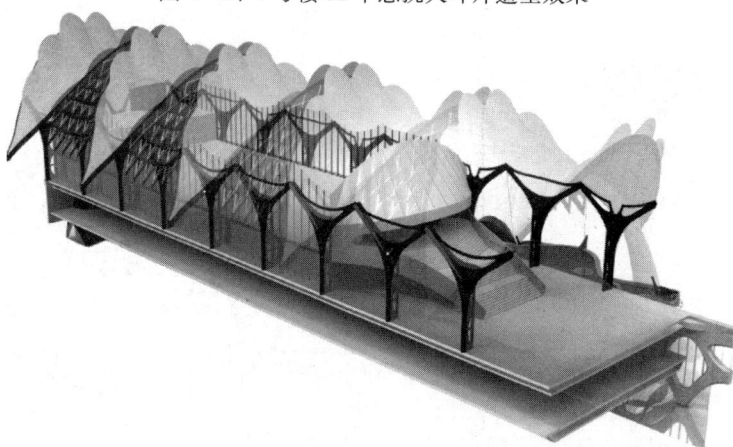

图 7 两侧 Y 形钢立柱造型效果

图 8 出入口处马鞍形大悬挑叶面结构完成效果

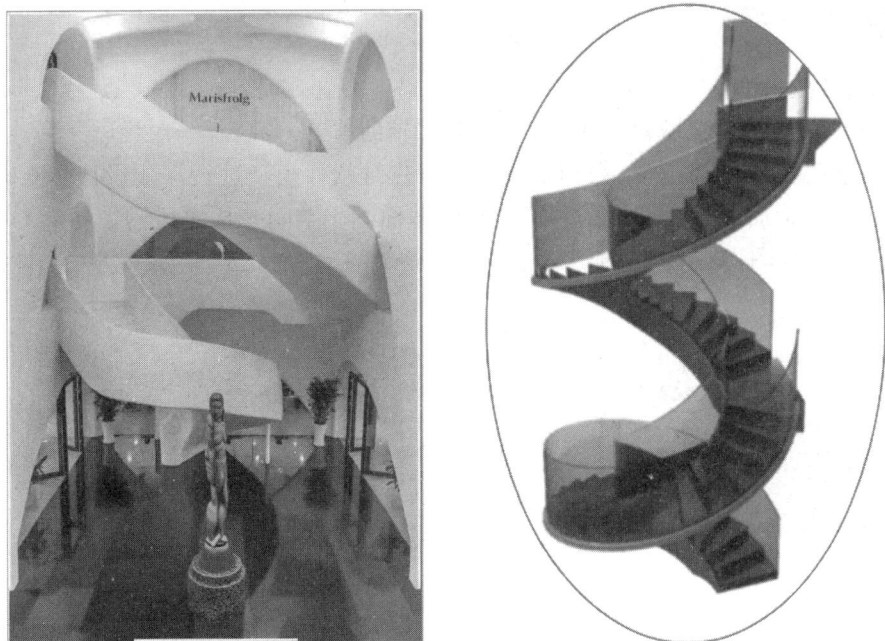

图 9 内部旋转楼梯效果对比

图 10 1、2 号楼外立面 27 对大叶片、交通塔莲花造型效果

图 11 旋转坡道完成效果

图 12 围墙立柱整体效果

4 数字建造技术

4.1 主体结构施工技术

4.1.1 利用 solidworks 三维机械软件进行工程设计和辅助施工

项目造型多为曲面和筒体结构，采用 solidworks 三维软件模型进行深化设计，准确定义建筑结构形式与尺寸。并分析曲面母线网格图、形成构件截面图、空间坐标定位图，导出 CAD 模板加工图、钢筋绑扎图和放样图，辅助现场加工下料（图13～图15）。

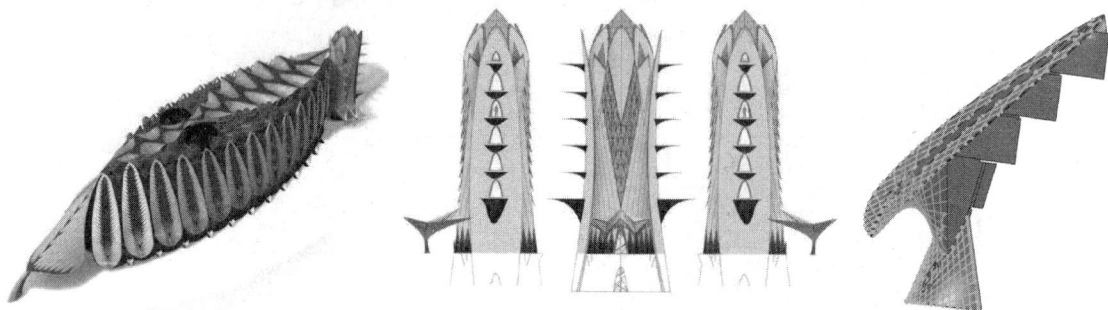

图13 筒体、曲面 solidworks 模型

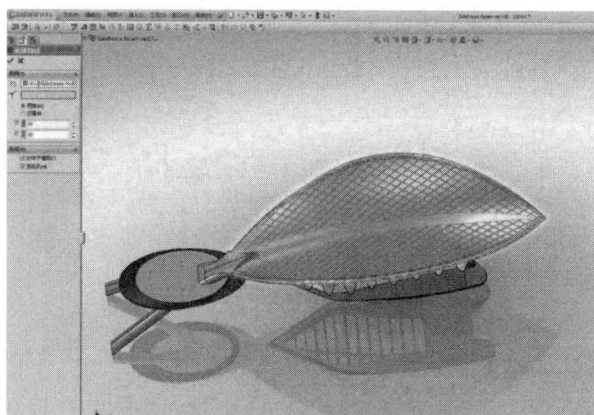

图14 曲面母线网格定位图

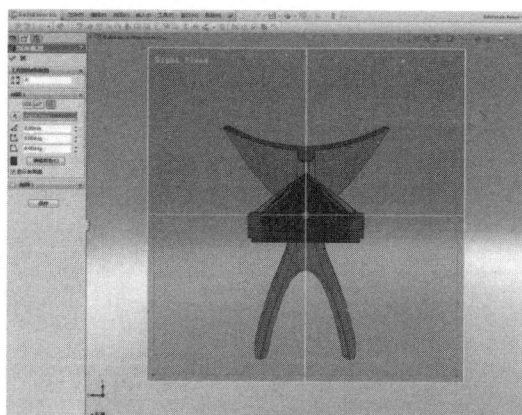

图15 构件截面图

4.1.2 坐标定位及模板支撑体系施工技术

采用多种形式的组合模板，模板拼装、钢筋绑扎及混凝土完成面标高控制均遵循曲面原理。

模板支撑体系坐标定位采用 solidworks 软件，分析混凝土构件的曲面母线特征，选择合适的排架布置方式，根据脚手架立杆间距要求，在曲面上生成 3D 草图网格线，利用软件记录所有交点的三维坐标、网格线的端点间距等参数（图16）。

在地面网格线交点上搭设钢管支撑架，按网格线确定钢管主楞高度。

在 solidworks 模型曲面上生成次楞网格线，并标注端点间距，在曲面边缘钢管主楞上划分尺寸，对边各点。该项施工技术为后续各类异形混凝土结构模板支撑体系施工奠定了基石（图17、图18）。

4.1.3 混凝土双曲面薄壳筒体施工技术

双曲面筒体的生成原理是在空间中的一条直线，以某个角度，沿着直线两端不同直径的圆移动而成。

模板拼装时通过软件在双曲面筒体上找出直线和移动路径，按照固定宽度裁剪出木板条固定到定位模架上。模板及支撑系统采用钢管、木方、模板等传统材料，工艺科学，施工简便，混凝土结构成

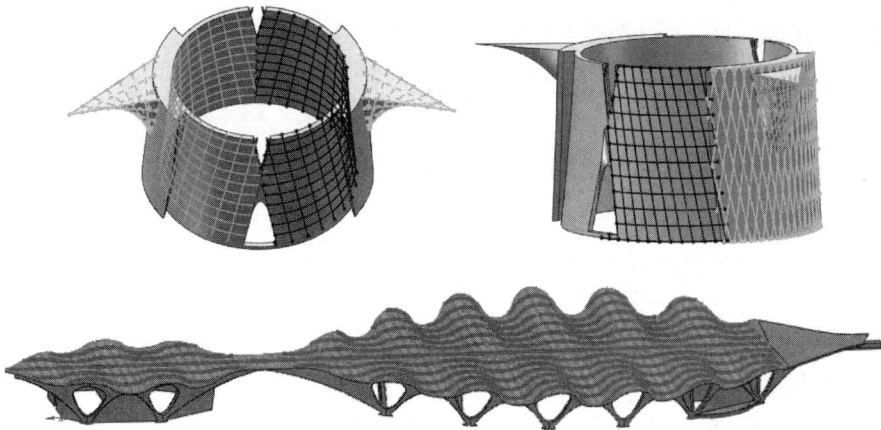

图 16　曲面生成 3D 草图网格线

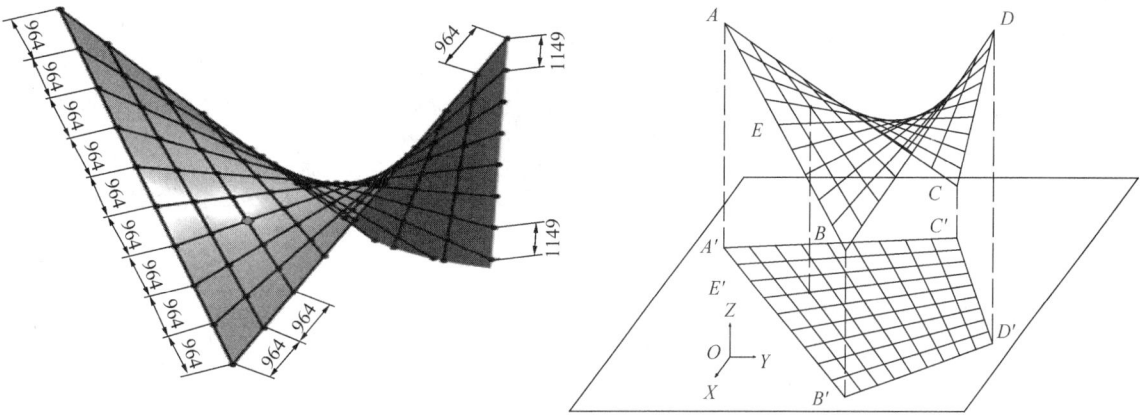

图 17　地面进行网格线及边线投影放线定位

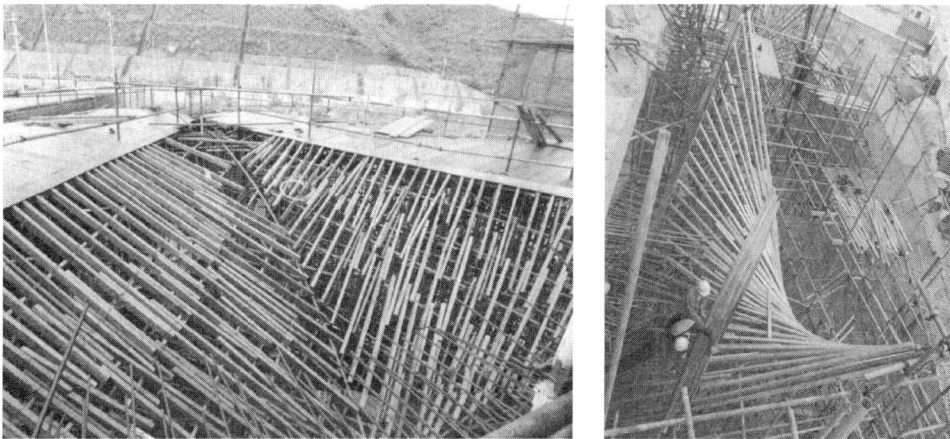

图 18　模板支撑系统根据定位放线进行搭设

型观感好（图 19、图 20）。

4.1.4　马鞍形双曲面混凝土板施工技术

马鞍形双曲面三维形态和曲面生成原理是由空间两条异面直线在相同的等分点之间相互连接，形成的具有网格状的曲面。

应用 BIM 软件，确定不同曲面模板，沿网格直母线设置次楞、模板的支撑体系布置、模板支设、

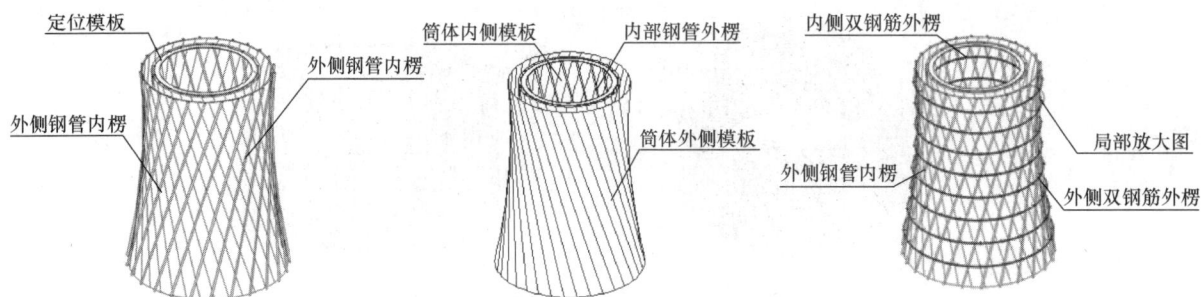

图 19　混凝土双曲面薄壳筒体模板支撑示意图

图 20　混凝土双曲面薄壳筒体现场实物效果

钢筋绑扎，并按照一定的铺设宽度对铺设的模板条进行裁切修正，保证了模板条沿着双曲面直线构造线方向，使模板面铺设顺滑，完全不必制造弯曲构件，有效地保证了混凝土板的成型曲率（图 21、图 22）。

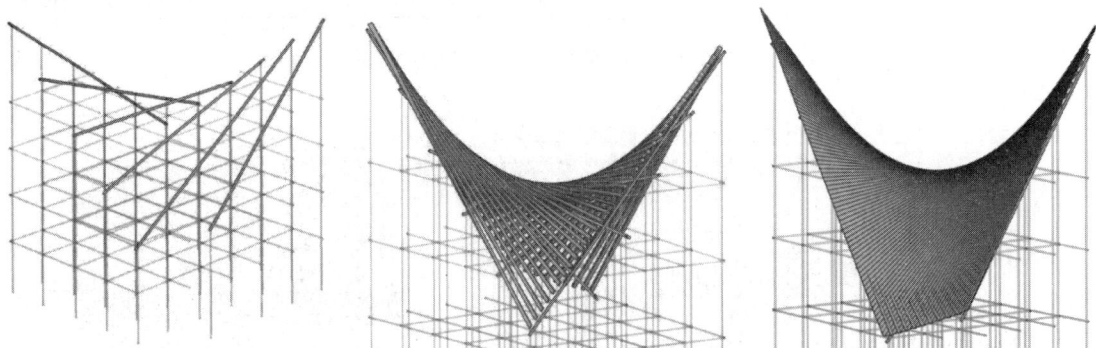

图 21　马鞍形双曲面混凝土板模板支撑系统定位放线

图 22　马鞍形双曲面混凝土板成型效果

4.1.5　花池柱施工技术——分层成像法

复杂曲面结构采用分层成像法配模工艺，将构件物看成 N 层互相平行的二维断层剖面的组合，在三维模型中截取等值间距剖面图，根据断面层配制曲面轮廓模板，构建各断层的原始轮廓。花池柱混凝土结构一次成型，曲面过渡自然（图 23、图 24）。

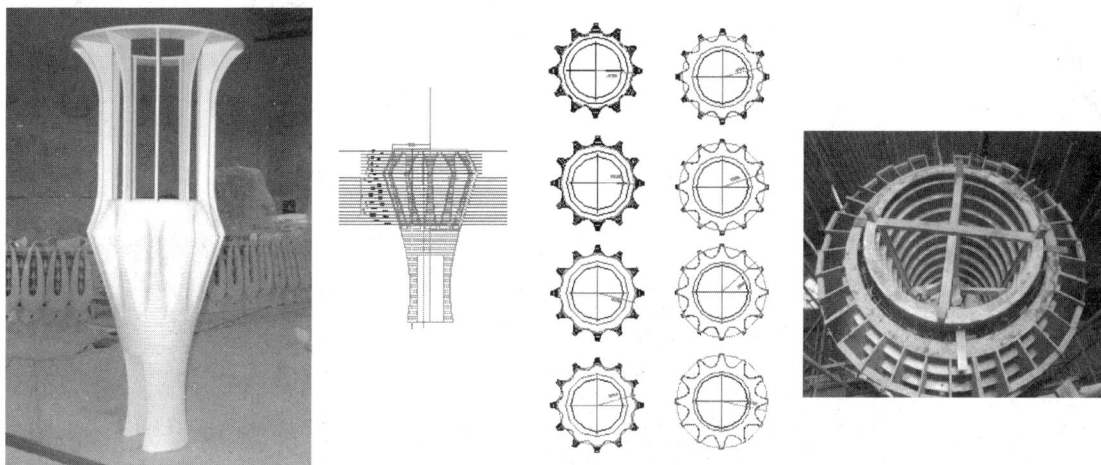

图 23　花池柱分层成像原理及曲面模板

图 24　花池柱成型效果

4.1.6　八边形变截面混凝土拱形柱施工技术

应用 BIM 技术进行模板深化设计，拱形柱采用钢木组合模板。模板主楞采用弯折的钢管，弯折固定后不易变形，与排架立杆能够紧密连接。模板支撑次楞木方与钢管用钢丝绑扎在拱形钢管上。

拱形柱上下面是曲面，采用钢模板作为混凝土接触面。侧模采用木模板，和木方主次楞与对拉螺栓连接加固。曲面成型质量达到清水混凝土要求（图 25、图 26）。

4.1.7　贝类仿生屋面结构施工技术

5 号楼为贝壳造型，设有内置的通风管道，表面为竹纹清水。施工时需要将三维模型导出平面图与立面图（图 27）。

通过对模型的分层切割，确定通风管道、屋面边缘构件、屋面盖板的复杂空间关系和竹模大样。板底钢管的弯曲弧度、配件编号方便现场组合安装（图 28）。

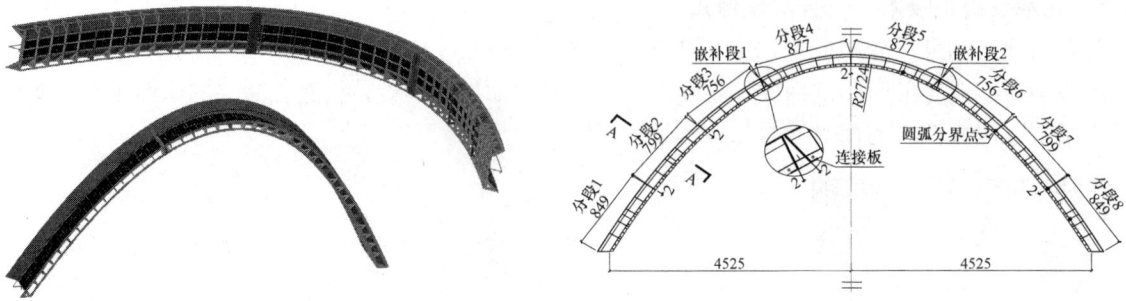

图 25　八边形变截面混凝土拱形柱钢模板深化设计图

图 26　八边形变截面混凝土拱形柱钢模板安装及成型效果

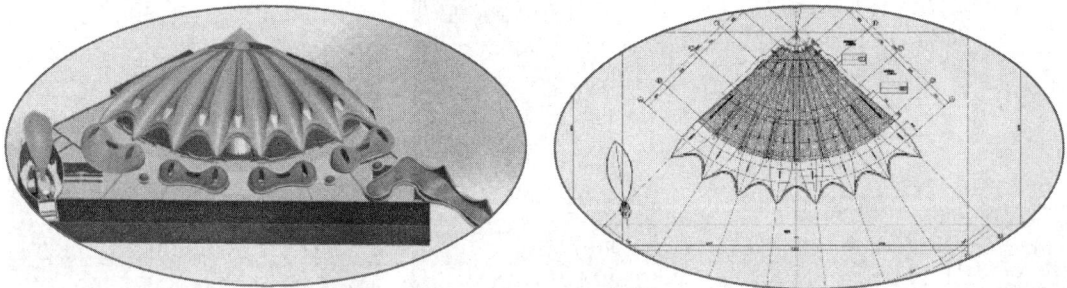

图 27　贝类仿生屋面三维模型与平面布置图

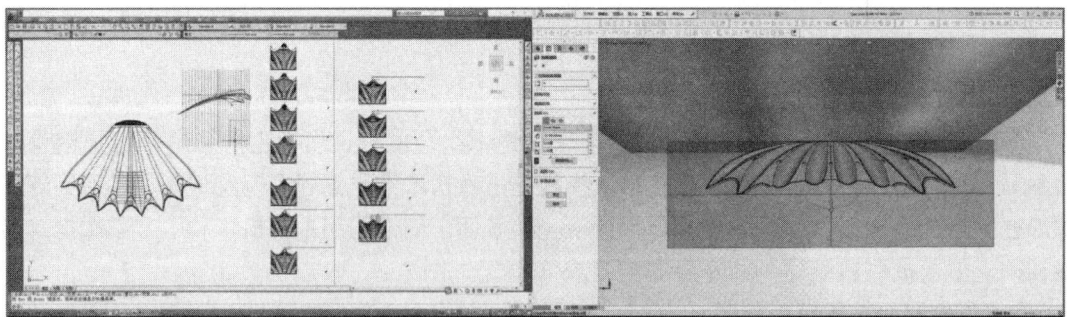

图 28　贝类仿生屋面三维模型分层切割效果

架体搭设、模板处理都按曲面曲体工艺操作，之后再进行竹模安装，采用原生态竹模，经 5 道加工工艺，与木模贴合安装。拆模后屋面竹纹仿生质感自然生动（图 29～图 32）。

图 29　贝类仿生屋面架体搭设、木模板安装

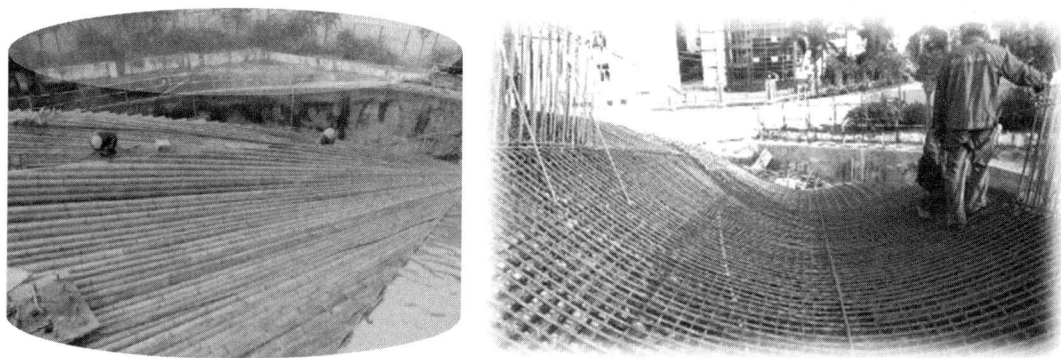

图 30　贝类仿生屋面竹模板安装、钢筋绑扎

图 31　贝类仿生屋面成型效果　　　　　　图 32　贝类仿生屋面竹纹饰面成型效果

4.1.8　波浪形屋面施工技术

在三维坐标体系内采用正余弦函数经过变换组合截取空间曲面，将截取出来的空间曲面加厚即可生成应用于工程的波浪屋面。波浪屋面的支撑采用中部直线状的肋梁＋拱形支撑来传递作用力（图 33、图 34）。

波浪屋面的纵向剖切面为正弦曲线波浪状，横向剖切线为直线状，根据实际剖切线设置弯折的钢管作为主楞、与其相垂直的平方的直线状木方作为次楞，模板采用 10cm 宽模板条钉在木方上。在形成的屋面支撑板上弹出波浪屋面边线，设置竖立的挡边模板。钢筋及混凝土浇筑均采用常规方法进行施工，简便可行，而且能够充分保证波浪状屋面板的成型效果及施工质量（图 35、图 36）。

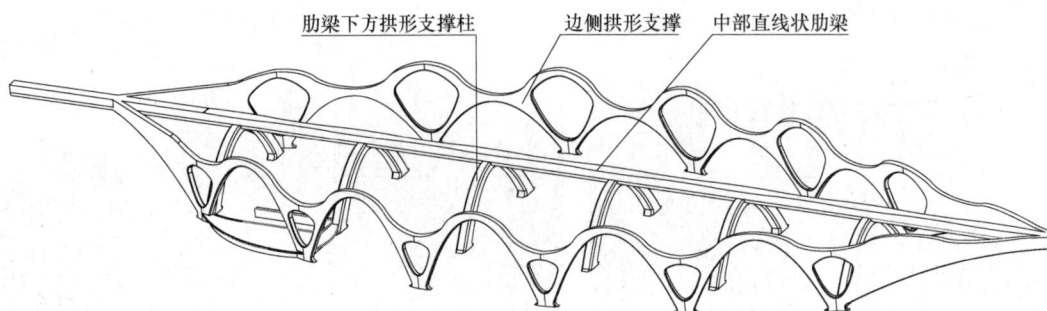

图 33　用于支撑波浪状屋面的下部支撑结构

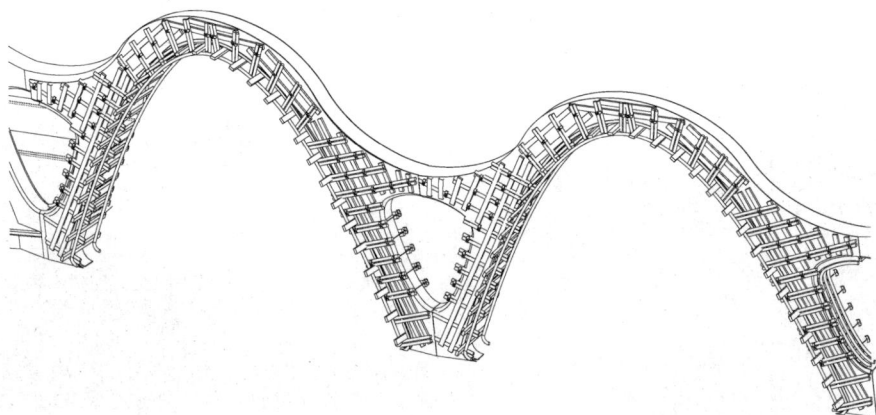

图 34　边侧拱形柱支撑

图 35　波浪屋面钢管主楞搭设、模板安装

图 36　波浪屋面混凝土浇筑及成型效果

4.1.9　屋盖标准叶片施工技术

二期屋盖标准叶片 12 片。叶片之间通过网格型钢混凝土梁相连，支撑在两侧的 Y 形钢柱上。施工时需设置临时支撑胎架释放变形。在叶柄和叶尖两端落差较大处设置双面模板，并采用自密实混凝土浇筑，保证外观质量（图 37）。

图 37　屋盖标准叶片及网格梁效果

施工前，在武汉大学实验室通过风洞试验分析模拟标准叶片钢筋混凝土板板底最大应力变化情况，并做屋盖变形分析（图 38）。

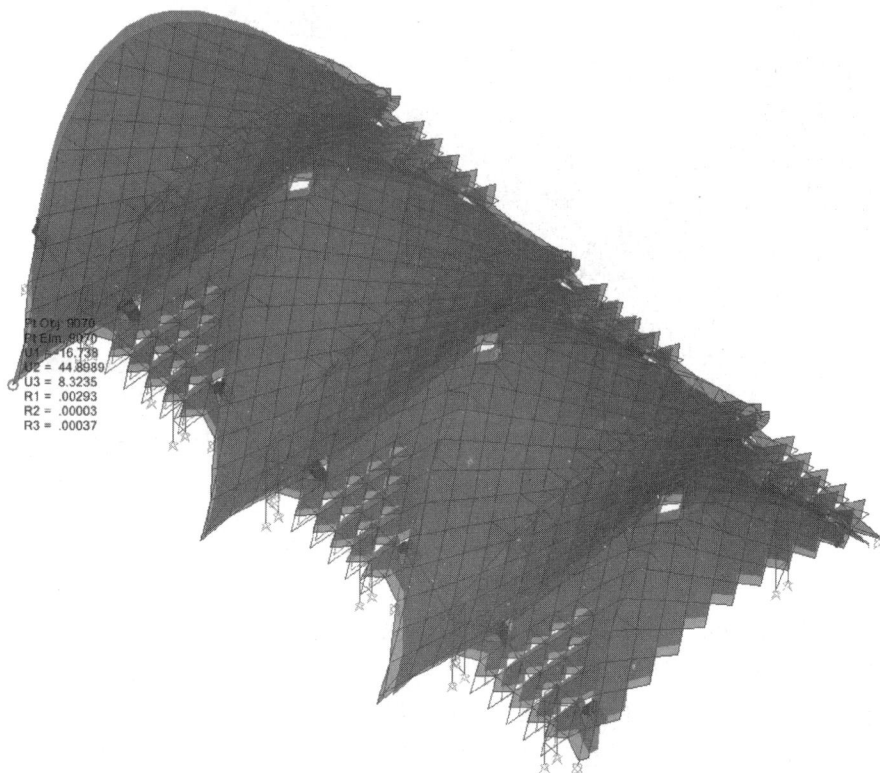

图 38　屋盖变形分析

施工中采用无线动静态数据采集系统收集数据实时监测分析，结构变形控制良好（图 39～图 41）。

图 39　无线动静态数据采集系统　　　　图 40　屋盖位移监测点布置图

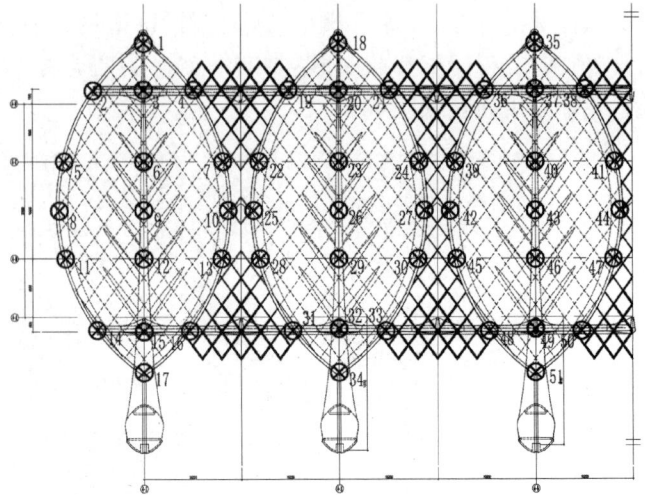

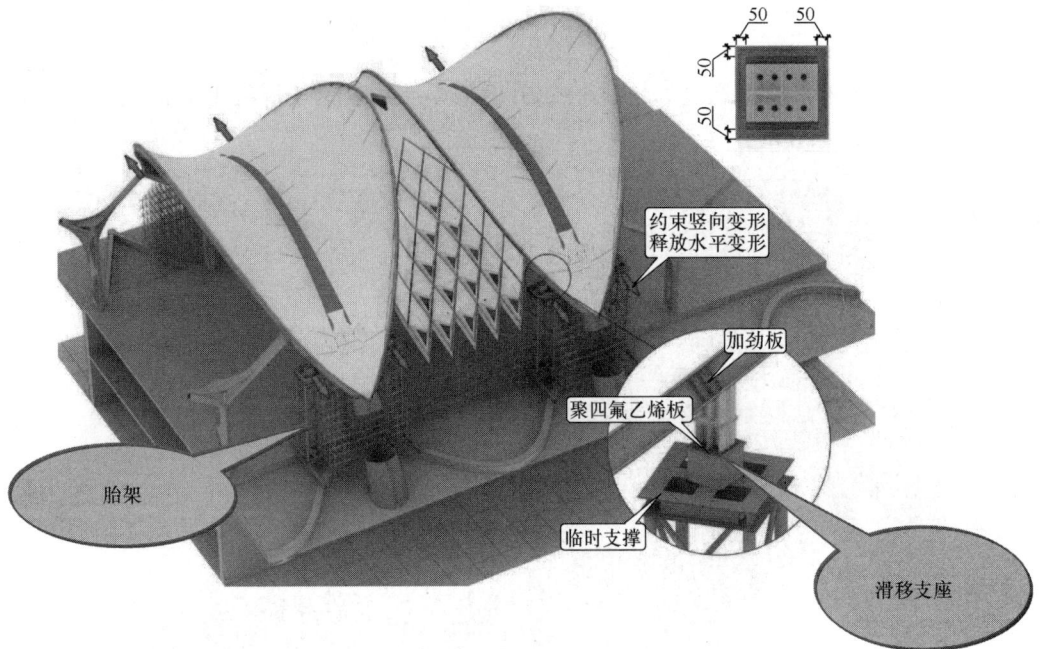

图 41　标准叶片及临时支撑胎架效果

4.1.10　天棚结构层与装饰层"倒置法"施工技术

标准叶片屋面穹顶天棚装饰材料采用 12mm 厚三角形釉面砖按照 400mm×400mm 网格拼贴，在底模完成后先进行装饰层施工，再进行结构层的"倒置法"施工（图 42、图 43）。

模板面铺设好后，面层装饰用钢钉临时固定，空隙采用雷帝砂浆填缝与装饰砖同高，粘结层内置镀锌钢网，用于增加砂浆的抗开裂性能，等距 300mm 梅花状布点设双股不锈钢钢丝，穿过镀锌钢网对折延伸至混凝土层与楼板钢筋进行连接，使砂浆与混凝土形成有机整体（图 44～图 46）。

钢筋混凝土板，150mm厚

雷帝3701+226 (1:7)砂浆粘结层（抗压强度不小于30MPa），分三层 (5+8+12) 抹至25mm厚
砂浆层内铺镀锌钢丝网，网眼12×12,直径0.8mm；纵横向每隔3m用泡沫棒设分格

界面层，雷帝4237+211 (1:4)厚1~2mm

陶制无釉三角砖（12厚），砂浆填缝（抗压强度不小于15MPa）

双股直径1mm不锈钢丝，间距300mm
梅花状布置与板钢筋绑扎

叶片板钢筋

12mm厚陶质砖片　　填缝层　　　粘结层纵横向每隔3m采用直径18mm泡沫棒设分格缝
12mm厚雷帝3701+226 (1:10) 砂浆填缝

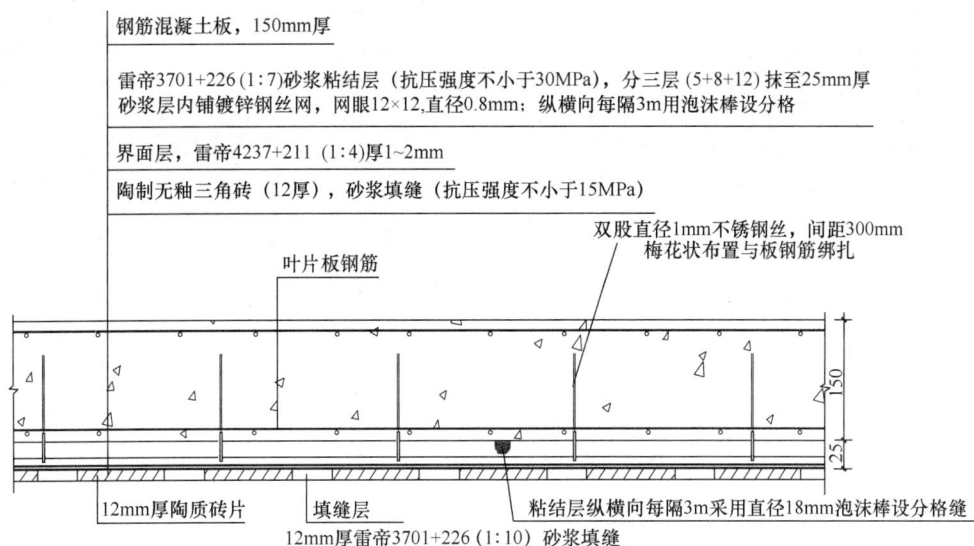

图 42　天棚构造做法示意图

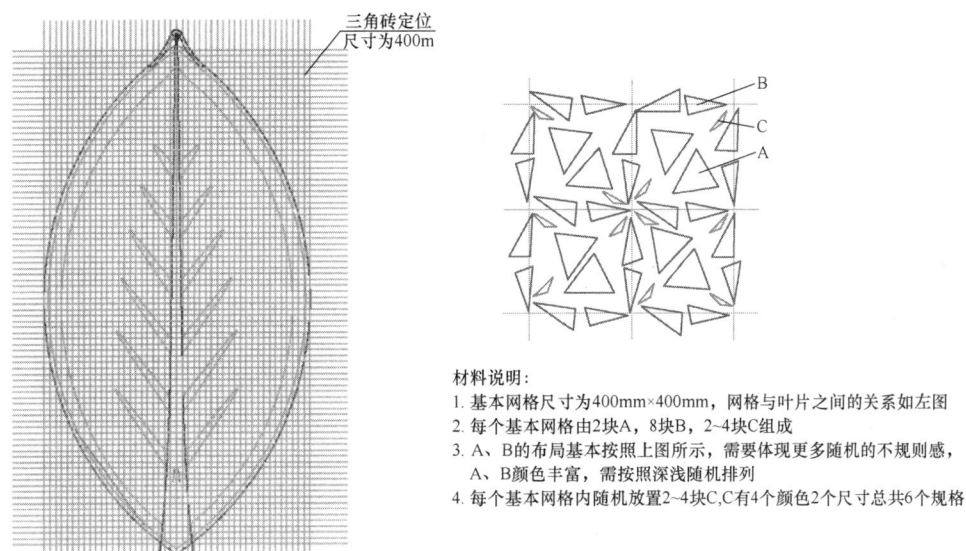

三角砖定位
尺寸为400m

材料说明：
1. 基本网格尺寸为400mm×400mm，网格与叶片之间的关系如左图
2. 每个基本网格由2块A，8块B，2~4块C组成
3. A、B的布局基本按照上图所示，需要体现更多随机的不规则感，A、B颜色丰富，需按照深浅随机排列
4. 每个基本网格内随机放置2~4块C,C有4个颜色2个尺寸总共6个规格

图 43　三角砖定位网格图

图 44　模板上排砖网格线

图 45　外籍设计师确认排砖效果

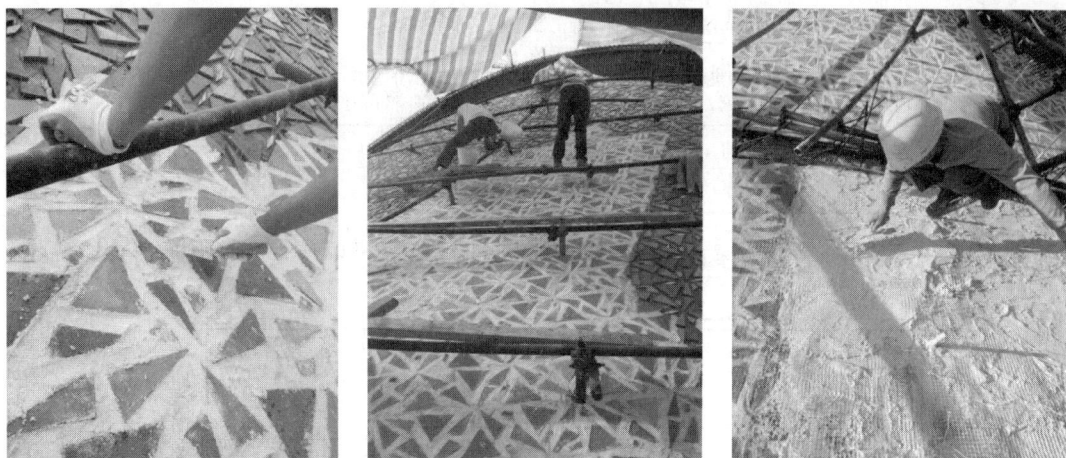

图 46 勾缝、铺钢丝网

具体排砖由外籍设计师现场指导，并确认效果，在样板验收后展开大面积施工，勾勒出叶脉尖端的纹路，呈现出规则的美感，完工六年来无一脱落（图 47）。

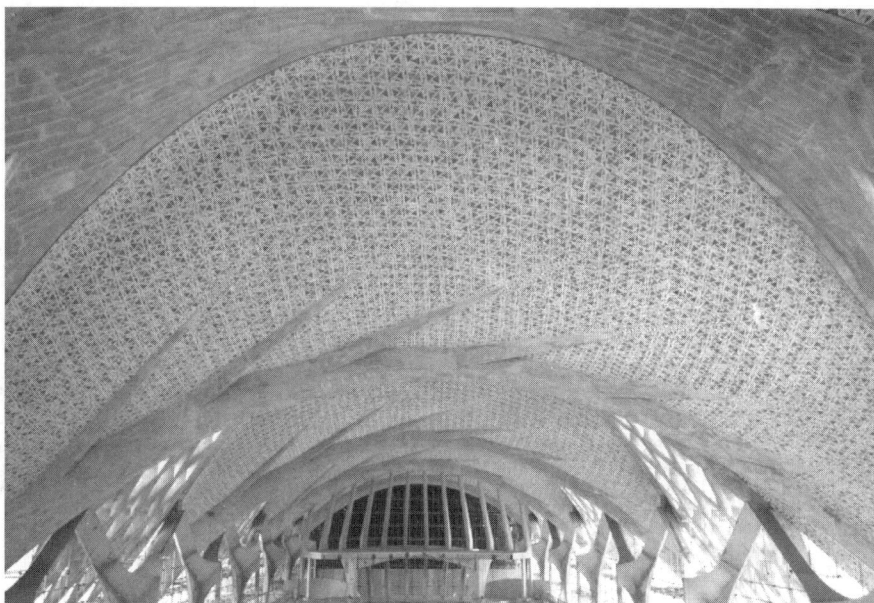

图 47 大跨度穹顶整体效果

4.2 幕墙施工技术

玛丝菲尔总部大楼幕墙造型多变，幕墙系统繁多，包括有钢框架玻璃幕墙、点式拉索玻璃幕墙、全玻璃幕墙、玻璃采光顶、异形窗花格栅、玻璃楼梯等在内的 20 多种幕墙系统。

4.2.1 酒店背叶片幕墙系统

酒店背叶片造型为双向曲面空间异形表皮。建筑外形的复杂对幕墙设计节点的可调节性以及曲面适应性要求极高，施工过程中想要实现龙骨的精确定位也十分困难。再加上幕墙板块为尺寸变化的三角形玻璃，板块加工和板块安装的难度都很大。施工过程通过三维扫描定位放样技术，通过布置辅助识别球对构件进行多角度全方位的扫描获得完整数据，后期进行数据拼接，完整将现场数据进行保存上传，进而再与设计模型进行比对，直观反映整体偏差，及时进行技术交底，保证了工程质量（图 48）。

图 48　酒店背叶片幕墙系统

4.2.2　中庭采光顶系统

该系统包含空间异形采光顶、立面拉索点式玻璃幕墙、立面框架式玻璃幕墙等系统。其结构受力分析、转角过渡节点、防水收口节点的设计是项目中突出的重难点。采光顶整体为不规则造型，施工前通过 BIM 技术辅助深化设计，进行空间尺寸定位，导出构件下料清单，提交工厂下料，安装后的实物尺寸与 BIM 模型完全吻合（图 49、图 50）。

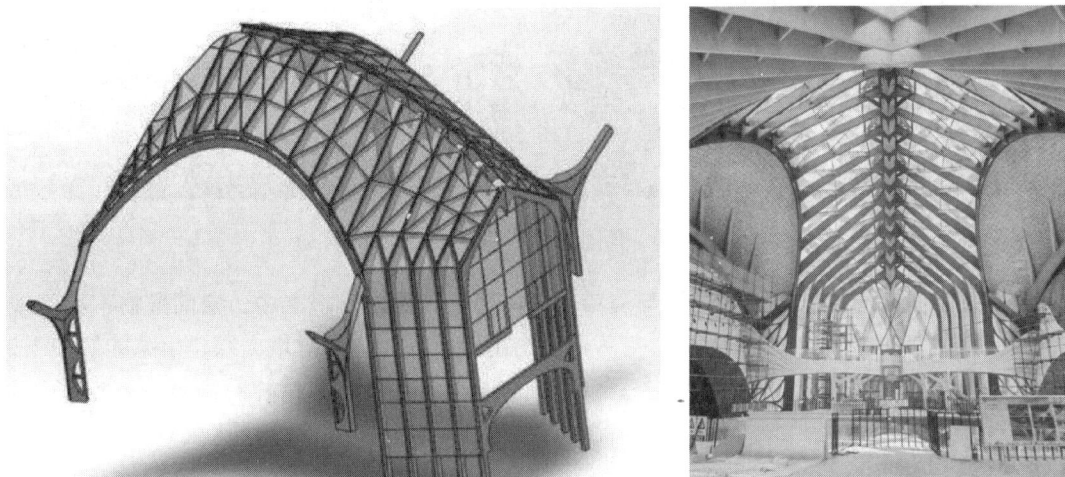

图 49　中庭采光顶系统 BIM 模型及实物（一）

图 50　中庭采光顶系统 BIM 模型及实物（二）

同时，各幕墙系统又具有造型复杂、边界条件多样的特点，这导致幕墙龙骨空间定位困难，结构受力分析难度大。幕墙节点设计需具备足够调节能力，才能很好适应主体结构施工误差和幕墙曲面造型的要求。

4.2.3 办公区域的外围玻璃幕墙系统

该系统位于"标准叶片"之间，洞口为异形尺寸。玻璃外侧的"叶纹状装饰窗花"是本系统最大的亮点，很好地体现了设计师将自然古朴融入现代风格的理念。虽然设计效果新奇、夺人眼球，但同时对幕墙设计者的功底带来很大的考验。施工过程严格按照 BIM 模型进行测量定位，确定构件的安装空间，同时做好预埋件的复核校准，所有玻璃外侧装饰窗花根据模型进行定制，每个板块均呈现不同造型，安装完成后与建筑物浑然一体。

5 绿色建造技术

项目占地面积 5 万 m^2，园林景观面积约 3 万 m^2，其中景观水体为 0.8 万 m^2，绿化覆盖率 40%。园林景观与独特的建筑艺术融为一体，极大地保证了设计语言的统一，自然之美艺术化、生物学的美妙之处恰到好处地在设计施工中展现得淋漓尽致（图 51）。

图 51 项目室外园林景观整体效果

5.1 室外公共空间借形体限定形成序列与交错，形体隐匿于山水环境之中，空间景物不尽可观

以绿色为主基调的艺术"山丘"高低错落，集约用地的同时，科学增大绿化生态能效和土地绿化率，绿视率的增加让来访者在有机律动中感受沉静的舒适，在视觉和精神的满足中与空间融为一体（图 52）。

图 52 室外园林绿化高低错落

5.2 装饰材料采用废弃瓷片、玻璃、青砖等，实现废物再利用

设计选用大量废弃的材料，向城市旧改建筑回收青红砖、瓦片约 20 万块，向陶瓷及工艺品制作商、废品回收站回收了大量的碎瓷片、玻璃、酒瓶等材料。回收后材料的色调也经仔细挑选和精心排列，每区域的拼接都在地面完成小样，经设计师确认再应用回弧形墙面，精雕细琢的设计及施工处

理，让红砖、瓷片等材料的肌理得到强化，强烈的序列感也使空间得以延伸，环保的同时也是对手工工艺艺术的热爱与致敬（图53）。

图 53　主体结构外装饰效果

一块块手工拼贴的绚丽纹理效果惊艳：墙壁流动的瓷片仿佛梵高的星空，波浪翻涌的海面，走廊立柱如疾驰旋风；贝壳色彩斑斓、栩栩如生（图54）。

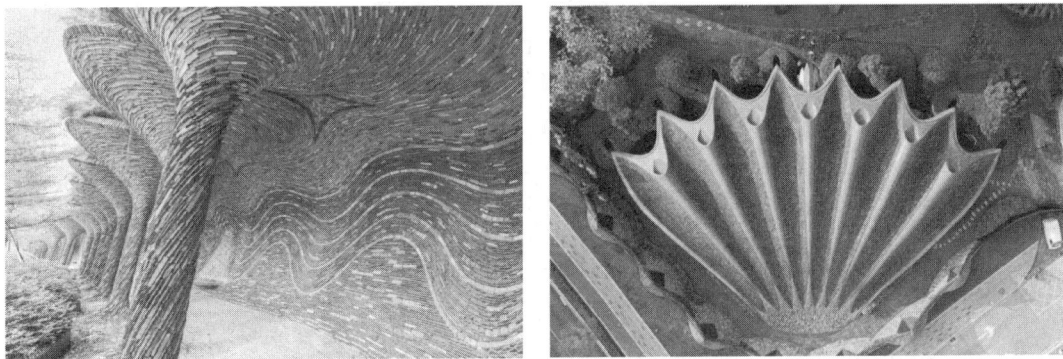

图 54　围墙内、贝壳屋面装饰效果

5.3　室外秀场背景墙声学设计兼顾回声及过滤杂声

室外秀场背景墙经特殊计算设计为开展且中间半弧造型，经深化设计打磨为兼顾扩音功能的艺术墙面，实现不用扩音器的室外演艺革新。声波借由墙面传播、反射和汇聚，频率较小的声波渗透深度大，损耗也大，长展墙面有效过滤了低频杂声，同时造成了声音悠扬效果，中间半弧形造型既是秀场中心背景，又可使声音汇聚于一点，举办秀场活动时，使演奏或主持即使不用麦克风也可让台下观众清晰聆听（图55）。

5.4　室内灯光设计营造自然室温效果

灯光设计秉承"见光不见灯的理念"，灯光是为空间服务，弱化灯具的存在感，房间采用仿自然天光4000K色温，营造自然天光从顶部倾泻而入的效果，用光恰到好处地表达空间本身的韵律（图56）。

照明方式运用反射原理，将全部光线先投射到天花板或者地面上，再经过天花板或者墙面、地面反射，形成空间亮度。通过3D打印技术和专用吸光布结合的贝壳形遮光结构，保证光线透过天花板照射到墙面位置，给室内提供充足的亮度且发光均匀，达到凸显材质结构的特性的同时又能很好地解

图 55 室外秀场背景墙兼顾回声及滤波效果

图 56 室内灯光设计效果

决眩光及安装的问题。

5.5 室外冷却塔弧形围墙隔声降噪

室外中央空调冷却塔采用弧形围墙,同频声波被反射对冲,以声消声,隔声降噪(图 57)。

5.6 屋面雨水回收再利用

屋面雨水通过叶茎、排水沟流入地面水景池,水景池雨水通过管道进入雨水回收泵房实现循环利用,最大程度地节约了水资源(图 58)。

图 57 室外冷却塔弧形隔声墙

图 58 屋面雨水回收利用

6 智能建造技术

6.1 智慧工地

对现场人员管理、设备管理、视频监控、环境监测、车辆管理等，采用智慧工地系统代替传统的管理模式，强化监督，提高效率，让管理更加精细化。

6.2 3D 打印技术应用

利用 solidworks 机械建模软件和 3D 技术打印出实物模型替代工艺样板的批量生产与制造，也为现场的实施提供技术参照。

6.3 物联网技术应用

项目应用广联达 5D 管理平台，将工程建设中的各项数据汇聚在一起，为工程管理人员提供了更全面的工程数据概览，从而提高施工、管理效率。

6.4 智能设备及建筑机器人应用

施工现场所有塔式起重机、电梯均安装"检到位"智慧巡检系统，该系统涵盖自检、维保、危大作业申报、旁站监督、系统应用、数据统计等模块。通过手持终端和设备各关键部位磁条探针贴近感应 1m 范围内开启打卡模式，解锁巡检拍照作业功能，"检到位"系统可从客户端明确塔式起重机的 12 个检测部位，施工电梯的 6 个检测部位。机电安装工程施工中采用了丝杆支架安装机器人、打孔机器人、焊接机器人等智能设备。

7 社会影响力

自 2008 年奠基，历经 15 年精雕细琢，玛丝菲尔从一地碎石碎瓦，到一小块不起眼的肌理纹路，逐渐拼贴舒张成一片完整的"叶子"，一朵绽放的"莲花"，最终构筑成一栋极具魔幻和艺术色彩的大楼。这像极了自然生长的状态，野蛮生长，悄悄沉淀，而后惊艳世人。

工程寄托了玛丝菲尔公司展翅高飞的愿景，大尺度、多姿态的异形叶面，在蓝天下熠熠生辉。通过对自然生命形态和物质形态的仿生再塑，玛丝菲尔探寻了一种温馨舒适的人居环境，已成为最具幸福度的办公场所和最火的网红打卡胜地，也是时装品牌的物质载体和明信片，为其品牌形象的推广起到极佳的正向作用。

工程自建成以来，引起了国内外多名专家学者和媒体的高度关注，已成为当代国内最大的艺术仿生建筑，在中国建筑史添上了华丽的一笔。

8 结论

当前，仿生艺术建筑寄托了人类对生物界的探索和创新灵感，未来也会成为建筑创新的源泉和保持生态平衡的重要手段，由于其特有的造型和独特的设计理念给施工过程带来了一定难度，然而通过数字建造、智能建造、绿色建造等多项先进技术手段的应用，在很大程度上可以解放劳动力、缩短工期、保证质量和安全，提升现场管理效率，未来我们还将在设计、采购、运维等阶段探索数字化应用，实现建筑全过程全产业链的均衡发展。

作者：吴碧桥[1] 周起太[1] 缪昌华[2] [1. 江苏省华建建设股份有限公司；2. 华建科工（深圳）股份有限公司]

复杂环境下大直径立井井筒建设关键技术研究

Research on Key Technologies for the Construction of Large-diameter Vertical Shafts in Complex Environments

1 工程概况

天山胜利隧道是国家高速公路（G0711）乌鲁木齐至尉犁段的重要组成部分，隧道长度 22105.00m，为分离式双向四车道隧道，项目地处高寒高海拔地区，穿越天山山脉，是世界最长在建高速公路隧道。为了解决特长隧道施工和运营期间的洞内通排风问题，该隧道共设置了 4 处通风竖井，采用"3 洞＋4 竖井"的建设方案，其中 1 号竖井距离隧道洞口 4545m，包括 1-1/1-2 两条井筒。竖井地面高程＋3421m，井深均为 572.2m，两井内均设"一"字形钢筋混凝土中隔板，双层钢筋混凝土复合井壁支护。

天山胜利隧道 1 号竖井位于国道 G216 冰达坂以东 10km 处，里程桩号为 YK80＋360，包含 1-1 竖井、1-2 竖井两个井筒。1-1 竖井净直径为 9.5m，最大开挖外径为 11.2m；1-2 竖井净直径为 10.5m，最大开挖外径为 12.2m。井筒一衬采用钢筋混凝土（Ⅵ级、Ⅴ级围岩）/素混凝土（Ⅲ级围岩）支护，支护厚度为 500mm，混凝土强度等级为 C50；井筒二衬及中隔板采用钢筋混凝土支护，支护厚度为 350mm，混凝土强度为 C50。井筒掘进及一衬支护至井底后，二次砌衬及中隔板钢筋混凝土采用滑模施工工艺由下至上整体浇筑成井，然后自下而上全井筒铺设防火板、保温板，完成井筒施工。

1 号竖井施工采取正井钻爆法施工，井筒掘砌及初期砌筑施工采用立井综合机械化配套作业线，短段掘砌混合作业法施工。配备两套单钩提升系统，座钩翻矸；掘进采用 XFJD8.12 型伞钻打眼，中深孔光面光底爆破；两台 HZ-6 型中心回转抓岩机装岩，一台 CX75SR 小挖掘机配合清底工作；一衬模筑混凝土采用液压伸缩整体下移式金属模板砌壁，段高 4.0m；二衬采用滑模施工工艺，自下而上将井壁二衬与"一字形"中隔墙整体连续砌筑完成。

主提升采用 1 台 JK-3×2.5/20E 绞车，配 1250kW 电机，单钩提升 5m³ 吊桶，座钩式自动翻矸；副提升采用 1 台 JK-3×2.2/20E 绞车，配 1000kW 电机，单钩提升 4m³ 吊桶，座钩式自动翻矸。压风、供水、排水管、吊盘、抓岩机等采用 JZ 系列 10 或 16t 凿井绞车悬吊，风筒采用封口盘锁定，在吊盘上续接，安全梯采用单 5t 稳车悬挂；稳车群采用集中控制系统控制；地面混凝土由设在井口附近的一套 2HZS75 型搅拌站生产，采用混凝土输送泵通过专设管路输送至井口 3m³ 底卸式吊桶，由主、副提升绞车运送至井下用料地点。

PPP 项目总包方为中交一公局集团有限公司，专业分包为陕西煤业化工建设（集团）有限公司，由陕西煤业化工建设（集团）有限公司下属矿建三公司承担项目施工。分包合同金额为 8503.796145 万元，合同工期 20 个月，实际开工时间 2021 年 3 月 1 日，1-1/1-2 竖井分别于 2022 年 9 月 2 日、10 月 13 日先后完成竖井双层井壁及中隔墙混凝土支护。2023 年 5 月 15 日，1-2 竖井完成全井筒保温装饰板安装。1-1 竖井因通风需要，全井筒保温装饰板安装暂缓。

2 科技创新

以天山胜利隧道 1 号竖井为研究，针对复杂环境下大直径立井井筒凿井的施工，立项了科研项目

《复杂环境下大直径立井井筒建设关键技术研究》，成立了项目课题组来对施工难题开展研究工作，形成了以下科技创新成果：

2.1 大直径井筒复合围岩荷载及井壁厚度设计

调研了国内外复合井壁厚度理论公式，通过理论计算和现场监测获得了单个施工循环中井壁围岩的位移及荷载变化数值，分析了竖井开挖深度对围岩位移及荷载影响，计算了大直径竖井短段掘砌混合作业条件下围岩荷载，完成了大直径竖井井壁厚度的设计。

2.2 高寒地区大直径井筒硬岩机械化快速掘砌体系

研究了硬岩机械化快速掘砌作业线配置，根据快速掘进要求研究了包括凿井井架、提升机、凿井稳车、伞形钻架、凿岩机、挖掘机、抓岩机、砌壁模板、吊盘、吊桶、水泵、通风机、压风机、通信设备等机械化装备技术；研究了硬岩机械化快速掘砌施工工艺，提高大直径井筒掘砌速度与质量，提出了复杂环境下大直径立井井筒机械化快速掘砌体系；研发了超细晶硬质合金柱齿硬岩钻头高效钻进系统，实现了硬岩高效钻进。

2.3 高寒地区大直径井筒过特殊地质环境技术体系

研发了复杂环境下大直径立井井筒过特殊地质环境技术体系，研究了多种方式的超前地质预报手段，探测前方围岩地质赋水状况。针对不同赋水情况提出针对性的超前治水、止水方案，确保施工安全。研制了适合于大断面井筒的分块组装式多功能滑升模板装置，解决了带中隔板的异形井筒永久结构整体浇筑问题，保证了中隔墙大体积混凝土不开裂。构建了适用于复杂环境下大直径井筒过断层含水破碎带技术体系，确保了大直径井筒施工安全。

2.4 高寒地区通风大直径竖井防寒保温系统

研究了高寒地区通风大直径竖井防寒保温系统，包括探索高寒地区通风大直径竖井温度场演化规律，针对环境温度变化，设计了具有针对性的高寒地区通风大直径竖井防寒保温措施。提出了适用于高寒地区通风大直径竖井防寒保温系统，避免了大直径通风竖井施工期的冻害问题。

3 新技术应用

（1）凿井井架地面拼装，整体起立。井架进场后，构件分成两扇分别放置在井筒南北及东西两侧，在地面将两扇井架进行组装。待井架基础完成后，使用两台200t起重机分别起吊两扇井架在空中进行对接，告别传统起吊每个构件在空中对接的安装方法，极大地缩短了井架起吊安装时间。

（2）天轮平台地面安装，整体就位。在地面对天轮平台的大板梁、天轮梁、天轮、护栏、平铺钢板、避雷针等进行组装焊接，并对每个部位进行校正。井架起立完成后，采用两台200t吊车对60t的天轮平台整体起吊安装的方法与井架进行对接。该方法提高了天轮平台作业安全系数，同时也加快安装速度（图1）。

（3）现场视频监控应用。在地面调度室、生活区、绞车房、天轮平台、井下吊盘和绞车房等施工区域全部安装摄像头，对施工过程进行全方位、全过程动态影像安全监管。同时让绞车工能够清晰地看见吊桶的运行状况，实现声光信号与视频控制两套监控手段，确保施工安全（图2）。

（4）采用超细晶硬质合金柱齿硬岩钻头，在钻爆法施工过程中，加快了打眼的速度、提高了成孔质量，实现了硬岩光面爆破，减少了超欠挖，提高了整体施工速度（图3）。

图1 井架和天轮整体起立技术

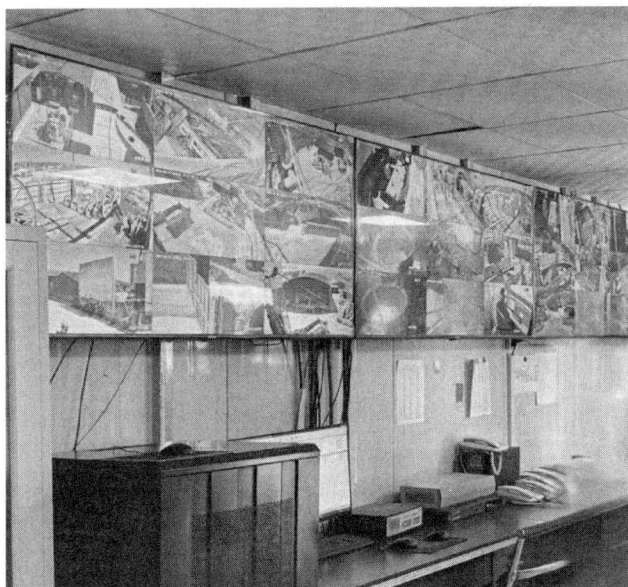

图 2　井上下视频监控技术

图 3　XFJD8.12 型伞钻

（5）提出了复杂环境下大直径井筒硬岩机械化快速掘砌体系，选择了适合井筒施工的凿井井架、提升机、伞钻、搅拌站、抓岩机等机械化配套技术。

（6）稳车集中控制装置的应用。应用稳车 PLC 变频集控装置，该系统具有语音报警提示功能，显示部分采用 15 寸嵌入式触摸屏，用于显示稳车的故障信息、运行状态、电压、电流、压力等实时数据和主要参数的设定，并实现稳车集中控制（图 4）。

（7）优化井盖门及翻矸门小绞车。在稳车基础浇筑时预留小绞车位置，提前将小绞车安装在稳车群里，既增加了安装作业安全系数，又缩短了安装作业时间，扩大了工人检修保养的空间，同时又节省了二层平台的作业空间，减少了施工风险点。改变了传统的小绞车安装位置位于井架的二层平台上，解决了二层平台空间拥挤、检修保养困难的问题。

（8）井口吊桶快速更换装置应用。在井口两侧铺设 8kg 钢轨，加工配套平板车，混凝土浇筑完成后将底卸式吊桶落到平板车上，人工推到两侧挡墙旁边，既节省了装、卸吊桶的时间，也避免了安全风险。

图 4　稳车集中控制技术

（9）井口钢丝绳滑套装置应用。在封口盘的平铺钢板上加装滑套用以保护钢丝绳，并用螺栓进行固定，避免了起落盘时，吊盘悬吊钢丝绳与平铺钢板来回摩擦，对吊盘钢丝绳进行有效保护。

（10）根据混凝土浇筑特点，一衬混凝土砌筑采用段高 4m 的液压伸缩整体下移式金属模板砌壁；二衬混凝土浇筑采用滑模施工工艺，自下而上将井壁二衬与"一字形"中隔墙整体连续砌筑完成，实现了最高月成井速度 180m/月的目标。

（11）利用弹塑性力学理论，揭示了大直径井筒在机械化施工期间围岩荷载变化特征及荷载分布规律，在此基础上分析竖井周边围岩和竖井衬砌之间的相互作用情况。通过力学平衡分析提出机械化快速掘砌体系下大直径竖井荷载理论。

（12）研制了适合于大断面井筒的分块组装式多功能滑升模板装置，解决了带中隔板的异形井筒永久结构整体浇筑问题，保证了中隔墙大体积混凝土不开裂（图5）。

（13）构建适用于复杂环境下大直径井筒过断层含水破碎带等不良地质处治体系。针对一次衬砌施工结束后的渗水情况，设计黏土水泥浆浆液进行壁后注浆。针对井筒穿过节理裂隙富集带情况，设计30m深孔工作面注浆方案，保证了井筒掘砌的安全。

（14）利用热—力耦合数值模拟技术，对高寒地区通风竖井施工期、运营期的温度场进行研究。提出了适用于高寒地区通风大直径竖井防寒保温系统，避免了大直径通风竖井施工期的冻害问题。

图5 分块组装式多功能滑升模板装置

4 数字化应用

4.1 采用三维坐标进行大直径深竖井力学分析

大直径深竖井力学分析中，在硬岩竖井围岩松动圈确定后，以竖井周边三维状态放入三维坐标系中进行完整围岩地应力影响分析，可将问题简化。

4.2 采用井筒水文地质可视化探测技术

1号竖井施工中需穿越赋水岩层，施工风险高，超前探水、治水是施工重点。该竖井存在引发岩爆的地应力条件，岩爆级别为Ⅱ级，增加施工安全风险。采取多种方式的超前地质预报手段，探测前方围岩地质赋水状况，针对不同赋水情况采用针对性的超前治水、止水方案，确保施工安全。

井筒水文地质可视化探测技术是一种用于研究地下水文地质条件和水文地质问题的方法。它的主要原理是通过井筒钻探或其他方式将地下水样品和地下岩石样品提取到地面，然后对这些样品进行化学分析和物理测试，以获得关于地下水文地质条件的信息（图6）。

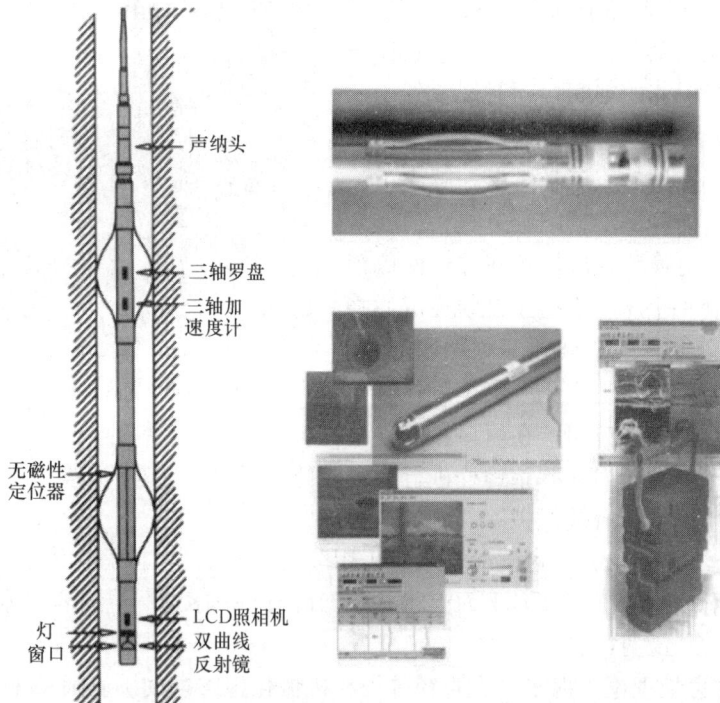

图6 水文地质可视化探测

该技术的可视化探测方法是将探测过程中获取的数据、样品、图片等信息进行数字化处理，通过地图、图表、图像等形式进行可视化展示和分析，以更加直观和清晰地了解地下水文地质情况。在实际应用中，井筒水文地质可视化探测技术可被用于地下水资源勘查、地下水环境污染调查、地下水动力学模拟等领域。它具有探测范围广、数据准确性高、可重复性好等优点，是一种非常有效的地下水文地质研究技术。

4.3　采用建立数值模型确定高寒地区通风大直径竖井温度场演化规律

1号竖井所在区域气候属典型的中温带大陆干旱性气候，海拔3421m，雪线在3800m以上，积雪终年不化；山区气候呈垂直分布，高山寒冷带，终年积雪，冰川纵横，属于高寒高海拔地区。根据当地气象监测资料，每年的正常有效施工时间仅仅5个月（5月初至9月底），根据项目总体进度计划要求，年有效施工时间至少10个月，远远无法满足工期要求。为此项目前期通过多方调研，对提升机房、空压机房、稳车房、拌合站、原材料存放区采取保温措施，确保施工区域温度在5℃以上。施工期间密切关注井内施工温度、混凝土的入模温度，如果低于5℃则暂停施工。在此条件下井壁受高寒自然环境影响易出现井壁挂冰、渗漏水、衬砌开裂与剥落等情况，严重时会缩短结构的使用寿命，导致井壁结构运营期报废。冻害产生的根本原因在于，随季节性气温变化，围岩中赋存的水经历着低温冻结状态与高温融化状态的反复循环。在高寒地区长大隧道运营中，大量的空气将经由通风竖井送排，其内部风速大于一般隧道中的风速水平，这对竖井围岩温度场受风流的影响程度势必会存在一定加强作用。因此高寒地区通风竖井运营期可能面临着十分严峻的冻害问题。因此，有必要进行通风大直径竖井防寒保温系统设计。

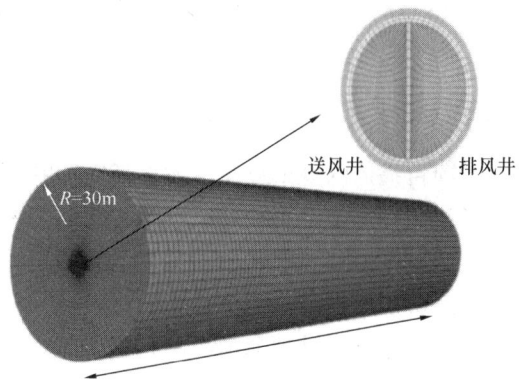

图7　井筒通风数值计算模型

通过建立数值模型，确定高寒地区通风大直径竖井温度场演化规律，进一步优化了竖井防寒保温措施（图7）。

5　社会经济效益分析

5.1　经济效益

2018～2022年期间，通过对复杂环境下大直径立井井筒建设关键技术的研究和应用，完成了平天高速公路关山隧道通风竖井及井口临建工程、G0711乌尉高速公路天山胜利隧道1-1、1-2号竖井井筒掘砌工程的施工。为陕西煤业化工建设（集团）有限公司共节约成本1133.51万元，具体情况如下：

（1）平天高速公路关山隧道通风竖井及井口临建工程实际工期333d，合同工期384d，节省工期51d，参与施工人员共115人，平均工资以330元/d计算，节约人工成本费用193.55万元；凿井大型设备及周转材料租赁费、维修费、电费、消耗材料等约3万元/d，节约153万元，合计共节约成本约346.55万元。

（2）G0711乌尉高速公路天山胜利隧道1-1号竖井井筒掘砌工程实际工期542d，合同工期600d，井筒共节省工期58d，参与施工人员共103人，平均工资以400元/d计算，节约人工成本费用238.96万元；凿井大型设备及周转材料租赁费、维修费、电费、消耗材料等两井共用，单井筒约2.5万元/d，节约145万元，合计共节约成本383.96万元。

（3）G0711乌尉高速公路天山胜利隧道1-2号竖井井筒掘砌工程实际工期538d，合同工期600d，两井筒共节省工期 62d，参与施工人员共 100 人，平均工资以 400 元/d 计算，节约人工成本费用约 248 万元；凿井大型设备及周转材料租赁费、维修费、电费、消耗材料等两井共用，单井筒约 2.5 万元/d，节约成本约 155 万元，合计共节约成本 403 万元。

5.2　社会效益

该项科技研发成果带动了相关产业发展，为我国更广泛地参与国际井筒建设市场竞争创造了条件。该项技术的研发和产业化，带动了相关配套产业的发展。例如，超细晶硬质合金柱齿硬岩钻头的研究和应用；大尺寸重载轴承开发研制；适合于大断面井筒的分块组装式多功能滑升模板装置研制和应用。新的需求带动了相关产业的技术进步，也促进了社会就业，社会效益显著。

6　获奖情况

《复杂环境下大直径立井井筒建设关键技术研究》于 2023 年 4 月申报中国煤炭建设协会进行科技成果鉴定，鉴定结果为：该项技术在同类工程中达到国际领先水平（详见中煤建协评字〔2023〕第 027 号）。

7　结语展望

本项目提出的复杂环境下大直径立井井筒硬岩机械化凿井关键技术，能够实现安全、高效地建设大直径井筒，避免大直径通风竖井施工期的冻害问题，为我国复杂环境下大直径立井井筒硬岩机械化凿井提供新模式和技术路径，具有重要的工程应用价值和广阔的应用前景。

一是可以为复杂环境下公路隧道大直径竖井施工提供参考。在现行的《公路隧道设计规范》JTG D70 和《公路隧道设计细则》JTG D07 中仅仅将竖井分成了两类，一种是直径 $D<5m$ 的竖井，另外一种是 $5m \leqslant D \leqslant 7m$ 的竖井，对于直径超过 7m 的竖井如何进行设计和施工并未涉及。本项目攻克的复杂环境下大直径立井井筒硬岩机械化凿井关键技术研究，确保施工工艺及相关设备在国际上的领先水平，有效提升了我国复杂环境下大直径立井井筒建设的研发实力和在国际上的竞争力。

二是可以为施工单位和相关设备制造单位提供较好的经济效益。项目针对复杂环境下大直径井筒作业，积极运用新技术、新工艺，在保证安全、质量，兼顾进度、经济、环保的前提下，解决了大直径井筒建设高海拔、高严寒等施工难题，利用复杂环境下大直径立井井筒硬岩机械化凿井关键技术完成了平天高速公路关山隧道通风竖井及井口临建工程、G0711 乌尉高速公路天山胜利隧道 1-1、1-2 竖井井筒掘砌工程的施工。取得了显著的经济和社会效益。成功实现了项目成果转化和产业化应用。

三是研发成果带动了相关产业发展，为我国更广泛地参与国际井筒建设市场竞争创造了条件。该技术的研发和产业化，带动了相关配套产业的发展。

复杂环境下大直径立井井筒硬岩机械化凿井关键技术工业试验后，该技术可在同类复杂环境条件下大直径井筒建设工程中进行推广应用。同时，其他地下工程如人防工程、军事工程、科学试验工程都需要在地下建设不同类型的工程结构，也需要建设岩巷。因此，本项目研究先进施工技术、工艺和材料，具有施工效率高、成井质量好、安全性高等优点，在井筒建设领域有重要意义，有十分广阔的推广应用前景，项目的社会效益和经济效益将十分显著。

作者：王明智　李忠森［陕西煤业化工建设（集团）有限公司］

复杂体育场馆智能建造关键技术研究与应用

Research and Application of Key Technologies for Intelligent Construction of Complex Stadium

1 工程概况

晋江市第二体育中心项目位于福建省晋江市晋东新区，是晋江打造"体育城市"的一项重要举措，同时也是举办第十八届世界中学生运动会的主要场地。工程建设单位为晋江中运体育建设发展有限公司，建筑面积约 21.27 万 m²，工程造价约 21.82 亿元，包括 1.5 万座体育馆（可满足冰球、篮球、手球、排球、羽毛球、乒乓球等多项国际单项赛事以及大型文艺演出）、2000 座游泳馆（可满足跳水、游泳比赛）及室外水上运动中心（包括造浪池及漂流池）、两个球类训练馆（可分别举办 1000、1200 人的小型比赛及演出，并兼作小型会展中心）、配套商业、宴会厅等。工程于 2018 年 4 月 9 日开工，2020 年 3 月 31 日通过竣工验收（图 1~图 4）。

图 1 晋江市第二体育中心项目

图 2 体育馆

图 3 游泳馆

图 4 训练馆

体育馆共 5 层，为钢桁架屋面，建筑高度 41.2m，主要功能为篮球比赛、训练使用。游泳馆地下 1 层，地上 3 层，为钢网架屋面，建筑高度 30.9m，包括跳水池、比赛池、训练池。训练馆地下 1 层，地上 2 层，为钢网架结构种植屋面，建筑高度 18.4m，包括综合馆、全民健身馆和小型展厅。平台及商业地上 1 层，建筑高度为 6m。

在第十八届世界中学生运动会的关门节点下，晋江市第二体育中心项目存在工期紧、体量大、任务重等难点，主要体现在：

（1）工程三个场馆屋盖均为钢结构，总用钢量约 1.4 万 t，采用下部劲性结构＋上部空间网格结构体系，最大跨度 126m；钢结构屋面为曲面异形结构，节点处多向不共面弧形杆件交汇，且各节点均不相同，其中仅体育馆就有杆件 11000 多根、节点 3400 多个，导致焊接及高空作业量大。在工期受限的条件下，三个完全不同工况的场馆钢结构屋面，几乎同时开始施工。

（2）训练馆南侧 3.3 万 m^2 屋面及平台檐口均为双曲面空间混凝土结构，造型复杂且不规则。传统测量放线工艺无法在测量控制网内精确取点，造成实体失真，且混凝土浇筑过程标高难以控制，空间曲面造型难以实现。

（3）工程外立面上部为 5.2 万 m^2 铝复合板金属幕墙，下部为 2.3 万 m^2 玻璃幕墙，造型复杂，屋面、墙面均为双曲面造型。金属幕墙在设计中融入渐变式纹理，造成板块单元尺寸多样，有 76820 多种不同安装工况。玻璃幕墙立面倾角由 35°渐变至 90°，沿高度方向波浪起伏。幕墙深化设计、加工及安装难度极大。

（4）工程 3 个场馆钢结构屋盖下弦处设有 30192 片空间吸声体。空间吸声体的标准尺寸为 1800mm×600mm×80mm，在跨度 126m、高度 33m 左右空间上进行空间吸声体安装难度大，且需根据钢结构下弦的空间曲线变化进行调整，保证整体排布整齐顺畅。同时，受工期制约，无法采用满堂架施工。

（5）机电安装工程涉及多专业管线交叉排布，错综复杂，施工过程极易产生交叉碰撞。设备用房多，安装设备量大，空间有限，排布难度大，其中，体育馆南侧制冷机房，涉及大型设备 30 余台，无缝钢管 1600 多米，在工期受限情况下，施工难度极大。

为了确保项目进度可控，在工期内顺利完成目标，本工程结合现场体育类场馆建筑群特点和分布情况，考虑工期和造价的限制，因地制宜、因时制宜，采用大量先进科学技术手段，先后攻克"大体量钢结构整体提升""无脚手架高空吸声垂片施工""双曲面空间结构施工定位""双曲面玻璃幕墙高精度施工下料""错综复杂的管线布置"等施工技术难题，创造性地形成了一大批创新成果。

2　科技创新

（1）形成了复杂体育场馆钢结构智能建造技术。研发了基于数字化控制系统的钢结构超大型液压同步整体提升技术，有效克服了场地限制及大型机械覆盖盲区等因素制约，实现了狭小场地大吨位钢构件整体一次提升；研发了大跨度钢网架支撑胎架卸载技术，实现了主动精确控制卸载量，有效避免了支撑胎架因支座及结构力学状态变化的不确定性和惯性卸载所造成的结构破坏和安全隐患；研发了一种可应用于大型场馆钢结构吸音垂片吊顶安装施工的水平移动吊篮，取代了传统满堂支撑架搭设的操作平台，减少了大量措施材料、机械以及劳动力的投入，解决了高空吸音垂片施工空间占用大、施工工期长的难题。

（2）形成了体育场馆复杂造型围护结构智能建造技术。深入开展了 3D 扫描技术和逆向建模技术在外立面幕墙施工中的应用研究，实现了双曲面外幕墙的高精确度空间定位，形成了基于 BIM 的双曲面玻璃幕墙下料综合建造技术，保证了测量放样的准确性和双曲面玻璃幕墙下料的精确度；引入了有限元分析的思路，形成了连续空间四面体混凝土结构施工工艺，突破了任意不规则结构在测量控制和模板支撑体系施工上的瓶颈。

（3）开发了一套基于 MIIA 技术的模块化装配式机房快速建造技术。系统研究了基于模块化设计、工业化生产、智能化建造和装配式安装的机电机房施工工艺，通过采用 BIM 技术结合工厂自动化生产，形成了基于 MIIA 技术的模块化装配式机房快速建造技术，有效提升了机电机房施工效率，实现了施工精细化管理，建成了福建省首例 MIIA 装配式制冷机房并开展了推广应用。

（4）形成了复杂体育场馆数字化建造技术。建立了定制级 BIM 协同管理平台，实现了项目组织策划、BIM 流程定制、项目图纸管理及现场进度把控的建设全过程管理，并完成了复杂体育场馆节点设计优化、结构深化设计、机电深化设计、幕墙深化设计等 BIM 综合应用。开发了一套基于 MATLAB 的大跨度空间结构体系台风人工模拟程序，对人工模拟出的风速曲线离散值进行数理统计分析并验证其正确性，有效应用于台风下体育馆等大型公共建筑施工阶段实时风荷载受力分析。

3　新技术应用

3.1　复杂体育场馆钢结构智能建造技术

（1）研发了基于数字化控制系统的钢结构超大型液压同步整体提升技术，有效克服了场地限制及大型机械覆盖盲区等因素制约，实现了狭小场地大吨位钢构件整体一次提升。

本项目总结了大型钢构件安拆施工中存在的高空组装、焊接工作量大等问题，并通过对大跨度钢结构屋盖提升过程中存在的质量、安全风险的研究，研发了基于数字化控制系统的钢结构超大型液压同步整体提升技术，将钢结构网格在地面拼装成整体后，采用超大型液压同步整体提升技术将其整体提升到设计标高，再进行对口处的杆件焊接，大大降低现场高空的施工量和施工难度。

在钢结构提升过程中，为实现精细化控制，采用传感器检测和计算机集中控制，通过数据反馈和控制指令传递，实现了同步动作、负载均衡、姿态矫正、应力控制、操作闭锁、过程显示和故障报警等多种功能。

本关键技术已成功应用于晋江市第二体育中心项目体育馆钢结构施工。体育馆屋盖平面形状接近椭圆形，短跨方向跨度 150m，长跨方向跨度 196m，采用双向交叉平面网格结构。网格结构高度（上、下弦杆轴线间距离）4.58～8.765m，屋盖网格结构提升区域长跨约为 74m，短跨约为 51m，面积约为 3000m²，实现提升重量约 700t、提升高度约 30m（图 5）。

图 5　屋盖结构及钢结构施工示意图

（2）研发了大跨度钢网架支撑胎架卸载技术，实现了主动精确控制卸载量，有效避免了支撑胎架因支座及结构力学状态变化的不确定性和惯性卸载所造成的结构破坏和安全隐患。

本项目深入开展了虚拟仿真计算、仿真数据分析和实测数据分析的研究，研发了大跨度钢网架支撑胎架卸载技术，利用计算机自动控制系统，达到提升和卸载一体自动化，以"分阶段、分级定量微量卸载"的方法，达到主动精确控制卸载量的目的，避免了支撑胎架因支座及结构力学状态变化的不确定性和惯性卸载所造成的结构破坏和安全隐患。

本关键技术以理论计算为依据，以变形控制为核心，以测量控制为工具，以分阶段、分级控制为手段，以定量微量卸载为过程控制目标，保证了钢网架和结构受力的安全过渡，提高操作安全性，保证了生命、财产的安全（图 6）。

（3）研发了一种可应用于大型场馆钢结构吸音垂片吊顶安装施工的水平移动吊篮，取代了传统满堂支撑架搭设的操作平台，减少了大量措施材料、机械以及劳动力的投入，解决了高空吸音垂片施工空间占用大、施工工期长的难题，经科技查新检索该技术为国内首创（图 7）。

与传统搭设满堂脚手架相比，水平移动吊篮施工系统减少了大量措施材料以及劳动力的投入，减

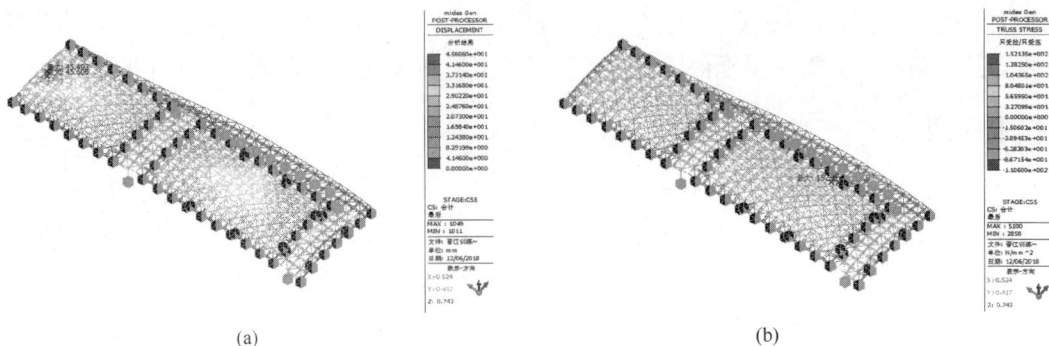

图 6　仿真数据分析

（a）位移云图；（b）应力云图

少了施工成本。由于在空间上的占用减少，空间上部的吸音垂片施工可以划分区块进行分段施工，空间下部可提前穿插施工，缩短项目整体施工工期。此外，水平移动吊篮施工系统所采用的材料及措施设备方便易得、价格低廉，且整个系统安装简单、可操作性强。

图 7　水平移动吊篮施工系统效果图及现场照片

3.2　体育场馆复杂造型围护结构智能建造技术

（1）形成了基于 BIM 的双曲面玻璃幕墙下料综合建造技术，保证了测量放样的准确性和双曲面玻璃幕墙下料的精确度。

为保证双曲面玻璃幕墙的安装质量，本项目深入开展了 3D 扫描技术和逆向建模技术在外立面幕墙施工中的应用研究，形成了基于 BIM 的双曲面玻璃幕墙下料综合建造技术，采用 3D 扫描仪对已完成钢结构骨架进行三维扫描，并根据偏差程度进行逆向建模，玻璃幕墙利用参数化 BIM 技术；金属幕墙利用 Rhino（犀牛）Grasshopper 参数化编程建模技术，实现模型数据与实际结构相吻合，再根据模型导出加工尺寸及空间坐标，进行板材加工，定位安装（图 8）。

该技术通过 3D 扫描技术，逆向建模并将模型数据参数化，与现场实际数据高度吻合。利用该技

图 8　基于 BIM 的双曲面玻璃幕墙下料综合建造技术

术进行下料，下料精确度达 100%，与常规现场反尺下料相比工效提高 30%（图 9）。

（2）形成了连续空间四面体混凝土结构施工工艺，突破了任意不规则结构在测量控制和模板支撑体系施工上的瓶颈。

本项目通过对大量复杂不规则结构的分析，利用有限元分析的思路，将任意空间结构近似为有限个空间四面体的集合。而单个空间四面体，能有效满足精度要求，通过近似平滑曲线，将空间四面体联系起来，也就达到了将单点测量控制和模板支撑搭设连续起来的目的，从而形成连续空间四面体混凝土结构施工技术，突破了任意不规则结构在测量控制和模板支撑体系施工上的瓶颈。

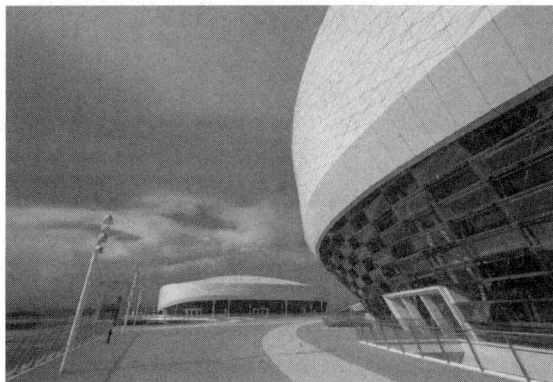

图 9 双曲面玻璃幕墙成型效果

连续空间四面体混凝土结构施工技术采用有限元分析的思想，其核心在于对任一空间四面体的精确控制，以及近似平滑曲线的方向控制，在施工中能满足从单一空间四面体到整体结构的精确测量控制和确定的模板支撑体系施工。对多角度混凝土坡屋面、边界不规则弧形结构、双曲造型挑檐和大坡度起底平台等的施工，起到了决定性的作用，可以显著降低材料、人工和工期成本（图 10）。

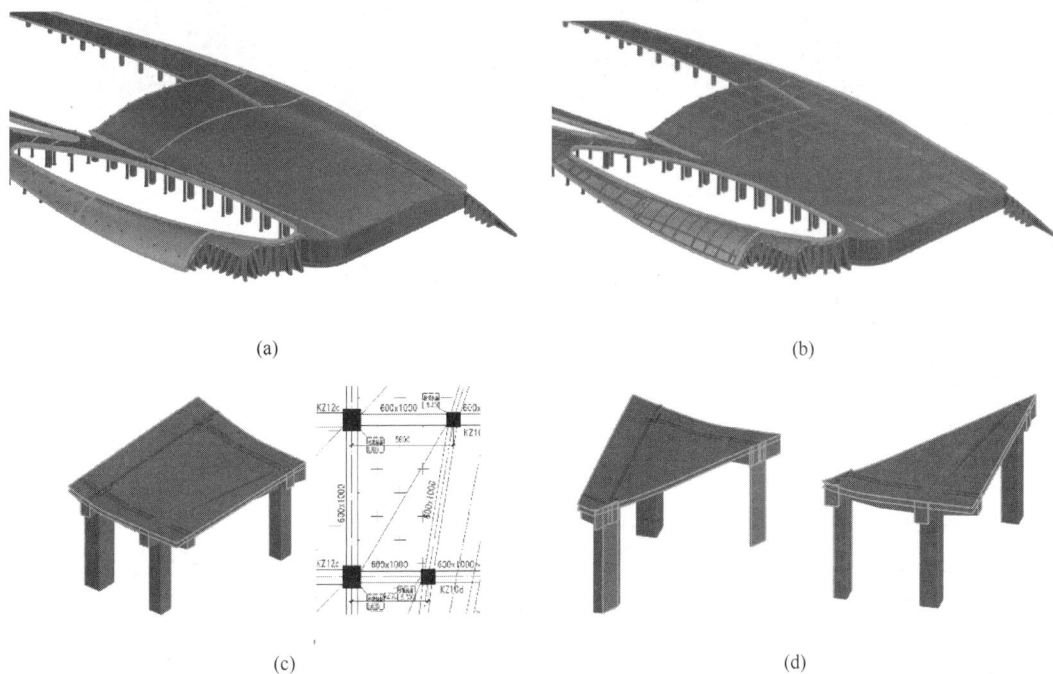

(a)

(b)

(c)

(d)

图 10 连续空间四面体混凝土结构施工技术示意图

（a）混凝土坡屋面效果图；（b）坡屋面边界梁模型图；（c）封闭边界空间单元示意图；（d）结构模型拆分示意图

3.3 基于 MIIA 技术的模块化装配式机房快速建造技术

本项目主动探索、积极创新，结合 BIM 技术与机电安装项目管理的新型施工技术成功总结提出了基于 MIIA 技术的模块化装配式机房快速建造技术，主要包括以下四个部分：

模块化设计（Modular design）：优化原设计方案，通过 BIM 技术将机房各类设备深化为独立施工模块（图 11）；

工业化生产（Industrial production）：根据模块化设计的参数文件，在工厂进行加工生产（自动焊接、相贯线切割等），并完成各个模块的拼装（图 12）；

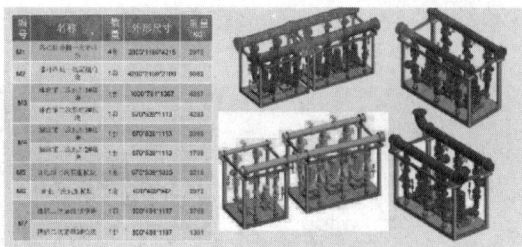

图 11　模块化设计

图 12　工业化生产

智能化建造（Intelligent construction）：通过计算机软件（solidwork）进行智能分析吊点及埋件的最佳布置方案，放样机器人进行放样，三维激光扫描智能校准，物流配送 GPS 定位及吊装模块远程同步提升技术等应用，实现智能化建造（图 13）；

装配式安装（Asscmbly installation）：将各个模块吊装至机房安装位置，由远及近安装完成整个机房设备（图 14）。

图 13　智能化建造

图 14　装配式安装

本项目制冷机房包含 34 个大型设备、1600 多米无缝钢管，通过该技术的应用，改变了"土建结构先施工完再交由机电施工"的传统作业工序和"量一段、做一段"的施工模式，并实现了从大量依靠人工到机械自动化主导的转变，真正做到"同步设计、同步策划、同步施工、同步投入使用"，短工期内完成现场机房组装工作。焊接效率提高了 3 倍，且耗材节约 30％；工厂可提前加工，结构开工同步生产，减少工期超 40d；此外，该技术能减少交叉作业，标准化生产工作减少了安全事故，施工绿色，污染少。利用该技术建成了福建省首例装配式机房，并开展了省级观摩进行全省推广。

3.4　复杂体育场馆数字化建造技术

（1）形成了复杂体育场馆 BIM 综合应用技术：建立了定制级 BIM 协同管理平台，实现了项目组织策划、BIM 流程定制、项目图纸管理及现场进度把控的建设全过程管理，并完成了复杂体育场馆节点设计优化、结构深化设计、机电深化设计、幕墙深化设计等 BIM 综合应用。

本项目通过建立定制级 BIM 协同管理平台，可进行目录、文档、策划、进度等管理，并建立轻量化模型以方便使用。同时，建立了 PW 客户端与手机客户端，任何项目参与者可随时随地查看文档资料以及模型，现场管理人员可在平台实时提交现场状况，保证了沟通的时效性，实现了项目组织策划、BIM 流程定制、项目图纸管理及现场进度把控的建设全过程管理。

（2）研发了钢结构屋盖施工期抗强台风性能监测与控制技术，开发了一套用于福建地区台风实时风速生成的模拟程序，有效应用于台风下体育馆等大型公共建筑施工阶段实时风荷载受力分析。

1）为了进行体育馆屋面的非线性随机风振响应分析，本项目开发了一套基于 MATLAB 的大跨度空间结构体系台风人工模拟程序。该程序模拟方法为改进的线性回归滤波器法，可模拟水平及竖向的风速时程曲线，可选择不同形式的自功率谱和互功率谱函数，并对人工模拟出的风速曲线离散值进行数理统计分析，验证其正确性。

2）本项目采用频域法对施工阶段进行风振响应分析，频域法是采用随机振动理论，输入风载荷的频谱特性，输出结构物的频谱响应规律与特性，建立两者之间的本构关系。

3）本项目采用时域法对施工阶段进行风振相应分析，根据 MATLAB 软件分析得到风谱时程曲线，对结构在风谱荷载作用下结构的变形进行分析。对风谱荷载进行转化计算，将得到的时程加载到结构模型各个节点上进行分析，通过 ANSYS 有限元软件进行计算，得到各个结构各个点的位移（图 15）。

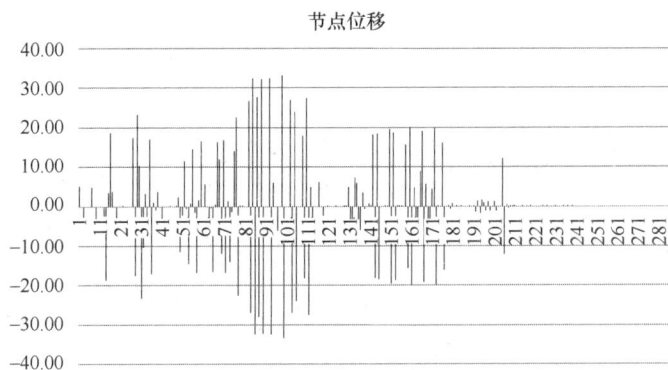

图 15　各个节点在脉动风荷载作用下 X 方向位移

4　数字化应用

本项目深入开展了复杂体育场馆数字化建造中的 BIM 综合应用技术研究，包括建模图纸审查、施工场地布置、节点设计优化、结构深化设计、机电深化设计、机房深化设计、幕墙深化设计、施工模拟、曲面墙体排砖应用等，减少了各类设计错误造成的返工，降低了多曲面屋面模板安装难度，减少了机电内专业间碰撞返工工程量，提升了机电安装效率，加快了施工进度。

4.1　建模图纸审查

晋江市第二体育中心项目在开工前期就进行三个主要场馆的建模工作，覆盖结构、建筑、机电、钢结构四个主要部分（图 16～图 18）。

图 16　体育馆结构＋建筑＋机电＋钢构模型

图 17　游泳馆结构＋建筑＋机电＋钢构模型

图 18　训练馆结构＋建筑＋机电模型

在建模与深化的过程中，通过 BIM 模型制作问题释疑，反馈图纸缺漏、结构碰撞，净高不足等问题总计 24 份文档，181 条。

在预埋阶段，出具预埋剖面图并在平面图中标注帮助查找，新增结构预埋洞口 25 个，矫正原洞标高 229 个。通过将深化后的 BIM 模型导出并制作漫游模拟动画，帮助甲方、装饰、土建专业等更好地理解安装难点。

4.2 施工场地布置

在项目开始前参与方案进行施工场地的精细布置，提高了 10% 的施工场地利用率，完善安全文明施工内容（图 19）。

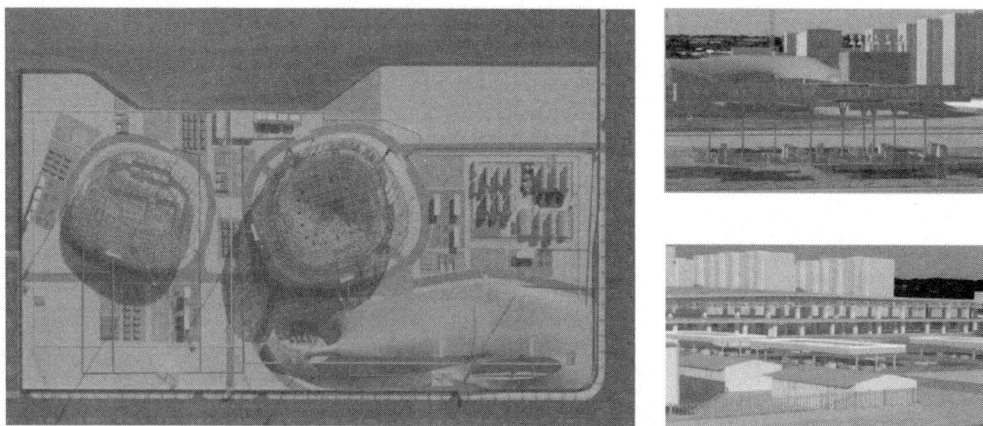

图 19 施工场地布置

4.3 节点设计优化

利用 BIM 技术，经过三维整合后，发现节点设计不合理处，并由 BIM 工作组提出解决方案，经设计、施工等研究同意后调整，避免返工（图 20～图 23）。

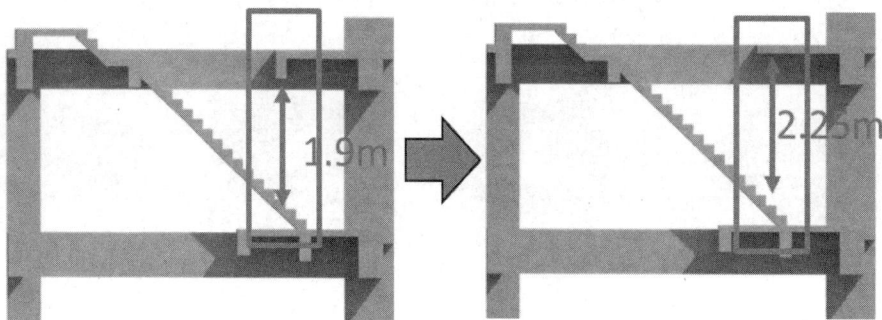

图 20 体育馆楼梯净高优化

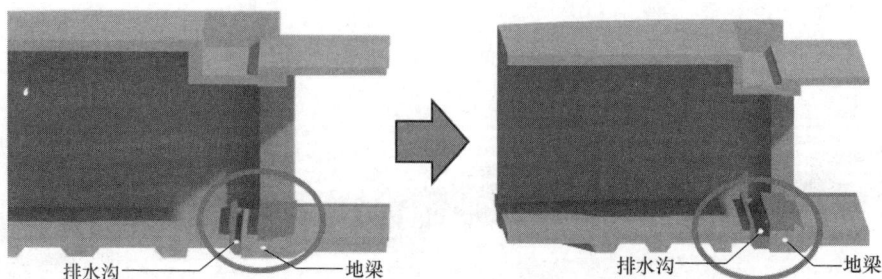

图 21 训练馆排水沟碰撞地梁

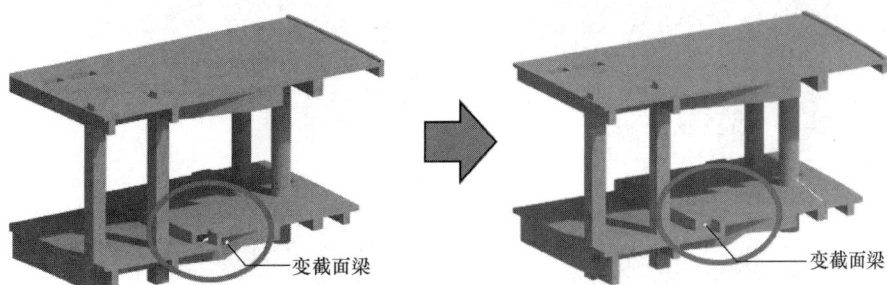

图 22　游泳馆的变截面梁影响板钢筋的锚固

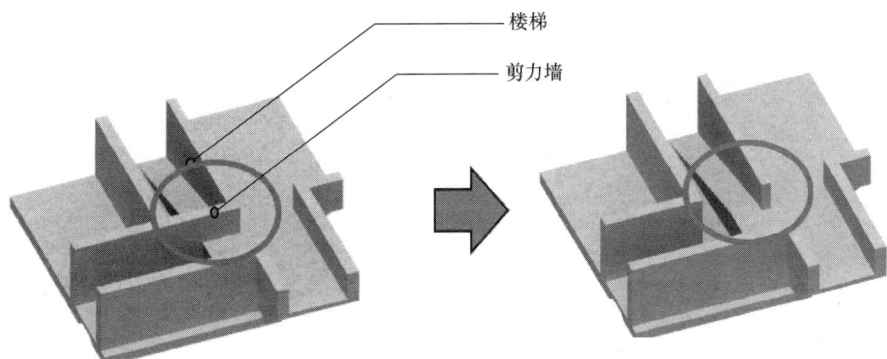

图 23　剪力墙拦截楼梯

4.4　结构深化设计

将训练馆的模型精度从 LOD200 提升至 LOD400，确保现场能根据提供的模型直接指导施工，提升工作效率（图 24）。

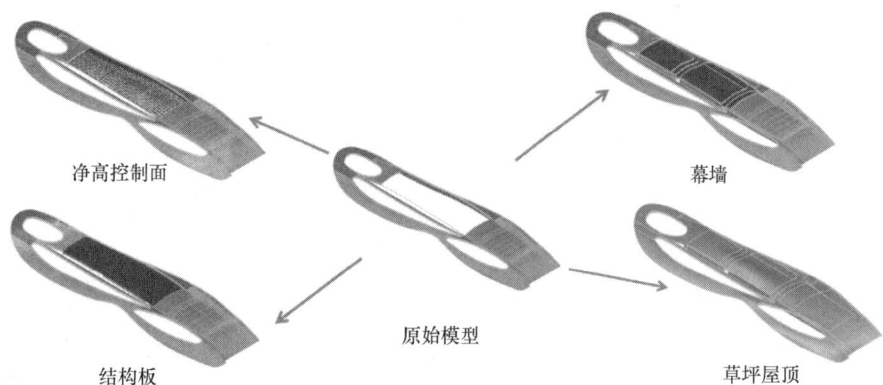

图 24　提高模型精度

由原设计的直梁脱离屋面，经过现场、设计、BIM 工作组开会讨论后决定将直梁优化成折梁（图 25）。

曲面板拱起弧度较大，梁脱离板面，为提高净空及加强梁和板受力，经过现场、设计、BIM 组开会讨论后决定将曲面梁优化成折梁（图 26）。

4.5　机电深化设计

晋江市第二体育中心项目弧形走道 20 条，最多可达 26 条管道在同一弧形走道同向转弯排布，管底标高受限，需进行排布优化。通过多项优化方案的对比，最后采用 11.25°管道拐点定位，5.625°共架角度设置，不仅美观，且成本可控，共架受力也满足要求（图 27、图 28）。

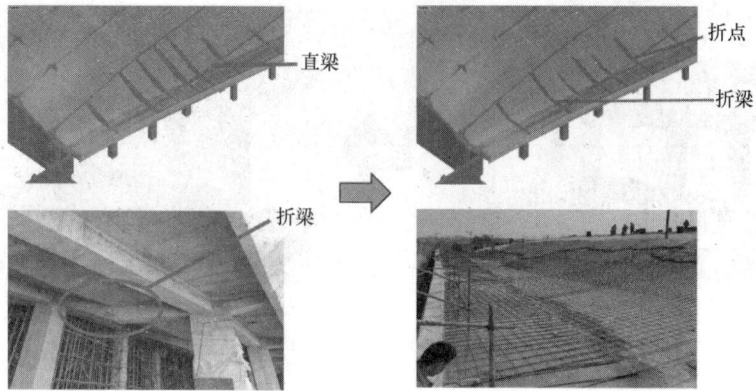

图 25 直梁优化成折梁

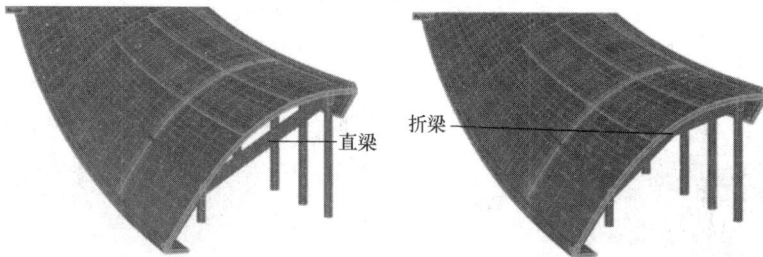

图 26 曲面梁优化

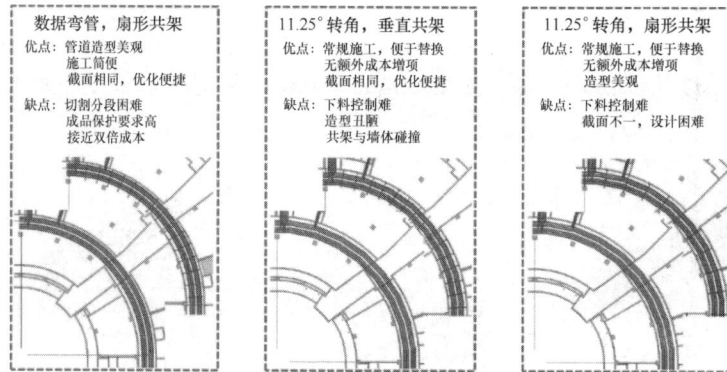

图 27 各类优化方案比选

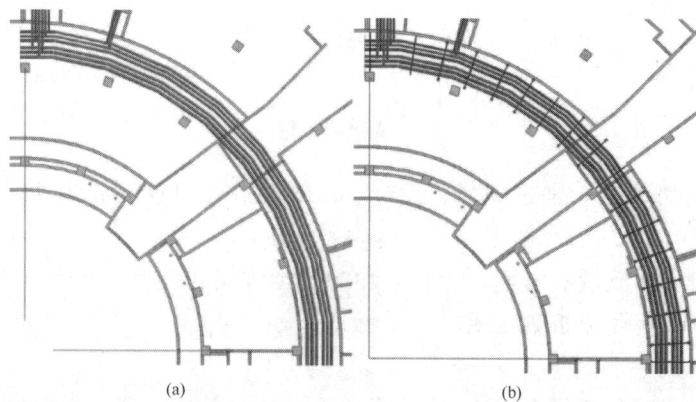

图 28 设置示意

(a) 11.25°管道拐点定位；(b) 5.625°共架角度设置

后期施工根据已优化的方案进行定位安装，采用模型指导现场施工，提升了安装效率（图 29）。

图 29　模型与实际施工对比

4.6　机房深化设计

制冷机房工程量大，机组多，管线安装量大，采用 MIIA 技术进行装配式施工，需要 BIM 技术在模块化设计、工业化生产、智能化建造和装配式安装四个过程进行全方位使用。

通过 BIM 技术应用，在设计院原方案基础上进行多方案优化论证，选取最优方案；将设备管线等进行参数化，对各个模块进行拆分（图 30、图 31）。

图 30　泵组模块拆分

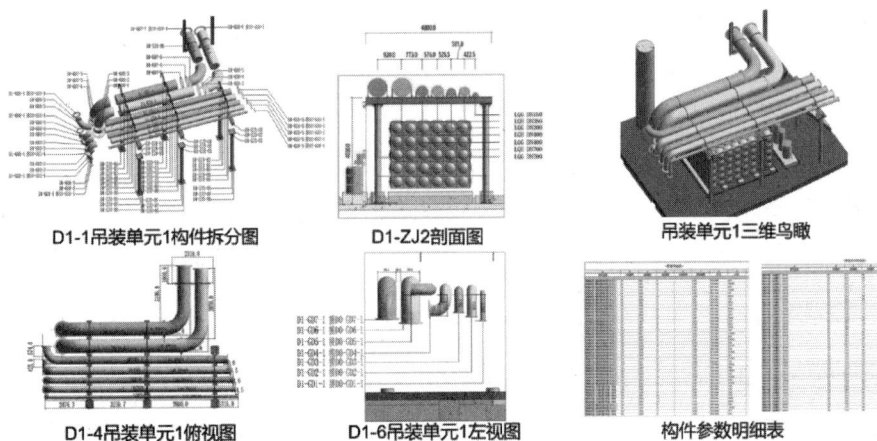

图 31　吊装模块拆分示意图

通过 BIM 模型参数信息，将各个细部构件依据参数导出，在工厂进行 1∶1 下料加工，完成模块的整体拼装（图 32）。

图 32　模块拼装

通过扫描实体结构制成点云模型，并在原 BIM 模型中进行校核微调，确保模型与现场实际高度相符。根据深化好的机房模型，将预埋件信息导入，完成坐标校准后可自动定位预埋件空间位置。

4.7　幕墙深化设计

通过三维扫描，形成点云模型，将该模型与原 BIM 模型进行对比，并根据点云模型调整，最终取得与结构实体一致的三维模型。根据模型找出幕墙安装的问题，并根据问题提出解决措施。同时，根据 BIM 模型参数化数据，出具钢网壳装配加工图、玻璃及铝板的下料尺寸，通过计算最优排板组合，最大限度减少材料浪费（图 33～图 36）。

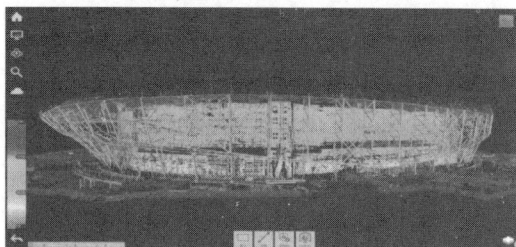

图 33　立面点云模型

图 34　屋面点云模型

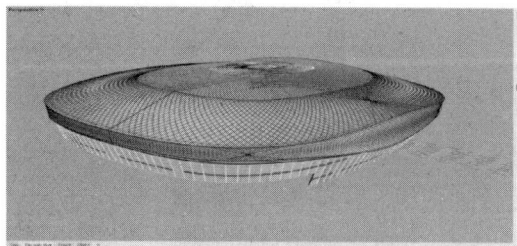

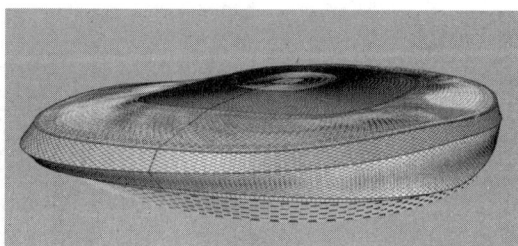

图 35　玻璃幕墙＋铝复合板幕墙

4.8　施工模拟及碰撞检查

根据装饰吊顶模型、机电模型整合对比，找出标高不一致之处，并利用 BIM 技术制作了施工模拟，让现场施工人员更直观地了解工序（图 37、图 38）。

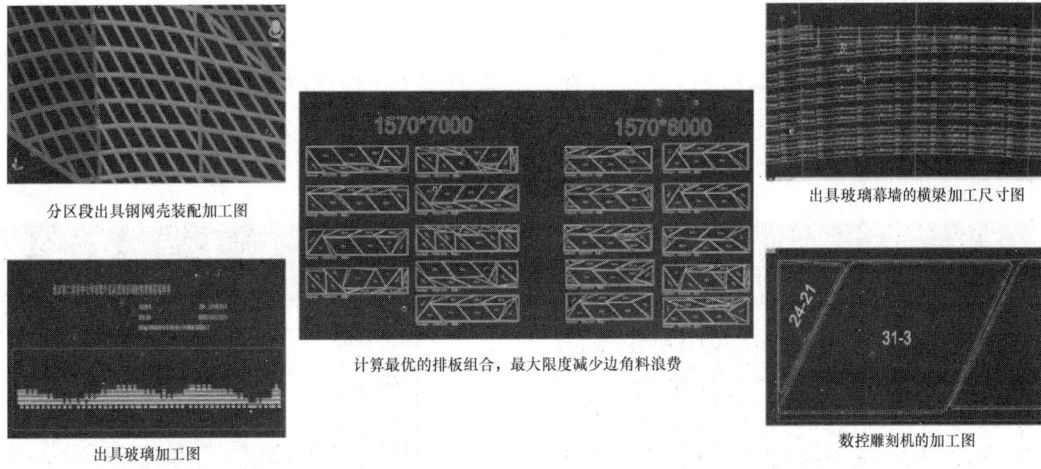

分区段出具钢网壳装配加工图

1570*7000　　　　1570*8000

出具玻璃加工图

计算最优的排板组合，最大限度减少边角料浪费

出具玻璃幕墙的横梁加工尺寸图

24-21　　31-3

数控雕刻机的加工图

图 36　工厂根据参数化模型信息下料加工

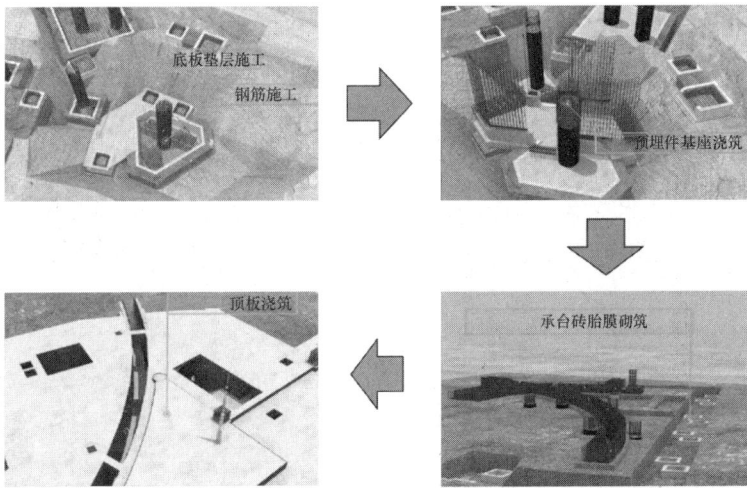

底板垫层施工
钢筋施工

预埋件基座浇筑

顶板浇筑

承台砖胎膜砌筑

图 37　游泳馆管沟施工模拟

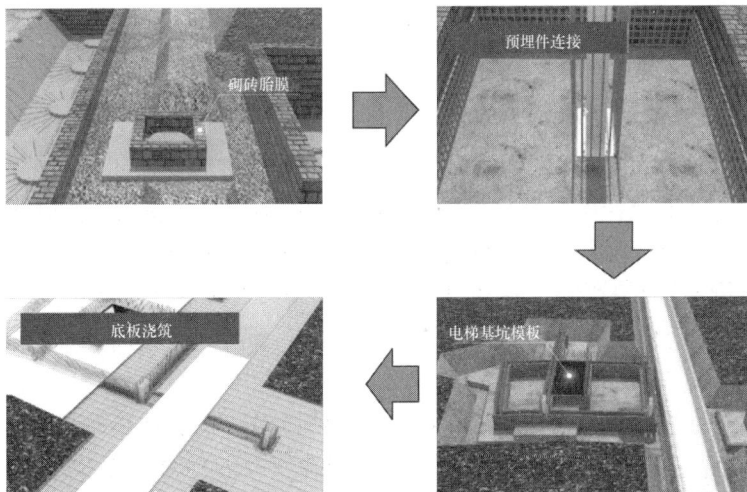

砌砖胎膜

预埋件连接

底板浇筑

电梯基坑模板

图 38　体育馆管沟施工模拟

4.9　曲面墙体排砖应用

在工程中砌体排砖工程一直以来都是比较费时的部分，特别是曲面砌体排砖。利用 BIM 技术配合现场实际的构造柱、圈梁、洞口等，以直代曲，完美地解决了曲面砌体排砖的工作，既节省了技术人员的排砖工作量及后期开洞工作，也节省了 1/3 的碎砖（图 39～图 42）。

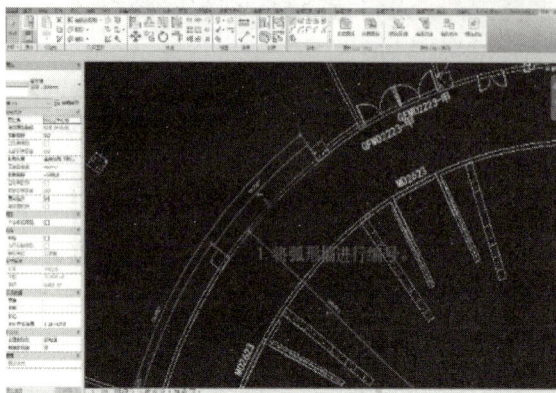

图 39　墙体定位

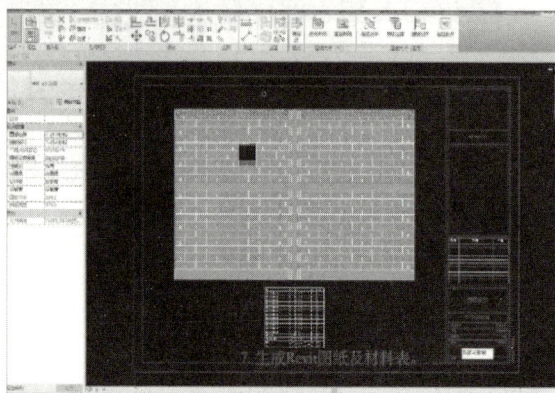

图 40　生成图纸

图 41　现场施工效果

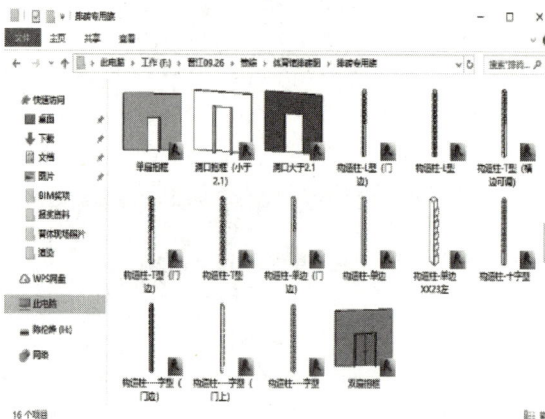

图 42　族库积累

5　效益分析

5.1　经济效益

本项目以晋江市第二体育中心项目为载体，总结出一套完整的复杂体育场馆智能建造关键技术，并完善相关的施工工艺，通过开展研究取得各项创新成果。复杂体育场馆智能建造的经济效益主要来自节约钢筋材料消耗、混凝土材料消耗、能量消耗、人工费、管理费等费用；自锁式高空滑动吊篮系统实现了高大空间无脚手架水平方向连续施工作业，节约了工期和成本；基于 MIIA 技术的模块化装配式机房快速建造技术实现了模块化设计、工厂化生产、现场高效拼装，有效缩短了现场施工时间。

5.2　社会效益

该技术在大型综合体育场馆建造中产生了良好的经济效益、技术效益和环境效益，采用大量先进科学技术手段，先后攻克"大体量钢结构整体提升""无脚手架高空吸声垂片施工""双曲面空间结构施工定位""双曲面玻璃幕墙高精度施工下料""错综复杂的管线布置"等施工技术难题，创造性地形成了一大批创新成果，通过在晋江市第二体育中心项目的成功实践，提高了施工效率，实现了施工精细化管理，为第十八届世界中学生运动会顺利召开提供最有效的保障。

6 获奖情况

项目自 2018 年开工以来，精心组织策划，获评中国工程建设鲁班奖。本项目授权发明专利 3 项、实用新型专利 8 项、软件著作权 1 项，发表科技论文 2 篇，形成工法成果 5 项、QC 成果 8 项。项目已顺利通过福建省科技示范工程验收，并获得河南省建设科技进步奖一等奖 1 项、中建七局科学技术奖一等奖 1 项、省级及以上 BIM 应用大赛奖项 8 项（其中包括 AEC 全球 BIM 大赛最佳实践奖施工组中型项目第一名），立项福建省住房和城乡建设厅科研课题 2 项、厦门市建设局科研课题 3 项。该项目由中国建筑集团有限公司进行成果评价，评价结论为：该成果总体达到国际先进。

7 结语展望

在建筑领域未来发展趋势方面，可持续发展、智能化和信息化成为关键词。晋江市第二体育中心项目在施工过程中，运用了多种创新技术，如钢结构施工、智能化控制系统、模块化装配式机房等。这些技术的应用，不仅提高了工程的质量，还在一定程度上降低了成本和能耗。同时，该项目还充分运用了信息技术，如 BIM 技术、3D 扫描技术等，以提高施工效率、优化设计方案并对施工过程实现科学管理，这些都在为建筑领域的未来发展提供积极的借鉴和启示。

晋江市第二体育中心项目以其创新的建筑设计、领先的技术和实用的功能，对于推动建筑行业的进步和发展具有重要的意义。作为一个备受瞩目的城市地标性建筑，晋江市第二体育中心不仅满足了人们对于高品质体育设施的需求，更为城市的发展注入了新的活力。它的建成将有力地推动晋江市体育事业的发展，提高城市形象和竞争力。

作者：王耀[1] 黄金城[2] 黄志河[2] 罗景林[2] 林秋平[2] 陈晓明[2] 杨维彪[2] 王培忠[2] 杨佩荣[2] 李惠平[2]［1. 中建海峡建设发展有限公司；2. 中建海峡（厦门）建设发展有限公司］

陕北地区大型会展建筑智能管理

The Intelligent Management of Large-scale Exhibition Buildings in Northern Shaanxi

1 工程概况

1.1 工程概况

榆林市会展中心总建筑面积 164109.44m²，其中地上建筑面积 132702.69m²，内含六座展厅，同时配备 1000 座国际会议中心，2500m² 大型宴会厅及相应配套功能；地下建筑面积 31406.75m²，主要为停车、设备机房等。总建筑高度 40.3m。会议、展览中心主体为钢筋混凝土框架结构，屋盖钢桁架结构；车库为框架结构（图 1）。

图 1 工程实景图（东北侧）

由榆林市住房和城乡建设局建设，华东建筑设计研究院有限公司设计，陕西建工第九建设集团有限公司工程总承包。2018 年 12 月 5 日开工，2022 年 4 月 18 日竣工，合同总造价 14.32 亿元。

1.2 设计概况

工程由中国工程院院士魏敦山领衔设计，设计理念新颖、功能齐全、节能环保、智能化程度高，是一座集国内外大型会议、展览、宴会、商务活动于一体的现代化综合型公共建筑，是榆林市委市政府打造陕、甘、宁、蒙、晋交界"最具影响力城市"的重要展示窗口和平台；已成为榆林地标性建筑和国际煤炭暨高端能源化工产业博览会永久会址。

项目基地南北窄、东西宽，南北高差近 8m，通过整理地形和竖向设计，由北到南，由高到低划分了数个台地，合理使用场地。南北中轴线完美收束于北侧扇形广场，形成气势恢宏的围合感。建筑形态充分考虑主场馆面对城市的展示效果，富于变化，高度由东至西逐级抬高，天际线舒展优美。

设计紧贴榆林特有的自然风貌，地域特色浓厚，与城市肌理实现顺畅衔接；选用单元式扇形布局，模块化设计；各展厅单元遵循"可合并、可分割""最大连续空间"和"最小使用空间""功能通用"等原则；共享中庭实现连接、疏散、商业休闲等多种功能融合的"城市客厅"功能，简洁、明快、具有现代感；运用灵活的空间组合和功能的转换，奠定空间组合基础，创造最大化的空间灵活性；整体形成具有标志性和视觉冲击力的构图。

建筑外观运用大片的银色金属板作为造型要素，犹如七片"银色风帆"徜徉于沙海之中；外立面以玻璃和石材幕墙作为主要装饰材料，充分体现现代会展建筑开放、包容的性格特征以及功能性、标志性、经济性和科技性的设计理念。通过能耗监测系统按需控制运行，积极响应国家"碳达峰、碳中和"的号召（图2）。

图 2　工程实景图（南侧）

1.3　施工概况

该项目为省、市重点工程，体量大，单位工程数量多，工期紧，质量要求高。工程开工伊始，就确定了国家级奖项的质量目标，为了确保项目创优目标的实现，在主要分部分项工程的质量保证措施上进行了精心策划，建立以总包为主体，全员参与的质量管理保证体系。

施工以实测实量为基础，智慧建造为平台，应用过程统计控制学原理进行施工管理的动态管控；对过程中积累的实测实量数据进行统计和分析，并采取针对性解决方案促进和保证质量水平持续提升。

本工程室内空间设计大体量、多空间为简装，用料普通，墙、顶面只在原结构基础上涂饰乳胶漆饰面，地下室车库均为耐磨混凝土地面，不上人屋面均为混凝土面层，通过策划先行，全员全过程严格实施动态质量管控的措施，确保一次成优的高质量标准，打造"粗粮细作"的质量特色是本工程的一大施工特点。

2　科技创新

2.1　大跨度倒三角空间交错管桁架单点支撑逐级卸载施工技术

通过在传统卸载支撑装置施工的基础上，改进施工工艺，利用凹形砂槽、U形支托以及砂子来实现大跨度高空对接管桁架沙漏逐级卸载，该工艺便于卸载位形控制、结构变形监测和内力监测分析，极大提高了风积沙地区大跨度空间管桁架高空对接后逐级卸载的安全性。总结形成的《大跨度倒三角空间交错管桁架施工技术研究与应用》被中国建筑金属结构协会科学技术成果评价达到国内领先水平，《大跨度倒三角空间管桁架单点支撑高空对接逐级卸载施工工法》（SXSJGF 2020—095）获得陕西省工法，同时被陕西省总工会、人社厅、科技厅、国资委联合评为陕西省职工先进操作（工作）法。

2.2　一种大跨度空间结构模态参数识别方法

基于 Hilbert 变换特性的改进经验模态分解方法，通过 EMD 方法中信号与经过频谱搬移以后的信号之间存在的位移关系，提出了一种可以有效解决传统 EMD 方法会出现模态混叠导致算法无法使用这一问题。研发的《一种大跨度空间结构模态参数识别方法》（202210272783.3）形成发明专利 1 项。

2.3 季风气候下数值模拟及健康监测技术在大跨空间钢结构中的应用

以榆林市会展中心项目屋面管桁架钢结构为依托，通过软件分析、理论推导、测温试验、风洞试验、现场实测等手段，研究该区域范围内大跨空间结构在极端温度作用下的结构静动力性能，以及该类建筑结构在风荷载影响下引起的风致响应特性，为季风气候区大跨空间结构的设计温度取值及抗风设计提供理论支撑。研发的《一种季风气候影响区大跨度空间结构监测系统》（202220608280.4）形成实用新型专利 1 项，发表科技论文《季风气候下数值模拟及健康监测技术在大跨空间钢结构中的应用》（核心期刊）1 篇。

2.4 永久性边坡组合型支护结构的研究与应用技术

研发了一种将主体外墙与周边土体隔断的支护结构，保证了临时性基坑施工安全，解决了地下室外墙不受土体侧向推移的危害。研发的《一种组合型边坡支护结构》（202110567280.4）形成发明专利 1 项、《一种边坡支护结构》（202120961856）形成实用新型专利 1 项，发表科技论文《永久性边坡组合型支护结构的研究与应用技术》（核心期刊）和《临时＋永久组合边坡支护技术的应用》共 2 篇，立项课题《永久性边坡组合型支护结构施工技术研究》（榆林高新区）已结题。

2.5 金属屋面悬挑檐口施工滑架技术

研究出一种可以在金属屋面悬挑檐口部位自由滑动，且方便工人上下操作安全可靠的施工滑架，工人可在滑架内完成饰面板及打胶施工，代替了传统的悬挑外架，极大地降低了施工成本。研发的《一种金属屋面悬挑檐口施工用滑架》（201122318944.1）形成实用新型专利 1 项，QC 成果《一种金属屋面悬挑檐口施工滑架的研制》（C20222607）获得中国建筑业协会二等奖。

2.6 房屋建筑墙体构件技术

针对项目防火隔墙最大长度为 55.4m，最大高度为 19.5m，上部需穿过直径大于 1m 的斜钢桁架管通往金属屋面，研究出一种墙体构件技术，上下弦管桁架采用抱箍横梁结构，管桁架部位采用抱箍＋套芯活连接，解决超高防火隔墙穿越屋面斜向管桁架变形控制难度大的问题。研发的《一种房屋建筑墙体构件》（201921551673）形成实用新型专利 1 项。

2.7 楼梯踏步卡槽式模板施工技术

利用踏步截面控制板对踏步挡板进行精准定位，用踏步截面控制板、楼梯外侧模板及三角块卡板对踏步挡板进行全方位约束，使踏步挡板牢固可靠；踏步挡板龙骨及外板抬高 20mm，顶部与内板平齐，保证楼梯踏面混凝土的收面率，达到混凝土收面充分、踏步宽窄、高低一致的目的。研发的《一种可以充分收面的楼梯踏步挡板工具》（202021403882.3）形成实用新型专利 1 项，发表科技论文《楼梯踏步卡槽式模板施工技术的研究》1 篇，《楼梯踏步卡槽式模板施工工法》（HBGF054—2021）获得省级工法，QC 成果《提高模板支设楼梯踏步一次成型合格率》（20210304）获得陕西省一等奖。

2.8 金属屋面水平运输工具技术

以金属屋面天沟龙骨作为导轨，研究出一种大型金属屋面水平材料运输装置，解决了高空大型金属屋面水平运输难的问题。研发的《一种用于金属屋面材料运输的工具》（202120064258.3）形成实用新型专利 1 项，QC 成果《金属屋面水平运输工具的研制》获得陕西省二等奖。

2.9 机电设备及其综合管线模块化预制安装施工技术

应用 BIM 技术设计泵组模块，采用不同型钢组合的可拆卸框架和特制的减震台座实现泵组模块的整体可拆，使泵组模块运输方便、观感效果好，既是对工厂模块化预制技术的推广应用，更是对模块化技术的创新应用。研发的《一种管道接口处可拆卸保护装置》（202020863637.4）、《一种空调泵组可拆模块装置》（202021005574.5）、《一种用于泵组的整体减震结构》（202020983492.1）形成实用新型专利 3 项，QC 成果《制冷机房泵组可拆卸模块加工新方法》获得中国施工企业管理协会三等奖，发表科技论文《大型异形结构多层机电管线安装技术》1 篇。

2.10 水平成排线槽分支施工技术

通过应用水平成排线槽分支施工技术，在机电综合排布或成排线槽需要分三通时，用新型漏斗式三通代替传统三通分支法。满足弯曲半径的同时，将有限的空间完美利用，将传统的层层登高转变为同层分出，成为观感整齐、布局整洁、安装方便的线槽三通创新做法。研发的《一种成排线槽翻弯的三通结构》（202020981709.5）形成实用新型专利 1 项，总结形成的《水平成排线槽分支施工工法》（SXSJGF2020—181）获得陕西省工法。

3 新技术应用

3.1 新技术应用

本工程应用建筑业十项新技术（2017 版）中的 9 大项 41 子项，荣获 2021 年陕西省建筑业创新技术应用示范工程，达到国内领先水平，经济效益和社会效益显著。

3.2 其他新技术

（1）展厅北侧金属屋面导光管系统光线传递自然高效，使用便利，节能效果显著（图 3）。

图 3　太阳能导光管节能环保

（2）中水系统和雨水收集利用设施应用于工程日常冲洗、绿化浇灌、道路清扫，节约市政用水，积极响应国家低碳、环保号召（图 4～图 6）。

图 4　收水末端自然高效　　　　　图 5　雨水收集利用设施先进齐全

（3）采用水冷式冷水机组作为空调冷源、城市热水供热网作为空调用热源；H2～H7 会展中心南区二层办公采用变制冷剂流量多联机系统作为空调冷热源（图 7）。

（4）项目能耗计量系统按需控制运行，大幅度降低能源消耗，符合绿建标准，提升建筑品质，实

图 6　中水利用使用方便

图 7　多联机系统安装规范

现真正的零碳排放,积极响应国家"碳达峰、碳中和"的号召。项目已取得二星级绿色建筑设计标识。

4　数字化应用

项目全过程采用 BIM 技术,同时应用 BIM＋智慧工地相关系统(五限位＋防碰撞、卸料平台监测、施工电梯监测＋人脸、工地宝识别设备、质量巡检、安全巡检、生产管理、物料管理、劳务管理、智能视频监控等系统)及设计风洞数值模拟等。

4.1　风洞数值模拟

榆林市会展中心项目所处场地地面粗糙度类别为 A 类,100 年一遇基本风压值为 $0.45 kN/m^2$。

钢结构及围护结构抗风设计是非常重要的一项计算内容。采用 CFD 数值模拟方法对本项目平均风荷载进行数值分析，在考虑所有风向角情况下，得出各屋盖的分块净体型系数最大正值和最小负值及其对应的风向角和位置，为钢结构设计力学计算提供有效、科学、合理的数据（表 1）。

各屋盖分块净体型系数　　　　　　　　　　　　　表 1

屋盖名称	分块净体型系数最值	风向角（°）	备注
会展中心大屋盖	0.74	0	最大正值
会展中心小屋盖	1.43	315	
会展中心大屋盖	−2.62	337.5	最小正值
会展中心小屋盖	−0.80	67.5	

4.2　实名制系统应用

项目部施工现场的主要人流出入口设置人脸识别系统，做到每一位工人的个人信息及时录入。与三级教育相结合，做到实名信息无遗漏，更加切实有效的做到人员进出施工现场实时把控（图 8）。

现场智慧工地实名制管理平台与人脸识别系统无缝对接，做到每一位工人的个人信息联网可查。

4.3　工厂预制加工

推行装配化及绿色施工，在主体、装饰装修及机电安装施工中，采用工厂化定制加工产品，现场装配式安装（图 9）。同时开展技术攻关，施工过程中不断寻找问题与不足，总结形成科技论文、工法、专利、课题等多项成果。

图 8　人脸识别系统

图 9　预制加工车间

4.4　BIM 技术应用

建造全过程采用 BIM 技术辅助设计和管理，设计图纸下发后，立即组织管理人员采用 Revit 软件和 Tekla 软件分别对主体结构和钢结构进行 BIM 建模，进行管线综合排布，在建模过程中发现碰撞等问题，及时联系设计进行解决；同时施工过程中可利用 BIM 软件进行施工方案模拟优化、BIM 可视化交底、辅助创优策划的编制、优化施工场布、样板区策划，以及装配式建筑应用、工程量统计、劳动力调配以及质量、安全、进度、成本等管理，确保本工程施工的顺利开展（图 10～图 12）。

图 10　主体结构 BIM 模型图

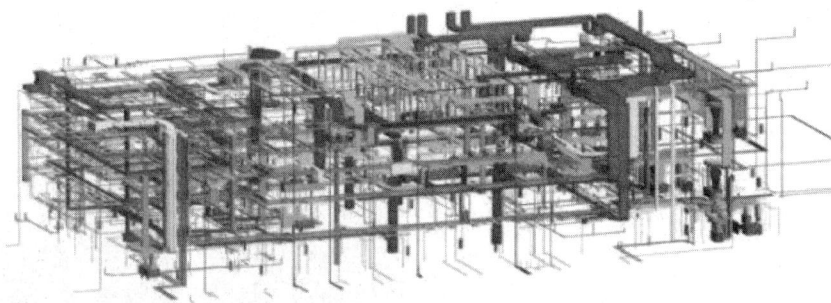

图 11　机电安装 BIM 模型图

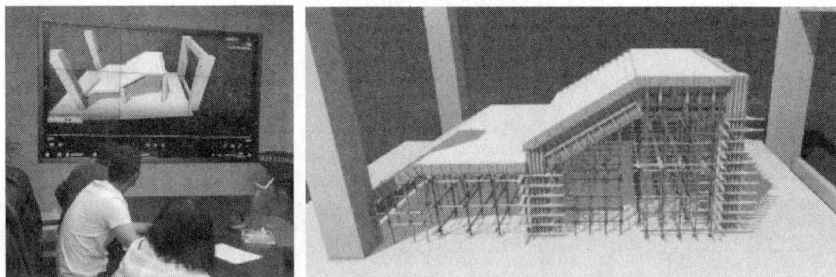

图 12　施工模拟

4.5　BIM＋信息化应用

本工程作为我集团公司推进 BIM＋智慧工地技术应用的先锋军，项目部高度重视信息化的应用，参与了斑马·梦龙网络计划培训，并组织相关人员进行了 BIM 5D 生产管理系统培训（图 13）。

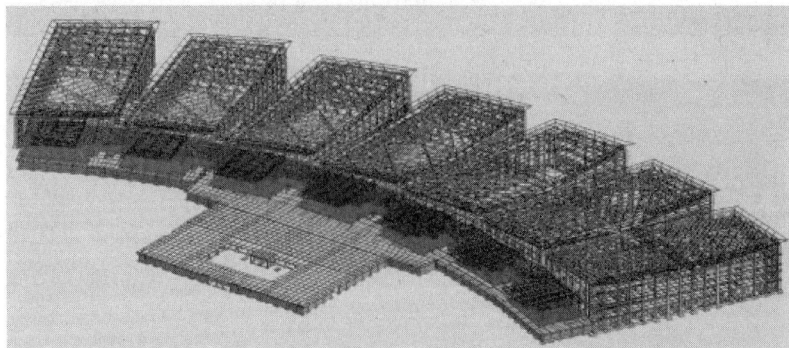

图 13　项目 BIM 结构模型

4.6　巡检系统应用

项目部将实测实量和质量、安全巡检系统的应用作为考核的一项常态化工作，以此来促进质量管理的有效落实。

5　经济效益分析

5.1　经济效益

（1）本工程建筑设计先进，低碳、绿色环保，智能化程度高，通过利用太阳光照、雨水回收利用、设置新能源汽车充电桩等，实现了非传统资源的有效使用，同时通过能耗计量系统有效控制资源合理利用。取得经济效益 4744.699 万元，占合同造价的 3.31%，效果显著。

（2）本成果的推广在一定程度上具有更多的社会效益，为现代化大型公共建筑建设起到了积极作用，其应用范围再逐步推广，其带来经济效益将逐步增加。

5.2　社会效益

榆林市第十六届、十七届国际煤炭博览会如期召开，得到市委市政府及参会单位的一致好评；2022 年疫情期间，项目室内外被利用改造成方舱医院，为打赢疫情攻坚战做出了巨大贡献；同时被评为榆林中心城区首届"十大新地标建筑"，取得良好的社会效益。

榆林市会展中心工程的建成对推进榆林会展业务、完善城市功能、带动区域经济发展、提高城市综合竞争力、推动榆林能源化工基地建设具有积极作用。

科技成果《陕北地区大型会展建筑综合复杂关键技术研究与应用》获得陕西省科学技术进步奖（特等奖、国内领先水平）。该成果的形成对我国大型公共建筑技术推进具有重要意义，机电设备及其综合管线模块化预制安装施工技术、水平成排线槽分支施工技术符合行业装配式建筑的发展方向，成果的推广为行业培养专业人才，也为大型公共建筑设计、施工提供技术参考和帮助，单点支撑逐级卸载技术极大地提高了大跨度钢结构桁架卸载工艺的安全性，多项成果自研究成熟后在集团内部及省内外推广应用，在行业内对未来建造技术产生了深远的影响。

工程交付使用以来，结构安全可靠，各项功能使用良好，设备系统运行正常，使用单位非常满意。

6　获奖情况

本工程先后获得 BIM 奖项 3 项、完成 QC 成果 8 个（国家级 3 个），总结形成发明专利 4 项、实用新型专利 20 项；完成省级工法 3 项；发表科技论文 5 篇、核心期刊论文 3 篇；形成课题 3 个等多项科技创新成果。榆林市高新区立项课题《永久性边坡组合型支护结构施工技术研究》已结题，《大跨度倒三角空间交错管桁架施工技术研究与应用》由中国建筑金属结构协会认定达到国内领先水平；《陕北地区大型会展建筑综合复杂关键技术研究与应用》获得陕西省建设工程科学技术奖"特等奖"（达到国内领先水平）。陕西省工法《大跨度倒三角空间管桁架单点支撑高空对接逐级卸载施工工法》被陕西省总工会、人社厅、科技厅、国资委联合评为陕西省职工先进操作（工作）法。

举办 2019 年榆林市建筑施工质量安全标准化暨文明施工现场会观摩工地，先后获得中国施工企业管理协会工程建设项目设计水平评价三等成果、陕西省文明工地、陕西省优质结构工程、陕西省创新技术应用示范工程、陕西省建筑业绿色施工工程、陕西省绿色施工科技示范工程、第二十五届西南西北八省"贡献杯"联赛优秀青年突击队、中国钢结构金奖、榆林市优质工程"榆林杯"等多项荣誉。

7　结语展望

本成果在大型建筑公共建筑领域得到了广泛应用，其中健康监测技术以及大跨度空间结构模态参数识别方法在全国建筑领域进行了推广使用,单点支撑逐级卸载技术极大地提高了大跨度钢结构桁架卸载工艺的安全性,同时为大型公共建筑钢结构及金属屋面施工重难点部位提供了技术指导,安装工艺先进推广应用价值极高,为同行业建筑领域提供技术引领、参考与帮助。

通过关键技术的研究与应用的完美呈现,全面总结形成项目关键技术,并将该成套技术运用于我集团承建的榆林市会展中心、榆林市东沙文体馆、延安博物馆项目,通过实践、创新,总结了一套较为完善的大型公建建筑建造过程中的关键技术,很好地解决了服务设施建设过程中的各类问题,使得项目各项施工目标得以实现。该综合技术的应用对工程施工质量、安全、进度具有良好的促进作用的同时,存在经济合理、节能环保的优势,整体对同类型项目建设具有指导意义,推广应用价值高。

作者:李大为　范蒙飞　王雪婷　张冲　高元(陕西建工第九建设集团有限公司)

城市更新危旧楼房改建项目一体化、高效、可持续发展的新路径探索实践

High Quality Development Helps Urban Renewal, Exploring A New Path for Integrated, Efficient, Sustainable Development of Urban Renewal Project

1 工程概况

1.1 危楼概况

劲松一区114号楼拆除重建项目（以下简称"114号楼"）位于北京市朝阳区劲松一区北社区，紧邻东三环，旧楼始建于1978年，为地上6层4单元独栋楼框架轻板试验结构，外墙板厚度不足15cm，保温隔声极差，楼体歪斜破损、楼道墙皮脱落、楼宇漏水严重，是12345热线的集中爆单热点，专业机构依据《危险房屋鉴定标准》JGJ 125—2016已进行综合评定，危险性等级为D级，存在巨大安全隐患。

114号楼原占地面积618.2m²，总建筑面积3988.78m²，共涉及居民66户，其中63户为房改购房或商品房、3户为承租房，居民住房中，最大面积75.79m²，最小面积49.2m²，多数无客厅、个别户型卫生间面积不足1m²（图1～图4）。

图1 项目位置

图2 改建前楼体情况

图3 室内渗漏

图4 厨房狭小

1.2 实施工作

114号楼产权单位为北京建工五建集团，负责履行房屋维护职责，依据北京市《关于开展危旧楼房改建试点工作的意见》即178号文的规定，探索出资金由政府补助3265万元、产权单位承担640万元、居民出资400万元、社会资本出资600万元的"四方共担"的模式，推动危楼成为拆除重建试点项目。

该项目不同于原有的拆迁方式，其实施理念发生了转变，即由政府主导转变为群众做主体，由政府出资转变为成本共担，由整体拆迁选房转变为原地改善住房还建于民。在项目推进的过程中全部66户居民对于"危旧楼房原地改善还建于民的改建"工作的意见进行了充分征求，也在沟通过程中明确强调"改建"是抗震加固最彻底的一种形式，拆除重建完全不同于过往棚改拆迁模式；经过逐户解释沟通，全部66户居民100％同意对114号楼进行"改建"（图5）。

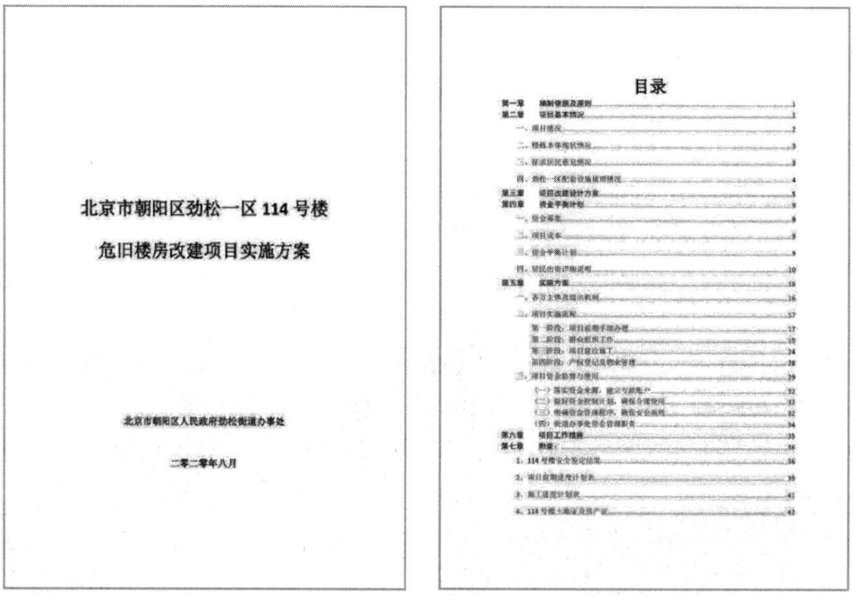

图5 实施方案

1.3 新楼概况

114号楼，于2020年列入北京市首批危旧楼房改建试点项目，北京建工五建集团作为该项目的建设实施主体，充分发扬首都建设生力军的奋斗精神，勇担国企社会责任、扛起城市更新大旗，依托自身产业优势，在承担建设职责外，又承担施工任务，科技赋能，高品质打造精品工程，以试点项目探索出一体化、高效、可持续的高质量发展的"建工路径"，是国企主导多方联动的新趋势，积累了较为完整和丰富的经验做法，对城市更新领域一体化、高效、可持续发展进行了有效的探索与实践。

2021年12月，114号楼打通政策与居民全部环节后，伴随机械轰鸣，旧楼逐步开始进行拆除，项目进入落地实施阶段。经历了不平凡的2022年，项目于2023年6月完成竣工验收，正式交付百姓。

拆除重建后，总建筑面积由3988.78m²增加到5198.30m²，地上6层，地下1层，现浇混凝土结构，其中：地上建筑面积4477.32m²，增加了489m²；地下一层，建筑面积720.98m²，为公共服务配套设施，含物业管理用房、文化活动场站等；对户型进行优化，适当增加厨房和厕所面积，合理设置客厅与卧室面积的配比；公共区域增加电梯和无障碍等便民设施（图6～图9）。

图 6 改建后楼体情况

图 7 改建后居室内结构

图 8 新增内置电梯

图 9 新增地下空间

2 科技创新

2.1 项目管理路径模块化

114 号楼实施过程中，从前期决策到后期的交付，全过程参与，管理流程复杂，事项繁多，采用传统的管理模式效率低下，项目团队始终坚持高效管理，建立实施路径模块，确定项目管理核心依据，前一流程开展之初，即做下一流程的咨询、准备工作，剖析各环节工作任务，能串联的串联，该并列的并列，实现前期"跑规立项"与居民工作、中期施工建设与权籍登记咨询、后期验收与权籍登记流程齐步走，流程环环相扣，探索出最优化实施路径。

通过准确把握流程，全流程预演，明确工作抓手，细化工作举措，从项目生成、建设到后续管理，形成主动发现、及时整改、切实把"问题清单"转化为"成果清单"，有效防范的良性循环"一体化"方案，制定完整且有强指引性的实施方案，为项目推进实施提供决策支撑（图 10）。

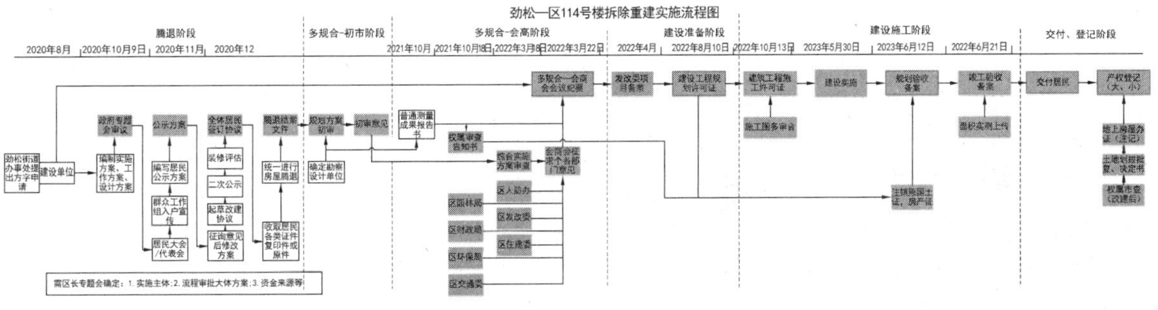

图 10 114 号楼拆除重建实施路径模块

2.2 项目成本控制模型化

建设资金由政府、产权单位、居民、社会资本"四方共担"的模式，在项目推进的过程中，建工五建集团始终秉承"兼顾社会责任和市场规律"的理念和原则，作为产权单位率先履行社会责任，做好出资工作；作为建设实施主体，又充分尊重市场规律，在保证工程质量的基础上，精准测算改建成本，建立成本模型，通过"可视化""一体化"实施，减少过程中非必要的支出，压缩总体建设成本。分类详细测算明确各建设费用名录，通过前期方案设计时对模型的费用详细测算，通过市场化方式结合民生工程及城市更新要求，一方面通过人性化施工提升居住的安全性、改善民生居住环境，另一方面通过完善公共服务设施配套，健全物业管理制度，落实社会资本的长效运营，所有费用前期就进行可视化处理，不断将危旧楼房推向专业化市场化管理，减轻政府负担，提升城市发展质量，真正解决了政府的民生困扰、改善了居民的居住环境、行使了产权单位的社会责任，保障了社会资本的有机循环，实现了民生工程的微利可持续发展（图11）。

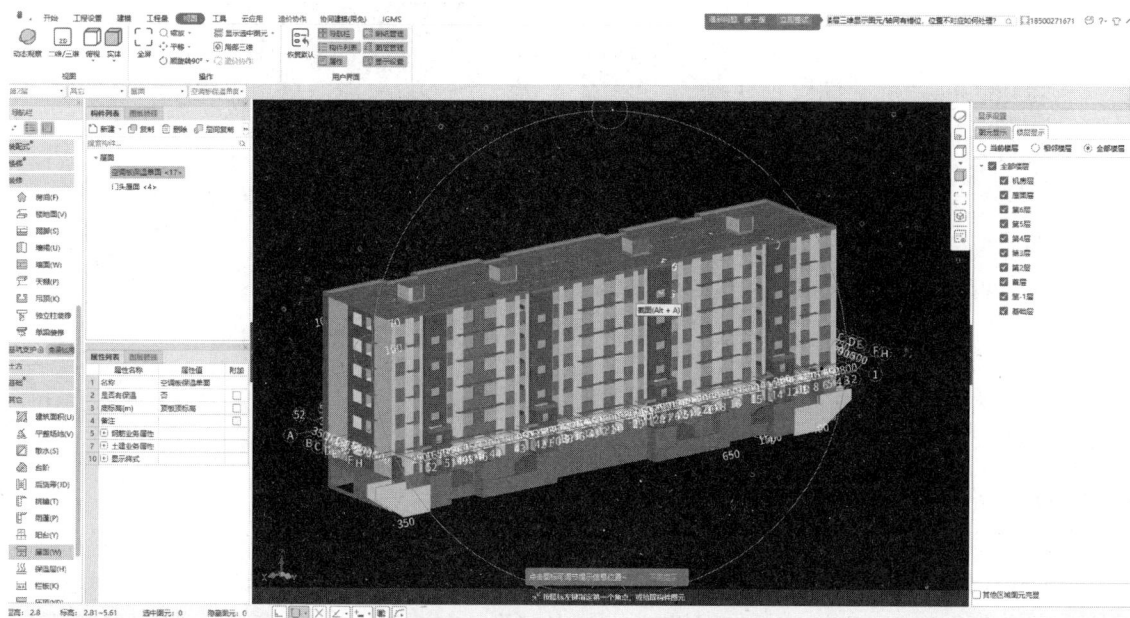

图 11 114 号楼拆除重建成本控制模型

3 新技术应用

项目秉持"民生工程为人民"的宗旨，推广新技术应用，把老百姓房屋使用过程中可能遇见的问题，做超前部署，更好地满足居住需求。

3.1 屋面工艺优化

住宅屋面渗漏，是老百姓后期维保投诉问题较多的薄弱点，针对屋面工程编制专项施工方案，合理倒排工期，从主体结构的两个流水段作业转换到屋面结构施工的一个流水段，合理进行人员物资配置，确保屋面混凝土浇筑一次成型，不留置施工缝，延长屋面养护时间，降低屋面施工荷载，最大限度减少结构屋面裂缝的产生；屋面结构施工完进行蓄水试验，在原有卷材防水的基础上增加一道结构屋面防水保护，确保结构基层不渗漏，验收合格后再进行下一道工序的施工；创新地把屋面排气道插入进结构风道内，杜绝排气管可能被破坏出现渗漏的风险，多手段减少屋面防水保护层的裂缝，最大程度做好屋面防水防护；屋面所有工序均增加防渗漏措施，以最严的要求进行屋面施工，杜绝渗漏风险（图12～图15）。

图 12　结构蓄水试验

图 13　排气道设置

图 14　保护层分隔缝

图 15　屋面完成面

3.2　铝合金压顶

女儿墙作用除围护安全外，也会做防水和外墙保温的收头防护，以避免出现渗水或是屋顶雨水漫流。但是收头部位长期暴露在室外空气中，经过经年累月的暴晒以及热胀冷缩，是屋面和外墙出现渗漏的风险部位，且按照现有规定新楼女儿墙顶标高无法突破旧楼高度 18.45m，怎么在这个高度上满足节点处理的耐久性，又可以达到屋面安全防护效果，在充分研读各项规范要求后，女儿墙顶部增加铝合金压顶，包裹住混凝土压顶及内侧防水、保温收头部位，隔绝阳光直接照晒，在铝合金压顶上部设置栏杆，确保屋面安全防护高度。经过铝合金压顶的设置给工程提供了一个美观大方的外观效果，又保证了使用功能（图 16）。

图 16　铝合金压顶和栏杆防护

3.3　无障碍设施

114号楼是旧楼拆除原址重建，楼内的居民年龄均已经偏大，急需新楼增加无障碍设计，满足行动不便的居民日常出行，大胆突破传统老旧小区改造外挂电梯的限制，从设计上设置内置电梯，保证平层入户。室外红线无法突破，室内外高差0.7m，没有多余的占地面积增加无障碍坡道，这成了满足百姓无障碍需要的最大的难点。从知道这个问题开始，多方咨询公司专家领导和设计单位，经过了三个月到不同厂家考察，确定了无障碍升降梯，调整施工图纸，报主管部门审核批准，首次在老旧小区设置此类无障碍设施，为改造工程提供了新的思路，打通了轮椅下楼的最后一步路（图17）。

图17　无障碍升降梯

4　数字化应用

4.1　项目数字化管理

114号楼拆除重建项目采用数字化手段应用到建设施工过程中，施工企业通过数字化智慧管理水平将集成人员、机械设备、物料、环境、能耗、视频监控、质量、安全、进度等数字化智慧管理信息系统，全过程多方位地对项目实施进行管理，让项目经理实时掌握立体数据，为项目决策提供依据，施工过程中通过平台在移动端的操作，由项目管理人员发现的质量或安全隐患第一时间传输到作业班组手里进行整改记录，应用BIM技术在深化设计、加工生产、施工过程中进行可视化交底，指导现场施工，让施工可以被工人"看到"，数字化管理是提升建筑施工安全质量，为项目保驾护航的有效手段(图18、图19)。

图18　移动端数字化智慧管理平台　　　　图19　BIM排砖交底图

4.2　项目数字化增绿

减碳人人在行动，作为建筑行业，绿色施工义不容辞。通过数字化、信息化手段高效率地进行扬尘治理、建筑垃圾的管理，采用智慧化水电管理，实时监测所有能耗、水耗，做到动态节约，对生活垃圾进行信息化监督，践行光盘行动；用数据支撑行动，让数字化智慧管理成为项目的"眼睛"和"鼻子"，解决管理过程中的难点痛点，让绿色作为 114 号楼施工的底色，在老旧小区里成为那一抹的绿（图 20）。

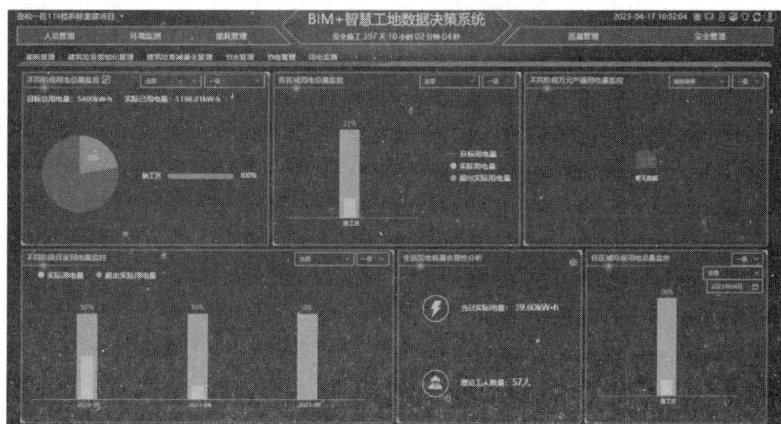

图 20　能耗数字化管理

5　经济效益分析

114 号楼施工过程中算好经济平衡账，保证了模式的可持续，一是高效创新建设工艺，解决痛点实现利民交付，在成本支出和居民需求上取得平衡，按照最新的设计规范重新设计户型，采用三层玻璃 65 系列铝合金外窗，既提升建筑节能效果又满足高品质保温隔声需求；户内居室门预留后续铺砖距离，减少居民后期拆改麻烦；阳台预留上下水管道，可实现居民放置洗衣机、烘干机等现代化家居需求，增加无障碍设施，方便老年人下楼，精细化组织施工，获得了居民良好的口碑，实现质量零投诉，成本上通过自建自施，减少中间环节，加强各方出资的资金管理，确保了"四方共担"的资金使用产生最大效益（图 21～图 24）。

图 21　三玻两腔

图 22　阳台上下水

图 23　户型优化

图 24　干湿分离

二是高效管理时间空间，克服困难实现人性化交付。由于该项目临近三环路、西侧距离居民楼最近仅 8m、北侧紧邻垂杨柳医院、地下是通行的地铁 10 号线，施工的客观限制诸多，项目施工团队优化时间管理、优化腾挪场地，在有限的空间和时间范围内，通过完善的施工闭环流程，实现拆除破碎、来料卸料、施工装修不扰民；同时克服疫情及后疫情时代困难，通过周密组织压缩工期，提前交付，让老百姓早日入住新的 114 号楼。

6　获奖情况

114 号楼参加 2023 年北京城市规划学会、北京城市更新联盟组织开展的第二届"北京城市更新最佳实践"评选活动。在全市 100 多家单位推荐或申报的 151 个项目中脱颖而出，通过专家初评、网络投票、专家复评和综合复议环节，最终获得《北京城市更新最佳实践优秀项目》。

7　结语展望

在 114 号楼拆除重建推进过程中，针对没有先例导致居民对该类改建工程质疑大、配合度低的问题，一是针对居民质疑：通过集体宣贯、针对性解答和北京电视台"向前一步"栏目等多种沟通渠道，及时、清晰地向居民解读"拆除重建"政策，理解相关政策的利民性，引导居民实现从"拆迁"到"还建"的理念转变，使其树立居住条件提升过程中权利与义务共担的意识。二是针对居民顾虑：项目筹备及决策过程采用方案"两上两下"的方式听取群众意见确定实施方案。过程中，涉及居民参与的，均采用全员大会的形式，保障居民充分参与决策。三是针对居民困难："一户一策"开展沟通工作，针对有特殊困难的居民提供人性化的暖心服务：为独居老人寻找房源、收拾搬家；为有产权纠纷的家庭聘请法律顾问；为残疾人联系民政部门、残联，给予经济救助；联系住房公积金中心和相关金融单位，为居民提供多种资金筹措渠道，最终让 114 号楼顺利拆除。

项目将区级责任单位全数纳入体系，打破部门壁垒，明确组织实施主体、建设实施主体、投资运营主体和物业管理主体，明确责任分工，促进多方主体共治共享，为项目顺利实施奠定基础。

在项目推进的过程中，建工五建集团始终秉承"高质量发展并兼顾社会责任和市场规律"的理念和原则，作为产权单位率先履行社会责任，做好出资工作；作为建设实施主体，又充分尊重市场规律，在保证工程质量的基础上，精准测算改建成本，通过"一体化"实施，减少过程中非必要的支出，压缩总体建设成本。同时，分类测算明确各主体出资金额，如：将地下新建部分成本单独测算，由社会出资方承担，一方面使其在行使后续运营权利的同时明晰先要承担的义务，另一方面使该成本不计入综合改建成本，培养居民付费意识的同时，规避居民出资争议，减轻居民负担。

下一步，北京市建筑行业将在城市更新这一重要民生领域，不断拓展高质量发展新思路，继续推动更多项目成功落地实施，总结、复盘经验，不断积累丰富"一体化"实施的"建工路径"；继续发挥自身优势，开展更为高效的建设管理工作；继续坚持"兼顾社会责任和市场规律"的理念和原则，践行民生工程的微利可持续征程，用更多城市更新生动实践的案例为首都城市质量提升贡献力量。

作者：栾德成[1]　骆德奎[2]（1. 中国建筑业协会专家委员会；2. 北京市第五建筑工程集团有限公司）

基于城市生命体的哈密城市更新创新与实践

Consultation on the Entire Process of Urban Vital Organism, Innovation and Practice of Urban Renewal Technology in Hami

1 工程概况

1.1 国家政策解读

党的十九大首次提出中国经济由高速增长阶段转向高质量发展阶段，城市发展由增量发展转向存量，城市工作重点由城市建设转向城市治理。党的十九届五中全会提出实施城市更新行动，是适应城市发展新形势、推动城市高质量发展、提高城市建设治理水平作出的重要决策部署。树立城市生命体健康管理理念，将城市作为有机生命体，为理解城市治理、解决城市问题、实现城市可持续发展提供了新视角。

1.2 本地工作特点

哈密市位于新疆维吾尔自治区东部，是东疆门户，古"丝绸之路"重镇。哈密城市规模中等，民族特色鲜明，尚处在土地存量和增量并存的阶段，城区内分布有大量的老旧小区、棚户区及城中村，具备西北地区城市的典型特征，在哈密市先行实施城市更新行动有一定的示范意义。

1.3 工程总体概况

按照中央决策部署和自治区指导意见，哈密市于 2022 年开始系统谋划城市更新相关工作。中国建设科技集团所属中国城市发展规划设计咨询有限公司牵头集团各公司，协同市委市政府成立专项工作组，以城市生命体理念为引领，围绕"宜居城市、宜业城市、绿色城市、韧性城市、智慧城市、人文城市"六个维度，对哈密市 $50.74km^2$ 的主城区进行了全面体检，明确了城市建设的短板和问题。针对城市问题，编制了城市更新专项规划、片区更新规划设计和相关专项规划，按照"一年见成效、三年大变样、五年成典范"的总体目标，指导城市更新项目有序实施。制定了城市更新项目实施全过程咨询技术支撑流程，创新城市更新实施机制。截至 2023 年 9 月，一批着力解决城市病和民生关切问题的重点项目已经开始实施，城市生命体全过程咨询有效支撑和引导着哈密城市更新全周期工作的深入推进，城市更新的"哈密模式"正在形成。

2 科技创新

2.1 形成基于城市生命体理念的城市病治理方法理论

"城市生命体"理念既是对城市发展规律的科学洞见，又是拟人化的巧妙比喻。城市作为文明的载体，是人类经济、政治、社会、文化、生态功能发生、发展的容器，它的各种功能互相影响又彼此支撑，形成了一个完整、复杂且生机勃勃的巨系统。

城市内在机能由众多的城市机能子系统来支撑，这些子系统既独立运行、自成体系，又高度关联、相互作用，维持城市肌体平稳运行。"城市生命体"机能失调会引发"城市病"城市病治理的过程中，要从根本上把握城市的本质与规律，科学诊断。

首先要诊断城市病的病因和症状，运用城市生命体理念，对城市进行全面的体检和评估，找出城市病的病因和症状，分析城市功能和机能的失衡和失调，确定城市病的类型和程度，制定城市病的治理目标和策略。其次要根据城市病的不同类型和程度，制定针对性的治理方案和措施，综合运用城市规划、城市设计、城市管理、城市建设等手段，优化城市功能和机能，提升城市空间品质（图1）。

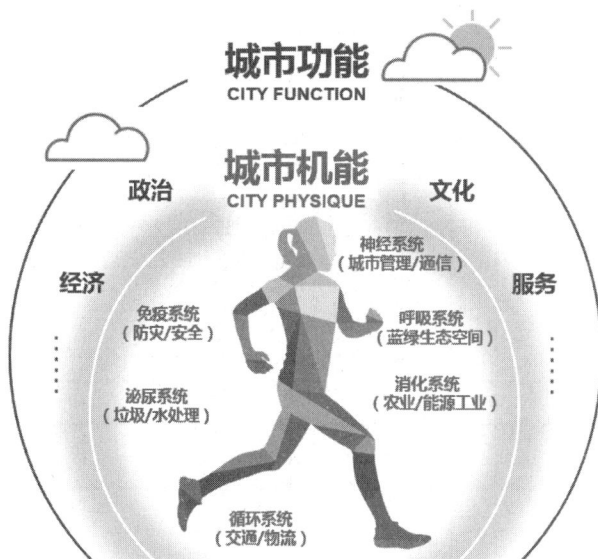

图1 城市生命体功能与机能示意图

2.2 构建了城市体检与城市更新一体化联动推进机制

按照"城市生命体"系统性和成长性特征，提出有针对性的"哈密城市生命体健康管理咨询"研究课题，建立城市体检（体检诊断）、规划设计（处方）、施工建设（治疗）、运营维护（保健）全周期技术支撑框架，形成横向到边、竖向到底的城市更新工作流程。在城市更新全周期中，设立了体检评估、战略咨询、城区更新规划、片区更新规划、重点项目设计、项目实施服务六个阶段，每个阶段细划专业分工、任务节点、质量把控、对地服务等多项内容，将城市更新的各阶段和专业工作高度关联，实现城市体检与城市更新一体化联动（图2）。

2.3 创建了城市生命体健康管理体检指标体系

城市健康管理体检指标体系结合了住房和城乡建设部、自然资源部两部委的基础城市体检指标体系并对有些指标进行进一步细化，并聚焦于城乡建设领域兼顾地方发展的其他相关指标。通过城市画像分析，结合地方特色制定特色指标和专项指标，并考虑城市的可持续发展，增加过程监测型的特征指标和非量化的指标。

在明确城市健康管理体检指标体系的评价对象、评价内容、评价标准、评价方法等基本要素的基础上，构建中国建科集团的"基础指标＋补充指标＋专项指标＋特色指标"的城市健康管理指标体系。并在分析城市规模、城市区位、城市发展阶段的基础上，定制符合城市发展的评价标准，以确保城市健康管理体检指标体系的合理性和适用性。制定了"非常健康—健康——般—不健康—非常不健康"五级评判标准，能直观得出城市健康的基本状况，并根据问题指标生成整治任务清单，根据特长指标生成竞争力清单，并结合2025年的相关指标要求及城市近期发展目标制定近期建设项目建议清单。

3 新技术应用

3.1 建立"同题共答"哈密城市更新工作组织体系

根据城市更新工作推进技术要求，结合地方城市更新规划工作领导小组的组织架构及工作机制，城市更新项目团队建立了"五个体系、一个平台"，即工作组织体系、全生命周期服务体系、更新工作流程体系、质量管控体系、成果标准体系、城市生命体健康管理指标体系以及数字化协同工作平台。统筹各板块工作力量，扁平化运作。定期召开城市更新工作会，协调城市更新工作。与地方政府形成战略共谋、决策共商、经验共享、组织共建、示范共创的工作合力（图3）。

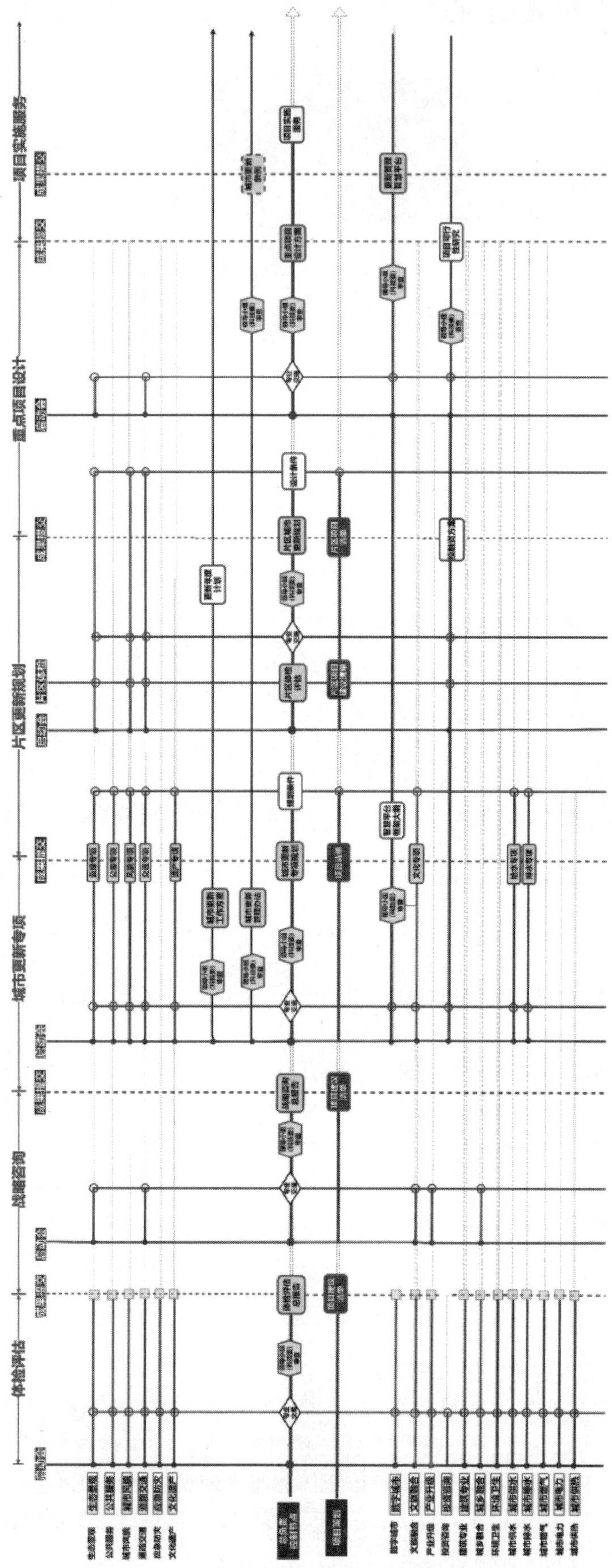

图 2 城市体检与城市更新项目推进流程图

图3 哈密城市更新工作组织体系（6体系）示意图

3.2 构建符合西北地区小城市特点的城市体检指标体系

按照 2023 年住房和城乡建设部开展深化城市体检工作制度机制试点工作的要求。根据哈密实际情况，划定体检试点范围，针对各项体检指标，在住房、社区、街道、城区四个维度上对哈密市进行了全面细致的调查研究。

在调研的基础上，工作团队对既有指标进行细化和优化，体现哈密作为西北地区小城市的特色。在原有 61 项指标基础上，团队根据城市自身特色，去除不适宜指标，并新增了 3 项符合哈密实际的指标，包括社区维度"社区室内活动室是否达标""社区卫生服务站是否达标"2 项指标和城区维度"城市市政消火栓和消防水鹤完好率"1 项指标，最终形成了合计 63 项指标的哈密特色指标体系，以此作为哈密城市体检的评估标准。

3.3 基于"三个导向"建立了哈密城市更新专项规划体系

基于问题、目标和实施三个导向，梳理已有规划，以国土空间规划为基础，形成城市更新"1＋N"规划体系。"1"是哈密市中心城区城市更新专项规划，"N"包含了西河、丽园两个重点片区更新规划以及其他相关专项规划。

哈密市中心城区城市更新专项规划是更新规划工作的总抓手。规划通过城市体检提出更新问题，开展城市发展战略咨询研究明确城市发展目标，编制中心城区专项规划为统筹引领，八个专项规划为具体支撑，两个重点片区为地块示范，按照宜居城市、宜业城市、韧性城市、人文城市、绿色城市、智慧城市为建设目标，开展项目设计和项目建设，系统推进城市更新规划工作。

3.4 制定了片区统筹城市更新项目实施技术流程

3.4.1 编制"规策一体"片区更新规划设计

以哈密市主城区城市更新专项规划为引领，在哈密先期启动了两个街道重点片区的更新规划设计。结合城市体检诊断结果和更新诉求，通过划分更新片区，以城市设计理念对片区进行系统的业态策划和空间提升设计，形成城市更新项目库。同时运营与投融资前置，对城市更新项目进行系统打包，切实转变碎片化的开发建设方式，打造系统谋划、整体推进、重点突破的片区化城市更新建设模式，保障公共利益，平衡开发利益，实现片区内以盈补亏、以丰补欠，增强城市更新工作的可实施性和可持续性（图 4）。

3.4.2 以综合实施方案为技术平台加快项目决策流程

通过部门摸排、社区民意征集，形成项目清单，再梳理落实结合片区更新规划形成更新项目。在建设管理方面，由多个建设主体共同参与推动，包括市区两级各委办局、平台公司等，由住房和城乡建设局统筹管理协调推进，城市更新领导小组关键节点审查督办（图 5）。

3.5 应对民生诉求，推进完成了一批城市更新示范项目

3.5.1 中山北路完整社区项目

项目位于西河街道中山北路社区之内，市政府西侧。目前社区基础设施老化、公共配套服务缺失、停车占用人活动场地、消防通道问题严重。结合上位规划及本次城市体检，希望通过完整社区的建设解决以上社区中人民生活所遇到的实际问题。（1）拆改腾挪，构筑安全舒适社区：将居住安全、出行便捷、配套有机更新作为重要任务。通过对社区存在安全隐患的建筑及设施进行拆除，居民就地安置。保证居民在社区内出行安全舒畅。同时对既有服务设施进行改造和腾挪，为社区进一步补齐短板建设提供更多空间。（2）补齐短板，构建人文社区：建设中重点关注不同年龄人群的行为习惯和生活需求，对标完整社区建设标准及居民实际需求做好重点公共设施的配置。聚焦一老一小，对无障碍设施、道路、绿地、活动场地等空间提出全龄友好设计的人文要求。（3）高标准社区建设的标杆，哈密首个融合型完整居住社区：作为哈密首个以老旧小区更新为基底的完整居住社区项目。建设不仅要遵照完整社区建设标准，也要遵循既有老旧小区改造的诸多原则与经验。完整社区的建设不能仅停留在空间物理环境的改造及建设的完整（图 6）。

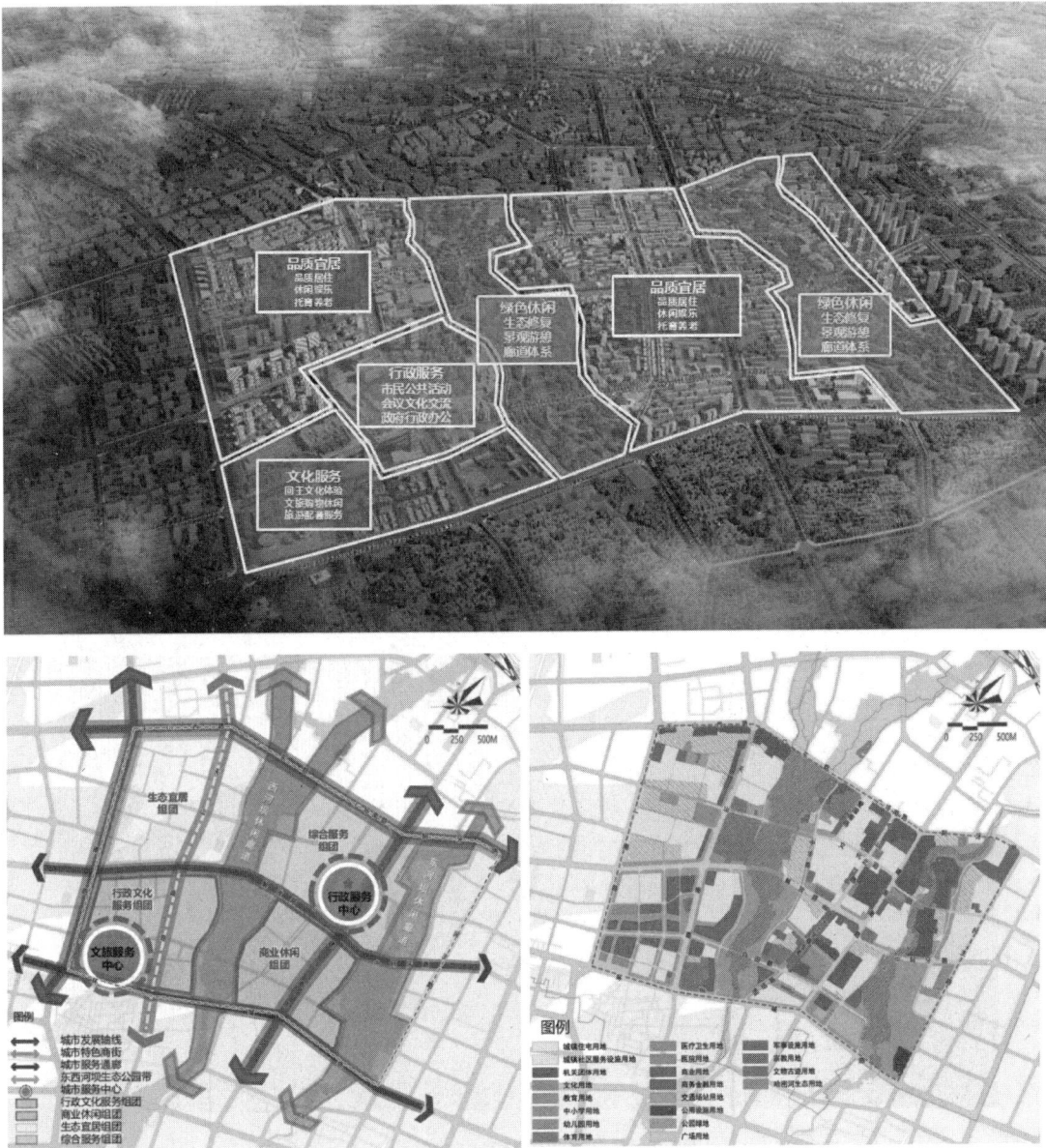

图 4　哈密市西河街道重点片区更新规划设计

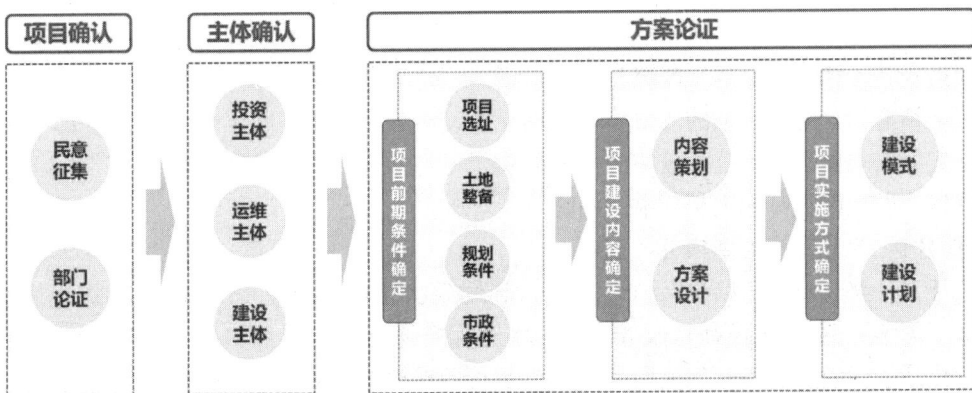

图 5　城市更新项目推进流程

图 6　中山北路完整社区改造设计

3.5.2　粮食局家属院老旧小区改造示范项目

项目位于大十字商街东侧，本次设计工作是在 2022 年前的社区路面、综合管线改造基础上，对公共服务设施、公共空间环境品质，社区大门风貌、社区内停车、绿地利用等问题进行进一步综合改造提升。通过对条件相对较好的小区提升改造建设，迅速提升居民对社区生活的满意度。真正起到完整居住社区有情有景、有形有感的改造示范作用。建设中重点关注不同年龄人群的行为习惯和生活需求。以居民实际需求做好重点公共设施的配置。聚焦一老一小，对无障碍设施、道路、绿地、活动场地等空间提出全龄友好设计的人文要求（图 7）。

3.5.3　丽园片区 15 分钟生活圈项目

项目位于八一路与新民三路交叉口西南角，利用现状棚户区配建 15 分钟生活圈公共服务设施。用地面积 1.5 万 m²。主要建设社区服务中心、卫生服务中心、养老照料中心及社区公共服务设施。项目将在文化活动、商业服务、就业引导和日常出行等方面提升丽园街道的综合服务水平，打造 15分钟生活圈示范基地及高质量、多功能社区邻里中心样板，同时建设成为国家低碳综能建筑典范（图 8）。

图 7　粮食局家属院老旧小区改造局部效果

图 8　丽园片区 15 分钟生活圈综合服务中心设计

3.5.4　城市交通堵点整治项目

城市道路交通堵点整治项目是"宜业城市"的板块之一，本次共整治四个堵点，分别是天山路环岛、天山北路—前进西路交叉口、铁路大桥涵洞交叉口和红星医院涵洞交叉口。以最小的改造成本进行精细化的交通组织优化来提升道路交通的运行效率。

项目在充分进行现状数据调查、拥堵原因分析和交通需求研判的基础上，运用"1＋X"的治理思路（"1"为每个堵点的痛点问题，"X"为围绕痛点的多种治理手段），以最小的改造成本进行精细化的交通组织优化来提升道路交通的运行效率。通过本轮交通堵点改造，四个堵点的通行能力分别提高了 30%～100%，充分缓解了哈密市的交通拥堵，同时该项目通过人大广泛地收集和听取百姓意见，充分贯彻践行了"人民城市人民建，人民城市为人民"的重要理念。

3.5.5　城区口袋公园建设项目

作为城市蓝绿空间体系的有机组成部分，有效补充各级公园服务半径覆盖率。作为哈密城市微更新行动计划的首期示范，以"小投入、大改变"引起当地政府和社会的积极反响，提升老旧城区居民的获得感与幸福感，推动口袋公园建设的高标准起步。以"共建共享共治"理念为指导，对小微公共空间进行"针灸式"更新，无缝衔接，以"点"带"面"美化城市环境，提升城市温度、激发片区活力。

3.5.6　天鹅湖畔小区西侧绿道改造项目

项目位于哈密市老城区东南组团的 A2 片区，基于现状绿道建设一条城市支路，满足天鹅湖畔小区及周边居民日常生活出行需求，打造兼具经济性、功能性、生态性的城市绿色花园道，实现"生态环境"与"民生生活"的双生平衡（图 9、图 10）。

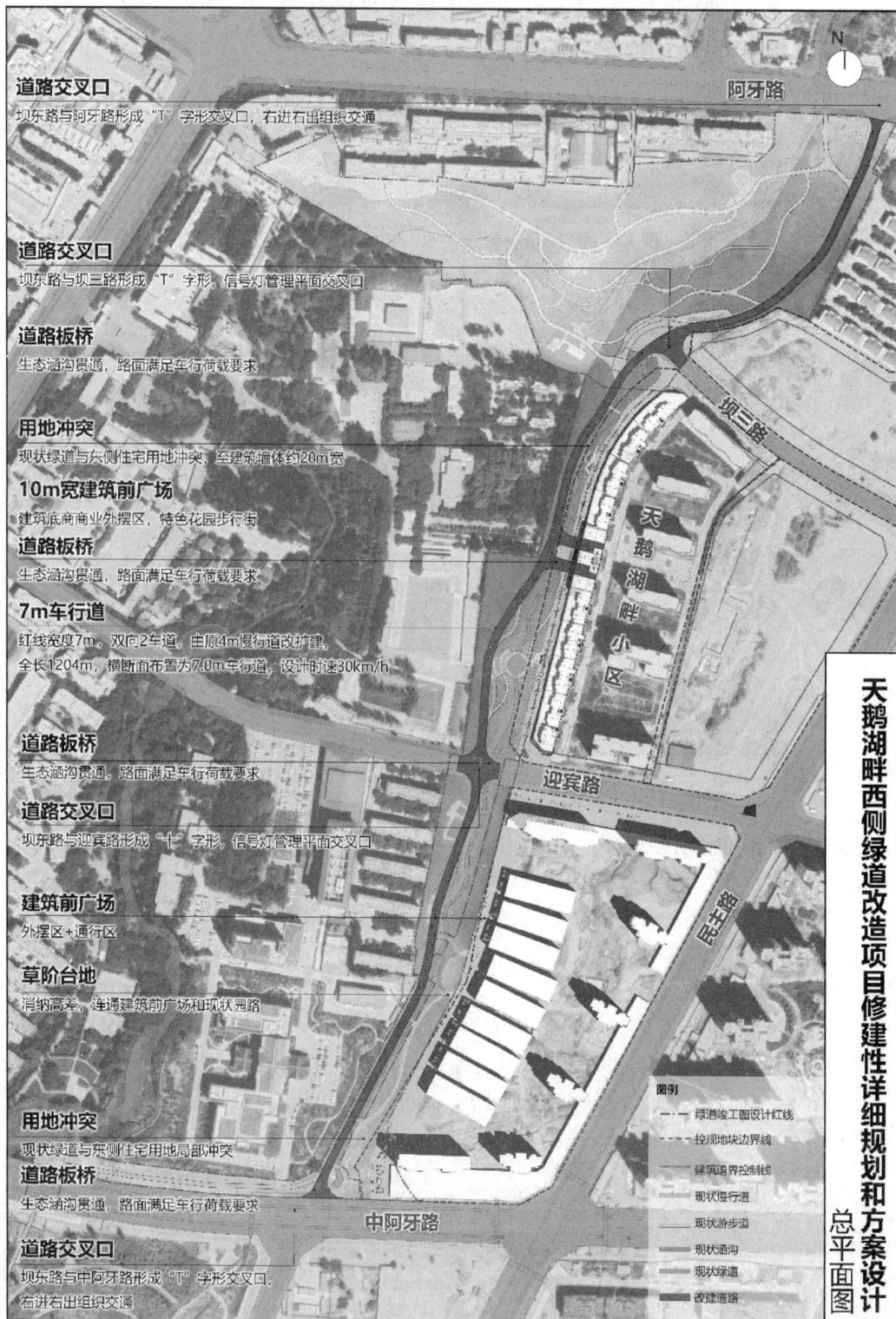

图 9　天鹅湖畔西侧绿道改造项目修建性详细规划和方案设计总平面图

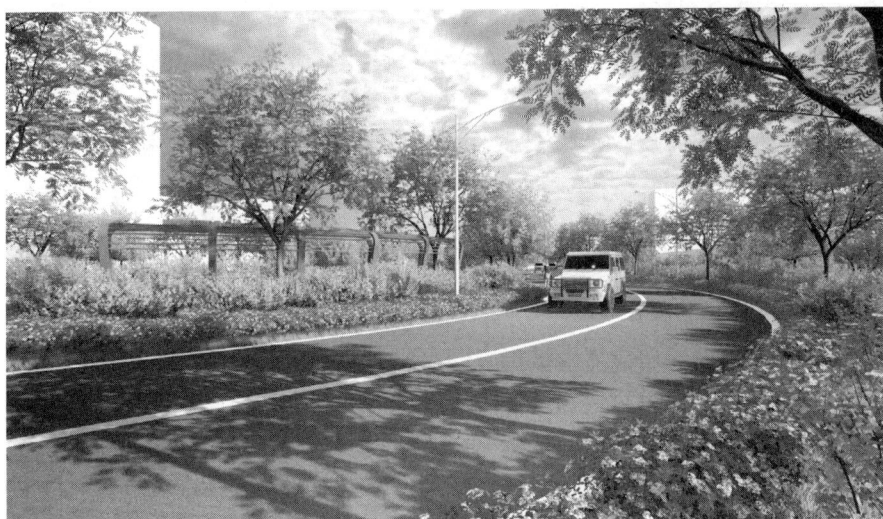

图 10　天鹅湖畔西侧绿道改造效果图

3.6　探索形成西北地区中小城市更新配套政策体系

3.6.1　完善城市更新工作法制保障

规划团队通过对相关的法律、政策研究，编制了一系列政策性文件，协助哈密市完善城市更新制度体系。工作开展伊始，团队即与哈密市城市更新领导小组共同编制完成并发布了《哈密城市更新工作方案》，对城市更新工作进行顶层设计和系统谋划，为下一步工作指明方向。随后，团队开展了《哈密市市区两级规划建设管理职责划分》研究，捋顺规划管理体制机制和流程，有利于下一步工作高效开展。同时，启动《哈密市城市更新条例》编制研究工作，使城市更新工作中的一些成熟经验和做法法定化，让今后的城市更新工作有法可依。

3.6.2　创新城市更新投融资模式

城市更新的重点和难点之一是资金来源问题，创新投融资机制，构建可推广的城市更新市场化运作模式，为城市更新找到可持续的资金来源是城市更新顺利推进的重要保障。哈密在现有典型投融资模式基础上，探索以市级城市建设投资企业为平台，依托地方能源资源价格优势，鼓励驻哈能源企业参与城市更新，通过能源优惠政策推动驻哈企业在城市更新和能源开发利用两大领域实现大平衡。创新性地建立了将城市更新纳入资源循环大体系的新模式（图 11、图 12）。

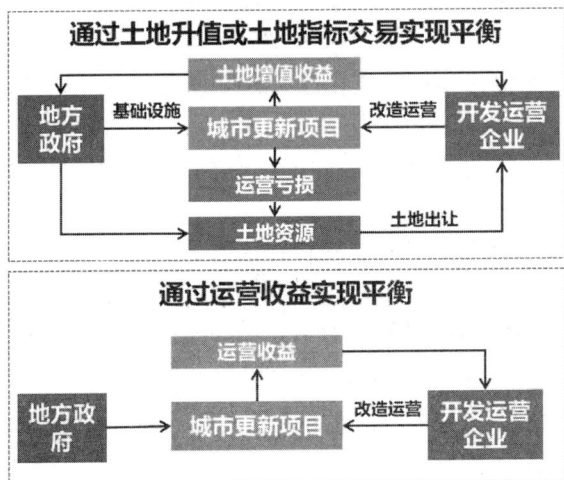

图 11　两种典型城市更新资金平衡模式

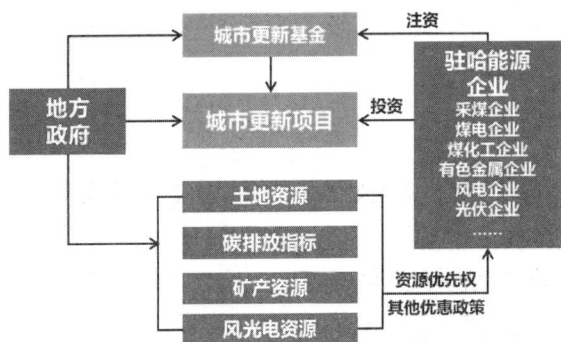

图 12　将城市更新纳入资源循环大体系的大平衡模式

3.6.3　建立城市更新公共参与机制

充分调动两级人大和政协的作用，充分发挥委员工作室、委员走基层联系群众等渠道作用，助力城市更新行动。哈密市成立"公共诉求办理组"和"民意征集组"，宣传城市更新行动意义，凝聚社会各界共识，引导社会预期及时反映社情民意。同时人大、政协及各级局委办共同推动规划意见征集，形成工作合力。

4　数字化应用

4.1　建立城市更新协同工作平台

与单一咨询项目不同，城市生命体全过程咨询需要多层次引导、多团队协作，最终实现多团队作为一个整体全过程参与"体检—更新—设计—建设管理"的效果，为此，在项目管理中应满足项目人员统一管理、项目进度统一管控、项目质量统一审查、项目数据统一管理"四个统一"。为此，需要开发城市更新协同工作平台，实现对人、项目、技术、数据四要素的精准管理，具体功能包括：

4.1.1　分层级的人员管理

根据全生命周期管理团队的人员构成，构建不同角色系统，并赋予不同角色相应权限，满足整体级、板块级、项目级的不同管控需求。

4.1.2　里程碑式的项目管理

根据"体检—更新—设计—建设管理"成果衔接、交互、应用特征，基于人员构成构建具有关联性的项目群组、项目、项目专题等多层次项目集体系，通过里程碑实现对项目节点的整体管控，实现项目群组统一管理、相关项目协同设计、相关项目专题有限关联的效果。

4.1.3　分权限的技术管理

根据集团、公司技术管理规定，将技术管理体系的规定规程化为技术管理智能审批流程，通过不同层次专家库建设、不同层级审查流程建设、不同专业审查特色建设实现技术审查的规程化效果。

4.1.4　分层次的数据管理

在平台中建立由基础资料、项目要件、日常文件、项目成果等构成的"一个数据库"，并根据人员权限，建设数据分级分配、成果申请调度等模块，保证数据的安全管理、统一管理、分级管理。

4.2　建立城市更新智慧管理平台

在城乡建设相关平台建设基础上，为实现城市生命体全过程管理中顶层决策有依据、市民参与有途径、部门协同有工具的效果，开展城市更新智慧平台建设，实现对城市体检、咨询、规划、项目设计、管理的全过程展示与决策支撑，从应用层面来说，核心功能为业务服务功能、成果展示功能，具体包括：

（1）全生命周期思维下的业务服务功能。以城市体检为起点，整合体检、咨询、规划，项目设计、管理功能模块，在数据沉淀基础上，强调功能实用性，如体检功能应突出全生命周期管理的城市体征变化，规划功能应突出由规划到项目的项目筛选机制，项目管理功能应突出委办局的管理最大化疏通等。

（2）不同参与角色视角下的生命体展示功能。以顶层决策有依据、市民参与有途径、部门协同有工具为目标，强调管理者、委办局、市民等不同角色者的不同需求，开放不同界面，如领导驾驶舱强化对更新概况、舆情分析、更新成效、项目管理等内容；公众决策舱强化对市民问题反馈、更新成果展示、更新成果评价功能等内容；业务参与舱强化对城市更新过程记录、展示、调度、跟踪、监测等内容。

5　效益分析

通过城市生命体全过程咨询模式的探索和实施，理顺了城市体检与城市更新的一体化推进方式，理顺了城市更新规划到项目实施的推进方法，理顺了政府、项目设计方、建设运营方的责任关系；协助政府部门提高了城市更新项目实施的决策效率，城市更新工作推进与项目实施效率大幅提高，起到良好的社会和经济效益。

通过城市生命体全过程咨询模式的探索和实施，引领城市更新相关企业向城市更新全业务板块扩展，形成可复制的城市更新推动模式，对建设行业的转型发展起到良好的促进作用。

6　获奖情况

通过哈密城市体检与城市更新实践，哈密市成功入围 2023 年度住房和城乡建设部深化城市体检试点城市、住房和城乡建设部第二批城市更新试点城市。

7　结语展望

城市生命体全过程咨询模式的探索，是落实习近平总书记有关城市工作重要讲话精神、落实中央城市工作会议要求、落实党的二十大和国家"十四五"规划决策部署的重要举措之一。在当前国内城市更新多元推进模式的背景下，"城市生命体"理念的哈密市实践开创了城市更新全过程咨询设计服务先例。通过空间治理和制度建设，形成对城市治理的有效引领，契合了城市治理现代化要求，并为国家治理体系和治理能力现代化提供了"哈密样板"。

作者：杨一帆（中国城市发展规划设计咨询有限公司）

住宅工程品质提升综合技术研究与应用

Research and Application of Comprehensive Technology for Improving Housing Engineering Quality

1 工程概况

南京百水工业园地块保障房一期项目 A 地块总用地面积为 33865.10m²，总建筑面积为 86874.27m²，地上建筑主要为 6 栋 19～20 层高层住宅（含低层配套商业）、1 栋 3F 商业、2 栋 1 层配电间、1 栋 1 层配电间及开关站和 1 栋 1 层门卫，地下建筑为住宅楼及其楼间区域的 1 层整体地下车库。地下车库采用现浇混凝土框架结构，住宅楼采用预制装配整体式剪力墙结构，预制率达 31%，装配率达 60%。项目于 2019 年 3 月 11 日开工，2021 年 12 月 20 日竣工。建设单位为南京安居保障房建设发展有限公司，施工单位为中国建筑第二工程局有限公司，设计单位为南京长江都市建筑设计股份有限公司。项目总投资 3.31 亿元，采用施工总承包方式（图 1）。

图 1　项目效果图

项目采用了基于"4C 策略"的设计方法。其中，Connect 策略强调多维度可达交通融合，为居民提供更便捷的出行方式；Community 策略构建了多功能社区，促进智能化共享；Culture 策略追求多元文化共融，为居民创造了心灵栖息地；Citizen 策略强调生态可持续，实现人文精神与自然之美的融汇。在建筑设计技术研究方面，探讨了构筑创新社区的模块化建筑设计、卓越品质保障的精细化建筑设计以及自然融合生态优化建筑设计等内容。通过引入模块化设计，实现了高度的标准化和工业化生产，提高了建筑质量和效率。精细化设计确保了建筑在每一个细节都能达到卓越品质。而自然融合的生态优化设计则将建筑与环境相融合，创造出更加舒适、健康的居住体验（图 2）。

高品质高效建造工艺创新方面，项目通过装配式混凝土结构高精度安装技术、预制装配式砌筑结构高精度安装技术以及装配化装修高精度安装技术，实现了建造过程的高效、精准和卓越品质。同时，创新研究了装配化装修的高效建造穿插施工技术，包括外墙和室内的高效建造方法，为建筑施工

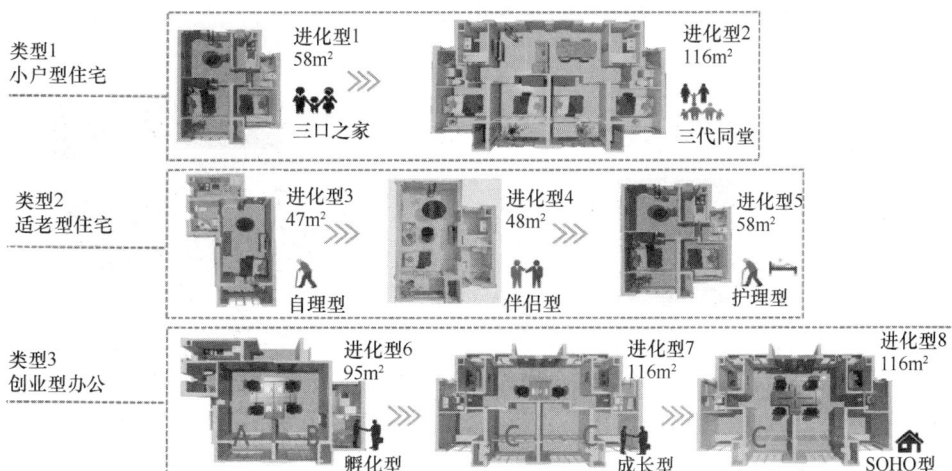

图 2　标准化的空间可变设计

流程提供了创新解决方案（图 3）。

图 3　项目主体结构施工图

项目全面地研发了以人为本、优美宜居的创新集成技术体系，通过各个领域的策略和技术创新，实现了高品质保障性住房安全性、实用性、舒适性、经济性，形成了保障性住房高品质绿色建造集成化技术体系。为城市的可持续发展和居民的高品质生活提供了丰富的思路和实践方法。这些创新性的策略和技术将推动城市建设朝着更加智慧、可持续和人性化的方向发展。

2　科技创新

2.1　基于"4C 策略"的社区规划设计策略

"4C 策略"将城市设计中的共生、协同、创新和适应原则融合在一起，实现规划与设计的全面整合。多维度可达交通融合，强调不同交通模式的无缝连接，提升城市交通效率和可达性。构建多功能社区，通过智能化手段将不同社区元素连接，创造共享生活圈。强调多元文化共融，创造包容的社区环境，成为人们心灵的栖息地。关注生态可持续发展，将人文精神与自然环境相融合，打造和谐的居住环境。"4C 策略"在城市链接、多功能社区、多元文化共融等方面具有创新，实现了城市发展的智能、可持续和人文融合（图4）。

图 4 项目区域位置

2.2 高品质一次成优技术

根据项目装配整体式剪墙结构的设计特点，项目开展了保障性住房高品质施工技术的研究，通过采用 BIM 全过程建造与数字工地技术，开展高效建造、绿色建造及精益建造研究，施工过程中做好四个一次成优：混凝土结构一次成优、填充墙砌体一次成优、装饰装修一次成优、机电工程一次成优，形成了低成本、高质量的成套技术体系，研究了装配式混凝土结构连接质量关键检测及缺陷整治成套技术，保证了装配式混凝土结构连接的可靠性（图5、图6）。

图 5 高性能复合夹心保温围护结构

2.3 高效建造穿插施工技术

高效建造穿插施工技术的创新，涵盖五个关键领域：针对高层建筑外墙，提出一体化垂直穿插施工技术，以提高施工效率和外墙整体性；通过一次成优垂直度保证施工技术，实现外墙施工的高精度和一次成功；研发新型垂直穿插施工外防护安全保障系统，确保施工人员的安全；通过室内精装修工

图6　BIM综合排布及分色桥架应用

程穿插成套施工技术，实现室内装修与主体结构的高效衔接，提高施工整体效率。

2.4　低成本、高效的住宅防渗漏综合技术

基于肌肤式防水理念，综合采用了防、排、堵相结合的原理，对传统防水构造和施工工艺进行优化，从设计、材料、施工工艺、监督管理和检验等方面提出了具体的要求与规定，全面加强了防水构造做法，整体提升了建筑物的防水性能。形成了低成本、高效的住宅防渗漏综合技术，解决了装配式住宅工程易出现的渗漏问题（图7）。

图7　屋面实景图

2.5　涂装钙板装配化装修施工技术

该技术解决了传统装修湿作业，周期长、污染浪费严重的情况。本项目研究适合于装配式建筑的快速地面和墙面装配系统，集成厨房与集成卫生间干法施工、快速安装的施工工法，实现了工厂化生产、现场一次性安装到位、减少施工现场的湿作业的效果。综合考虑管径尺寸、敷设路径、设置坡度

等影响因素,合理确定架空高度以及架空地板系统减震构造措施(图8)。

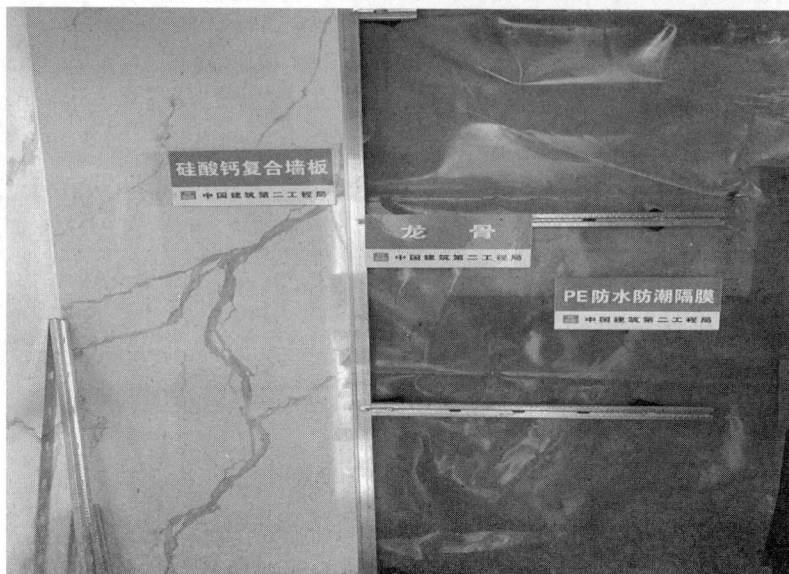

图 8　装配化装修墙板

项目荣获发明专利六项、BIM奖七项、江苏省绿色施工示范工程、中施企协绿色建造施工水平三星评价项目。

项目实施中通过前期的深化设计与技术方案比选,采用装配式结构＋铝模＋爬架组合的建造模式,以此为基础开展外墙高效建造穿插施工技术与室内高效建造穿插技术的研究,在施工过程中充分利用主体结构施工的时间周期,开展工序的竖向穿插与水平穿插结合,实现了建筑外立面与室内精装与主体结构同步推进的建造模式,大幅缩短了装配式住宅建筑的施工周期,同时研究应用了精益建造技术,节省了时间、资源与劳动力,具有较高的推广价值。研究应用了全干法施工的涂装钙板装配化装修施工技术,解决了传统装修湿作业、周期长、污染浪费严重的弊病;研究了防渗漏质量通病的防治措施,从根本上解决了住宅工程渗漏造成居民困扰的问题。

3　新技术应用

工程应用住房和城乡建设部新技术9大项、28子项;江苏省推广应用新技术5大项、10子项;其他新技术7项。本工程采用的新技术主要有:混凝土裂隙控制技术、高强钢筋应用技术、高强钢筋直螺纹连接技术、销键型脚手架及支撑架、集成附着式升降脚手架技术、组合铝合金模板施工技术、装配式混凝土剪力墙结构技术、混凝土叠合楼板技术、预制混凝土外挂墙板技术、夹心保温墙板技术、装配式混凝土结构建筑信息模型应用技术、钢结构深化设计与物联网应用技术、管线综合布置技术、金属风管预制安装施工技术、封闭降水及水收集综合利用技术、建筑垃圾减量化与资源化利用技术、施工现场太阳能、空气能利用技术、施工扬尘控制系统、施工噪声控制技术、工具式定型化临时设施技术、混凝土楼地面一次成型技术、建筑物墙体免抹灰技术、装配式建筑密封防水应用技术、一体化遮阳窗、深基坑监测技术、基于BIM的现场施工管理信息技术、基于移动互联网的项目动态管理信息技术、基于物联网的劳务管理信息技术。

4　数字化应用

项目实施过程中通过"云大物移智＋BIM"等先进技术和综合应用,将人员动态管理、塔式起重机安全监控应用技术、吊钩可视化、升降机安全监控、视频监控、智能物料管理、智能环境管理、智能用电管理、BIM建造等技术融合，实现业务间的互联互通，数据应用，协同共享，综合展现，保障工程质量、安全、进度、成本建设目标的顺利实现（图9）。

图 9　智慧工地综合应用控制系统

4.1　劳务管理系统

系统集成闸机、人脸识别等设备，全面掌握现场的用工情况，各班组实时作业人数实时掌握，工种配比情况了然于胸。

4.2　人员定位系统

项目人员定位系统可了解到该楼栋每一层有多少作业人员，有针对性进行现场巡查，提升现场监管效率。

4.3　绿色施工

集成环境监测设备，实时监控PM2.5、PM10、噪声等数据，满足绿色文明施工。并且所有的数据设置报警值，联动现场的扬尘设备，一旦数据超标就会自动降尘。

4.4　塔式起重机智能监管系统

实时分析吊装数据、智能预警。吊钩可视化系统可实现吊装无死角，合理规避现场吊装风险（图10）。

图 10　塔式起重机智能监测系统

4.5 摄像头 AI 智能识别

智能分析现场异常行为，第一时间给出预警并对视频留痕，保障工程质量和人员安全。

4.6 物料验收系统

现场物料验收系统，通过软件与硬件相结合的方式，将物料过磅数据集成至软件平台内，同时物资管理员扫描上传送货单据。通过后台的大数据分析，查看进场物资偏差值。

4.7 安全教育管理

安全教育采用 VR、多媒体电教箱等形式，直观、形象，更容易被工人理解，同时可采用配套题库对工人的教育进行考核。

5 经济效益分析

通过运用防渗漏创新技术、高品成优技术、装配式装修综合施工技术、高品质建造穿插施工技术等，项目取得良好的经济效益，共计产生经济效益 829.66 万元。

本项目积极落实质量提升行动，精心组织并完成了装配式结构工程优质示范创建活动，先后承办了省、市现场质量、安全观摩会，对促进当地装配式结构工程质量提高起到很好的示范带头作用。工程实施期间，积极配合业主、主管部门，迎接省内、省外装配结构工程的调研工作，并与当地高校及政府部门共同深研装配结构施工技术、装配结构检测技术取得很好的效果，推动全国装配结构的发展。

本工程结构、使用功能均达到设计要求，已竣工交付并投入使用，各项使用功能完善，设备运行正常，达到了预期的水平和效果。各方均非常满意，同时也赢得了社会的一致好评。2023 年 5 月 26 日由中国建筑业协会主办的中国建筑业协会住宅品质提升现场交流会在南京召开，全国 500 多人参观了项目，产生了良好的社会效益。

6 获奖情况

项目荣获江苏省新技术应用示范工程，并获江苏省省级工法 1 项，国家发明专利 6 项、实用新型专利 6 项，科技成果 3 项。南京市优质结构金陵杯、中建集团优质工程金奖，江苏省、全国安全生产标准化文明工地，江苏省建筑施工质量安全标准化观摩工地、江苏省绿色施工示范工程，中施企协绿色建造施工水平 3 星评价项目（表 1～表 5）。

工法获得情况统计 表 1

序号	工法名称	工法等级	获得时间
1	涂装钙板装配化装修及浴室整体底盘施工工法	省部级	2022 年 12 月

科技成果评价情况 表 2

序号	评价单位	成果名称	水平等级	评价时间
1	江苏省土木工程学会	涂装钙板装配化装修施工技术	国内领先	2020 年 11 月
2	江苏省土木工程学会	住宅工程品质提升综合技术研究与应用	国际领先	2023 年 8 月

BIM 获奖情况 表 3

序号	获奖类型	获奖名称	获奖日期	备注（颁发单位）
1	BIM 奖	BIM 示范项目创建单位	2019 年 1 月	南京市建筑产业现代化推进工作领导小组办公室
2	BIM 奖	基于 BIM 的装配式住宅施工关键技术 BIM 大赛一等奖	2021 年 1 月	江苏省建筑行业协会

续表

序号	获奖类型	获奖名称	获奖日期	备注（颁发单位）
3	BIM 奖	第六届江苏省安装行业 BIM 技术创新大赛二等奖	2021 年 7 月	江苏省安装行业协会
4	BIM 奖	第二届工程建设行业 BIM 大赛三等成果奖	2021 年 7 月	中国施工企业管理协会
5	BIM 奖	2021 年信息技术服务业应用技能大赛建筑信息模型（BIM）团体二等奖	2021 年 11 月	中国信息协会
6	BIM 奖	第三届"金标杯"BIM/CIM 应用成熟度创新大赛	2022 年 8 月	全国智能建筑及居住区数字化标准化技术委员会
7	BIM 奖	第二届"优智杯"智慧建造应用大赛	2022 年 10 月	中国建筑装饰协会

QC 获奖情况　　　　　　　　　　　　　　　　　　　　　表 4

序号	获奖时间	奖项名称	奖励等级	授奖部门（单位）
1	2021 年 12 月	提高混凝土固化地坪验收合格率	国家级	中国建筑业协会
2	2020 年 5 月	提高叠合板带拼缝合格率	省部级	上海市工程建设质量管理协会

安全文明获奖情况　　　　　　　　　　　　　　　　　　表 5

序号	获奖时间	奖项名称	奖励等级	授奖部门（单位）
1	2022 年 4 月	江苏省绿色示范工程	省部级	江苏省住房和城乡建设厅
2	2021 年 1 月	绿色施工评价水平三星项目	国家级	中国施工企业管理协会
3	2021 年 12 月	全国建设工程项目施工安全标准化工地	国家级	中国建筑业协会建筑安全与机械分会

7　结语展望

随着现代城市化进程的加速，人们对于宜居环境的高品质需求日益迫切。长期以来，我国住房整体建设质量、居住品质与性能得不到有效保障，房屋质量不高、居室隔声差、厨卫串味和漏水等问题持续困扰百姓的居住生活。依托南京百水工业园地块保障房一期项目，开展住宅工程品质提升综合技术研究与应用。项目深入研究了以人为本、优美宜居的设计创新，涵盖了社区规划设计、高品质高效建造工艺以及基于 BIM 的智慧建造创新技术等多个领域。在全球城市化的背景下，提出了一系列创新性策略和技术，为城市的可持续发展和人们的高品质生活提供了新的方向。

本项目针对保障性住房在建筑产业化过程中存在的共性和关键技术问题，在全生命周期条件下保障性住房标准化设计的创新性理论研究以及保障性住房装配式混凝土建筑设计与建造技术、装配式装修技术、信息化技术等方面开展了高效适用的装配式建筑产品与技术，形成了具有江苏特色并引领国内专业领域的成套应用技术。项目成果已推广应用于 7 项保障性住房工程，总面积约 140 万 m^2。

作者：顾笑　苏宪新　李敏　刘克举（中国建筑第二工程局有限公司）

装配式重载厂房项目设计—施工一体化建造实践

Design Construction Integrated Construction Practice of Assembled Heavy Duty Factory Building Project

"十三五"期间，我国装配式建筑快速发展，相关设计标准和建造技术持续完善。然而，在厂房类建筑中，现有的设计和施工方法仍存在较多问题亟待解决。如：设计标准化程度不高，提高了生产成本和管理难度；施工过程中仍需大量工人搭设模架，未能充分发挥装配式建造的优势等。面对这类问题，中建一局建设发展公司系统性地提出了装配式厂房设计—施工一体化技术，并成功地在多个项目中进行了应用。本文以装配式重载仓储厂房为例，详细介绍本技术在项目中的应用。

1　工程概况

嘉兴综合保税区公共保税物流仓储项目位于嘉兴综合保税区内，场地抗震设防烈度为6度，设计地震分组为第一组。本项目为二类工业建筑，总建筑面积12万 m²，用地面积8.3万 m²，包含2号仓库～7号仓库六个仓库、卸货平台、汽车坡道及设备用房、门卫室等9个单位工程。各仓库建筑形式基本相同：首层为混凝土框架结构，层高10.8m；二层为门式刚架结构，层高为12m。仓库楼面均布荷载标准值为20kN/m²，卸货平台楼面为40kN/m²，项目效果图如图1所示。

图1　嘉兴物流仓储项目

2　技术创新

装配式建造具有高度的工业化生产特征，其主要部件在工厂中高效、高质量地生产，而现场的主要工作从"制作"转变为"安装"。这就要求在设计过程中不仅要考虑建筑在使用阶段的功能，还须统筹在建造过程中的各项需求。在本项目中，我们针对装配式建造这一特点，进行了一系列技术创新。

2.1　方案优化

本项目预制构件采用场内预制的方式进行生产。为提高项目的可实施性和降低综合成本，针对装配式建造特点提出了4种优化方案，分别为：

方案1：预制柱＋预制叠合主梁＋预制叠合次梁＋叠合板

方案 2：预制柱＋预制叠合主梁＋预制叠合次梁＋钢筋桁架楼承板

方案 3：预制柱＋预制叠合主梁＋钢次梁＋钢筋桁架楼承板

方案 4：预制柱＋预制叠合主梁＋预应力双 T 板

经综合评判，方案 3 具有更多的优势：采用钢次梁和钢筋桁架楼承板可降低场内预制的产能压力；钢筋桁架楼承板可大幅减少项目吊次，有利于缩短工期；钢次梁重量小，可采用较小的吊车进行安装，有利于降低项目成本；钢次梁与现浇混凝土楼板组合受力后，其承载力可达到原设计水平；在保持相同承载力的条件下，钢次梁成本低于预制混凝土次梁。

经过进一步的深入分析后发现，方案 3 仍存在明显缺陷：本项目的预制构件全部采用场内预制，由于场地面积有限，构件产能仍难以满足项目工期需求。为此，对方案 3 进行优化，将预制柱改为现浇柱，这样既降低了现场预制的产能压力，在现浇柱施工时同步进行预制梁的生产；又取消了钢筋套筒灌浆连接，节省了钢筋套筒成本。因此，本项目最终采取的方案为：现浇柱＋预制叠合主梁＋钢次梁＋钢筋桁架楼承板（图 2）。

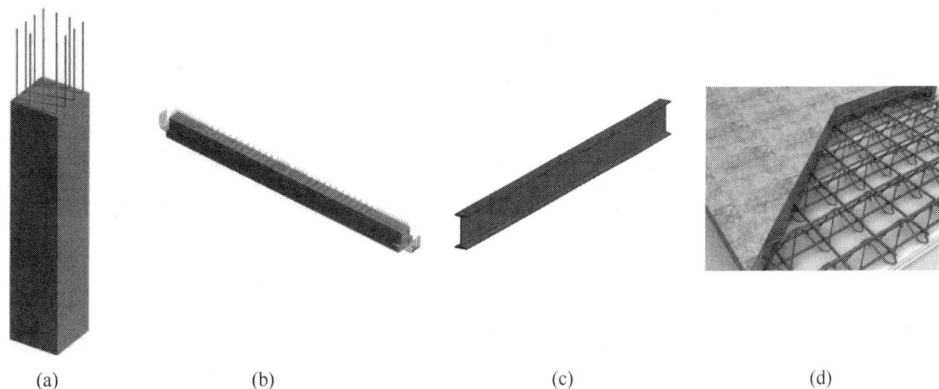

(a)　　　　　　　　(b)　　　　　　　　(c)　　　　　　　　(d)

图 2　项目采用的主要构件

(a) 现浇柱；(b) 预制叠合主梁；(c) 钢次梁；(d) 钢筋桁架楼承板

2.2　标准化设计

标准化设计是充分发挥装配式建造的必要条件。目前，标准化设计的常用表述是"少规格、多组合"，旨在用尽可能少的构件类型，通过合理组合，实现多样化的使用功能和外观形式。为提高标准化设计的可实施性，提出了"标准化设计层级"方法：从微观到宏观，将标准化分为 5 个层级，如图 3 所示。项目的标准化是由微观和宏观各个层级的均实现标准化后的自然结果，只有在各个层级上都进行标准化设计，才能实现项目整体的标准化。

图 3　标准化层级

采用上述理念，本项目对埋件层至建筑层进行了标准化设计。在埋件层，对埋件和钢筋（外形和直径）的规格和功能进行了归并。与未归并前相比，减少埋件和钢筋规格75%，大幅提升了加工效率。在构件层，综合考虑结构功能和建造成本，对构件的边线进行模数化优化，减少构件和模具种类。为进一步提升生产效率和安装效率，对梁端出筋位置进行了优化，如图4所示。该设计与柱钢筋布置协调进行，可大幅降低构件端模的改造时间，并提高设计效率和质量。

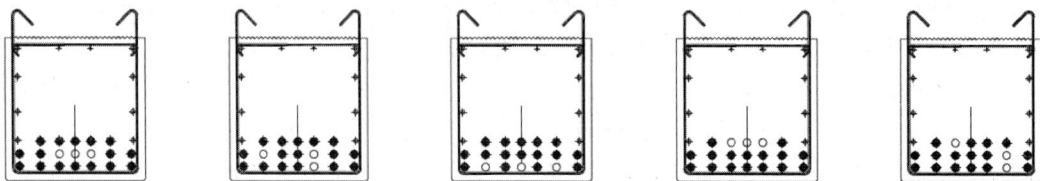

图4　梁端标准化出筋示意图

轴网层和建筑层是紧密联系在一起的。轴网层标准化指建筑轴网应符合模数、布置规则且尺寸不宜过多。对于多层建筑，层高尽可能一致或按模数变化，以限制竖向构件的种类。一般情况下，设计师多注意平面轴网的标准化设计，对竖向轴网标准化重视不足。当建筑层高不一致时，将大幅增加竖向构件的种类。本项目为厂房建筑，柱网尺寸均13m×13m，实现了标准化设计。

建筑层级标准化指项目内的各栋单体应由数量较少的空间或功能"模块"组成，通过少数的模块组合成外形丰富的建筑形体。装配式厂房建筑外形较为简单，多数情况下容易满足标准化设计的要求（图5）。

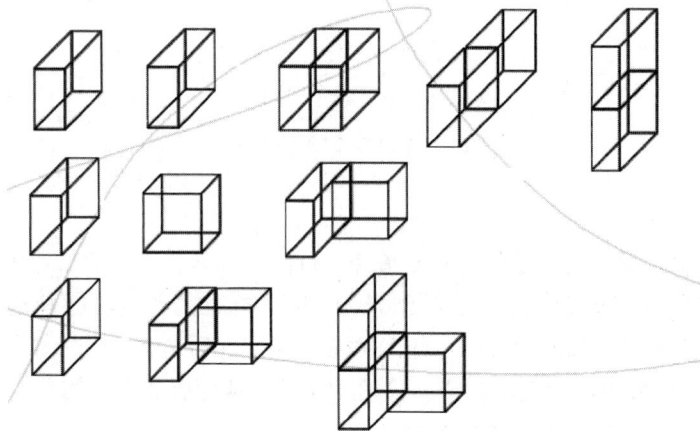

图5　建筑模块化设计示意图

项目层级标准化设计指项目和项目之间采用标准化、系列化"模块"进行组合，更为充分地利用已有的资源建造新项目，降低新项目的综合成本。该层级在本项目未涉及。

2.3　免模架设计

以机械化施工代替手工作业是装配式建造方式的基本特征。在多数装配式项目中，临时支撑措施和架料仍在施工中大量使用，制约了装配式建造优势的发挥。本项目层高10.8m，若采用传统方式搭设满堂架，不仅费时费工，且存在超危大工程。为此，本项目于设计阶段对构件在施工和使用阶段的受力性能进行了全面验算，并对施工工艺进行了详细推演。

二阶段受力设计。

二阶段指施工和使用阶段。若施工阶段不搭设支撑，在施工阶段构件独立承担施工荷载，在使用阶段，构件和后浇混凝土自重以"预应力"的形式存在于预制构件中，使预制叠合梁构件跨中的下部纵筋存在"应力超前"现象，而支座处的上部纵筋在正常使用状态下应力较小。为便于说明，以单层两跨装配式框架结构为例对搭设脚手架施工和水平构件无支撑施工的影响进行阐述，两种建造方式的结构受力状态如图 6 所示，图 6 中左侧为施工阶段有支撑结构，右侧为施工阶段无支撑结构。

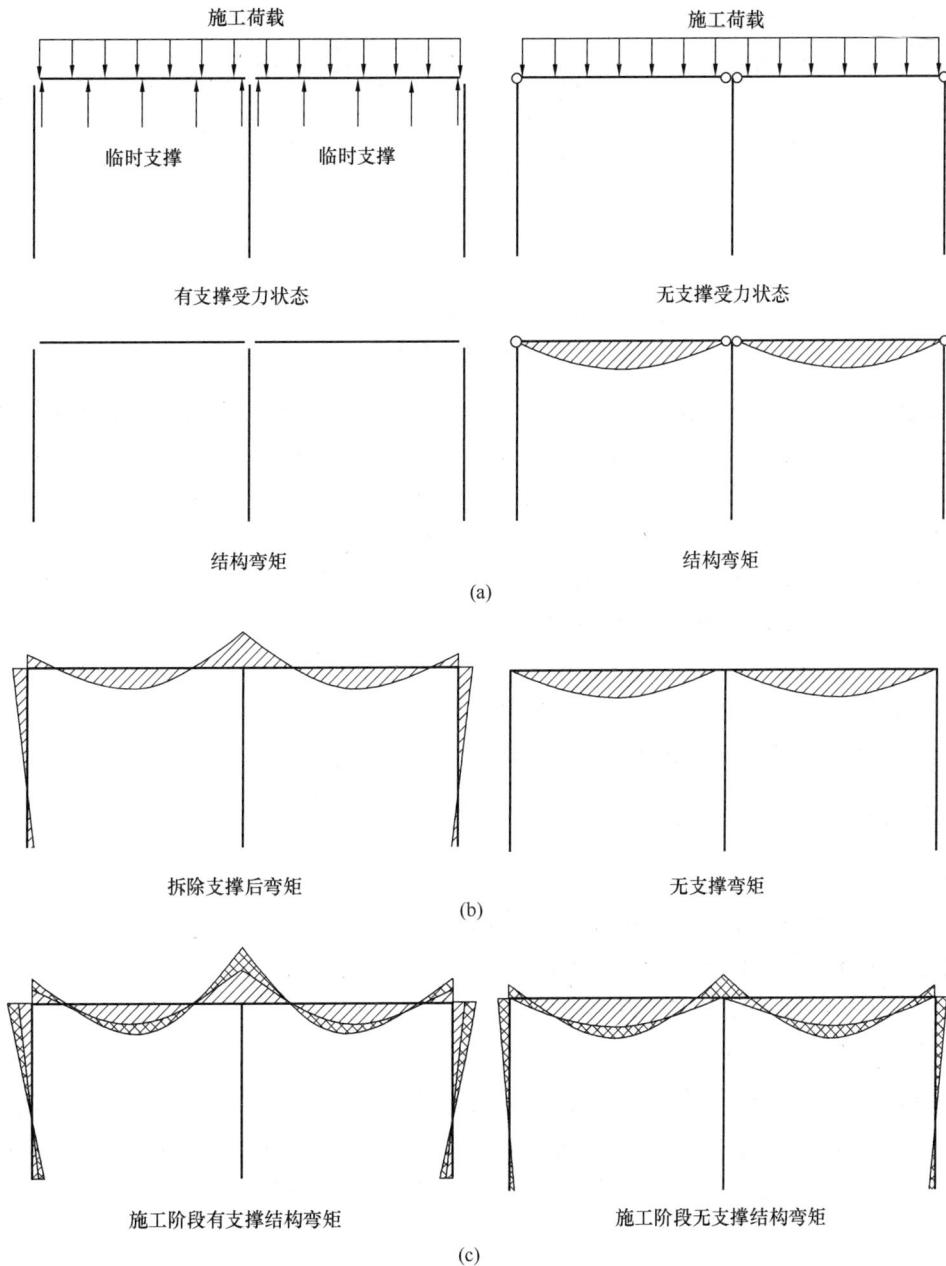

图 6　施工阶段支撑对结构内力的影响

（a）浇筑完楼板混凝土后；（b）楼板后浇混凝土硬化后；（c）使用阶段

　　由图 6 可见，当水平预制构件下部在施工阶段不设支撑时，预制构件将独立承担自重和施工阶段荷载，这部分荷载将作为荷载效应"固化"在预制构件中。只有当楼板的后浇混凝土硬化后，再施加的活荷载才会分布于后浇混凝土层中。因此，当使用阶段的活荷载相同时，相比于常规有支撑结构，施工阶段无支撑结构中的梁负弯矩较小，而正弯矩较大，竖向构件中的弯矩也相对较小。在结构设计时，应充分考虑施工阶段无支撑结构"二次受力"的特点，将施工和使用阶段的荷载分别施加在相应的结构上，再进行叠加，用叠加后的内力验算构件在正常使用状态下的变形和裂缝宽度。构件在施工阶段和使用阶段的变形、裂缝和承载力应分别进行验算，并根据验算结果对构件进行调整。预制构件二阶段受力状态下的正截面应力分布如图 7 所示。由图 7 可见，与常规构件相比，二阶段受力构件受拉区（钢筋）应力较大，而受压区应力较小，该特征对构件变形和裂缝宽度有负面影响，但对承载力无影响。

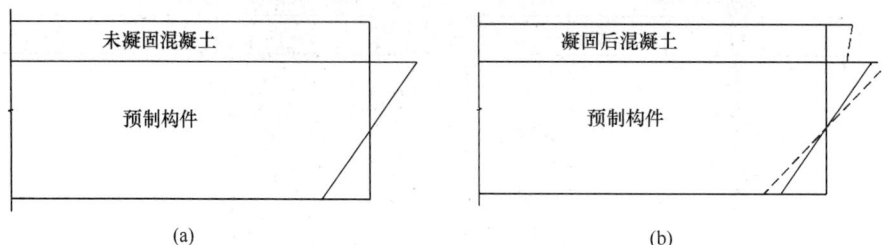

图 7　二阶段受力水平构件应力分布
（a）施工阶段；（b）使用阶段

需要注意的是，施工阶段无支撑结构二次受力对结构内力分布的影响仅限于正常使用状态，在承载能力极限状态下，结构已脱离弹性阶段，不能按叠加原理进行分析，结构内力分布主要与截面尺寸和配筋有关。因此，施工阶段无支撑结构的承载力计算与常规施工阶段有支撑结构相同。

2.4　构件连接

本项目中，预制梁和现浇柱之间采用刚性连接，其构造按照图集《装配式混凝土连接节点构造》15G301 设计，其受力和抗震性能与现浇结构基本等同。为保障施工阶段安全，钢筋桁架楼承板端部的支承长度不得小于 50mm。深化设计阶段，在预制叠合梁侧面设置了加腋，在满足生产便捷的条件下保障了项目的施工安全。预制叠合梁优化设计示意如图 8 所示。

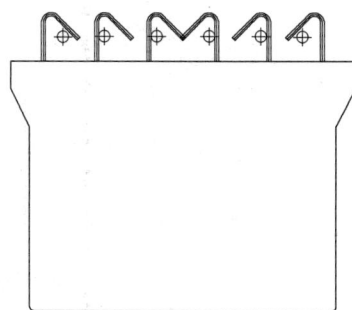

图 8　预制叠合梁优化设计

3　构件生产和安装

3.1　免拆式模具

本项目在施工现场设置临时预制构件加工厂，受条件限制难以设置足够的起重机械。传统构件生产时，拆模和组模工序占用了大量吊次，为解决这一问题，提出了免拆式模具，使组模和拆模工艺仅由工人的简单操作即可快速完成。实现方案如图 9 所示。

由图 9 可见，为使侧模能够翻转，将竖向加劲板与底部的水平加劲板断开。当需要脱模时，首先取掉模具上方的丝杠，然后拧动模具下部外侧的螺栓，模具绕底部的断续角焊缝发生转动，使侧模与构件发生分离，最后用吊车将构件吊离模具即可完成脱模工作。与常规设计相比，翻转模设计的主要优点为：

（1）大幅降低了吊车的占用率，使模具布置更为密集，提高了构件厂场地利用效率；

（2）简化了拆模和装模工序，提升了劳动效率；

（3）避免了模具在装拆过程中因碰撞而发生变形和破坏，有利于提高后期制作的构件质量和延长模具的使用寿命；

（4）在本技术应用过程中，模具最大翻转次数达 120 次，未发现有模具因翻转而发生损坏。

3.2　构件安装

构件安装工艺已在设计阶段进行过详细的考虑，施工总包的工作重点是合理组织资源以高效地实现设计意图。图 10 是预制构件的关键安装步骤。

楼承板安装完成后，在上部绑扎楼板钢筋，然后进行混凝土浇筑。待后浇混凝土凝结后，即可进行二层门式刚架的安装。与常规工艺相比，本技术节省了大量模架搭设和拆除时间，在缩短工期和节

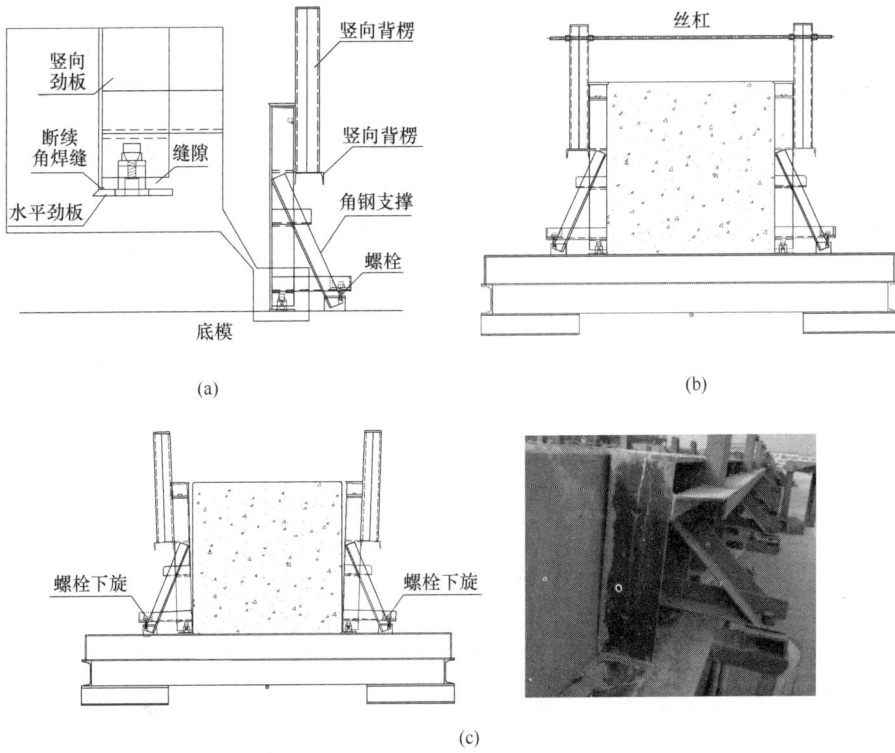

（a）

（b）

（c）

图 9　免拆式模具
（a）模具底部构造；（b）使用状态；（c）翻转状态

（a）

（b）

（c）

（d）

图 10　构件安装
（a）现浇柱施工；（b）预制主梁安装；（c）钢次梁安装；（d）楼承板安装

约人工方面成效显著。

4 社会经济效益

4.1 经济效益

本项目设计方案的标准化程度高，现场施工无须搭设模架。经测算，与同体量现浇厂房相比，采用本技术可节约成本 4%。充分证明了通过合理的设计施工一体化策划，在厂房类项目中可实现比现浇工艺更高的效益。

4.2 环境效益

与大量搭设模架的现浇工艺相比，采用本技术建造重载仓储厂房可节约脚手架 83%、木模板 75%、木材 90%。本技术大幅降低了建筑垃圾排放，是一种绿色环保的建造技术。

4.3 工期效益

本技术的应用，节省了脚手架和模板的搭设和拆除工作。经测算，与现浇工艺相比，节约工期 40 天，比现浇工期节省了 1/3。

5 展望

经过多年发展，我国装配式建筑已取得令人瞩目的成就，装配式建筑所占比例持续提高，新技术、新体系层出不穷。在未来，随着发包模式的进一步优化，设计与施工的联系愈加紧密，设计施工一体化将成为技术的重要方向。在政策引导下，我国产业化工人队伍的建立与壮大，也将为装配式建筑的发展带来新契机。在建筑业"十四五"发展规划中，明确提出了装配式建筑与智能建造协同发展的要求，这对整合装配式建筑全产业链资源，进一步提升装配式建筑市场竞争力，将起到重要的推动作用。

作者：吕雪源　姚博强　田毅（中建一局集团建设发展有限公司）

博鳌零碳示范区建筑绿色化改造项目工程实践

The Application of Zero Carbon Building Technology in the Boao Zero Carbon Demonstration Zone

1　项目概况

习近平总书记在考察海南时指出：把东屿岛打造成零碳示范区，比开多少次"双碳"工作论坛，都要有说服力。为全面贯彻习近平总书记生态文明思想，落实党中央、国务院"碳达峰、碳中和"战略决策部署，坚持人与自然和谐共生，统筹发展和安全，协同推进降碳、减污、扩绿、增长，促进城乡建设绿色低碳发展和海南生态文明试验区建设，海南省委、省政府与住房和城乡建设部主要领导决定利用三年时间（2022～2024 年），共同在博鳌东屿岛创建零碳示范区，打造零碳示范样板，向全球展示中国绿色低碳发展理念、技术和实践，即为零碳示范区工程。

博鳌零碳示范区建筑绿色化改造项目位于海南省琼海市博鳌镇东屿岛，包括博鳌亚洲论坛会议中心及博鳌亚洲论坛大酒店，总用地面积约 17.5 万 m^2，现状总建筑面积 92068m^2，2003 年投入运营。由中远海运博鳌有限公司投资改造，2023 年 4 月 25 日开工，2023 年 7 月 25 日功能性交付，由中铁建设集团有限公司施工总承包。

本项目主要针对新闻中心、CIM 大厅零碳运行管理中心、东屿岛大酒店、博鳌亚洲论坛国际会议中心及酒店进行零碳改造。

通过园林景观生态低碳化、建筑绿色化、可再生能源利用、交通绿色化、固废资源化处理、水资源循环利用、运营智慧化等七个方面实施开展。主要改造内容包括：

（1）新闻中心：①光伏屋面；②高性能门窗更换；③能耗管理系统；④高效 VRV＋新风系统改造。

（2）CIM 大厅零碳运行管理中心：①装修；②垂直绿化以及机电改造。

（3）东屿岛大酒店：①供配电；②能源监控；③双源热泵替代燃气锅炉；④高效机房的升级改造。

（4）博鳌亚洲论坛国际会议中心及酒店：①光伏屋面；②锅炉房电气化改造；③升级能源管理平台；④建筑设备监控系统等改造。

零碳示范区工程目前存在一些发展亟待解决的问题。例如：设备设施陈旧、建筑能耗高、资源循环利用率低、智慧化运维能力不足等，具备通过系统设计、整体推进实现城市更新、产业升级、城乡融合和生态修复的可能。同时，也是希望以博鳌亚洲论坛为载体，向世界宣示中国坚持绿色发展实现"碳达峰、碳中和"的决心。不止于此，城市建成区的绿色降碳更新改造，是全球实现碳中和的主战场。博鳌零碳示范区的创建，还肩负着为城市建成区逐步实现"零碳"开展前瞻探索，绘就美好人居新画卷的时代使命。

2　科技创新

中铁建设集团有限公司基于博鳌零碳示范区内建筑绿色化改造经验，从设计、选材、施工、运维等角度，面向建筑室内外的全维度空间，研发了零碳建筑技术体系，包含园林景观生态低碳化、建筑绿色化、可再生能源利用、交通绿色化、固废资源化处理、水资源循环利用、运营智慧化、绿电等多个方面，搭建贯通各领域的"零碳建筑"技术集成体系，实现减碳、经济和社会效益的整体最佳。应用主要亮点如下。

2.1 涉及范围广

零碳建筑技术涵盖了设计、建造和运维三大阶段，在建筑全生命周期的每个环节均应用相关技术，减碳、降碳直至零碳（图1）。

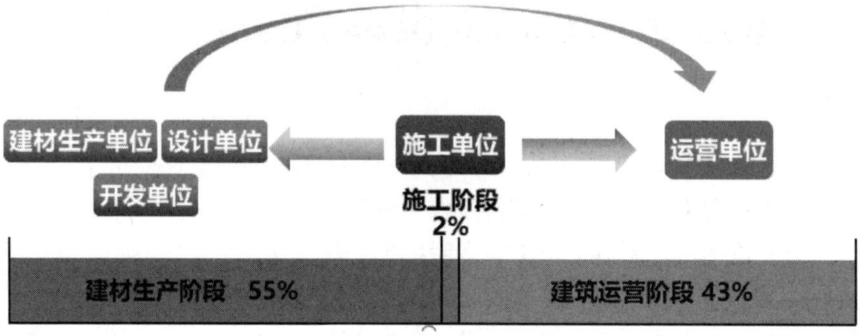

图1 零碳建筑技术涵盖范围

2.2 应用项目多元化

零碳建筑技术先后应用于清华能源楼、北京朝阳站、海南博鳌建筑绿色化改造项目，在不同地域、不同业态的项目中均有应用。尤其在海南博鳌建筑绿色化改造项目中，中铁建设集团从设计、选材、施工、运维等角度，总结出了具有代表性的十大零碳建筑技术应用，分别包括：绿色低碳建材、正向性能化设计、可再生能源及储能、围护结构性能提升等技术（图2）。

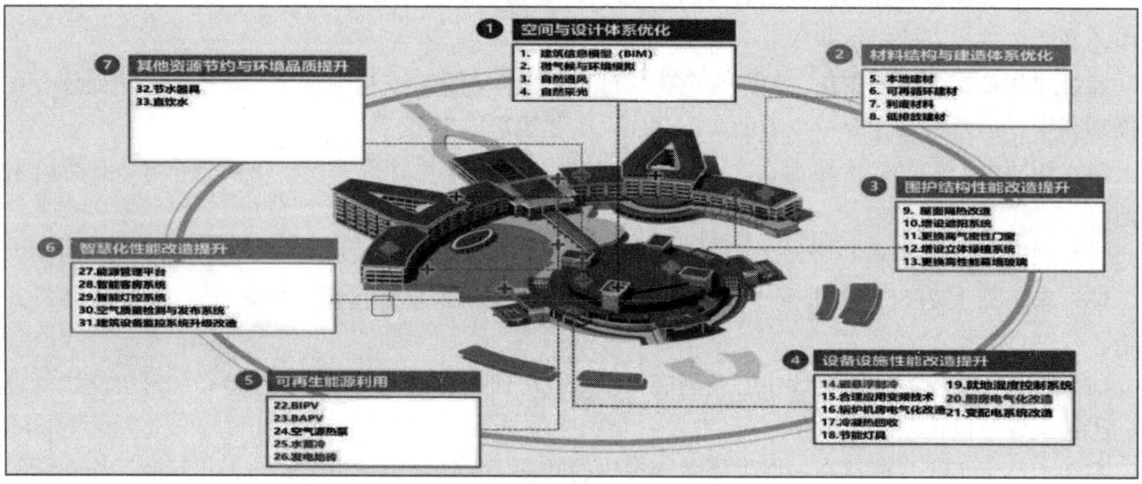

图2 零碳建筑技术应用示意图

2.3 实现专利许可，完成产业化推广应用

目前该技术体系已授权发明专利27项、实用新型专利53项，知识产权布局完善，归属清晰。鉴于该技术良好的市场前景，为加快推广应用速度，中铁建设集团对技术的部分专利正在实施专利授权许可。

2.4 实现的效果

（1）新闻中心：改造后年电耗由800MWh降至608MWh，建筑本体节能率达到23.98%，光伏发电量623MWh，可基本覆盖建筑年用电；

（2）东屿岛大酒店改造后：建筑年电耗由7382MWh降至6866MWh，燃气消耗由18万 m³降至

0，碳排放量从 4083t 降低至 2912t；

（3）博鳌亚洲论坛国际会议中心及酒店：改造后建筑年电耗由 12000MWh 降至 10220MWh，光伏发电量 2447MWh，碳排放从 6648t 降至 4220t。

零碳建筑技术在我国首个国家级零碳示范区博鳌零碳示范区成功示范，示范效果获得国家部委和海南省组织的专家组的高度认可，认为项目达到"国际一流、国内领先"水平，为我国可持续发展与碳中和探索提供了优秀样板。

3　主要关键技术

3.1　高效制冷机房

亚论机房改造方案：将 3 台 2002 年离心冷机进行更新，更换为 2 台离心冷机及 1 台离心热回收机组，将原冷冻水系统改为一次泵，改造后制冷机房可达到"高效 3 级"水平；磁悬浮离心式冷水机组与传统离心机组对比优势明显。

（1）运行稳定无油路故障，维护成本低；

（2）启动电流低，单台压缩机仅 2A 启动电流，无需软启动器；

（3）运动部件完全悬浮，无摩擦运行，结构震动近于 0，运行噪声低；

（4）使用寿命是普通冷机的 2 倍；

（5）磁悬浮冷机相对于普通冷机可省电 50%，且整机衰减低，普通冷水机组 COP 的衰减率在 35%，磁悬浮机组约为 3% 左右。

制冷机房冷机选型采用磁悬浮离心机组和热回收离心机组。这两种机组运行可靠，效率高，制冷能效比传统机组高 10%～30% 左右，具有很高的经济和社会效益。磁悬浮冷水机组采用新型的磁悬浮压缩技术，通过永磁电机带动磁悬浮轴承工作，消除机械损耗，减少能量传输损失，采用双级压缩技术，降低喘振风险，机组效率高；热回收离心机组将冷机产生的大量冷凝热负荷热能全部或部分加以回收，用于生活卫生用水的预热，可减少冷却塔等设备投资，又可减轻对锅炉、电加热的依赖，实现能源的综合利用。

东屿岛酒店制冷机房能效提升：将原有的 1600RT 的离心式冷水机组替换为同冷量的高效磁悬浮变频离心冷水机组，配合原有的 2 台 300RT 的螺杆式冷水机组，提供 6/12℃ 冷冻水供酒店空调机组使用。将原有 600RT 的离心机组替换为一台 400RT 的高温型离心冷水机组，提供 16/21℃ 的高温空调冷水，供客房干式风机盘管使用。水泵全面升级为一级能效变频水泵，冷机、水泵一对一匹配，互为备用，从而降低水泵功率，达到节能、减排目标，助力建筑实现超低能耗目标。

3.2　直流变频多联机空调系统

采用直流变频多联机空调系统（图 3），直流高效多联机系统压缩机可以进行无极能量调节，调节范围广，可适应各种不同负荷的工况；并且可以利用光伏发电供电，节能降碳效果好。海南三亚博鳌新闻中心安装了 16 台直流变频多联机（室外机），总制冷量 668kW，综合性能系数 IPLV（C）达到 8.8 以上，较现行国家标准《公共建筑节能设计标准》GB 50189 提升了 16%，达到了国际一流水平。直流变频多联机系统运行情况良好，室内温湿度达到设计要求，耗电量相较传统 VRV 系统节约 30% 以上，年累计节电量可达 5 万 kWh 以上。

建筑电气化改造，避免了直接碳排放即天然气燃烧产生 CO_2。电气化设备用电功率合计为 4356kW，按平均一天使用 3h 计算，一天共耗电 13068kWh。如果全部采用绿电供电时，一天能减少约 7.5tCO_2 排放量。厨房灶具和制热水设备的电气化改造，减排潜力非常可观。

智慧照明控制方式：智慧照明系统通过统一的平台，根据不同区域、不同时段和不同要求，针对性地采用"时间表控制""照度感应控制""人员感应开启控制""隔灯控制"等多种控制方式，根据自然光明暗情况和人员需求，按需照明。

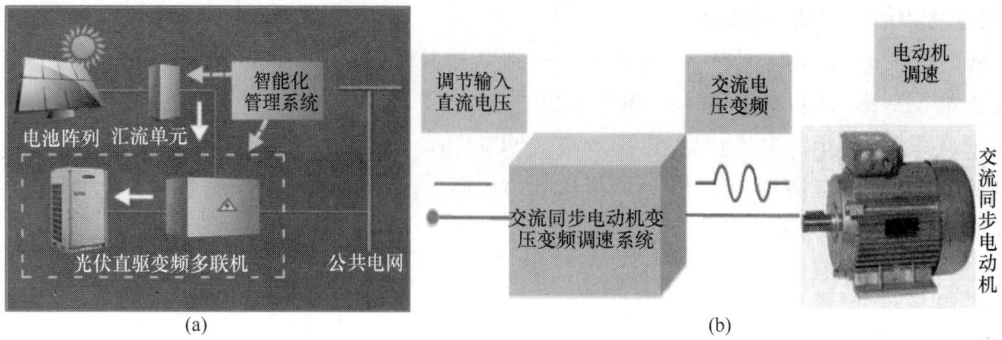

图3 原理图

(a) 直流多电机供电原理图; (b) 博鳌新闻中心采用的高效直流多联机直流变频原理

智慧照明系统综合采用"照度感应""时间表控制"等多种控制方式, 可节约25%的照明系统能耗(图4)。

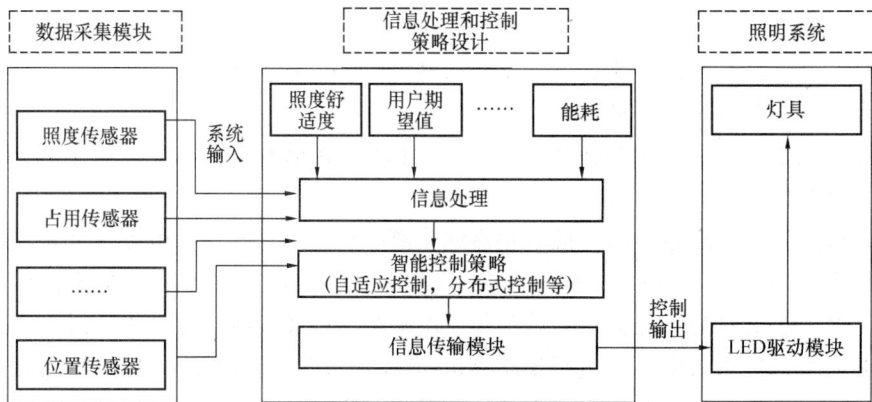

图4 智慧照明控制系统图

3.3 国内最先进的智能可调的组合式围护结构

采用了透过率(SHGC)约40%的光伏玻璃幕墙, 并设置内遮阳格栅, 有效降低大堂太阳辐射得热40%以上。且将光伏幕墙从上到下分成3部分, 最上面是电动外开下悬窗, 在非供冷季打开, 利用烟囱效应将室内热空气带走; 最下面是可完全打开的折叠门, 在非供冷季可以敞开, 有利于组织大堂的对流风, 减少供冷(图5)。

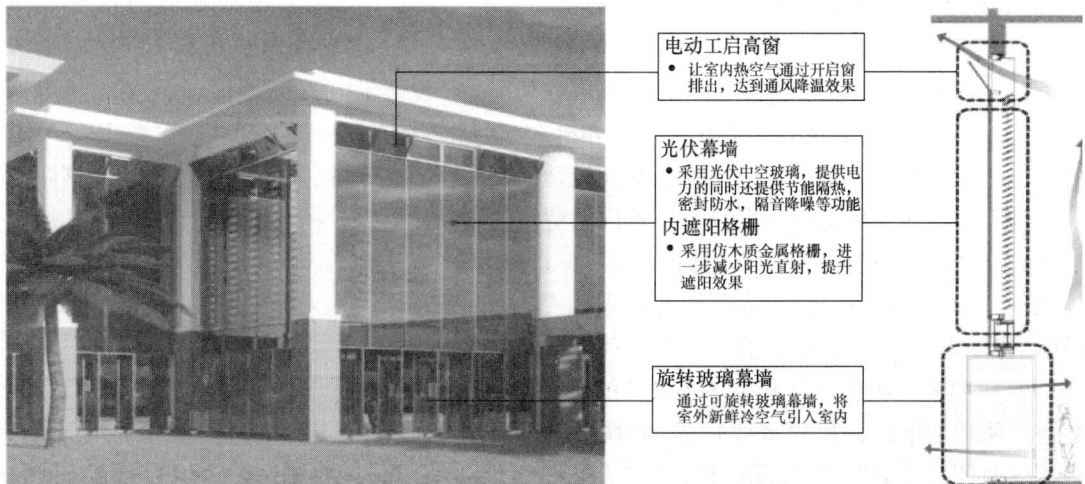

图5 亚论酒店大堂采用光伏发电和通风组合式幕墙

亚论酒店大堂的"光伏玻璃＋百叶＋电动窗通风"的外幕墙形式，是国内最先进的"动态产能围护结构"的代表性应用，全年可减少大堂空调用电量 20％ 左右。亚论酒店阳台的光伏玻璃栏板、绿植遮阳、遮阳格栅等措施，可将酒店客房的太阳辐射得热量降低 35％ 以上（图 6）。

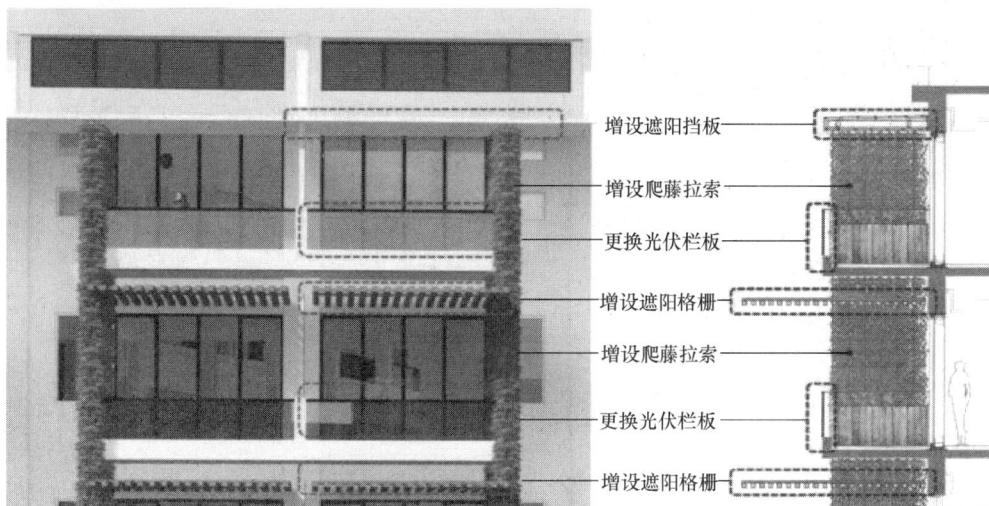

图 6 酒店客房阳台的光伏玻璃栏板和绿植遮阳

3.4 "农光互补＋风光互补"多源多能可再生能源系统

在博鳌小镇农光互补基地，成片的光伏板将阳光转化成电能，通过电网输送到博鳌亚洲论坛会址所在地东屿岛，再汇集岛上分布式光伏和储能设备的电流，共同为论坛年会场馆提供源源不断的"绿电"，与岛内电力形成农光互补光伏发电系统。

东屿岛游船码头还设置了 6 台花朵风机利用海岛风力发电。示范区安装的花朵风机是目前世界上启动速度最低的风机，启动风速只需 1.2m/s，且无噪声。花朵风机发电功率虽小，但可借助海风 24h 昼夜运行，累计发电量较可观，与光伏发电系统形成多能互补光伏发电系统。

亚论会议中心采用屋面光伏板、光伏瓦、光伏百叶、光伏地砖等多种类型的光伏发电系统，总计安装 4176.22kWp 屋面光伏、711.81kWp 车棚光伏、217.42kWp 光伏幕墙及光伏地砖等其他光伏发电设备（图 7）。

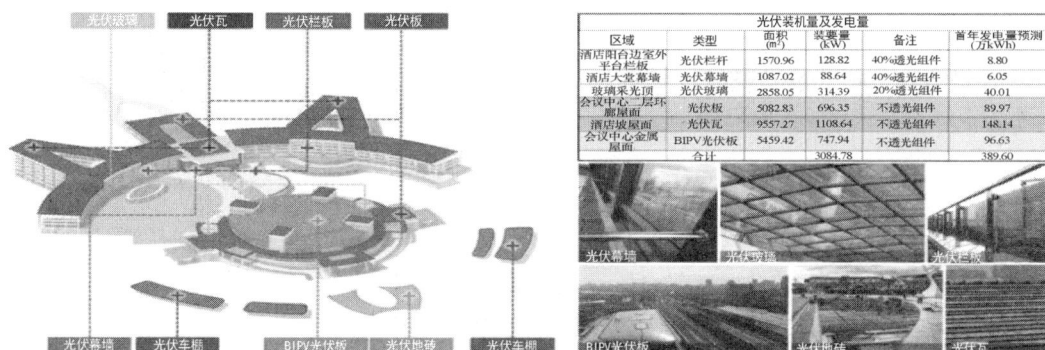

图 7 亚论会议中心及酒店光伏发电系统分布图

东屿岛内建筑光伏一体化系统，年发电量可达 710～920 万 kWh，降低碳排放 4440t，占改造前总碳排放的 30.6％，助力示范区零碳运行。此外，在光伏系统的自身碳中周期后，光伏系统将持续中和示范区建筑中的隐含碳，产生持续降碳效益（图 8）。

图 8 亚论酒店屋面光伏组件和连廊光伏采光顶

3.5 直流互济光储直柔系统安全、高效、稳定

采用了安全、长寿命的全钒液流长时储能电池和直交流空调柔性负载，形成了直流互济光储直柔系统。其中，全钒液流电池使用寿命是普通储能电池的 4 倍，且无爆燃风险，目前度电每次成本已低于 0.2 元。

设有最先进的能源路由器，形成多台变低压直流互联互济结构，实现功率在发电、储能、并网之间的动态分配。能源路由器的应用显著提升了系统的灵活性和稳定性，并且多台能源路由器构成了直流互济系统。直流互济光储直柔技术运行状况稳定，实现了发电和用电系统的自动调配（图 9）。

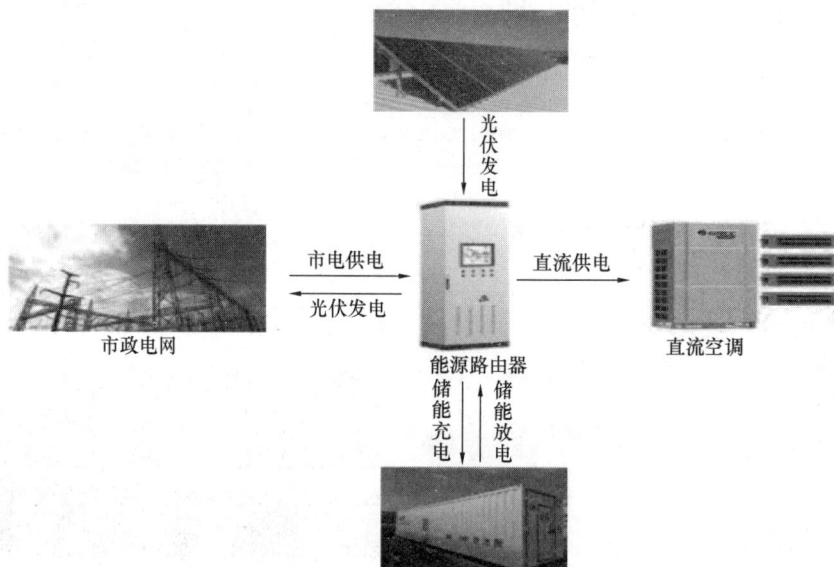

图 9 能源路由器供配电示意图

4 数字化应用

安全可靠、可研可选的数字化能源管理和多场景监控平台。亚论酒店采用高效制冷机房系统，选用高效磁悬浮离心式冷水机组，其中 2 台为离心式制冷机组，1 台为离心式热回收机组。通过性能化

设计，基于全年8760h的负荷模拟和高精度预测机房负荷，匹配设备选型，并制定详细的水泵、冷机和冷却塔运行计划，显著提升制冷机房运行效率（图10）。

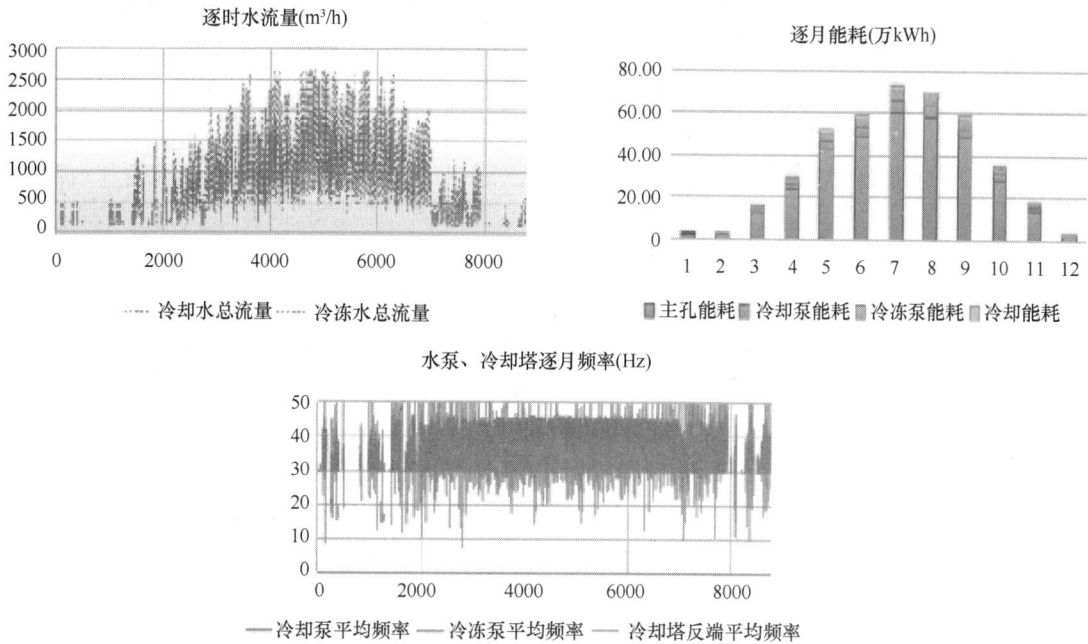

图10 全年逐时水流量、能耗模拟分析图

综合采用多种高效机房技术后，亚论酒店制冷机房"冷源系统全年能效比"（EERa）可达5.0以上，达到3级高效机房标准，相较改造前节能约35%。此外，东屿岛大酒店采用空气源和水源—双源热泵系统供热水，比传统供热水方式能效提升2倍。

亚论酒店、东屿岛大酒店和新闻中心均设置了完善的建筑设备监控系统、环境监测系统和能源管控系统，对建筑物内的水、电、暖通空调设备及电动遮阳等设备进行自动控制，并实现对建筑物各项能耗数据的采集、分析、处理，对各个单体的空调进行AI智能调控，提高系统运行效率，预计可降低空调系统能耗15%～18%（图11）。

图11 多场景监控平台

5 经济效益分析

5.1 设备性能提升

采用了高效能光伏直驱变频多联机，综合性能系数IPLV（C）达到8.8以上，达到了国际一流水平；新风系统升级为热回收效率更高的设备，把全楼新风热回收机组的全热交换效率由50%提升至70%，显热交换效率由55%提升至75%；设备均选用低噪声设备，以满足室内噪声值要求。更换室内排风机，将部分设备由原来的能效等级三级，改造为能效等级为一级，减少耗电量。

5.2 维护结构性能提升

新闻中心对建筑外门、外遮阳、屋顶隔热层进行升级，门窗气密性提高至6级，屋顶隔热性提高至0.48W/（m²·K），如：通过更换Low-E玻璃及光伏幕墙Low-E中空玻璃（半透明）形式，加强建筑室内气密性，降低热辐射。将外窗热工性能蓄热系数提升2.5W/(m²·K)，减轻室内制冷系统负荷。

5.3 可再生能源利用

能源自供给方面，采用了屋顶光伏，与建筑遮阳结合的立面光伏以及广场光伏地砖以实现对太阳能的利用，其中屋顶光伏的光电转换效率可以达到20.57%，另外，游船码头还设置了6台花朵风机收集风能。示范区安装的花朵风机是目前世界上启动速度最低的风机，启动风速只需1.2m/s，且无噪声。

5.4 光储直柔系统

构建了先进的直流互济模式，使得系统供电能力提升约30%，配备的全钒液流长时储能电池，实现了高安全性、长寿命的全钒液流长时储能系统应用示范，且充放电次数达到20000次，较传统锂电池提升了接近4倍，较好地实现了发电和用电系统的自动调配。

6 获奖情况

"基于空气质量预报的新风净化控制系统"获得工程建设行业高价值专利大赛一等奖，部分成果参选华夏科技奖一等奖和北京市科学技术奖二等奖项；

"高舒适度智能化室内生态环境系统"获得工程建设行业科技奖二等奖、中国铁建股份有限公司发明专利奖、勘察设计奖等奖项；

"基于GIS和光纤传感监测的海绵城市智慧雨水系统"获得铁道学会科技奖二等奖、华夏科技奖三等奖、中国铁建股份有限公司科技奖一等奖、工程建设行业科技奖二等奖、"共创杯"智能建造及智慧运维大赛一等奖；

"基于机器视觉的室内环境控制系统"连续两次入选《北京市政府节能技术产品推荐目录》(2021、2023)，获得工程建设行业高价值专利大赛一等奖。

作者：黄洪宇　雷宇明　王宽（中铁建设集团有限公司）

明挖装配式隧道建造技术研究与应用

Open-cut Prefabricated Tunnel Construction
Technology Research and Application

1 工程概况

新森大道隧道明挖段总长度为445m，其中K1+255.000～K1+414.929位于曲线段，曲线半径1007.5m；K1+414.929～K1+700.000位于直线段。基坑最深处达20.5m，明挖段隧道衬砌厚度达1.2m。采用明挖暗埋形式，双向单通，设计宽16.5m，净高约5.0m。隧道内设计路面中线标高355.081～357.318m，现状地面高程为362～375m。按设计隧道路面标高开挖后，线路K1+280～K1+680段两侧形成隧道深基坑边坡，为临时边坡，隧道箱涵修建完毕后，顶部将回填覆土，两侧边坡不再存在。该段长约400m，按设计标高开挖后，左侧挖方形成的边坡高4.60～17.2m，右侧挖方形成的边坡高3.20～13.2m，边坡坡向左侧270°、右侧90°，两侧均为岩土质混合边坡；现状土层主要为粉质黏土厚度0.5～4.8m，土层总体较薄，局部较厚；下伏基岩为泥岩、砂岩；边坡工程安全等级为一级。

2 科技创新

2.1 工程科技创新

本项目对隧道明挖段的设计和施工方案进行了创新，部分采用装配式衬砌设计，装配式段左线里程为K1+277.308～K1+691.805（ZK1+279.473～ZK1+694.443），右线里程为K1+272.264～K1+691.805（YK1+272.264～YK1+689.429）两端各留一段现浇段（左幅22m、右幅17m）与暗洞二衬结构连接。

2.2 核心技术成果简介

明挖装配式隧道的核心技术原理是采用仰拱现浇＋上部装配式（三分割）的结构形式，现浇仰拱对基坑现场不规则平面的适应性强，无需多余的矫正工作，又能够确保与隧道预制衬砌的拼接精度，预制衬砌分块形式为左右对称的2块，结构稳定，施工简便，经济美观，安装完成结构受力形成安全可靠的三铰拱结构；相邻构件间的接头借鉴木质结构榫卯式接头形式，均采用注浆式榫卯接头，并采用接缝防水＋混凝土自防水＋外包防水等多道防水体系（图1）。

由于明挖隧道同时存在平曲线与竖曲线，曲线段长约160m，直线段长约285m，平面曲线半径1007.5m，竖曲线半径为7000m，上下坡纵坡分别为1.5%、−2%。

采用装配式隧道实现直线段和曲线段应用通用的模具和构件是本工程的难点之一。为实现"平曲线＋直线"构件标准化，既能做到两套模具覆盖全部构件，又能适应预制结构生产安装，构件采用通用楔形环进行设计，直线段正反交替拼接，曲线段统一方向顺次拼接。

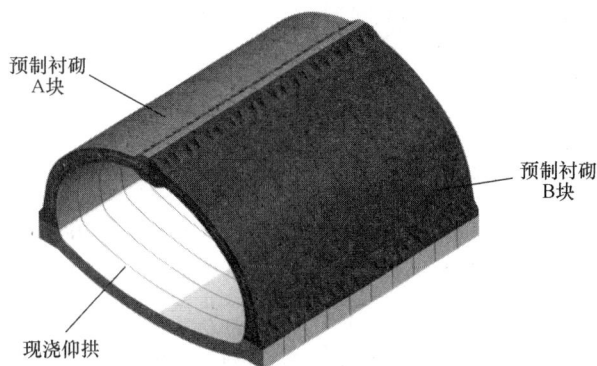

图1 明挖装配式隧道结构形式示意图

单个构件在确保构件结构性能的前提下对结构构件进行了"空腔"薄壁轻量化的深化设计，降低了构件重量、节约材料、减少了构件运输、安装风险。全预制段考虑公路隧道在施工中需要设计很多预留预埋部件，在工厂一体化制作中将标准构件内部结构分为两种，一种为设置预留预埋部件的构件，其外拱表面设置 6 个吊钉，无预留预埋部件的构件设置 4 个吊钉（图 2）。

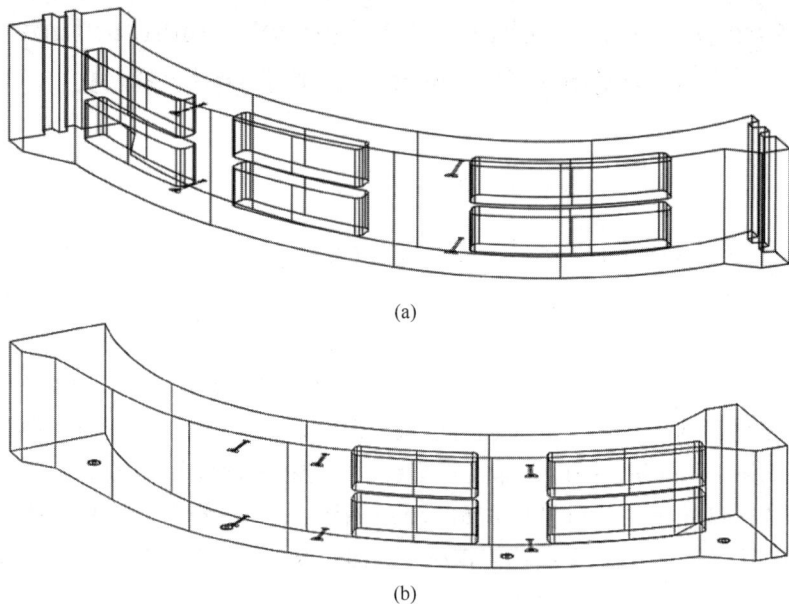

(a)

(b)

图 2　预制构件吊钉布置图
（a）不设预留预埋部件的构件吊钉布置；（b）设置预留预埋部件的构件吊钉布置

基于明挖装配式隧道的核心技术形成了诸多创新成果，大致可以分成三个成果体系，分别是 BIM＋装配式数字信息技术、高精度大跨拱形构件预制生产技术和高精度大吨位拱形构件运输安装技术。下面对 3 个成果体系的具体情况进行介绍。

2.2.1　BIM＋装配式数字信息技术

（1）构件标准块设计技术：采用 BIM 技术对装配式标准块构件进行精细化设计，经过反复修改调整，确立最终的标准模块构件，实现构件唯一编号，为整体构件预制运输安装提供数据支撑。

（2）参数化构件拼装设计技术：标准构件模拟拼装后，利用参数化进行整体线路的拆分、点位的确定。通过 BIM 技术进行全部构件的生成、拼装。

（3）BIM 构件拼装校核技术：构件拼装后，已拼装的 BIM 模型提取构件坐标数据，将坐标数据与原始设计数据进行测算对比，复核构件模拟拼装精度，经复核，误差在 1mm 内，满足拼装需求。

（4）BIM 深化应用设计技术：深化设计装配式隧道预埋件模型以及钢筋模型。在模块正式浇筑前，解决模块与模块之间的碰撞、拼接缝隙，模块内部预埋件以及钢筋之间的碰撞。

（5）BIM 设计图纸输出技术：通过 BIM 成果提取装配式隧道的各种工程量表，包括构件管线工程量、构件工程量、构件空腔工程量、预埋件工程量等。深化 BIM 出图设计，出具预埋构件三维轴测图、平面定位图。

2.2.2　高精度大跨拱形构件预制生产技术

（1）基于 BIM 的 CIM 技术：高精度模具采用基于 BIM 的 CIM 技术，对模具采用大型高精度机床数控技术整体加工，模具拼装组合后尺寸误差控制在±0.5mm。为检验预制构件模板拼装及构件生产精度，采用三维扫描技术对拼装模板进行测量复核工作，通过实测及三维扫描验证模板的拼装精度及后续构件的成型精度。经过测量，整体误差在 2mm 以内，预制精度一次合格率 100％。同时三维扫描的结果范围也验证了装配式拼装模板的精度控制，为后续施工提供了数据验证。

（2）弧形大跨度、整体钢筋笼制作安装技术：弧形钢筋笼采用定形整体钢胎膜，钢筋绑扎在定位胎架上进行，完成后整体吊装至高精度模具安装到位。

（3）防开裂、防渗漏早强混凝土技术：预制构件采用免蒸养、早强高性能混凝土，通过配合比优化，混凝土防开裂、防渗漏效果大大提升。混凝土常温下养护36h可达到脱模强度，加快了模具周转，提高预制速度。

2.2.3　高精度大吨位拱形构件运输安装技术

预制构件长15m，高5m，单块重量达72t，采用低位平板运输车，专门设计半封闭式固定装置，保证运输过程中构件稳定性。

预制构件拼装环向、纵向之间均采用榫槽连接，每环2块构件拱顶连接就位下落后还需整体纵向移动，拼装精度要求极高，拼装台车各个方向的移动都需要精准控制，为此研发了毫米级控制的全液压智能调节三向联动拼装台车进行拼装。

拼装台车由主台车及2个预制构件支撑平台组成，主台车采用单侧2支腿进行顶升支撑，油缸顶推实现纵向移动，辅以液压系统、智能控制系统，实现上、下、左、右、前、后各个方向的调整，每个方向均可单动、联动，大大提高了拼装效率。

3　新技术应用

3.1　明挖暗埋隧道装配式建造技术应用效果

（1）通过优化分块及连接方案，将新森大道明挖隧道结构形式构造为一个三铰拱体系，连接方案沿用地铁成熟做法，施工技术成熟。

（2）相对于现浇式隧道，本项目采用仰拱现浇，仅拱部及边墙采用预制拼装形式，极大解决项目对工期、质量要求严格的问题，为工程顺利完工奠定基础。

（3）构件采用柔性连接，纵向采用连接钢棒进行预紧连接，接头受弯承载力、抗弯刚度等力学性能都具有一定优势，综合性能好。

（4）结合工程案例，验证了该产品的可行性、安全性及施工便利性（图3～图7）。

图3　现浇仰拱安装盖模

图 4　未设预留预埋部件的预制构件拼装

图 5　设置预留预埋部件的预制构件拼装

3.2　存在问题

（1）构件预制精度要求高：设计榫槽结构，为保证拼装及防水要求，预制精度要求毫米级，精度保证难度大。

（2）构件预留预埋复杂：预制块的预留预埋工作包括隧道运营配套相关洞室、纵向预留紧孔、环向预留紧孔、凹凸榫、注浆管、吊钉、粘贴止水条槽等。

图 6　单环预制衬砌拼装完成

图 7　预制衬砌内部实景

（3）构件拼装精度高，校正难度大：预制构件与现浇结构连成整体后，无法通过后期处理校正偏差，现浇结构浇筑前与浇筑过程中，必须控制好预制构件的安装精度；预制构件吊装就位后，需要对其进行标高、垂直度、平整度及左右、前后方向的校正，校正精度高，工作量大。

3.3 采取措施

1. 提前谋划，过程把控

（1）选择具有相似经验的模板厂商定制高精度模板提供硬性保证，在模板上考虑相关预留预埋；

（2）选择优质分包队伍进行预制并抽调技术水平高超人员进行施工管理；

（3）做到过程各工序严格检验，对相应尺寸、位置进行检查并记录，留好验收资料。

2. 技术引领，多重保障

（1）利用 BIM 三维建模技术，施工前进行设计复核、模拟施工，确保各预留预埋完整、齐全；

（2）技术交底采用 BIM 建模可视化交底，形成预留预埋相关清单；

（3）利用高精度模板辅助纵向预留紧孔、环向预留紧孔、凹凸榫、粘贴止水条槽预留，确保各预制块预留一致。

3. 加强测量，台车辅助

（1）预制构件的安装精度高，其测量工作是本工程的一个重点。项目部委派测量队有丰富测量经验的测量人员进驻现场，负责本工程的测量工作，确保现场施工测量的顺利完成。

（2）采用智能化三向联动拼装台车进行构件安装，安装精度高，确保安装准确。

4 数字化应用

装配式隧道建造技术适用于明挖暗埋法施工的新建城市隧道工程、城市管廊工程及轨道交通工程及既有市政工程改扩建等工程。特别适用于埋深浅、施工工期压力大、施工质量要求高、危险性系数高的明挖隧道工程。

4.1 工程设计方案

对于接头连接形式，装配式结构的接头是结构可靠性的重要保证，且对模具制作、拼接难易程度、结构防水要求较高。因此结构接头的选型是装配式结构设计与施工的重难点。从接头的构造来看，主要考虑接触形式及连接方式两个方面：（1）接触形式通常有平面式、榫式、台阶式、弧面式、楔式；（2）连接方式有弯螺栓、斜螺栓、直螺栓、套管注浆等。借鉴学者们基于盾构隧道对三种螺栓连接形式的力学特性研究结论，直螺栓连接方式优于其他。综合考虑超大断面明挖装配式结构工作性能及施工难易程度，明挖装配式隧道构件之间采取注浆式榫槽＋PC 钢棒结合的连接方式。

对于结构断面构造，依据三角拱理论，以最稳定的形式设计，仰拱现浇，仅拱部及边墙采用预制拼装，拱部及边墙分为两块，环向螺栓接头位于拱顶，如图 8 所示。预制结构环宽 2m，厚度为 1m，采用强度为 C50 的混凝土制作预制构件，混凝土自防水等级不低于 P8。设计结构可确保超大跨 4 车道的明挖装配式隧道的安全和稳定。

图 8　仰拱现浇＋上部预制 3 分割闭腔薄壁构件形式

考虑接头刚度、内部空腔等因素，并综合考虑隧道所处地质情况，通过数值模拟试验计算和验证构件的安全性和稳定性。

计入结构拼装、施工人员及机械活荷载等各施工环节的工况作用。根据具体情况，考虑承载能力极限状态，验算最不利的荷载基本组合用于结构设计。

永久荷载：结构自重、附加恒重。

可变荷载：考虑施工荷载和人群荷载。

计算考虑两种工况（表1）。

预制衬砌数值模拟计算工况 表1

	工况1	工况2-1	工况2-2
回填材料	岩石	原状土	原状土
填方高度（m）	10.0	8.5	11.5
拱顶弹性抗力系数（MPa/m）	10	10	
侧墙弹性抗力系数（MPa/m）	50	10	
矮边墙（5m左右）弹性抗力系数（MPa/m）	—	10	
仰拱部分（岩层部分）弹性抗力系数（MPa/m）	100	100	
衬砌属性	梁单元	梁单元	梁单元
属性取值	C50混凝土元属性	C50混凝土元属性	C50混凝土元属性

然后对工况进行包络设计，考虑较不利情况。

（1）工况1

1）计算模型

其中，接头位置按照介于刚性连接及铰连接之间，设置接头参数。回填混凝土部分按照混凝土参数设置弹性连接（图9、图10）。

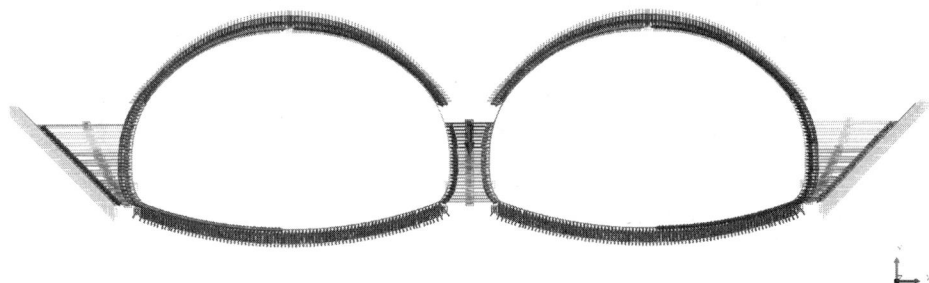

图9 计算模型1

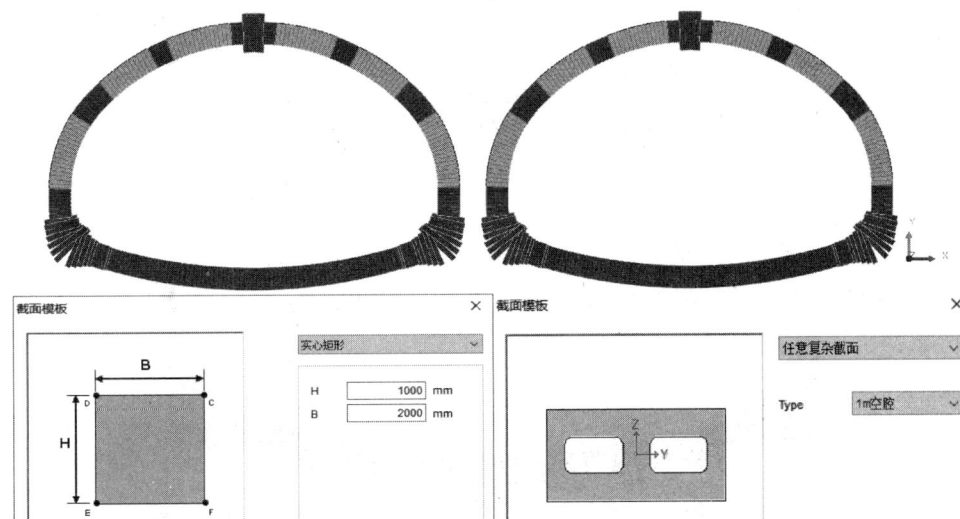

图10 计算模型2

根据设计图纸，图中蓝色部分采用实心矩形截面，黄色部分采用带空腔的矩形截面。

2）计算结果（图 11）

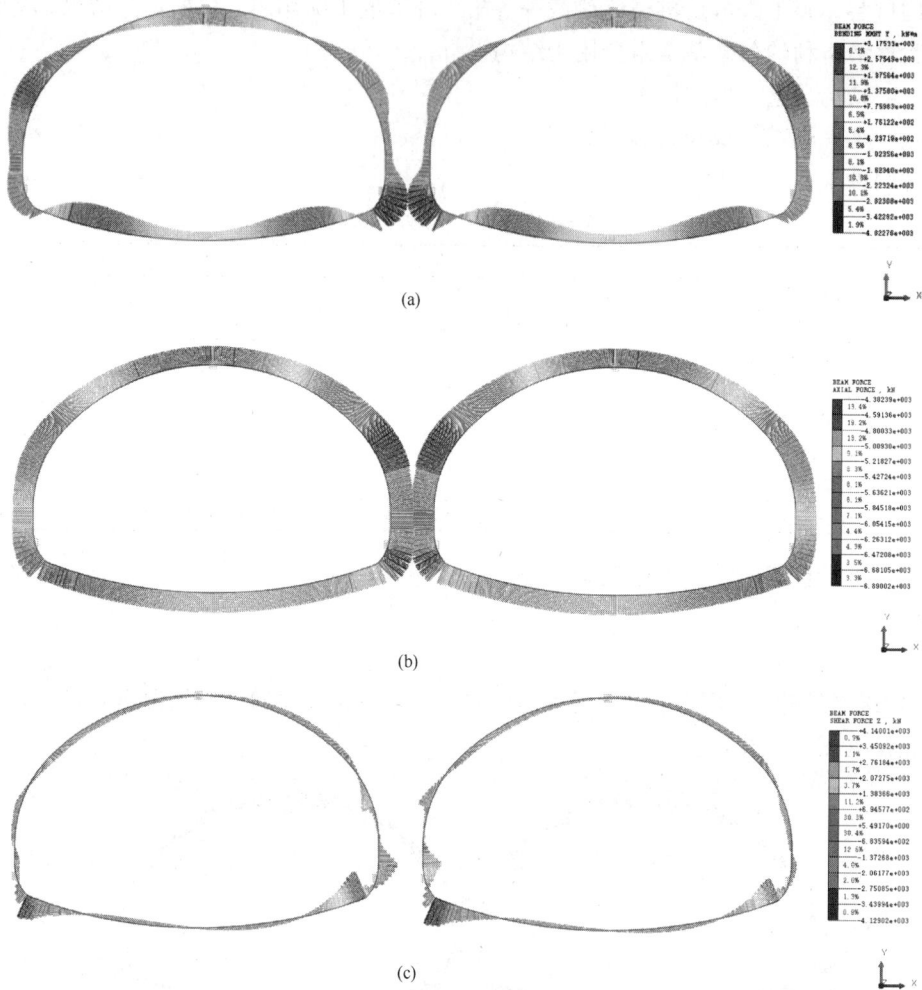

图 11　计算模型内力图

（a）弯矩图（每环）；（b）轴力图（每环）；（c）剪力图（每环）

3）配筋验算（图 12）

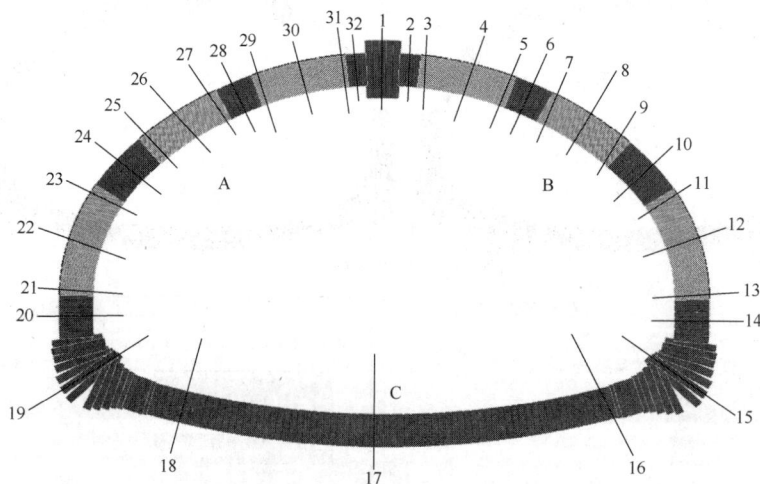

图 12　配筋验算节点位置图

（2）工况 2-1

1）计算模型

其中，接头位置按照介于刚性连接及铰连接之间，设置接头参数。回填混凝土部分按照混凝土参数设置弹性连接（图 13、图 14）。

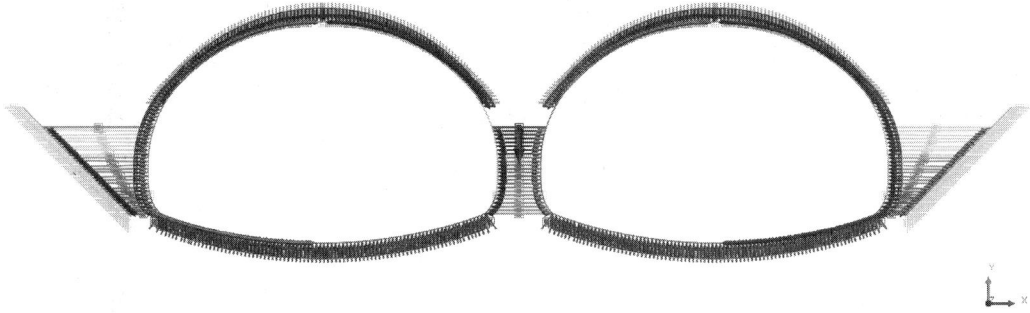

图 13　计算模型 1

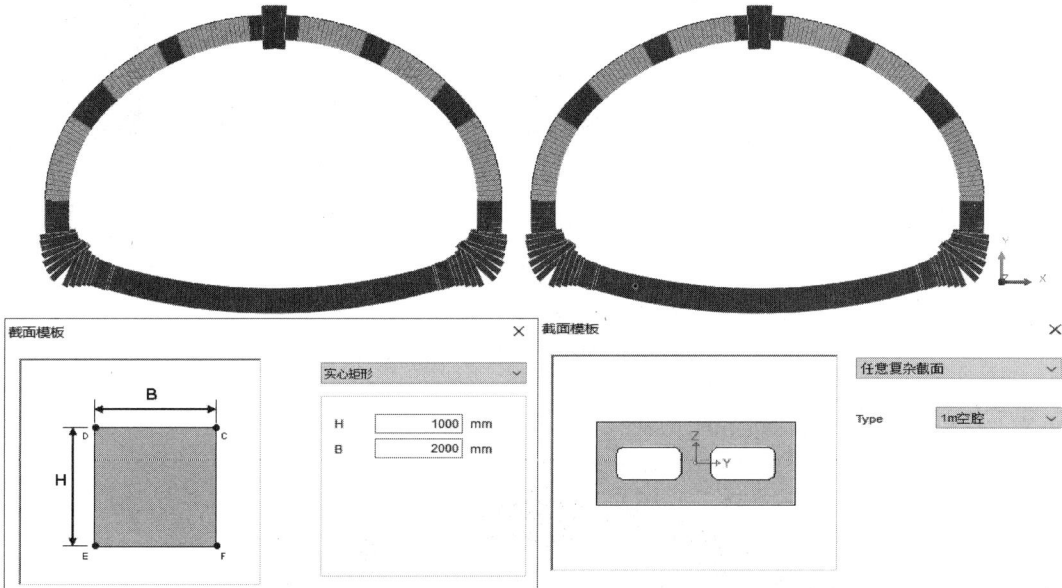

图 14　计算模型 2

2）计算结果（图 15）

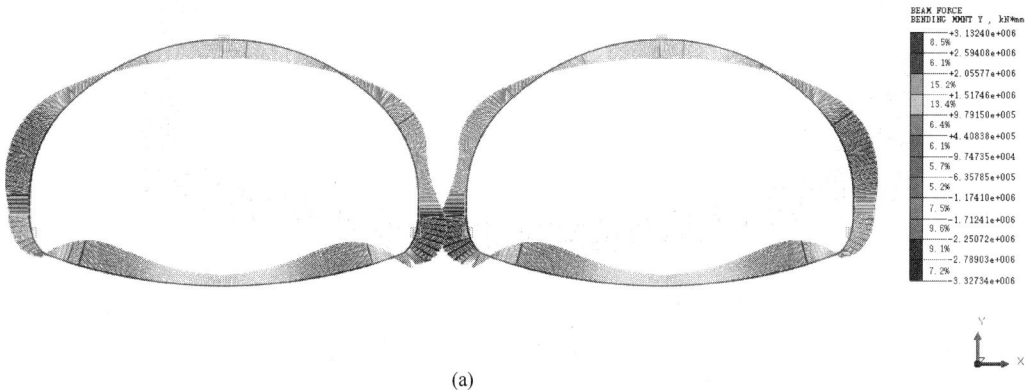

(a)

图 15　计算模型内力图（一）

（a）弯矩图（每环）

455

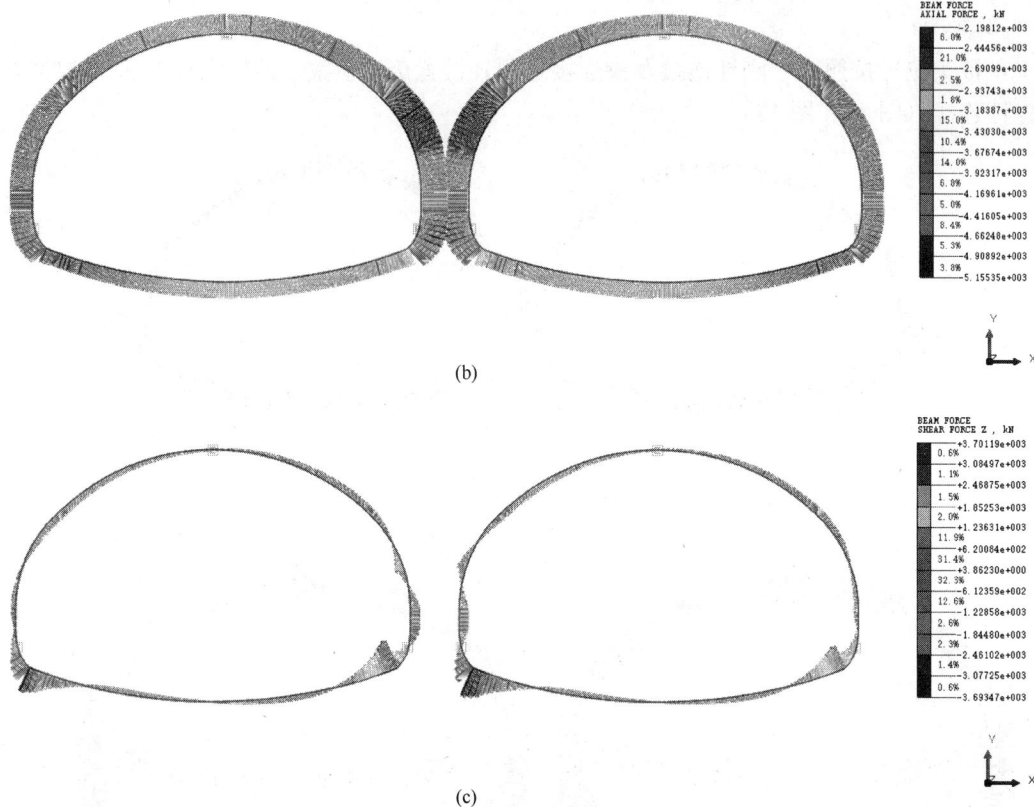

(b)

(c)

图 15　计算模型内力图（二）

（b）轴力图（每环）；（c）剪力图（每环）

3）配筋验算（图 16）

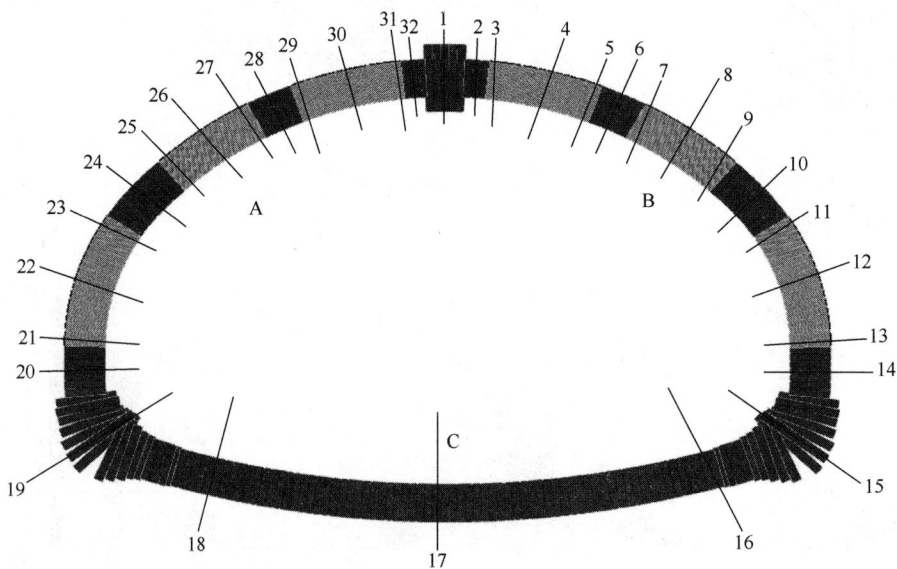

图 16　配筋验算节点位置图

（3）工况 2-2

1）计算模型

其中，接头位置按照介于刚性连接及铰连接之间，设置接头参数。回填混凝土部分按照混凝土参数设置弹性连接（图17、图18）。

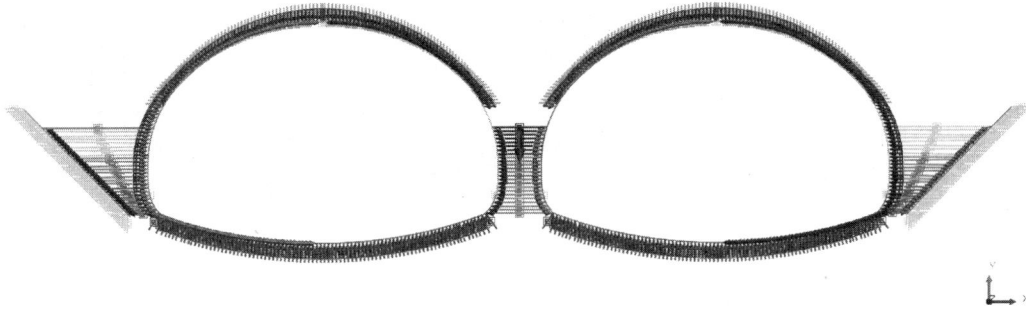

图17 计算模型1

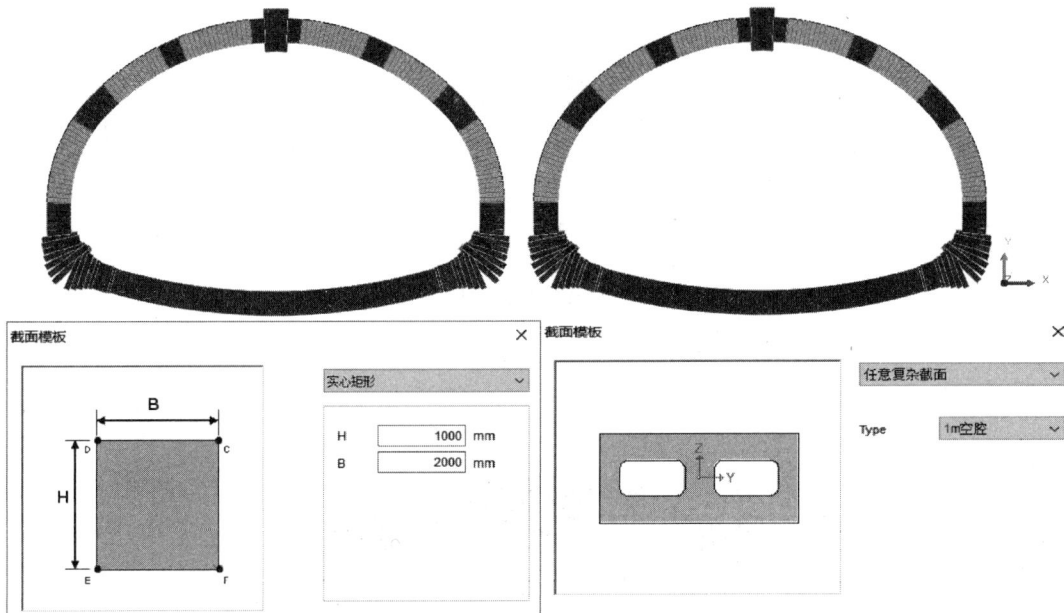

图18 计算模型2

2）计算结果（图19）

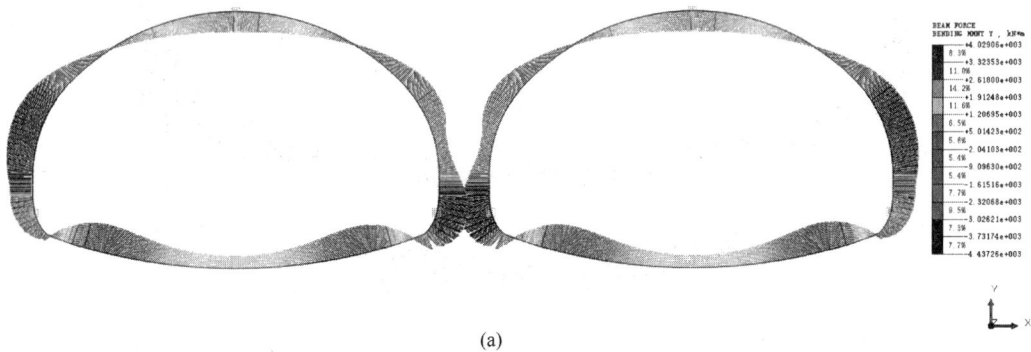

(a)

图19 计算模型内力图（一）

（a）弯矩图（每环）

(b)

(c)

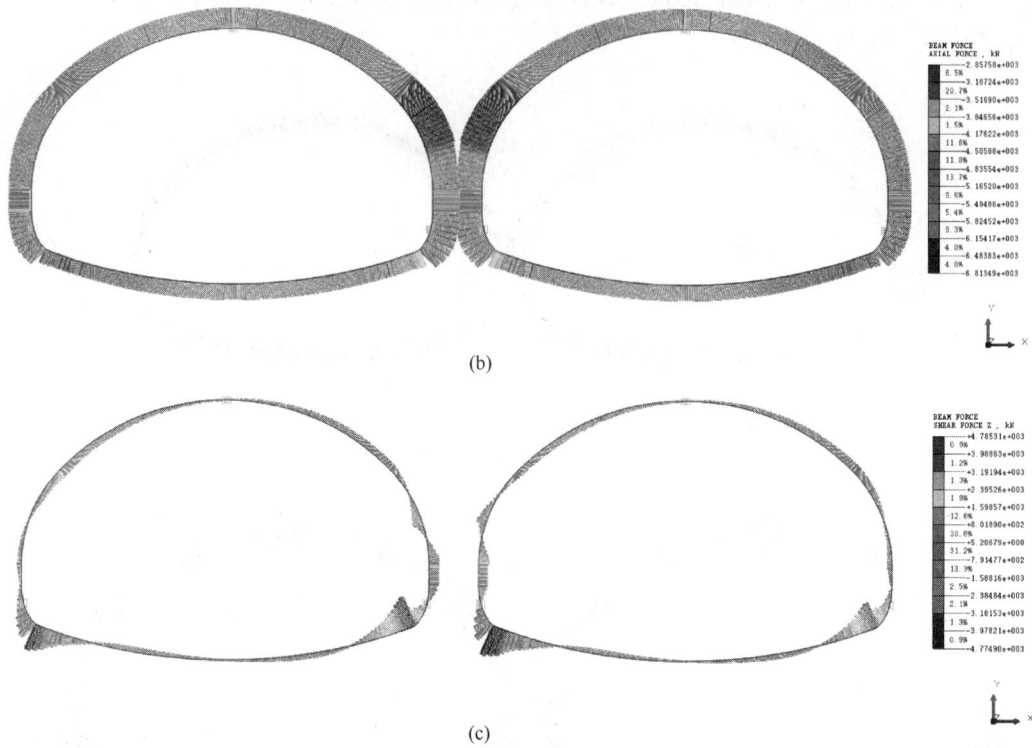

图 19　计算模型内力图（二）

（b）轴力图（每环）；（c）剪力图（每环）

3）配筋验算（图 20）

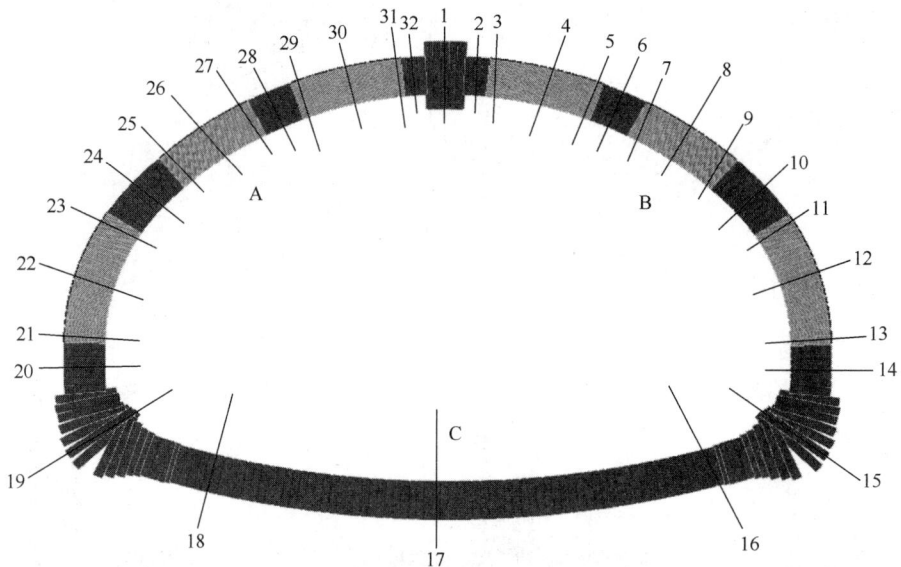

图 20　配筋验算节点位置图

由于接头处为明挖装配式隧道结构的最薄弱部位，对结构的接头部位进行了专项试验和验算。

注浆式榫槽接头为变刚度接头，与轴力和弯矩同时相关，取值根据试验曲线所得（图 21）。为获得稳定的、与接头轴力和弯矩相匹配的接头刚度值，需要通过多次结构计算进行接头刚度迭代（图 22）。

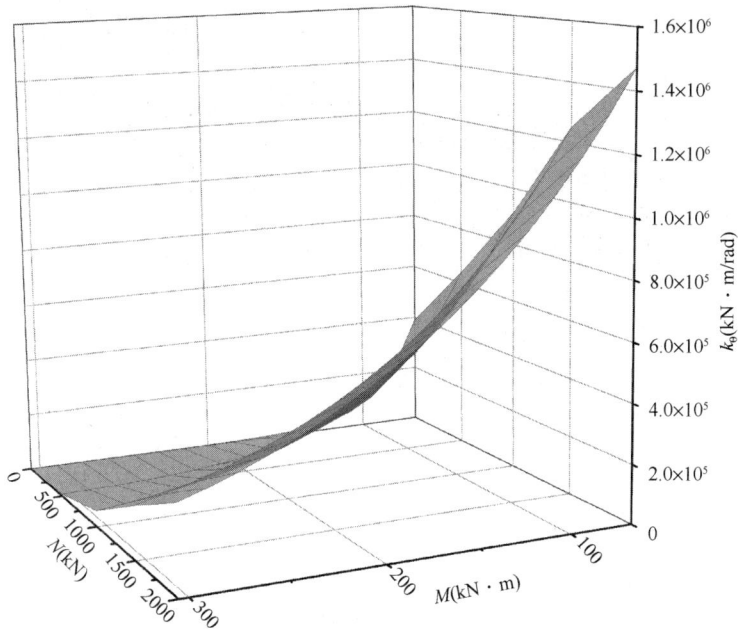

图 21　试验接头抗弯刚度随轴力和弯矩变化示意图

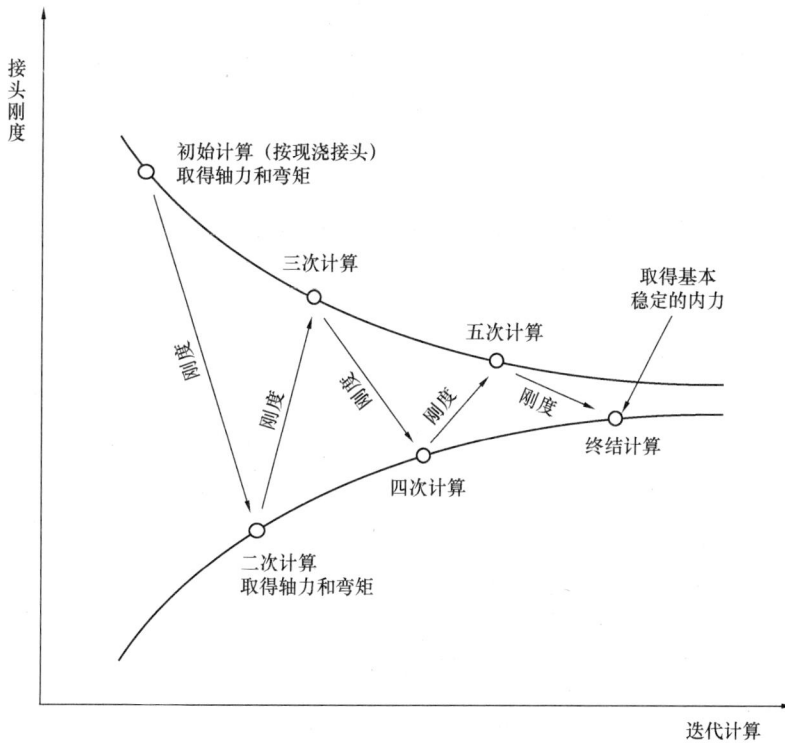

图 22　接头刚度迭代计算路线示意图

　　在接头承载能力验算方面，基于试验发现了接头的承载特征曲线（图 23），曲线表现出四阶段特征，包括阶段Ⅰ线性段、阶段Ⅱ类线性段、阶段Ⅲ非线性段和最终承载阶段Ⅳ。

　　经过对比论证，发现工况 2-2 中 AB、AC、BC 接头性能均位于完全线性下方，均能满足要求（图 24）。

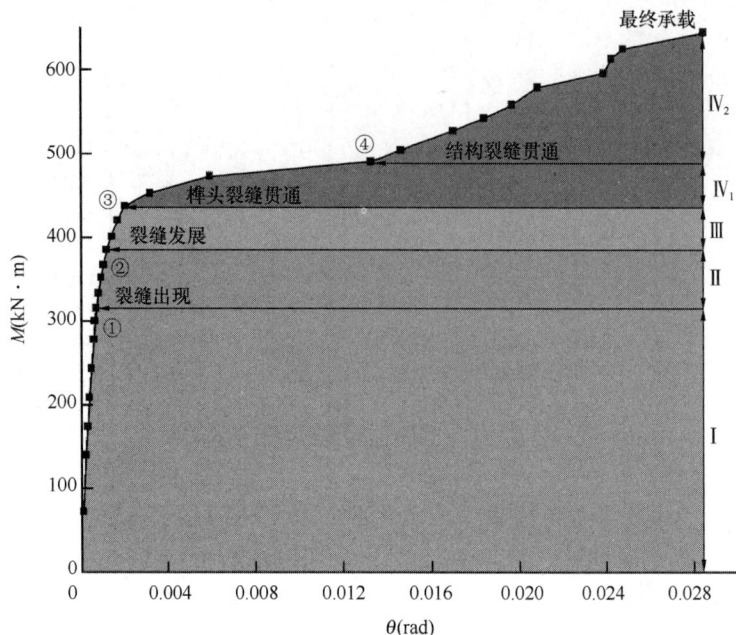

图 23　试验接头特征曲线

4.2　工程实施方法

1. 工艺流程

施工准备→测量放线→基坑开挖及支护→现浇仰拱施工→仰拱填充施工→反力架安装→预制衬砌运抵现场卸车→吊运首节衬砌至安装点拼装→调整首节衬砌精确定位→张拉两预制衬砌接头处环向预应力→吊运第 2 环衬砌块拼装→将第 2 环拼装到位并调整固定→张拉横向预应力→张拉纵向预应力→依次拼装第 3 至 N 环→接缝注浆→防水施工。

2. 关键工艺操作要点

（1）现浇仰拱施工：采用 C40 P8 混凝土，曲线段沿里程方向一次性浇筑长度以依据确保拼装精度为依据，两端凸榫的设置与预制构件拼装相匹配，且凸榫处独立设置与凸榫相匹配的模板。

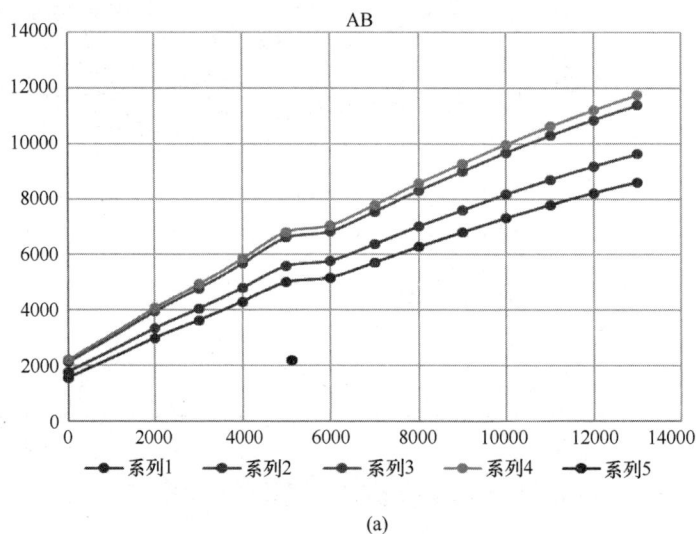

(a)

图 24　接头性能示意图（一）

（a）AB 接头

注：四条线从上到下为：（1）承载极限；（2）弱化拐点；（3）类线性；（4）完全线性

AC

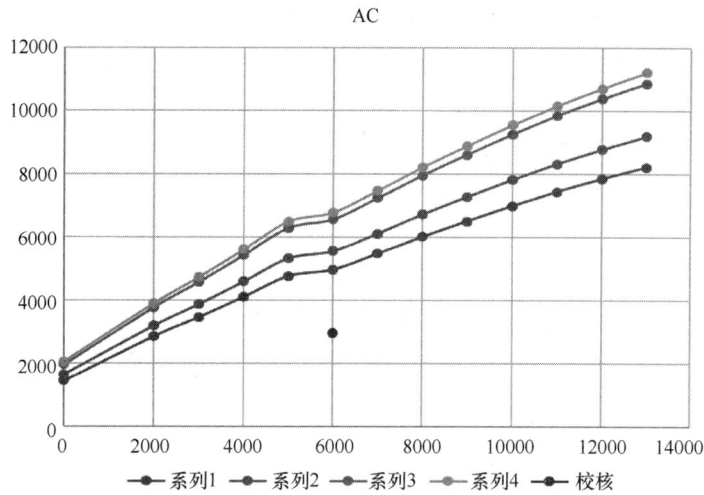

(b)

BC

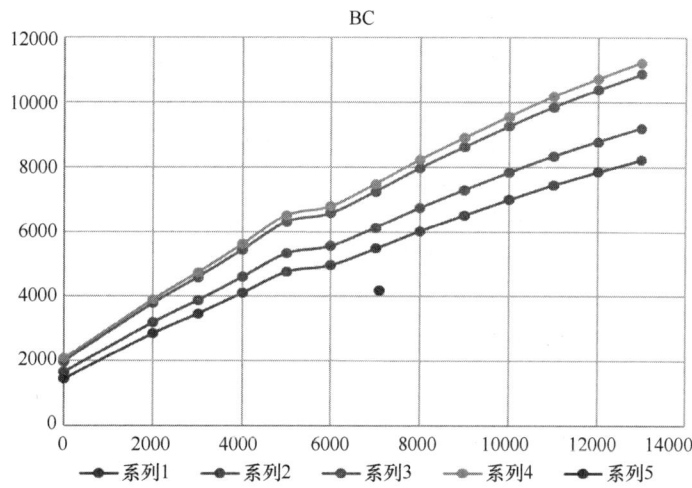

(c)

图 24 接头性能示意图（二）

(b) AC 接头；(c) BC 接头

注：四条线从上到下为：(1) 承载极限；(2) 弱化拐点；(3) 类线性；(4) 完全线性

直线段大小模板交错拼接，曲线段模板，大模板大半径侧拼接，小模板小半径侧拼接，调节原理与预制构件一致。

(2) 预制构件生产：构件的钢筋在定位胎架上进行绑扎施工，完成后整体吊装至采用高精度机床整体加工的拼装误差达毫米级的高精度械具中，采用免蒸养高性能混凝土进行浇筑。

(3) 预制构件运输及拼装：考虑到构件重量大，形状为弧形，同时运输姿态必须保证运输全程安全稳定，装卸车安全方便，便于调整吊装姿态，采用低位平板运输车，设计专门的半封闭式固定装置，保证运输过程中构件稳定性。

构件拼装精度要求极高，采用毫米级全液压系统智能调节三向联动拼装台车进行拼装，施工工艺如图 25 所示。

每环拼装，利用拼装台先将两片对称的预制构件进行拼接、固定，形成环形预制衬砌，再将拼接完成的环形预制衬砌与现浇仰拱结构进行对接、固定。隧道环内各构件以及环与环之间均采用注浆榫槽形式连接。最后预制块紧固分为三个阶段：第一阶段：拱顶接头拼装到位后，采用精轧螺纹钢进行

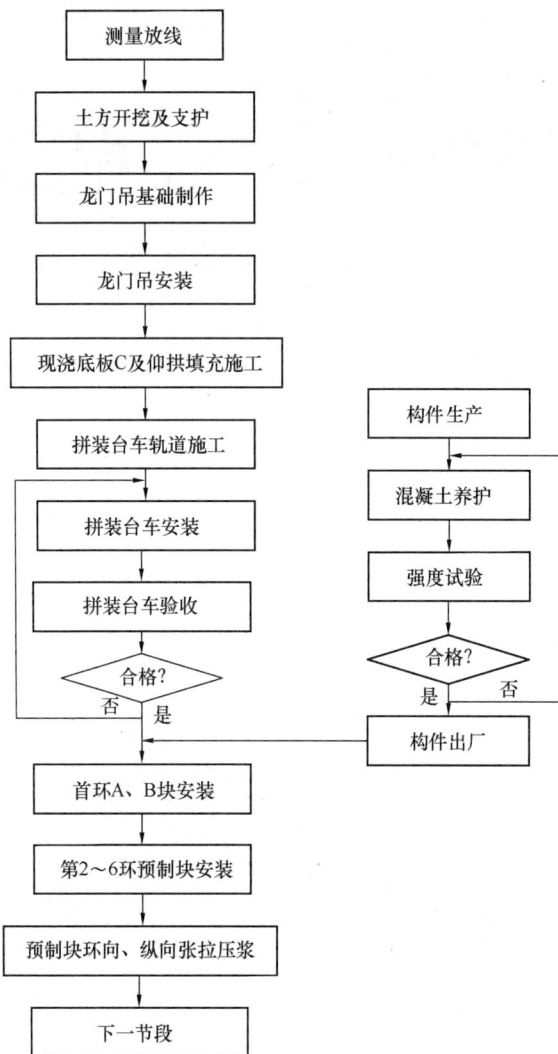

图 25　预制构件拼装施工流程图

预锁紧；第二阶段：整环构件调整到位后采用精轧螺纹钢在纵向预留孔洞处进行纵向张拉锁紧；第三阶段：对拱顶接头进行张拉锁紧。

（4）构件防水：构件及拼缝防水以"构件自防水＋接缝外包防水＋密封胶嵌缝＋橡胶止水条＋缝隙注浆"相结合的方式，多重保障防水效果。

（5）肥槽回填：预制衬砌背后回填材料选用 C20 片石混凝土。拼装前利用基坑边坡与装配式隧道的空隙设置了混凝土墙作为预制构件拼装用的门式起重机轨道基础，如图 26 所示。

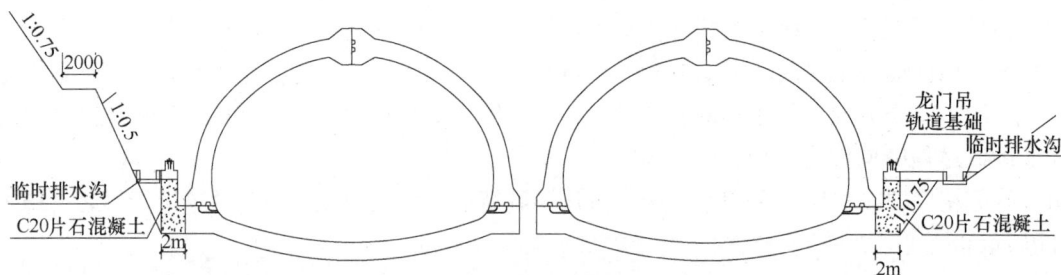

图 26　门式起重机轨道布置标准横断面图

拼装工作完成后，两洞之间空隙先一次性填筑 C20 片石混凝土至与现浇仰拱顶面平齐，现浇仰拱以上背后分层回填 C20 片石混凝土，并振捣密实，填至边墙底面以上 5m，如图 27 所示。

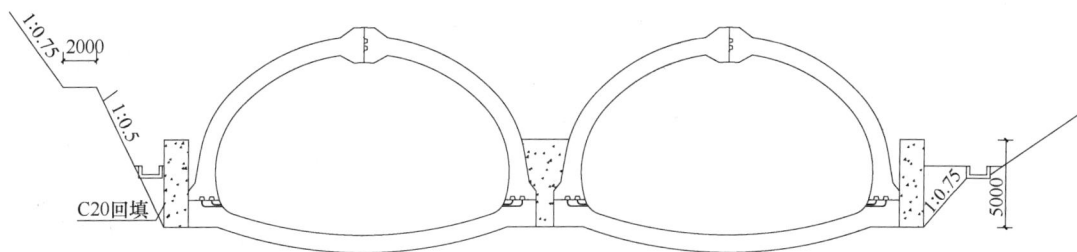

图 27　C20 片石混凝土回填横断面图

拱墙外部其余范围内采用机械夯填土石分层回填基坑。拱顶上方一定范围内应回填 500mm 厚透水性较差的黏性土，黏土层应超过边坡开挖线外 0.5m 范围，并应严格夯实，最后回填种植土恢复地面。

4.3　技术指标

以相似工程经验为参考，以本工程理论设计原理、施工工艺特点及现场实施检验为基本依据，制定了装配式隧道预制构件的相关技术指标（表 2～表 4）。

模具允许偏差和检验方法　　　　　　　　　　　　　　　　　　　　表 2

序号	项目		允许偏差（mm）	检验方法
1	长度		±1.5	尺量或三维扫描仪
2	宽度		±0.5	尺量或三维扫描仪
3	厚度		±1.0	尺量或三维扫描仪
4	对角线插值		±4	尺量或三维扫描仪
5	底模板表面平整度	平面	2.0	尺量或三维扫描仪
6		曲面	2.0（横向）	尺量或三维扫描仪
7	侧模、端模平整度		2.0	尺量或三维扫描仪
8	拼装模板表面高低差		0.5	尺量或三维扫描仪
9	端模侧模拼接高低差		0.5	尺量或三维扫描仪
10	键槽模板尺寸公差		±1.0	尺量或三维扫描仪
11	定位销模尺寸公差		−0.5～+1	尺量或三维扫描仪
12	防水凹槽尺寸公差		−0.5～+1	尺量或三维扫描仪

构件尺寸允许偏差及检验方法　　　　　　　　　　　　　　　　　　表 3

序号	项次		允许偏差（mm）	检验方法
1	外形尺寸	长度	−3.0～+1.0	尺量及三维扫描仪
2		高度	−2.0～+1.0	尺量及三维扫描仪
3		宽度	−1.5～+1.0	尺量及三维扫描仪
4		厚度	−1.0～+3.0	尺量及三维扫描仪
5		弧长	±4	沿弧度方向尺量
6		纵向、环向平整度	0～2	2m 靠尺和金属塞尺测量
7		榫槽尺寸公差	±1.0	尺量及三维扫描仪
8		芯棒、螺栓及定位销孔位中心距偏差	0～1.0	尺量及三维扫描仪

续表

序号	项次		允许偏差（mm）		检验方法
9	预埋件	预埋吊钉	中心位置	2.0	尺量
			安装垂直度	3°	角度偏差工具
10		预埋槽道	中心线位置	2.0	尺量
			安装贴合度	2.0	尺量
11		预埋注浆管	中心位置	2.0	尺量
			安装垂直度	3°	角度偏差工具
12		预埋螺栓套筒	中心位置	2.0	尺量
			安装垂直度	3°	角度偏差工具
13		预紧装置固定端	中心位置	2.0	尺量
			安装垂直度	3°	角度偏差工具
14		预紧装置孔道	中心位置	2.0	尺量
			孔口堵塞		空压机通气
15		预留钢筋接驳器	中心位置	2.0	尺量
			安装垂直度	3°	角度偏差工具
16		预埋钢板	中心位置	+5.0	尺量
			安装贴合度	+2.0	尺量

预制构件拼装允许偏差和检验方法　　　　　　　　　　　　　　　表4

序号	项目	允许偏差（mm）	检验方法
1	相邻环的环向接缝	每柱跨累计偏差0mm；相邻环±2mm	测量
2	相邻块的纵向接缝	0～2mm	测量
3	前后环相邻块竖向高差错台	±5mm	测量
4	环向、纵向预紧装置轴线定位	0～5mm	测量
5	相邻衬砌水平向	±2mm	测量
6	预制衬砌环相对公路隧道中心线位置	±2mm	测量

5　经济效益分析

5.1　社会经济效益

预制装配式明挖隧道建造技术的发展所带来的经济、技术效益明显：可大幅度地缩短工期；构件的工厂化预制保证和提高了结构的质量指标，如强度、耐久性以及防腐蚀、防水等性能；消除了现场浇筑混凝土的诸多弊病；提高了地下工程工厂化施工的技术水平，为施工的标准化、模式化提供了条件；尤其改善了隧道与地下工程的施工环境；降低了成本，符合现代绿色环保的要求，符合国家政策导向。

5.2　与同类技术对比及优势

（1）能大幅提高现场施工作业效率、缩短工期。传统现浇工艺施工速度约1m/d，且受天气影响较大，装配式预制拼装最大可达8m/d，施工效率明显提高，对于项目缩短工期有较大作用。

（2）能显著提高结构工程质量。传统现浇工艺存在较多质量问题，施工缝防渗漏效果差，振捣质量为隐蔽施工，质量不可控，结构易开裂，装配式构件预制为开放式振捣，能有效提高振捣质量，且应用高精度模板确保构件尺寸及预留防水槽，通过EPDM橡胶弹性防水胶条＋C80水泥基注浆＋聚氨酯密封胶灌封＋自粘式改性沥青卷材外包防水共4道防水措施显著提高防水效果。

（3）能极大降低施工噪声，减少粉尘污染及环境影响。现浇工艺现场施工存在较多工序交叉作业，现场材料成品及半成品堆放较多，钢筋安装、混凝土浇筑、振捣等会产生大量施工噪声，现场混凝土及钢筋运输等机械设备较多，粉尘污染严重，对环境影响较大；预制装配式技术在现场施工时仅需要门式起重机＋拼装台车进行拼装，节能减排，符合绿色建造要求。

（4）能大幅度减少现场作业人员。传统现浇工艺现场作业人员 120～150 人；装配式工艺现场仰拱浇筑及拱部拼装作业人员约 60 人，减少现场作业人员。

（5）能大幅降低现场施工风险。装配式工艺在现场无大量混凝土浇筑，无大量模板脚手架施工，无大量现场钢筋焊接等明火作业，可规避传统工艺大量的风险因素。

6　获奖情况

新森大道明挖公路隧道结构预制装配式技术成功立项重庆市建筑产业现代化示范工程项目，获 2022 年度重庆市市政行业优秀质量管理小组成果二等奖、2022 年度国家级 QC 小组成果三等奖、2023 年湖北省工程建设优秀 QC 成果大赛二等奖、2023 年度重庆市市政行业优秀质量管理小组成果一等奖。受理发明专利 4 项，授权实用新型专利 1 项，发表核心期刊论文 1 篇。

7　结语展望

新森大道项目是全国首例超大断面装配式明挖拱形隧道，是重庆市践行市政工程工业化建造的典型案例，克服了一系列难题，在成本与现浇持平的条件下，实现了隧道衬砌作业效率提升 8～10 倍，综合施工效率提高 100%、节碳 30%、现场人工节约 50% 以上的目标。

在目前我国土地资源紧张及重庆市山地丘陵地貌的背景下，装配式隧道可在兼具成本优势的情况下，节约用地指标、美化城市环境。同时，在减排降碳、提质增效、保护环境、缓解用工矛盾等方面较现浇工艺具有显著优势。随着我国经济的高速发展、交通压力的增加，大断面隧道必然会增多，采用大断面装配式隧道结构有较好的发展前景。

作者：黄延铮[1]　鲁万卿[2]　张中善[1]　海大鹏[2]　王丹[2]　王鹏程[2]　项笠[2]（1. 中国建筑第七工程局有限公司；2. 中建七局西南建设有限责任公司）

苏州城亿绿建科技股份有限公司新建 PC 构件项目 3 号综合楼项目技术创新与实践

Technology Innovation and Practice of the 3♯Office Building of Suzhou Chengyilvjian Technology Co., Ltd. Prefabricate Component Factory

1 工程概况

城亿绿建科技股份有限公司新建 PC 构件项目 3 号综合楼，建设单位为苏州城亿绿建科技股份有限公司，建设地点为相城区望亭镇新华村路与姚凤桥路交叉口位置。项目总建筑面积 9063.02m²，计容建筑面积 5883.5m²，不计容建筑面积 3179.52m²。地块总体容积率为 1.61；绿地率 14.7%；建筑密度 41.6%。项目为 4 层建筑，建筑高度为 19.8m，一层为展厅、大堂空间，二到四层为办公空间。项目总投资 5700 万元，开工时间为 2021 年 2 月，竣工时间为 2022 年 3 月（图 1）。

图 1　项目实景图

项目采用了 RMEPC 的建造管理模式，即集合"研发—制造—设计—采购—建造"于一体的新型总承包模式。总承包单位是苏州二建建筑集团有限公司。相较于常规的 EPC 模式，增加了研发和制造的过程。通过实行 RMEPC 的工程总承包模式，统一了原本割裂分散的各生产单元，将从事建造的人、材收归到一起，可以在更大范围内调配，实现效率和利用率的提高。另外，本项目将工程的价值与效益挂钩，发挥承建方能动性，改变了原来被动监管的方式，把社会效益、团体效益、个人效益涵盖进此管理模式中，实现了三方效益最大化和建筑价值的最大化。

项目在建筑设计方面追本溯源，结合苏州相城地域文化特色，塑造极具地域风格的建筑形式。本次设计采用御窑金砖、匠心传承理念。御窑金砖是中国传统窑砖烧制业中的珍品，古时专供宫殿等重要建筑使用的一种高质量的铺地方砖。因其质地坚细，敲之若金属般铿然有声，故名金砖。本项目外立面采用装配式预制板，结合金砖造型进行排列组合，展示稳重大气，中西融合，古今辉映的建筑形态（图2）。

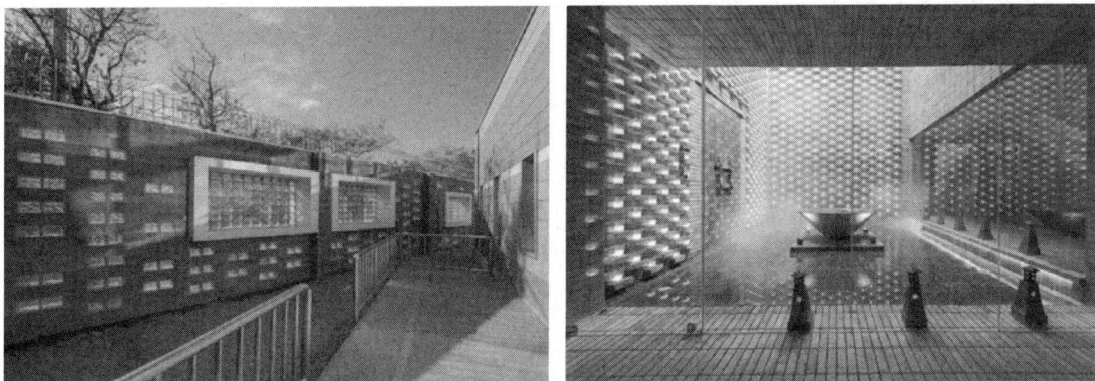

图2　御窑金砖参照图

建筑外形从一层层整齐堆叠的金砖，再进行错位排列，最后在此基础上赋予金砖镂空的理念，外立面做一些仿金砖的镂空窗。外立面由最普通的涂漆表皮，演进为镂空的金砖墙面，最后再将规格相同的镂空预制水泥板拼接成一幢装配式建筑，无不体现"御窑金砖、匠心传承"的设计理念。

2　科技创新

2.1　绿色低碳技术应用

本项目从被动式节能降碳、主动式光伏产能、低影响开发设施三个方面入手，采用了多种绿色低碳技术，旨在建筑的全寿命周期内，最大限度地节约资源、保护环境和减少污染，为人们提供健康、适用和高效的使用空间。此项目采用的被动式节能降碳技术包含最大限度优化自然采光、合理优化自然通风、高性能外墙板提升围护结构热工性能、无热桥设计以及气密性设计等，通过以上技术手段到达建筑设计阶段零能耗。同时，本项目利用自身的屋面及周边配套厂房的部分屋面铺设了总装机容量为390.15kWP的光伏发电系统，为运营阶段持续提供绿色能源，预估全年可发电41.4万kWh。项目采用雨水收集系统、下凹绿地、雨水喷灌系统、节水器具等海绵措施和节水措施，年径流总量控制率达到55%以上，最大程度上降低了对环境的影响。

2.2　装配式技术创新应用

项目为全装配式建筑，地上结构、外围护等均为预制构件现场装配，预制装配率达到90.3%。传统的装配式混凝土结构的梁柱节点是采用湿法连接的方式，节点区域钢筋比较复杂，施工质量难以保证；同时柱—柱连接采用灌浆套筒，也存在对位困难、灌浆密实度不容易检测等问题。相对来讲，装配式钢结构的节点连接方便，但防火防腐性能较差，材料造价和维护成本都比较高。为解决上述问题，本项目采用了自研的全装配式新型预制组合框架结构体系，其结合了装配式组合结构、装配式钢结构两种体系的优点。另外，本项目采用了木龙骨一体化外墙、混凝土夹心保温外墙板、轻钢龙骨一体化外墙三种高性能的装配式外墙板，综合考虑零能耗建筑对围护结构的需求，在满足建筑外立面美观的前提下，提升了建筑热工及舒适度的水平。

2.3　数字化技术全过程应用

项目采用BIM技术进行全过程管理，实现了在设计、生产、施工、运营不同建筑生命阶段信息的高精准集成及高效传递，达成了提高效率、节约成本和多专业协同管理的目标。同时，本项目配备了包括建筑设备监控系统、建筑健康监测系统、建筑能碳监测系统等智慧运维系统，提升建筑智能化管理水平；借助智慧运维系统，赋予建筑生命力，使建筑与人可对话、可感知，实现"设备实时监测—故障预测—决策响应"的智慧化运维管理。

3 新技术应用

项目首次应用新型预制组合框架结构，在构件设计上探索新体系和模数化设计，是建筑工业化低碳实施路径的有益探索。同时，在零能耗建筑的目标基础上，探索三种装配式外墙板的设计建造方法，具有一定创新性和示范性。

3.1 装配式组合结构

作为第一个采用装配式预应力组合结构体系的试点项目，本项目在新型装配式建筑的实践上做了技术创新和产业化探索，同时完成了从研发到应用的系统性研究。

结构的装配式设计中，1~3层采用装配式组合结构，四层及出屋面楼梯间、机房采用装配式钢结构。其中应用的装配式组合结构系统是中亿丰和东南大学郭正兴教授团队根据国内外研究现状和国内装配式建筑的推广情况，联合提出的一种新型预制组合框架结构，主要内容包括新型的预制组合柱、预制预应力叠合梁、大跨度预应力叠合楼板和干式梁柱节点。主梁均采用预制预应力叠合梁布置，次梁采用钢梁布置（图3）。

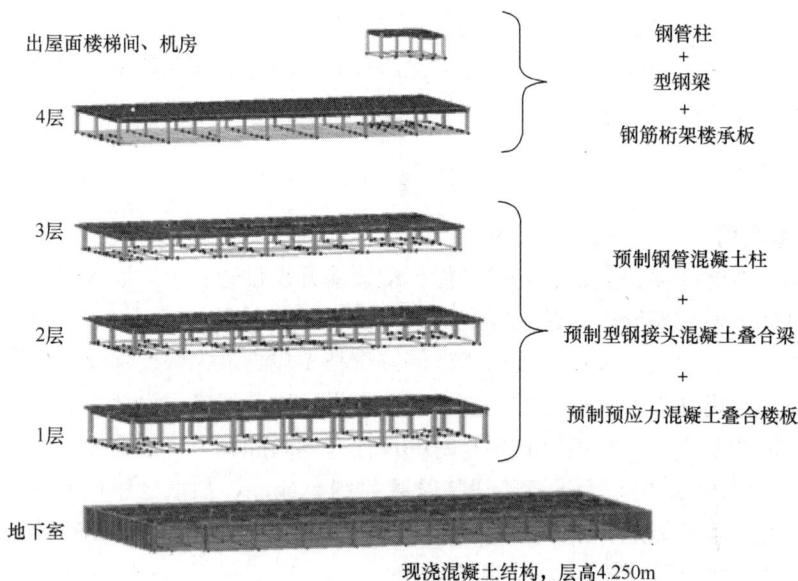

图3 主体框架示意图

（1）预制组合柱

本项目对预制组合柱的设计、建造和安装进行了研究和探索。如图4所示，预制组合柱内置矩形直缝焊管，梁柱节点以外的柱段钢管外周包裹满足防火要求厚度的矩形截面混凝土保护层，混凝土内设置防裂钢筋网或玻纤网，预制柱出厂时钢管内不浇筑混凝土，大截面柱构件可一个楼层高度为一节，中小截面柱构件高度可多个楼层高度为一节，有效节省了运输成本和机械成本，降低了安装难度。上、下节段预制柱的钢管采用焊接连接，钢管内现场灌注高强度混凝土。柱端H型钢接头的上下翼缘采用隔板贯通式—内隔板式相结合的方式，即上翼缘采用内隔板+悬挑短梁，下翼缘采用隔板贯通式。

（2）预制预应力叠合梁

如图5所示，预制预应力叠合梁两端内插H型钢接头，预制梁上缘受力纵筋焊接于H型钢接头上翼缘板的上表面，下缘的预应力钢绞线位于H型钢接头下翼缘板的上表面，为了组成钢筋笼并配置适量普通钢筋作为构造钢筋，H型钢梁的上下翼缘均设置抗剪栓钉，防止型钢与混凝土间发生剪切滑移。

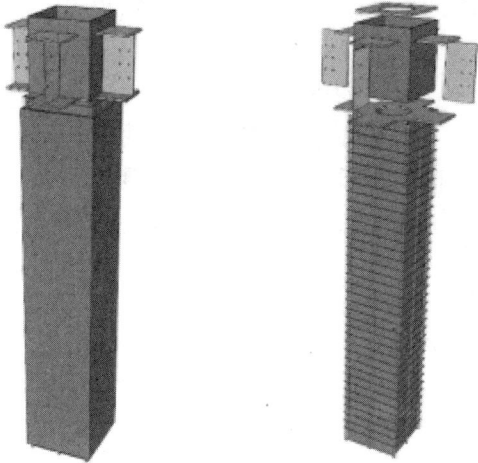

图 4　预制组合柱构造示意图

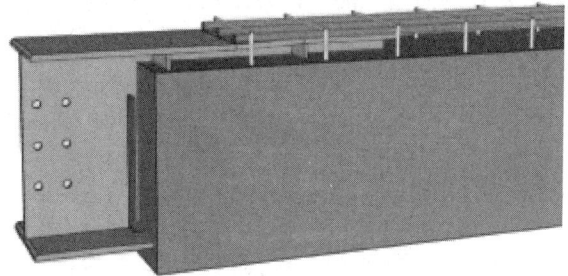

图 5　预制预应力叠合梁示意图

（3）大跨度预应力叠合楼板

项目研究并实践了一种新型的大跨度预应力叠合楼板，如图 6 所示，该种预制板在预制安装阶段为单向板，但叠合完成后的使用阶段能够成为性能良好的双向板。该类大跨度叠合板底部为预制薄板，上部带异形肋，肋内设置有先张法预应力钢绞线，成型期间达到一定程度的反拱，能够增加板正常使用状态下的性能。肋与肋之间嵌有轻质填芯板，以减小自重，并提高楼板的保温隔热性能。板横向间隔约 2m 设置一道暗梁，在各板制作完成拼装时，暗梁处进行进一步搭接，能够达到一定程度上的双向受力效果（图 6）。

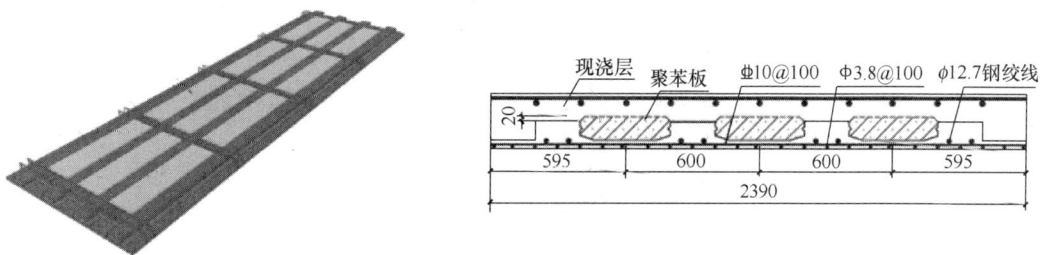

图 6　大跨度预应力叠合楼板示意图

（4）干式梁柱节点

如图 7 所示，本体系梁柱节点区域借鉴了钢结构节点的连接方式，采用栓焊连接，梁柱端预埋 H 型钢接头的腹板通过两侧连接板螺栓连接，翼缘通过焊接连接，减小了现场施工难度，同时通过削弱梁端翼缘，有效提高了框架结构的抗震性能，达到延性设计的目的。后续节点采用混凝土包裹，钢构件免防锈漆、免防火涂料，整个体系以钢结构的连接方式，实现大跨度混凝土建筑的性能。

3.2　装配式外围护结构

3.2.1　装配式外墙板应用方案

本项目外围护系统根据不同的建筑部位及功能需要，选用了不同的预制外墙板作为围护

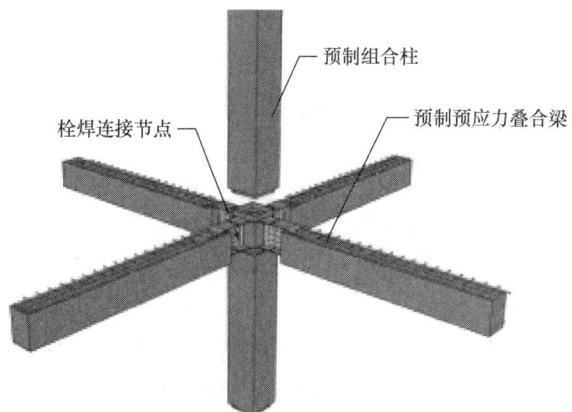

图 7　高效干式梁柱节点示意图

系统构件。本项目采用了三种装配式外墙板:木龙骨一体化外墙、混凝土夹心保温外墙板、轻钢龙骨一体化外墙。

(1)在方案阶段,考虑到本项目目标为近零能耗建筑,木龙骨墙板在无热桥效果方面具有明显优势,且木材具有重量轻,可再生等优点,故在高层区域2~4层优先采用了木龙骨外挂墙板。同时考虑到木龙骨的防火性能,内侧采用15厚防火石膏板,外窗采用16厚日吉华水泥纤维板(图8)。

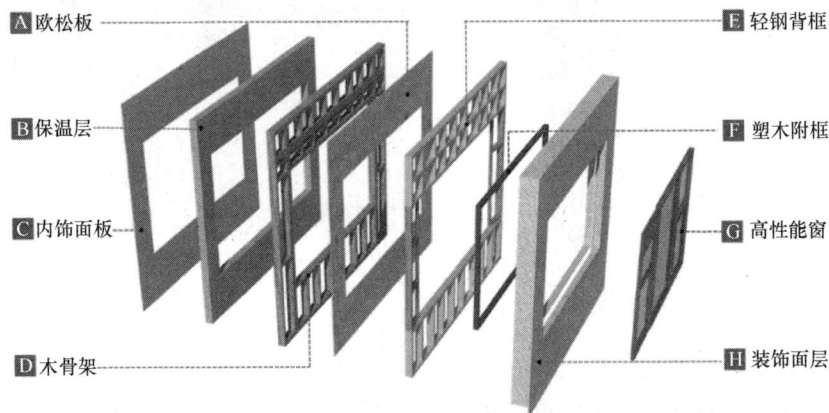

图8 木龙骨保温装饰一体化外挂墙板

(2)一层因为靠近地面,容易受潮和虫蛀影响,因此选用预制混凝土夹心保温外挂墙板。该预制构件内外叶均为混凝土,具有很好的耐候性。混凝土夹心墙板重量较大,布置在一层也减少了很多吊装工序,方便施工(图9)。

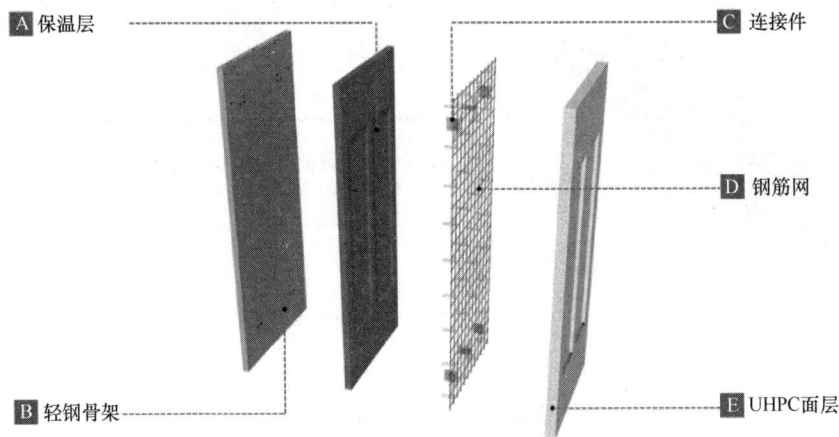

图9 预制混凝土夹心保温装饰一体化外墙板

(3)一层的东西山墙因施工作业面比较小,选用了重量相对较轻的轻钢龙骨装饰保温一体化墙板。该墙板采用轻钢龙骨作为主要墙板结构,内部填充保温材料,通过不同的外装饰板达到丰富的建筑立面效果(图10)。

在设计阶段,本项目采用了标准化设计方式,外围护系统参照幕墙体系,采用模块化设计,同一类型墙板可互相替代。对于复杂造型也可使用标准化模数的墙板组合而成,贯彻落实少模数多组合的设计理念(图11)。

项目的外围护墙板在生产阶段采用了工厂化的生产方式,三种墙板均在专业厂家的工厂内部进行生产,保证生产质量的同时还避免了现场环境污染,保障了工人工作环境,提高了生产效率。

在施工阶段,预制构件生产完成之后,厂家直接从工厂发货将产品运输到施工现场,施工单位根

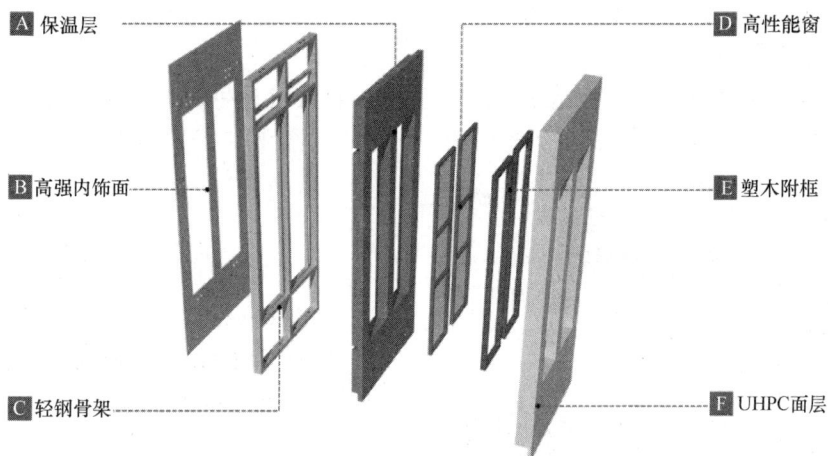

图 10　轻钢龙骨装饰保温一体化墙板

图 11　墙板拆分设计

据墙板编号以及吊装方案，使用汽车起重机和配套吊具直接从运输车辆上起吊安装预制构件。形成了生产、堆放、运输、安装的工作流程。减少人力和时间成本的同时大幅度减少了施工现场场地使用面积，降低了场地使用要求。

3.2.2　装配式外墙板热工系数及节能率

通过采用三种高性能外墙板，本项目建筑本体节能率在 65% 节能基础上可再节能 38.3%，达到 78% 以上。各主要部位热工性能见表 1。

三种装配式外墙板热工系数及性能提升量　　　　　　　　　　　　　　　　　　表 1

外墙板类型	3 号综合楼外墙传热系数 $[W/(m^2 \cdot K)]$
混凝土夹心保温外墙板	0.36
钢龙骨外挂墙板	0.382
木龙骨外挂墙板	0.396

4　数字化应用

全过程数字化应用是本项目的一大亮点，主要包含了全过程 BIM 技术的应用以及建筑运营阶段数字化运维两个方面，不仅实现了设计、生产、建造全过程的精准与高效，且通过数字建筑技术的手段实现了建筑运行阶段的智慧化与健康化。

4.1 全过程 BIM 应用

项目采用 BIM 技术对项目进行全过程管理,实现了在设计、生产、施工、运营不同建筑生命阶段信息的高精准集成及高效传递,实现了提高效率、节约成本和多专业协同管理的目标(图 12)。

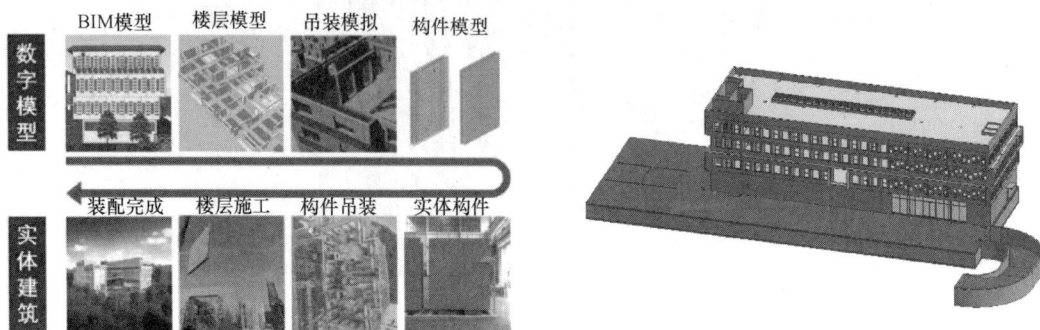

图 12　3 号综合楼 BIM 应用流程图及模型

(1)基于三维 BIM 的工业化建筑正向辅助设计:从方案阶段后期开始,采用 BIM 进行三维正向辅助设计,各专业团队开展协同设计,实时协同,解决设计过程中的协作难题。

(2)预制构件深化设计及工厂加工制作:本项目自主研发了基于结构 PC 构件深化设计及加工制作的生产管理平台,基于 BIM 设计模型,进行预制构件深化设计,提高生产效率,提供良好的施工作业环境并便于管理;接着可实现构件工厂化生产,精准度高,失误率低。

(3)基于 BIM+PM 的施工过程管理:项目开工前对施工计划和施工方案进行分析模拟,对工程项目的功能及可建造性等潜在问题进行预测,包括施工方法试验、施工过程模拟及施工方案优化等。

(4)基于 BIM+AIOT 的智慧运维管理:沿用前期过程搭建的 BIM 模型,在建筑运行阶段,本项目研发应用了基于 BIM+AIOT 技术的建筑运维管理系统,搭载了建筑设备监控系统、建筑健康监测系统、建筑能碳监测系统以及多个子系统,实现平台总览、能耗管理及设备设施等十大业务功能。

4.2 智慧化运维

项目目标定位为先进的智慧未来建筑典范,以智慧建筑技术为手段,充分提高用户感知度体验。本项目配备了建筑设备监控系统、建筑健康监测系统、建筑能碳监测系统,对建筑的设备、环境、能源消耗和生产等进行实时的检测、分析和反馈,实现了全面的建筑数字化运维。

(1)建筑设备监控系统:本项目配备的建筑设备监控系统主要包括新风机组控制系统和智能照明系统。其中,新风机组控制系统可实现风机启停控制、风机连锁控制、风阀控制、CO_2 浓度控制、过渡季节焓值控制以及压差开关监视;智能照明系统通过对照明时间、照明亮度、环境光照度等条件的精确控制,使得智能照明系统可以利用最少的能源保障所要求的照度水平,达到十分明显的节电效果。

(2)建筑健康监测系统:建筑健康监测系统主要包括空气质量监控与发布系统、室内热环境监测系统、室内外光照度监测系统以及水质监测系统几部分内容。通过对建筑室内外空气质量、声环境、热环境等指标的实时监测,动态评估建筑内环境的健康程度,并与建筑设备监控系统联动,实现建筑内环境的动态调节,以人为本,提升建筑内人员的舒适度。

(3)建筑能碳监测系统:项目建筑能耗碳监测系统包括基于太阳能光伏发电监测系统、建筑能耗分项计量与碳排放量监测系统两大部分。本项目光伏发电监测系统,不仅可以实现系统发电量、上网电量以及建筑自用电量的实时监测,从而分析得出系统实时减排量,也可以通过监测光伏系统运行状态,判断系统健康度,有助于光伏系统运行维护。本项目建筑能耗分项计量系统可实现对建筑用电分项计量、用水分类分级计量。系统主要功能包括能耗数据监测、能耗数据分析、用能预警等。本项目建筑能耗分项计量系统可实现对建筑用电分项计量、用水分类分级计量。系统主要功能包括能耗数据监测、能耗数据分析、用能预警等。

5 效益分析

5.1 社会效益

项目作为工厂厂区配套的小型综合办公研发楼，采用新型装配式结构体系，以绿建三星级、装配式三星级和零能耗建筑、健康建筑为目标，集合了众多新型、有效、可感知的建筑技术，在区域内起到标杆和示范带头作用，有较大的示范意义和推广价值。

5.2 环境效益

项目在建筑的全寿命周期内，最大限度地节约资源（节能、节地、节水、节材）、保护环境和减少污染，为使用者提供健康、适用和高效的使用空间。通过充分利用太阳能、采用高性能围护结构以及高效用能设备，显著减少运行阶段建筑能耗及碳排放。通过采用雨水回用系统、雨水花园等低影响开发措施，并结合节水灌溉系统，实现对非传统水源的充分利用。通过采用新型装配式结构体系、装配化卫生间、装配式泵房等装配式技术，在提高项目整体工业化建造水平的同时，有效避免了对建材的浪费，达到资源节约的目的。

5.3 减碳效益

项目全生命周期内，较基准建筑减碳 65.25%，其中光伏贡献 50.44%，建筑本体贡献 10.51%，装配式贡献 3.29%，绿化固碳贡献 1.01%。项目运行阶段可再生能源利用率可达到 100%，实现建筑运行期间动态零碳。

6 获奖情况

项目定位为绿色、生态、智慧的未来建筑典范、新型建造模式的展示中心、健康和谐的研发办公空间、新型建造技术的实验中心，是"绿色化、工业化、数字化"三化融合的零能耗建筑。本项目是 2021 年度江苏省高品质绿色建筑实践项目、江苏省建筑产业现代化示范项目，2022 年度江苏省低碳建筑示范工程项目。相关荣誉奖项见表 2。

项目所获荣誉奖项

表 2

编号	所获奖项	级别
1	绿色建筑三星级预评价标识	国家级
2	零能耗建筑评价标识	国家级
3	中美清洁能源二期夏热冬冷地区装配式近零能耗办公建筑示范项目	国家级
4	2022 第三届工程建设行业 BIM 大赛综合应用类三类成果	国家级
5	AAA 级装配式建筑	省级
6	2020 年下半年江苏省建筑施工标准化星级工地（等级：★）	省级
7	2021 年江苏省建筑产业现代化示范项目	省级
8	2021 年江苏省建筑产业现代化优秀项目奖	省级
9	2021 年江苏省建设工程 BIM 应用大赛二类成果	省级
10	2022 年第七届江苏省安装行业 BIM 技术创新大赛三等奖	省级

7 结语展望

在"双碳"和数字经济宏观背景下，"绿色化、工业化、数字化"是高品质建筑未来发展方向。本项目以目标绿色化、性能健康化、设计人性化、功能可变化、建造工业化和运营智慧化作为出发点，旨在打造涵盖装配式＋低能耗＋绿色建筑＋智慧建筑集中创新的高品质示范项目。

结合对新技术应用总结和项目实际使用情况，需要在以下几方面进一步完善：

（1）有必要对不同墙板的各个设计要点进行软件模拟试验，从而确定墙板对于超低能耗建筑的适用性和最佳选择。后续研究还将覆盖其他地域气候条件下的超低能耗建筑装配式外墙板技术应用，以完善该方面的设计方法，拓宽该领域的研究广度。

（2）与传统的现浇式建筑相比，装配式建筑存在节省劳动力、降低碳排放、缩短施工工期等一系列优点。然而此装配式技术体系初期直接建造成本高的特点，成为阻碍新技术大面积推广应用的一大障碍。对比一般装配式混凝土结构，本项目的装配式预应力组合结构主要在预制构件采购方面，成本显著偏高。主要原因包括：①预制部品构件生产成本偏高，由于新结构体系的构件需对原有生产工艺进行定制改造导致成本偏高，以及构件整体含钢量较高，成本增加；②目前合作预制部品构件厂数量少，距离施工现场远，运输效率偏低，运输费用较高；③安装效率低，由于本项目为装配式预应力组合结构体系的首次应用，导致施工团队未能合理安排施工流程。但考虑到此组合结构广泛应用后的规模化生产、管理水平提升、工人熟练度提升等因素，预计成本会大幅下降。

（3）在设计智能空调系统、灯光系统时应更多地考虑项目用户的实际行为模式以及其对设备的使用情况和对能耗的影响，并将其纳入模拟分析的内容，根据不同的用户行为情景模式，优化建筑的设计、设备的选择以及智能系统的调控。

长三角区域存在大量工业厂房的配套办公建筑，本项目的有效实施为未来此地区推广低碳示范建筑，以及面向各行业进一步推广低碳理念提供了极佳的示范样板，具有很强的推广意义。

作者： 李国建　孙日近　谢超　司圣玥　陈曦　张翔（苏州思萃融合基建技术研究所有限公司）

古建筑遗址复原与展陈建造技术

Construction Technology for Site Restoration and Exhibition of Ancient Buildings

1 工程概况

1.1 项目概况

德寿宫遗址保护展示工程是一座依托德寿宫遗址原址，集遗址本体及出土文物的保护、研究、收藏和展示于一体的专题博物馆，是南宋皇城大遗址综合保护工程的开山之作，更是富含南宋宋韵的精品传世工程（图1）。

图1 重华宫正殿

项目采用工程总承包项目（EPC）模式，总投资额32992.656万元，总建筑面积12321m²，遗址露明展示面积4590m²，建筑高度18.6m。项目为公共建筑（保护展示工程），包含5个低层单体，主要为钢木混合结构形式。中区（重华宫）1层为台基，利用台基下部空间主要设置了重华殿正殿遗址本体及德寿宫遗址考古成果展区、南宋历史文化陈列专题展区以及相关配套功能性用房，2层为单檐歇山顶宋式古建筑，主要为重华宫建筑标识展示和复原陈设展区以及相关配套功能性用房；西区为慈福宫相关苑囿遗址区钢结构保护棚、慈福宫单檐歇山顶宋式古建筑、聚远楼和最北侧辅助用房为宋式古建筑，以上建筑均为1层，中区和西区之间连廊贯通。

项目基础形式有筏形基础、桩筏基础、条形基础和独立基础。结构设计使用年限50年，建筑结构安全等级为二级，抗震设防烈度7度。耐火等级：一层二级，二层四级。项目于2021年2月7日开工，2022年6月28日竣工，总工期506日历天，其中设计工期45日历天，施工工期461日历天。

1.2 建筑特点

1.2.1 设计先进，节能低碳

（1）建筑设计先进、简洁大方，以空间叠加式场馆布局，在寸土寸金的地段解决保护展示需求。

（2）设计引入线性交通概念，解决场馆众多所带来的人流瞬时聚集性和复杂性难题。

1.2.2 建筑造型复杂，充分还原"宋韵美学"

中区重华宫、西区的慈福宫和聚远楼，作为皇家建筑的复刻版，每一个构件，每一处细节，都尽可能溯源和遵循南宋建筑的法式特征和构造做法，原格局、原形制、原工艺，做到原汁原味、原址原位。

1.2.3 数字化复原展示南宋皇家遗址

通过 3D 互动装置、动态长卷、数字投影、交互 AR 增强现实和虚拟现实等多种方式，科技赋能展示德寿宫不同时期的遗迹和皇家建筑园林风貌，营造出原真性、即时性和沉浸式的观展效果。

1.2.4 潮湿环境下遗址保护

针对近 $4600m^2$ 的遗址露明展示，充分考虑地下水、微生物等不利条件和因素，采用 TAD（渠式切割装配式地下连续墙）止水帷幕国内领先的技术工艺，力图达到遗址保存环境的精准控制。

1.2.5 非规则曲面金属屋面，翻样制作精度高

西区金属屋面造型弧度为非规则曲面，造型复杂，深化设计和材料加工困难，每一块金属板材都须根据建模尺寸进行翻样制作，且实体施工位置须与模型空间尺寸相一致。

1.2.6 现代化机电管线与木结构古建筑风格的融合

建筑结构复杂，钢结构屋顶高低不一，木结构屋顶异于常规建筑，管线支架安装难度大，没有成熟的机电安装工艺可参考。

2 科技创新

2.1 工程科技创新成果

项目积极创新和使用新型施工技术，推广运用数字化技术。完成省级工法 1 项，研究总结省级课题 5 项，实用新型专利 8 项，国家级 QC 成果 2 项（表 1）。

工程科技创新成果 表 1

序号	题目	备注
1	建筑预埋电气导管多管叠合施工工法	省级工法
2	南宋皇宫复原及遗址保护综合技术	省级课题
3	用于潮湿环境遗址保护的地下永久防渗墙研究	省级课题
4	基于元宇宙数字孪生技术的遗址沉浸体验应用研究	省级课题
5	呼吸式铜板幕墙施工技术应用研究	省级课题
6	遗址保护关键技术综合应用研究	省级课题
7	一种石材夹具	实用新型专利
8	一种可调节的地脚螺栓定位装置	实用新型专利
9	一种适用于木结构机电安装的内撑式装配支吊架	实用新型专利
10	一种穿斗式木结构立柱支撑装置	实用新型专利
11	一种适用于木结构机电安装的合抱式装配支吊架	实用新型专利
12	一种具有独立式墙体的金属仿古中式造型顶	实用新型专利
13	一种装配式地下连续墙施工固定装置	实用新型专利
14	一种适用于木结构机电安装的内撑式装配支吊架	实用新型专利
15	提高仿宋木结构斗栱一次验收合格率	国家级 QC
16	提高 TAD 预制板材质量合格率	国家级 QC

2.2 解决难点问题
2.2.1 建筑预埋电气导管多管叠合施工工法

采用预埋电气导管叠合连接器专利产品解决了导管多管交叉叠合空间增高的问题，避免了混凝土楼板厚度增加的问题，同时也使预埋电气导管连接具有灵活、方便、易操作等特点，能有效降低多层预埋电气导管施工中叠合总高度，一方面无须因电气导管预埋问题使建筑结构设计增加楼板面厚度，同时避免了因楼板厚度增加带来的一系列建筑上的技术和经济问题，另一方面也消除了因电气导管敷设给楼板面造成的质量隐患（图2）。

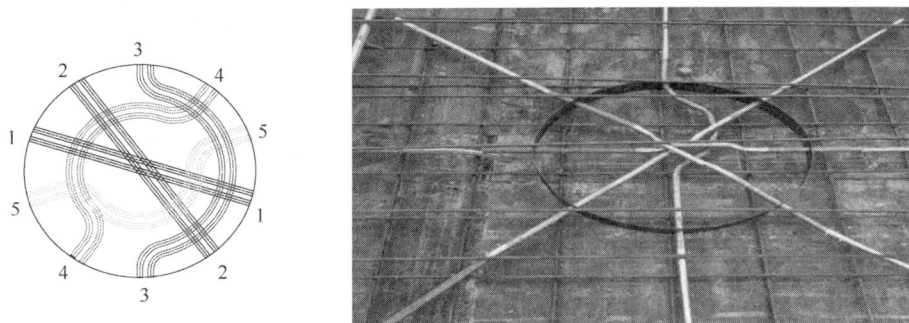

图2 预埋电气导管叠合连接器设计图和实物图

2.2.2 南宋皇宫复原及遗址保护综合技术研究

施工过程中运用了多种难度较大的施工技术，包括渠式切割装配式地下连续墙 TAD 工法桩施工技术、遗址保护关键技术、MJS 工法桩施工技术、多曲面金属屋面施工技术、木结构斗栱技术、木结构精装施工技术、呼吸式铜板幕墙施工技术。基于以上施工技术在古建筑及遗址保护施工的局限性，项目通过对以上施工技术研究，构建适用于古建筑及遗址保护的技术理论体系，优化以上施工技术在古建筑及遗址保护的组合应用，减少对遗址的损坏，提升工效，保证德寿宫遗址保护展示工程的顺利完成（图3）。

图3 南宋皇宫复原及遗址保护综合技术运用

2.2.3 用于潮湿环境遗址保护的地下永久防渗墙研究

开创性地采用了渠式切割装配式地下连续墙（TAD）作为地下永久防渗墙，TAD 技术是在渠式切割水泥土连续墙（TRD）施工过程中插入混凝土预制板材，混凝土预制板材之间可靠连接，形成集挡土与截水功能于一体的钢筋混凝土地下连续墙，满足潮湿环境遗址保护地下永久防渗墙的要求，达到遗址保护的可靠性和耐久性要求（图4）。

图4 渠式切割装配式地下连续墙（TAD）在遗址保护中运用

2.2.4 基于元宇宙数字孪生技术的遗址沉浸体验应用研究

运用元宇宙数字孪生技术跟古代遗址、古代生活孪生，把元宇宙概念拓展到传统文化共生，运用增强现实、虚拟现实等新技术，使得古代的故事和遗址互为依存，达到一种共生效果。大规模CAVE（一种基于投影的沉浸式虚拟现实显示系统）数字影像技术应用，通过全画面影像将游客包裹完全沉浸其中，不需要佩戴设备，真正做到全身性体验到复原场景生活、文化，增强游客观览的互动性、趣味性（图5）。

图5 基于元宇宙数字孪生技术的遗址沉浸体验

3 新技术应用

3.1 新技术应用情况

3.1.1 潮湿地区土遗址保护技术

杭州四季分明，雨量充沛，地下水位和空气湿度较高，水对遗址的破坏与侵袭是最严重的公害。通过水环境控制措施，能够有效地减少未来环境温度、湿度控制的成本以及减少遗址本体保护措施中物理、化学干预程度和难度。根据水的来源，采取隔水、引水、防水这3种措施相结合的处理方式。

（1）隔水措施

隔水防渗措施主要为：渠式切割水泥土连续墙（TRD）止水帷幕＋预制板墙的防渗墙以及坐落

在墙体上的玻璃幕罩相结合，阻断遗址坑外地下水补给，降低土壤含水率，控制遗址坑内水位。

1) TAD工法桩是在渠式切割水泥土连续墙（TRD）内插入1000mm×400mm矩形混凝土预制板材，板材间采用可靠连接，形成集挡土与止水功能于一体的钢筋混凝土地下连续墙，切断遗址展示区过高地下水从侧壁渗入遗址的路径，有效减小侧壁地下水渗流对遗址的破坏。TAD工法桩对遗址及周边环境扰动较小。

2) 采用MJS（全方位高压喷射工法）工法桩用于TAD止水防渗墙转角处补强。

3) 通过设置保护棚罩隔阻大气降水，玻璃保护棚罩坐落在地下连续墙墙体上。

（2）防水措施

通过将加固材料进行喷洒、浇灌或注压等手段，对遗址表面进行加固，防止遗址因水侵袭而出现塌陷、风化，还能起到预防霉菌和青苔滋长的作用。

1) 对需要进行原位保护区域的土体进行表层固化，阻止水分进入遗址体内，可防止后期遗址受到水的侵袭，也可在一定程度上缓解或消除遗址土体在长期自然环境波动下出现表层风化现象。

2) 对侧壁松动砖块采用NHL-i07型水硬性石灰浆液注浆加固。

（3）引水措施

根据遗址埋藏区土质承载力一般、地下水位较高的特点，在遗址分布区周边设置环绕遗址分布区的截洪沟，以杜绝雨季因遗址周边河渠的地下水位上涨对遗址造成的漫灌及内涝，防水隔离带宽1.0～1.2m，深1.0～1.5m。

3.1.2 遗址面上钢结构焊接加固技术

项目1号遗址保护厅棚遗址露明展示区域尺寸为28.2m×38.4m，仅在周边一圈设置钢柱，其内未设置钢柱。遗址上方0.25m标高处四周设置有钢结构平台，5.05m标高处存在一层钢结构楼层梁。因钢结构平台梁为悬挑钢梁，钢结构楼层梁跨度较大，吊装完成后钢梁挠度较大，且遗址面上不得设置任何架体或支撑，故其上的钢结构平台梁及楼层梁焊接加固难度极大。

使用吊机吊装周边钢柱，然后吊装0.25m标高处钢结构平台梁，最后吊装5.05m标高处钢结构楼层梁，该阶段钢结构各构件之间为螺栓固定。再采用捯链，其上端固定于5.05m标高处钢结构楼层梁上，下端和0.25m标高处钢结构平台梁相连，然后通过捯链调整0.25m标高处钢结构平台梁至设计标高后进行焊接加固。待焊缝完全冷却并验收合格后，拆除捯链，0.25m标高处钢结构平台梁焊接加固完毕。在加固完毕的钢结构平台梁端部位置设置钢管支撑，在距平台梁端部1/4梁长位置处同样设置钢管斜拉撑。通过两道支撑调整钢结构楼层梁标高至设计标高后焊接加固。待焊缝完全冷却并验收合格后，拆除两道支撑，5.05m标高处钢结构楼层梁焊接加固完毕（图6）。

图6 遗址面上钢结构焊接加固技术

3.1.3 木结构机电安装施工技术

传统木结构施工技术为打螺钉管卡固定、钢丝箍环抱橡梁固定方式，但其缺点为木结构的热胀冷缩系数比较高，时间长了螺钉容易脱落，质量有影响、梁上有板很难实现全箍。本施工技术分为两种方案，分别如下：

方案一：内撑式装配支吊架

利用一种斜屋面上管线支吊架，具有可灵活调节支吊架点位，能保证竖向杆自垂方便管线合理安装保证横向杆的水平度，两半圆环体两端通过铰链连接环抱单根木梁进行生根点固定（图7）。

方案二：合抱式装配支吊架

利用一种斜屋面上管线支吊架，具有可灵活调节支吊架点位，能保证竖向杆自垂方便管线合理安装保证横向杆的水平度，使用可调节的装配式C型钢在两根木梁之间进行支撑固定（图8）。

图7 内撑式装配支吊架

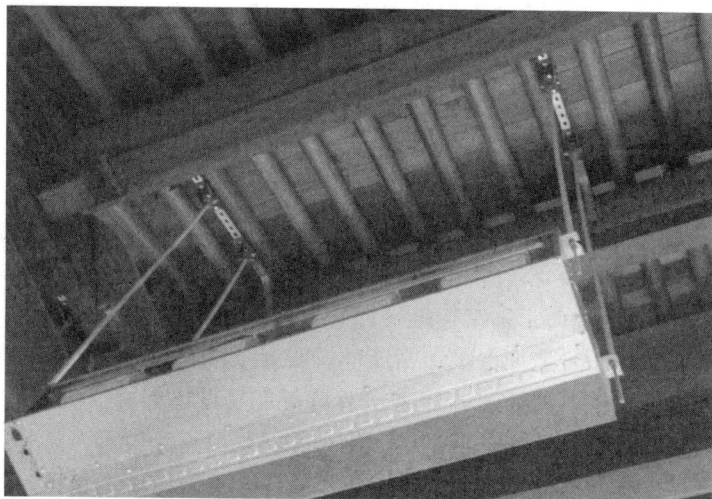

图8 合抱式装配支吊架

3.1.4 木结构吊装施工技术

（1）柱、枋及柱枋构架吊装

工艺流程：测量定位→柱子单点吊绑扎→旋转法竖向立起柱子→柱子吊运就位临时固定→枋吊运至与柱卯连接点→吊件停顿辅助构件连接安装→重复上述步骤，形成柱、枋构架和建筑物的柱网构架（图9）。

（2）斗栱吊装

工艺流程：斗栱组件计件、计重→打包捆绑，或网兜、框篓装填→试吊→吊运到安装点附近装卸、码放→大于50kg的斗栱组件吊升至安装点辅助安装（图10）。

（3）梁及梁架吊装

工艺流程：梁、檩构件测量定点→吊带结套绑扎→吊运至安装点→辅助构件安装就位（图11）。

（4）檩条吊装

桁檩吊装方式和柱、梁相同，均采用二点套结绑扎法；安装由上而下直接吊装安放在瓜柱的桁檩椀上，校正固定。

（5）整榀屋架（梁架、瓜柱或童柱组合件）安装

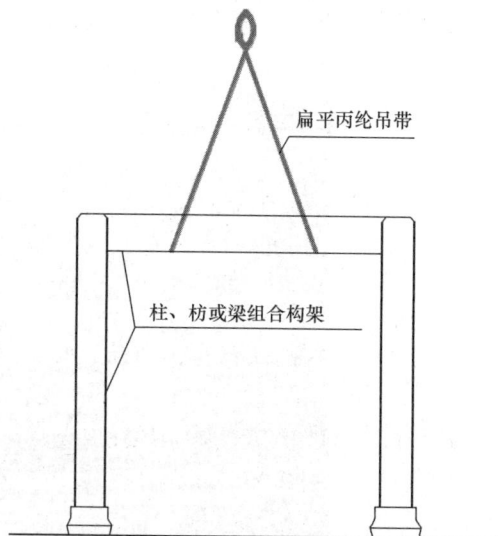

图9 柱、枋连接安装吊装

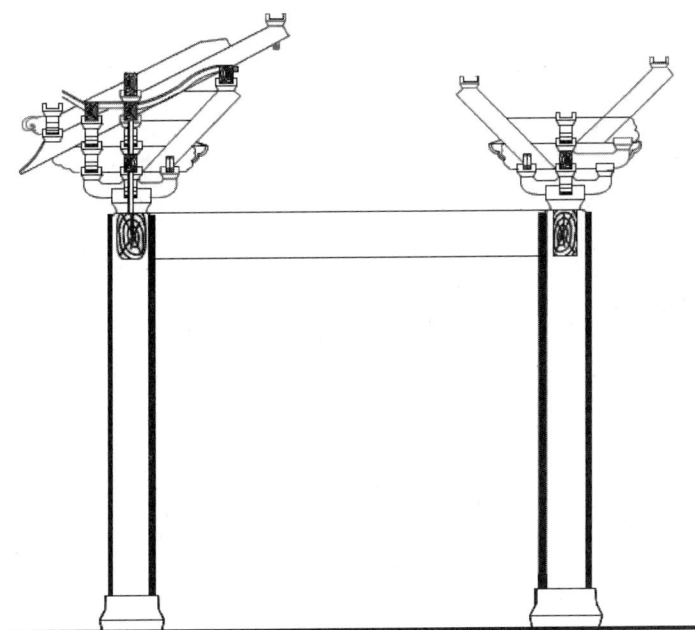

图 10　斗栱安装成品立面图

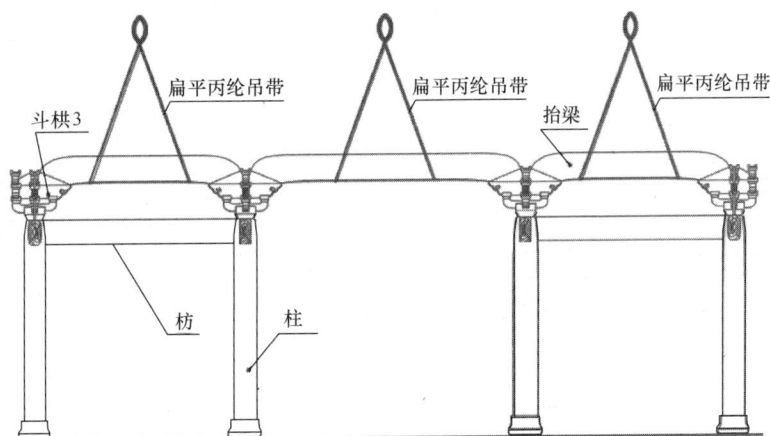

图 11　梁与斗栱连接吊装

　　用同样方法吊装同一排架的其他相应木构件，将所有木构件安装完毕后，木工、技术管理人员应对该排架进行核实、矫正，确认每个木构件的规格尺寸、长度等符合设计要求后，方能将梁枋柱之间的榫卯进一步投入榫孔，并用同材质的木楔将榫卯固定锚紧。

　　（6）整榀屋架吊装

　　起重机械能吊运整榀屋架质量时，屋架可在现场地面组装，然后吊运整榀屋架（图 12）。

　　（7）椽、望板吊装

　　工艺流程：计量、计件→测量定位吊点或确定捆扎方式→构件捆扎→吊运→落点装卸。

　　（8）屋面盖瓦吊装

　　屋面盖瓦工程施工阶段，需要吊装的材料有防水卷材、挂瓦条、砂灰、瓦件和脊件等材料。

　　1）屋面盖瓦材料的吊装，必须要计算材料的重量，起重机械的最大回转半径的起重量，确定吊运量；

　　2）吊装材料的绑扎方式，应按照材料的形状、重量，确定吊具；

　　3）吊装材料在屋面的堆放，应少量、单层排列，尤其是瓦件，并做好防滑溜措施；或在吊运至

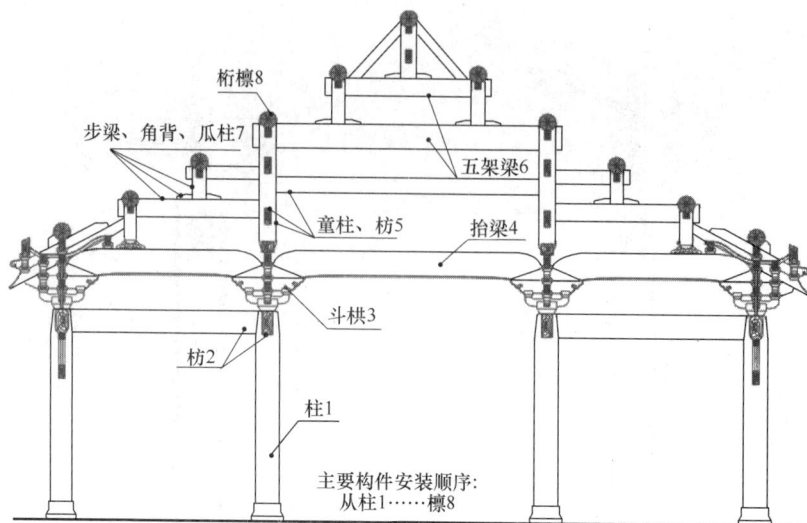

图 12　整榀屋架吊装

屋面后，采取先堆放，后浇吊方式。

4　数字化应用

项目利用 BIM 技术搭建三维场景并进行深化设计，为施工和验收环节提供可视化的参考和指导。通过三维场布进行规划布置和分析优化，通过 App 扫码的方式进行可视化交底，提高结构、装修、幕墙、屋面等关键节点施工质量，助力精细化施工（图 13）。

图 13　BIM 技术搭建三维场景

针对生产管理中的关键问题，结合企业现有信息化技术，集成了物联网、AI、大数据、移动终端、BIM 等技术，利用企业——项目两级架构的物联网视频系统综合管理平台，实现了对人员、物资材料、机械设备、施工场地的动态管理，为全过程的生产管理提供了技术支撑（图 14）。

将传统的建筑实体、生产要素、管理过程进行数字化改造，发展智慧工地技术是很好的切入点。首先，依托 BIM 技术进行建筑实体数字化，重点提升 BIM 建模能力、BIM 模型施工深化能力、BIM 模型专业间协同能力、BIM 模型上下游传递能力等。其次，依托智慧工地平台进行生产要素数字化，分别利用软件、硬件及 IoT、5G 等技术对工程范围内的"人、机、料、法、环、品"几个方面尽可

图 14　数字指挥中心

能进行数字化驱动。再次，进行作业过程管理决策数字化，提升数据应用场景发掘能力、数据提取能力、数据传递与交互能力、数据应用能力、数据应用效果总结能力。从而提升项目综合管理能力和管理效率，达到精益管理，智慧决策的目的。

5　经济效益分析

5.1　社会效益

项目采用了新技术、新工艺、新材料、新设备、科技创新、数字化管理等手段，提高了项目的科技含量和工程质量、节能效果，加快了施工进度，节约了大量的钢材、水泥、劳动力等；克服屋面渗漏、卫生间渗漏等质量通病，提高工程质量，消除用户后顾之忧；采用了环保绿色建材，减少环境污染，提高社会安全文明施工水平，促进了建筑业的发展；采用信息化管理网络，相关部门在办公室就能看到施工现场的具体施工情况，增强了相互沟通的信息网络通道，加强了施工管理过程控制。

5.2　经济效益

（1）通过应用智慧工地，有效节省施工工期预计 30 天。

（2）通过应用新技术和科技创新，有效降低工程成本 220 万元。

（3）大量构件为场外加工或预制生产，有效减少用工 70 工时。

（4）通过多参与方协同优化设计，节省工程成本 300 万元。

（5）采用 BIM 技术，在设计阶段及施工阶段累计发现问题 1200 余个，大量减少了可能发生的拆改和返工，据统计对比，现场变更数量较同类工程降低 40%～50%。

6　获奖情况

项目以确保"钱江杯"、争创"鲁班奖"为质量目标，创优夺杯各项工作均按节点稳步推进，目前已获杭州市结构优质奖，完成浙江省优良工地挂牌，通过省安装杯评审，获 2021 年度浙江省智慧工地示范项目，获 2022 年度浙江省钢结构金刚奖，入选浙江省首批文化基因解码成果转化利用示范项目。

7　项目技术推广价值

7.1　首次最大面积系统性开展南方潮湿环境下遗址保护

采用国内领先渠式切割装配式地下连续墙（TAD）技术进行止水，根据遗址的病害类型做出了针对性的保护措施，对霉菌苔藓微生物病害进行杀灭和预防，还开展了针对性的保护监测。

7.2 首次原址原貌原标识展示南宋皇家建筑的形体

经过多方论证和仔细甄别，以保存状况最好、整体格局最为清晰的重华宫时期遗迹为复原研究的基准线推导平面布局。结合前人研究成果，明确了重华宫组群、慈福宫组群等功能分区的相对位置关系。再从出土的板瓦、瓦当、脊兽、香糕砖、栏板、望柱等建筑构件中找到细节支撑。又从留存下来的南宋画作和宁波保国寺等南宋时期江浙建筑实例中找到参考，一步步完善了平面尺寸、建筑形象，实现从平面向三维的深化，最终有了现在这座能够唤起大家对宋韵文化美好向往，凝聚了所有精粹的陶瓦、木结构、五开间单檐歇山顶的保护展示建筑。

7.3 首次最大规模数字化复原展示南宋皇家遗址

在遗址面不宜设置设备的制约苛刻条件下，布设 10 个数字化"打卡点"，通过 3D 互动装置、动态长卷、数字投影、交互 AR 增强现实和虚拟现实等多种方式，科技赋能展示德寿宫不同时期的遗迹和皇家建筑园林风貌，营造出原真性、即时性和沉浸式的观展效果。

作者：金泽　张鹏（浙江省三建建设集团有限公司）